国家出版基金项目
NATIONAL PUBLICATION FOUNDATION

"十三五"国家重点出版物出版规划项目

黑河流域生态-水文过程集成研究

黑河流域水循环特征与生态综合治理成效评估

肖洪浪　肖生春　等　著

科学出版社　龙门书局

北京

内 容 简 介

本书致力于流域尺度的水循环研究,主要集中在黑河流域生态水文响应单元的界定和划分、流域陆-气系统水循环特征、以水化学和同位素为主的流域的不同尺度水循环规律和水量平衡分析、黑河流域分水前后社会-经济-生态系统变化分析等方面,基于流域自然-生态-社会-经济系统水循环和水平衡科学评估,提出黑河流域可持续发展面临的问题及其应对策略。

本书可供地学、水文学、生态学和流域管理等专业的科研、管理人员以及高等院校相关专业的师生阅读和参考。

审图号:GS(2018)3996 号

图书在版编目(CIP)数据

黑河流域水循环特征与生态综合治理成效评估/肖洪浪等著. —北京:龙门书局,2020.5

(黑河流域生态-水文过程集成研究)

"十三五"国家重点出版物出版规划项目　国家出版基金项目

ISBN 978-7-5088-5712-1

Ⅰ.①黑… Ⅱ.①肖… Ⅲ.①黑河-流域-水循环-研究②黑河-流域-生态环境保护-评估 Ⅳ.①P344.24②X321.24

中国版本图书馆 CIP 数据核字(2020)第 002239 号

责任编辑:祝 洁 杨向萍 赵 晶/责任校对:朴子昂
责任印制:肖 兴/封面设计:黄华斌

科 学 出 版 社　龍 門 書 局 出版

北京东黄城根北街 16 号
邮政编码:100717
http://www.sciencep.com

中国科学院印刷厂 印刷

科学出版社发行　各地新华书店经销

*

2020 年 5 月第 一 版　开本:787×1092 1/16
2020 年 5 月第一次印刷　印张:34 1/4 插页:2
字数:824 000

定价:398.00 元
(如有印装质量问题,我社负责调换)

《黑河流域生态-水文过程集成研究》编委会

《黑河流域水循环特征与生态综合治理成效评估》
撰写委员会

主　笔　肖洪浪　肖生春

成　员　邹松兵　赵良菊　杨　秋　陆志翔
　　　　尹振良　米丽娜　李丽莉　彭小梅

总　序

20世纪后半叶以来，陆地表层系统研究成为地球系统中重要的研究领域。流域是自然界的基本单元，又具有陆地表层系统所有的复杂性，是适合开展陆地表层地球系统科学实践的绝佳单元，流域科学是流域尺度上的地球系统科学。流域内，水是主线。水资源短缺所引发的生产、生活和生态等问题引起国际社会的高度重视；与此同时，以流域为研究对象的流域科学也日益受到关注，研究的重点逐渐转向以流域为单元的生态-水文过程集成研究。

我国的内陆河流域占全国陆地面积1/3，集中分布在西北干旱区。水资源短缺、生态环境恶化问题日益严峻，引起政府和学术界的极大关注。十几年来，国家先后投入巨资进行生态环境治理，缓解经济社会发展的水资源需求与生态环境保护间日益激化的矛盾。水资源是联系经济发展和生态环境建设的纽带，理解水资源问题是解决水与生态之间矛盾的核心。面对区域发展对科学的需求和学科自身发展的需要，开展内陆河流域生态-水文过程集成研究，旨在从水-生态-经济的角度为管好水、用好水提供科学依据。

国家自然科学基金重大研究计划，是为了利于集成不同学科背景、不同学术思想和不同层次的项目，形成具有统一目标的项目群，给予相对长期的资助；重大研究计划坚持在顶层设计下自由申请，针对核心科学问题，以提高我国基础研究在具有重要科学意义的研究方向上的自主创新、源头创新能力。流域生态-水文过程集成研究面临认识复杂系统、实现尺度转换和模拟人-自然系统协同演进等困难，这些困难的核心是方法论的困难。为了解决这些困难，更好地理解和预测流域复杂系统的行为，同时服务于流域可持续发展，国家自然科学基金2010年度重大研究计划"黑河流域生态-水文过程集成研究"（以下简称黑河计划）启动，执行期为2011～2018年。

该重大研究计划以我国黑河流域为典型研究区，从系统论思维角度出发，探讨我国干旱区内陆河流域生态-水-经济的相互联系。通过黑河计划集成研究，建立我国内陆河流域科学观测-试验、数据-模拟研究平台，认识内陆河流域生态系统与水文系统相互作用的过程和机理，提高内陆河流域水-生态-经济系统演变的综合分析与预测预报能力，为国家内陆河流域水安全、生态安全以及经济的可持续发展提供基础理论和科技支撑，形成干旱区内陆河流域研究的方法、技术体系，使我国流域生态水文研究进入国际先进行列。

为实现上述科学目标，黑河计划集中多学科的队伍和研究手段，建立了联结观测、试验、模拟、情景分析以及决策支持等科学研究各个环节的"以水为中心的过程模拟集成研究平台"。该平台以流域为单元，以生态－水文过程的分布式模拟为核心，重视生态、大气、水文及人文等过程特征尺度的数据转换和同化以及不确定性问题的处理。按模型驱动数据集、参数数据集及验证数据集建设的要求，布设野外地面观测和遥感观测，开展典型流域的地空同步实验。依托该平台，围绕以下四个方面的核心科学问题开展交叉研究：①干旱环境下植物水分利用效率及其对水分胁迫的适应机制；②地表-地下水相互作用机理及其生态水文效应；③不同尺度生态-水文过程机理与尺度转换方法；④气候变化和人类活动影响下流域生态-水文过程的响应机制。

黑河计划强化顶层设计，突出集成特点；在充分发挥指导专家组作用的基础上特邀项目跟踪专家，实施过程管理；建立数据平台，推动数据共享；对有创新苗头的项目和关键项目给予延续资助，培养新的生长点；重视学术交流，开展"国际集成"。完成的项目，涵盖了地球科学的地理学、地质学、地球化学、大气科学以及生命科学的植物学、生态学、微生物学、分子生物学等学科与研究领域，充分体现了重大研究计划多学科、交叉与融合的协同攻关特色。

经过连续八年的攻关，黑河计划在生态水文观测科学数据、流域生态－水文过程耦合机理、地表水－地下水耦合模型、植物对水分胁迫的适应机制、绿洲系统的水资源利用效率、荒漠植被的生态需水及气候变化和人类活动对水资源演变的影响机制等方面，都取得了突破性的进展，正在搭起整体和还原方法之间的桥梁，构建起一个兼顾硬集成和软集成、既考虑自然系统又考虑人文系统，并在实践上可操作的研究方法体系，同时产出了一批国际瞩目的研究成果，在国际同行中产生了较大的影响。

该系列丛书就是在这些成果的基础上，进一步集成、凝练、提升形成的。

作为地学领域中第一个内陆河方面的国家自然科学基金重大研究计划，黑河计划不仅培育了一支致力于中国内陆河流域环境和生态科学研究队伍，取得了丰硕的科研成果，也探索出了与这一新型科研组织形式相适应的管理模式。这要感谢黑河计划各项目组、科学指导与评估专家组及为此付出辛勤劳动的管理团队。在此，谨向他们表示诚挚的谢意！

2018 年 9 月

前　言

20 世纪后半叶以来,由水资源短缺所引发的生产、生活和生态等问题引起国际社会的高度重视,在世界个别水资源严重短缺的国家和地区,甚至演化成国家之间或地区之间的冲突。为此,各国政府和科学界积极开展区域水文过程及其资源环境效应研究,为合理规划和利用水资源提供科学依据。

为整治黑河流域,1992 年国家计划委员会批复了"黑河干流分水方案";1997 年国务院批准了"黑河干流水量分配方案",成立了黑河流域管理局;2001 年 2 月在第 94 次总理办公会上,提出了"维护现有绿洲不再退化,使干涸的居延海再现碧波荡漾、天水一色的美景"。国家"黑河流域近期治理规划"项目投入 23 亿元实施黑河流域生态环境治理,2002 年夏末,黑河水重新注入东居延海。

早在 20 世纪 80 年代,中国科学院兰州沙漠研究所(现中国科学院寒区旱区环境与工程研究所的前身之一)两次组织河西水土资源考察队和黑河流域合理开发利用综合考察队对黑河流域水土资源本底状况进行了详细评估,并提出了合理的利用建议。90 年代中期,中国科学院兰州沙漠研究所开展了中国科学院区域开发前期研究第二批项目"河西走廊经济发展与环境整治综合研究";90 年代末,该所开展了"黑河流域水资源合理利用与经济社会和生态环境协调发展研究"国家科技攻关专项研究。2000 年开始,中国科学院落实国家西部大开发战略,连续部署了两期西部行动计划重要方向项目,即"黑河流域水生态经济系统综合管理试验示范""黑河流域水循环与水资源管理研究";国家自然科学基金西部计划重点项目"黑河流域生态-水文过程集成研究"也启动了。2010 年,国家自然科学基金启动了为期近 10 年的重大研究计划"黑河流域生态-水文过程集成研究",旨在促进对内陆河流域生态系统与水文系统相互作用过程和机理的认识,最终为国家内陆河流域水安全、生态安全及经济可持续发展提供基础理论和科技支撑。以黑河流域为典型内陆河流域的研究历程体现了在流域人水关系不断演进过程中"本底调查—机理认识—科技支撑"螺旋式上升的研究理念。

2000 年开始实施的国家黑河治理工程无疑对流域人水关系再一次产生了巨大影响。但是该生态工程实施后对生态环境的影响如何? 能否可持续发展? 生态工程后续项目如何实施? 这些问题都是国家决策层需要了解的信息。因此,开展重大生态工程成效评估,揭示生态恢复过程的环境响应过程,分析存在的主要问题,提出解决方案和对策,是保障工程实施效果、科学部署后续生态工程的前提条件。针对《中共中央关于全面深化改革若干重大问题的决定》给中国科技界提出的明确任务,中国科学院适时提出并实施科技服务网络计划

(Science and Technology Service Network Initiative, STS计划), 以科技促进经济社会发展。"黑河流域生态综合治理工程生态成效评估" (KFJ-EW-STS-005-02)即为其中的课题之一。

针对我国内陆河地区严峻的生态-水文问题, 为认识内陆河流域生态系统与水文系统相互作用的过程和机理, 最终为国家内陆河流域水安全、生态安全及经济的可持续发展提供基础理论和科技支撑, 国家自然科学基金于2010年对"黑河流域生态-水文过程集成研究"重大研究计划进行立项实施。该重大研究计划项目进展为黑河流域生态治理工程实施效果及其生态环境影响系统评估提供了科学依据。

本书即在上述多项国家科学技术部项目、国家自然科学基金项目和中国科学院重大项目, 以及近年来执行的国家自然科学基金多个重点和面上项目"黑河流域生态-水文过程研究集成"(90702001)、"黑河下游尾闾湖水环境演变及湿地结构响应机制研究"(91125020)、"基于概念格方法的黑河流域生态水文响应单元研究"(41240002)、"黑河流域生态水文响应单元参数化方案研究"(41571031)、"黑河上游典型小流域包气带水的平均滞留时间"(41101027)和"阿拉善荒漠灌木年轮学研究"(41471082)研究成果的基础上, 结合研究团队多名博士、硕士研究生的工作总结撰写而成。

本书由中国科学院科技服务网络计划(STS计划)"黑河流域生态综合治理工程生态成效评估"(KFJ-EW-STS-005-02)和国家重点研发计划重点专项"内蒙古干旱荒漠区沙化土地形成与演变机制研究"课题(2016YFC0501001)共同资助出版。

全书共10章。第1章介绍黑河流域自然和社会经济发展概况、黑河流域生态综合治理工程及流域分水成效, 并对流域生态水文响应单元进行界定和划分, 最后对流域综合管理发展趋势进行展望。第2章基于流域水汽收支状况, 探讨黑河流域上、中、下游及全流域陆-气系统水文循环特征。第3章基于不同水体同位素特征, 探讨黑河流域、上游祁连山区和高寒山区典型小流域等不同时空尺度的水汽来源, 以及不同水体间转化、更新等水循环规律和特征。第4章基于不同水体水化学特征, 探讨黑河流域上、中、下游, 高寒山区典型小流域和巴丹吉林沙漠等不同空间尺度水循环特征和水文过程。第5章借助水文模型, 精细化估算起伏地形下流域综合降水状况, 开展干流山区不同时空尺度的水量平衡分析, 以及流域中、下游荒漠平原区地下水赋存、转化和更新状况模拟和评估。第6章基于社会经济系统水循环相关理论和方法, 分析黑河流域分水前后社会经济系统及部门用水变化、驱动因素等。第7章介绍新兴学科——社会水文学的背景和发展, 并对黑河流域历史时期人水关系演变历程进行量化评价, 权衡现状中、下游生态经济发展关系。第8章从流域景观到尾闾湖、湿地和荒漠河岸林等生态系统不同尺度, 就分水前后十余年的流域生态系统变化进行评估。第9章展现历史时期和现代流域地表和地下水系统变化背景、时空动态演化规律及其驱动下的流域水环境变化。第10章基于前述各章流域自然-生态-社会-经济系统水循环和水平衡科学评估结果, 提出黑河流域可持续发展面临的问题及应对策略。

全书由肖洪浪和肖生春研定撰写提纲, 并负责统稿工作。本书初稿撰写分工如下: 第1章, 肖洪浪、肖生春和邹松兵; 第2章, 邹松兵; 第3章, 赵良菊和杨永刚; 第4章, 杨秋、杨永刚和潘红云; 第5章, 邹松兵、米丽娜、尹振良、魏恒和王赛; 第6章, 李丽莉和王勇; 第7章, 陆志翔; 第8章, 肖生春、陆志翔、彭小梅、孟好军和刘贤德; 第9章, 米丽娜、杨秋和肖生春;

第 10 章,肖洪浪和肖生春。

　　本书第二稿由肖洪浪和肖生春进行整体审阅和修改。

　　本书第三稿由肖生春、陈小红、彭小梅和田全彦对全书文字、图表等进行订正和修改。

　　在项目实施和书稿撰写过程中,得到了甘肃张掖生态科学研究院和内蒙古阿拉善盟林业治沙研究所等单位的大力支持和协作;本书第 8 章有关黑河流域土地利用与覆被的遥感影像资料由中国科学院寒区旱区环境与工程研究所颜长珍研究员及其负责的中国科学院STS 计划"西北地区地面-遥感数据信息平台建设"项目(KFJ-EW-STS-006)提供。在此一并表示诚挚的谢意!

　　本书试图从流域水循环、水平衡及其驱动下的水-生态-环境-社会经济系统变化角度,在流域及其以下尺度理解和科学评价国家黑河治理工程的影响,并探讨 2000 年以来流域分水出现的新问题,以期对黑河及其他内陆河有所借鉴,促进流域和区域的可持续发展。但因其综合性强、涉及学科众多,加之撰写人员专业限制,书中难免会有不足之处,敬请读者不吝指正。

目　　录

|第1章| 流域概况及生态综合治理工程概述

黑河是我国西北地区第二大内陆河,流经青海、甘肃、内蒙古三省(自治区),由于其水问题突出、流域特征典型、面积适中,一直是开展流域尺度水问题、水管理等方面研究的典型区域。本章简要介绍黑河流域自然和社会经济发展概况、黑河流域生态综合治理工程及流域分水成效,并基于水文分析模拟,对流域生态水文响应单元进行界定和划分,最后对流域综合管理发展趋势进行展望。

1.1 流域自然概况与生态水文单元

1.1.1 流域自然概况

黑河发源于祁连山北麓,流经青海、甘肃、内蒙古三省(自治区),干流全长约928km,范围在98°~102°E,37°50′~42°40′N,流域面积为14.3万km²。流域东边以大黄山为界与石羊河流域相邻,西边以黑山为界与疏勒河流域相接,南以托勒南山为分水岭,分别与疏勒河上游和大通河上游相邻,北至内蒙古自治区额济纳旗境内的居延海,与蒙古国南戈壁省接壤,东西长约400km,南北长约800km。

从河流的水力联系来看,黑河流域包括东支黑河水系和西支讨赖河水系,共有大小支流41条,随着用水的不断增加及沿河众多水库的拦蓄,大多数支流已与干流失去地表水力联系,形成东、中、西三个独立的子水系。其中,西部子水系包括讨赖河、洪水河等,归宿于金塔盆地;中部子水系包括马营河、丰乐河等,归宿于高台盐池-明花盆地;东部子水系,即黑河干流水系,包括黑河干流、梨园河等,最终归宿于下游额济纳盆地(中华人民共和国水利部,2002)。莺落峡为流域东支黑河干流出山口,出山口以上为径流形成区,以下为径流消散区,下游额济纳旗为无流区。上游河道长约313km,流域面积约1.0万km²,气候阴湿,植被较好,多年平均降水量为350mm,经济活动以牧业为主。莺落峡与正义峡之间的中游河道长约204km,面积为2.56万km²,地形以平原为主,多年平均降水量仅140mm,年蒸发量达1410mm,光热资源丰富,属于灌溉农业经济区。正义峡以下为下游,河道长约411km,面积为8.04万km²,地形属于阿拉善高原区,大部分为荒漠、沙漠和戈壁,多年平均降水量不足40mm,年蒸发量高达2250mm,干旱指数达47.5,属于极端干旱区。

流域降水量具有明显的雨季和旱季差异,年内分配很不均匀,降水主要集中在5~9月,占年降水量的75.9%~97.2%(程国栋,2009)。黑河上游流域东西几乎横跨整个河西走廊,上游东西两支是与山脉走向平行的纵向河谷。在同一高度带上,西支降水大于东支,西支源远流长,是黑河的主流。根据水文气象观测记录,流域内多年平均降水量由上游(野牛沟站)的 401.70mm 到出山口(莺落峡站)减少至 175.6mm。山区降水量的平均递增率为 15mm/100m。年平均气温变化也很剧烈,从出山口到上游,平均递减率为 0.80℃/100m。山区流域集水面积为 100009km²,海拔为 1700~4823m,流域平均高程为 3608m。山区流域 50% 的地区分布在海拔 3700m 以上的地带;西支平均高度为 3860m,东支为 3600m。由于东西相距甚远,降水系统不尽相同,流域西部主要受西风环流的影响,东部受西南季风和东南季风的影响。

流域地表水时空分布规律主要取决于祁连山大气降水和冰雪融水的时空分布,以及祁连山区水文气象垂直分带性、下垫面条件等。黑河出山径流的补给来源有降水、冰雪融水和山区地下水,其中降水是径流最主要的补给来源,河流水量随降水的变化而变化,径流变化过程与降水过程基本对应,来水量主要集中在汛期;高山区的降水基本以固态形式出现,一部分转化为冰川,再由冰川融化补给河流;非汛期河流主要由山区地下水补给。冰雪融水与地下水实际上是大气降水在时空域上的重新分配,其补给量随河流的发源地与地理位置的不同而不同,对于冰雪融水与地下水的补给而言,发源于高山地带的大河流大于发源于浅山区的小河流,发源于祁连山西段的河流大于祁连山东段的河流。一般来说,黑河出山径流年内分配与降水过程和高温季节基本一致,径流量与降水量集中于暖季,春季以冰雪融水和地下水补给为主,夏秋季以降水补给为主,具有春汛、夏洪、秋平、冬枯的特点。径流年内变化受气温、森林植被的影响,呈明显的周期规律,冬春枯水季节为 10 月至翌年 3 月,其径流量占年径流总量的 19.73%,降水基本以固态形式蓄存,占年降水量的 5%~10%。春末夏初,随着气温升高,地表径流量上升,占全年总流量的 24.55%,雨季(7~9 月)降水量迅速增加,冰川融水量增大,地表径流达 55.72%。

黑河水系各河流出山径流的年径流变异系数(CV)基本在 0.11~0.23,年极值比为 1.67~2.87,反映出黑河流域径流年际变化相对稳定,其主要原因是祁连山冰川融雪径流对年径流的调节作用和祁连山水源涵养林的涵养水分补充。60 余年中,黑河干流出山径流经历了 3 次比较大的丰枯循环阶段,且每个丰、枯水段的持续时间平均都在 10 年上下,每个丰、枯水段的均值都在多年均值附近变化,显示出黑河干流出山径流的变化比较平稳。而讨赖河出山径流的丰枯变换比较频繁,不到 60 年的时间里出现 6 次丰枯循环,且每个枯水段的平均持续时间为 6.33 年,每个丰水段的平均持续时间为 3.67 年,且每个丰枯段丰枯振幅明显大于黑河干流。对黑河干流出山径流年径流量进行的功率谱分析、谐波分析及方差分析的结果表明,出山径流年径流量存在 3 年、6~7 年、11~13 年和 22~23 年的变化主周期。这与副高脊线位置的变化周期、地极移动振幅变化的周期、天体运动规律和太阳黑子强弱变化的中长波周期均有着密切关系。

黑河流域地下水受地质构造条件和自然地理环境制约,高山区由于降水较多,成为水资源的发源地;走廊区相对沉降的大型构造盆地堆积着巨厚的第四纪松散地层,汇集和蕴藏着丰富的地下水。在大地构造控制和晚近地质时期新构造运动的影响下,形成了由南向北平行排列的、与大地构造格架吻合的 3 个明显不同的自然地理-构造单元:南部祁连山褶皱断裂强烈隆升带、中部新生代强烈沉降带、北部北大山褶皱断裂缓慢隆升带。各单元水文地质条件因地理位置、气候和地质构造条件的不同而各具特点。上游祁连山区的降水除部分蒸发外,其余则转化为地表和地下径流,汇集于河道,流出山外,成为山前平原水资源的主要来源。山区地下水的含水层主要是互有水力联系的岩石风化裂隙、风化-构造裂隙和断裂破碎带,主要为循环积极的裂隙水类型,通常只形成一个与地表自由相通的含水层,直接接受降水和冰雪融水的补给,并排泄于地表河网。走廊北山系长期剥蚀的中山、低山和残丘呈东西走向,断续分布。发源于高平原区的沟谷常年干涸,只在大雨之际有暂时性洪流下泄,其后干燥、剥蚀剧烈。河西走廊拗陷是与祁连山隆起相毗连的山前拗陷,一些构造山体把走廊区分隔成若干不相连贯的盆地:山丹-民乐盆地、张掖盆地、酒泉盆地和金塔-鼎新盆地等。

按地下水水平和垂直径流强度分布特点,走廊区自南向北可划分出三个径流运动带:①水平运动带,分布于南盆地山前洪积扇裙带,含水层具有很强的水平径流;②水平-垂直运动带,分布在走廊区中部和北部大部分地区,含水层既有较强的水平径流,又有较大面积的垂直入渗和蒸发、蒸腾消耗;③垂直运动带,分布在走廊区的河流终止(或消散)带的灌区,垂直径流非常活跃,蒸发、蒸腾损耗成为地下水的主要排泄途径。

黑河流域地下水水质及水化学类型自南向北可划分为三个水质带:①淡水带,位于南盆地的大部分地区和北盆地的南端,淡水层总厚度可达200~1000m;②微咸水带,占据南盆地北部和北盆地中部地区,地下水盐分有积累,不仅表层潜水已盐渍化,下层弱承压水也呈较高的矿化现象;③咸水带,分布于北盆地中部到北盆地尾部。

根据地下水动态特征及其制约因素,走廊平原区可分为以下几种类型:①水文-径流型,南部山前洪积扇群带,地下水埋藏较深,河流包括的部分雨洪的入渗过程是引起地下水动态变化的主要原因;②灌溉-开采型,洪积扇前缘和细土平原带,人类活动包括的灌溉入渗和地下水开采直接制约着地下水的动态变化;③径流-蒸发型,北部荒漠区,河流已成为间歇性河流,除近河地带外,蒸发为地下水动态变化的决定因素。

山区河流多数是山区基岩裂隙水的排泄通道,地下水在河流出山之前几乎全部转化为地表水,经河道流出山外。平原地区是一个多排构造盆地,因此入渗-溢出的水资源转化过程可重复出现多次,为地下水的形成和开发利用创造了得天独厚的自然条件。汇集于河流中的泉水和排泄到河床中的地下水成为平原河流的主要补给来源,最终以地表水的形式穿越北山地下水阻滞带进入北盆地,成为北盆地的唯一地表水源。

按气候和水资源条件,流域景观植被带依次可划分为高山冰雪冻土带、山区植被带、山前绿洲带和荒漠绿洲带,各带具有独特的地质地貌、水文气候和土壤植被条件。

祁连山中段黑河流域冰川主要分布在海拔4200~5300m,冰川分布下限海拔为4000m。2010年,冰川分布面积为250km²,占上游面积的1%(别强等,2013)。

祁连山区景观垂直地带性十分明显,从山前到高山区依次为荒漠草原带、干性灌丛草原带、山地森林草原带、亚高山灌丛草甸带、高山寒漠草甸带和高山冰雪带。中游走廊平原区主要为农业绿洲区,包括山前洪积扇冷凉灌区、沿河两侧河灌区、远离河道的井渠混灌或井灌区;绿洲内部有良好的格状农田防护林网,外围为宽度1~2km的人工防风固沙林带。下游主要为广袤的戈壁荒漠,由于河道的存在,形成了以胡杨-柽柳为主体的荒漠河岸林天然绿洲,部分农田镶嵌于绿洲内部,均以井灌为主。

祁连山区为高山寒漠、草甸、草甸草原、草原和森林土壤系列分布区;流域中、下游地区分别属灰棕荒漠土与灰漠土分布区;额济纳旗为以灰棕漠土为主的地带性土壤。

根据有站水文监测资料、无监测站和山前洪流还原等计算,黑河流域山前地区多年平均天然径流量达 36.56 亿 m³,出山径流量达 35.69 亿 m³。其中,东部子水系拥有天然径流量 25.02 亿 m³,占总量的 68.4%;中部子水系 2.61 亿 m³,占总量的 7.1%;西部子水系 8.78 亿 m³,占总量的 24.0%。东部子水系多年平均总水资源量为 27.65 亿 m³,其中出山径流为 24.31 亿 m³,地下水资源不重复量为 3.34 亿 m³(程国栋,2009)。黑河干流莺落峡站多年平均天然径流量,即 15.8 亿 m³,是《黑河流域近期治理规划》执行国务院 97 分水方案(水政资[1997]496 号)的水量调度依据。

1.1.2 黑河流域边界问题及生态水文响应单元划分

黑河流域先后有四种流域边界划分方案都没有严格依据实际汇水条件进行划分,不利于流域尺度的水循环研究。利用 SRTM(Shuttle Radar Topography Mission)DEM 和 ASTER GDEM 对黑河流域进行了水文分析模拟,并结合实测河流数据对黑河流域的边界进行了重新界定,划分出 8 个生态水文单元。根据划分结果,黑河流域位于 96.1°～104.3°E 和 37.7°～43.3°N,南起祁连山,北至蒙古国的戈壁阿尔泰山脉,巴丹吉林沙漠被视为黑河流域的一部分。新界定的黑河流域总面积为 27.1 万 km²,其中中国境内为 23.7 万 km²,涉及青海、甘肃和内蒙古的 17 个县(旗),蒙古国境内为 3.4 万 km²,涉及 3 个省的 9 个县。

常见的黑河流域边界主要有四种,分别如下。

(1) 1985～1986 年,我国开始将黑河流域作为整体进行系统性的研究,在基础调查和掌握大量资料的基础上,绘制了早期的黑河流域图[图 1-1(a)],流域面积为 13.89 万 km²。在水文单元划分中,整个流域被划分为三个水文平衡区,分别为黑河干流水系平衡区、北大河干流水系平衡区和马营-丰乐山前水系平衡区(高前兆等,1990,1988)。

(2) "九五"国家重点科技攻关项目子专题"黑河流域水资源合理利用与经济社会和生态环境协调发展研究"考虑了县级行政单元的完整性,在第一个流域边界的基础上利用当时的行政界线对流域边界进行了修订,形成了目前"数字黑河"信息系统(http://heihe.westgis.ac.cn)公布的黑河流域边界[图 1-1(b)],流域面积为 12.87 万 km²。在水文单元的划分上继承了原有的思路,划分为三大水系,分别为东部水系、中部水系和西部水系(程国栋和王根绪,1998;程国栋,2009)。

(3) 在水利部黑河流域综合治理规划中,黑河流域面积被确定为 14.3 万 km²[图 1-1(c)],水文单元被划分为中西部和东部两个独立的水系,面积分别为 2.7 万 km² 和 11.6 万 km²(李国英,2008;中华人民共和国水利部,2002)。

(4) 在 2002～2006 年开展的全国水资源综合规划中,"黄河流域(片)水资源综合规划"编制工作组于 2005 年编制《西北诸河水资源及其开发利用调查评价简要报告》,以水资源二级区和三级区为单位,完成了一系列自然地理与社会经济的统计表格和图件。在这次综合规划中,黑河流域的面积约为 15.17 万 km²[图 1-1(d)],该方案并没有给出更加详细的子流域划分方案(水资源综合规划编制工作组黄河流域片,2005)。

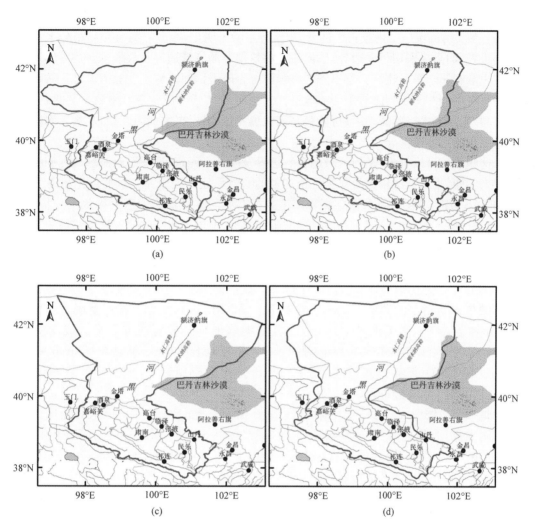

图 1-1 文献中常见的 4 种黑河流域边界示意图

目前,对黑河流域范围的基本认识是黑河流域发源于祁连山,流经河西走廊和阿拉善荒漠,最终汇入东西居延海。以上几种流域范围划分方案都反映了这一基本特征,但又存在差异,总结如下。

(1) 在祁连山区,基本上都是按照山脉分水岭进行划分的,在流域范围上无明显差异。

(2) 在河西走廊地区,存在两种划分原则:一种是根据分水岭进行划分的;另一种是根据(县级)行政区划进行划分的。不同的划分方案存在细微的差别。现有的划分方案基本认同东部的分水岭是合黎山和龙首山,西部的流域边界为嘉峪关西侧的黑山。黑河流域在该地区的主要争议如下:①石油河、白杨河和北石河在行政上归疏勒河水资源管理局管辖,但冯绳武(1988)从黑河历史变迁的角度提出,石油河和白杨河也属于黑河流域。②断山口河属讨赖河水资源管理局管辖,但实际上该河流也是流向花海盆地的,它应该属于黑河流域还是疏勒河流域?③黑河流域与疏勒河流域之间没有明显的分水岭,流域边界划分的依据是什么?

(3) 在黑河流域位于内蒙古的部分,由于分水岭不明显,很多方案放弃利用分水岭来划分流域边界,而直接采用行政边界,黑河流域在这部分的流域边界争议最多,包括:①马鬃山区有多大范围属于黑河流域? ②巴丹吉林沙漠是否属于黑河流域? ③黑河流域在居延海以北的边界在何处? ④居延海是黑河流域近代的尾闾湖,但历史上,黑河流域下游的东支(额木纳高勒)向东汇入居延泽,并且可能最终流向黑龙江流域(冯绳武,1988),那么黑河流域在居延海以东的边界在何处?

从这些争议可以看出,黑河流域的自然边界至今尚未确定,这无疑给流域尺度的水循环研究带来不便,也不利于将流域作为一个完整的自然单元开展研究。本书首先利用 SRTM DEM 和 ASTER GDEM 两种数字高程模型数据对黑河流域周边地区进行水文分析模拟,在详细分析模拟结果的基础上,参照其他文献和数据,根据汇水条件确定黑河流域的流域范围,同时,针对以上存在的问题展开讨论,并尝试廓清存在争议。

目前,可用于流域尺度水文分析的 DEM 数据包括由数字地形图(通常需要 1∶10 万或 1∶5 万及以上的大比例尺地形图)生成的 DEM 数据、90m 分辨率的 SRTM DEM 数据和最新公布的 30m 分辨率的 ASTER GDEM 数据。SRTM DEM 数据已被广泛用于各种水文分析(孙林等,2008;曹玲玲等,2007),并且在提取干旱区古河道方面也有成功的应用(Youssef,2009),甚至很多时候被证明优于 1∶5 万地形图提取的 DEM(Jarvis et al.,2004)。ASTER GDEM 公布较晚,在水文分析方面的应用较少,但其空间分辨率高于 SRTM,也可用于水文分析。

由地形图高线形成的 DEM 数据虽然也是不错的选择,但由于很难获取该地区大比例的地形图数据,尤其是蒙古国境内的地形图,最终选择 SRTM DEM 和 ASTER GDEM 作为水文分析的数据源。采用的 SRTM DEM 数据是 V4.1 版,反映的是 2000 年 2 月的地表高程状况,空间分辨率为 3 弧度秒(约 90m),水平精度为 ±20m,垂直精度为 ±16m。ASTER GDEM 空间分辨率为 1 弧度秒(约 30m),水平精度为 ±30m,垂直精度为 ±20m,反映的是 ASTER 卫星发射(1999 年)至 ASTER GDEM 发布期间(2008 年)的地表高程状况。

"利用 GIS 进行水文过程或现象的空间特性分析与所采用的方法高度相关,方法上的差别在环境模型研究与数据库开发中是不应忽视的"(刘学军等,2006;Moore,1996)。因此,为了排除数据源和分析方法可能带来的影响,除了 SRTM DEM 和 ASTER GDEM 提到的河网和水系数据外,本书还同时参考了世界自然基金会(World Wide Fund for Nature,WWF)利用 SRTM 提取的 HydroSHEDS 数据集(Lehner et al.,2008),美国地质调查局(United States Geological Survey,USGS)利用 1km GTOPO DEM 获取的全球流域与水系数据集(HYDRO1K)(HYDRO1K Team,2003)。其中,HydroSHEDS 模拟分析时采用的分辨率是 3s,低于本书模拟时使用的分辨率。在理论上,本书的河网模拟精度高于 Hydro-SHEDS 数据。

在分析和验证由 DEM 提取的河网数据时,参考了基于我国 1∶10 万和 1∶5 万地形图、蒙古国 1∶10 万地形图的数字化河流数据,以及美国环境系统研究所公司(ESRI)Digital Chart of World 数据集中的河网数据。此外,还利用 Landsat ETM+遥感影像和 Google

Earth 解译获取了一部分河流数据。

根据文献中有关黑河流域范围的讨论,本书将水文分析区域设定为 $96°\sim105°E$ 和 $37°\sim44°N$,包括存在争议的花海盆地、巴丹吉林沙漠、大部分马鬃山地区和蒙古国境内相关地区。水文分析在 GRASS GIS 软件环境下进行,采用 r. watershed 分析模块,该方法用 D8 算法来计算地表径流方向(Neteler et al., 2007)。由于 SRTM DEM 和 ASTER GDEM 的分发数据均采用经纬度投影,为了保证水平方向和垂直方向距离单位一致,将其均转换为平面坐标系下进行分析(Albers 投影)。同时,为了提高水文分析的模拟精度,将 SRTM DEM 和 ASTER GDEM 数据都进行了重采样,采样后的空间分辨率都为 25m(Neteler et al., 2007;Jarvis et al.,2004)。由于数据量过大,在进行全流域水文分析时需要较大的计算机内存,在实际操作中,采取分块处理的方式,将整个流域划分为 9 个分析区,每个分析区都保证为一个独立的水文单元,最后通过人工方法将不同水文单元的分析结果进行合并。在进行水文分析时,最小汇水面积设定为 $5km^2$。

基于 SRTM DEM 的水文分析结果如图 1-2(a)所示,该模拟结果与基于 ASTER GDEM 的模拟结果及 HydroSHEDS 数据基本一致,仅在细节部分存在一些差异,但明显优于 HYDRO1K 数据。这些模拟结果的共同之处如下:①巴丹吉林沙漠属于黑河流域,但不完全属于一个水文单元;②大部分的马鬃山区也属于黑河流域,且以包尔乌拉山为分水岭分为南北两个独立的水文单元;③蒙古国境内戈壁阿尔泰山是黑河流域的北界,其南麓的地表产水量分别流向居延海和居延泽;④疏勒河的东支——北石河和南石河,与石油河、白杨河及断山口河(统称花海盆地诸水系)同属一个水文单元,且经金塔盆地汇入黑河干流;⑤居延海并不是黑河流域的最终汇集区,居延泽和拐子湖比居延海海拔更低,模拟河道从东西居延海流向居延泽,并经过拐子湖向东北方向流去,但居延泽以东并没有明显的分水岭。

但是,通过对比实测河网数据,并以遥感数据为佐证,发现基于 DEM 提取的河网也存在一些问题,不能完全作为划分流域边界的依据,必须参考其他数据对其进行细致修正,才能得到准确的黑河流域边界和子流域边界。

1)北部边界的确定

戈壁阿尔泰山脉是黑河流域的重要分水岭,在北部,它将黑河流域与蒙古国的其他河流隔开,在西北部,它与马鬃山一起将黑河流域与准噶尔盆地内陆河水系隔开。戈壁阿尔泰山区和马鬃山区分布着准平原化的干燥剥蚀低山、残丘与洪积及剥蚀平地,由于降水量少,没有常年性河道和季节性河道,只有大量的扇面网状冲积沟,彼此之间的水力联系较弱。受水文分析算法的影响,该地区的模拟河道表现出更强的水力联系,对比实测数据,马鬃山区和戈壁阿尔泰山区有两类的模拟结果与实测数据不符[图 1-2(a)中的 Ⅰ 区和 Ⅱ 区]。根据遥感影像进行判断,Ⅰ 区的模拟河网没有明显的错误,但该区东部存在一个局部低矮的隆起山岭,实际径流量无法使该河流漫过隆起山岭而与河网联通[图 1-2(b)],不排除在洪水期间这些河网有彼此联通的可能,因此本书依然将 Ⅰ 区视为黑河流域的一部分。Ⅱ 区的地表河流总体上较马鬃山区更为发育,模拟结果显示,该区也汇入黑河流域,但根据遥感影像上的河流走向[图 1-2(c)],该区显然是一个封闭性流域,可能是 Ⅱ 区和黑河流域之间的微型地形拗陷导致模拟结果出现错误。因此,本书不将 Ⅱ 区视为黑河流域的一部分。

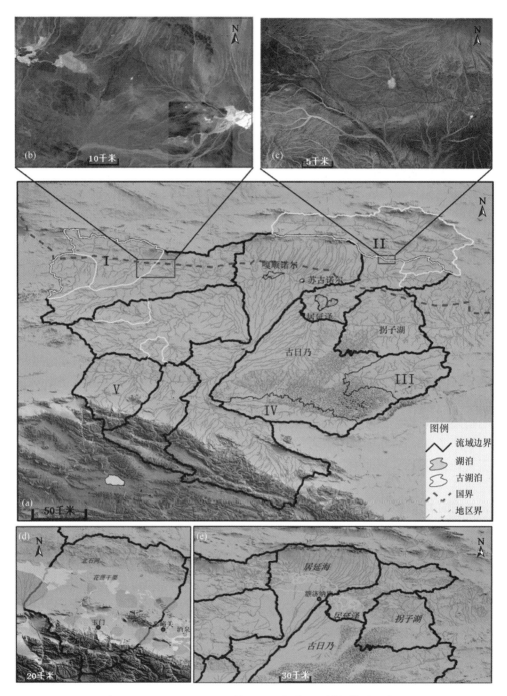

图 1-2　基于 SRTM DEM 的河网和流域边界模拟结果示意图

图(b)和(c)中,蓝色实线表示模拟河道,遥感影像中白色射线状的痕迹是洪水冲刷河道,白色斑块为水流汇集洼地,
红色虚线为分水岭;图(d)中,蓝色线段为实测的河道,其中实线代表常年性河流,虚线代表季节性河流,淡褐色图斑
为山前冲积扇,淡蓝色图斑为灌溉绿洲;图(e)中,黑色实线为流域边界,蓝色实线为河流,淡绿色为古河岸线

2）花海盆地诸水系

花海盆地诸水系包括北石河、南石河、石油河、白杨河和断山口河，其中北石河和南石河传统上是作为疏勒河的支流，其水量主要来源于昌马冲积扇东北部源的渗漏补给，径流的季节变化很大，南石河更被直接改造为灌渠。在行政上，北石河、南石河、石油河和白杨河属疏勒河水资源管理局管辖，而断山口河归讨赖河水资源管理局管辖，同时被视为黑河流域的一部分。北石河、石油河、白杨河和断山口河汇于花海盆地，无论是从地表水还是从地下水研究的角度，这些河流在下游地区彼此之间没有明显的分水岭，很难准确地定义流域边界。而从流域尺度水资源研究的角度，这些河流宜作为一个整体对待。问题的关键是应该划为疏勒河流域还是黑河流域。

从水资源利用的角度，石油河与疏勒河之间存在跨流域水资源利用，疏勒河每年都通过疏花干渠（原南石河）向花海灌区输水约 0.63 亿 m³（赫明林等，2007）。因此，从水资源管理的角度，将石油河等支流划归疏勒河流域来统一管理是合适的。

但是从自然单元划分的角度，花海盆地诸水系更应该划归黑河流域。总结起来包括：①在历史上，石油河和白杨河曾是黑河流域最西的支流，讨赖河在历史上先后 5 次改道，最初都是流入花海盆地，此后逐步东移，最后才经夹山汇入黑河，形成现在的河流格局（冯绳武，1988）；②在河西地区，"地表水—地下水—地表水"的转换过程是陆地水循环过程的一个重要特征，石油河、白杨河和断山口河在流出祁连山后，在南盆地一起完成了第一次转换，然后经过北镜山进入花海盆地，完成了第二次转换（高前兆等，2004）。而从水文地质的角度，花海盆地和金塔盆地属于同一个水文地质单元（张济世等，2001）。

3）居延海东部的流域边界

东西居延海是现代黑河的尾闾湖，前人的研究表明，居延泽是黑河流域更早时期的尾闾湖。在全新世早期，包括居延泽和居延海在内的居延盆地曾存在一个统一的湖泊（Pachur et al.，1995），直到全新世中期才分解为两个湖盆，目前仍可以清晰地从遥感影像上看到居延泽有 6 道主要湖岸堤（Mischke et al.，2003；Wunnemann et al.，2002）。据冯绳武（1988）推测，历史上黑河流域可能是黑龙江流域的一部分，而拐子湖（温图高勒）和套海都是早期河道的遗留部分。

模拟结果显示，黑河流域在居延泽和拐子湖附近没有明显的分水岭，但居延泽以西属于黑河流域是确定的，仅拐子湖区域的归属还存在疑问。模拟和实测数据均显示拐子湖地区是一个相对独立的水文单元，其南部已经被巴丹吉林沙漠掩盖，只有北部山区才能看到洪水冲积河道。拐子湖以东地区是面积更大的、独立的水文区，但与拐子湖之间也没有明显的地表水力联系。根据遥感影像上的居延海和居延泽河岸堤痕迹，本书利用 SRTM DEM 数据恢复重建了 4 道古河岸线[图 1-2（d）]。水位最高的一道湖岸线显示，东西居延海和居延泽已经连在了一起，虽然没有覆盖拐子湖地区，但古河岸已经与拐子湖水文单元连在了一起。因此，本书将拐子湖地区包含在黑河范围内。

4）巴丹吉林沙漠

巴丹吉林沙漠不存在地表河流，仅在沙丘之间分布着若干湖泊，因此地下水的来源是判断巴丹吉林沙漠归属的重要依据（朱震达等，1980）。对巴丹吉林地下水的来源尚没有得到广泛认可的结论,但有三种主要的观点,即来源于:①当地降水补给(杨小平,2002,2000);②雅布赖山和北大山的山区降水补给(马妮娜等,2008;马金珠等,2004);③金塔-鼎新盆地、阿尔金断裂带、祁连山冰川融水或河西走廊洪积扇的地下水补给(丁宏伟等,2007;Chen et al.,2004;仵彦卿等,2004;陈建生等,2003;武选民等,2002a,2002b)。

结果显示,黑河下游东支(额木纳高勒)以东地区,包括古日乃和巴丹吉林沙漠都属于一个水文单元,来自于北大山西部和巴丹吉林沙漠的"河流"首先汇入古日乃湖,然后再向北汇入居延泽,这与现有的地下水来源的各种观点并不冲突,也与古日乃湖的地下水年龄大于诺尔图湖泊群的研究发现是一致的。此外,HydroSHEDS的模拟结果显示,北大山北麓[图1-2(a)中的Ⅳ区]和雅布赖山东北部[图1-2(a)中的Ⅲ区]是两个独立的水文区,根据遥感影像,北大山北麓存在明显的地表径流,能够看到汇入巴丹吉林沙漠的痕迹,而雅布赖山东北的地表径流并不十分明显,没有其他的证据说明该地区的水文性质。因此,在以模拟结果为主要参考依据的情况下,将北大山以北,雅布赖山以西,包括整个巴丹吉林沙漠在内的地区都划归黑河流域。

尽管如此,本书依然将确定该地区准确流域边界所存在的疑点和问题列举出来,以便在有更充足证据时进行准确的确定。

第一,沙漠的存在改变了地表地形特征,基于现在的DEM数据只能反映沙漠地表以上的地形总体特征,不能反映被沙漠覆盖的地下地形情况。

第二,巴丹吉林沙漠东南部有一个湖泊群,模拟结果显示这个湖泊群是在流域的上游,汇水面积并不是很大,北大山和雅布赖山东北部的地表径流并没有穿过该湖泊群,因此很难解释该湖泊群的存在。根据同位素分析结果,在该湖泊群中,东边湖泊地下水年龄大,西边湖泊地下水年龄小。如果这些湖泊的地下水之间存在联系,地下水的流动应该是自西向东,因此推测,北大山北麓的地表降水可能分为两个水文单元,西部的地表降水直接向北汇入古日乃湖,而中东部的地表降水并不是直接向东北方向汇入古日乃湖,而是自西向东穿过湖泊区。关于该湖泊群的地下水流向,陈建生等(2003)认为是经祁连山断裂带向东北方向汇入古日乃湖的,但本书认为,并不排除这些湖泊群经东南方向进入石羊河流域的可能,雅布赖盐池可能位于这些湖泊的下游。

第三,雅布赖山东北部的戈壁区可能属于石羊河流域。虽然模拟结果显示地表径流是流向巴丹吉林沙漠方向的,但也有可能经东南方向的干河道进入石羊河流域。

在流域边界的基础上,根据水力特征,本书将黑河流域划分为8个水文单元,各水文单元的名称和面积等基本属性见表1-1,最终的黑河流域边界如图1-3所示。

表1-1 黑河流域的主要水文分区

序号	流域名称	流域面积/km²	序号	流域名称	流域面积/km²
Ⅰ	拐子湖水文区	17084.4	Ⅴ	讨赖河水文区	17532.3
Ⅱ	居延泽水文区	15108.8	Ⅵ	马鬃山南部水文区	33545.2
Ⅲ	巴丹吉林沙漠-古日乃湖水文区	60578.9	Ⅶ	马鬃山北部散流区	37795.9
Ⅳ	黑河干流水文区	73213.2	Ⅷ	花海盆地水文区	16151.7

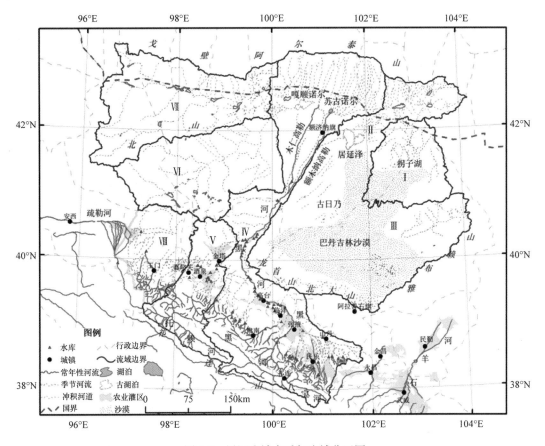

图 1-3 黑河流域水系与流域分区图

　　黑河流域边界的确定为流域尺度的水文和生态集成研究与学科交叉研究提供了统一的数据基础,但在实际的研究过程中,特别是分布式水文模型中,流域和子流域边界往往是根据 DEM 数据自行提取的,并不直接使用本书提供的数据,不同的数据源和分辨率对提取的河网和(子)流域边界有明显的影响。例如,根据 SRTM DEM 和 ASTER GDEM 的模拟结果,丰乐河水系属于不同的水文单元,前者将其划归为黑河干流水系,经明花池,沿金塔南山南麓山脚汇入黑河干流,后者将其划分为托赖河水系,直接汇入鸳鸯池和解放村水库。因此,在黑河流域最新流域边界和实测河网的基础上,对现有的 DEM 数据进行标准化处理,利用实测数据对 DEM 上的河道高程进行修订(罗翔宇等,2006),保证不同的研究者基于这套 DEM 数据所提取的河网和(子)流域边界数据是基本一致的,同时保证数据基础的统一。

　　黑河流域在居延泽东侧没有明显的分水岭,根据拐子湖附近的地形和地表径流特征,将黑河流域在该地区的边界定位于拐子湖东侧。巴丹吉林沙漠总体上属于黑河流域,但雅布赖山东北部浅山区的归属尚存在一些疑问。花海盆地诸水系(1.6 万 km²)与疏勒河流域之间有跨流域水资源调用,从水资源管理和利用的角度应该划归为疏勒河流域,但从河西地区水循环特征及更大尺度水文系统的角度,花海盆地诸水系宜划归黑河流域。

本书所使用的行政区划数据中国部分来源于国家地球系统科学数据共享平台(http: //www. geodata. cn),蒙古国部分来源于国际全球地图(Global Mapping)(http: //www. iscgm. org/cgi-bin/fswiki/wiki. cgi),SRTM DEM 数据来源于国际热带农业中心(http: //srtm. csi. cgiar. org),ASTER GDEM 来源于日本的地球遥感数据分析中心(http: //www. gdem. aster. ersdac. or. jp),HydroSHEDS(http: //hydrosheds. cr. usgs. gov/)和 Hydro 1k (http: //eros. usgs. gov/♯/Find_Data/Products _and_Data_Available/gtopo30/hydro)来源于美国地质调查局,世界数字化图(Digital Chart of the World)来自于哈佛大学(http: //worldmap. harvard. edu/data/search)。

1.2 流域社会经济状况与区域定位

根据第六次全国人口普查数据公报,2010 年年末黑河流域总人口为 260.35 万人,其中,黑河干流:祁连山区,包括青海省祁连县和甘肃省肃南裕固族自治县(以下简称"肃南县"),常住人口为 8.07 万人;走廊平原区,甘肃省张掖市,包括甘州区、民乐县、山丹县、临泽县、高台县 1 区 4 县,常住人口为 117.05 万人,农业人口为 74.19 万人;下游内蒙古额济纳旗常住人口为 3.24 万人。

黑河流域上游地区包括青海省祁连县大部分和甘肃省肃南县部分地区,以牧业为主,土地面积为 3.41 万 km²,区域国内生产总值约为 20 亿元。中游走廊平原区包括甘州区、民乐县、山丹县、临泽县、高台县 1 区 4 县,是流域人口和经济活动最为集中的区域,属灌溉农业经济区,土地面积为 1.84 万 m²,耕地面积为 390.87 万亩①,国内生产总值约为 327 亿元,三次产业结构的比例为 28∶36∶36。下游荒漠区包括金塔县部分灌溉农业经济区和内蒙古额济纳旗牧业区,土地面积为 13.42 万 km²,其中金塔县鼎新片耕地面积为 2.37 万亩,额济纳旗耕地面积为 6.75 万亩,区域国内生产总值约为 40 亿元,三次产业结构比例为 3∶61∶36 〔张掖市落实国家主体功能区建设试点示范实施方案(2015—2017 年);阿拉善盟额济纳旗 2011 年国民经济和社会发展统计公报〕。

2015 年 3 月 28 日,国家发展和改革委员会、外交部以及商务部联合发布《推动共建丝绸之路经济带和 21 世纪海上丝绸之路的愿景与行动》,宣告"一带一路"进入了全面推进阶段。

黑河流域跨越青海、甘肃、内蒙古三省(自治区),有古丝绸之路多个重镇,是新丝绸之路东进西出、南引北连的枢纽,也是能源、交通、商贸和文化等方面交流的大节点。张掖市是国家战略布局部署的和甘肃省主体功能区规划确定的国家生态安全屏障综合试验区的重点区域,是祁连山冰川与水源涵养重点生态功能区、中国北方防沙带和西北草原荒漠化防治重点区,是国家农产品甘新主产区的核心区、国家级河西绿洲节水高效农业示范区、国家批复的节水型工农业复合型特色农副产品加工循环经济基地〔张掖市落实国家主体功能区建设试点示范实施方案(2015—2017 年)〕。

根据《全国主体功能区规划》,张掖市是全国"两屏三带"中青藏高原生态安全屏障的关键区域和甘肃、新疆国家农产品主产区之一。《国家生态安全屏障综合试验区》将张掖市列为甘

---

① 1 亩≈666.7m²。

肃省五大区域中的河西内陆河地区,提出以水源涵养、湿地保护、荒漠化防治为重点,加快节水型社会建设,实施祁连山生态保护及黑河流域生态综合治理,加强北部防风固沙林体系建设,着力构建河西祁连山内陆河生态安全屏障,建设绿洲节水高效农业示范区和新能源基地〔张掖市落实国家主体功能区建设试点示范实施方案(2015—2017 年)〕。

1.3　黑河流域生态综合治理工程及成效

1.3.1　黑河流域近期治理规划

黑河流域中下游地区极度干旱,区域水资源难以满足当地经济发展和生态平衡的需要,历史上水事矛盾已相当突出。由于人口增长和经济发展,人们对水土资源过度开发。20 世纪 60 年代以来,进入下游的水量逐渐减少,河湖干涸、林木死亡、草场退化、沙尘暴肆虐等生态问题进一步加剧,省际水事矛盾更加突出。

2001 年 8 月 3 日,国务院〔2001〕86 号文批复《黑河流域近期治理规划》。《黑河流域近期治理规划》提出,力争通过近期三年治理,实现国务院批准的分水方案,遏制生态系统恶化趋势,并为逐步改善当地生态系统奠定坚实基础。规划在黑河流域逐步形成以水资源合理配置为中心的生态系统综合治理和保护体系,上游以加强天然保护和天然草场建设为主,中游建立国家级农业高效节水示范区,深化灌区体制改革,大力开展灌区节水配套改造,积极稳妥地调整经济结构和农业种植结构,下游建立国家级生态保护示范区,加强人工绿洲建设,搞好额济纳绿洲地区生态建设与环境保护。

《黑河干流水量分配方案》(水政资〔1997〕496 号)规定:在莺落峡多年平均来水 15.8 亿 m³ 时,分配正义峡下泄水量 9.5 亿 m³;莺落峡 25 %保证率来水 17.1 亿 m³ 时,分配正义峡下泄水量 10.9 亿 m³。对于枯水年,其水量分配兼顾甘肃、内蒙古两省(自治区)的用水要求,也考虑了甘肃省的节水力度,提出莺落峡 75 %保证率来水 14.2 亿 m³ 时,正义峡下泄水量 7.6 亿 m³;莺落峡 90%保证率来水 12.9 亿 m³ 时,正义峡下泄水量 6.3 亿 m³;其他保证率来水时,分配正义峡下泄水量按以上保证率水量直线内插求得。

2001~2010 年流域治理工程措施主要包括灌区节水配套改造、控制性骨干工程、生态建设和水资源保护、水量调度管理决策支持系统建设等。生态建设方面,上游源头区重点加强林业工程建设和草地治理;中游进行退耕、限牧的同时,进一步营造农田防护林和防风固沙林,建立高效稳定的可持续发展农业绿洲;下游重点加强额济纳旗绿洲水利工程建设,发展林草灌溉面积,改善传统牧业方式,最大限度地保护和恢复植被,遏制流域生态系统恶化趋势,逐步建立良性循环的生态系统。

1.3.2　黑河流域治理生态成效与示范借鉴作用

截至 2010 年,黑河生态治理工程规划全面完成了《黑河流域近期治理规划》确定的治理任务:发展田间配套面积 142 万亩,推广高效节水面积 52 万亩,调整农业种植结构 30 万亩,封育天然林 64 万亩,实施草原围栏 97 万亩,人工造林 1.4 万亩。2000 年国家实施黑河水量统一调度,截至 2012 年累计向下游输水 132 亿 m³,占黑河来水的 57.5%,东居延海自 2004 年连续 9 年不干涸,最大水域面积达到 45km²,下游生态得到有效改善。张掖市通过用水结构调整,实现了年节水 2.55 亿 m³ 的治理目标,单方水 GDP 产出由 2.8 元提高到 11.6 元,农业灌溉水利用率提高到 0.5,万元工业增加值用水量由 466m³ 降为 67m³,工业用水重复利用率由 45% 提高到 52%。黑河生态治理取得了明显的生态、社会和经济效益。

黑河流域试点的构建将在环境与水资源的基础上,支撑内陆开放型经济试验区建设,并为国际合作建立示范流域。

"一带一路"贯穿亚欧非大陆,中间广大腹地的内陆干旱区国家东端是活跃的东亚经济圈,西端是发达的欧洲经济圈。

全球内陆河水资源稀缺、生态环境退化已经严重制约经济社会的可持续发展:苏联的过度农垦酿成横贯欧亚的黑风暴;2007 年,咸海水面仅为极盛时的 10%;2009 年年末,乌兹别克斯坦退出中亚统一电力系统(水资源与能源的国家间调配)。上述大规模生态环境事件与能源资源问题都充分暴露出中亚水资源矛盾已处于进一步激化状态,我国情况也十分严峻。1993 年以来,席卷我国北方的沙尘暴、石羊河曾经背井离乡的生态难民等事件,促使国家先后在黑河、塔河、石羊河、青海湖等投入数百亿元抢救水系统,修复生态环境,协调人和自然的关系。干旱内陆区急需以流域为单元合理高效配置水资源,协调水、生态、发展的关系,创造更加美好的家园。

亚欧大陆内陆区面积达 1120 万 km²(主要包括黑海和亚速海流域、里海流域、咸海流域、巴尔喀什湖流域、塔里木河流域和河西三大流域),近 20 个国家多属发展中国家(包括中国、俄罗斯、蒙古、哈萨克斯坦、吉尔吉斯斯坦、塔吉克斯坦、乌兹别克斯坦、土库曼斯坦、巴基斯坦、阿富汗、伊朗、阿塞拜疆、亚美尼亚、格鲁吉亚、土耳其、乌克兰、摩尔多瓦、保加利亚、罗马尼亚和白俄罗斯等),区域重要的能源经济、敏感的宗教文化、独特的地缘政治成为大国角逐的战略空间。

丝绸之路经济带主要跨经我国西北内陆河省(自治区),其占国土面积的 1/3,但水资源仅占全国的 5%;生态环境恶化问题严重制约区域发展。流域水-生态-经济系统的综合管理仅在个别流域开展了试点和探索。黑河流域跨越青海、甘肃、内蒙古三省(自治区),有多个古丝绸之路重镇,是新丝绸之路东进西出、南引北连的枢纽,也是能源、交通、商贸和文化等方面交流的大节点。

过去的几个"五年计划"里,黑河流域先后执行了"节水型社会建设""流域分水方案与生态抢救"、科学技术部 973 计划和科技支撑计划等一系列致力于缓解用水矛盾、抢救生态环境的国家级项目;近年来,中国科学院的两期重大专项,尤其是 2009 年启动的"黑河流域生态-水文过程集成研究"(简称黑河计划)国家自然科学基金重大研究计划以来,基于过程和机理的黑河流域水管理理论研究和实践成果已处于国际流域科学前沿。2006 年以来,张掖市在节水型社会建设示范试点方面也取得了许多成功经验。

1.4 流域综合管理发展趋势

自 20 世纪后半叶以来,由水资源短缺所引发的生产、生活和生态等问题引起国际社会的高度重视,在世界个别水资源严重短缺的国家和地区甚至演化成国家之间或地区之间的冲突。为此,各国政府和科学界积极开展区域水文过程及其资源环境效应研究,为合理规划和利用水资源提供科学依据。2002 年,在约翰内斯堡召开的"世界可持续发展峰会"(World Summit on Sustainable Development,WSSD)将水列为可持续发展五大课题之首,会议强调了对于水与发展、水与环境及水管理等问题的关注。国际水资源管理的实践证明,以流域为单元进行水资源管理是最为行之有效的管理方式。近年来,随着涉水问题影响面的扩大和水科学研究的不断深入,研究的重点逐渐转向以流域为单元的生态-水文过程研究,旨在为流域环境综合管理奠定更为坚实的科学基础。另外,随着流域综合管理的需要,以流域为研究对象的流域科学逐渐形成,日益受到关注。流域水资源管理遇到的重要难题之一是如何保证不同条件下的生态用水。

占全国陆地面积 1/3 的内陆河流域集中分布在我国西北干旱区,跨越甘肃、宁夏、青海、新疆和内蒙古等地区。内陆河流域大部分地区年降水量低于 200mm,水资源量仅占全国的 5%,面积不到 10% 的绿洲(约 8.0 万 km²)却养育着约 2500 万人口,是干旱区人类主要的生存环境。在气候变化和人为因素的影响下,荒漠化、盐碱化、沙尘暴等生态环境问题直接威胁着区域可持续发展。目前,我国干旱内陆河流域出现的环境问题和未来的发展问题无一不与区域水文、水资源状况相关。在气候变暖加剧、经济快速发展的背景下,我国西北干旱区在 21 世纪中叶水资源尚有巨大的缺口(王浩等,2003)。

为了解决西北地区所面临的日益严峻的生存环境问题,国家先后投入巨资对三江源区、青海湖流域、塔里木河流域、黑河流域和石羊河流域进行生态环境治理。项目实施使西北干旱区生态环境明显改善,有效地促进了国家生态安全屏障建设。但是这些生态工程实施后对生态环境的影响如何?能否可持续发展?生态工程后续项目如何实施?这些问题都是国家决策层需要了解的信息。开展重大生态工程成效评估,可以科学、全面、及时掌握重大生态治理工程实施的生态效果,认识西北干旱区生态与环境演变规律,揭示生态恢复过程的环境响应过程,分析存在的主要问题,提出解决方案和进一步实施的对策,这些评估是保障工程实施效果、科学部署后续生态工程的前提条件。

本书基于近 10 年对黑河流域自然-经济系统水循环、水文过程和生态环境变化研究成果和阶段认识,针对 2001 年以来国家投入 23.5 亿元完成的《黑河流域近期治理规划》生态治理工程实施效果及其生态环境影响进行系统评估,并提出流域尺度可持续发展的生态环境愿景。

参 考 文 献

别强,强文丽,王超,等,2013. 1960—2010 年黑河流域冰川变化的遥感监测[J]. 冰川冻土,35(3):574-582.
曹玲玲,张秋文,2007. 基于 SRTM 的数字河网提取及其应用[J]. 人民长江,38(8):150-152.

陈建生,凡哲超,汪集旸,等,2003.巴丹吉林沙漠湖泊及其下游地下水同位素分析[J].地球学报,24(6):497-504.

程国栋,2009.黑河流域水-生态-经济系统综合管理研究[M].北京:科学出版社.

程国栋,王根绪,1998.黑河流域生态环境现状调查与质量评价[R].兰州:中国科学院兰州冰川冻土研究所.

丁宏伟,王贵玲,2007.巴丹吉林沙漠湖泊形成的机理分析[J].干旱区研究,24(1):1-7.

冯绳武,1988.河西黑河(弱水)水系的变迁[J].地理研究,7(1):18-26.

高前兆,李福兴,1988.黑河流域水景观图[M].西安:西安地图出版社.

高前兆,李福兴,1990.黑河流域水资源合理开发利用[M].兰州:甘肃科学技术出版社.

高前兆,李小雁,仵彦卿,等,2004.河西内陆河流域水资源转化分析[J].冰川冻土,26(1):48-54.

赫明林,曹炳媛,2007.水资源合理配置与生态环境保护方案——以疏勒河流域昌马、双塔、花海灌区为例[J].水文地质工程地质,(4):84-87.

李国英,2008.维持西北内陆河健康生命[M].郑州:黄河水利出版社.

刘学军,卢华兴,卞璐,等,2006.基于DEM的河网提取算法的比较[J].水利学报,37(9):1134-1141.

罗翔宇,贾仰文,王建华,等,2006.基于DEM与实测河网的流域编码方法[J].水科学进展,17(2):259-264.

马金珠,李丁,李相虎,等,2004.巴丹吉林沙漠包气带Cl⁻示踪与气候记录研究[J].中国沙漠,24(6):674-679.

马妮娜,杨小平,2008.巴丹吉林沙漠及其东南边缘地区水化学和环境同位素特征及其水文学意义[J].第四纪研究,28(4):702-711.

水资源综合规划编制工作组黄河流域片,2005.西北诸河水资源及其开发利用调查评估简要报告[R].郑州:黄河勘测规划设计有限公司.

孙林,蔡玉林,朱红春,等,2008.基于SRTM DEM的流域特征信息提取——以鄱阳湖流域为例[J].遥感信息,(4):15-17,70.

王浩,陈敏建,秦大庸,等,2003.西北地区水资源合理配置和承载能力研究[M].郑州:黄河水利出版社.

王瑾,2013.黑河流域生态环境现状调查与质量评价[J].甘肃科技,29(24):26-29.

武选民,史生胜,黎志恒,等,2002a.西北黑河下游额济纳盆地地下水系统研究(上)[J].水文地质工程地质,(1):16-20.

武选民,史生胜,黎志恒,等,2002b.西北黑河下游额济纳盆地地下水系统研究(下)[J].水文地质工程地质,(2):30-33.

仵彦卿,张应华,温小虎,等,2004.西北黑河下游盆地河水与地下水转化的新发现[J].自然科学进展,14(12):1428-1433.

杨小平,2000.巴丹吉林沙漠及其毗邻地区的景观类型及其形成机制初探[J].中国沙漠,20(2):166-170.

杨小平,2002.巴丹吉林沙漠腹地湖泊的水化学特征及其全新世以来的演变[J].第四纪研究,22(2):97-104.

张济世,康尔泗,蓝永超,等,2001.河西内陆河地表水与地下水转化及水资源利用率研究[J].冰川冻土,23(1):375-382.

中华人民共和国水利部,2002.黑河流域近期治理规划[M].北京:中国水利水电出版社.

朱震达,吴正,刘恕,1980.中国沙漠概论[M].北京:科学出版社.

CHEN J S, LI L, WANG J Y, et al., 2004. Groundwater maintains dune landscape [J]. Nature, 432: 459-460.

HYDRO1K TEAM, 2003. HYDRO1K: Elevation Derivative Database(http://edc.usgs.gov/products/elevation/gtopo30/hydro/index. html)[R]. New York: United States Geological Survey.

JARVIS A,RUBIANO J,NELSON A,et al. ,2004. Practical Use of SRTM Data in the Tropics-Comparisons with Digital Elevation Models Generated from Cartographic Data[R]. Cali,CO:Centro International de Agriculture Tropical(CIAT).

LEHNER B,VERDIN K,JARVIS A,2008. HydroSHEDS Technical Documentation(v1. 1)[R]. New York: World Wildlife Fund.

MISCHKE S,DEMSKE D,SCHUDACK M E,2003. Hydrologic and climatic implications of a multidisciplinary study of the Mid to Late Holocene Lake Eastern Juyanze[J]. Chinese Science Bulletin,48(14): 1411-1417.

MOORE I D,1996. Hydrologic Modeling and GIS[M]//GOOLDCHILD M F,STEYAERT L T,PARKS B O,et al. GIS and Environmental Modeling:Progress and Research Issues. Fort Collins:GIS World Books: 143-148.

NETELER M,MITASOVA H,2007. Open Source GIS:A GRASS GIS Approach[M]. 3rd edition. New York:Springer.

PACHUR H J,WUNNEMANN B,ZHANG H C,1995. Lake evolution in the Tengger Desert,Northwestern China,during the last 40000 years[J]. Quaternary Research,44(2):171-180.

WUNNEMANN B,HARTMANN K,2002. Morphodynamics and Paleohydrography of the Gaxun Nur Basin,Inner Mongolia,China[J]. Zeitschrift Für Geomorphologie Supplementband,126(s):147-168.

YOUSSEF A M,2009. Mapping the mega paleodrainage basin using shuttle radar topography mission in Eastern Sahara and its impact on the new development projects in Southern Egypt[J]. Geo-Spatial Information Science,12(3):182-190.

|第 2 章|　流域陆-气系统水循环

水以固、液和气三种相态存在于整个水文循环系统中,通过大气水汽输送、降水与蒸发等环节,完成对分布极不均匀的地表水资源的重新分配(Marlyn,2009;Oki et al.,2006)。本章着重分析黑河流域上、中、下游及全流域概化边界内的水汽含量、水汽输送量及水汽收支量,结合黑河流域上、中、下游及全流域的降水量、蒸发量和径流量的统计汇总与分析,探讨 1981~2010 年黑河流域上、中、下游及全流域陆-气系统水文循环特征。

2.1　陆-气系统水文循环各水文过程

区域的陆-气系统水文循环过程包括黑河流域全流域及上游、中游和下游的上空大气水汽含量、大气水汽收支量、降水量、蒸发量与径流量的统计汇总与分析。其中,黑河流域上、中、下游及全流域上空的大气水汽含量、大气水汽收支量及降水量的研究基于区域集成环境系统模式 RIEMS 2.0 进行,包括多等压面的气压、比湿、风速、温度等要素的《黑河流域 1980~2010 年间 3km×3km 的月尺度高分辨率模式输出数据集》(Xiong et al.,2013)。通过构建环流背景场降水理论估算模型和地形抬升降水估算模型,运用代表性台站数据进行统计回归和地统计插值,形成了综合的复杂地形降水的估算模型(许宝荣,2015;史岚,2012)。本书采用的地表蒸散发数据来自基于 ETWatch 模型估算得到的栅格影像数据——"黑河流域 2000~2012 年间 1km×1km 空间分辨率月尺度地表蒸散发数据集 Version 1.0"(Wu et al.,2015,2012),分别提取上、中、下游及全流域的面域蒸散量数据。在水文径流量统计中,黑河上游到中游的水文控制站分别为冰沟、丰乐、李桥、双树寺、瓦房城、新地、鹦鸽嘴和莺落峡,中、下游的水文控制站分别为鸳鸯池和正义峡,其中冰沟只有 1989~2010 年的数据。同时,在内陆河流域的径流量最终消耗于蒸发,出流量为 0。

为了便于统计黑河流域上、中、下游及全流域东南西北不同边界上的水汽输送量,在区域气候及自然景观差异的基础上,根据黑河流域上、中、下游的水文功能差异,分别对黑河流域上、中、下游的边界进行概化。流域边界的概化方法主要有正多边形方法和不规则多边形方法等(刘国纬,1997)。正多边形方法直接采用平行于空间投影坐标系统下 X 轴与 Y 轴的线段将区域范围概化,绝大多数水汽输送研究采用矩形框形式进行考虑(张良等,2014;江灏等,2009;张强等,2008)。本书对流域及上、中、下游各分区的边界进行了精细划分,如图 2-1 所示。以 3km×3km 的千米网格覆盖黑河流域,分析网格线与流域上、中、下游边界的关系,如果边界线上流域内的部分所占网格的面积大于一半则划为本流域,如果小于一半则划为流域外;同时,兼顾到上、中、下游边界的划分界限尽量与水文观测站点所确定的小流域分水岭与出水口边界连线吻合,通过水文观测台站来反映上、中、下游间的地表径流交换量。

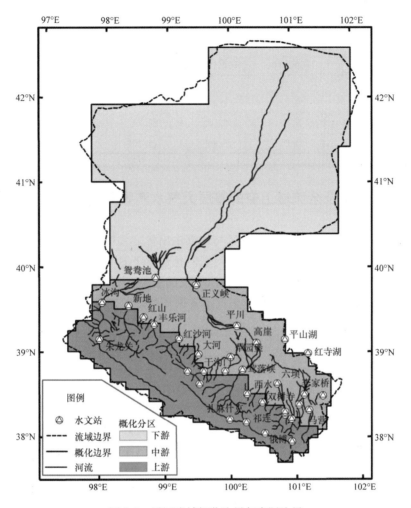

图 2-1 黑河流域概化边界与实际边界

2.1.1 上、中、下游及全流域上空整层大气平均水汽含量的时空分布

大气的水汽含量表示自地表向上空气柱中的总水汽量,是衡量空气中水资源量的重要指标,其空间分布与大气的厚度与空气湿度有关。地形特征影响大气的厚度,气候条件和下垫面状况也会通过作用于比湿来影响大气水汽含量的空间分布。

流域上空整层大气年均及季节代表性月份的平均水汽含量见表 2-1。黑河流域终年处于西风带,气候条件几乎一致,地形及区域大小成为水汽含量差异的主要原因。全年上游平均水汽含量最小,为 59.24mm;下游的水汽含量最大,为 112.22mm,几乎是上游大气水汽含量的 2 倍。水汽含量季节变化明显,1 月的平均水汽含量最小;4 月和 10 月的水汽含量增加到 1 月水汽含量的 2～3 倍;7 月水汽含量最大。夏季 7 月中下游的水汽含量为冬季 1 月的 5～6 倍,而上游水汽含量相对增量较大,是冬季 1 月的 6～7 倍。

表 2-1　流域上空整层大气年均及季节代表性月份的平均水汽含量

区域	概化面积/万 km²	1 月平均水汽含量/mm	4 月平均水汽含量/mm	7 月平均水汽含量/mm	10 月平均水汽含量/mm	年均总量/mm
上游	2.31	1.62	3.52	11.37	3.60	59.24
中游	2.45	3.34	6.42	19.50	7.06	107.05
下游	7.34	3.67	6.58	20.74	7.33	112.22
全流域	12.10	3.21	5.96	18.70	6.57	101.08

2.1.2　上、中、下游及全流域上空的整层大气水汽收支

某一时段内(日、月、年等)水汽输入量与水汽输出量之差构成了区域特定时段内的水汽净收支量。本小节分析了上、中、下游及全流域概化边界下多年平均及季节代表性月份的水汽收支状况,以及经向输送及纬向输送对水汽收支的贡献,为分析上、中、下游及全流域之间水汽的相互依赖和相互影响,揭示流域陆-气水文循环特征奠定基础。

1. 上、中、下游及全流域的年均及季节代表性月份的整层水汽收支

如图 2-2 所示,在风向的参照坐标系中,西风输送方向与 X 轴的正方向一致,在数值上表现为正值,东风输送量表现为负值;同理,南风输送方向与 Y 轴的正方向一致,在数值上表现为正值,而北风输送量表现为负值。在计算区域水汽收支时,取其绝对值,运用相对于区域的位置来定义水汽输送量的正负,水汽输入量定义为正值,水汽输出量定义为负值。在图 2-2 中,南风输送量对于区域的南边界而言表示水汽输入量,表现为正值,对于区域的北边界则表示水汽输出量,用负值来表示。同理,西风对于区域西边界表示水汽输入,而对于区域东边界表示水汽输出。以下分别对上、中、下游整层年均及季节水汽收支进行分析。

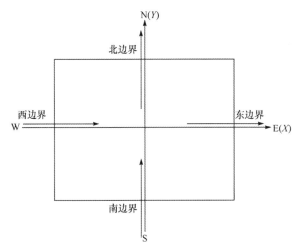

图 2-2　边界方向与水汽输入与输出的关系

1) 上游年均及季节水汽收支

上游年均及季节代表性月份的整层水汽收支见表 2-2。东西边界水汽输送量都为正值,表示纬向西风水汽输送。除夏季南边界水汽输送量为正值,南风经向水汽输送外,南北边界各季都为负值,北风经向水汽输送。纬向水汽输送量远远大于经向水汽输送量。在冬季 1 月、春季 4 月和秋季 10 月,水汽输入边界为西边界和北边界,水汽输出边界为东边界和南边界。夏季 7 月水汽输入边界增加了南边界,水汽输出边界为东边界。

表 2-2 上游年均及季节代表性月份的整层水汽收支 (单位:亿 m³)

边界	年均总量	冬季(1 月)	春季(4 月)	夏季(7 月)	秋季(10 月)
东	2635.59	120.62	193.82	346.95	213.30
西	2097.68	96.01	153.35	282.34	166.15
南	−283.72	−44.30	−71.01	45.02	−16.63
北	−845.36	−66.11	−107.40	−41.17	−56.39
输入	2974.71	162.12	260.75	394.33	226.10
输出	2950.98	164.92	264.83	372.75	233.49
净水汽收支	23.73	−2.80	−4.08	21.58	−7.39

西边界和北边界的年均水汽输入量分别为 2097.68 亿 m³ 和 845.36 亿 m³,东边界和南边界的水汽输出量分别为 2635.59 亿 m³ 和 283.72 亿 m³。年总水汽输入量为 2974.71 亿 m³,总水汽输出量为 2950.98 亿 m³,区域的净水汽收支量为 23.73 亿 m³。东、西边界纬向水汽输送量以冬季最少,夏季最大,秋季大于春季,东边界的水汽输出量都略高于西边界的水汽输入量。南边界春季水汽输出量为 71.01 亿 m³;夏季由水汽输出转为水汽输入,输入值为 45.02 亿 m³;秋季转为水汽输出,水汽输出值为 16.63 亿 m³,成为一年中水汽输送量最小的季节。北边界经向水汽输入量春季最大,冬季次之,秋季最少。

上游水汽输入量、水汽输出量和净水汽收支量都以夏季最大,春季次之,冬季最少,净水汽收支量夏季达 21.58 亿 m³,而其他季节的水汽净收支量为负值,水汽输送不仅为"过境水",还带走了上游更多的水分。全年上游净水汽收支量为 23.73 亿 m³。

2) 中游年均及季节水汽收支

中游年均及季节代表性月份的整层水汽收支见表 2-3。东、西边界上的水汽输送量都为正值,表示纬向西风水汽输送。南、北边界为负值,北风经向水汽输送。纬向水汽输送是经向水汽输送的 2 倍之多。水汽输入边界为西边界和北边界,水汽输出边界为东边界和南边界。全年及各季节的净水汽收支量都为正值。

表 2-3 中游年均及季节代表性月份的整层水汽收支 (单位:亿 m³)

边界	年均总量	冬季(1 月)	春季(4 月)	夏季(7 月)	秋季(10 月)
东	2644.88	148.54	219.42	283.24	234.56
西	2481.41	117.44	190.26	321.50	196.84
南	−848.15	−66.22	−106.91	−44.29	−56.54
北	−1237.34	−102.42	−137.40	−67.97	−97.54

边界	年均总量	冬季(1月)	春季(4月)	夏季(7月)	秋季(10月)
输入	3718.76	219.85	327.66	403.89	294.38
输出	3493.03	214.77	326.33	341.95	291.10
净水汽收支	225.73	5.08	1.33	61.94	3.28

西边界和北边界的年均水汽输入量均大于上游的水汽输入量,分别为2481.41亿 m³ 和 1237.34 亿 m³,东边界的水汽输出量为 2644.88 亿 m³,少于上游东边界的输出量,但南边界的输出量大于上游的,为 848.15 亿 m³。年总水汽输入量为 3718.76 亿 m³,总水汽输出量为 3493.03 亿 m³,区域的净水汽收支量为 225.73 亿 m³。

东、西边界纬向水汽输送量,南、北边界的经向水汽输送量的季节变化不同。东、西边界纬向水汽输送量以冬季最小,夏季最大,秋季大于春季。东边界夏季的水汽输出量少于西边界的水汽输出量。除此之外,东边界的水汽输出量都略高于西边界的水汽输入量。南、北边界经向水汽输送量以春季最大,夏季最少,冬季水汽输送量大于秋季。北边界的水汽输入量大于南边界的水汽输出量。

中游水汽输入量、水汽输出量和净水汽收支量都以夏季最大,春季次之,冬季最少。净水汽收支量全年代表性月份为正值,夏季 7 月净水汽收支达 61.94 亿 m³。全年中游的净水汽收支量为 225.73 亿 m³。

3)下游年均及季节水汽收支

下游年均及季节代表性月份的整层水汽收支见表 2-4。东、西边界上的水汽输送量都为正值,表示纬向西风水汽输送。南、北边界为负值,北风经向水汽输送。纬向水汽输送量是经向水汽输送量的 2 倍。水汽输入边界为西边界和北边界,水汽输出边界为东边界和南边界。

表 2-4 下游年均及季节代表性月份的整层水汽收支 (单位:亿 m³)

边界	年均总量	冬季(1月)	春季(4月)	夏季(7月)	秋季(10月)
东	4757.55	279.89	393.58	482.46	459.12
西	4523.99	272.71	378.90	485.73	407.96
南	−1418.16	−136.54	−163.83	−36.62	−122.34
北	−1663.27	−140.25	−171.15	−76.67	−146.85
输入	6187.26	412.96	550.05	611.15	554.81
输出	6175.71	416.43	557.41	567.82	581.46
净水汽收支	11.55	−3.47	−7.36	43.33	−26.65

西边界和北边界的年均水汽输入量分别是上、中游水汽输入量的 2 倍以上,东边界的水汽输出量大约是上、中游水汽输出量的 2 倍,南边界的水汽输出量大约是中游水汽输出量的 2 倍。年总水汽输入量和水汽输出量分别是中、上游的 2 倍,分别是 6187.26 亿 m³ 和 6175.71 亿 m³,但是区域净水汽收支仅为上游的 1/2,中游的 1/20,为 11.55 亿 m³。

东、西边界纬向水汽输送量,南、北边界的经向水汽输送量的季节变化不同。东、西边界水汽输送以冬季最少,夏季最大,秋季大于春季。夏季,西边界的水汽输入大于东边界的水汽输出;除此之外,西边界的水汽输入均少于东边界的水汽输出。南边界的水汽输出以春季最大,夏季最少,冬季大于秋季;北边界的水汽输入以春季最大,夏季最少,秋季大于冬季。北边界的水汽输入量大于南边界的水汽输出量。

下游总水汽输入量春季与秋季相当,夏季最大,冬季最少;区域总水汽输出量秋季最大,春季次之,冬季最少。这样,除夏季净水汽收支为正值外,春、秋、冬季的净水汽收支都为负值,以秋季水汽亏损最大,其原因还需进一步分析。

4) 全流域年均及季节水汽收支

全流域的年均及季节代表性月份的整层水汽收支见表 2-5。东、西边界水汽输送量都为正值,表示纬向西风水汽输送。除夏季南边界水汽输送量为正值,南风经向水汽输送外,南北边界各季都为负值,北风经向水汽输送。纬向水汽输送量远远大于经向水汽输送量。在冬季 1 月、春季 4 月和秋季 10 月,水汽输入边界为西边界和北边界,水汽输出边界为东边界和南边界。夏季 7 月水汽输入边界加入了南边界,水汽输出边界为东边界。

表 2-5　全流域年均及季节代表性月份的整层水汽收支　　　(单位:亿 m³)

边界	年均总量	冬季(1 月)	春季(4 月)	夏季(7 月)	秋季(10 月)
东	7934.16	451.21	648.07	835.67	741.30
西	6987.15	387.71	562.96	811.43	603.95
南	−1053.77	−136.19	−170.38	65.26	−90.72
北	−2256.10	−198.94	−245.49	−84.11	−196.60
输入	9274.86	586.65	808.46	1016.69	804.10
输出	9019.54	587.40	818.45	891.55	835.57
净水汽收支	255.32	−0.75	−9.99	125.14	−31.47

西边界和北边界的年均水汽输入量分别为 6987.15 亿 m³ 和 2256.10 亿 m³,东边界和南边界的水汽输出量分别为 7934.16 亿 m³ 和 1053.77 亿 m³。年总水汽输入量为 9274.86 亿 m³,总水汽输出量为 9019.54 亿 m³,区域的净水汽收支量为 255.32 亿 m³。东、西边界纬向水汽输送量以冬季最少,夏季最大,秋季大于春季,东边界的水汽输出量都略高于西边界的水汽输入量,流域在纬向水汽输送中以水汽亏损呈现。南边界春季水汽输出量为 170.38 亿 m³;夏季由水汽输出转为水汽输入,输入值为 65.26 亿 m³;秋季转为水汽输出,水汽输出值为 90.72 亿 m³,成为一年中水汽输送量最少的季节。北边界经向水汽输入量春季最大,夏季最少,秋季与冬季的水汽输入量相当。

全流域水汽输入量、水汽输出量和净水汽收支量都以夏季最大,春季次之,冬季最少,净水汽收支量夏季达 125.14 亿 m³,而其他季节的净水汽收支量为负,水汽输送不仅为"过境水",还带走了上游更多的水分。全年净水汽收支量为 255.32 亿 m³。

2. 经向水汽输送与纬向水汽输送对水汽收支的贡献

本小节主要分析黑河流域上、中、下游及全流域 1981~2010 年多年平均及各季节代表性月份经向水汽输送与纬向水汽输送对水汽收支的贡献。

1) 多年年均经向水汽输送与纬向水汽输送对水汽收支的贡献

表 2-6 为上、中、下游及全流域上空年均经向与纬向水汽输送对水汽收支的贡献。上、中、下游及全流域以纬向水汽输入与纬向水汽输出为主,纬向环流是引起水汽收支的重要原因,经向水汽输入与水汽输出所占比例较小,是区域水汽盈余的主要来源。

表 2-6　上、中、下游及全流域上空年均经向与纬向水汽输送

区域	项目	输入量/亿 m³	占总量比例/%	输出量/亿 m³	占总量比例/%	净水汽收支量/亿 m³
上游	经向	877.03	29.48	315.38	10.69	561.65
	纬向	2097.68	70.52	2635.59	89.31	−537.91
	合计	2974.71	—	2950.97	—	23.74
中游	经向	1237.34	33.27	848.15	24.28	389.19
	纬向	2481.41	66.73	2644.88	75.72	−163.46
	合计	3718.75	—	3493.03	—	225.73
下游	经向	1663.27	26.88	1418.16	22.96	245.10
	纬向	4523.99	73.12	4757.55	77.04	−233.56
	合计	6187.26	—	6175.71	—	11.54
全流域	经向	2287.70	24.67	1085.38	12.03	1202.33
	纬向	6987.15	75.33	7934.16	87.97	−947.01
	合计	9274.85	—	9019.54	—	255.32

上、中、下游及全流域纬向水汽输入量分别占总水汽输入量的 70.52%、66.73%、73.12%和75.33%,上、中、下游及全流域的纬向水汽输出量分别占总水汽输出量的 89.31%、75.72%、77.04%和87.97%,说明黑河流域纬向环流是引起水汽收支的主要机制;但是纬向水汽输入量均少于纬向水汽输出量,纬向净水汽收支量都为负值,说明纬向环流机制没有带来降水,而是以"过境水"的形式出现。全流域纬向水汽输送造成的水汽亏损量为947.01 亿 m³,其中上游水汽流失最多,水汽亏损量达到 537.91 亿 m³,下游次之,为233.56 亿 m³。中游受青藏高原等地形的遮挡作用,无论从水汽输入,还是从水汽输出来看,纬向环流的作用最小,其导致的水汽流失量也最少。上、中、下游及全流域经向水汽输入分别占总水汽输入的 29.48%、33.27%、26.88%和24.67%,成为流域水汽输入的主要来源,全流域的净水汽收支量为 1202.33 亿 m³,其中上游的经向净水汽收支量最大,达到561.65 亿 m³,中游的经向净水汽收支量为 389.19 亿 m³,下游的经向净水汽收支量最少。从水汽收支净盈余量来看,中游的净水汽收支盈余量最多,上游次之,下游最少。上游的水汽交换量最为频繁、最为活跃,而经纬向水汽输送在下游上空几乎以"过境水"的方式穿行,区域的水汽盈余最少,其形成的降水量也成为全流域最低的区域。

2) 冬季(1 月)经向水汽输送与纬向水汽输送对水汽收支的贡献

上、中、下游及全流域上空 1981~2010 年冬季(1 月)平均经向与纬向水汽输送对水汽收支的贡献见表2-7。冬季经向水汽输送量与纬向水汽输送量都是全年最小的,区域上空

高压控制,干燥寒冷。上、中、下游及全流域以纬向水汽输入与输出为主,区域水汽收支受纬向环流控制,但经向输入带来了水汽盈余,而通过纬向环流作用,水汽发生散失,整个流域上空水汽输入量与输出量保持平衡。

表 2-7　上、中、下游及全流域上空 1981~2010 年冬季(1 月)平均经向与纬向水汽输送

区域	项目	输入量/亿 m³	占总量比例/%	输出量/亿 m³	占总量比例/%	净水汽收支量/亿 m³
上游	经向	66.11	40.78	44.30	26.86	21.81
	纬向	96.01	59.22	120.62	73.14	−24.61
	合计	162.12	—	164.92	—	−2.80
中游	经向	102.42	46.58	66.22	30.84	36.19
	纬向	117.44	53.42	148.54	69.16	−31.11
	合计	219.86	—	214.76	—	5.08
下游	经向	140.25	33.96	136.54	32.79	3.71
	纬向	272.71	66.04	279.89	67.21	−7.19
	合计	412.96	—	416.43	—	−3.48
全流域	经向	198.94	33.91	136.19	23.19	62.75
	纬向	387.71	66.09	451.21	76.81	−63.50
	合计	586.65	—	587.40	—	−0.75

上、中、下游及全流域纬向水汽输入量分别占总水汽输入量的 59.22%、53.42%、66.04% 和 66.09%,纬向水汽输出量分别占总水汽输出量的 73.14%、69.16%、67.21% 和 76.81%,以纬向环流支配水汽收支。无论上游、中游还是下游,纬向水汽输出量始终大于纬向水汽输入量,水汽表现为亏损;而经向水汽输入量大于经向水汽输出量,水汽盈余;中游的净水汽输入量为正值,上游和下游以水汽亏损呈现。

3) 春季(4 月)经向水汽输送与纬向水汽输送对水汽收支的贡献

表 2-8 为上、中、下游及全流域上空 1981~2010 年春季(4 月)平均经向与纬向水汽输送对水汽收支的贡献。春季经向水汽输送与纬向水汽输送量增大,支配其水汽收支的环流系统与冬季相同。上、中、下游及全流域的水汽输入与水汽输出均以纬向为主,区域水汽收支受纬向环流控制。经向环流为上、中、下游带来了水汽盈余,而通过纬向环流作用,水汽发生散失。

表 2-8　上、中、下游及全流域上空 1981~2010 年春季(4 月)平均经向与纬向水汽输送

区域	项目	输入量/亿 m³	占总量比例/%	输出量/亿 m³	占总量比例/%	净水汽收支量/亿 m³
上游	经向	107.40	41.19	71.01	26.81	36.39
	纬向	153.35	58.81	193.82	73.19	−40.47
	合计	260.75	—	264.83	—	−4.08
中游	经向	137.40	41.93	106.91	32.76	30.49
	纬向	190.26	58.07	219.42	67.24	−29.16
	合计	327.66	—	326.33	—	1.33

区域	项目	输入量/亿 m³	占总量比例/%	输出量/亿 m³	占总量比例/%	净水汽收支/亿 m³
下游	经向	171.15	31.12	163.83	29.39	7.32
	纬向	378.90	68.88	393.58	70.61	−14.68
	合计	550.05	—	557.41	—	−7.36
全流域	经向	245.49	30.37	170.38	20.82	75.11
	纬向	562.96	69.63	648.07	79.18	−85.10
	合计	808.46	—	818.45	—	−9.99

上、中、下游及全流域纬向水汽输入量分别占总水汽输入量的 58.81%、58.07%、68.88% 和 69.63%，纬向水汽输出量分别占总水汽输出量的 73.19%、67.24%、70.61% 和 79.18%，以纬向环流支配水汽收支。无论上游、中游还是下游，纬向水汽输出量始终大于纬向水汽输入量，水汽表现为亏损；而经向水汽输入量大于经向水汽输出量，水汽盈余；中游的净水汽输入量为正值，上游和下游为负值，水汽呈现亏损，下游的水汽亏损最为显著。

4) 夏季(7月)经向水汽输送与纬向水汽输送对水汽收支的贡献

表 2-9 为上、中、下游及全流域上空 1981～2010 年夏季(7月)平均经向与纬向水汽输送对水汽收支的贡献。夏季经向水汽输送与纬向水汽输送量达到最大，无论上游、中游还是下游，都以纬向水汽输送为主，受纬向环流绝对控制。除上游水汽输出量大于输入量，带走水汽外，西风为中游和下游带来了不同程度的水量盈余。

表 2-9　上、中、下游及全流域上空 1981～2010 年夏季(7月)平均经向和纬向水汽输送

区域	项目	输入量/亿 m³	占总量比例/%	输出量/亿 m³	占总量比例/%	净水汽收支量/亿 m³
上游	经向	111.99	28.40	25.80	6.92	86.19
	纬向	282.34	71.60	346.95	93.08	−64.61
	合计	394.33	—	372.75	—	21.58
中游	经向	82.39	20.40	58.71	17.17	23.68
	纬向	321.50	79.60	283.24	82.83	38.26
	合计	403.89	—	341.95	—	61.94
下游	经向	125.41	20.52	85.36	15.03	40.06
	纬向	485.73	79.48	482.46	84.97	3.27
	合计	611.14	—	567.82	—	43.33
全流域	经向	205.26	20.19	55.88	6.27	149.37
	纬向	811.43	79.81	835.67	93.73	−24.24
	合计	1016.69	—	891.55	—	125.13

上、中、下游及全流域的纬向水汽输入量分别占总水汽输入量的 71.60%、79.60%、79.48% 和 79.81%，纬向水汽输出分别占总水汽输出量的 93.08%、82.83%、84.97% 和 93.73%，说明黑河流域纬向环流是引起水汽收支的主要机制。纬向环流在上游水汽亏损，亏损量为 64.61 亿 m³，对中游和下游分别带来 38.26 亿 m³ 和 3.27 亿 m³ 的净水汽收支量。

上、中、下游及全流域的经向水汽输入量分别占总水汽输入量的 28.40％、20.40％、20.52％和 20.19％,经向水汽输出量分别占总水汽输出量的 6.92％、17.17％、15.03％和 6.27％,全流域的水汽净收支量为 125.13 亿 m³,其中中游的净水汽收支量最多,下游次之,上游最少,分别为 61.94 亿 m³,43.33 亿 m³ 和 21.58 亿 m³。

5) 秋季(10 月)经向水汽输送与纬向水汽输送对水汽收支的贡献

上、中、下游及全流域上空 1981～2010 年秋季(10 月)平均经向与纬向水汽输送对水汽收支的贡献见表 2-10。秋季经向水汽输送量与纬向水汽输送量比夏季小,水汽输入与水汽输出均以纬向为主,区域水汽收支受纬向环流控制。但是,强度较小的经向环流为上、中、下游带来了水汽盈余,通过纬向环流作用,水汽亏损。

表 2-10　上、中、下游及全流域上空 1981～2010 年秋季(10 月)平均经向与纬向水汽输送

区域	项目	输入量/亿 m³	占总量比例/％	输出量/亿 m³	占总量比例/％	净水汽收支量/亿 m³
上游	经向	59.95	26.52	20.19	8.65	39.76
	纬向	166.15	73.48	213.30	91.35	−47.16
	合计	226.10	—	233.49	—	−7.40
中游	经向	97.54	33.13	56.54	19.42	41.00
	纬向	196.84	66.87	234.56	80.58	−37.72
	合计	294.38	—	291.10	—	3.28
下游	经向	146.85	26.47	122.34	21.04	24.51
	纬向	407.96	73.53	459.12	78.96	−51.16
	合计	554.81	—	581.46	—	−26.65
全流域	经向	200.15	24.89	94.27	11.28	105.87
	纬向	603.95	75.11	741.30	88.72	−137.35
	合计	804.10	—	835.57	—	−31.48

上、中、下游及全流域的纬向水汽输入量分别占总水汽输入量的 73.48％、66.87％、73.53％和 75.11％,上、中、下游及全流域的纬向水汽输出量分别占总水汽输出量的 91.35％、80.58％、78.96％和 88.72％,说明黑河流域纬向环流是引起水汽收支的主要机制。从净水汽收支来看,纬向环流机制没有带来降水,而是以"过境水"的形式出现,上、中、下游的纬向水汽输入量均小于纬向水汽输出量,以下游水汽流失最多,上游次之。中游受青藏高原等地形的遮挡作用,无论从水汽输入,还是从水汽输出来看,纬向环流的作用最小,其导致的水汽流失量也最少。上、中、下游及全流域的经向水汽输入量分别占总水汽输入量的 26.52％、33.13％、26.47％和 24.89％,经向水汽输出量分别占到总水汽输出量的 8.65％、19.42％、21.04％和 11.28％,成为区域水汽收入的主要来源,中游的经向净水汽收支量最大,达到 41.00 亿 m³,下游的经向净水汽收支量最小,为 24.51 亿 m³。从水汽收支净盈余量来看,中游的净水汽收支量最大,上游和下游水汽亏损,净水汽收支量为负值,以下游的水汽亏损最大。

2.1.3 上、中、下游及全流域降水、地表蒸散发及地表径流

上、中、下游及全流域 1981~2010 年年均与季节代表性月份平均降水量、蒸散量及径流量统计见表 2-11。自上游、中游到下游,年均降水量、蒸散量及径流量依次减少。月均降水量、蒸散量与径流量,夏季 7 月最大,冬季 1 月最少。

表 2-11 上、中、下游及全流域 1981~2010 年年均与季节代表性月份平均降水量、蒸散量及径流量

区域	要素	1月	4月	7月	10月	年均
上游	降水量/mm	2.61	15.63	81.80	16.08	425.00
	蒸散量/mm	3.240	16.128	46.786	15.306	244.615
	径流量/亿 m³	0.708	1.186	6.962	2.238	31.395
中游	降水量/mm	2.22	6.18	32.03	7.66	147.00
	蒸散量/mm	1.964	16.842	34.854	10.808	196.460
	径流量/亿 m³	1.104	0.528	1.556	1.160	12.722
下游	降水量/mm	1.20	2.80	13.45	1.72	46.00
	蒸散量/mm	1.086	9.183	13.120	4.121	81.041
	径流量/亿 m³	0.000	0.000	0.000	0.000	0.000
全流域	降水量/mm	1.68	5.94	30.28	5.67	139.00
	蒸散量/mm	1.680	12.060	23.950	7.610	135.640
	径流量/亿 m³	0.000	0.000	0.000	0.000	0.000

2.1.4 上、中、下游及全流域的降水来源分配

追溯产生降水的水汽来源,某区域的降水一部分水汽来自于区域外的水汽输入,一部分来自于区域内的水汽蒸散发。后者来源产生的降水成为再循环水或内循环水。同样,通过区域蒸散发作用形成的大气水汽部分通过降水回归区域内部,剩余部分的蒸发水汽随水汽输送输出区域外部。输出水汽也由两部分组成:一部分来自于区域外水汽经过区域,最后又从区域输出;另一部分来自区域蒸发形成的水汽。

假定降水量、蒸发量、大气水汽含量和水汽输送量在各子区域内的分布呈线性变化;同时,区域外输入的水汽量与区域内由蒸散发作用所产生的水汽在区域上空得以充分混合,两种来源的水汽对降水的贡献相等。这样,由区域外输入水汽量产生的降水量与区域内部蒸散发产生的水汽量计算公式(刘国纬,1997)分别如下:

$$P_I = \frac{P}{1+E/(2I)} \tag{2-1}$$

$$P_E = \frac{P}{1+2I/E} \tag{2-2}$$

式中，P_I 为境外输入水汽在区域上空所形成的面降水量(mm)；P_E 为当地蒸发水汽形成的面降水量(mm)；P 为区域内的面降水量(mm)；E 为区域内的蒸发量(mm)；I 表示水汽输入总量(mm)。

P_I 和 P_E 是衡量内、外水循环效率非常重要的中间变量，分别表示境外输入水汽转化的区域降水量和由蒸发水汽转化的区域降水量，二者总和等于区域的降水量。P_I/P 表示境外水汽的降水转化率，称为水文循环系数；P_E/P 表示区域蒸发水汽量对降水量的贡献。1981～2010 年，上、中、下游及全流域多年平均与季节平均降水来源分配见表 2-12。

表 2-12   上、中、下游及全流域 1981～2010 年年均与季节平均降水来源分配

区域	时间	P/mm	P_I/mm	(P_I/P)/%	P_E/mm	(P_E/P)/%
上游	1 月	2.61	2.54	97	0.07	3
	4 月	15.63	14.40	92	1.24	8
	7 月	81.80	70.24	86	11.57	14
	10 月	16.08	14.70	91	1.38	9
	年均	425.00	381.46	90	43.54	10
中游	1 月	2.22	2.19	99	0.03	1
	4 月	6.18	5.75	93	0.43	7
	7 月	32.03	28.42	89	3.60	11
	10 月	7.66	7.27	95	0.39	5
	年均	147.00	136.41	93	10.59	7
下游	1 月	1.20	1.18	99	0.01	1
	4 月	2.80	2.61	93	0.19	7
	7 月	13.45	12.29	91	1.16	9
	10 月	1.72	1.66	97	0.05	3
	年均	46.00	43.49	95	2.51	5
全流域	1 月	1.68	1.64	98	0.03	2
	4 月	5.94	5.36	90	0.58	10
	7 月	30.28	25.85	85	4.42	15
	10 月	5.67	5.30	94	0.36	6
	年均	139.00	125.66	90	13.34	10

全流域的年降水量为 139.00mm，其中 90% 的降水量来源于境外输入水汽，10% 来源于区域蒸发水汽。水汽输入量的转化率存在季节差异，1 月的输入水汽转化率为 98%，为全年最高；7 月的输入水汽转化率为 85%，为全年最低；秋季的水汽转化率高于春季。相应地，由区域本地蒸发量生成的降水量在 7 月份达到最大，为 15%，1 月仅为 2%。

上游的年降水量为 425.00mm，其中 90% 的降水量来源于输入水汽，10% 来源于区域蒸发水汽。水汽输入量的转化率存在季节差异，1 月的输入水汽转化率为 97%，为全年最高；7 月的输入水汽转化率为 86%，为全年最低；秋季的水汽转化率高于春季。相应地，由区域本

地蒸发量生成的降水量在 7 月达到最大,为 14%,1 月仅为 3%。

中游的年降水量为 147.00mm,其中 93% 的降水量来源于输入水汽,7% 来源于区域蒸发水汽。水汽输入量的转化率存在季节差异,1 月的输入水汽转化率为 99%,为全年最高;7月的输入水汽转化率为 89%,为全年最低;秋季的水汽转化率高于春季。相应地,由区域本地蒸发量生成的降水量在 7 月达到最大,为 11%,1 月仅为 1%。

下游的年降水量为 46.00mm,其中 95% 的降水量来源于输入水汽,5% 来源于区域蒸发水汽。水汽输入量的转化率存在季节差异,1 月的输入水汽转化率为 99%,为全年最高;7月的输入水汽转化率为 91%,为全年最低;秋季的水汽转化率高于春季。相应地,由区域本地蒸发量生成的降水量在 7 月达到最大,为 9%,1 月仅为 1%。

2.2 上、中、下游及全流域陆-气系统水循环特征分析

利用以上估算出的陆-气系统水文循环各水文过程分量,包括大气水汽含量、水汽输入量、降水量、蒸发量、地表径流量、降水量中由输入水汽量及区域蒸发量分别形成的降水量,通过水文循环基本参数计算公式,计算黑河上、中、下游和全流域概化边界内水文循环系数、水文内循环系数和水文外循环系数等水文过程分量转化特征参数(表 2-13),以及水汽效率系数和水汽滞留时间等过程参数(表 2-14)。表 2-13 与表 2-14 反映了上、中、下游及全流域陆-气系统下的水文循环基本特征。

2.2.1 上、中、下游及全流域陆-气系统水文过程转化特征

黑河流域上、中、下游及全流域陆-气系统水文过程分量转化特征参数见表 2-13。P_I/I表示境外输入水汽产生降水的效率,称为水文循环系数;P_E/E 表示区域蒸发水汽产生降水的效率,称作水文内循环系数。

1981~2010 年,全流域在多年平均状况下,上空年均水汽含量为 101.08mm,年均水汽输入量为 9274.9 亿 m³,折合区域面积上平均水深为 7663.80mm(概化面积为121022.07km²)。其中,2% 的水汽量在流域上空形成降水,剩余的 98% 成为过境水汽越过区域上空输出。区域多年平均蒸发量为 135.64mm,平均降水量为 139.00mm,其中125.66mm 降水量由境外输入水汽形成,13.34mm 降水量通过区域内部蒸发的水汽形成,占区域蒸发量的 10%。90% 的区域蒸发量和 98% 的输入水汽量输出区域,上空每年平均水汽输出量 9019.5 亿 m³,相当于区域面积上平均水深 7452.80mm。在四季的代表性月份中,7 月的水汽输入量、水汽输出量、蒸发量和区域上空水汽含量均达到最大值,境外输入水汽量产生降水的效率最高,达到 3%,区域上空通过蒸发产生降水的效率也达到最高,为18%。而 1 月,水汽输入量、水汽输出量、蒸发量、区域上空水汽含量均为一年中最低值,无论境外水汽还是区域蒸发水汽产生降水的效率都达到最低值,接近于 0。4 月水汽输入量、蒸发量、降水量高于 10 月,水汽输出量、上空水汽含量低于 10 月,境外水汽与区域蒸发水汽产生降水的效率相同,分别为 1% 和 5%。

表 2-13 上、中、下游及全流域陆-气系统水文过程分量转化特征参数

区域	月份	I /亿 m³	I折合水深 /mm	O /亿 m³	O折合水深 /mm	E /mm	P /mm	W /mm	P_I /mm	(P_I/I) /%	P_E /mm	(P_E/E) /%
上游	1 月	162.1	700.80	164.9	712.90	3.24	2.61	1.62	2.54	0	0.07	2
	4 月	260.8	1127.10	264.8	1144.70	16.13	15.63	3.52	14.40	1	1.24	8
	7 月	394.3	1704.50	372.8	1611.20	46.79	81.80	11.37	70.24	4	11.57	25
	10 月	226.1	977.30	233.5	1009.30	15.31	16.08	3.60	14.70	2	1.38	9
	全年	2974.7	12858.40	2951.0	12755.80	244.62	425.00	59.24	381.46	3	43.54	18
中游	1 月	219.9	897.70	214.8	877.00	1.96	2.22	3.34	2.19	0	0.03	1
	4 月	327.7	1337.90	326.3	1332.50	16.84	6.18	6.42	5.75	0	0.43	3
	7 月	403.9	1649.20	342.0	1396.30	34.85	32.03	19.50	28.42	2	3.60	10
	10 月	294.4	1202.00	291.1	1188.60	10.81	7.66	7.06	7.27	1	0.39	4
	全年	3718.8	15184.80	3493.0	14263.00	196.46	147.00	107.05	136.41	1	10.59	5
下游	1 月	413.0	562.60	416.4	567.40	1.09	1.20	3.67	1.18	0	0.01	1
	4 月	550.1	749.40	557.4	759.40	9.18	2.80	6.58	2.61	0	0.19	2
	7 月	611.2	832.70	567.8	773.60	13.12	13.45	20.74	12.29	1	1.16	9
	10 月	554.8	755.90	581.5	792.20	4.12	1.72	7.33	1.66	0	0.05	1
	全年	6187.3	8429.80	6175.7	8414.00	81.04	46.00	112.22	43.49	1	2.51	3
全流域	1 月	586.7	484.70	587.4	485.40	1.68	1.68	3.21	1.64	0	0.03	2
	4 月	808.5	668.00	818.5	676.30	12.06	5.94	5.96	5.36	1	0.58	5
	7 月	1016.7	840.10	891.6	736.70	23.95	30.28	18.70	25.85	3	4.42	18
	10 月	804.1	664.40	835.6	690.40	7.61	5.67	6.57	5.30	1	0.36	5
	全年	9274.9	7663.80	9019.5	7452.80	135.64	139.00	101.08	125.66	2	13.34	10

注：I、O、W、E、P 分别表示区域水汽输入量（亿 m³）、区域上空水汽输出量（亿 m³）、区域上空大气水汽含量（亿 m³）、区域面蒸发量（mm）、区域面内的降水量（mm）；P_I/I 表示境外输入水汽产生降水的效率；P_E/E 表示区域蒸发水汽产生降水的效率，下同。

表 2-14　上、中、下游及全流域陆-气系统水系统水文循环特征参数

区域	月份	N/亿m³	N折合水深/mm	E/mm	P/mm	W/mm	P_I/mm	P_E/mm	K_I	K_E/%	K/%	τ/d	J/%
上游	1月	−2.8	−12.10	3.24	2.61	1.62	2.54	0.07	0.00	2	97	18.88	5
	4月	−4.1	−17.60	16.13	15.63	3.52	14.40	1.24	0.00	8	92	6.85	15
	7月	21.6	93.30	46.79	81.80	11.37	70.24	11.57	1.14	25	86	4.23	24
	10月	−7.4	−31.90	15.31	16.08	3.60	14.70	1.38	0.00	9	91	6.81	15
	全年	23.7	102.60	244.62	425.00	59.24	381.46	43.54	0.24	18	90	4.24	24
中游	1月	5.1	20.80	1.96	2.22	3.34	2.19	0.03	9.37	2	99	45.76	2
	4月	1.3	5.40	16.84	6.18	6.42	5.75	0.43	0.87	3	93	31.60	3
	7月	61.9	252.90	34.85	32.03	19.50	28.42	3.60	7.90	10	89	18.52	5
	10月	3.3	13.40	10.81	7.66	7.06	7.27	0.39	1.75	4	95	28.03	4
	全年	225.7	921.70	196.46	147.00	107.05	136.41	10.59	6.27	5	93	22.15	5
下游	1月	−3.5	−4.70	1.09	1.20	3.67	1.18	0.01	0.00	1	98	93.02	1
	4月	−7.4	−10.00	9.18	2.80	6.58	2.61	0.19	0.00	2	93	71.48	1
	7月	43.3	59.00	13.12	13.45	20.74	12.29	1.16	4.39	9	91	46.90	2
	10月	−26.7	−36.30	4.12	1.72	7.33	1.66	0.05	0.00	1	97	129.62	1
	全年	11.5	15.70	81.04	46.00	112.22	43.49	2.51	0.34	3	95	74.20	1
全流域	1月	−0.8	−0.60	1.68	1.68	3.21	1.64	0.03	0.00	2	98	58.12	2
	4月	−10.0	−8.30	12.06	5.94	5.96	5.36	0.58	0.00	5	90	30.52	3
	7月	125.1	103.40	23.95	30.28	18.70	25.85	4.42	3.41	18	85	18.78	5
	10月	−31.5	−26.00	7.61	5.67	6.57	5.30	0.36	0.00	5	93	35.24	3
	全年	255.3	211.00	135.64	139.00	101.08	125.66	13.34	1.52	10	90	22.12	5

注：N 为净水汽收支量；K_I、K_E、K 分别表示水文外循环系数、水文内循环系数及水文循环系数；τ 和 J 分别表示水汽的滞留时间和水汽利用效率。

上游上空年均水汽含量为 59.24mm,每年平均输入水汽量为 2974.7 亿 m^3,折合区域面积上平均水深 12858.40mm(概化面积为 23134.35km^2)。其中,3% 的水汽量在流域上空形成降水,剩余的 97% 成为过境水汽越过区域上空输出。区域多年平均蒸发量为 244.62mm,平均降水量为 425.00mm,其中 381.46mm 的降水量由境外输入水汽形成,43.54mm 降水量通过区域内部蒸发的水汽形成,占区域蒸发量的 18%。82% 的区域蒸发量和 97% 的输入水汽量输出区域,上空每年平均水汽输出量 2951.0 亿 m^3,相当于区域面积上平均水深 12755.80mm。在四季的代表性月中,7 月的水汽输入量、水汽输出量、蒸发量和区域上空水汽含量均达到最大值,境外输入水汽量产生降水的效率最高,达到 4%,区域上空通过蒸发产生降水的效率也达到最高,为 25%。而 1 月,水汽输入量、水汽输出量、蒸发量、区域上空水汽含量均为一年中最低值,无论境外水汽还是区域蒸发水汽产生降水的效率都达到最低值,分别为接近于 0 和 2%。4 月水汽输入量、水汽输出量、蒸发量高于 10 月,降水量、上空水汽含量、境外水汽与区域蒸发水汽产生降水的效率低于 10 月。

中游上空年均水汽含量为 107.05mm,每年平均输入水汽量为 3718.8 亿 m^3,折合区域面积上平均水深 15184.80mm(概化面积为 24490.08km^2)。其中,1% 的水汽量在流域上空形成降水,剩余的 99% 成为过境水汽越过区域上空输出。区域多年平均蒸发量为 196.46mm,平均降水量为 147.00mm,其中 136.41mm 降水量由境外输入水汽形成,10.59mm 降水量通过区域内部蒸发的水汽形成,占区域蒸发量的 5%。95% 的区域蒸发量和 99% 的输入水汽量输出区域,上空每年平均水汽输出量 3493.0 亿 m^3,相当于区域面积上平均水深 14263.00mm。在四季的代表性月份中,7 月的水汽输入量、水汽输出量、蒸发量和区域上空水汽含量均达到最大值,境外输入水汽量产生降水的效率最高,达到 2%,区域上空通过蒸发产生降水的效率也达到最高,为 10%。而 1 月,水汽输入量、水汽输出量、蒸发量、区域上空水汽含量均为一年中最低值,无论境外水汽还是区域蒸发水汽产生降水的效率都达到最低值,分别接近于 0 及 1%。4 月水汽输入量、水汽输出量、蒸发量、高于 10 月,降水量、上空水汽含量、境外水汽与区域蒸发水汽产生降水的效率低于 10 月。

下游上空年均水汽含量为 112.22mm,每年平均输入水汽量为 6187.3 亿 m^3,折合区域面积上平均水深 8429.80mm(概化面积为 73397.65km^2)。其中,1% 的水汽量在流域上空形成降水,剩余的 99% 成为过境水汽越过区域上空输出。区域多年平均蒸发量为 81.04mm,平均降水量为 46.00mm,其中 43.49mm 降水量由境外输入水汽形成,2.51mm 降水量通过区域内部蒸发的水汽形成,占区域蒸发量的 3%。97% 的区域蒸发量和 99% 的输入水汽量都成为过境水输出,上空每年平均水汽输出量 6175.7 亿 m^3,相当于区域面积上平均水深 8414.00mm。在四季的代表性月中,水汽输入量、蒸发量、降水量、区域上空水汽含量,无论境外水汽还是区域蒸发水汽产生降水的效率,在 7 月都达到最大值,而水汽输出量最大值出现在 10 月,其最小值都出现在 1 月。

2.2.2 上、中、下游及全流域陆-气系统水文循环特征

黑河流域上、中、下游及全流域陆-气系统水文循环特征参数见表 2-14。参数中主要包

含了水文外循环系数 K_I、水文内循环系数 K_E 与水文循环系数 K 等对水文循环特征的描述参数,以及水汽滞留时间 τ 和水汽利用效率 J 等表示水文循环速率和水汽转化效率的参数。水文外循环系数 K_I 用区域上空净水汽收支量与输入水汽量转化的区域降水量之间的比值来表示,用区域内形成降水的转化次数反映净水汽收支量对区域降水的贡献。水文内循环系数 K_E 表征区域蒸发量对区域降水的贡献,反映区域内部大气水循环的活跃程度。水文循环系数 K 表示境外输入水汽形成的区域降水占总降水量的比值,衡量境外水汽对区域降水的贡献。水汽滞留时间 τ 表示区域上空大气水汽含量完全转化为降水所需的天数,天数越多,转化效率越低。水汽利用效率 J 表示区域上空水汽转化为降水的效率。

全流域的输入水汽参与降水的次数为 1.52 次,即水文外循环系数等于 1.52;区域蒸发量参与对区域降水的贡献达到 10%,境外水汽对区域降水的贡献达到 90%,上空水汽含量完全转化为降水所需的时间 22.12d,区域上空的水汽转化为降水的效率为 5%。7 月水文内、外循环系数达到最大,水文循环系数最小,水汽滞留时间最短,水汽利用效率最高,达到 5%。1 月则反之。

对于黑河流域上、中、下游输入水汽参与降水的次数而言,中游远远高于上游和下游;上游的区域内循环系数远远高于中、下游,其蒸发量转化为降水的效率非常高;而上游境外输入水汽生成降水的外循环系数低于中、下游,以下游最大;从水汽滞留时间来看,上游的水汽滞留时间最短,陆-气水汽交换频繁,中游次之,下游最大。在一年中,高温高湿的 7 月表现最为活跃,而干冷的 1 月表现较弱。

上游的输入水汽参与降水的次数为 0.24 次,即水文外循环系数等于 0.24;区域蒸发量参与对区域降水的贡献达到 18%,境外水汽对区域降水的贡献达到 90%,上空水汽含量完全转化为降水所需的时间 4.24d,区域上空的水汽转化为降水的效率为 24%。7 月水文内、外循环系数达到最大,水文循环系数最小,水汽滞留时间最短,水汽的利用效率最高,达到 24%。1 月则反之。

中游的输入水汽参与降水的次数为 6.27 次,即水文外循环系数等于 6.27;区域蒸发量参与对区域降水的贡献达到 5%,境外水汽对区域降水的贡献达到 93%,上空水汽含量完全转化为降水所需的时间为 22.15d,区域上空的水汽转化为降水的效率为 5%。7 月水文内、外循环系数达到最大,水文循环系数最小,水汽滞留时间最短,水汽的利用效率最高,达到 5%。1 月则反之。

下游的输入水汽参与降水的次数为 0.34 次,即水文外循环系数等于 0.34;区域蒸发量对区域降水的贡献达到 3%,境外水汽对区域降水的贡献达到 97%,上空水汽含量完全转化为降水所需的时间为 74.20d,区域上空的水汽转化为降水的效率为 1%。7 月水文内、外循环系数达到最大,水文循环系数最小,水汽滞留时间最短,水汽的利用效率最高,达到 2%。1 月则反之。

本章着重分析了黑河流域上、中、下游及全流域概化边界内的水汽输送量、水汽收支量,结合区域上空水汽含量、降水量、蒸发量和径流量,探讨了黑河流域上、中、下游及全流域陆-气系统水文循环特征,主要结论如下:

(1) 全流域全年净水汽收支量为 255.32 亿 m³,仅夏季 7 月的净水汽收支量为正值,达到 125.14 亿 m³,其他季节代表性月份净水汽收支量为负值,水汽输送不仅仅为过境水,还带走了上游更多的水分。上游和下游在季节性代表月份中,夏季净水汽收支量为正值,其他季节的净水汽收支量都为负值;上游全年水汽收支量为 23.73 亿 m³,其中夏季 7 月的净水汽收支量达 21.58 亿 m³,下游全年水汽收支量为 11.55 亿 m³,其中夏季 7 月的净水汽收支量达 43.33 亿 m³;中游的全年净水汽收支量都为正值,其净水汽收支量达 225.73 亿 m³,夏季 7 月的净水汽收支量最大,达 61.94 亿 m³;上、中、下游及全流域全年、冬季 1 月、春季 4 月和秋季 10 月以纬向水汽输入与纬向水汽输出为主,纬向环流是引起水汽收支的重要原因,不仅作为过境水越过区域上空,同时使区域水汽亏损;经向水汽输入与水汽输出所占比例较小,却是区域水汽盈余的主要来源。但在夏季 7 月,纬向输送为中、下游带来了大量水汽,净水汽收支量为正。

(2) 上游上空整层大气的水汽含量最小,下游最大;除了上游的降水量大于蒸发量外,中、下游降水量少于蒸发量,靠上游的地表径流量来保持水量平衡。

(3) 全流域年均降水量为 139.00mm,其中 90％的降水量来源于境外输入水汽,10％来源于区域蒸发水汽含量;上游年均降水量为 425.00mm,其中 90％的降水量来源于境外输入水汽,10％来源于区域蒸发水汽含量;中游年均降水量为 147.00mm,其中 93％的降水量来源于境外输入水汽,7％来源于区域蒸发水汽含量;下游年均降水量为 46.00mm,其中 95％的降水量来源于境外输入水汽,5％来源于区域蒸发水汽含量。

境外输入水汽与区域本地蒸发对降水的贡献因季节而异。1 月境外水汽对降水的贡献达到最高,7 月达到最低,秋季高于春季。全流域 1 月境外输入水汽对降水的贡献为 98％,而 7 月为 85％;上游分别为 97％和 86％;中游分别为 99％和 89％;下游分别为 99％和 91％。相应地,区域本地蒸发对降水的贡献在 1 月最低,7 月最高。全流域 1 月区域本地蒸发对降水的贡献为 2％,而 7 月为 15％;上游分别为 3％和 14％;中游分别为 1％和 11％;下游分别为 1％和 9％。

(4) 在 1981～2010 年多年平均状况下,全流域年均水汽输入量为 9274.9 亿 m³,2％的境外水汽量在流域上空形成降水,区域蒸发量的 10％重新形成降水,这样,98％的境外输入水汽和 90％的区域蒸发量输出,年均水汽输出量为 2951.0 亿 m³;上游年均水汽输入量为 2974.7 亿 m³,3％的境外水汽在上游上空形成降水,区域蒸发量的 18％重新形成降水,这样,97％的境外输入水汽和 82％的区域蒸发量输出,年均水汽输出量为 9019.5 亿 m³;中游年均水汽输入量为 3718.8 亿 m³,1％的境外水汽在中游上空形成降水,区域蒸发量的 5％重新形成降水,99％的境外输入水汽和 95％的区域蒸发量输出,年均水汽输出量为 3493.0 亿 m³;下游年均水汽输入量为 6187.3 亿 m³,1％的境外水汽下游上空形成降水,区域蒸发量的 3％重新形成降水,99％的境外输入水汽和 97％的区域蒸发量输出,年均水汽输出量为 6175.7 亿 m³。

上、中、下游及全流域水汽输入量与水汽输出量、区域上空水汽含量、蒸发量、降水量、水文循环系数与水文内循环系数都因季节存在差异。全流域和上中游,7 月的水汽输入量、水汽输出量、蒸发量和区域上空水汽含量均达到最大值,全流域的水文循环系数和水文内循环系数分别为3%和18%,上游水文循环系数和水文内循环系数分别为4%和25%,中游水文循环系数和水文内循环系数分别为2%和10%;1月达到最低值,全流域的水文循环系数和水文内循环系数接近于0,上游水文循环系数和水文内循环系数分别接近于0和4%,中游水文循环系数和水文内循环系数分别接近0及1%;4月水汽输入量、蒸发量、降水量高于10月,水汽输出量、上空水汽含量低于10月,中游4月水汽输入量、水汽输出量、蒸发量、高于10月,降水量、上空水汽含量、境外水汽与区域蒸发水汽产生降水的效率低于10月。下游水汽输入量、蒸发量、降水量、区域上空水汽含量、水汽循环系数与水汽内循环系数7月都达到最大值,而水汽输出量最大值出现在10月;其最小值都出现在1月。

(5) 对于黑河流域上、中、下游输入水汽参与降水的次数而言,中游远远高于上游和下游;上游的区域内循环系数远远高于中、下游;而境外输入水汽生成降水的外循环系数上游低于中、下游,以下游最大;从水汽滞留时间来看,上游的水汽滞留时间最短,陆-气水汽交换频繁,中游次之,下游最大。在一年中,高温高湿的7月表现最为活跃,而干冷的1月表现较弱。

参 考 文 献

江灏,王可丽,程国栋,等,2009.黑河流域水汽输送及收支的时空结构分析[J].冰川冻土,31(2):311-317.

刘国纬,1997.水文循环的大气过程[M].北京:科学出版社.

史岚,2012.长江流域起伏地形下降水量分布精细化气候估算模型研究[D].南京:南京信息工程大学.

许宝荣,2015.基于GIS与RIEMS的黑河流域陆-气系统水文循环特征研究[D].兰州:兰州大学.

张良,张强,冯建英,等,2014.祁连山地区大气水循环研究(II):水循环过程分析[J].冰川冻土,36(5):1092-1100.

张强,赵映东,张存杰,等,2008.西北干旱区水循环与水资源问题[J].干旱气象,26(2):1-8.

MARLYN L S,2009. Hydroclimatology:Perspectives and Applications[M]. Cambridge:Cambridge University Press.

OKI T,KANAE S,2006. Global hydrological cycles and world water resources[J]. Science,313:1068-1072.

WU B F,YAN N N,XIONG J,et al.,2012. Validation of ETWatch using field measurements at diverse landscapes:a case study in Hai Basin of China [J]. Journal of Hydrology,436-437:67-80.

WU B F,XING Q,YAN N N,et al.,2015. A linear relationship between temporal multiband MODIS BRDF and aerodynamic roughness in HiWATER wind gradient data [J]. IEEE Geoscience and Remote Sensing Letters,12(3):507-511.

XIONG Z,YAN X D,2013. Building a high-resolution regional climate model for the Heihe River Basin and simulating precipitation over this region [J]. China Science Bulletin,58(36):4670-4678.

|第3章| 流域水循环的同位素研究

同位素技术在水循环过程中的应用研究始于 20 世纪 50 年代。同位素水文学研究已成为水文学研究的一个重要前沿领域。环境同位素技术的发展促进了水循环的机理和过程研究,是开展水文过程、水文循环与水资源转化等研究的重要基础。70 年代以来国际原子能机构(International Atomic Energy Agency,IAEA)在世界范围内建立了降水同位素监测网,通过大气降水的 D、^{18}O、T 和 ^{14}C 的同位素值的监测,为环境同位素更好地应用到水文地质问题的研究中提供了重要条件(IAEA,2001,1999)。因此,环境同位素在判断地下水起源、补给强度和补给高程,以及测定地下水年龄和更新速率等问题上有了广泛的应用。

在流域尺度上利用环境同位素对中国西部、黑河源区及其周边区域水汽来源、黑河流域不同区域地下水补给年龄及更新速率等问题的研究还缺乏系统、完整及统一的认识,因此本书利用研究区内的降水、河水、浅层及深层地下水的稳定同位素(D 和 ^{18}O)和河水、浅层及深层地下水放射性同位素(T 和 ^{14}C)数据,结合前人研究的结果,从流域尺度上深入研究中国西部及黑河源区水汽来源、黑河流域地下水的补给来源,补给年龄及更新速率。

3.1 中国西部、黑河流域水汽来源及山区地表径流组成

在全球水汽循环过程中,大气水汽和降水中氢、氧同位素组成(D/^{1}H 和 ^{18}O/^{16}O)的时空变化由与凝结和蒸发相关的平衡分馏、热力分馏和动力学分馏引起。众所周知,在气团输送过程中,富含重同位素的水汽优先凝结形成降水。因此,从水汽源地到降水地点的长途输送过程中,气团中水汽的 D 和 ^{18}O 逐渐贫化。降水中 δ^{18}O 的空间和季节变化由多种因子控制,如地理因素(海拔和距海洋的距离)、气象因素(温度、相对湿度和降水量)(Rozanski et al.,1993;Yurtsever et al.,1981;Dansgaard,1964)及不同的水汽来源和运输途径(Tian et al.,2007;Aravena et al.,1999;Rozanski et al.,1993)。研究表明,降水中的 δ^{18}O 和 δD 可提供气团来源(Gedzelman et al.,1982;Lawrence et al.,1982)和大气循环模式(Birks et al.,2002;Hoffmann et al.,2000;Lawrence et al.,1991;Jouzel et al.,1991)的重要信息。辽阔的幅员和多种多样的地形使得我国不同区域的温度、相对湿度、降水量、水汽来源及其输送途径有显著的季节性变化,因此控制中国降水中 δ^{18}O 的变化及其空间分布的因素也极为复杂。从全球尺度看,东南亚降水中的稳定同位素组成的时空变化有极为复杂的模式,东南亚的气候条件、雨量特征及降水中的同位素组成等显示该区域的降水来源于 5 种气团输送。通过对中国西部 3 个不同气候区域降水中氢氧同位素的分析,Tian 等(2007)发展了不同来源的水汽如何影响西部降水中同位素的时空变化的模式,并确定了西南季风对青藏高原影响的最北界限。基于 ECHAM-4 模型的 2 种模拟,研究降水中 δ^{18}O 与亚洲季风的关系,结果表明,在部分亚洲季风影响的区域,如果将现代降水中的 δ^{18}O 作为当地气候条件,

温度和降水量等记录指标的传统解释并不完全准确(Vuille et al.,2005)。基于对国际原子能机构的全球降水同位素网络(Global Network of Isotopesin Preciptation,GNIP)数据的多元回归,Johnson等(2004)研究表明,在任何特定区域,拟合方程的斜率($\mathrm{d}\delta^{18}\mathrm{O}p/\mathrm{d}T$)的范围和标志与中国的夏季风影响程度密切相关。有关中国降水 $\delta^{18}\mathrm{O}$ 与夏季风的关系研究已有很大进展,然而在中国降水 $\delta^{18}\mathrm{O}$ 的季节和空间变化特征及其驱动机制方面的研究较少。根据 GNIP/IAEA 和前人研究的中国降水 $\delta^{18}\mathrm{O}$ 数据及美国国家环境预报中心(National Centers for Environmental Prediction,NCEP)/美国国家大气研究中心(National Center for Atmospheric Research,NCAR)再分析资料,本书对中国西部降水 $\delta^{18}\mathrm{O}$ 的时空变化及其控制因子进行研究,以期揭示中国西部和黑河流域的水汽来源。

3.1.1 中国西部水汽来源

1. 数据来源及分析方法

1) 数据来源

本书的降水 $\delta^{18}\mathrm{O}$ 数据来自国际原子能机构的 GNIP 数据(1985～2004 年)(http://nds121.iaea.org/wiser)和前人研究成果(Zhao et al.,2011;Yu et al.,2007;Tian et al.,2003;Zhang et al.,1995)(表 3-1)。主要数据为月均降水量、月均温度和降水 $\delta^{18}\mathrm{O}$。所有 $\delta^{18}\mathrm{O}$ 的单位均为千分之一(‰),并用 δ 表示。

表 3-1　研究区域及研究时段的基本信息

采样区域	北纬	东经	海拔/m	研究时段
包头	40.67°	109.85°	1067	1986～1992 年
长春	43.90°	125.22°	237	1999～2001 年
长庆	29.62°	106.60°	192	1992 年
长沙	28.20°	113.07°	37	1988～1992 年
成都	30.67°	104.02°	506	1986～1998 年
大西沟	43.10°	86.83°	3539	1996 年 7 月～2000 年
大野口	38.57°	100.28°	2750	2008 年 9 月～11 月
德令哈	37.37°	97.37°	2981	1991～1999 年
福州	26.08°	119.28°	16	1985～1992 年
改则	32.30°	84.02°	4430	1999～2003 年
广州	23.13°	113.32°	7	1986～1989 年
桂林	25.07°	110.08°	170	1983～1990 年
贵阳	26.58°	106.72°	1071	1988～1992 年
哈尔滨	45.68°	126.62°	172	1986～1997 年
海口	20.03°	110.35°	15	1988～2000 年
和田	37.13°	79.93°	1375	1988～1992 年

采样区域	北纬	东经	海拔/m	研究时段
香港	22.32°	114.17°	66	1961~2004 年
锦州	41.13°	121.10°	66	1987~1989 年
昆明	25.02°	102.68°	1892	1986~2003 年
兰州	36.05°	103.88°	1517	1985~1999 年
拉萨	29.70°	91.13°	3649	1986~1992 年
临泽	39.15°	100.17°	1454	2006 年 6 月~2007 年 5 月
柳州	24.35°	109.40°	97	1988~1992 年
南京	32.18°	118.18°	26	1987~1992 年
祁连	38.20°	100.23°	3020	2006 年 6 月~2007 年 5 月
齐齐哈尔	47.38°	123.92°	147	1988~1992 年
石家庄	38.03°	114.42°	80	1985~2003 年
狮泉河	32.50°	80.08°	4278	1999~2002 年
太原	37.78°	112.55°	778	1986~1988 年
天津	39.10°	117.17°	3	1988~2001 年
沱沱河	34.22°	96.43°	4533	1991~1999 年
武汉	30.62°	114.13°	23	1986~1998 年
乌鲁木齐	43.78°	87.62°	918	1986~2003 年
乌鲁木齐站	43.47°	87.37°	918	1996 年 7 月~2000 年
西安	34.30°	108.93°	397	1985~1992 年
西宁	36.62°	101.77°	2261	1991 年 9 月~1992 年 12 月
烟台	37.53°	121.40°	47	1986~1991 年
野牛沟	38.46°	99.54°	3320	2006 年 6 月~2007 年 5 月 2008 年 6 月~2009 年 2 月 2009 年 6 月~9 月
银川	38.48°	106.22°	1112	1988~2000 年
莺落峡	38.82°	100.18°	1700	2006 年 6 月~2007 年 5 月
跃进桥	43.15°	87.10°	2481	1996 年 7 月~2000 年
扎麻什克	38.23°	99.98°	2810	2006 年 6 月~2007 年 5 月
张掖	38.93°	100.43°	1483	1986~2003 年
郑州	34.72°	113.65°	110	1985~1992 年
遵义	27.70°	106.88°	844	1986~1992 年

2) 研究方法

降水中的 $\delta^{18}O$ 受多种因素影响,如降水量、温度、海拔、纬度、水汽来源及水汽循环模式。合适的控制因子选择采用以下两个步骤:首先,回归降水 $\delta^{18}O$ 和气象要素,如温度、降水量和蒸汽压的关系,发现除 5~9 月外,降水 $\delta^{18}O$ 和温度显著相关,而全年中降水 $\delta^{18}O$ 与降水量和蒸汽压之间无显著相关关系。然后,回归降水 $\delta^{18}O$ 和地理要素,如海拔、纬度和经度的关系,同样发现除 5~9 月外,降水 $\delta^{18}O$ 与纬度呈显著的二元函数关系,尤其是 12 月、翌年 1 月和 2 月,解释方差在 72.9%~74.3%变化。除 5~8 月外,其余季节虽然降水 $\delta^{18}O$ 与纬度显著相关,但是解释方差很低,仅在 9.3%~30.3%变化。据此,在多元线性回归模型中选择温度和纬度作为主要参数。为了便于与 Bowen-Wilkinson 模型(Bowen et al., 2002)比较,本书的模型用二阶方程计算月均雨量加权平均值与纬度和温度的关系,公式如下

$$\delta^{18}O = a\ lat^2 + b\ lat + c\ Temp + d \tag{3-1}$$

式中,a、b、c 和 d 为回归参数;lat 为纬度;Temp 为温度。首先,用 lat 计算 lat^2,lat^2、lat 和 Temp 分别用 $x1$、$x2$ 和 $x3$ 表示。然后,计算降水 $\delta^{18}O$ 与 $x1$、$x2$ 和 $x3$ 的相关性。所有的计算用 SPSS 软件(版本 11;SPSS,Inc.)。

就降水中 $\delta^{18}O$ 的空间和季节变化而言,将 3~5 月、6~8 月、9~11 月和 12 月至翌年 2 月的降水 $\delta^{18}O$ 的雨量加权平均值作为春、夏、秋及冬季的降水 $\delta^{18}O$ 值。

2. 中国降水 $\delta^{18}O$ 的空间水热效应

根据 Dansgaard(1964)的研究结果,只有降水中 $\delta^{18}O$ 和温度之间存在正相关关系,以及和降水量之间存在负相关关系才有物理意义。本书结果表明,在北纬 35°以北和低纬度但高海拔区域,如青藏高原南部的狮泉河、沱沱河和改则,温度和降水 $\delta^{18}O$ 呈显著正相关关系[图 3-1(a)],说明上述区域降水中 $\delta^{18}O$ 由温度控制(Araguás-Araguás et al.,1998)。降水中 $\delta^{18}O$ 月均加权平均值和月均温度的斜率变化幅度为 0.13‰/℃(石家庄)和 0.68‰/℃(和田)。这些斜率低于或接近中、高纬度的值(0.60‰/℃)(Rozanski et al.,1992)。Ichiyanagi(2007)也报道,只有在中、高纬度(南半球和北半球 30°以北区域),降水中 $\delta^{18}O$ 的温度效应才在 0.15‰/℃~0.50‰/℃变化。这个结果可能是由气团输送过程中海拔与温度的共同作用引起的。

月降水量与其同位素值的负相关关系首次由 Dansgaard(1964)发现,他称这种现象为雨量效应。引起雨量效应的过程包括对流云中雨水冲洗过程、同位素交换过程、云底雨滴部分蒸发过程及降水源地水汽同位素的交换过程等(Rozanski et al.,1993)。有研究表明,低纬度区降水中 $\delta^{18}O$ 的季节变化因降水量的变化而变化(Aravena et al.,1999;Rozanski et al.,1995)。在中、低纬度(南半球和北半球 40°以南区域),雨量效应在 −6.0‰/100mm 到 −1.0‰/100mm 变化(Njitchoua et al.,1999;Lachniet et al.,2006;Yapp,1982)。本书结果表明,在 35°N 以南,降水中 $\delta^{18}O$ 月均加权平均值有显著的雨量效应[图 3-1(b)](Dansgaard,1964),二者相关关系的斜率在 −0.7‰/100mm(广州)和 −4.4‰/100mm(拉萨)变化,说明上述区域降水中 $\delta^{18}O$ 的季节变化由雨量效应控制(Araguás-Araguás et al.,1998)。Vuille 等(2005)研究表明,降水中 $\delta^{18}O$ 由雨量控制到由温度控制的快速变化区域在 30°S 到 30°N,特别是中国、澳大利亚和南非。

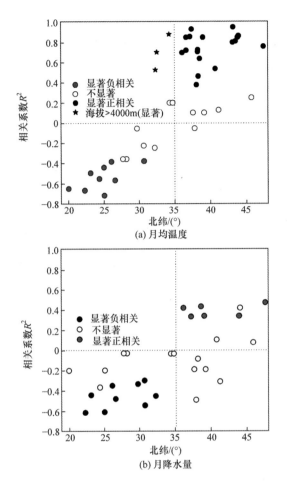

图 3-1 中国降水 $\delta^{18}O$ 月均加权平均值与月均温度和月降水量的相关关系

黑色圆点和五角星表示降水 $\delta^{18}O$ 与月均温度或月降水量显著相关且具有物理意义；
灰色圆点表示降水 $\delta^{18}O$ 与月均温度或月降水量显著相关但无物理意义

中国降水中 $\delta^{18}O$ 由雨量控制到由温度控制的快速变化区域大约在 35°N；在 35°N 附近，雨量和温度均与降水 $\delta^{18}O$ 无显著的相关关系；说明在该区域，温度效应和雨量效应对降水中 $\delta^{18}O$ 的变化起着重要作用，而且由于温度、降水和大气环流的相互作用，温度效应和雨量效应更为复杂（Johnson et al.，2004）。温度效应（‰/℃）和雨量效应（‰/100mm）随着海拔的升高而增加，说明在高海拔区域，温度效应和雨量效应在降水 $\delta^{18}O$ 的动力学变化中起着重要作用（图 3-2）。尽管降水 $\delta^{18}O$ 的月均值与 35°N 以南的温度呈显著负相关关系，与 35°N 以北的降水量呈显著正相关关系（图 3-1），然而上述关系无物理意义（Vuille et al.，2005），说明中国降水 $\delta^{18}O$ 的季节变化在 35°N 以北主要由温度控制，而在 35°N 以南主要由降水量控制，且温度效应和雨量效应均随海拔的升高而增加。

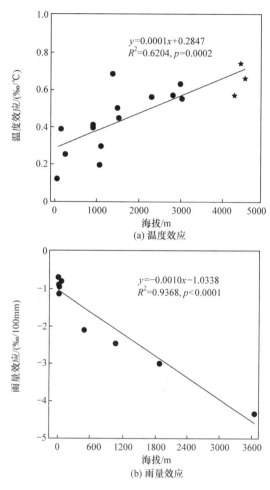

图 3-2　中国降水 δ^{18}O 月均加权平均值的温度效应(‰/℃)和雨量效应(‰/100mm)与海拔关系
本图仅选择降水 δ^{18}O 月均加权平均值与温度和雨量显著相关的点

3. 降水 δ^{18}O 的时空变化与其水汽来源密切相关

基于国际原子能机构降水 δ^{18}O 数据和前人研究结果,结合 1961～2004 年 NCEP/NCAR 再分析资料计算的 500hPa 处风场和可降水场的时空变化,分析二者的时空格局关系。

在冬季(12 月至翌年 2 月),中国降水的 δ^{18}O 偏负。降水 δ^{18}O 的空间分布几乎与纬度平行,且降水 δ^{18}O 随纬度的增加逐渐偏负,这个变化与降水的主要水汽来源有关。在冬季,形成中国降水的水汽来源主要由西风和基地气团控制。从北向南降水中 δ^{18}O 逐渐偏正,说明由北向南随着温度的逐渐升高,水汽凝结和降水过程中不平衡分馏和二次蒸发程度逐渐增加。在冬季,除东南地区外,总可降水量较低,降水 δ^{18}O 表明中国降水由西风和极地气团控制。春季(3～5 月)降水 δ^{18}O 的空间分布规律与冬季相似,说明春季形成降水的水汽也由西风和极地气团控制。因此,大气水汽来源的季节差异是引起降水 $\delta^{18}O$、风场及总可降水量时空变化的主要原因。

然而,在夏季,形成中国东南部降水的水汽主要由源于印度洋的西南季风输送,形成东部降水的水汽主要由源于太平洋的东南季风输送。而且,西风挟带的水汽也由西向东输送到我国东部。在此阶段,中国总可降水量随着夏季风的输送而增加,不同水汽来源对降水 $\delta^{18}O$ 的影响有明显的季节和区域变化。与春季相比,夏季受季风降水影响区域的总可降水量随着季风活动的加强而急剧增加,降水 $\delta^{18}O$ 也显著偏负,但东部地区降水 $\delta^{18}O$ 显著偏正。这种现象反映了南部降水的 $\delta^{18}O$ 主要由雨量效应控制,而北部降水的 $\delta^{18}O$ 主要由温度效应控制。换言之,在夏季风活动强烈区域,夏季降水 $\delta^{18}O$ 的雨量效应远高于温度效应,$\delta^{18}O$ 显著偏负。在夏季风影响区域外,降水 $\delta^{18}O$ 与温度呈显著正相关关系,且西南季风影响区降水 $\delta^{18}O$ 比东南季风影响区的值偏正,说明我国夏季环流很复杂,西南季风、东南季风及西风同时影响降水的 $\delta^{18}O$。此外,地形同样对我国降水 $\delta^{18}O$ 有很重要的影响。青藏高原降水 $\delta^{18}O$ 的明显变化为地形效应的标志。气团上升过程中的绝热冷却作用(海拔效应)对该气团 $\delta^{18}O$ 和 δD 的偏负有很重要的贡献(Gonfiantini et al.,2001)。在冬季,随着东南季风和西南季风的撤退,西风和极地气团逐渐成为冬季降水的主要水汽来源,降水中 $\delta^{18}O$、风场和总可降水量的空间分布具有相似的变化趋势。

4. 降水 $\delta^{18}O$ 与纬度、温度和海拔的关系

降水中 $\delta^{18}O$ 和 δD 受多种因素的影响。在气团从水汽源地到形成降水区域的运动过程中,重同位素逐渐贫化(Vuille et al.,2005)。在此过程中,影响降水中重同位素贫化的因素很多,如当气团从低纬度向高纬度的运动过程中,与纬度相关的地形要素会引起剩余水汽中重同位素逐渐贫化。众所周知,现代降水 $\delta^{18}O$ 与温度的正相关关系,即为大气水汽的同位素依赖温度的分流过程(Dansgaard,1964;Craig,1961a,1961b)。若水汽来源对降水 $\delta^{18}O$ 的影响显著,则降水 $\delta^{18}O$ 与大气环流显著相关(Vuille et al.,2005;Johnson et al.,2004;Tian et al.,2001)。本书研究表明,冬季降水 $\delta^{18}O$ 与纬度显著相关,其相关关系由二元一次多项式表示,解释方差在 72.9%~74.3% 变化,二次项系数在 -0.030~-0.014(n 的变化范围为 127~141)变化(表 3-2)。该值比全球($\delta^{18}O=-0.0051lat^2+0.1805lat-5.247$)(Bowen et al.,2002)、美国($\delta^{18}O=-0.0057lat^2+0.1078lat-1.6544$)(Dutton et al.,2005)及我国全年($\delta^{18}O=-0.0073lat^2+0.3261lat-9.7776$)(Liu et al.,2008)结果均偏负,其原因可能是本书研究用冬季降水的 $\delta^{18}O$ 与纬度进行拟合,而冬季降水主要由西风输送,因此降水 $\delta^{18}O$ 在冬季最为偏负。同时,冬季降水 $\delta^{18}O$ 与温度呈显著正相关关系(回归系数在 0.58~0.62 变化),拟合方程的解释方差在 67.0%~72.4%(n 的变化范围为 122~139),说明中国冬季降水 $\delta^{18}O$ 的变化由气温控制。虽然 3 月、4 月、10 月及 11 月降水 $\delta^{18}O$ 与温度和纬度也呈显著正相关关系,但是拟合方程的解释方差均较低。同样,在 1~4 月和 9~12 月,降水 $\delta^{18}O$ 与海拔显著相关,但是其解释方差也很低。因此,降水 $\delta^{18}O$ 与纬度、温度和海拔的关系极为复杂,且有很强的季节变化。

表 3-2 降水 $\delta^{18}O$ 与纬度、温度及海拔的关系

月份	纬度		温度		海拔	
	拟合方程	$R^2(n)$	拟合方程	$R^2(n)$	拟合方程	$R^2(n)$
1	$y=-0.014x^2+0.146x+1.480$	$0.740^{**}(140)$	$y=0.579x1-10.350$	$0.724^{**}(136)$	$y=-0.003x2-6.800$	$0.137^{**}(140)$
2	$y=-0.030x^2+1.177x-13.246$	$0.729^{**}(141)$	$y=0.601x1-10.393$	$0.670^{**}(139)$	$y=-0.004x2-4.724$	$0.146^{**}(141)$
3	$y=-0.023x^2+0.878x-10.861$	$0.566^{**}(185)$	$y=0.617x1-12.863$	$0.518^{**}(180)$	$y=-0.003x2-5.447$	$0.096^{**}(185)$
4	$y=-0.028x^2+1.444x-21.636$	$0.479^{**}(194)$	$y=0.448x1-12.160$	$0.380^{**}(189)$	$y=-0.002x2-3.790$	$0.164^{**}(194)$
5	$y=-0.015x^2+0.925x-18.673$	$0.074\text{ns}(216)$	$y=0.129x1-7.846$	$0.029\text{ns}(211)$	$y=-0.0001x2-5.033$	$0.001\text{ns}(216)$
6	$y=-0.010x^2+0.701x-17.970$	$0.042\text{ns}(226)$	$y=0.007x1-7.038$	$<0.001\text{ns}(221)$	$y=0.0003x2-6.886$	$0.009\text{ns}(226)$
7	$y=0.003x^2-0.068x-8.747$	$0.068\text{ns}(230)$	$y=0.118x1-10.979$	$0.017\text{ns}(225)$	$y=-0.001x2-7.666$	$0.017\text{ns}(230)$
8	$y=0.001x^2+0.071x-11.228$	$0.061\text{ns}(221)$	$y=0.257x1-14.596$	$0.077\text{ns}(217)$	$y=-0.001x2-7.325$	$0.074\text{ns}(221)$
9	$y=-0.0005x^2+0.083x-10.357$	$0.015\text{ns}(211)$	$y=0.126x1-11.006$	$0.034\text{ns}(205)$	$y=-0.001x2-7.565$	$0.093^{**}(211)$
10	$y=-0.004x^2+0.055x-5.670$	$0.157^{**}(179)$	$y=0.299x1-12.759$	$0.260^{**}(179)$	$y=-0.003x2-6.261$	$0.304^{**}(179)$
11	$y=-0.012x^2+0.365x-7.007$	$0.458^{**}(143)$	$y=0.395x1-2.170$	$0.490^{**}(136)$	$y=-0.003x2-6.505$	$0.200^{**}(143)$
12	$y=-0.016x^2+0.270x-0.674$	$0.743^{**}(127)$	$y=0.621x1-12.171$	$0.697^{**}(122)$	$y=-0.004x2-7.364$	$0.131^{**}(127)$

注：y 为降水 $\delta^{18}O$ 的月均值；x、$x1$ 和 $x2$ 分别为纬度、温度及海拔；R^2 为解释方差；n 为数据量。$**$ 和 ns 分别表示 $p<0.01$ 和 $p>0.05$。

就中国全年不同水汽来源而言,当形成降水的水汽主要由西风和极地气团输送时,降水 $\delta^{18}O$ 与纬度和温度极显著相关,与海拔呈显著相关但相关性较弱。相反,当水汽来源于夏季风输送时(西南季风和东南季风),降水 $\delta^{18}O$ 与纬度、温度和海拔均无显著的相关关系,说明很难用模型模拟中国全年降水 $\delta^{18}O$ 的空间变化特征,但是冬季降水 $\delta^{18}O$ 的空间变化可以用模型很好地进行模拟。因此,基于中国 41 个点 1~12 月降水 $\delta^{18}O$、纬度和温度数据,建立了降水 $\delta^{18}O$ 与纬度和温度数量关系(表 3-3)。同时,将本拟合结果与 Bowen-Wilkinson (2002)模型模拟结果进行了比较(表 3-4),结果表明,在冬季,本书的研究应用纬度和温度拟合降水 $\delta^{18}O$ 的结果比 Bowen-Wilkinson 模型更为准确,本书研究的解释方差(75%)高于 Bowen-Wilkinson 模型的解释方差(65%)(表 3-3 和表 3-4)。在 3 月、4 月和 11 月,尽管降水 $\delta^{18}O$ 与纬度和温度、与纬度和海拔的关系均显著,但是解释方差均很低(表 3-3 和表 3-4)。4~8 月,两种模型均不能准确模拟中国降水 $\delta^{18}O$ 的空间变化。4~8 月,特别是 8 月,由于形成中国降水的水汽来源不同导致降水的 $\delta^{18}O$ 不同,不同气团的输送轨迹不同及地形的影响,中国降水 $\delta^{18}O$ 的空间变化很复杂。鉴于上述复杂性,用目前的方法只能对中国冬季降水的 $\delta^{18}O$ 进行很好的拟合,而 4~10 月的拟合结果较差(表 3-3)。

本书的研究结果同时表明,用纬度和温度作为自变量拟合中国冬季降水 $\delta^{18}O$ 的空间变化可比 Bowen-Wilkinson 模型取得更好的结果。在夏季,很难用任何一种模型模拟中国降水 $\delta^{18}O$ 的空间变化。在以后的工作中,根据中国降水水汽来源划分不同区域,将不同区域降水的 $\delta^{18}O$ 的季节变化进行模拟,会得到较好的模拟结果。上述中国降水 $\delta^{18}O$ 与纬度和温度的相关关系显示,在冬季,降水 $\delta^{18}O$ 的空间变化可用 $\delta^{18}O = a\,lat^2 + b\,lat + c\,Temp + d$ 这个简单的模型模拟。不同季节大气水汽来源不同,很难用一个简单的模型来模拟全国降水 $\delta^{18}O$ 的季节变化特征,因此有必要建立多个模型来模拟不同区域和不同季节降水 $\delta^{18}O$ 的空间变化特征。

3.1.2 祁连山区水汽来源及降水对地表径流的贡献

降水是水循环中重要的输入因子,研究降水中稳定氢氧同位素比率(δD 和 $\delta^{18}O$)的时空变化对探讨降水水汽来源及水汽源地的气候条件具有重要意义(Jouzel et al.,1984;Merlivat et al.,1979;Dansgaard,1964;Craig 1961a,1961b)。众所周知,水汽在远距离输送过程中,重同位素在先前的降水中优先分离,剩余水汽中重同位素(D 和 ^{18}O)将逐渐贫化,降水中的 D 和 ^{18}O 逐渐减少,因此降水的 δD 和 $\delta^{18}O$ 逐渐偏负(Siegenthaler et al.,1980)。同时,由于水蒸发导致的动力分馏效应破坏了 δD 和 $\delta^{18}O$ 的平行分馏,因而在降水 δD 和 $\delta^{18}O$ 之间的关系出现一个差值。Dansgaard(1964)将其定义为过量氘参数 d-excess($d = \delta D - 8.0\delta^{18}O$)。全球降水中 d-excess 的均值在 10.0 左右,其主要受水汽来源地的空气相对湿度和温度的影响(Jouzel et al.,1997,1984;Merlivat et al.,1979)。Johnsen 等(1989)和 Merlivat 等(1979)研究表明,海面蒸发的水汽的 d-excess 随海面温度的升高和相对湿度的降低而增加。因此,降水中 d-excess 被广泛用于研究水文过程和水汽来源地的动力分馏程度(Feng et al.,2009)。降水的 $\delta^{18}O$、δD 和 d-excess 受很多因素控制,如地理因素(纬度、海拔及距海岸距离)(Dansgaard,1964)、气象因素(温度、相对湿度及降水量)(Rozanski et al.,1993;Yurtsever et al.,1981)和水汽来源及其输送途径等(Tian et al.,2007;Aravena et al.,1999)。通过对区域降水 $\delta^{18}O$ 和 d-excess 的分析,可以了解当地降水的水汽来源(Yamanaka et al.,2007;Lawrence et al.,1982)、

表 3-3　降水 $\delta^{18}O$ 与纬度（lat）和温度（Temp）的模拟结果

月份	拟合方程(n)	R^2	拟合不确定系数/%	F	p
1	$\delta^{18}O = -0.0148lat^2 + 0.5757lat + 0.3019Temp - 12.1375$ (140)	0.7638**	23.6	127.1804	8.10×10^{-37}
2	$\delta^{18}O = -0.0383lat^2 + 2.0458lat + 0.3081Temp - 33.5262$ (141)	0.7700**	23.0	138.3746	2.10×10^{-39}
3	$\delta^{18}O = -0.0265lat^2 + 1.5569lat + 0.4936Temp - 32.9477$ (185)	0.5990**	40.1	77.6107	8.98×10^{-31}
4	$\delta^{18}O = -0.0316lat^2 + 1.9740lat + 0.4308Temp - 40.9448$ (194)	0.5834**	41.7	77.9607	1.40×10^{-31}
5	$\delta^{18}O = -0.0156lat^2 + 1.0377lat + 0.1492Temp - 24.4681$ (216)	0.0718*	92.8	4.7991	0.0030
6	$\delta^{18}O = -0.0091lat^2 + 0.6152lat + 0.0147Temp - 16.9083$ (226)	0.0302ns	97.0	2.0439	0.1090
7	$\delta^{18}O = -0.0008lat^2 + 0.1895lat + 0.1796Temp - 17.6934$ (230)	0.1064**	89.4	8.0192	0.00004
8	$\delta^{18}O = -0.0049lat^2 + 0.5172lat + 0.3697Temp - 28.5076$ (221)	0.1937**	80.6	15.8539	2.81×10^{-9}
9	$\delta^{18}O = -0.0041lat^2 + 0.4717lat + 0.2877Temp - 24.9970$ (211)	0.1690**	83.1	12.7418	1.29×10^{-7}
10	$\delta^{18}O = -0.0166lat^2 + 1.2151lat + 0.4637Temp - 36.1988$ (183)	0.3211**	67.9	25.3802	1.69×10^{-13}
11	$\delta^{18}O = -0.0176lat^2 + 1.2783lat + 0.5242Temp - 35.1133$ (143)	0.5497**	45.0	50.8636	1.48×10^{-21}
12	$\delta^{18}O = -0.0198lat^2 + 0.7961lat + 0.2322Temp - 14.5838$ (127)	0.7580**	24.2	119.0193	5.66×10^{-35}

注：n 为数据量；**、* 和 ns 分别表示 $p < 0.01$、$0.01 < p < 0.05$ 和 $p > 0.05$。

表 3-4　Bowen-Wilkinson 模型模拟的中国降水 $\delta^{18}O$ 与纬度（lat）和海拔（alt）的模拟结果

月份	海拔（<200m）		海拔（全国）		Bowen-Wilkinson 模型模拟结果
	拟合方程	$R^2(n)$	拟合方程	$R^2(n)$	
1	$y=-0.019x^2+0.614x-6.904$	0.767**（85）	$y1=-0.0022x1$	0.1958**（140）	$y=-0.019lat^2+0.614lat-0.0022alt-6.904$
2	$y=-0.030x^2+1.291x-16.326$	0.655**（79）	$y1=-0.0015x1$	0.0955*（141）	$y=-0.030lat^2+1.291lat-0.0015alt-16.326$
3	$y=-0.032x^2+1.474x-19.859$	0.631**（109）	$y1=-0.0015x1$	0.0925*（185）	$y=-0.032lat^2+1.474lat-0.0015alt-19.859$
4	$y=-0.038x^2+2.215x-33.733$	0.595**（114）	$y1=0.0020x1$	0.2836**（194）	$y=-0.019lat^2+0.614lat-0.0020alt-6.904$
5	$y=-0.013x^2+0.790x-16.552$	0.099ns（120）	—	—	—
6	$y=-0.005x^2+0.286x-10.527$	0.097ns（127）	—	—	—
7	$y=0.003x^2-0.229x-4.058$	0.053ns（128）	—	—	—
8	$y=-0.009x^2+0.527x-15.506$	0.070ns（125）	—	—	—
9	$y=-0.0042x^2+0.2543x-11.485$	0.0104ns（123）	—	—	—
10	$y=-0.007x^2+0.302x-8.577$	0.196*（109）	—	—	—
11	$y=-0.021x^2+1.013x-16.347$	0.454**（84）	$y1=-0.0023x1$	0.2450**（143）	$y=-0.021lat^2+1.013lat-0.0023alt-16.347$
12	$y=-0.029x^2+1.252x-16.912$	0.776**（74）	$y1=-0.0013x1$	0.1005*（127）	$y=-0.029lat^2+1.252lat-0.0013alt-16.912$

注：y 为降水 $\delta^{18}O$ 的月均平均值；$y1$ 为残差；x 和 $x1$ 代表纬度和海拔；n 为数据量。**，* 和 ns 分别表示 $p<0.01$，$0.01<p<0.05$ 和 $p>0.05$。

大气水汽循环特征(田立德等,2005;Birks et al.,2002;Hoffmann et al.,2000),以及区域水文过程,如降水对地表水(Gibson et al.,2002;Telmerk et al.,2000)和地下水的补给(Yonge et al.,1989)及其相互作用等(Longinelli et al.,2003)。

我国学者运用同位素技术,围绕黑河流域水循环问题,从不同角度进行了探索和研究(王宁练等,2009,2008;张应华等,2007;Chen et al.,2006;陈宗宇等,2006;张光辉等,2005b)。在黑河源区,降水的 $\delta^{18}O$ 不但有显著的温度效应(张应华等,2007),而且有显著的海拔效应(王宁练等,2008)。黑河源区降水和河水 $\delta^{18}O$ 的季节变化表明,降水是黑河干流上游山区径流的主要补给来源(王宁练等,2009)。然而,对黑河源区降水、融水及泉水对山区径流的贡献的研究较少。另外,将 NCEP/NCAR 再分析资料和降水中 $\delta^{18}O$ 的时空变化相结合探讨黑河源区及其周边区域水汽来源的案例也未见报道。因此,本书的研究通过对黑河源区降水、河水和泉水 δD、$\delta^{18}O$ 与 d-excess 的季节变化以及河水、融水及泉水 δD、$\delta^{18}O$ 的空间变化进行分析,结合 NCEP/NCAR 再分析资料,了解黑河源区水汽来源及降水、地表水和泉水的关系,明确黑河源区降水、融水和泉水对地表径流贡献的时间变化,为揭示黑河源区水循环机理提供基础资料。

1. 研究区概况

西北内陆河流域是我国水资源稀缺地区,水环境急剧恶化已经严重影响区域可持续发展。黑河是我国第二大内陆河,发源于祁连山北麓,干流长 928km。黑河流域面积近 14.3 万 km²,是我国第二大内陆河流域,其南部为祁连山山地,中部为走廊平原,北部为低山山地和阿拉善高原,东部与巴丹吉林沙漠接壤。黑河上游海拔为 1700~5564m,寒冷阴湿,多年平均气温为 -5~4℃,年降水量在 200mm 以上,局部高山带年降水量可达 600~700mm,年均融水量约为 4 亿 m³。中游平原区年降水量不足 200mm,下游平原区年降水量少于 50mm,黑河中、下游 90% 的水资源依赖祁连山区补给,这种补给主要以地表径流的方式进行。

研究区地处黑河上游的祁连山区,其中西支干流的定点观测点设在黑河上游野牛沟气象站和中国科学院寒区旱区环境与工程研究所黑河上游生态-水文试验研究站,祁连山中段的定点观测设在临泽内陆河流域综合研究站大野口观测站。在黑河源区,降水量呈东南向西北逐渐减少的趋势,主要产流区为西支干流区(程国栋等,2009)。据统计,西支干流区多年年均出山径流量占整个源区径流量的 78.7%,其中 20 世纪 90 年代扎麻什克河和莺落峡多年年均径流量各占整个源区径流量的 18.8% 和 42.9%(程国栋等,2009)。黑河上游 40 个雨量站和水文观测站的降水量观测资料显示,年降水量大于 300mm 的站点均在西支干流区(资料来自甘肃省水文局),因而西支干流为黑河流域水资源形成的一个主要区域。因此,本书的研究重点主要集中在黑河源区的西支干流。其中,野牛沟地处黑河上游西支干流中段(99°38′E,38°42′N,海拔 3320m),1959~2000 年年均降水量为 401.4mm,80% 的降水集中在 6~9 月;年平均温度为 -3.1℃,月均最低温度在 1 月(-17.2℃),月均最高温度在 7 月(9.2℃)。5~9 月平均温度高于 0℃。大野口位于祁连山中段(100°17′E,38°34′N),海拔为 2720m,年均降水量为 369.2mm;年平均气温为 0.7℃,月均温度 7 月最高(12.2℃)、1 月最低(-12.9℃)。

2. 水样采集及分析

研究区域及样点分布如图 3-3 所示。

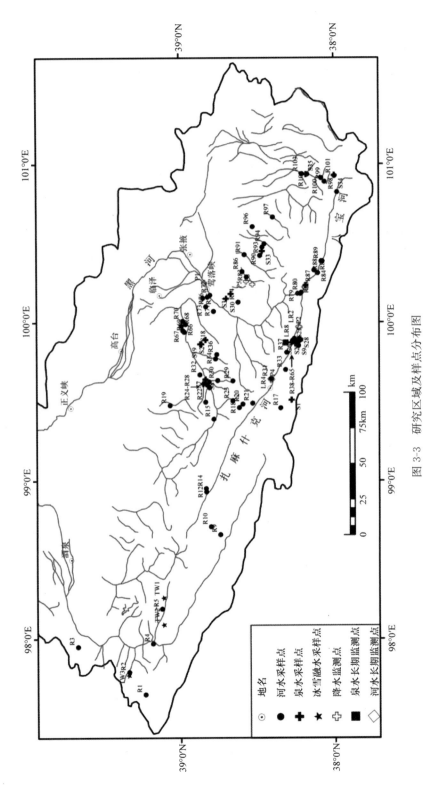

图 3-3 研究区域及样点分布图

Rx 表示河水面上采样点；TW 表示冰雪融水采样点；Px 和 LRx 表示降水和河水定点长期采样点；Sx 表示泉水面上采样点

降水样品采集：分别在黑河上游的野牛沟气象站（2008 年 6 月至 2009 年 2 月和 2009 年 6～9 月）、大野口水文站（2009 年 7～8 月）及大野口观测站（2008 年 9～11 月），以每次降水为单位收集降水样品。

河水样品采集：2008 年 5～12 月和 2009 年 4～11 月对野牛沟气象站附近黑河西支干流扎麻什克河的河水水样进行定点采集；并在 2008 年 7～10 月和 2009 年 7～11 月对坝头沟支流河水水样进行定点采集。同时，分别于 2008 年 5 月和 2009 年 6 月对上游主要干流和支流的河水进行面上采集。

泉水和融水样品采集：2009 年 8 月至 2010 年 2 月对黑河上游水文站葫芦沟泉水样进行定点采集。同时，在 2008 年 5 月、2009 年 6 月及 2009 年 8～9 月对黑河源区泉水进行面上采集。

所有定点采样均以每周一次为标准，采样时间严格控制在下午 4:00 左右。各类型的水样各收集 2 个重复，样品采集后立刻装入 8mL 玻璃瓶中，并用 Parafilm 封口膜进行密封。

水样 δD 和 $\delta^{18}O$ 分析：水样的 δD 和 $\delta^{18}O$ 在中国科学院寒区旱区环境与工程研究所内陆河流域生态水文重点实验室进行分析。2008 年的河水样和 2008 年至 2009 年 2 月的水样用 EuroPyrOH-3000 元素分析仪＋Isoprime 质谱仪在线测定 δD 和 $\delta^{18}O$ 值，每个样品重复测定 5 次。部分样品在日本名古屋大学进行交叉对比试验。2009 年和 2010 年的所有样品用液态水同位素分析仪（Picarro L1102-i）测定，并与前期部分样品进行重复交叉试验。Isoprime 质谱仪的 δD 和 $\delta^{18}O$ 的分析误差分别小于 1.0‰和 0.2‰，Picarro L1102-i 的 δD 和 $\delta^{18}O$ 的分析误差分别小于 0.5‰和 0.1‰，测定结果用 V_{SMOW} 和 GISP 或 SLAP 两种国际标准及一种实验室工作标准进行线性和时间校正，最终结果以 V_{SMOW} 表示（Nelson，2000）。

3. 祁连山区水汽来源的同位素证据

1）黑河源区历次降水的 $\delta^{18}O$ 和 δD 变化

黑河源区野牛沟和大野口降水的 $\delta^{18}O$ 和 δD 具有相似的变化趋势，即 6～9 月中旬偏正、9 月下旬至翌年 2 月偏负[图 3-4(a)，图 3-4(b)，表 3-1]。例如，2008 年野牛沟降水中 $\delta^{18}O$、δD 均值在 6～9 月中旬分别为 −4.6‰和 −24.6‰，其后分别为 −18.1‰和 −120.9‰；2009 年 6～9 月中旬 $\delta^{18}O$、δD 均值分别为 −4.7‰和 −22.7‰，其后分别为 −12.8‰和 −82.0‰ [图 3-4(a)，图 3-4(b)，表 3-1]；大野口降水 $\delta^{18}O$ 和 δD 在 9 月中旬前分别为 −1.7‰和 −15.6‰，9 月中旬至 11 月分别为 −10.0‰和 −67.9‰；此结果显示黑河源区两样点具有相同的水汽来源。另外，持续降水会导致降水中的 $\delta^{18}O$ 和 δD 逐渐偏负。例如，在 2008 年 7 月 26 号至 8 月 1 号的连续降水过程中，随降水时间的推移，降水中 $\delta^{18}O$ 和 δD 持续偏负，最低达 −22.1‰和 −125.3‰[图 3-4(a)，图 3-4(b)，表 3-1]，其原因是这次降水来自同一个水汽云团，随着降水的发生，^{18}O 和 D 富集的水汽优先凝结成为降水，随着降水的持续，越来越贫 ^{18}O 和 D 的水汽凝结形成降水。例如，在降水开始阶段（7 月 26 号），尽管降水量较大（8.7mm），但因刚开始降水，水汽富 ^{18}O 和 D，且大气湿度较低，雨滴在凝结和下降过程中均存在较强的蒸发效应，因而降水中 $\delta^{18}O$ 和 δD 偏正。而在 7 月 31 号，降水量虽然很低（2.1mm），但降水中 $\delta^{18}O$ 和 δD 却低达 −17.4‰和 −125.3‰[图 3-4(a)，图 3-4(b)]，这与连续降水导致降水的"淋洗"作用与瑞利分馏使得贫^{18}O 和 D 的水汽凝结有关(Clark et al.，1997)。同时，2009 年 7 月 31 号至 8 月 1 号和 8 月 2 号持续降水过程中降水 δD 和 δ^{18}O 每隔 2h 的变化趋势同样表明了降水过程的"淋洗"作用。

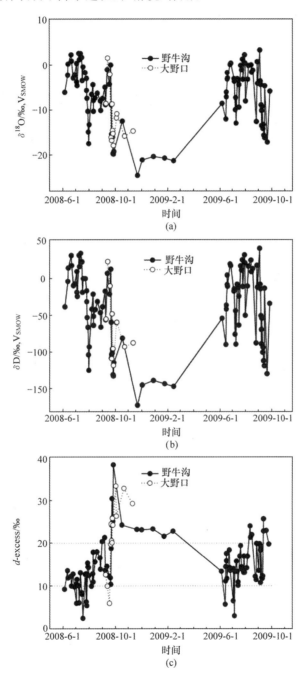

图 3-4 黑河源区野牛沟和大野口历次降水中 δ^{18}O、δD 和 d-excess 变化

降水中的 d-excess 值与水汽蒸发时的动力分馏过程有关,其主要受水汽来源地的空气相对湿度和温度的影响(Jouzel et al.,1997,1984;Merlivat et al.,1979)。与9月中旬前相比,自9月下旬开始野牛沟和大野口降水中 d-excess 值均急剧增加[图 3-4(c)]。例如,2008年野牛沟降水的 d-excess 平均值在6~9月中旬为 12.1‰,而9月至翌年2月为 23.9‰;2009年野牛沟降水的 d-excess 平均值在6~9月上旬为 14.7‰,在9月中旬和下旬为 20.7‰。大野口降水的 d-excess 平均值在8~9月上旬为 9.5‰,而在9月中旬至11月为 25.6‰[图 3-4(c)]。黑河源区 d-excess 值的明显季节变化特征与其水汽来源和当地相对湿度的季节变化有关。

野牛沟和大野口当地大气降水线的斜率均低于全球大气降水线(global meteoric water line,GMWL)的平均值 8.0,且野牛沟雨水线的截距高于 10,而大野口的截距低于 10(图 3-5),说明黑河源区降水主要来源于大尺度水汽循环,且受降水期间二次蒸发及降水季节变化等地方气候因子的影响。例如,大野口雨水线的斜率低于野牛沟的现象说明,大野口降水过程中的蒸发作用强于野牛沟,这与大野口年均气温(0.7℃)高于野牛沟(−3.1℃)有关。王宁练等(2008)和张应华等(2007)研究表明黑河上游降水中 δD 和 $\delta^{18}O$ 与气温呈正相关的事实。

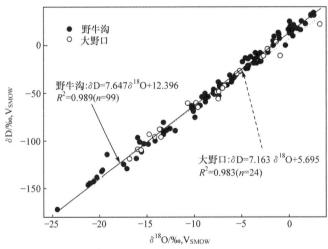

图 3-5 野牛沟和大野口降水 δD 和 $\delta^{18}O$ 关系图
n 为样本量

野牛沟和张掖降水 $\delta^{18}O$ 和 d-excess 的季节变化表明,除5月和6月黑河源区降水中 $\delta^{18}O$ 与张掖的接近外,其余时间均偏负[图 3-6(a)],这与黑河源区降水量高、温度低和湿度较高[图 3-6(b)]而导致降水过程中蒸发效应低于张掖有关。降水的 d-excess 与蒸发有关,除水汽源地的蒸发状况外,雨滴下落过程中的再蒸发也会使降水的 d-excess 降低(田立德等,2001a;Jouzel et al.,1997)。本书的研究表明,与野牛沟相比,张掖降水的 d-excess 显著降低,说明张掖雨滴下落过程中的再蒸发效应较强。

2) 黑河源区降水 $\delta^{18}O$ 及 d-excess 的季节变化与水汽来源的关系
本书研究的降水样品的取样点较少,取样持续时间较短,因此将本书的研究结果与前人

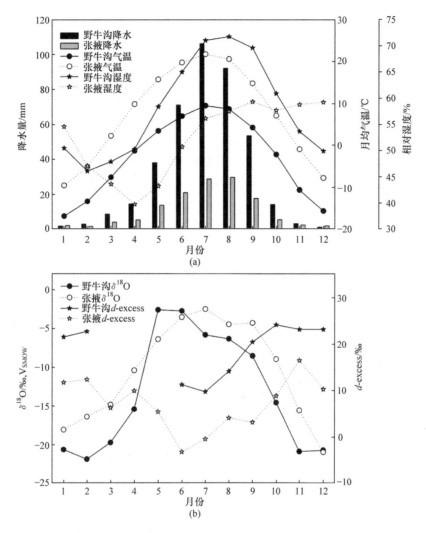

图 3-6　野牛沟与张掖气象资料、降水中 $\delta^{18}O$ 及 d-excess 季节变化比较

野牛沟和张掖气象资料分别为 1959～2005 年和 1951～2007 年的月平均值；野牛沟降水 $\delta^{18}O$ 为降水量加
权平均值；张掖为国际原子能机构提供的月资料(数据来自 IAEA：http://nds 121. iaea. org/wiser)

的研究结果(王宁练等，2009)进行对比分析，发现本书的研究结果与前人的研究结果具有较
好的一致性；降水中 $\delta^{18}O$ 均表现出夏高冬低的季节变化特征(图 3-7)。因此，可以用上述结
果的平均值作为代表来探讨黑河源区水气来源的变化。基于 NCEP/NCAR 再分析资料和
中国季风影响区域(Wang et al.，2002)，对黑河源区大气水汽来源做进一步探讨。根据
NCEP/NCAR 再分析资料对黑河源区及其附近区域 2008 年 7 月和 2009 年 1 月 500hPa 的
风场和湿度场进行计算，分别代表黑河源区夏季和冬季的水汽来源状况。结果表明，无论是
夏季还是冬季，黑河源区的水汽主要来源于西风输送，在冬季也同时受到极地气团的影响。
另外，为了更清楚地了解黑河源区水汽的来源，将乌鲁木齐(主要由西风控制)、拉萨(受西南
季风影响区)及香港(受东南季风影响区)与本研究区降水中 $\delta^{18}O$ 和 d-excess 的季节变化进

行了比较[图 3-8(a),图 3-8(b)],发现本研究区和乌鲁木齐降水中 $\delta^{18}O$ 和 d-excess 具有相似的季节变化规律,即降水中 $\delta^{18}O$ 在冬季偏负,夏季偏正,d-excess 与之相反,即冬季高夏季低[图 3-8(a),图 3-8(b)]。在夏季,黑河源区和乌鲁木齐降水中 $\delta^{18}O$ 远高于拉萨和香港。田立德等(2001b)研究表明,夏季降水中 $\delta^{18}O$ 极低值与强的季风活动有关,而高值与地方性蒸发水汽或北方输送水汽有关。余武生等(2006)研究表明,慕士塔格地区夏季降水 $\delta^{18}O$ 的高值反映了水汽来源主要是受西风环流和局地环流控制。因此,黑河源区夏季降水中 $\delta^{18}O$ 的高值说明夏季风输送的水汽对该区降水的影响很小。在冬季,黑河源区降水中 $\delta^{18}O$ 与拉萨和香港相比显著偏负。姚檀栋等(2009)根据青藏高原季风区、过渡区和西风区降水中 $\delta^{18}O$ 的明显差异,说明水汽来源对降水 $\delta^{18}O$ 有重要影响。黑河源区降水中 $\delta^{18}O$ 的季节变化与姚檀栋等(2009)研究的西风区降水 $\delta^{18}O$ 的变化趋势一致,而与夏季风影响区,如拉萨和香港的变化趋势不同,进一步说明,黑河源区大气水汽主要来源于西风和极地气团挟带的水汽。与乌鲁木齐相比,黑河源区降水中 $\delta^{18}O$ 较为偏负,说明西风挟带的水汽在输送过程中重同位素优先分离,剩余水汽形成的降水中 δD 和 $\delta^{18}O$ 越来越负(Siegenthaler et al.,1980)。另外,黑河源区冬季降水中 d-excess 的高值说明再循环产生的水汽对当地降雨有显著的贡献,即黑河源区水汽再循环很强烈(田立德等,2005)。

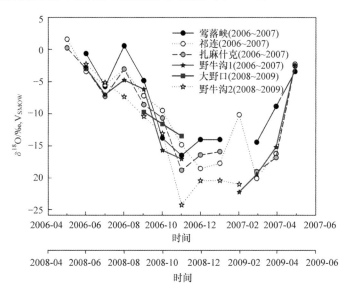

图 3-7 黑河源区降水中 $\delta^{18}O$ 的季节变化揭示的水汽来源

野牛沟 2(2008 年 5 月至 2009 年 2 月和 2009 年 5 月至 2009 年 9 月平均值)和大野口(2008 年 9~11 月)
为本书的研究结果;莺落峡、祁连、扎麻什克和野牛沟 1(2006 年 5 月至 2007 年 5 月)数据引自王宁练等,2008

与此同时,对本研究区与我国西北的兰州、包头、银川[图 3-8(c)]和东北的齐齐哈尔、长春等地降水的 $\delta^{18}O$ 进行比较[图 3-8(d)]。因包头、银川和兰州处于夏季风北边缘以外(汤绪等,2007)和太平洋季风影响区外,夏季水汽来源主要为西风输送,冬季为北方和西北方的大陆性气团输送,与其降水中 $\delta^{18}O$ 表现出夏季重同位素富集、冬季贫化的特征相吻合。另外,7 月银川降水 $\delta^{18}O$ 与香港相比略偏负,说明 7 月夏季风挟带的水汽对银川的降水有贡献[图 3-8(c)]。

我国东北的齐齐哈尔和长春降水中的 $\delta^{18}O$ 在 5~8 月与黑河源区相比偏负,也比季风影响区的香港偏负,显示了夏季风挟带水汽的 $\delta^{18}O$ 特征;其余季节与黑河源区的变化趋势相似,显示了西风和极地气团挟带水汽的 $\delta^{18}O$ 特征[图 3-8(d)],说明齐齐哈尔和长春处在东亚夏季风影响区(汤绪等,2007),降水夏季受夏季风影响,冬季受西风和极地气团控制[图 3-8(d)]。

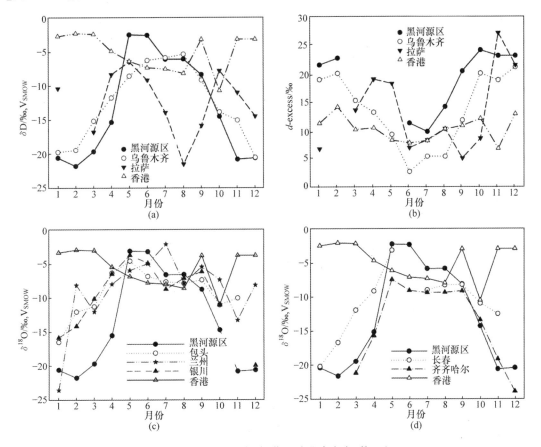

图 3-8 黑河源区和乌鲁木齐、拉萨和香港降水中 $\delta^{18}O$ 和 d-excess

及西北和东北部降水中 $\delta^{18}O$ 季节变化比较

降水中 $\delta^{18}O$ 研究时段:黑河源区数据为野牛沟(2008~2009 年)和王宁练等(2008)研究结果的平均值;

拉萨、乌鲁木齐、香港、包头、兰州、银川、长春和齐齐哈尔降水中 $\delta^{18}O$ 数据来自国际原子能机构

(数据来自 IAEA:http://nds 121. iaea. org/wiser)

4. 祁连山区地表径流的主要补给源及补给时段

1) 祁连山不同水体 $\delta^{18}O$-δD 关系

在祁连山,河水、融水和泉水 $\delta^{18}O$-δD 点均位于大野口和野牛沟的地方大气雨水线附近(图 3-9),说明黑河源区地表水和泉水主要来源于大气降水。然而,与河水相比,野牛沟降

水中 δD、$\delta^{18}O$ 及 d-excess 的变化幅度很大。例如,2008 年和 2009 年降水的 $\delta^{18}O$、δD 及 d-excess 分别在 $-172.6‰\sim40.2‰$、$-24.5‰\sim3.3‰$ 和 $2.4‰\sim38.3‰$ 变化。2008 年和 2009 年扎麻什克河和坝头沟河水中 $\delta D(\delta^{18}O)$ 分别在 $-59.9‰\sim-40.4‰(-8.8‰\sim-6.9‰)$ 和 $-55.1‰\sim-44.1‰(-8.2‰\sim-6.8‰)$ 变化[图 3-10(a),图 3-10(b)],d-excess 分别在 $10.5‰\sim19.2‰$ 和 $4.9‰\sim13.5‰$ 变化[图 3-10(c)]。可见,河水中 δD、$\delta^{18}O$ 及 d-excess 的变化幅度远低于降水,这与王宁练等(2009)的研究结果相一致。同时,2008$\sim$2009 年,野牛沟降水、扎麻什克河干流及坝头沟支流河水的 δD、$\delta^{18}O$ 及 d-excess 的时间变化趋势也说明降水对河水的补给特征(图 3-10)。例如,在 6 月至 9 月中旬,扎麻什克河和坝头沟河水的 δD、$\delta^{18}O$ 和 d-excess 与降水具有相似的变化规律,且有明显的滞后效应(8$\sim$10 天),而 9 月下旬后河水中 δD、$\delta^{18}O$ 并未随降水的 δD、$\delta^{18}O$ 的偏负而减小和 d-excess 的急剧增加而增加,表明在雨季(如 6$\sim$9 月中旬),降水是河水的主要来源,且降水降落到地面后经过一系列的转化,如通过壤中流、地表径流及基流等方式后才汇入河流。王宁练等(2008)研究也表明,黑河出山口河水中 $\delta^{18}O$ 的季节变化滞后于降水 $\delta^{18}O$ 的结果。为了进一步了解高海拔区域冰川(雪)融水和源区泉水对地表径流的贡献,本书将二者分别进行比较(图 3-11)。2009 年 8 月底至 9 月初,黑河源区 3500$\sim$4159 m 的河水和冰川融水 $\delta^{18}O$ 平均值分别为 $-8.5‰$ 和 $-9.1‰$,二者远低于泉水和相同季节的河水(图 3-11),说明高海拔河水和融水 $\delta^{18}O$ 对黑河干流地表径流的 $\delta^{18}O$ 的影响较小,进而说明高海拔河水和融水对黑河源区地表径流的贡献较低。该结论与冰川融水对出山径流的补给量不足 10%(贺建桥等,2008)相一致。另外,2008$\sim$2010 年,黑河源区泉水的 $\delta^{18}O$ 值为 $-8.2‰$,与葫芦沟 2009 年 8 月$\sim$2010 年 2 月泉水 $\delta^{18}O(-8.3‰)$ 的季节变化接近,也与当年 11 月至翌年 1 月河水 $\delta^{18}O$ 的变化接近,说明 11 月至翌年 1 月河水主要由基流(以泉水形式)补给。

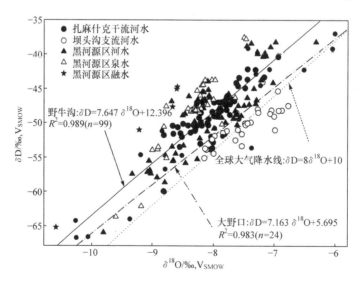

图 3-9　祁连山河水、泉水和融水 $\delta^{18}O$-δD 关系图及其与区域大气降水线的关系

n 为样本量

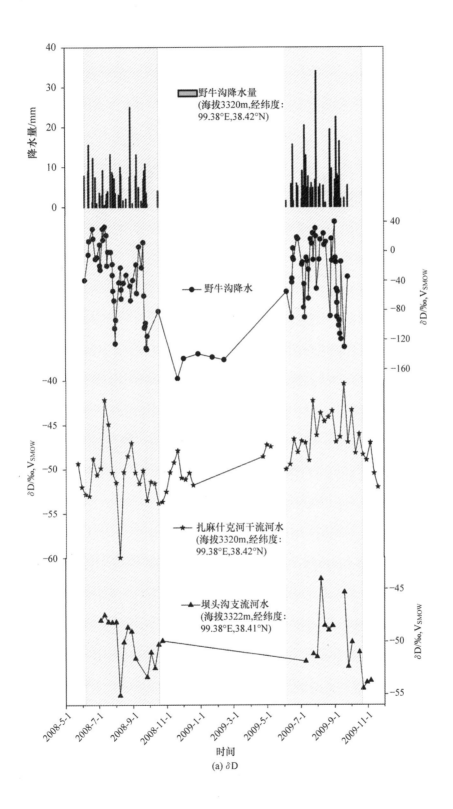

(a) δD

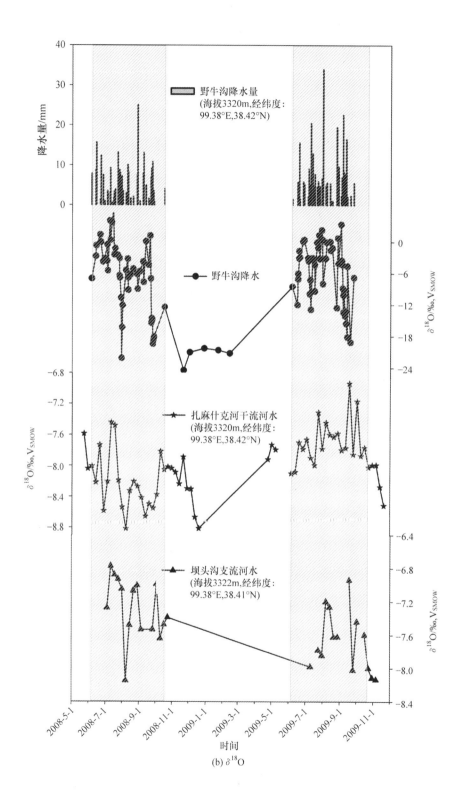

(b) $\delta^{18}O$

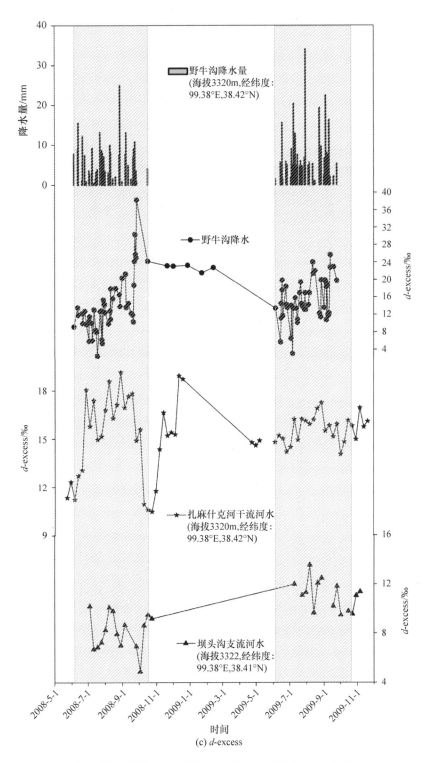

图 3-10 祁连山降水和河水的 $\delta^{18}O$、δD 及 d-excess 变化

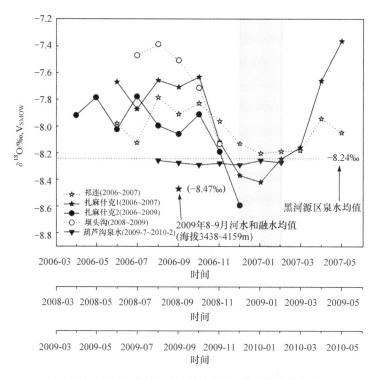

图 3-11 祁连山河水、融水及泉水中 $\delta^{18}O$ 的季节变化

河水中 $\delta^{18}O$ 研究时段：祁连和扎麻什克 1 河水 $\delta^{18}O$ 为王宁练等（2009）研究结果的平均值；扎麻什克 2 和坝头沟为本节研究的 2008～2009 年河水 $\delta^{18}O$ 月均值；葫芦沟泉水为 2009～2010 年泉水 $\delta^{18}O$ 月均值；−8.24‰为黑河源区 2008 年、2009 年及 2010 年 51 个泉水 $\delta^{18}O$ 的平均值

2）祁连山降水量与出山径流季节变化

黑河源区雨季出山径流主要由降水形成，冬季主要由泉水组成。为了进一步了解黑河源区不同水源对地表径流的影响，将黑河源区海拔高于 2000m、降水量高于 250mm 的 16 个观测站的月均降水量和 12 个观测站的月均径流量的季节变化进行比较（图 3-12）。结果表明，黑河源区 5～9 月的出山径流占全年出山径流量的 72.8%，降水量占全年降水量的 81.5%。降水量与出山径流具有极为相似的季节变化规律。然而，与降水量相比，出山径流的增加在 7 月之前滞后于降水量的增加，而在 7 月以后出山径流的降低滞后于降水量的降低（图 3-12），说明黑河源区出山径流主要由降水形成，且存在降水补给地表径流的滞后效应，具体体现在降水与河水的同位素变化趋势中（图 3-10）。另外，在黑河源区，5 月中下旬至 9 月中旬为冰川（雪）稳定融化期（王金叶等，2001），由于降水补给河水的主要时段也是冰雪（川）融水对地表径流的补给时段。然而河水和降水同位素的季节变化特征（图 3-10）和降水量与出山径流季节变化的一致性（图 3-12）说明，雨季降水为出山径流的主要补给源，而冰雪融水对出山径流的贡献较低，该结论也从黑河源区冰川（雪）融水占出山径流的比例（贺建桥等，2008；阳勇等，2007；李林等，2006）的研究中得到证实。由于黑河源区 12 月至翌年 4 月为冻透期（王金叶等，2001），在当年 11～12 月和翌年 1 月，冰川（雪）融水对出山径流几乎没有贡献，因而该时段出山径流主要由泉水补给。然而，对于不同时空条件下降水抑或

融水对河水贡献的比例及途径等问题,还有待于进一步详细研究。

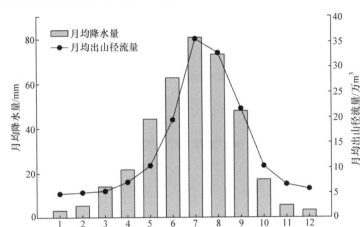

图 3-12 黑河上游月均降水量与出山径流比较

月均降水量为黑河源区海拔高于 2000m、降水量高于 250mm 的 16 个观测站的平均值;
月均出山径流量为源区 12 个观测站的平均值

5. 祁连山区不同补给源对出山径流的贡献率

通过测定高寒山区葫芦沟流域不同景观带冰川、积雪、冻土、地表水、地下水和降水的同位素和水化学特征,结合同位素端元混合模型,杨永刚(2011)的研究表明,在湿季,出山径流量的52％来自由冻土融水、冰雪融水和降水下渗转化的地下水;冰川带地表径流量占 11％;高山寒漠带和灌丛带地表径流量占 20％;高山草原带地表径流量约占 9％;降水直接补给量占 8％。

莺落峡出山径流量自 1975 年起整体呈增加趋势(图 3-13)。1957～2012 年,年均出山径

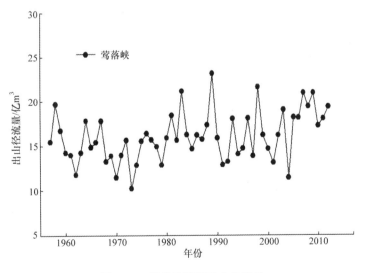

图 3-13 莺落峡器测出山径流量

流量为 19.04 亿 m^3，据此可估算出高寒山区不同水源对出山径流的贡献量：由冻土融水、冰雪融水和降水下渗转化的地下水的贡献量最大，达 9.10 亿 m^3；冰川带地表径流、高山寒漠带和灌丛带地表径流、高山草原带地表径流和降水直接补给的贡献量分别为 1.93 亿 m^3、3.50 亿 m^3、1.58 亿 m^3 和 1.56 亿 m^3（表 3-5）。

表 3-5　高寒山区不同水源对黑河干流莺落峡出山径流的贡献量估算

项目	地下水	冰川带地表径流	高山寒漠带和灌丛带地表径流	高山草原带地表径流	降水直接补给
贡献率/%	52	11	20	9	8
1957～2012 年年均流量/亿 m^3	—	—	19.04		
不同水源贡献量/亿 m^3	9.10	1.93	3.50	1.58	1.56

中国降水中 $\delta^{18}O$ 的季节和空间变化因其水汽来源的不同而有显著差异。由于研究区地处夏季风北边缘以外和太平洋季风影响区外，我国西北地区，如兰州、张掖、包头和银川的降水中 $\delta^{18}O$ 的季节变化表明，该区域水汽来源主要为西风和极地气团输送，银川的降水在夏季风较强的年份也受夏季风的影响。在夏季，我国东北部，如齐齐哈尔和长春等地，降水中 $\delta^{18}O$ 与东南季风区降水的 $\delta^{18}O$ 接近，其余时期与野牛沟变化趋势相似，即该区域降水在季风暴发期受夏季风影响，其余时期受西风和极地气团挟带的水汽影响。西风环流使得源于大西洋和北冰洋的水汽成为黑河流域空中水汽的主要来源，流域内水汽输送以自西向东的纬向输送为主。祁连山区夏季形成降水的水汽主要来源于西风输送，冬季降水除受西风控制外，还受极地气团的影响，且大气水汽内循环特征非常明显。就黑河源区地表径流的形成情况而言，黑河源区地表径流主要由大气降水形成，由降水下渗转化而来的地下水是河道径流的主要来源。6～9 月中旬是降水补给地表径流的主要时段，也是黑河源区径流量最大的时段，冬季则由泉水形成，但流量低。由此可见，降水对黑河流域水资源的形成具有很重要的作用，在全球变化背景下，黑河源区降水的丰缺将对整个黑河流域水资源的形成产生极为重要的影响。

3.2　黑河干流区地表水与地下水转换特征研究

稳定性同位素和放射性同位素在区域水文过程，如降水对地表水和地下水的补给及其相互作用等方面得到广泛应用。van der Kemp 等（2000）利用 ^{14}C 测定比利时法兰德斯地区古近纪和新近纪含水层的地下水年龄，并采用反向地球化学模型对 ^{14}C 的年龄进行了校正；Le Gal La Salle 等（2001）利用 T 和 ^{14}C 对尼日尔伊莱梅登盆地地下水的更新速率进行了研究；Bouchaou 等（2009）利用 ^{18}O、D、T、^{13}C 和 ^{14}C 对摩洛哥塔德拉盆含地下水的来源及滞留时间进行了研究；Jürgen 等（2011）利用 ^{39}Ar、^{14}C、T、He 及 Ne 对德国北部沿海含水层地下水的年龄结构和补给条件进行了研究；Sebnem 等（2013）通过 ^{14}C 估计了土耳其中部安卡拉喀山天然碱矿床深层含水层系统地下水的年龄。近年来，环境同位素还被用来分析地下水对水体营养物质的贡献及营养物质污染等问题。例如，Douglas 等（2014）通过 T 测定地下水年龄来评估海底地下水排泄对库克群岛的拉罗汤加岛热带礁潟湖营养收支的贡献；

Morgenstem 等(2014)通过 T 测定地下水年龄来获悉通过集水区进入新西兰罗托鲁瓦湖营养物质污染的来源与动力。

在黑河流域,利用环境同位素在地下水和地表水中的关系,在地下水补给方面开展了相应的研究。例如,Chen 等(2006)研究表明,黑河流域地下水补给主要来源于祁连山区。在黑河中游,钱云平等(2005a)利用放射性^{222}Rn 所进行的研究表明,黑河中游地下水与地表水的补给关系存在两种方式,出山口莺落峡至张掖黑河大桥河段是地表水入渗补给地下水,而在张掖大桥以下至正义峡河段是地下水排泄补给河流。丁宏伟等(2009)研究表明,黑河中游张掖市地下水位上升区的潜水主要受出山地表水的径流入渗补给,但深层承压水几乎没有现代水的补给;He 等(2013)对张掖盆地的研究表明,祁连山山麓和细土平原的地下水受到河水及祁连山冰雪融水的补给。在黑河下游,陈建生等(2004b)研究表明,黑河下游额济纳盆地浅层地下水由深层地下水补给,深层地下水受到祁连山冰川积雪补给;此外,钱云平等(2006,2005b)研究表明,河水是黑河下游额济纳盆地地下水的主要补给源,古日乃盆地地下水主要来自该区域大气降水和东部巴丹吉林沙漠地下水的侧渗补给;而张应华等(2006)研究表明,黑河河道渗漏补给额济纳旗盆地内潜水,黑河河水通过古河道渗漏补给古日乃草原,巴丹吉林沙漠水不是古日乃盆地地下水的主要补给来源。前人的研究表明,黑河河水在流域浅层地下水补给中起到了重要的作用,而深层地下水与河水及现代水的联系较小,同一地区的补给来源也不尽相同,尚存争议。

在地下水滞留和更新方面也开展了一系列的研究。例如,黑河流域潜水年轻且更新快,承压水较老且更新慢(张光辉等,2004;陈宗宇等,2004)。中游山前平原地下水更新快(连英立等,2011;贾艳琨等,2008)。张应华等(2009)对黑河中游盆地不同地区地下水年龄进行估算后得出,其地下水年龄均低于 32 年;而张光辉等(2005b)研究表明,张掖盆地潜水年龄多小于 40 年,酒泉盆地多大于 40 年。Wen 等(2008)研究表明,张掖盆地地下水年龄随着埋深的变化,在 5～40 年。此外,He 等(2013,2012)研究表明,张掖盆地和酒泉盆地地下水年龄变化大,分别为从现代到 8.85ka 和从现代到 11.11ka。在黑河下游,Su 等(2009)研究表明,额济纳旗盆地浅层地下水的平均年龄在 5～120 年,深层地下水的平均年龄在 4087～9364 年。张应华等(2006)研究表明,额济纳旗不同地区地下水年龄均低于 35 年;Chen 等(2006)研究表明,额济纳旗地下水平均年龄在 25 年左右;苏永红等(2009)研究表明,额济纳旗浅层地下水年龄最大达 58 年,沿河附近地下水年龄较年轻,远离河道地下水年龄较老;仵彦卿等(2004)研究表明,古日乃盆地地下水的更新期为 15～25 年。

以上从地下水与地表水的关系,地下水补给、滞留和更新速率方面对黑河流域地下水进行了研究。总体上,应用放射性同位素对黑河流域不同区域地下水补给及年龄等问题的研究还主要局限在具体的区域,如中、下游(He et al.,2013,2012;连英立等,2011;Su et al.,2009;苏永红等,2009;张应华等,2009,2006;Wen et al.,2008;贾艳琨等,2008;钱云平等,2006,2005a;张光辉等,2005a;陈建生等,2004b;仵彦卿等,2004),同时前人在流域尺度上的研究样点相对较少(张光辉等,2005a,2004;陈宗宇等,2004)。而且,对同一地区的研究得出的结果存在不一致的现象,对如何开发区域地下水资源也存在不同的认识。例如,陈建生等(2004a)认为应多抽取额济纳旗深层地下水,而钱云平等(2006,2005b)认为应慎重开采额济纳旗深层地下水。因此,在流域尺度上利用环境同位素对黑河流域不同区域地下水补给年龄及更新速率等问题的研究还缺乏系统、完整及统一的认识。本书利用研究区内的河水、浅层及深层地下水的稳定同位素（D 和 ^{18}O）和放射性同位素（T 和 ^{14}C）数据，结合前人研究的结果，从流域尺度的角度深入研究黑河流域地下水的补给来源、补给年龄及更新速率，来提高对黑河流域地下水水循环关键过程的理解，从而为流域水资源科学管理和利用提供借鉴。

3.2.1 研究区概况

1. 研究区地理位置和气候条件

黑河流域位于祁连山和河西走廊的中段，地理坐标为 37°50′～42°40′N 和 98°～102°E，东起山丹县境内的大黄山，与石羊河流域接壤，西部以嘉峪关境内的黑山为界，与疏勒河流域相邻，南起祁连县境内的南北分水岭，北至额济纳旗境内的居延海，总面积约为 14.3 万 km²，其中平原区面积为 5 万 km²，近 60% 的区域为基岩山地、戈壁及沙漠覆盖。根据区域地貌差异，流域划分为上游的祁连山区、中游的走廊平原、中部山地和下游的金塔-鼎新、额济纳旗平原等。黑河流域南部祁连山区为上游区，山势陡峻，地势西高东低，由南向北倾斜，沟谷切割剧烈，海拔多在 3000～5000m。植被垂直分带明显，海拔 4000～4500m 为高山垫状植被带；3800～4000m 为高山草甸植被带；3200～3800m 为高山灌丛草甸带；2800～3200m 为山地森林草原带；2800m 以下为山地干草原带和草原化荒漠带。这些山地及植被对形成径流、调蓄河水流量、涵养水源具有重要作用。在黑河流域的中部，自西向东分布有黑山、北大山、合黎山、龙首山等，上述山地统称为走廊北山，山体较窄，海拔为 1500～2500m，多为低山地形。唯独龙首山的主峰（青龙山）海拔为 3600m，呈中高山地形。中部山地除雨季偶有暂时性洪水外，一般不产生地表径流。在祁连山与中部山地之间的走廊平原为流域中游盆地，又称南部盆地，海拔为 1300～1700m。受构造控制形成若干个相对独立的构造盆地，自西向东主要有酒泉西盆地、酒泉东盆地、张掖盆地和民乐-大马营盆地。在山前冲积扇下部和河流冲积平原，主要为灌溉绿洲、栽培农作物和林木，呈现以人工植被为主的景观，其是整个流域的主要耗水区，部分地区地下水浅埋、土地盐碱化比较严重。在中部山地以北是下游盆地，也称北部盆地，其主要包括金塔-鼎新盆地和额济纳旗盆地。除河流沿岸和居延三角洲外，大部为荒漠戈壁，气候异常干燥，风沙灾害频发，是严重的缺水区和生态环境脆弱区。

黑河流域位于欧亚大陆腹地，区内气候分带明显。上游山区气候寒冷阴湿，中、下游盆地气候干燥，由上游到下游降水减少，蒸发量增大。在上游山区，多年平均气温为 -3.1℃～3.6℃，蒸发弱，潜在蒸发量为 1000～1500mm，降水相对充沛，年降水量为 200～500mm，局部高山地区年降水量可达 600mm 以上。山区气候随高度分异明显，随着海拔的增高，降水量增大，气温降低，在海拔 4000m 以上，降水主要以冰雪的方式积存。山区气候除具有垂直分异的特征外，还具有水平分异特征，山区东部主要为黑河干流源区，降水量最大，为 400～600mm；西部主要为北大河源区，降水量较少，年降水量为 200～500mm；中部主要为马营河—丰乐河上游，降水量最少，年降水量为 200～400mm。山区地下水的含水层主要是互有水力联系的岩石风化裂隙、风化-构造裂隙和断裂破碎带,主要为循环积极的裂隙水类型,通常只形成一个与地表自由相通的含水层,直接接受降水和冰雪融水的补给,并排泄于地表河网。在中下游平原,气候相对干燥,多年平均气温为 7.0~9.0℃,明显高于上游,热量相对充足,对发展农业有利,但降水不足,蒸发强烈,降水基本不形成地表径流,农业主要靠引水或地下水灌溉维持;中游平原区多年平均降水量为 75~200mm,平均年蒸发量为 2000~2500mm;下游额济纳盆地年均降水量为 40~50mm,最少年份仅 17mm,平均年蒸发量为 3000~4000mm。流域的气候分布格局决定了水资源的形成分布特征。山区降水充沛,冰雪资源丰富,成为流域各大水系的源区,平原盆地区气候干燥,降水少,地表水、地下水资源均依赖于山区来水。山区降水的东、西部分布差异决定了黑河干流和北大河来水差异,直接影响着中游不同盆地地下水的补给、更新和循环特征。流域盆地多为冲洪积平原和细土平原,分布着第四纪松散沉积物。中游盆地的第四纪地层厚度可达1000m,向北逐渐减小。下游北部盆地第四纪沉积物厚度一般在 50~500m,自南向北逐渐变薄。

2. 研究区水系

黑河水系的集水区域位于 $96°42'$~$102°04'E$,$39°45'$~$42°40'N$。黑河干流上游分东、西两支,分别发源于青海省境内祁连山山脉托勒南山和冷龙岭,上游东支八宝河长约 75km,西支即干流黑河长约 175km,这两支干流在青海省祁连县黄藏寺汇合后进入甘肃省境内,流经出山口莺落峡进入张掖灌区,至金塔县又有讨赖河(因鸳鸯池水库的修建,现已成独立流域)汇入。黑河干流经正义峡流入内蒙古额济纳旗,最后汇入居延海。流域内有大小河流 39 条,主要支流有山丹马营河、民乐洪水河、大堵麻河、临泽梨园河、酒泉马营河、丰乐河、酒泉洪水河及讨赖河,这些河流均有独立的出山口,大都修建拦蓄工程,大部分径流被农业引灌,下游基本为季节性河流。黑河流域的水资源除天然降水补流外,主要还靠泉流、潜流和祁连山冰川的补充。黑河干流从祁连山发源地到尾闾居延海,全长约 928km,流域面积约为 14.3 万 km^2。

根据近代地表水、地下水的水力联系,黑河流域可划分为东、中、西 3 个子水系。其中,西部水系为洪水河、讨赖河水系,归属于金塔盆地;中部为马营河、丰乐河诸小河水系,归属于明花、高台盐池;东部子水系包括黑河干流、梨园河及东起山丹瓷窑口、西至高台黑达板河的 20 多条小河流,总面积为 6811km²。流域中集水面积大于 100km² 的河流约 18 条,地表径流量大于 0.10 亿 m³ 的河流有 24 条,在山区形成的地表径流总量为 36.32 亿 m³,其中,东部子水系出山径流量为 24.75×10⁸m³,包括干流莺落峡出山径流量为 15.50×10⁸m³,梨园河出山径流量为 2.32×10⁸m³,其他沿山支流为 6.93×10⁸m³。流域地表水时空分布规律主要取决于祁连山大气降水和冰雪融水的时空分布,以及祁连山区水文气象垂直分带性、下垫面条件等。一般来说,出山径流年内分配与降水过程和高温季节基本一致,径流量与降水量集中于暖季,春季以地下水补给为主,夏秋季以降水补给为主,具有春汛、夏洪、秋平、冬枯的特点。年内变化受气温、森林植被的影响,呈明显的周期规律,冬春枯水季节为 10 月至翌年 3 月,其径流量占年径流总量的 19.73%,降水基本以固态形式蓄存在,占年降水量的 5%~10%。春末夏初,随着气温升高,地表径流量上升,占全年总流量的 24.55%,雨季(7~9 月)降水量迅速增加,冰川融水量增大,地表径流达 55.71%(胡兴林,2000;蓝永超等,1999)。

与其他河西内陆河流相同,祁连山区是黑河流域地表径流的形成区,中游走廊平原区为径流利用区,下游尾闾湖为径流消散区。由于山区冰川、积雪和冻土等与气温密切相关的水文要素的存在,除受大气降水补给外,径流对气温的变化也非常敏感。径流年内分配不均匀,由于受祁连山区降水和融化冰雪补给,径流变幅比单一降水补给型小,径流量的大小受降水、融冰及森林植被覆盖度等影响。黑河干流出山口莺落峡以上的上游山区流域位于祁连山中部北坡,东至石羊河水系西大河的源头,西以黑山与疏勒河水系为界,黑河上游流域东西几乎横跨整个河西走廊。上游东西两支是与山脉走向平行的纵向河谷。在同一高度带上,西支降水大于东支,西支源远流长,是黑河的主流。根据水文气象观测记录,流域内多年平均降水量从上游(野牛沟站)的 401.70mm 到出山口(莺落峡站)减少至 175.6mm,山区降水量的平均递增率为 15mm/100m。年平均气温变化也很剧烈,从出山口到上游,平均递减率为 0.80℃/100m。山区流域集水面积为 10009km²,海拔为 1700~4823m,流域平均高程为 3608m。山区流域 50%的地区分布在海拔 3700m 以上的地带;西支平均高度为 3860m,东支为 3600m。由于东西相距甚远,降水系统不尽相同,流域西部主要受西风环流的影响,东部受西南和东南季风的影响。

3. 研究区水文地质概况

黑河流域地下水受地质构造条件和自然地理环境制约,高山区由于降水较多,成为水资源的发源地;走廊区相对沉降的大型构造盆地堆积着巨厚的第四纪松散地层,汇集和蕴藏着丰富的地下水。在大地构造控制和晚近地质时期新构造运动的影响下,形成了由南而北平行排列的、与大地构造格架吻合的 3 个明显不同的自然地理-构造单元:南部祁连山褶皱断裂强烈隆升带、中部新生代强烈沉降带、北部北大山褶皱断裂缓慢隆升带。各单元水文地质条件因地理位置、气候和地质构造条件的不同而各具特点。

祁连山区:祁连山区东起乌鞘岭、西至当金山口,东西长约 800km。祁连山褶皱带大致沿北西西—南东东方向延伸,经加里东运动和海西运动,岩层大多褶皱变形,阿尔卑斯期经过多次断块隆起,构造活动极其强烈,经最后的昆仑运动,才形成今日之巍峨高山,并成为走廊地区第四纪以来沉积物质的主要来源。其主要地貌类型有高山、中山、山间盆地与宽谷,以及山前区的低山、红土丘陵等。在构造上属祁连山地向斜北褶皱带,在地貌上属中、高山地形,海拔大部分在 3000~6000m,4500m 以上终年积雪,有冰川发育。山区的降水除部分蒸发外,其余则转化为地表径流和地下径流,汇集于河道流出山外,成为山前平原水资源的主要来源。山区地下水的含水层主要是互有水力联系的岩石风化裂隙、风化-构造裂隙和断裂破碎带,主要为循环积极的裂隙水类型,通常只形成一个与地表自由相通的含水层,直接接受降水和冰雪融水的补给,并排泄于地表河网。含水层富水性除与裂隙发育程度和断裂破碎带规模有关外,还取决于地势和降水量。例如,在降水充沛的中高山地区和顺断裂带发育的河谷盆地,地下水丰富;在断裂构造比较发育的中低山,蓄水性中等;在气候干旱的祁连山西部和前山低山区,地下水贫乏。

北山地区:阿拉善地台和北山断块带濒临祁连山大地槽以北,以前寒武纪变质岩为基底,形成了一些小型的陷落盆地,并沉积了石炭纪、侏罗纪、白垩纪及古近纪和新近纪地层,地台受地壳运动影响不显著,整个地区长期相对稳定并趋于准平原化。走廊北山系长期剥蚀的中山、低山和残丘,呈东西走向,断续分布。龙首山在北山东段,系剥蚀的中山和低山,高度和景观同祁连山的亚高山地带,山体南坡陡峭,北坡较缓,从地质构造上看应属于阿拉善台块边缘褶皱带,与逆断层和走廊高平原相接触,成为褶皱断块山。合黎山是一座石质干燥剥蚀低山,上覆侏罗纪、白垩纪、古近纪和新近纪地层,风化剥蚀后成为崎岖不平、相对高差在 500m 以下的低山,山麓有沙砾质倾斜高原,有的地段有流动沙丘覆盖。马鬃山区为准平原化的干燥剥蚀山地,只有中部褶皱断裂隆升为中山低山,马鬃山顶峰海拔为 2583m,其余地方以准平原化的高地和剥蚀洪积滩地为地面主要结构。其二级地貌区有马鬃山中、低山;马鬃山区东南部基岩戈壁高平原低山与滩地;马鬃山区西南部基岩戈壁高平原与滩地;马鬃山区北部准平原化低山与滩地。阿拉善高原是古生代以来剥蚀堆积、缓和起伏的古老地块,以剥蚀低山残丘与覆盖着第四纪沉积物的山间戈壁、沙漠为主。发源于高平原区的沟谷常年干涸,只在大雨之际有暂时性洪流下泄,其后干燥、剥蚀剧烈。

走廊平原区:河西走廊拗陷是与祁连山隆起相毗连的山前拗陷,开始于二叠纪、三叠纪,至侏罗纪大量接受沉积。新近纪以前,从祁连山冲刷下来的砾石覆盖了走廊的大部分地面。区内受构造褶皱影响,隆升了一些构造山体,如玉门镇以东的宽坦山和黑山,山丹城东的绣花庙山、熊子山和大黄山等,它们把区内分隔成若干不相连贯的盆地。山丹盆地、民乐盆地、张掖盆地为南盆地;酒泉盆地为南盆地,金塔-鼎新盆地为北盆地。从祁连山和北山冲刷下来的沙砾物质覆盖了走廊的大部分地面,受搬运距离和重力影响,冲积、洪积物呈明显的分选规律,使地貌结构呈带状分布:南山北麓坡积带,地面物质组成为大粒径的碎石和类黄土物质;洪积扇带为山前洪积坡积扇裙,由 3~4 个叠置的洪积扇组成,往北逐渐合聚为一,地面物质组成为粗粒质;洪积冲积带,为山前洪积倾斜平原,分布于中央拗陷带,沉积物一般厚 300~700m,有的达千米以上,洪积扇的扇体到此均为较新的冲积洪积层所覆盖,本带沙砾质粒径较小,成层性较好,在洪积扇下部有细土物质沉积;湖积带为湖积微倾斜平原,又称细土平原,沉积地层以黏质沙土和沙质黏土为主,夹有沙层透镜体,地下水在冲积洪积带与本带衔接,在扇缘大量溢出,又称泉水溢出带。在地下水浅藏区形成大片沼泽及盐沼地;北山南麓坡积带类同于南山北麓坡积带,但规模较小,以干燥剥蚀作用为主导,基本无水流活动,地面物质组成以碎石为主。走廊内部有较大面积的流动沙丘,覆盖在砾石戈壁及河湖滩地上。

3.2.2 研究方法

1. 水样采集特点

降水采集:采样方法和时间见 3.1.1 小节。张掖降水中 $\delta^{18}O$ 和 δD 数据来自国际原子能机构(http://www.iaea.org)。

河水样品采集:2008 年 5~12 月和 2009 年 4~11 月对野牛沟气象站附近黑河西支干流扎麻什克河的河水水样进行定点采集,并在 2008 年 7~10 月和 2009 年 7~11 月对坝头沟支流河水水样进行定点采集。同时,分别于 2008 年 5 月和 2009 年 6 月对上游主要干流和支流的河水进行面上采集。

泉水和融水样品采集:2009 年 8 月至 2010 年 2 月对黑河上游水文站葫芦沟泉水样进行定点采集。同时,在 2008 年 5 月、2009 年 6 月及 2009 年 8～9 月对黑河源区泉水进行面上采集。所有定点采样均以每周一次为标准,采样时间严格控制在北京时间 16:00 左右。

地下水采集:分别于 2007 年 10 月、2008 年 5 月和 7～8 月及 2009 年 5 月对黑河流域地下水进行采集及对巴丹吉林沙漠附近地下水进行面上采集(图 3-14)。其中,井水样品至少用泵抽 30min 以后取样。采样前,均用所采集的水对样品瓶清洗 3～5 次,分别采集 2mL(直接测定 $\delta^{18}O$ 和 δD)、500mL 和水体溶解无机碳(dissolved inorganic carbon,DIC)沉淀样品,各类型的水样各收集 2 个重复,采样后立即用 Parafilm 封口膜进行密封。

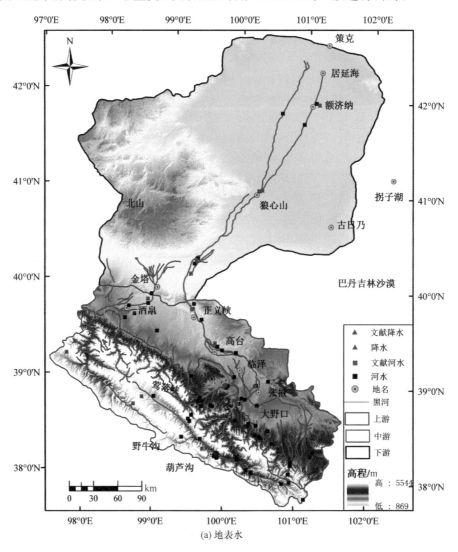

(a) 地表水

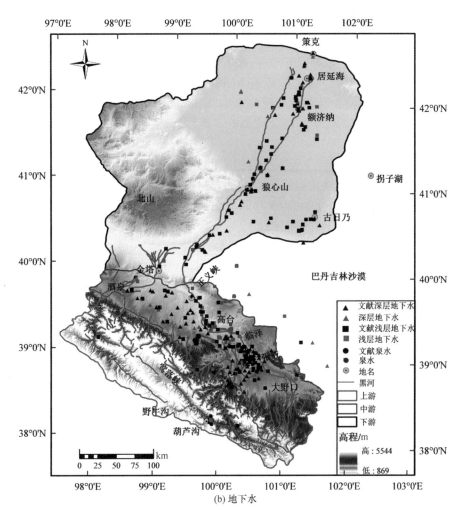

图 3-14 黑河流域地表和地下水样点图

除本研究结果外,本书的研究还引用和汇总了前人的研究结果(贾艳琨等,2008;甘义群等,2008;陈宗宇等,2006;Chen et al.,2006;钱云平等,2006;张光辉等,2005a;陈建生等,2004a,2004b)。

2. 同位素测定与分析方法

水样 δD 和 $\delta^{18}O$ 分析:水样的 δD 和 $\delta^{18}O$ 在中国科学院寒区旱区环境与工程研究所内陆河流域生态水文重点实验室进行分析。2008 年的河水样和 2008~2009 年 2 月的水样用 EuroPyrOH-3000 元素分析仪+Isoprime 质谱仪在线测定 δD 和 $\delta^{18}O$ 值,每个样品重复测定 5 次。部分样品在日本名古屋大学进行交叉对比试验。2009 年和 2010 年的所有样品用液态水同位素分析仪(Picarro L1102-I)测定,并与前期部分样品进行重复交叉试验。Isoprime 质谱仪的 δD 和 $\delta^{18}O$ 的分析误差分别小于 1.0‰ 和 0.2‰,Picarro L1102-I 的 δD 和 $\delta^{18}O$ 的分析误差分别小于 0.5‰ 和 0.1‰,测定结果用 V_{SMOW} 和 GISP 或 SLAP 两种国际标准及一种实验室工作标准进行线性和时间校正,最终结果以 V_{SMOW} 表示(Nelson,2000)。

放射性同位素分析:氚通过电解富集,然后利用低本底液体闪烁仪记数测定(Eichinger,1980),单位表示为 T.U.(相当于 10^{18} 个氢原子中含有一个氚原子),分析误差为 $-1.0\sim1.0$ T.U.。地下水 ^{14}C 测定样品用中国地质科学院水文地质环境地质研究所提供的设备进行前处理,所得溶解无机碳转化为苯后,用低本底液体闪烁仪记数测定,以现代碳百分数(pMC)表示,分析误差为 $0.7\sim1.0$ pMC。T 和 ^{14}C 均在中国地质科学院水文地质环境地质研究所测定。

文献数据校正:本书的研究主要采样时间集中在 2009 年,因此将 2009 年视为标准年来校正所有文献数据。假设文献数据的 T 含量为 N_0,衰变至 2009 年的 T 含量为 N,用公式 $N=N_0\times(1/2)^{t/T}$ 计算。式中,t 为 2009 年减去文献采样年份;T 为氚的半衰期(12.43 年)。为了保证所引用的数据与本书的研究结果的一致性,对文献数据和国际原子能机构的 T 含量进行了校正,并与本书的研究结果进行了比较(表 3-6,表 3-7)。结果表明,除上游河水外,其余区域河水和地下水的 T 含量的校正值与本书的研究结果差异不显著。尤其是浅层地下水 T 含量的平均校正值与本书的研究结果几乎相同。例如,本书研究测定的中游和下游浅层地下水的平均 T 含量分别为 29.8T.U. 和 16.4T.U.,文献校正值分别为 29.4T.U. 和 16.6T.U.,说明文献数据经过校正后完全可以运用到本书的研究的综合分析中。因此,利用本书研究的测试值与文献数据的校正值绘制浅层地下水和深层地下水 T 含量的空间图,能更真实地反映黑河流域地下水 T 含量的变化值。同时,本书的研究结果也表明,由于氚同位素半衰期仅为 12.43 年,在应用 T 同位素研究地下水补给年龄时对不同年代的测试数据进行校正是必要的。

表 3-6　黑河流域降水和河水 T 含量

水体类型	研究区域		平均值/T.U.	最小值/T.U.	最大值/T.U.	标准差(n)
降水	上游	原始值	86.7	57.2	123	32.1(3)
		校正值	55.5	30.7	78.7	20.0(3)
	中游	原始值	41.3	8.5	124.5	28.7(17)
		校正值	27.3	6.1	79.7	18.1(17)
河水	上游	本书测试值	50.0	34.7	73.1	10.1(22)
		原始值	57.8	31.0	163.0	34.5(12)
		校正值	37.7	19.8	104.3	22.4(12)
	中游	本书测试值	33.3	30.1	39.7	4.4(4)
		原始值	44.1	12.0	163.0	36.4(14)
		校正值	28.2	7.7	104.3	23.3(14)
	下游	原始值	32.3	23.0	42.0	7.0(7)
		校正值	20.9	17.9	26.9	5.2(7)

注:n 为样本量。表 3-7 同。

表 3-7　黑河流域浅层和深层地下水 T 含量变化

水体类型	研究区域	平均值/T.U.	最小值/T.U.	最大值/T.U.	标准差(n)
深层地下水	上游	40.8	—	—	(1)
	上游	43.2	22.0	70.0	20.7(6)
	文献校正值	31.2	14.9	56.0	16.2(6)
	中游	14.1	0.5	78.8	22(30)
	中游	29.1	1.0	199.0	42.3(56)
	文献校正值	20.8	0.8	159.2	31.4
	下游	4.3	1.0	29.7	7.7(13)
	下游	10.7	0.0	66.0	12.2(42)
	文献校正值	6.9	0.0	42.2	7.8(42)
浅层地下水	上游泉水	40.1	26.6	57.3	9.3(11)
	中游	29.8	1.2	102.8	25.4(34)
	中游	41.5	2.0	165.0	31.7(40)
	文献校正值	29.4	1.3	105.6	21.3(40)
	下游	16.4	1.6	39.7	14.7(18)
	下游	25.5	0.4	62.0	13.7(45)
	文献校正值	16.6	0.3	39.7	8.7(45)

3.2.3　黑河干流区不同水体相互关系及地下水补给源

1. 黑河干流区不同水体相互关系

1)黑河流域不同水体 $\delta^{18}O$ 和 δD 的变化

从黑河中上游地方大气降水线与全球大气降水线(global meteoric water line,GMWL)(Craig,1961a,1961b)的比较结果来看,黑河上游地方大气降水线为 $\delta D = 7.717\delta^{18}O + 12.970$,采样期间降水的 $\delta^{18}O$、δD 和 d-excess 的平均值分别为 $-6.9‰$、$-40.8‰$ 和 $14.8‰$。中游地方大气降水线为 $\delta D = 7.013\delta^{18}O - 2.871$(数据来自国际原子能机构:http://nds121.iaea.org/wiser)(图 3-15)。黑河上游地方大气降水线的斜率高于 GMWL,d-excess 也大于 10,说明在黑河源区水汽内循环较为强烈,且内循环产生的水汽对黑河源区降水有重要影响(赵良菊等,2011;田立德等,2005;Araguás-Araguás et al.,1998;Clark et al.,1997),同时区域降水的 d-excess 向大于 10 的方向的偏离往往解释为蒸发水汽对大陆气团降水的贡献(Gammons et al.,2006)。然而,中游地方大气降水线的截距远低于 GMWL,说明降水过程中存在蒸发和动力学分馏(Mook,2000,2001)。另外,与中游相比,黑河上游地方大气降水线的斜率和截距均较高,说明由于高温、低湿和低降水量,黑河中游降水过程中存在较强的蒸发作用(图 3-16)。

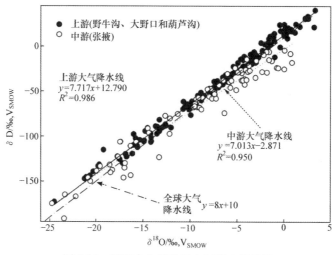

图 3-15　黑河中上游地区大气降水线比较

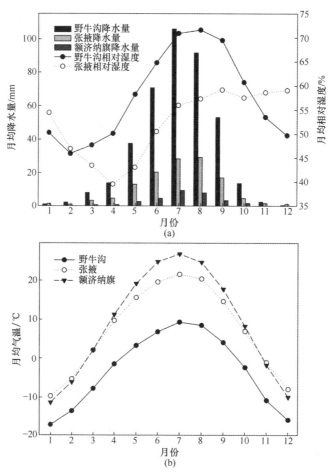

图 3-16　黑河上游(野牛沟)、中游(张掖)和下游(额济纳旗)气候条件比较

野牛沟、张掖和额济纳旗气象站的监测时间分别在 1959~2005 年、1951~2007 年和 1960~2007 年

2）黑河流域河水 $\delta^{18}O$ 和 δD 的变化

黑河流域河水的 $\delta^{18}O$ 和 δD 的散点图分布在上游地方大气降水线附近（图 3-15），说明黑河源区的降水是黑河流域地表水的主要来源。黑河上游、中游和下游河水的 $\delta^{18}O$、δD 和 d-excess 的平均值分别为 $-8.1‰$、$-48.3‰$ 和 $16.4‰$，$-7.5‰$、$-47.7‰$ 和 $12.1‰$ 及 $-6.7‰$、$-42.4‰$ 和 $11.5‰$。从上游至下游，由于温度的增加及降水量和湿度的降低，河水 $\delta^{18}O$ 和 δD 逐渐偏正而 d-excess 逐渐降低，即河水的蒸发作用逐渐显著（图 3-16～图 3-18）。$\delta^{18}O$-δD 回归方程的斜率和截距的逐渐降低也说明河水从上游至下游流动过程中存在蒸发作用（图 3-17）。同时，与上游相比，黑河中游灌区河水的 $\delta^{18}O$、δD 显著偏负，说明由于贫 ^{18}O 和 D 的地下水通过灌溉对河水的补给过程，即人类活动对地下水的抽采和对地下水的灌溉影响了黑河流域地表水和地下水的关系。另外，河水的 d-excess 随 $\delta^{18}O$、δD 的偏正（图 3-18a）和海拔的降低而逐渐减小[图 3-18（b）]，同样说明河水流动过程中存在蒸发作用。

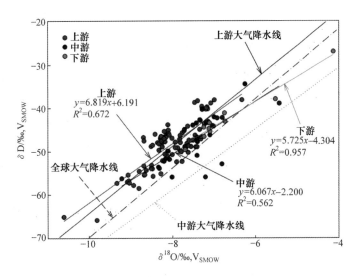

图 3-17 黑河流域河水中 $\delta^{18}O$ 和 δD 的关系

3）地下水 $\delta^{18}O$ 和 d-excess 的空间变化

黑河上游地下水（主要为泉水）的 $\delta^{18}O$ 和 d-excess 分别为 $-8.4‰$ 和 $18.5‰$，分别在 $-10.4‰$～$-6.2‰$ 和 $11.3‰$～$26.8‰$ 变化。黑河中游地下水的 $\delta^{18}O$ 和 d-excess 分别为 $-8.6‰$ 和 $13.8‰$，下游为 $-7.2‰$ 和 $1.6‰$。从泉水、浅层和深层地下水的 $\delta^{18}O$ 和 δD 的散点图与 GMWL 比较结果可以看出，黑河中、下游浅层和深层地下水的 $\delta^{18}O$ 和 d-excess 差异显著（图 3-19）。例如，在黑河中游，深层地下水的 $\delta^{18}O$ 和 d-excess 为 $-9.2‰$ 和 $15.5‰$，浅层地下水为 $-8.2‰$ 和 $12.5‰$（表 3-8）。与上游相比，黑河中游深层地下水 $\delta^{18}O$ 明显偏负，说明中游深层地下水形成于冷湿的气候环境，为古水。在黑河下游，深层地下水的 $\delta^{18}O$ 和 d-excess 为 $-7.9‰$ 和 $3.3‰$，浅层地下水为 $-6.4‰$ 和 $-0.41‰$（表 3-8）。根据 $\delta^{18}O$-δD 散点图地下水明显分为两组：第一组地下水的 δD 偏正，而 d-excess 大于 $0‰$，这些地下水均来

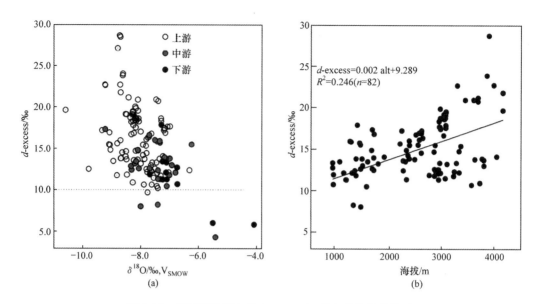

图 3-18　黑河流域河水的 d-excess 与 $\delta^{18}O$ 及海拔的关系

自黑河流域。第二组地下水的 δD 相对偏负,而 d-excess 异常偏负。这些地下水来自黑河流域东部,临近巴丹吉林沙漠(图 3-19),说明黑河流域地下水有两个截然不同的补给源,即区域Ⅰ和区域Ⅱ。区域Ⅰ的地下水集中在黑河中、下游且沿黑河干流分布,地下水的 d-excess 大于 0,其 $\delta^{18}O$-δD 散点图居黑河上游地方大气降水线附近,说明区域Ⅰ的绝大多数地下水来自黑河上游的降水、地表水和地下水。然而,在区域Ⅱ,地下水的 $\delta^{18}O$ 和 d-excess 的平均值为 $-6.6‰$ 和 $-9.8‰$,分别在 $-10.5‰$ ~ $-1.7‰$ 和 $-31.4‰$ ~ $-0.1‰$ 变化。这些地下水的 $\delta^{18}O$-δD 散点图远离黑河上游地方大气降水线,说明区域Ⅱ的地下水与区域Ⅰ的补给源截然不同。赵良菊等(2011)也报道了黑河流域东部和巴丹吉林沙漠西部存在地下水混合的现象。

表 3-8　黑河流域地下水 $\delta^{18}O$ 和 d-excess 的空间变化

研究区域	深度	d-excess 参数	样品数	$\delta^{18}O$/‰	d-excess/‰
黑河上游	—	d-excess>0	55	−8.4	18.5
黑河中游	深层	d-excess>0	58	−9.2	16.6
		d-excess<0	4	−8.9	−1.3
		地下水平均值	—	−9.2	15.5
	浅层	d-excess>0	82	−8.2	12.7
		d-excess<0	1	−7.5	−4.2
		地下水平均值	—	−8.2	12.5
	深层和浅层地下水平均值		—	−8.6	13.8

续表

研究区域	深度	d-excess 参数	样品数	$\delta^{18}O/‰$	d-excess/‰
黑河下游	深层	d-excess>0	24	−7.8	9.6
		d-excess<0	13	−8.1	−7.4
		地下水平均值	—	−7.9	3.3
	浅层	d-excess>0	21	−7.2	8.7
		d-excess<0	12	−5.1	−14.0
		地下水平均值	—	−6.4	−0.41
	深层和浅层地下水平均值		—	−7.2	1.6

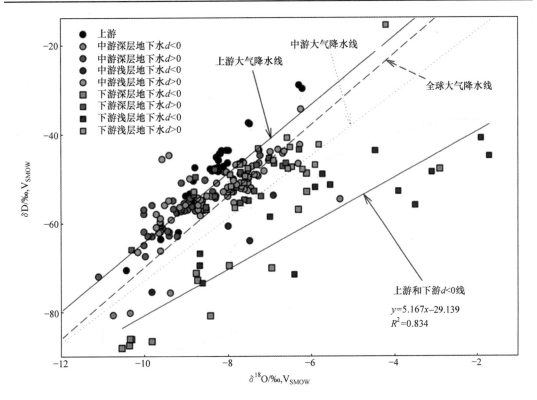

图 3-19 黑河流域地下水 $\delta^{18}O$-δD 与地方大气降水线关系图

2. 黑河干流区地下水补给源

为了解黑河流域地下水的 $\delta^{18}O$ 和 d-excess 变化,本书将黑河流域浅层和深层地下水 $\delta^{18}O$ 和 d-excess 的空间分布进行了研究。对于浅层地下水而言,从上游至下游,地下水的 $\delta^{18}O$ 逐渐偏正而 d-excess 逐渐降低(图 3-20),与河水呈相似的变化规律,即随着温度的升高及相对湿度和降水量的降低,浅层地下水受蒸发的影响逐渐增强。然而,在黑河中游的张掖和临泽盆地,浅层地下水的 $\delta^{18}O$ 偏负,说明农业灌溉的 $\delta^{18}O$ 偏负的深层地下水对浅层地下水进行了补给。在黑河下游,从正义峡至狼心山地下水 $\delta^{18}O$ 偏正,而从狼心山至额济纳旗浅层地下水的 $\delta^{18}O$ 显著偏负,尤其是额济纳旗的西北和东北部,说明该区浅层地下水有来自马鬃山和蒙古国的补给。另外,在下游临近巴丹吉林沙漠的区域,地下水的 $\delta^{18}O$ 偏正,说明该区域存在黑河流域地下水与巴丹吉林沙漠地下水的交换作用,且地下水 $d\text{-}excess$ 的空间分布特征说明,在黑河中、下游,沿黑河干流的西部和东部地下水的补给源不同(图 3-20)。

对于深层地下水而言,其 $\delta^{18}O$ 平均值为 $-8.8‰$,在 $-11.1‰ \sim -6.3‰$ 变化。在黑河上游,深层地下水的 $\delta^{18}O$ 偏负,为上游降水补给[图 3-21(a)]。在黑河中游,部分深层地下水的 $\delta^{18}O$ 比上游地下水更为偏负,显示了该深层地下水的补给特征。而在中游的张掖和临泽盆地,深层地下水的 $\delta^{18}O$ 偏正,这种现象由灌溉水的回归引起,且下游的额济纳盆地也有类似现象,因为在灌溉过程中蒸发引起灌溉水的 $\delta^{18}O$ 和 δD 偏正(Palmer et al.,2007)。在黑河下游,从正义峡至狼心山段深层地下水的 $\delta^{18}O$ 也偏正,这可能与该区域特殊的水文地质条件下地表水的大量入渗有关。另外,在额济纳旗以北,如居延海和策克口岸,深层地下水的 $\delta^{18}O$ 显著偏负,说明存在蒙古国地下水对该区域深层地下水的补给作用。同样,深层地下水 $d\text{-}excess$ 的空间分布特征同样揭示了这种补给作用[图 3-21(b)]。钱云平等(2006)和张光辉等(2005a)的研究也表明,居延海北部的地下水来自其北部蒙古高原的补给。

3.2.4 黑河干流区地表水与地下水转换特征

1. 黑河流域降水和河水 T 含量的变化

本书的研究没有测定降水的 T 含量,上游和中游降水的 T 含量分别来自文献和国际原子能机构的数据(表 3-6)。黑河上游降水 T 含量的平均值为 86.7T.U.(张光辉等,2005a),校正值为 55.5T.U.;2001~2003 年,黑河中游降水平均 T 含量为 41.3T.U.(http://nds121.iaea.org/wiser),校正值为 27.3T.U.,说明黑河上游降水中的 T 含量高于中游,反映了大气降水 T 含量的高度效应(表 3-6)。另外,用吴秉钧法结合国际原子能机构 1986~2003 年张掖降水的 T 含量,恢复了 1960~2008 年张掖降水的 T 含量年变化(图 3-22),发现除 2003 年外,张掖降水在 1960~2008 年平均 T 含量均高于 43.1T.U.(2001~2003 年平均值),说明黑河中游降水中的 T 含量高于我国沿海地区同期的 T 含量,反映了大气降水 T 含量的大陆效应,同时黑河上游和中游降水中的 T 含量远高于世界其他国家,如印度(Ravikumar et al.,2011)、美国(Eastoe et al.,2014,2012)等区域。

河水 T 含量主要取决于其补给源。一般而言,由大气降水直接补给的河水的 T 含量高于由地下水排泄补给的河水的 T 含量。本书的研究结果显示,黑河上游河水的 T 含量(50.0T.U.)高于中游(33.3T.U.),二者分别在 34.7~73.1T.U. 和 30.1~39.7T.U. 变化。

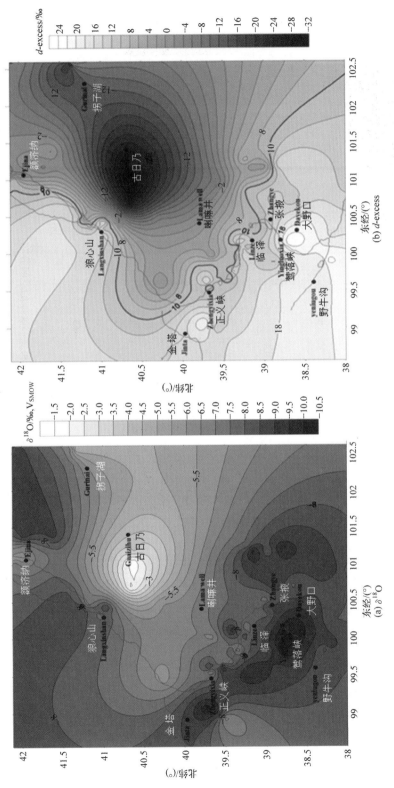

图 3-20 黑河流域浅层地下水 δ^{18}O 和 d-excess 的空间分布

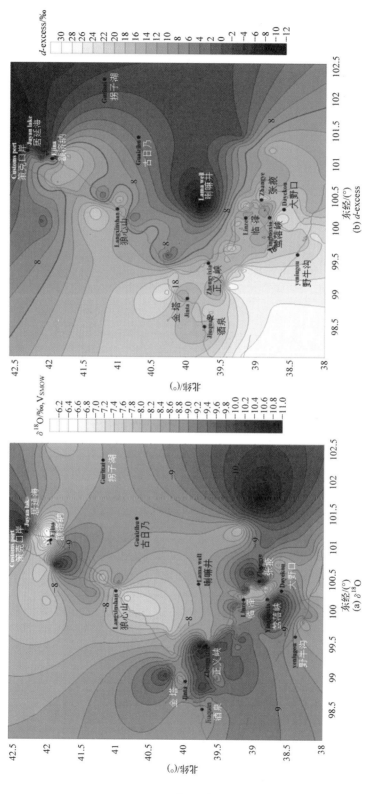

图 3-21 黑河流域深层地下水 $\delta^{18}O$ 和 d-excess 的空间分布

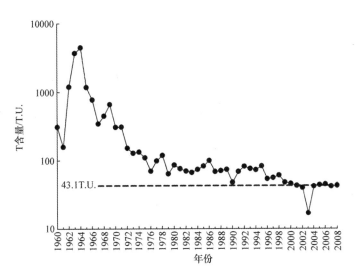

图 3-22　张掖降水 T 含量恢复值随时间的变化图

前人研究也表明,河水的 T 含量由上游、中游到下游逐渐降低(钱云平等,2006;Chen et al.,
2006)(表 3-6),且河水的 T 含量显示出一定的空间变化,即在黑河上游山区腹地 T 含量高
于 50.0T. U.,与上游降水的高 T 含量相对应,说明山区河水主要由降水补给。祁连山北坡
浅山区和山前平原 T 含量低于 40T. U.,如在黑河中游的临泽至正义峡,河水平均 T 含量
为 30.3T. U.(表 3-6),低于中游其他区域,说明河水流动过程中与不同 T 含量的地下水有
频繁的转换,即农业灌溉抽提的 T 含量低的地下水对中游河水有排泄补给作用。

　　另外,雨季黑河干流扎麻什克河水 T 含量在 44.9～60.2T. U. 变化,平均含量为
52.6T. U.;支流坝头沟河水 T 含量在 34.7～55.9T. U. 变化,平均含量为 42.7T. U.。除
8 月 29 日外,二者呈相同的时间变化趋势,说明二者有相同的补给源,即降水。然而,
7～8 月支流坝头沟河水的 T 含量(37.6T. U.)低于干流扎麻什克河水的 T 含量
(55.0T. U.)(图 3-23),说明 T 含量高的降水对干流河水的贡献大于支流;而支流除降水补
给外,还由 T 含量低的地下水(主要为泉水出露,平均值为 40.1T. U.)排泄补给。

　　2. 黑河流域地下水 T 含量变化

　　1) 深层地下水 T 含量变化

　　本书的研究结果和文献结果均显示黑河流域深层地下水 T 含量从上游、中游至下游呈
逐渐降低的趋势(表 3-7)。在黑河上游,莺落峡 380m 深的地下水的 T 含量为 40.8T. U.;
莺落峡附近的 125～280m 的 6 个深层地下水样品的 T 含量平均校正值为 31.2T. U.。在
黑河中游的山前平原,如张掖和临泽南部,该区域深层地下水的平均 T 含量为 52.2T. U.,
在 20.0～78.8T. U. 变化,如倪家营 300m 深的地下水的 T 含量高达 56.7T. U.,说明黑河
源区及山前平原的深层地下水受现代降水的补给量大。在黑河中游,张掖、临泽及高台盆地
为细土平原,有很好的隔水性能,深层地下水的平均 T 含量为 2.6T. U.,在 0.5～9.6T. U.
变化;酒泉盆地为独立的水系,除 84m 的新井的地下水 T 含量为 26.3T. U. 外,其余深层地

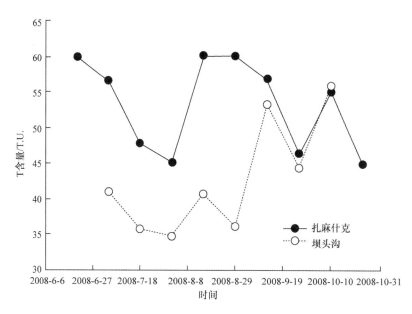

图 3-23　黑河源区雨季河水 T 含量季节变化

下水的 T 含量为 0.8～2.1T. U. 。在黑河下游,中国科学院寒区旱区环境与工程研究所额济纳旗野外站 2005 年新钻 120m 深井地下水 T 含量为 29.7T.U.,其高值可能与其居河道附近且在打井过程中造成隔水层的破坏有关。内蒙古西部额济纳旗雅干地区 130m 的深层地下水 T 含量在 2007 年和 2008 年分别为 36.8T.U. 和 32.9T.U.,远高于下游深层地下水 T 含量的平均值(2.1T.U.),其原因还需进一步研究。除这两个特殊点外,黑河下游深层地下水的平均 T 含量为 2.1T.U.,在 1.0～3.7T.U. 变化。说明黑河中游和下游的深层地下水受现代水补给量很少,更新慢。为了更直观地了解黑河流域地下水 T 含量的空间分布情况,用本书的研究数据和前人的研究数据的校正结果,再结合本书的研究结果,分别描绘了黑河流域深层地下水和浅层地下水 T 含量的空间分布规律。图 3-24 表明,黑河流域深层地下水 T 含量的空间分布大约分为 3 种类型,黑河上游深层地下水 T 含量显著高于中游和下游区域,说明上游地下水由现代降水补给,转化速度快;在黑河中游的山前冲积平原,深层地下水 T 含量大于 30.0T.U.,说明有来自祁连山区现代水对深层地下水的侧向补给;在黑河下游狼心山以北,尤其是额济纳旗以北区域,深层地下水的 T 含量小于 4.0T.U.,反映了该区域深层地下水为古水补给。

2) 浅层地下水 T 含量变化

本书的研究将黑河上游的泉水视为浅层地下水。黑河上游 11 个泉水的平均 T 含量为 40.1T.U.,在 26.6～57.3T.U.,说明泉水受现代降水补给量大,更新快。在黑河中游,酒泉盆地南部的浅层地下水平均 T 含量为 28.1T.U.,北部的 T 含量为 3.1T.U.,说明酒泉盆地南部浅层地下水受现代降水的影响,而北部则几乎不受现代降水补给。在张掖、临泽和高台盆地 34 个浅层地下水中,T 含量高于 10.0T.U. 的浅层地下水有 25 个,这些浅层地下水平均 T 含量为 39.4T.U.,在 14.1～102.8T.U. 。除马黄泉、新泉子、合黎乡及海森础鲁

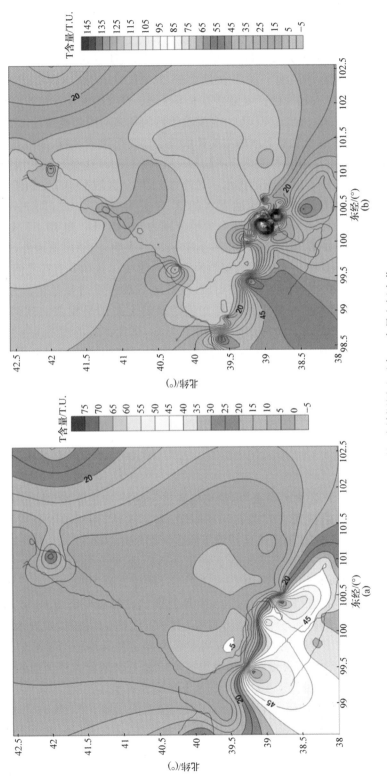

图 3-24 黑河流域深层地下水 T 含量空间变化

(a) 本书研究结果;(b) 本书研究与文献校正的结果

(T 含量分别为 28.6T. U.、18.8T. U.、34.1T. U. 和 39.5T. U.)4 个点外,其浅层地下水均沿黑河干流分布,说明黑河河水是沿河道附近浅层地下水的主要补给源。中游有 9 个样点的浅层地下水 T 含量低于 10.0T. U.,其中 5 个点远离河道,说明这些浅层地下水为核爆炸试验前的古水。在黑河下游,浅层地下水 T 含量大于 20.0T. U. 的点均居河道附近,如狼心山水文站及其附近的东风农场及巴彦宝格德苏木等区域。赛汉陶来嘎查和苏泊淖尔浅层地下水的 T 含量为 33.0T. U. 和 26.4T. U.,分别位于西河和东河的河道附近,说明在黑河下游,河水依然是其附近区域浅层地下水的主要补给源。远离河道的区域,如红花滩 6m 和锁阳坑 8m 的浅层地下水的 T 含量分别为 1.9T. U. 和 1.8T. U.,这些区域的浅层地下水不受黑河河水的影响,为核爆炸试验前的古水。另外,位于同一区域不同深度的浅层地下水的 T 含量也有所差异,如苏泊淖尔 8m 地下水的 T 含量为 33.0T. U.,而 30m 的仅为 1.9T. U.。东风农场 30m 和 50m 地下水的 T 含量分别为 21.4T. U. 和 18.6T. U.。浅层地下水 T 含量的空间分布如图 3-25 所示。其中,图 3-25(a)表明,除酒泉盆地外,黑河上游和中游的张掖、临泽盆地浅层地下水的 T 含量均高于 40.0T. U.,说明其直接受河水补给和河水灌溉渗漏补给。黑河中游至下游的狼心山段,浅层地下水的 T 含量呈带状分布,沿河道 T 含量高于 20.0T. U.,本书的研究结果与文献结果的汇总图呈相似的规律[图 3-25(b)],说明河水沿河道对浅层地下水具有补给作用。然而,远离河道的浅层地下水 T 含量低于 10.0T. U.,且距河道越远,T 含量越低,说明河水对远离河道的浅层地下水的影响较小。

3.2.5 地下水年龄与更新速率空间变化

1. 地下水年龄空间变化

由于地下水系统是一个开放的系统,不断与外界进行物质与能量的交换,利用氚(T)同位素法研究地下水的补给或形成问题属于逆问题,有多解性,用简单的加权平均计算存在诸多缺陷,很难使用 T 定量测定该区域地下水的年龄(Stimson et al.,1996)。本书以 2009 年为标准,计算了 1960~2008 年张掖降水中 T 的残存量(图 3-26)。可以看出,1960~2008 年,张掖降水补给的地下水 T 含量均大于 10T. U.,核爆后除 1976 年、1979 年和 2003 年低于 15T. U. 外,其余均高于 15T. U.,而 1963 年的核试验氚衰变至 2008 年 T 含量在 200T. U. 以上(1963 年和 1964 年分别为 285T. U. 和 365T. U.)。同时,发现地下水样中的某个 T 值可对应于过去多个年份,在实际应用中很难界定其具体补给年龄(马金珠等,2007)。因此,只能按照地下水 T 含量简单地将黑河流域地下水划分为核爆前的古水和核爆后的现代水,即地下水 T 含量低于 10T. U. 的地下水均为古水。

为此综合文献数据与本书的研究结果,展示了黑河流域深层地下水[图 3-27(a)]和浅层地下水的补给年龄[图 3-27(b)]。图 3-27 中,以 50 年为标准,无论是浅层地下水还是深层地下水,如果其补给年龄小于 50 年,则该地下水为现代水与古水的混合水;如果补给年龄大于 50 年,则为核爆炸试验以前补给的古水。据此判断,黑河上游的泉水和深层地下水 T 含

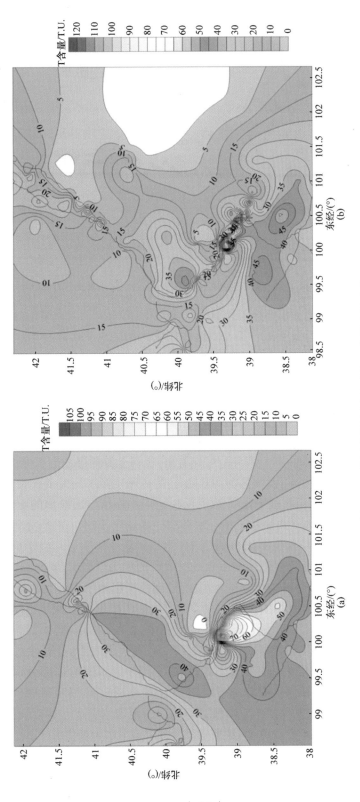

图 3-25 黑河流域浅层地下水 T 含量空间变化

(a) 本书研究结果；(b) 本书研究与文献校正的结果

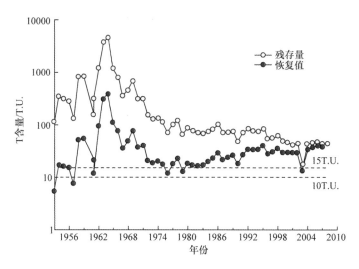

图 3-26 张掖 1960～2008 年降水中 T 含量至 2009 年衰变残存量

量大多在 30.0T.U. 以上,地下水补给年龄小于 50 年[图 3-27(a)]。除中游山前平原外,中游和下游深层地下水 T 含量均低于 10.0T.U.,这些区域的深层地下水补给年龄均在 50 年以上,为古水[图 3-27(a)]。中游 34 个浅层地下水中有 25 个 T 含量大于 10.0T.U.,9 个低于 10.0T.U.,中游大部分浅层地下水补给年龄在 50 年以内,为古水与现代水的混合水[图 3-27 (b)]。下游 13 个浅层地下水中沿河道的 7 样点地下水的 T 含量大于 10.0T.U.,远离河道的 6 个地下水 T 含量低于 10.0T.U.,充分说明了黑河下游不同区域的浅层地下水有不同的补给源,远离河道区域的大部分浅层地下水补给年龄在 50 年以上[图 3-27(b)]。

从深层地下水年龄分布图[图 3-27(a)]可以看出,黑河上游深层地下水样点中莺落峡和桦树沟的滞留时间均小于 10 年,说明黑河源区由于受到现代降水的大量补给,地下水滞留时间短。依据 Clark 等(1997)在地下水 T 浓度反映地下水补给方面给出的定性推论,如在大陆地区,15～30T.U. 的地下水显示了地下水存在一些爆炸 T,本书的研究将黑河中游 18 个深层地下水样点的 T 同位素值范围分为 3 类:①T 含量<10T.U.,位于中游的细土平原,如张掖、临泽及高台盆地,上述深层地下水的 T-^{14}C 的相关性较差($p>0.05$),深层地下水 ^{14}C 浓度与 T 浓度之间不存在线性相关性,说明这部分深层地下水不存在爆炸 T。同时,这部分地下水的 T 同位素年龄均在 50 年以上,有力地证明了这部分深层地下水中基本无现代水的参与。②10T.U.<T 含量<35T.U.,范围内共 4 个样点,其中酒泉盆地 2 个样点,山前平原 2 个样点,从该范围内深层地下水的 T-^{14}C 相关性来看,显著性水平 $p<0.05$,深层地下水 ^{14}C 浓度与 T 浓度之间存在显著线性相关(图 3-28),说明这部分深层地下水明显受到了核爆 T 的影响,同时,这部分地下水年龄为 29～138 年,反映了现代水积极地参与了这部分深层地下水的水循环。③T 含量>35T.U.,范围内共 1 个样点,这个样点位于中游的山前平原,地下水 T 年龄<10 年,说明这部分深层地下水为现代水。以上的研究说明,在黑河中游,山前平原由于受到现代降水的补给,尤其是祁连山区现代水对深层地下水的侧向补给(贾艳琨等,2008),地下水年龄较小,而细土平原由于隔水性能好,受现代水的影响小,

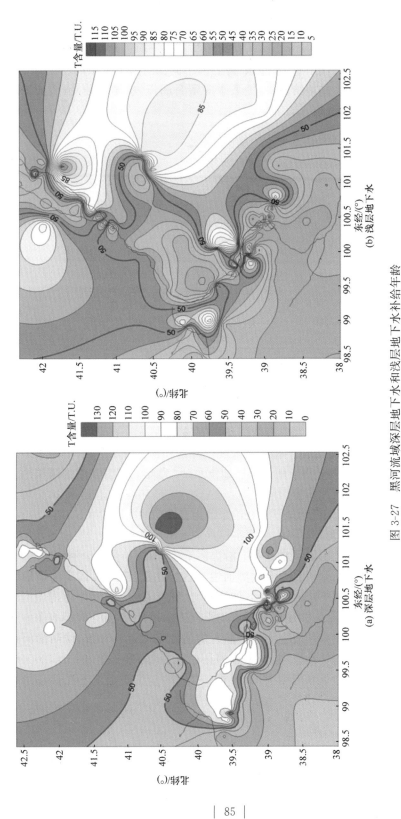

图 3-27　黑河流域深层地下水和浅层地下水补给年龄

深层地下水年龄较长。在黑河下游,中国科学院寒区旱区环境与工程研究所额济纳旗野外站 2005 年新钻的深井地下水年龄为 10 年,这可能与其位于河道附近,而且可能由打井导致隔水层的破坏而引起的混合作用有关,除该样点外,下游深层地下水年龄均在 50 年以上,说明下游深层地下水受现代水的补给极少,地下水滞留时间长,水循环缓慢(钱云平等,2006;张光辉等,2004)。

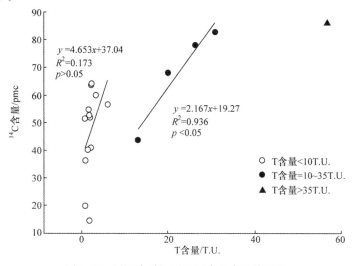

图 3-28　黑河中游深层地下水 T-^{14}C 关系图

从浅层地下水年龄分布图[图 3-27(b)]可以看出,黑河上游浅层地下水滞留时间短,地下水平均滞留时间小于 10 年,说明上游受降水影响,补给量大。在黑河中游,山前平原浅层地下水年龄较小,说明山前平原源于祁连山区现代降水和冰雪融水补给;酒泉盆地北部浅层地下水滞留时间(>50 年)大于酒泉南部浅层地下水(<30 年),即酒泉南部浅层地下水受现代降水的影响更大,因而地下水滞留时间更短。在张掖、临泽和高台盆地,有 10 个样点地下水滞留时间均大于 50 年,说明该区域地下水补给来源为核爆前的次现代水。在这 10 个样点中,腰泉、架子洞西屯村、山丹县城、南华镇、高家窑样点均远离河道。其余浅层地下水的平均滞留时间为 11 年,这与这部分浅层地下水基本上沿黑河干流分布、易受到黑河河水的补给有关,因而这部分地下水滞留时间要明显短于远离河道地区。在黑河下游,远离河道地区的浅层地下水同样显示了更老的地下水滞留时间,如锁阳坑、红花滩样点的地下水滞留时间均超过了 50 年,而滞留时间小于 50 年的浅层地下水均沿河道附近分布,如东风镇自来水工程和狼心山水文站院内等样点。本书的研究结果与前人的研究结果基本一致,说明沿河道地区的浅层地下水由于受到河水的补给作用,地下水滞留时间短(陈建生等,2004a,2004b)。而远离河道地区的古日乃附近地下水滞留时间短[图 3-27(b)],可能是由于在狼心山附近的河水向东通过古河道渗漏补给古日乃盆地所致(仵彦卿等,2004a)。

2. 黑河流域地下水 ^{14}C 年龄

用地下水 ^{14}C 含量可以估算地下水年更新速率(Favreau et al.,2002;Le Gal La Salle et al.,2001)。在估算模型中均考虑放射性示踪剂含量和放射衰变时间。在本书的研究中用两个模型来计算,即全混合模型和活塞流模型,其模型介绍见 3.2.2 小节内容。运用全混合模型计算地下水滞留时间的公式见 Le Gal La Salle 等(2001)的描述,运用活塞流模型计算地下水滞留时间的公式见 Adiaffi 等(2009)的描述,根据上述模型计算黑河流域地下水滞留时间,见表 3-9。

表 3-9 基于 ^{14}C 含量计算的黑河流域地下水滞留时间和更新速率

样点号	深度/m	δ^{13}C/‰	^{14}C 含量/pMC	不确定年龄/年	年更新速率/% 全混合模型	年更新速率/% 活塞流模型	^{14}C 年龄/a BP 全混合模型	^{14}C 年龄/a BP 活塞流模型	地下水类型	研究区域
HX26	11	−9.4	87.8	—	0.082	0.120	1220	817	浅层	
HX41-1	14	−8.4	78.3	—	0.043	0.057	2349	1741	浅层	
HX47-1	51	−9.9	94.33	—	0.158	0.486	634	300	浅层	
HX36-2	70	−10.9	112.0		2.200	2.200	165	50	浅层	
HX37	9	−8.5	72.1	—	0.031	0.041	3253	2444	浅层	
SY29	18	—	64.0	3680	0.021	0.029	4684	3463	浅层	
ZY21	80	−2.0	93.4	—	0.142	0.331	707	300	深层	
HX21	80	—	93.37	—	0.142	0.328	709	362	深层	
SY38	100	—	82.82	1583	0.065	0.078	1774	1277	深层	
HX59	100	−8.9	111.2	—	2.184	2.200	141	50	深层	
HX50	270	−9.4	110.0	—	1.816	2.200	114	50	深层	
HX29	280	−4.4	90.5	—	0.106	0.126	957	589	深层	
HX49	124	−5.4	81.3	—	0.069	0.076	1960	1428	深层	
SY34	80	—	54.61	5006	0.015	0.020	6862	4761	深层	
HX42-2	81	—	62.52	—	0.020	0.028	4977	3655	深层	
ZY26	94	−5.0	25.6	—	0.010	0.016	23157	11262	深层	黑河中游
HX78	100	−5.5	48.7	—	0.011	0.017	8706	5673	深层	
SY28	100	—	51.88	5431	0.013	0.018	7660	5172	深层	
SY33	100	—	68.00	3161	0.025	0.034	3934	2945	深层	
SY39	100	—	40.15	7536	0.008	0.010	12374	7219	深层	
HX77	120	−5.5	39.2	—	0.008	0.014	12880	7417	深层	
ZY23	130	−7.7	36.8	—	0.007	0.013	14256	7945	深层	
HX36-1	130	—	30.4	—	0.008	0.013	18774	9632	深层	
SY55	130	—	36.36	8357	0.007	0.010	14523	8047	深层	
SY62	130	—	14.55	15954	0.003	0.004	37668	16930	深层	
ZY18	150	−3.8	34.9	—	0.007	0.012	15460	8399	深层	
HX79	150	−4.7	26.3	—	0.001	0.015	22457	11000	深层	
ZY25	168	−4.4	18.4	—	0.002	0.003	31797	14576	深层	
HX35-1	185	−6.7	67.8	—	0.025	0.034	3969	2970	深层	
HX27	200	−4.4	41.4	—	0.008	0.015	11747	6970	深层	
ZY16	300	−5.2	13.6	—	0.003	0.004	39265	17584	深层	

续表

样点号	深度/m	$\delta^{13}C$/‰	^{14}C含量/pMC	不确定年龄/年	年更新速率/%		^{14}C年龄/a BP		地下水类型	研究区域
					全混合模型	活塞流模型	全混合模型	活塞流模型		
HX16	30	−6.1	63.0	—	0.020	0.028	4879	3591	浅层	
HX9	70	−5.2	48.6	—	0.011	0.017	8742	5689	浅层	
HX18	70	−4.8	55.7	—	0.015	0.021	6570	4603	浅层	
HX2	90	−5.5	18.3	—	0.002	0.003	31937	14631	深层	黑河下游
HX6	100	−7.0	38.7	—	0.008	0.014	13154	7523	深层	
HX8	102	−5.7	22.5	—	0.013	0.020	26541	12540	深层	
HX7	130	−4.7	27.4	—	0.009	0.014	21400	10606	深层	
HX4	140	−5.9	26.6	—	0.009	0.012	22163	10890	深层	

总体上看,黑河流域深层地下水年龄变化大,在现代至14594a BP,黑河流域山前平原深层地下水^{14}C年龄较小。其中,黑河上游莺落峡深层地下水^{14}C年龄为1572年,中游山前平原,如张掖和临泽的南部深层地下水的平均^{14}C年龄为1030年。黑河中游细土平原深层地下水平均^{14}C年龄为5248年,下游深层地下水的平均^{14}C年龄为8557年(Chen et al.,2006)。以上结果说明,黑河上游及山前平原深层地下水受到降水的较多补给,因而深层地下水年龄较小,中、下游深层地下水年龄较大,反映了中、下游深层地下水的古补给特征(丁宏伟等,2009;陈宗宇等,2004),地下水更新能力很弱。地下水^{14}C研究结果与T年龄定性估算和定量估算反映的结果基本一致。

3. 地下水更新速率空间变化

1) 放射性T估算的浅层地下水更新速率

地下水年龄所反映的地下水可更新能力同样可以很好地通过地下水的更新速率得到印证,为此本书对黑河流域地下水的更新速率进行了研究,从而更全面地反映地下水的可更新能力。黑河流域浅层地下水更新速率结果及其空间分布图(图3-29)显示了黑河流域浅层地下水更新速率的分布规律。地下水更新速率的分布同地下水年龄的分布所揭示的地下水的可更新性是基本一致的。总地来看,上游地下水更新能力高于中游和下游的地下水,中游山前冲积平原地下水更新能力高于中游细土平原的地下水,沿黑河干流分布的地下水更新能力高于远离河道地区的地下水。

在黑河上游,浅层地下水的更新能力最强,地下水平均更新速率为1.96%/a,大于中游的浅层地下水平均更新速率(1.25%/a),以及下游的浅层地下水平均更新速率(0.74%/a)(表3-10)。这是由于上游地下水主要为循环积极的裂隙水类型,通常只形成一个与地表自由相通的含水层,直接接受源区降水和冰雪融水的大量补给,因而浅层地下水平均更新速率最大。在黑河中游,山前平原浅层地下水更新能力最强,年均更新速率大于1.0%/a(表3-10),主要是受到了降水的大量补给,而中游细土平原隔水性能较好,地下水年均更新速率小于1.0%/a(图3-29,表3-10),这与前人研究的结果基本类似。同时,在张掖—高台河

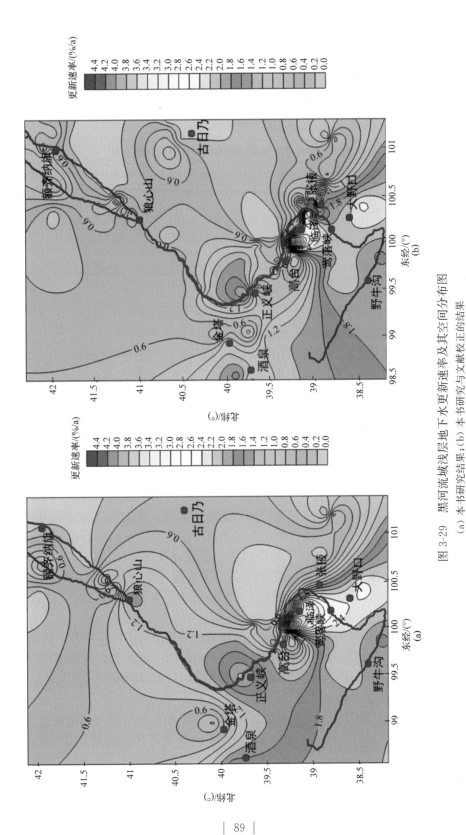

图 3-29 黑河流域浅层地下水更新速率及其空间分布图
(a) 本书研究结果；(b) 本书研究与文献校正后的结果

段,远离河道地区浅层地下水的更新速率要明显小于沿河道附近浅层地下水的更新速率(图 3-29)。在黑河下游,浅层地下水更新速率高值地区分布于沿正义峡至狼心山河段的干流两侧,这部分浅层地下水更新速率明显大于远离河道地区的浅层地下水更新速率,在狼心山附近,浅层地下水更新速率迅速增大(图 3-29),反映了这一带的地下水主要由沿途河流的渗漏补给(张光辉等,2004)。

表 3-10　黑河流域浅层和深层地下水更新速率变化

水体类型	研究区域	平均值/(%/a)	最小值/(%/a)	最大值/(%/a)	标准差(n)
浅层 地下水	上游	1.96	1.66	2.48	0.30(7)
	中游	1.25	0.05	4.44	1.1(35)
	下游	0.74	0.07	1.72	0.62(14)
深层 地下水	上游	1.76	—	—	—
	中游	0.68	0.03	3.41	1.1(21)
	下游	0.18	0.04	1.28	0.3(13)

注:n 为样本量。

2) 放射性 T 估算的深层地下水更新速率

从黑河流域深层地下水更新速率结果(表 3-10)及其空间分布图(图 3-30)来看,深层地下水的更新能力整体上小于浅层地下水,其中在中下游地区差异尤其显著,中游山前平原及临近祁连山地区的地下水可更新能力高于中游其他地区,下游狼心山附近和额济纳旗附近的地下水可更新能力高于下游其他地区。

在黑河上游,深层地下水的更新速率为 1.76%/a,与浅层地下水的平均更新速率(1.96%/a)接近(表 3-10),这主要是由于上游含水层通常与地表自由相通,浅层及深层地下水均直接接受源区降水和冰雪融水的大量补给。在黑河中游,山前冲积平原深层地下水的平均更新速率为 1.42%/a,明显大于中游细土平原地区的深层地下水的平均更新速率(0.5%/a),这与山前冲积平原更多地受到降水的补给有关。在黑河下游,深层地下水平均更新速率为 0.18%/a(表 3-10),说明现代水对黑河下游深层地下水的补给很少,其中在狼心山附近和额济纳旗附近分别出现了两个地下水更新速率高值区(图 3-30)。狼心山附近地区深层地下水更新速率较高,一方面是由于河水的渗漏补给,另一方面可能是受到了狼心山西部山区的洪水补给。额济纳旗附近地区深层地下水更新速率较周边地区高,应该是由于人为开采地下水而引起的混合作用所致。

从地下水年龄分布图(图 3-27)和地下水更新速率分布图(图 3-29 和图 3-30)来看,两者在空间分布规律和反映地下水可更新能力上体现了很好的一致性,地下水年龄较小的区域,更新速率较大,可更新能力较强;地下水年龄较大的区域,更新速率较小,可更新能力较弱。

3) 地下水更新速率的垂向变化

为了更清楚地认识黑河流域地下水更新速率的分布规律,评价地下水的可更新能力,本书按地下水埋深小于 40m、40~100m 以及大于 100m 将黑河流域地下水划分为浅层、中层及深层地下水。其中,埋深小于 40m 的浅层地下水的平均更新速率为 1.13%/a,更新速率在 0.05%/a~4.44%/a 变化(表 3-11),地下水可更新能力最强;40~100m 的中层地下水平均更新速率为 0.65%/a,更新速率在 0.03%/a~1.72%/a 变化(表 3-11),地下水可更新能力次之;

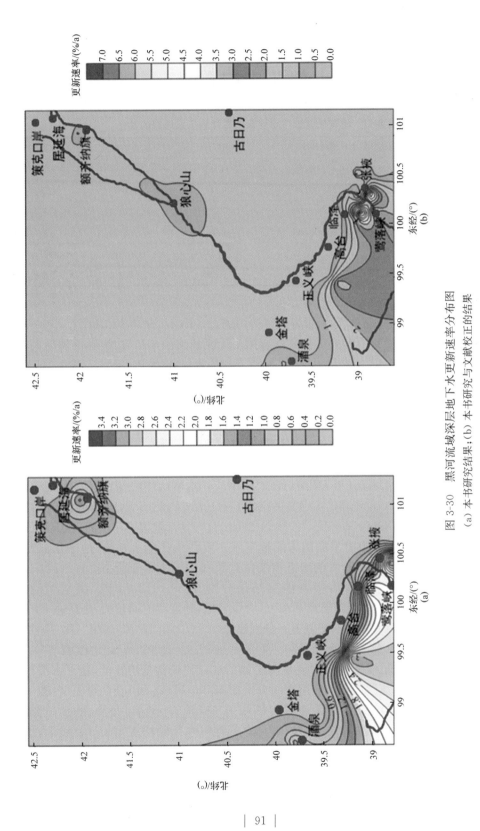

图 3-30 黑河流域深层地下水更新速率分布图

(a) 本书研究结果；(b) 本书研究与文献校正的结果

100m 以下的深层地下水平均更新速率为 0.55%/a,更新速率在 0.03%/a～3.41%/a 变化,地下水可更新能力最差(表 3-11)。这说明,随着地下水埋深的增大,黑河流域浅、中、深层地下水平均更新速率依次减小,地下水可更新能力依次减弱,浅层地下水平均更新速率明显大于中、深层地下水,中、深层地下水平均更新速率差异不大(表 3-11)。

表 3-11　黑河流域地下水更新速率随地下水埋深的变化

地下水埋深/m	平均值/(%/a)	最小值/(%/a)	最大值/(%/a)	标准差(n)	数据来源
0～40	1.13	0.05	4.44	1.0(44)	本书研究数据
	1.03	0.01	2.75	0.72(37)	文献数据
40～100	0.65	0.03	1.72	0.62(10)	本书研究数据
	0.90	0.03	3.98	0.93(25)	文献数据
100 以下	0.55	0.03	3.41	0.96(30)	本书研究数据
	0.82	0.01	7.28	1.56(39)	文献数据

注:n 为样本量。

在黑河中游,对于浅层地下水而言,SY29(101.21°E,38.84°N)和 HX37(100.45°E,38.98°N)的井深分别为 18m 和 9m,但其远离黑河干流和支流,^{14}C 含量低,滞留时间长(分别为 3463a BP 和 2444a BP;活塞流模型结果),更新速率慢(分别为 0.029%/a 和 0.041%/a)。HX36-2(100.57°E,38.86°N)位于河道旁,井深为 70m,但 ^{14}C 含量很高,河水对其补给量大,地下水更新快。其余浅层地下水由于位于黑河干流或河网附近,滞留时间较短,更新速率较快,其中滞留时间运用全混合模型计算的结果为 165～2349a BP,活塞流模型结果在 50～1741a BP 变化,全混合模型和活塞流模型计算的更新速率分别在 0.043%/a～2.200%/a 和 0.057%/a～2.200%/a 变化(表 3-9)。对于深层地下水而言,HX50(98.6°E,39.64°N,270m)、ZY21(98.43°E,39.72°N,80m)和 HX21(98.5°E,39.74°N,80m)位于酒泉北大河旁,HX49(99.03°E,39.39°N,124m)位于祁连山山前平原,SY38(100.6°E,38.8°N,100m)、HX59(100.27°E,38.89°N,100m)和 HX29(100.21°E,38.83°N,280m)位于莺落峡黑河干流附近,上述深层地下水的 ^{14}C 含量很高,说明山前平原的深层地下水主要由现代降水补给,地下水滞留时间短,更新速率快。全混合模型计算的地下水滞留时间和更新速率分别在 114～1774a BP 和 0.065%/a～2.184%/a 变化,活塞流模型结果分别在 50～1277a BP 和 0.076%/a～2.200%/a 变化(表 3-9)。其余深层地下水 ^{14}C 含量较低,其滞留时间较长,更新速率较慢,全混合模型计算的地下水滞留时间和更新速率分别在 3934～39265a BP 和 0.001%/a～0.025%/a 变化,活塞流模型结果分别在 2945～17584a BP 和 0.003%/a～0.034%/a 变化(表 3-9)。

在黑河下游,无论是浅层地下水还是深层地下水,其 ^{14}C 含量均较低,地下水滞留时间长,更新速率慢。例如,浅层地下水滞留时间分别在 4879～8742a BP(全混合模型)和 3591～5689a BP(活塞流模型)变化,更新速率分别在 0.011%/a～0.200%/a 和 0.017%/a～0.028%/a 变化。而深层地下水全混合模型计算的地下水年龄均在 10ka BP 以上,更新速率小于 0.01%/a,说明在黑河下游现代水对深层地下水的补给很少(表 3-9)。

4)黑河流域地下水 ^{14}C 和 T 关系

黑河流域地下水 T 含量和 ^{14}C 含量与深度的关系如图 3-31 所示。就地下水 T 含量而言,位于黑河出山口莺落峡(100.2°E,38.8°N,380m)和倪家营(100.1°E,39.0°N,300m),以及中游接近山前平原的 HX29(100.2°E,38.8°N,280m)和 HX50(98.6°E,39.6°N,270m)的深层地下水 T 含量很高,分别为40.8T.U.、56.7T.U.、66T.U. 和105T.U.,反映出山口和山前平原深层地下水由现代降水补给。在黑河下游,除浅层地下水 HX16 点的 T 含量较高外,其余深层地下水 T 含量均较低,说明现代补给对黑河下游深层地下水的影响很小。在黑河中游,除远离黑河干流的部分地下水外,其余地下水 T 含量均随井深的增加而降低,说明现代水对黑河中游深层地下水的补给较小[图 3-31(a)]。与 T 含量一致,中游接近山前平原 HX29 和 HX50 的深层地下水的^{14}C 含量也很高,分别达 110pMC 和 90.5pMC,其余地下水^{14}C 含量随井深的增加而降低[图 3-31(b)]。

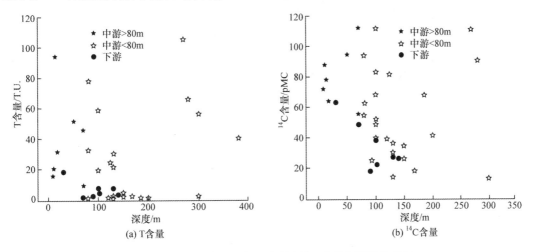

图 3-31 黑河流域地下水 T 含量和^{14}C 含量与深度的关系

结合黑河中下游地下水 T 含量和^{14}C 含量,黑河中下游地下水可以分为3类(图 3-32)。第一

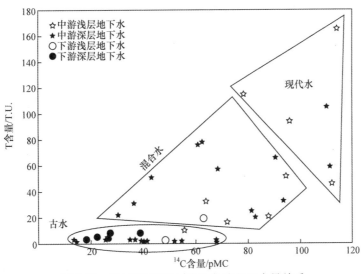

图 3-32 黑河流域地下水^{14}C 含量和 T 含量关系

类:地下水 T 含量(40~105 T. U.)和^{14}C 含量(80~112pMC)均很高,有核爆炸试验以后现代水补给的特征,地下水滞留时间较短(50~1000a BP),更新速率较高(0.120%/a~2.200%/a),主要为山前平原的深层地下水和浅层地下水。第二类:地下水 T 含量(<10T. U.)和^{14}C 含量(<70pMC)较低,为核爆炸试验前的古水补给。这些地下水主要来自黑河中游和下游的深井,地下水滞留时间长(2900~17000a BP),更新慢(0.004%/a~0.034%/a)。第三类:地下水^{14}C 含量和 T 含量分别为 70~80pMC 和 10~40T. U. ,主要为黑河下游的浅层地下水及中游的浅层地下水和深层地下水,其滞留时间和更新速率分别在1700~2400a BP 和 0.041%/a~0.057%/a 变化,上述地下水为古水和现代水的混合水。

总之,黑河流域不同水体稳定性同位素(δ^{18}O 和 δD)和放射性同位素(T 和^{14}C)结果表明,黑河源区现代降水主要补给河水和地下水,且存在河水与地下水的快速转化;在黑河中、下游,河水主要补给浅层地下水,而对深层地下水的补给很弱。

3.3 黑河上游葫芦沟流域不同景观带水文过程机理

水是流域溶质迁移、生态系统养分循环的载体,水循环驱动着碳、氮循环。水循环机理、水循环界面过程、动力机制与调控是认识流域过程的基础。流域水文规律一直是水文学研究的重点和基础问题,流域产汇流机制的研究更是水文规律研究中最重要的一个问题。水文学中有一些发现长期停留在由分析现有的实测降水径流资料得到的一些猜测上,似是而非,诸如降雨和径流的对应关系、径流成分形成机制及分割方法、流域汇流速度的计算公式、坡面水流的存在形式,以及水流在多孔介质中的运移形态等。水文过程的研究能较好地体现学科的综合和交叉,水文过程及与之有关的各种相互作用和反馈机制控制着内陆河流域可利用的水资源量、植被分布、生物地球化学通量,影响着区域气候的变化(Andrew,2009;胡海英等,2007;Gibson et al. ,2005;Carl et al. ,2003;Dalai et al. ,2002)。在全球变化背景下,冰川积雪和冻土组成的固体水库也正在快速变化,严重影响到水资源和生态系统。冰川枳雪和冻土融水是中国内陆河的重要水资源,在生态系统演化中起着重要作用,因此探讨降水、地表水、地下水及冻土和冰川积雪融水及其与生态系统之间的相互影响和协同演化关系,变化环境下的水循环规律、水文与生态相互关系和机理成为当前国际水科学的研究热点和前沿问题(程国栋等,2006)。

中国西部内陆河流域地形结构复杂,地理位置特殊,形成了独具特色的水文和水资源系统。内陆河流域上游山区降水较为丰富,并存在有冰川和季节性积雪,为水资源的形成区,形成的径流是供给中游和下游地区的水资源,其维持着流域经济系统和生态系统的协调和发展,因此近年来对山区水文过程的观测试验和研究是流域管理研究的趋势和重点。出山径流的形成与冰川、积雪、冻土、山区植被、生态、土壤和地貌的水文过程紧密联系。综合和集成山区水文过程观测的整体布局及与之相应的信息系统,加强对山区径流形成机理的多学科交叉研究,不断改善出山径流对气候变化和人类活动响应过程的模拟和预测水平(Kling et al. ,2009;王宁练等,2009;张光辉等,2005a;何永涛等,2005),需要在学科综合和集成层面上加强上述各种水文过程的观测和研究。将台站和野外观测试验与模型模拟结合起来,加强水文过程的观测试验,并和遥感监测相结合,发展水文数据同化系统,集成出山径流时空特征(程国栋等,2009)。至今,对源区完整的水文循环规律的研究较少,对源区水文过程的研究还非常薄弱,传统的流域模型面临的最大问题是建模所需信息的缺乏,只能停留在概念性模型的水平。传统水文学方法只能标定河川干支流水资源的量,并不能识别出山径流究竟来自哪一个水文单元及不同水文单元的径流在河川径流中的比例、流域地表水和地下水的交换和更新速度等水文特征。因此,必须依靠现代水文理论和同位素技术对上述问题加以研究解决。

目前,对高寒水源区完整的水文过程规律的研究较少,还没有将整个水文过程作为一个系统进行深入研究。冰川积雪和冻土融水是内陆河重要的水资源,其在生态系统演化中起着重要作用。在全球变化背景下,冰川积雪、冻土组成的固体水库正在快速变化,严重影响到地表的水资源和生态系统,径流补给源的组成特征及其时空变化规律仍然是一个前沿课题,探讨冰川积雪-冻土-降水-地下水-生态环境之间存在的相互影响、协同演化关系成为当前寒旱区科学的研究重点。

黑河流域历来是研究寒区和旱区水文水资源的典型区域,流域水环境和水问题有良好的代表性,受到国内外学术界的高度关注。黑河流域是我国西北地区最大的内陆河流域之一,也是我国主要的生态危急区之一。祁连山区作为黑河流域的水源地,该区域的大气水汽来源及水分内循环不但与中游工业和农业的发展及人类生活密切相关,而且关系到下游绿洲的稳定及我国的航天、国防事业的发展。然而,对祁连山区水循环过程和区域水分内循环的研究明显不足(康尔泗等,2007)。祁连山源区由青藏高原寒区向北方干旱平原区过渡的高大山地系统决定着其垂直植被带谱的生物多样性及景观格局的破碎性。复杂的山地地形条件、生态系统格局,以及相应的小气候环境形成了该区域特殊的冰川、积雪、冻土和植被分布格局,造成了山区水循环过程的复杂性。通过深入研究冰川、积雪、冻土、高寒山区、山前地带的水文、水资源状况,进而为地区经济可持续发展提供决策依据。黑河流域的研究应加强黑河流域源区冰川、积雪、冻土水文功能、水文过程与生态环境的相互作用关系,以及出山径流模拟预测和水资源合理开发利用等方面的研究(张光辉等,2004)。葫芦沟流域位于黑河流域源区,冰川积雪带、高山寒漠带、沼泽草甸带、高山河谷灌丛带、山地草原带是其水循环的基本单元,流域垂直植被带谱多样,生态系统景观格局破碎,均有冰川、积雪、冻土分布,水文过程复杂,在黑河高山区有很好的代表性。目前,对高寒水源区的完整水文过程规律的研究较少,冰川、积雪、冻土等对出山径流的影响至今还很模糊,对水文过程与生态系统的相互作用关系的研究还非常薄弱。至今应用同位素技术和水化学相结合的方法,研究流域不同景观带水文过程与水文生态功能方面的研究还少见报道。

本节基于野外台站和观测试验,从水文学和景观生态学的角度出发,将黑河高山区-葫芦沟流域冻土、冰川积雪、降雨、泉水和地表水纳入统一的水文循环系统,以冰川积雪、高山寒漠、沼泽草甸、高山灌丛和山地草原等典型景观带的各种水体为研究对象,利用同位素示踪技术及不同水体中的水化学信息,在径流分割的基础上,定量解析寒区冰川、积雪、冻土、降雨和泉水等对出山径流贡献的时空变化规律,掌握各景观带径流来源、比例、补给和排泄特征;揭示寒区不同景观带的水文过程机理;解答水文过程和生态系统相互作用耦合关系;探讨不同景观带的生态水文功能,水文过程如何影响生态系统的分布、结构、动态和生理性质,同时生态过程的反馈如何影响水文过程。这将提高出山径流的模拟和预测水平,促进对水文过程的有效调控,为流域水资源科学评价管理和提高各尺度水效益等关键性问题提供科学依据与参考,对缓解流域水资源供需矛盾,确保水资源可持续利用具有重要意义。

3.3.1 试验区概况

葫芦沟流域位于中国青海省祁连山区,地理位置处于38°12′14″~38°16′23″N,99°50′37″~99°53′54″E。流域呈葫芦状,流域面积为22.5km²,处于黑河高山区,属于黑河一级支流,也是黑河流域的产流区和水源涵养区(图3-33)。流域地处青藏高原向干旱区过渡区,具有典型的由干旱区向极端寒区过渡的山地垂直景观。流域内地形条件复杂、植被垂直分带分明,典型景观带主要有冰川、积雪、冻土、高山寒漠、高山灌丛、河谷灌丛、沼泽草甸、山地草原等,植被带的分布对调蓄径流、涵养水源起着重要作用。土壤类型为高山荒漠土壤系列、高山草甸草原土壤系列、山地草原土壤系列和山地森林土壤系列,主要土类有寒漠土、高山草甸土、高山灌丛草甸土、高山草原土、亚高山草甸土、亚高山草原土、灰褐土、山地黑钙土、山地钙土等。葫芦沟流域海拔范围为2960~4820m,海拔跨度为1860m。流域气候属大陆性气候,高寒阴湿,昼夜温差大,气温低,月均最低温度在1月,最高温度在7月。蒸发弱,降水相对充

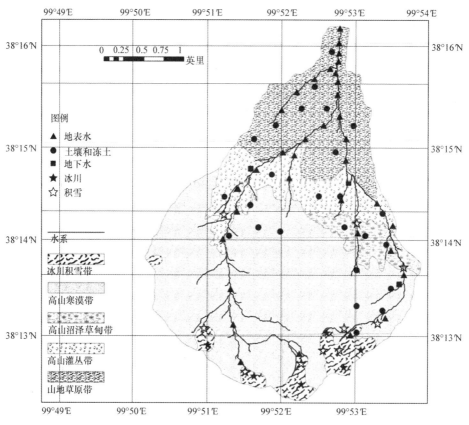

图3-33 研究区样点分布图

1英里=1609.34米

沛,降水量随高程的增高而增加,蒸发量随高程的增高而减少,降水主要集中在 7～9 月。流域内发育有现代冰川,其是流域水资源存在的一种特殊形式。出山径流主要由降雨和冰川、积雪、冻土融水补给,冰川积雪和冻土融水是葫芦沟流域重要的水资源,在生态系统演化中起着重要作用。葫芦沟流域在黑河高山区具有很好的代表性,很适合做集成观测研究,是一个理想的寒旱区科学研究流域。山区是水资源的形成区,降水比较充沛,山区降水一部分存于固体水库,一部分变为地表径流,一部分下渗,然后以泉水形式汇入地表水。冰川融水、季节性雪融水、降水和基岩裂隙水通过山区完成产汇流。在山巅地下水向山缘运动的过程中,绝大部分裂隙水就近排泄于沟谷而转化为河水。因此,葫芦沟是研究不同景观带水文过程的理想场所。

3.3.2 研究方法与原理

1. 样品采集与现场测定

本书的研究选取黑河高山区-葫芦沟流域作为试验区,于 2009 年 5 月～2010 年 12 月两个水文年里,在葫芦沟流域的冰川积雪带、高山寒漠带、高山沼泽草甸带、高山灌丛带、山地草原带等典型景观带进行野外考察以及冰川、积雪、冻土、土壤水、降水、地表水和地下水等样品的采集工作,采样点分布位置如图 3-33 所示。采集周期以一天两次为标准,采样时间控制在中午 12:00 左右和下午 18:00 左右。每种类型的水样各收集 2 个重复,样品采集后立刻装入 8mL 和 2mL 玻璃瓶中,并用 Parafilm 封口膜进行密封带回实验室,水样置于 4℃环境中保存,土壤和冻土样品置于-20℃冷冻至实验分析。在研究区共采集同位素分析样品 265 组。

2. 水文分割

本书中,$\delta^{18}O$、D、Cl^- 和 F^- 被用来作为示踪剂计算混合系数,混合模型被用来计算径流各组分贡献比例。端元混合模型基本方程如下:

$$Q_t = Q_1 + Q_2 + Q_3 + Q_4 \tag{3-2}$$

$$\delta_t^1 Q_t = \delta_1^1 Q_1 + \delta_2^1 Q_2 + \delta_3^1 Q_3 + \delta_4^1 Q_4 \tag{3-3}$$

$$\delta_t^2 Q_t = \delta_1^2 Q_1 + \delta_2^2 Q_2 + \delta_3^2 Q_3 + \delta_4^2 Q_4 \tag{3-4}$$

$$\delta_t^3 Q_t = \delta_1^3 Q_1 + \delta_2^3 Q_2 + \delta_3^3 Q_3 + \delta_4^3 Q_4 \tag{3-5}$$

式中,Q_t 为总径流量;Q_1、Q_2、Q_3、Q_4 分别为各径流组分流量;δ^1、δ^2、δ^3、δ^4 分别为各径流组成的示踪剂含量,上标表示不同的示踪剂。

将式(3-2)～式(3-5)写成矩阵形式:

$$\begin{bmatrix} 1 & 1 & 1 & 1 \\ \delta_1^1 & \delta_2^1 & \delta_3^1 & \delta_4^1 \\ \delta_1^2 & \delta_2^2 & \delta_3^2 & \delta_4^2 \\ \delta_1^3 & \delta_2^3 & \delta_3^3 & \delta_4^3 \end{bmatrix} \cdot \begin{bmatrix} Q_1 \\ Q_2 \\ Q_3 \\ Q_4 \end{bmatrix} = \begin{bmatrix} 1 \\ \delta_t^1 \\ \delta_t^2 \\ \delta_t^3 \end{bmatrix} Q_t \tag{3-6}$$

将式(3-6)两边同除 Q_t,可得

$$A=\begin{bmatrix} 1 & 1 & 1 & 1 \\ \delta_1^1 & \delta_2^1 & \delta_3^1 & \delta_4^1 \\ \delta_1^2 & \delta_2^2 & \delta_3^2 & \delta_4^2 \\ \delta_1^3 & \delta_2^3 & \delta_3^3 & \delta_4^3 \end{bmatrix}, B=\begin{bmatrix} 1 \\ \delta_t^1 \\ \delta_t^2 \\ \delta_t^3 \end{bmatrix}, \chi=\begin{bmatrix} Q_1/Q_t \\ Q_2/Q_t \\ Q_3/Q_t \\ Q_4/Q_t \end{bmatrix} \tag{3-7}$$

式中,$\chi=A^{-1}B$,表示为各种水源所占比例的矩阵。

3.3.3 降雨期不同景观带水文过程同位素示踪

降雨期(7 月上旬至 9 月上旬)气温较高,是一年中气温最高的时期,且降雨较多,为多种水源混合补给。7～8 月是降水量最为集中的季节,而且冻土和冰川积雪融化也多,是形成径流的高峰期。流域主要接受降雨和冻土融水补给,冰川积雪融水补给相对较少,降雨很少直接产流,一般一年 10 次左右,大部分通过各个景观带下渗,形成壤中流或地下径流。

1961 年,Craig 把全球范围内收集到的降水中 δD 和 δ^{18}O 的线性规律用数学式表示为 δD＝8δ^{18}O＋10,这就是全球大气降水线。后来 Rozanski 等(1993)根据 IAEA 网络站全球降雨同位素资料,对 Craig 的全球降水线进行了修正,提出了更为精确的全球降水 δD 和 δ^{18}O 间的长期平均值回归线性关系:δD＝8.17(±0.07)δ^{18}O ＋10.35(±0.65),这条线是实际的全球大气降水线,因为它是以降水为基础而不是表面水。但是由于自然界的蒸发过程常伴有动力学效应、各地蒸发过程的差异、局地环流系统中水汽来源及其蒸发模式的不同,包括水蒸气气团的起源,降水期间的二次蒸发和降水的季节变化等的控制,世界各地大气降水线的斜率及常数项偏离全球大气降水线,各局地大气降水线(local meteoric water line,LM-WL)通常偏离 GMWL。它主要受形成降水的水蒸气生成时的蒸发速度(动力学的同位素效应)控制。如果 D 和 ^{18}O 的关系曲线的斜率为 8,说明降水形成于 Rayleigh 凝结过程(同位素平衡分馏),其他情况降水产生于同位素非平衡过程。降水中同位素 δD 和 δ^{18}O 的差异,必然导致土壤水、地表水及地下水的空间差异。

中国现代大气降水对应的大气降水线方程为 δD＝7.9δ^{18}O＋8.2。葫芦沟流域降水的 δ^{18}O 范围为－12.6‰～2.1‰,δD 的范围为－86‰～3.36‰,均值分别为－7.4‰和－43.2‰,这种较大的差异性说明高寒山区气候的极端性和水汽来源的复杂性。根据降水的同位素 δD 和 δ^{18}O 值,通过回归求得葫芦沟流域当地降水线方程为 δD＝8.45δ^{18}O＋21.9,R^2＝0.99,降水线方程中 δD 和 δ^{18}O 之间有很好的线性关系,相关系数 R 值较高,表明降水的同位素组成 δD 和 δ^{18}O 有极好的相关性。在图 3-34 中,大部分降水和河水样品的同位素组成均落在全球大气降水线 δD＝8.17δ^{18}O＋10.35 的右上方,富重同位素组成,显示出受蒸发效应影响的特征。这与该区地处高原、纬度较低、海拔高、空气稀薄、太阳辐射强、蒸发强烈的环境条件相匹配。与全球大气降水线相比,葫芦沟流域降水线的斜率与截距均偏大,截距远大于 10,这意味着降水云气形成过程中气、液两相同位素分馏不平衡的程度偏大。葫芦沟流域地处西北内陆,海洋蒸发的水汽很难直接到达,主要受大陆性水汽来源影响。而降落到地表的水重新蒸发,在当地水汽的来源中占很大比例,因此当地降水线的斜率和截距都较高。这也说明研究区地处高寒山区,受局地气候环境(水汽来源、降水期间的二次蒸发、降水和温度)的影响强烈,内循环较强,在雨季受连续降雨影响,空气湿度较大,雨水凝结时存在一定的同位素动力分馏效应,且受局地水汽内循环控制(Rozanski et al.,1993)。

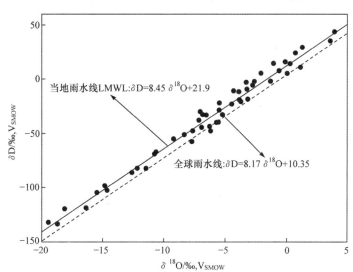

图 3-34 葫芦沟流域降水 δD-δ^{18}O 关系图

1. 冰川积雪带水文过程同位素示踪

利用稳定性同位素技术在冰川积雪及其消融过程研究方面的应用比较成熟,尤其是在确定融雪水对河川径流、土壤水和地下水的补给方面的应用较为广泛。冬季降水以固体形式存在,降落的雨滴在大气中蒸发的影响可以忽略。雪在累积和消融过程中会发生同位素变化,随着消融过程的深入,δ^{18}O 值逐渐增加。图 3-35 显示,葫芦沟流域冰川在降雨期的 δ^{18}O 和 δD 值变化范围分别为 $-10.6‰\sim-10.1‰$ 和 $-69.1‰\sim-63.2‰$,平均值分别为 $-10.4‰$ 和 $-66.7‰$。积雪的 δ^{18}O 和 δD 变化范围为 $-12.9‰\sim-11.8‰$ 和 $-82.5‰\sim-73.4‰$,平均值分别为 $-12.1‰$ 和 $-79.8‰$。冰川积雪的氢氧同位素组成普遍偏低,低于雨水中的同位素含量。降雨和降雪过程引起水中稳定同位素分馏的作用是不同的,因为水在云中有几种形式存在:水汽、云中水、雨水和云冰等,它们之间的相互作用和相互转化比较复杂。通常低温下凝结的固态降水冻结时间与同位素交换相比都可以忽略,所以可看作没有分馏作用。因此,固态降水(雪或冰雹)中稳定同位素含量低于雨水中的稳定同位素含量。图 3-35 显示,积雪中氢氧同位素含量落在降水线以上和左下方,其 δ^{18}O 和 δD 相对于其他各种水体偏负,也说明了远离蒸气源的内陆高海拔区温度低,大气降水同位素组成一般落在降水线的左下方。冰川处于当地降水线右下方,偏离当地降水线,表明由于降雨期气温相对较高,受到蒸发影响,明显比同期积雪样富集 ^{18}O 和 D。冰川样基本位于降水线附近,且稍微偏离降水线,表明均接受降雨/雪补给,且受弱蒸发效应影响。其同位素组成随海拔高度存在区段性的变化,主要与冰川积雪内的含水量、融化程度,以及所在区段的太阳辐射强度和蒸发强度有关。经过融化和太阳照射蒸发后残留积雪内的稳定同位素含量比新雪高,融化和蒸发时间越长,其中的 δ^{18}O 和 δD 值越高。

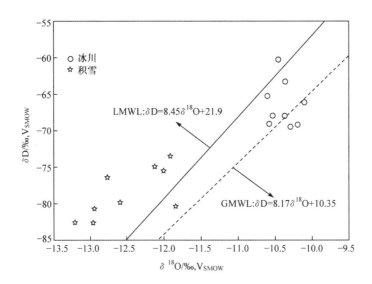

图 3-35　冰川积雪带各种水体的 δD-$\delta^{18}O$ 关系图

2. 高山寒漠带水文过程同位素示踪

图 3-36 显示,在降雨期,高山寒漠带消融层冻土(10～80cm)$\delta^{18}O$ 和 δD 值变化范围分别为－8.5‰～－7.7‰和－51.8‰～－47.32‰,平均值分别为－8.1‰ 和－48.9‰,偏离当地降水线,处于降水线右下方,表明消融层冻土在消融过程中受到蒸发效应影响。冻结层冻土(80～140cm)$\delta^{18}O$ 值为－8.9‰～－8.7‰,平均值为－8.8‰,δD 值为－57.8‰～－54.8‰,均值为－55.4‰,其 $\delta^{18}O$ 和 δD 值差异很小,位于当地降水线附近,受蒸发效应影

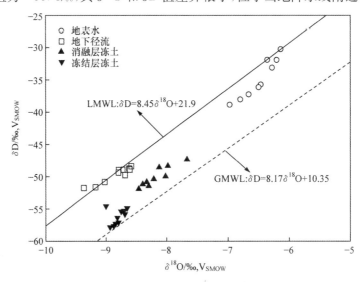

图 3-36　高山寒漠带各种水体的 δD-$\delta^{18}O$ 关系图

响甚微。消融层冻土样和冻结层冻土样聚集重同位素,有一定水力联系,且消融层冻土比冻结层冻土更富集重同位素。高山寒漠带地表水的 $\delta^{18}O$ 和 δD 值的变化范围分别为 $-7.00‰ \sim -6.1‰$ 和 $-38.8‰ \sim -30.2‰$,平均值分别为 $-6.5‰$ 和 $-33.7‰$,严重偏离当地降水线,受强蒸发效应影响,严重富集同位素 $\delta^{18}O$ 和 δD。高山寒漠带地下径流处于当地降水线上或者左下方,$\delta^{18}O$ 值为 $-9.4‰ \sim -8.6‰$,平均值为 $-9.2‰$,δD 值为 $-51.7‰ \sim -48.8‰$,平均值为 $-50.1‰$,比地表水明显富集 ^{18}O 和 D 同位素,且其同位素组成与冰川积雪接近,但比冰川积雪富集同位素,可能接受冰川积雪融水补给。同时,图 3-36 显示,高山寒漠带地下径流与冻结层冻土分布聚集,有非常密切的水力联系。可以进一步推断,高山寒漠带地下径流主要来自冰川积雪融水和降雨混合补给,也有部分冻土消融补给。这种现象符合降水—地表径流—土壤水—地下水径流的转化途径,在水的循环过程中,水体中 D 与 ^{18}O 在蒸发作用下不断富集,并向地下入渗,使得地下径流 D 和 ^{18}O 含量相对富集。

3. 高山沼泽草甸带水文过程同位素示踪

图 3-37 显示,在降雨期,高山沼泽草甸带地表水严重偏离当地降水线,$\delta^{18}O$ 和 δD 值变化范围分别为 $-4.3‰ \sim -3.6‰$ 和 $-30.5‰ \sim -26.1‰$,平均值分别为 $-4.1‰$ 和 $-28.3‰$,受强蒸发效应影响,严重富集同位素 ^{18}O 和 D。沼泽消融层冻土(20~80cm)$\delta^{18}O$ 值为 $-4.8‰ \sim -4.3‰$,δD 值为 $-31.1‰ \sim -27.0‰$,草甸消融层冻土 $\delta^{18}O$ 和 δD 值变化范围分别为 $-9.4‰ \sim -8.6‰$ 和 $-51.7‰ \sim -48.8‰$。由图 3-37 得知,冻结层冻土(80~100cm)$\delta^{18}O$ 值为 $-5.6‰ \sim -5.1‰$,平均值为 $-5.3‰$,δD 值为 $-35.4‰ \sim -29.8‰$,平均值为 $-32.6‰$,其和消融层冻土均处于当地降水线下方,且严重偏离当地降水线,表明均受到强蒸发作用的影响。其中,冻结层冻土位于左下方,受弱蒸发影响,而消融层冻土处于降水线右下方,$\delta^{18}O$ 和 δD 值均较高,受到强蒸发影响。由图 3-37 还可以看出,高山沼泽草甸

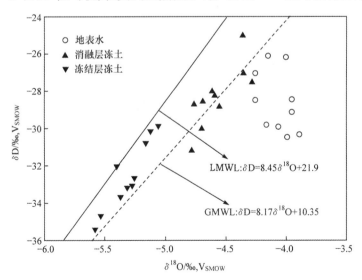

图 3-37 高山沼泽草甸带各种水体的 δD-$\delta^{18}O$ 关系图

带地表水的同位素组成特征与消融层冻土的同位素组成相近,且其同位素值介于雨季降雨与冻土之间,比冻结层冻土富集同位素,表明地表水主要来自冻土消融和雨季降雨补给,且受到蒸发效应的影响。

4. 高山灌丛带水文过程同位素示踪

高山灌丛带泉水 7~9 月 3 个月流量最大。由图 3-38 得知,降雨期高山灌丛带消融层冻土(20~110cm)和冻结层冻土(110~180cm)$\delta^{18}O$ 与 δD 值均处于当地降水线下方,消融层冻土 $\delta^{18}O$ 和 δD 值变化范围分别为 $-10.2\text{‰}\sim-8.1\text{‰}$ 和 $-80.0\text{‰}\sim-63.0\text{‰}$,平均值分别为 -9.0‰ 和 -67.6‰。冻结层冻土 $\delta^{18}O$ 值为 $-11.8\text{‰}\sim-9.9\text{‰}$,$\delta D$ 值为 $-82.1\text{‰}\sim-70.6\text{‰}$。冻结层冻土比消融层冻土更为贫重同位素,说明来自冻结层冻土逐步消融补给,在消融过程受到蒸发影响。高山灌丛带泉水的 $\delta^{18}O$ 和 δD 同位素值变化范围分别为 $-8.5\text{‰}\sim-8.0\text{‰}$ 和 $-48.1\text{‰}\sim-43.7\text{‰}$,平均值分别为 -8.2‰ 和 -45.3‰,其同位素组成相对偏负。高山灌丛带泉水分布于当地降水线附近,说明其补给均直接或间接来源于当地大气降水的入渗补给,与降雨相比,泉水的平均同位素组成相对贫重同位素,说明高山灌丛带泉水在接受雨季降雨补给的同时,也接受贫同位素高寒山区冰川积雪和冻土融水的混合补给。因为高寒山区冰川积雪融水与冻土融水的 δD 和 $\delta^{18}O$ 相对偏负,所以冰川积雪融水和冻土融水下渗转换成基岩孔隙裂隙水和地下径流,然后以泉水形式排泄,造成高山灌丛带泉水的 δD 和 $\delta^{18}O$ 较低,可推断高山灌丛带泉水季节性补给选择贫同位素的高山冰川积雪和冻土融水与雨季降雨三者混合补给。高山灌丛带地表水的 $\delta^{18}O$ 值为 $-7.6\text{‰}\sim-6.1\text{‰}$,平均值为 -6.9‰,同位素 δD 值为 $-45.3\text{‰}\sim-30.1\text{‰}$,平均值为 -39‰。地表水的同位素组成明显比泉水富集重同位素,说明高山灌丛带地表水接受泉水和冰川积雪融水混合补给之后受到蒸发效应影响。区域水化学和同位素数据显示,高山灌丛带泉水存在混合作用,混合作

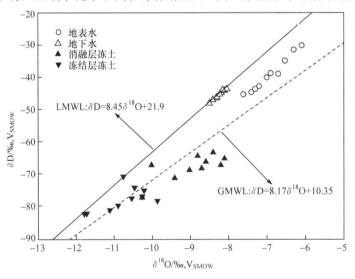

图 3-38 高山灌丛带各种水体的 δD-$\delta^{18}O$ 关系图

用既包括垂向上大气降水入渗与地下水的混合作用,也广泛存在侧向上从补给区至排泄区渗流过程中的多次混合作用。

5. 山地草原带水文过程同位素示踪

图 3-39 显示,降雨期山地草原带地表径流严重偏离当地降水线,$\delta^{18}O$ 值为 $-5.8‰\sim$ $-5.0‰$,平均值为 $-5.5‰$,δD 值为 $-33.0‰\sim-26.9‰$,平均值为 $-29.2‰$,受强蒸发效应影响,严重富集同位素 $\delta^{18}O$ 和 δD。山地草原带消融层冻土(20~100cm)和冻结层冻土(120~180cm)均处于当地降水线下方,且严重偏离当地降水线(图 3-39),消融层冻土 $\delta^{18}O$ 和 δD 值的变化范围分别为 $-6.0‰\sim-5.3‰$ 和 $-36.4‰\sim-35.5‰$,平均值分别为 $-5.6‰$ 和 $-35.8‰$。冻结层冻土 $\delta^{18}O$ 和 δD 值的变化范围分别为 $-6.6‰\sim-6.3‰$ 和 $-39.0‰\sim-34.3‰$,表明均受到蒸发效应的影响。其中,冻结层冻土位于左下方的,受蒸发效应影响较弱,而消融层冻土处于降水线右下方,$\delta^{18}O$ 和 δD 值均较高,受到强蒸发影响。与流域内其他景观带相比,山地草原带地表径流与冻土的同位素组成均较富集重同位素,主要是由海拔较低、气温有所偏高、蒸发强烈所致。山地草原带地表径流在降雨期主要由降雨下渗补给土壤水,形成壤中流,混合冻土融化补给形成,主要产流方式为饱和地面径流和冻融界面的壤中流。蒸发时轻同位素更易蒸发,使得液态水中富集重同位素,蒸发是导致土壤水分中同位素富集的主要原因,而蒸发作用又主要发生在冻土表层。因此,随着剖面深度的增加,重同位素富集程度逐渐减少。

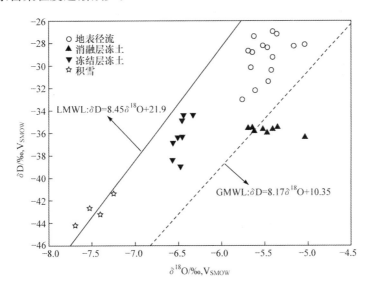

图 3-39　山地草原带各种水体的 δD-$\delta^{18}O$ 关系图

6. 出山口河水的同位素示踪

葫芦沟流域出山口河水的 $\delta^{18}O$ 值为 $-8.2‰\sim-8.0‰$,平均值为 $-8.1‰$,δD 值为 $-46.7‰\sim-45.3‰$,平均值为 $-46.5‰$,氘盈余(d-excess 值)为 $18.0‰\sim19.3‰$,介于山

区大气降水和冰川积雪融水之间,说明出山口河水的季节性补给有冬季降水或者夏季高山冰川积雪融水。可以看出,出山口河水的 δD 和 $\delta^{18}O$ 值普遍偏负,绝大多数在 $-8.0‰$ 和 $-46.0‰$ 以下,倘若河水的补给来降雨直接补给,则其同位素组成应明显接近大气降水的同位素组成。但是葫芦沟流域出山口河水与同期雨水相比,出现低于当地同期降雨平均同位素组成的情况,相对贫同位素 D 和 ^{18}O,这是冰川积雪融水成因河水同位素组成的一个重要特征。

由图 3-40 可以看出,出山口河水与高山灌丛带泉水同位素组成最为接近,分布聚集,二者之间的水力联系最为密切,可进一步推断在降雨期出山口河水主要来自高山灌丛带泉水补给。山地草原带和沼泽草甸带的地表水、消融层冻土与冻结层冻土都严重偏离当地降水线,其 $\delta^{18}O$ 值变化范围均为 $-6.0‰$ ～ $-3.9‰$,δD 值变化范围均为 $-39.0‰$ ～ $-26.1‰$,说明其受到强蒸发效应影响。山地草原带和沼泽草甸带的消融层土壤水与其地表水相近,而比冻结层冻土相对富集 ^{18}O 和 D,说明其地表径流主要来自冻土融水补给,消融层土壤水来自冻土融化,但表层土壤水分剧烈蒸发,表层富集同位素 D 和 ^{18}O。与降水同位素值相比,土壤水中的同位素变化不明显,其同位素值是不同水体同位素的混合值。高山寒漠带的冻结层冻土的 $\delta^{18}O$ 值为 $-8.9‰$ ～ $-8.7‰$,δD 值为 $-57.8‰$ ～ $-54.8‰$,与冰川和积雪样聚集,三者之间有密切的水力联系,冻结层冻土 δD 与 $\delta^{18}O$ 偏负的原因是 δD 与 $\delta^{18}O$ 较低的冰川积雪融水下渗到冻土层。冻结层冻土都位于当地降水线下,稍微偏离降水线,可推断冻结层冻土来自冰川积雪融水和降雨补给,且受到蒸发影响。但高山寒漠带地表径流却严重偏离当地降水线,$\delta^{18}O$ 和 δD 值变化范围分别为 $-7.0‰$ ～ $-6.1‰$ 和 $-38.8‰$ ～ $-30.2‰$,富集重同位素,表明高山寒漠带地表径流在流经过程中经历了强蒸发影响。

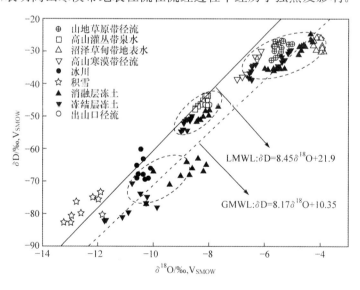

图 3-40　研究区各种水体的 δD-$\delta^{18}O$ 关系图

葫芦沟流域出山口河水的同位素组成落在当地的降水以上且稍微偏离,表明河水除来自于大气降水外,还接受贫同位素的冰川积雪融水或冻土融水等补给。葫芦沟流域地处高寒山区,高寒山区的冰川积雪融水与降雨的 δD 和 $\delta^{18}O$ 相对偏负,在降雨期,贫同位素的冻土融水和冰川积雪融水混合降雨,然后下渗转换成壤中流或地下径流,以泉水形式排泄,最终补给葫芦沟河水,造成出山口河水的 D 和¹⁸O 含量也较低,说明出山口河水主要由高寒区冰川积雪融水、冻土融水和降雨混合补给。由图 3-40 得知,出山口河水、高山灌丛带泉水、高山寒漠带径流、泉水、冻土和冰川积雪之间有密切的水力联系,存在相互补给排泄的关系,出山口河水由一系列支流汇集而成,不同支流的混合作用使得水中同位素组成变化更加复杂,进一步说明出山口河水是由多种水源混合补给,而且在不同地段,其补给源组成不同。

3.3.4 融水期不同景观带水文过程同位素示踪

融水期(5～6 月,9 月中旬至 10 月)为冰川和积雪稳定融化期,融水期气温较低,且日温差较大,几乎没有降雨事件发生。冰川融化和河川积雪融化使径流逐渐增加,至 6 月出现春汛。补给水源主要为冰川积雪融水补给,冻土融水补给相对较少,降雨补给更少。

1. 冰川积雪带水文过程同位素示踪

图 3-41 显示,在融水期冰川样的 $\delta^{18}O$ 和 δD 的变化范围分别为 $-14.8‰～-12.8‰$ 和 $-103.7‰～-92.4‰$,平均值分别为 $-14.1‰$ 和 $-99.9‰$。积雪的 $\delta^{18}O$ 和 δD 的变化范围分别为 $-20.2‰～-18.9‰$ 和 $-152.9‰～-139.3‰$,平均值分别为 $-19.6‰$ 和 $-144.7‰$。冰川积雪的氢氧同位素组成普遍偏低,低于降雨期的稳定同位素含量,积雪样处于当地降水线以上和左下方,其 $\delta^{18}O$ 和 δD 相对于其他各种水样偏负。冰川样处于当地降水线左下方,稍微偏离当地降水线,表明受到微弱蒸发影响,比积雪样相对富集 $\delta^{18}O$ 和 δD。冰冻过程中重同位素富集在冰川中,由于反复的消融-冻结和蒸发-凝聚,将富集重同位素。融水期冰川和积雪的同位素组成明显比降雨期偏负,说明受气温影响较大,融水期气温较低,在一定程度上限制了冰川积雪的消融,蒸发效应的影响相对较小,因此同位素组成较低。图 3-41 中冰川积雪融水均落在全球大气降水线的左上方,这正是初始冰川积雪融水氢氧同位素组成的特征。

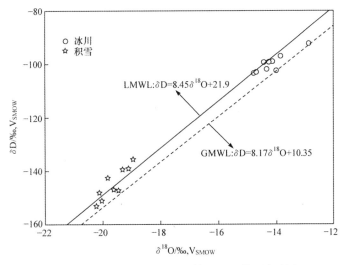

图 3-41 冰川积雪带各种水体的 δD-$\delta^{18}O$ 关系图

2. 高山寒漠带水文过程同位素示踪

图 3-42 显示,融水期高山寒漠带地表水的 $\delta^{18}O$ 值为 $-10.3‰ \sim -8.8‰$,平均值为 $-9.5‰$,δD 值为 $-63.8‰ \sim -55.3‰$,平均值为 $-59.1‰$,处于当地降水线左上方附近,受弱蒸发影响,富集同位素 $\delta^{18}O$ 和 δD,大部分地表水处于当地降水线附近,表明地表水的最终补给水源为冬季降雪。高山寒漠带消融层冻土($40 \sim 60cm$)$\delta^{18}O$ 值为 $-11.7‰ \sim -10.7‰$,δD 值为 $-79.2‰ \sim -72.0‰$。冻结层冻土($80 \sim 140cm$)$\delta^{18}O$ 值为 $-13.2‰ \sim -11.5‰$,平均值为 $-12.4‰$,δD 值为 $-84.0‰ \sim -78.8‰$,平均值为 $-80.9‰$。高山寒漠带地下径流 $\delta^{18}O$ 和 δD 值变化范围分别为 $-11.5‰ \sim -13.4‰$ 和 $-85.8‰ \sim -75.6‰$。同时,图 3-42 也显示,高山寒漠带地下径流与冻结层冻土的同位素组成非常偏负,接近冰川积雪的同位素组成,表明主要来自冰川积雪融水补给。高山寒漠带地下径流、消融层冻土和冻结层冻土都位于当地降水线左下方,分布聚集,三者有非常密切的水力联系,表明高山寒漠带地下径流接受冻土消融补给。冻土同位素组成与冰川积雪融水接近,可进一步推断高山寒漠带冻土水的重要补给来源为冬季降雪和冰川积雪融水。

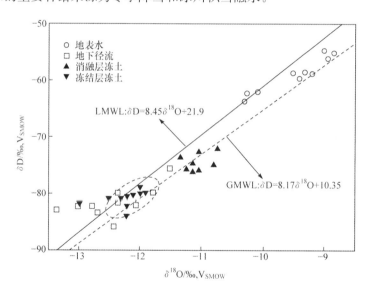

图 3-42　高山寒漠带各种水体的 δD-$\delta^{18}O$ 关系图

3. 高山沼泽草甸带水文过程同位素示踪

图 3-43 显示,在融水期,沼泽草甸带地表水严重偏离当地降水线,$\delta^{18}O$ 值为 $-5.7‰ \sim -4.8‰$,平均值为 $-5.3‰$,δD 值为 $-34.4‰ \sim -30.7‰$,平均值为 $-32.5‰$,受强蒸发效应影响,富集同位素 $\delta^{18}O$ 和 δD。消融层冻土($10 \sim 40cm$)$\delta^{18}O$ 和 δD 值的变化范围分别为 $-6.8‰ \sim -6.0‰$ 和 $-40.1‰ \sim -32.8‰$。冻结层冻土($40 \sim 80cm$)$\delta^{18}O$ 和 δD 值的变化范围分别为 $-7.9‰ \sim -7.2‰$ 和 $-44.8‰ \sim -41.2‰$,平均值分别为 $-7.5‰$ 和 $-43.6‰$。消融层冻土和冻结层冻土均处于当地降水线下方,且偏离当地降水线,表明均受到蒸发效应的

影响。其中,消融层冻土处于降水线右下方,$\delta^{18}O$ 和 δD 值均较高,受到强蒸发影响。而冻结层冻土位于左下方,受弱蒸发影响,接受冬季降雪补给。各种水体同位素组成具有同降雨期相同的规律,但受蒸发效应影响偏弱。由于流域在融水期日温差较大,存在反复消融-冻结过程,致使冻土与地表水的同位素组成均较富集重同位素 ^{18}O 和 D。图 3-43 显示高山沼泽草甸带地表水的同位素组成与 $0.6\sim0.8$ m 深度的冻土相近,但稍微富集 $\delta^{18}O$ 和 δD,其和浅层冻土有非常密切的水力联系,表明地表水主要来源于不同深度冻土融水补给,且受到强蒸发影响。

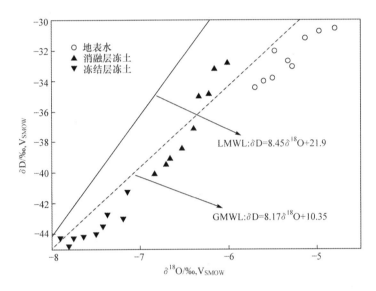

图 3-43　高山沼泽草甸带各种水体的 δD-$\delta^{18}O$ 关系图

4. 高山灌丛带水文过程同位素示踪

图 3-44 显示,融水期高山灌丛带泉水的 $\delta^{18}O$ 和 δD 同位素值变化范围分别为 $-10.9‰\sim$ $-9.0‰$ 和 $-69.1‰\sim-51.4‰$,平均值分别为 $-9.8‰$ 和 $-60.1‰$,与降雨期相比,其同位素组成相对偏负。高山灌丛带泉水处于当地雨水线下方,与降水的平均同位素组成相比,泉水相对贫重同位素 ^{18}O 和 D,说明季节性的补给选择冬季降雪和冻土融水(图 3-44)。由于高寒区冬季降雪和冻土融水的 δD 和 $\delta^{18}O$ 相对偏负,积雪融水和冻土融水下渗转换成孔隙裂隙水或地下径流,然后以泉水形式排泄,造成高山灌丛带泉水的 δD 和 $\delta^{18}O$ 较低。高山灌丛带泉水的同位素组成特征与冰川积雪的同位素组成极为相似,其值介于冰川积雪融水与冻土值之间,可以推断灌丛带地下水主要来自冰川积雪融水与冻土融水。高山灌丛带消融层冻土($20\sim$ 60cm)$\delta^{18}O$ 和 δD 值的变化范围分别为 $-12.0‰\sim-10.6‰$ 和 $-82.7‰\sim-73.0‰$,冻结层冻土($80\sim140$cm)$\delta^{18}O$ 和 δD 值变化范围分别为 $-13.0‰\sim-11.6‰$ 和 $-90.4‰\sim$ $-80.4‰$,消融层冻土和冻结层冻土均处于当地降水线下方。冻结层冻土比消融层冻土更为贫重同位素 ^{18}O 和 D,说明消融层冻土来自冻结层冻土逐步消融补给,在消融过程受到蒸发影响。

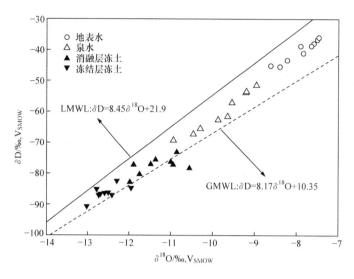

图 3-44　高山灌丛带各种水体的 δD-$\delta^{18}O$ 关系图

5. 山地草原带水文过程同位素示踪

图 3-45 显示，山地草原带地表径流在融水期严重偏离当地降水线，$\delta^{18}O$ 和 δD 值变化范围分别为 $-6.0‰$～$-5.4‰$ 和 $-34.3‰$～$-26.9‰$，平均值分别为 $-5.6‰$ 和 $-29.9‰$，受强蒸发效应影响，富集重同位素 ^{18}O 和 D。山地草原带消融层冻土（20～60cm）$\delta^{18}O$ 和 δD 值的变化范围分别为 $-6.5‰$～$-6.0‰$ 和 $-39.1‰$～$-34.7‰$，冻结层冻土（90～140cm）$\delta^{18}O$ 和 δD 值的变化范围分别为 $-7.3‰$～$-6.6‰$ 和 $-42.0‰$～$-37.3‰$。与降雨期相比，山地草原带的地表径流与冻土的同位素组成均较偏负，主要是在融水期接受了贫重同位素的冬季降雪的补给。消融层冻土和冻结层冻土均处于当地降水线下方，且偏离当地降水线，表

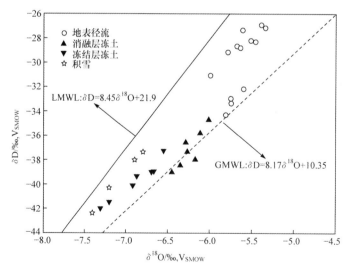

图 3-45　山地草原带各种水体的 δD-$\delta^{18}O$ 关系图

明均受到蒸发效应的影响。其中,冻结层冻土位于当地降水线左下方,受弱蒸发影响,而消融层冻土处于当地降水线右下方,$\delta^{18}O$ 和 δD 值均较高,受到强蒸发影响。各种水体同位素组成特征具有与降雨期相同的规律,但受蒸发效应影响程度比降雨期稍微偏弱。图 3-45 显示山地草原带地表径流的同位素组成与冻土相近,它们有密切的水力联系,说明地表径流来自不同深度冻土融化补给,且受到强蒸发影响,冻土中水的补给主要依赖于夏季降雨和冬季降雪储存于土壤和近地表中的水的释放。

6. 出山径流水文过程同位素示踪

在融水期,葫芦沟流域出山口河水的 δD 与 $\delta^{18}O$ 值的变化范围分别为 $-8.9‰$ ~ $-8.8‰$ 和 $-52.5‰$ ~ $-51.7‰$,平均值分别为 $-8.9‰$ 和 $-51.9‰$。可以看出,融水期普遍比降雨期更为贫重同位素 D 与 ^{18}O,介于泉水和冰川积雪融水之间,说明出山口河水的季节性补给主要为冰川积雪融水和泉水。图 3-46 显示,沼泽草甸带和山地草原带的地表水、消融层冻土和冻结层冻土聚集,它们之间有非常密切的水力联系,冻结层冻土 δD 与 $\delta^{18}O$ 偏负的原因是同位素值较低的冰川积雪融水下渗到冻土层。各景观带的消融层土壤水与其地表径流相近,而比冻结层冻土稍微富集 $\delta^{18}O$ 和 δD,说明各景观带地表径流在融水期均接受了冻土融水补给。在融水期,葫芦沟流域高寒山区冰川积雪融水与冻土融水的 δD 和 $\delta^{18}O$ 相对偏负,贫同位素的冻土和冰川积雪融水下渗转换成地下径流后,混合泉水共同补给葫芦沟流域出山口河水,造成出山口河水的 δD 和 $\delta^{18}O$ 值较低,说明出山口河水主要由高寒区冰川积雪融水、冻土融水和泉水混合补给。从图 3-46 可以看出,出山口河水的同位素组成落在当地降水以上且稍微偏离,出山口河水、冻土、高山灌丛带泉水和冰川聚集,它们之间有十分密切的水力联系,存在相互补给排泄的关系,表明高山灌丛带泉水的补给水源主要为冰川积雪融水和冻土融水,进一步推断出山口河水在融水期主要来自冰川积雪融水、泉水和冻土融水的混合补给。

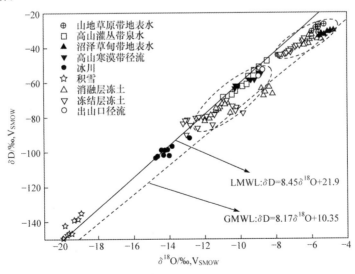

图 3-46 研究区各种水体的 δD-$\delta^{18}O$ 关系图

3.3.5　流域径流特征与时空变化研究

1. 流域径流特征的时间变化

受流域下垫面条件,冰川、积雪和冻土分布及降水和气温差异影响,葫芦沟流域不同景观带径流月变化的影响因子及其影响程度也存在差异。气温变化对降水和径流的影响主要体现在影响高寒山区冰川积雪和冻土的消融,影响流域的蒸发和改变流域的降水状况。由于温度、湿度和气团运移等因素存在季节性变化,不同区域降水的同位素组成也会有季节性变化。降水中同位素组成与温度之间有很强的相关关系,因此水的同位素组成的季节性变化也很强。气温、湿度、蒸发和降水的季节变化可导致大气降水中重同位素发生变化。

在夏季,同位素 δ 值高,富集重同位素 D 和 ^{18}O。而在冬季同位素值低,贫重同位素 D 和 ^{18}O,这一现象称为季节效应。葫芦沟流域不例外,也存在季节效应。葫芦沟流域位于中国西北内陆,季节性变化较大,控制不同水体的同位素组成季节性变化的主要因素是气温的季节性变化,造成这一季节差异的主要原因如下:①降雨期,雨热同期,气温较高,温度效应影响强烈。葫芦沟流域的降水主要集中在 7~9 月,这期间降水量大,气温较高,再加上较高的气温导致降水过程中蒸发引起的同位素分馏效应,致使降水量大但同位素值仍较高。②秋冬季节的水汽来源多为局地水体蒸发,气温低,贫化重同位素。③秋冬季节气温低,在降水过程不易受到再次蒸发和周围水汽交换的影响,而春夏季节降雨在降雨过程中容易再次蒸发,发生动力分馏效应。随着时间向秋冬季节转变,降水量逐渐减少,气温较低,逐渐贫重同位素,再加上寒冷季节降水多以固态形式存在,不易发生蒸发,致使降水量少但同位素值较低。

1) 冰川积雪带

从季节变化来看,在降雨期,冰川带的冰川和积雪都受到一定蒸发效应的影响,普遍比融水期富集重同位素 ^{18}O 和 D。而在融水期,气温较低,蒸发较弱,冰川和积雪的同位素组成偏负。冰川和积雪在降雨期都比在融水期更富集重同位素 ^{18}O 和 D,其主要受气温控制。

从图 3-47 和图 3-48 可以看出,冰川积雪带冰川样的同位素 δ^{18}O 和 δD 值在每年的 7 月和 8 月最高,富集同位素 ^{18}O 和 D,在每年的 5 月和 10 月,其同位素 δ^{18}O 和 δD 值相对偏负。冰川的时间变化趋势相对平缓,并比同期积雪富集重同位素 ^{18}O 和 D,说明在一年当中均受到消融蒸发作用的影响。冰川积雪带积雪的同位素 δ^{18}O 和 δD 变化特征与冰川的变化趋势相似,但变化趋势起伏较大。研究表明,在积雪融化解冻时期,两个主要过程改变了融化的积雪的同位素分布:一个是升华及积雪内部的水蒸气交换;另一个是从融化表层渗透到积雪底部时,雪和融化水之间的交换。当积雪融化时,在雪表面进行渗透的融水和雪本身之间的同位素交换也会导致同位素富集,说明冰川积雪融水是原始雪和同位素富集的冰雪表面融化后混合形成的。

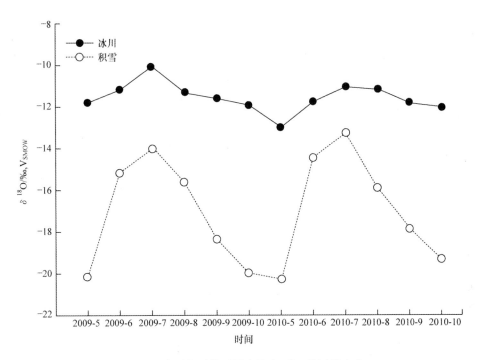

图 3-47　冰川积雪带不同水体中 $\delta^{18}O$ 的逐月变化

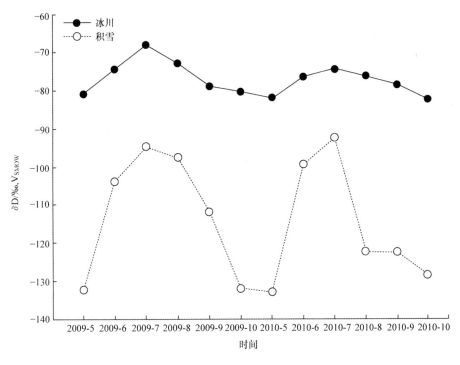

图 3-48　冰川积雪带不同水体中 δD 的逐月变化

降雨期 7~9 月,冰川积雪带积雪的 d-excess 值达 18.5‰~20.7‰,平均值为 19.5‰。冰川的 d-excess 值为 12.3‰~15.8‰,平均值为 13.6‰。在融水期 10 月至翌年 5 月,积雪的 d-excess 值达 20.1‰~27.5‰,平均值为 25.0‰,冰川的 d-excess 值为 16.7‰~19.2‰,平均值为 17.6‰,都远高于全球 d-excess 平均值的 10‰,而且融水期的 d-excess 值高于降雨期(图 3-49)。冰川积雪偏高的 d-excess 值反映了冬季降水多为固态,水滴的蒸发影响非常微小,反映了大陆性局地水汽气团降水及其水汽来源地的气候条件。积雪的 d-excess 值最高,这与东地中海地区大气降水线的 d-excess 值(22.0‰)十分接近,但是葫芦沟流域的局地环境气候与地中海干旱、湿度小和风速大的气候特征截然不同:积雪内湿度较高,水-雪两相间发生较大程度的同位素平衡交换。升华和积雪内的水蒸气交换,以及雪和融水之间的交换是改变积雪同位素分布的两个主要过程。

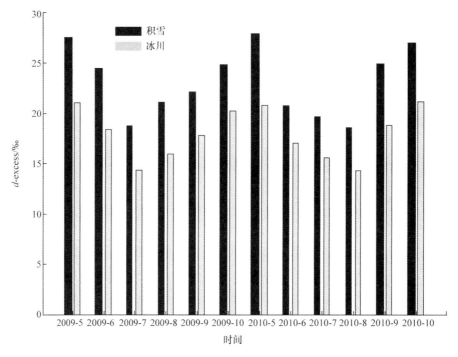

图 3-49　冰川积雪带不同水体中 d-excess 的逐月变化

2)高山寒漠带

在降雨期,高山寒漠带地表水、地下径流、消融层冻土和冻结层冻土受气温影响,存在蒸发效应,普遍富集重同位素 ^{18}O 和 D。而在融水期,高山寒漠带地表水、地下径流、消融层冻土和冻结层冻土的同位素组成普遍偏负。高山寒漠带各种水体在降雨期都比在融水期富集重同位素 ^{18}O 和 D,其主要受蒸发效应控制。

从图 3-50 和图 3-51 可以看出,高山寒漠带地表水在每年 7 月和 8 月最为富集同位素 ^{18}O 和 D。在每年的 5 月和 10 月,其同位素 $\delta^{18}O$ 和 δD 值相对偏负,从 6 月起呈递增趋势,到 8 月达到最大值后转为递减趋势,到 10 月降为最低值,直到翌年 6 月再开始回升递增。地表水的月份趋势起伏较大,说明地表水的同位素组成逐月变化具有显著的温度效应。受温度效应间接影响,在不同月份受蒸发作用影响的程度不同,季节变化显著。7月和8月气温最高,蒸发最强,同位素^{18}O和D最为富集,5月和10月气温低,蒸发作用弱,同位素δ^{18}O和δD值低。高山寒漠带的地下径流、消融层冻土和冻结层冻土的同位素δ^{18}O和δD的时间变化特征基本相同,变化趋势都比较平缓,受季节变化影响小,受蒸发作用影响弱。高山寒漠带地下水的同位素值最低,低于消融层冻土和冻结层冻土,与冰川积雪融水较接近,说明寒漠带地下水主要来自冰川积雪融水补给。可以得出,消融层冻土与地表径流有密切的水力联系,而且地表径流的同位素组成整体上比消融层冻土富集重同位素^{18}O和D,根据变化规律可推断,高山寒漠带地表水主要来自消融层冻土的消融补给,也接受部分冰川积雪融水的补给,但在补给地表水时,再次经历了蒸发的影响,因此富集同位素^{18}O和D。

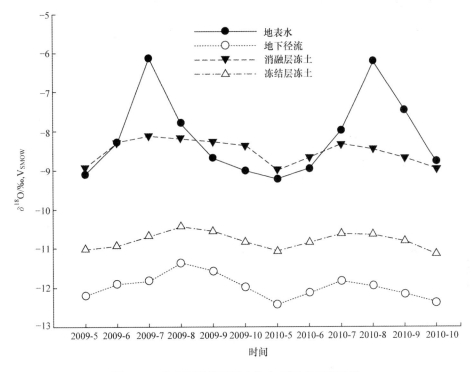

图 3-50　高山寒漠带不同水体中 δ^{18}O 的逐月变化

高山寒漠带消融层冻土与冻结层冻土的 d-excess 值差异不大,而高山寒漠带地表水的 d-excess 值较高。形成较高的 d-excess 值是因为蒸发速率快,气候干燥湿度低,蒸发过程不平衡程度大。高山寒漠带地表水 d-excess 值从10月起呈递增趋势,翌年的5月到达最大值后转为递减趋势,直到7月达到最小值,其具有在融水期高,而在降雨期低的季节变化特征,在10月至翌年5月偏高,平均值为19.1‰,远大于全球 d-excess 平均值的10‰,偏高的 d-excess 值反映了降水的水汽来源地的气候条件干燥,这与当地干燥的气候条件和局地性水循环强烈有关。另外,这期间降水多为固态,水滴的蒸发影响非常微小。7～9月为降雨期,相对湿度高,平均值为63.0%,因此 d-excess 值相对较低,平均值为17.3‰(图 3-52)。

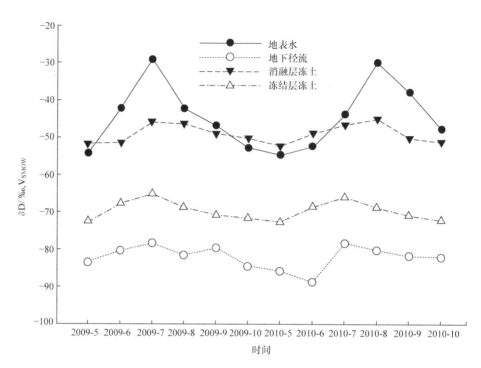

图 3-51　高山寒漠带不同水体中 δD 的逐月变化

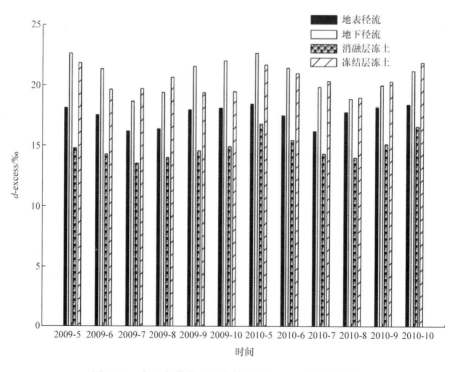

图 3-52　高山寒漠带不同水体中 d-excess 的逐月变化

3）高山沼泽草甸带

高山沼泽草甸带地表水和冻土的季节变化不是很明显,其同位素 $\delta^{18}O$ 和 δD 组成分别保持在 $-5.7‰\sim-4.4‰$ 和 $-34.3‰\sim-30.7‰$,说明在融水期和降雨期均受到强烈蒸发影响(图 3-53 和图 3-54)。不同深度的冻土和地表水其同位素组成在融水期(5 月和 10 月)均比在降雨期(7 月和 8 月)富集,这是因为在融水期,气温较低且日温差较大,其补给水源在融水期经历了多次消融冻结过程,由于反复的消融-冻结过程,将极富集重同位素 $\delta^{18}O$ 和 δD。而在降雨期,气温较高,几乎存在多次消融冻结过程,另外受连续降雨的影响,随着降雨的持续,降水中的 $\delta^{18}O$ 和 δD 逐渐偏负,其原因是这段时间的降雨为同一个水汽云团,随着降雨的发生,^{18}O 和 D 富集的水汽先凝结成为降雨,随着降雨的持续,越来越贫 ^{18}O 和 D 的水汽凝结形成降雨。较贫的雨水补给沼泽草甸带,造成其同位素组成比融水期偏负。

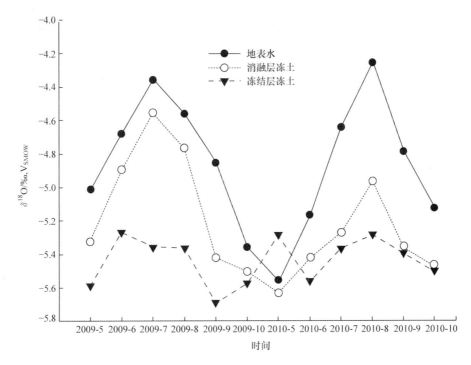

图 3-53　沼泽草甸带不同水体中 $\delta^{18}O$ 的逐月变化

从图 3-53 和图 3-54 可以看出,沼泽草甸带消融层冻土在每年的 7 月和 8 月最为富集同位素 $\delta^{18}O$ 和 δD,在每年的 5 月和 10 月,其同位素 $\delta^{18}O$ 和 δD 值相对偏负。沼泽草甸带地表水的同位素 $\delta^{18}O$ 和 δD 的变化特征与消融层冻土的变化趋势基本相同,其随消融层冻土的变化而变化,而且地表水的同位素组成整体上比消融层冻土更为富集。可以推断,沼泽草甸带地表水主要来自消融层冻土的消融补给,而且在冻土融水形成地表径流时,再次经历了蒸发效应的影响,因此富集重同位素 ^{18}O 和 D。冻结层冻土的同位素 $\delta^{18}O$ 和 δD 虽然也是在每年的 7 月和 8 月稍微富集重同位素,5 月和 10 月同位素 $\delta^{18}O$ 和 δD 值稍微偏低,但是其时间变化趋势平缓,这是因为冻结层冻土处于冻结状态,气温和蒸发等因素对其影响很小。随着气温等的升高,冻土消融层不断加深,冻土不断消融补给地表水。在 10 月至翌年 5 月受同位

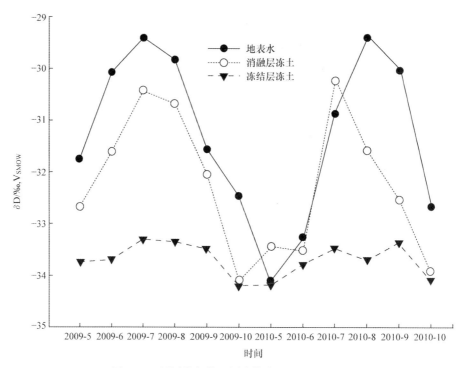

图 3-54　沼泽草甸带不同水体中 δD 的逐月变化

素组成偏负的冬季降水影响,沼泽草甸带地表水、消融层冻土和冻结层冻土的同位素组成均相对于 7 月和 8 月偏负。从图 3-53 和图 3-54 得知,沼泽草甸带地表水、消融层冻土和冻结层冻土的同位素组成在一年不同月份变化不是很大,说明沼泽草甸带在 7 月和 8 月气温较高,受强蒸发作用影响,地表水、消融层冻土和冻结层冻土都富集重同位素 ^{18}O 和 D。而在 5 月和 10 月,由于气温较低且日温差较大,存在多次消融冻结过程,反复的消融-冻结造成沼泽草甸带地表水、消融层冻土和冻结层冻土在 5 月和 10 月比同期其他景观带水体更为富集重同位素 ^{18}O 和 D。

高山沼泽草甸带地表水与消融层冻土的 d-excess 值均较低,变化范围徘徊在全球 d-excess 平均值的 10‰左右,逐月变化趋势不显著,几乎不存在季节变化特征(图 3-55),说明沼泽草甸带位于高海拔区(3604～3793m),相对湿度较高,为 35.0%～49.1%,从而造成地表水的 d-excess 值较低。沼泽草甸带冻结层冻土的 d-excess 的平均值为 14.5‰,处于降雨与冰川积雪之间,说明主要为冰川积雪融水和降雨补给。

4) 高山灌丛带

高山灌丛带各种水样在融水期均比在降雨期富集重同位素 ^{18}O 和 D。高山灌丛带地下水在降雨期比在融水期更富集重同位素 ^{18}O 和 D,因为在融水期泉水主要接受冬季降雪和部分冻土消融的融水补给,冬季降雪同位素含量很低,所以造成高山灌丛带泉水的同位素组成也较低。而在降雨期,地下水主要由冻土融水、降雨和部分冰川积雪融水混合补给,但由于日温差较大,冻土在经历了多次消融冻结过程后富集重同位素 ^{18}O 和 D。因此,高山灌丛带地下水在降雨期比在融水期更富集重同位素 ^{18}O 和 D。

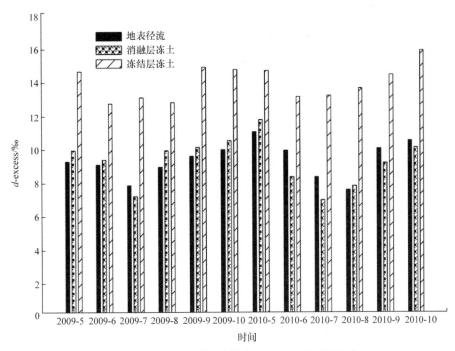

图 3-55　沼泽草甸带各水体中 d-excess 的逐月变化

从图 3-56 和图 3-57 可以看出,高山灌丛带地下水和地表水的同位素 $\delta^{18}O$ 和 δD 值在每年的 7 月和 8 月最高,富集同位素 ^{18}O 和 D,在每年的 5 月和 10 月,其同位素 $\delta^{18}O$ 和 δD 值

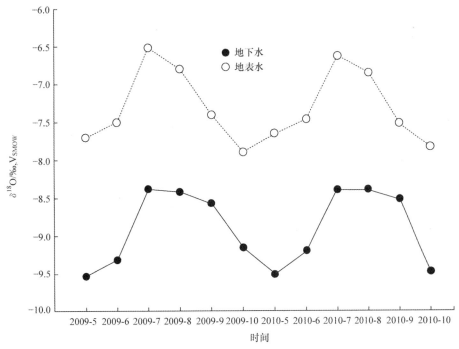

图 3-56　高山灌丛带不同水体中 $\delta^{18}O$ 的逐月变化

相对偏负。高山灌丛带地表水的同位素 $\delta^{18}O$ 和 δD 的变化特征与地下水的变化基本相同,但变化幅度比地下水大,而且地表径流的同位素组成整体上比地下水更为富集同位素。这是因为高山灌丛带地表径流受到蒸发作用的影响,富集重同位素 ^{18}O 和 D。而泉水接受来自同位素 $\delta^{18}O$ 和 δD 值偏负的冰川积雪融水和冻土融水的混合补给,而且受蒸发影响微弱,造成地下水的 $\delta^{18}O$ 和 δD 值相对较低。地表水逐月变化趋势平缓的另一个原因是其季节变化被明显削弱,因为降雨和各种融水通过下渗流经多孔基体或开放裂隙和其他水流通道,并沿着这些路径发生地下径流和孔隙裂隙水等的混合,造成季节变化被削弱。

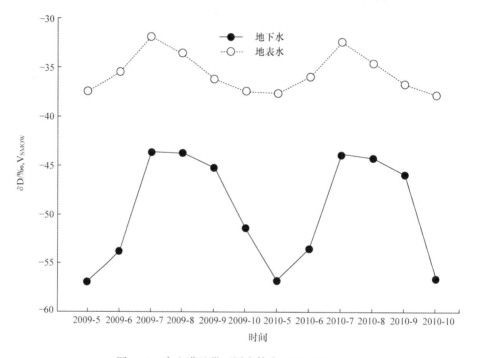

图 3-57　高山灌丛带不同水体中 δD 的逐月变化

图 3-58 显示,高山灌丛带消融层冻土的 d-excess 值变化范围为 12.5‰～15.4‰,平均值为 14.3‰。冻结层冻土 d-excess 值为 19.0‰～21.9‰,逐月变化不大。高山灌丛带地下水存在季节变化,融水期 d-excess 值高,平均值为 21.0‰,而降雨期低,平均值为 18.2‰。10 月至翌年 5 月地下水和降水中的 δD、$\delta^{18}O$ 及 d-excess 变化差异显著,与冰川积雪融水和冻土融水变化一致,说明以冰川积雪融水和冻土融水为主。而在 7～9 月,地下水和降雨、消融层冻土融水中的 δD、$\delta^{18}O$ 及 d-excess 值变化的一致性说明,高山灌丛带水分在 7～9 月中旬主要为冻土融水与降雨补给。高山灌丛带地表水季节变化不显著,主要为高山灌丛带地下水与高山寒漠带地表水的混合补给。

　　5）山地草原带

　　由图 3-59 和图 3-60 得知,山地草原带地表径流存在季节变化,其同位素 $\delta^{18}O$ 和 δD 值均保持在 $-6.0‰～-5.0‰$,说明在融水期和降雨期均受到强烈蒸发影响。山地草原带消融层冻土的同位素 $\delta^{18}O$ 和 δD 在降雨期(7 月和 8 月)比在融水期(5 月和 10 月)富集,说明

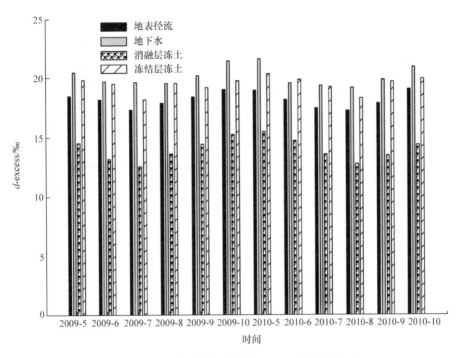

图 3-58 高山灌丛带各水体中 d-excess 的逐月变化

在降雨期,虽然接受降雨补给,但气温较高,冻土融化时受强烈蒸发影响,且比融水期强烈。

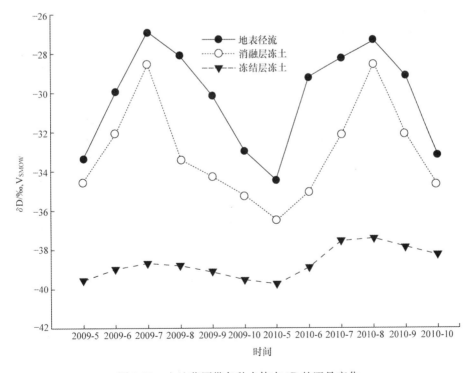

图 3-59 山地草原带各种水体中 δD 的逐月变化

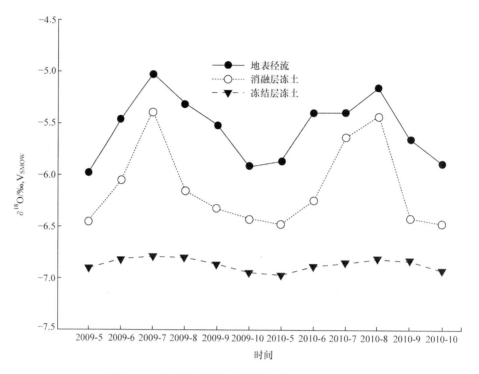

图 3-60　山地草原带各种水体中 $\delta^{18}O$ 的逐月变化

从图 3-59 和图 3-60 可以看出,山地草原带消融层冻土在每年的 7 月和 8 月最为富集同位素 ^{18}O 和 D,而在每年的 5 月和 10 月,其同位素 $\delta^{18}O$ 和 δD 值相对偏负。山地草原带地表径流的同位素 $\delta^{18}O$ 和 δD 的变化特征与消融层冻土的变化趋势基本相同,其随消融层冻土的变化而变化,变化趋势没有消融层冻土平缓,而且地表径流的同位素组成整体上比消融层冻土更为富集同位素。可以推断,山地草原带地表径流主要来自消融层冻土的消融补给,而且在冻土融水形成地表径流时,再次经历了蒸发的影响,因此富集同位素 ^{18}O 和 D。冻结层冻土的同位素 $\delta^{18}O$ 和 δD 虽然也是在每年的 7 月和 8 月稍微富集重同位素,5 月和 10 月同位素 $\delta^{18}O$ 和 δD 值稍微偏低,但是其时间变化规律不是很明显。这是因为冻结层冻土处于冻结状态,气温和蒸发等因素对其影响很小。随着气温等的升高,冻土消融层不断加深,冻土不断消融补给地表径流。

草原带地表径流的 d-excess 值从 10 月起呈递增趋势,翌年的 5 月达到最大值后(17.6‰)转为递减趋势,直到 7 月为最小值(13.7‰),其存在融水期高、降雨期低的特点(图 3-61)。在降雨期,降雨降落到地表,转化为径流和壤中流的过程中经历了蒸发过程,包括地表水和消融层冻土的蒸发,这种蒸发作用可以导致草原带地表径流中出现较高的 d-excess 值。草原带不同深度的冻土的 d-excess 值相对较低,变化范围为 12.4‰～15.1‰,平均值为 14.3‰,这是由于受到强烈蒸发,发生动力同位素分馏效应,导致氘盈余下降。山地草原带不同深度冻土的 d-excess 值逐月变化没有规律性,不存在显著的季节变化,可能是因为受到气温、湿度和再蒸发等多种因素控制。

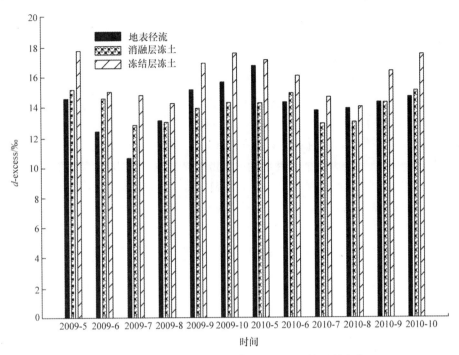

图 3-61 山地草原带各种水体中 d-excess 的逐月变化

6) 出山径流

出山口河水在融水期比在降雨期更富集重同位素 ^{18}O 和 D，说明葫芦沟流域出山口河水在融水期主要接受冰川积雪融水和冻土融水的补给，由于气温较低且日温差较大，其补给水源在融水期经历了多次消融冻结过程，富集重同位素 ^{18}O 和 D。而在降雨期，出山口河水同时接受冰川积雪融水、冻土融水和降雨的混合补给，其同位素组成比融水期要偏负。而在降雨期，在连续降雨的条件下，随着降雨的持续，降雨中的 δ^{18}O、δD 逐渐偏负，其原因是随着降雨的发生，^{18}O 和 D 富集的水汽先凝结成为降雨，随着降雨的持续，越来越贫 ^{18}O 和 D 的水汽凝结形成降雨。另外，混合了贫同位素的冰川积雪融水和冻土融水，出山口河水在降雨期同位素相对偏负，低于同期降雨的同位素值。

葫芦沟流域出山口河水 d-excess 值为 17.6‰~20.1‰，d-excess 值全年较高，说明研究区地处西北内陆干旱区，大气水汽的内循环特征非常显著，同位素的分馏效应强烈。与 9 月中旬前相比，自 9 月中旬开始，葫芦沟流域河水的 d-excess 值均增加，在 7~9 月初平均值为 18.0‰，而 9 月中下旬至翌年 5 月平均值为 20.0‰，9 月以后 d-excess 值增加，偏高的 d-excess 值反映了局地水体在空气相对湿度非常低的背景下强烈蒸发形成局地水循环，致使出现一些极高的 d-excess 值。所有带冻结层冻土的逐月变化都不大，如果出山口河水主要靠大气降水补给，则其同位素组成反映大气降水的特征，这些河水具有明显的季节变化。葫芦沟河水的同位素组成变化特点不同，葫芦沟河水由一系列支流汇集而成，不同支流的混合作用，使得水中同位素组成变得更加复杂，这是由于水的同位素季节性变化幅度在一定程度上受到均一化作用的影响（聂振龙等，2005）。

2. 流域径流特征的空间变化

1) 高程变化

同位素高程效应可以用同位素高程梯度来表示,实际同位素高程效应是同位素温度效应的反映。对于某一地区来说,同位素的高程梯度是同位素气温变化率和气温高程梯度的函数。不同地区同位素高程梯度变化很大,这主要是由不同地区气温的高程梯度不一样造成的。

大量的研究资料表明,在海拔较高、温度较低时,$\delta^{18}O$ 的海拔效应非常明显。已有众多研究者报道了 $\delta^{18}O$ 值会随着海拔梯度而变化(Craig,1961a,1961b),$\delta^{18}O$ 和 δD 的变化范围分别为 $(0.15\sim0.50)‰/100m$ 和 $(1.2\sim4.0)‰/100m$。对中国降水同位素研究表明,地势每增高 100m,$\delta^{18}O$ 降低 $0.16‰\sim0.70‰$,平均降低 $0.25‰$,δD 降低 $1.2‰\sim4.0‰$。高程效应实际与温度有关,这是由于海拔增高,温度下降,会引起冷凝作用,同时由于高程增加,气压降低,达到饱和蒸气压要比等压冷凝需要更低的温度,即随着高度的升高,同位素 δD 和 $\delta^{18}O$ 的含量变低。

根据同位素数据绘制出降雨期和融水期降雨 $\delta^{18}O$、δD 与高程的关系线(图 3-62～图 3-65),降水同位素与高程之间存在着负相关关系,葫芦沟流域降雨存在高程效应,降雨同位素组成随地区高程的变化而变化,随着海拔的增高,δD 和 $\delta^{18}O$ 值逐渐降低。计算结果显示,$\delta^{18}O$ 与高程的相关程度比 δD 与高程的相关程度要高。$\delta^{18}O$ 与高程的关系为 $\delta^{18}O=-0.0052H-8.941$,相关系数 $R=-0.9172$。δD 与高程的关系为 $\delta D=-0.0185H-34.873$,相关系数为 $R=-0.8763$。

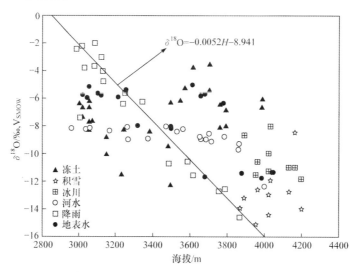

图 3-62　降雨期各景观带各种水体中同位素 $\delta^{18}O$ 的高程效应

在降雨期,葫芦沟流域各景观带地表水不存在高程效应,因为高山寒漠带地表水主要为冻土融水、冰川积雪融水与降雨的混合水,而高山灌丛带为地下水、冻土融水和降雨的混合水,山地草原带和沼泽草甸带主要由冻土的反复消融冻结形成,因此同位素 D 和 ^{18}O 组成差异很大,不存在高程效应。由图 3-62 和图 3-63 可以看出,降雨期不同景观带的冻土也不存

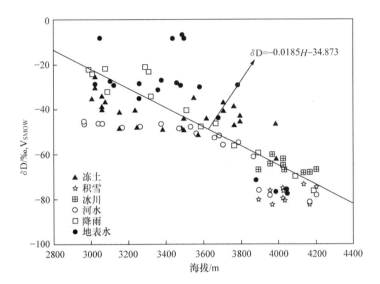

图 3-63 降雨期各景观带各种水体中同位素 δD 的高程效应

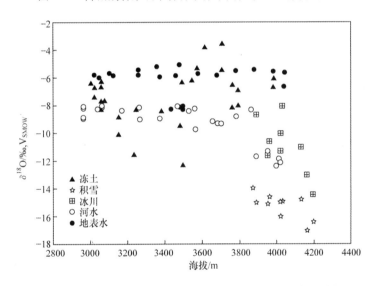

图 3-64 融水期各景观带各种水体中同位素 δ^{18}O 的高程效应

在高程效应,从低海拔至高海拔,不同带都存在冻土,但其冻土同位素组成变化不大,冻土的同位素差异只受气温的控制,不受高程效应影响。葫芦沟上游高海拔河水混合了同位素组成偏低的冰川积雪融水,因此其同位素 D 和 ^{18}O 组成偏负,而在出山口河水富集同位素 D 和 ^{18}O,河水的同位素组成从上游至下游出山口的总体趋势存在由低到高的变化,但不是很明显,这是因为在高山灌丛带有同位素值偏低的地下水汇入,山地草原带和沼泽草甸带有富集同位素 D 和 ^{18}O 的径流汇入。

在融水期,不同景观带的各种水体的同位素组成虽然与降雨期有差异,但同样不存在高程效应,融水期的变化规律与降雨期相似。各个景观带水的同位素 δD 和 δ^{18}O 值与高程不

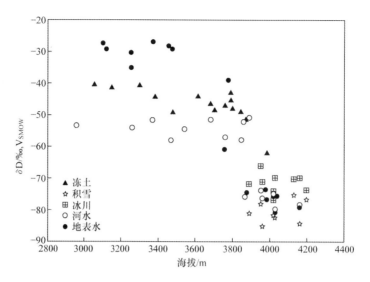

图 3-65　融水期各景观带各种水体中同位素 δD 的高程效应

存在相关关系,即不存在高程效应,造成这种非相关性主要是因为河水并非以降水直接补给为主,冰川积雪融水和冻土融水等补给比例较大。另外一个原因是降水和冰川积雪融水入渗形成地下径流,河流流动过程中,地表水与地下水相互转化,导致同位素含量发生变化,渗透和混合效应是水中同位素变化的主要控制因素。葫芦沟流域河水沿程流下与冻土、冰川、积雪和降雨都有很密切的水力联系,进一步推断葫芦沟流域出山径流是由不同补给水源混合补给形成的。因此,在葫芦沟流域不能利用高程效应来确定含水层或河水的补给高程。

2) 氘盈余空间变化

氘过量参数 d-excess 值除了可以应用于降雨的相关研究之外,还可以应用到其他不同水体的研究中去,它是同位素水文学与水文地质学研究中一个重要的参数指标。当大气降水补给到地下含水层后,由于受水岩作用影响,水体与含氧岩石发生同位素交换,导致地下水中的 $\delta^{18}O$ 升高,而岩石中含氢的化学组分很少,不足以影响地下水中的 δD 值,但其 $\delta^{18}O$ 就会有明显的变化。根据 $d = \delta D - 8\delta^{18}O$ 的定义可以看出,当 δD 值不变时,$\delta^{18}O$ 值变大,d-excess 值就会变小。地下水中的 $\delta^{18}O$ 与滞留时间有很好相关性,滞留时间越长,其 $\delta^{18}O$ 值越高。由此可见,d-excess 值的大小与水的滞留时间直接有关。

研究表明,如果水汽源区的空气相对湿度降低,则降水中的 d-excess 值升高,反之,d-excess 值降低,二者具有反相关关系。葫芦沟流域降水事件中 d-excess 值处于 12.0‰～23.0‰,这主要是由降水水汽来源、水汽来源地的蒸发状况和降水条件的复杂性所引起。葫芦沟流域地处山区和盆地相间的高寒区,水汽来源及降水条件复杂。冬季降水往往以固体形式存在,降落的冰晶在大气中蒸发的影响可以忽略,同时降雨期降水事件中降落冰晶在地面重新蒸发的影响很小,尤其是对于一些降水量较小而持续时间又较长的降水过程。氘盈余值大于全球氘盈余平均为 10‰ 的降水,为局地蒸发水汽来源形成的降水,d-excess 值越大,则反映蒸发速率越大。由此可见,在山区与盆地相间的葫芦沟河流域,局地水循环形成的降雨在总降雨中所占比例非常大。局地蒸发形成的水汽在山区抬升过程中形成的地形雨,特别是局地水体在相对湿度非常低的背景下强烈蒸发形成的局地水循环,使葫芦沟流域降水中出现一些极高的 d-excess 值。

众多研究表明,氘盈余主要受水汽来源地水体蒸发时周围环境空气相对湿度的影响,如果水汽源区的空气相对湿度降低,则降水中的 d-excess 值升高,反之,d-excess 值降低,二者具有反相关关系。因此,受相对湿度影响,各个景观带各种水体在融水期的 d-excess 值普遍要比降雨期的偏高。全球氘盈余平均值为 10‰,其形成降水的相对湿度是 85%。由图 3-66 得知,葫芦沟流域在降雨期的相对湿度为 40%~68%,并且与海拔成正比。海拔越高,其相对湿度越大,反之海拔越低,相对湿度越小。

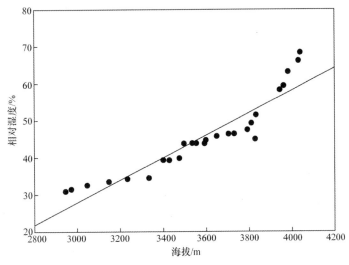

图 3-66   降雨期研究区不同海拔与相对湿度关系

图 3-67 给出了降雨期葫芦沟流域不同景观带不同水体的氘盈余平均值的空间变化。在降雨期,高山寒漠带地表水的 d-excess 平均值为 16.8‰,介于高山寒漠带冻土 d-excess 平均值的 14.5‰、积雪平均值的 19.5‰和冰川平均值的 13.6‰之间,说明它们之间存在一定的水力联系,高山寒漠带地表水主要来自冰川积雪融水与寒漠带冻土融水补给。高山寒漠带地下径流的 d-excess 值落在 18.6‰~19.9‰,与冰川、积雪的 d-excess 值没有明显差异,说明高山寒漠带地下径流主要来自冰川积雪融水的补给。高山灌丛带地下水的 d-excess 值变化范围为 19.1‰~19.6‰,与高山寒漠带冻结层冻土的 d-excess 值的变化范围 18.9‰~20.3‰和高山灌丛带冻结层冻土的 d-excess 值的变化范围 18.1‰~19.6‰较为接近,说明冻土的消融补给为高山灌丛带泉水的贡献者中的重要部分。降雨期,山地草原带地表径流的 d-excess 平均值为 12.8‰,高山沼泽草甸带地表径流的 d-excess 平均值为 7.7‰,均明显区别于其他景观带的各种水体,与冰川和积雪的 d-excess 值也存在很大差异,表明其有完全不同的补给来源。同时山地草原带地表径流的 d-excess 值与消融层冻土的 d-excess 值的变化范围 12.5‰~13.0‰较为接近,高山沼泽草甸带地表水的 d-excess 值与消融层冻土的 d-excess 值的变化范围 7.0‰~8.9‰差异不大,均显示出冻土融水补给的特点,说明在山地草原带和高山沼泽草甸带地表径流主要由冻土消融补给。降雨期,葫芦沟

流域出山口河水 d-excess 值的变化范围为 17.1‰~18.5‰,介于山区大气降雨和不同景观冻土融水之间,说明出山径流主要由冻土融水和降雨补给。降雨期出山口河水 d-excess 值明显区别于融水期,表明了不同时期完全不同的补给来源。降雨期葫芦沟流域出山口河水的 d-excess 值显示其主要为降雨、冻土融水和冰川积雪融水混合补给的特点。

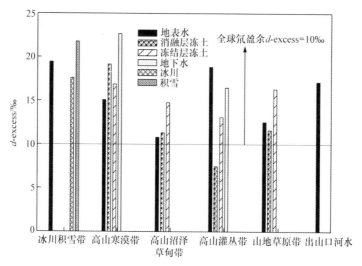

图 3-67　降雨期不同景观带各种水体中氘盈余的空间分布

由图 3-68 得知,融水期葫芦沟流域的相对湿度变化范围为 13%~35%,并且也与海拔成正比,海拔越高,其相对湿度越大,海拔越低,其相对湿度越小。因此,葫芦沟流域的相对湿度存在季节变化,降雨期高,融水期低。葫芦沟流域的氘盈余值存在着降雨期低,而融水期高的季节变化趋势,与相对湿度的变化趋势成反比,说明葫芦沟流域相对湿度对氘盈余的影响起主要作用。

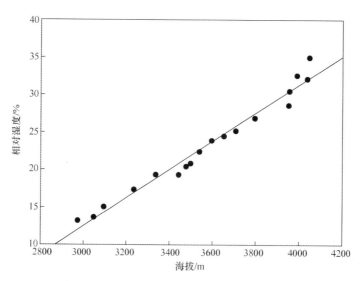

图 3-68　融水期研究区不同海拔与相对湿度关系

由图 3-69 可见,融水期高山寒漠带地下径流的 d-excess 值的变化范围为 21.3‰~22.6‰,介于冰川积雪带积雪 d-excess 平均值的 24.5‰ 和冰川 d-excess 平均值的 19.6‰ 之间,说明它们之间存在补给排泄的水力联系,高山寒漠带地下径流主要来自冰川积雪融水的补给。高山灌丛带泉水的 d-excess 值的变化范围为 19.8‰~21.5‰,也介于冰川积雪带积雪 d-excess 值变化范围 23.4‰~27.5‰ 和冰川 d-excess 值变化范围 18.8‰~21.2‰,高山灌丛带泉水的 d-excess 值与高山寒漠带冻结层冻土的 d-excess 值的变化范围 19.7‰~21.7‰ 也较为相近,说明它们之间存在密切的水力联系,高山灌丛带泉水主要来自冰川积雪带融水和高山寒漠带冻土融水转化成基岩裂隙水混合补给。

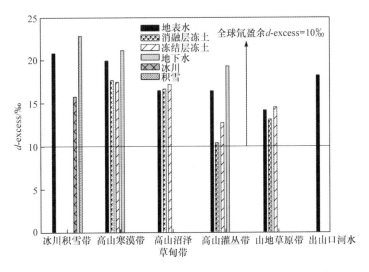

图 3-69 融水期不同景观带各种水体中氘盈余的空间分布

融水期,山地草原带地表径流的 d-excess 值为 14.5‰~15.6‰,高山沼泽草甸带地表径流 d-excess 值的变化范围为 9.7‰~10.8‰,均明显区别于高山寒漠带和高山灌丛带的各种水体,与冰川和积雪的 d-excess 值也存在很大差异,表明了其有完全不同的补给来源。同时,山地草原带地表径流的 d-excess 值与消融层冻土的 d-excess 值的变化范围 14.2‰~15.1‰ 较为接近,高山沼泽草甸带地表径流的 d-excess 值也与消融层冻土的 d-excess 值 9.8‰~11.5‰ 没有显著差异,显示出冻土融水补给的特点,说明在山地草原带和高山沼泽草甸带地表径流主要由冻土消融补给。融水期出山口河水 d-excess 值的变化范围为 18.6‰~19.4‰,反映出主要高山灌丛带泉水和冰川积雪带融水混合补给的特点。

综上所述,各个景观带不同水体及出山口河水的 d-excess 值都较高,远高于全球氘盈余平均值的 10‰,说明不同景观带各种水体主要来自冰川积雪融水或者冻土融水补给,而并非降雨的直接补给。d-excess 值越大,则说明蒸发速率越大,径流中的氘过量参数值 d-excess 值过高与空气的湿度、地表水水表面的温度等环境因素也有关,局地水体在空气相对湿度非常低的背景下,强烈蒸发形成局地水循环,致使该区出现一些极高的 d-excess 值。从补给源到排泄区,随着水的下渗、迁移,地下水的 d-excess 值将逐渐变小,到排泄区时,水的

d-excess 值为最小值。倘若补给区到排泄区之间水的 *d*-excess 值差异越大,则意味着地下水的运动速度越慢;*d*-excess 值差异越小,则滞留时间短,流速越快。从葫芦沟流域冰川积雪带到高山寒漠带和高山灌丛带地下水,再到出山口径流的 *d*-excess 值差异不是很大,表明地下径流的运动速度较快。地下含水层水 *d*-excess 值的梯度变化实际上反映了地下径流流动的方向,其方向总是从高值处指向低值处。

3)贡献组合变化

流域水循环中,不同水体之间的相互转化复杂,为了更好地利用和开发有限的水资源,往往必须了解它们之间相互转化的关系和转化量。采用水化学信息与同位素示踪技术,定量研究水体的不同来源混合比例是目前比较实用且有效的方法,而量化不同来源混合比例的前提是确定水体的补给来源及有效准确的示踪剂。按照质量守恒原理,确定有效的示踪剂和水体混合的组分。Hooper 等(1986)提出了端元混合模型(end mixing model analyses,EMMA),经常被用来分析总径流的贡献水源组成。三元混合模型图选用两个水化学或同位素参数。在三端元混合图解中,运用两种同位素或水化学参数作为示踪剂去甄别混合组分。

本书中,稳定同位素 $\delta^{18}O$ 和化学示踪剂 Cl^- 被用来确定研究区内各径流组分的起源和演变,同时用来辨别和量化葫芦沟流域出山径流各补给组分比例,三端元分别为降雨、冻土融水和冰川积雪融水。图 3-70 和图 3-71 显示,降雨期山地草原带径流中 Cl^- 含量过高,远大于其他景观带含量,没有落在三端元贯穿的三角形区域内。其他各景观带水体几乎没有落在任何两端元的连线上,而是落在由降雨、冻土融水和冰川积雪融水三个端元贯穿的三角形区域内,反映了三端元混合的特征,说明各个景观带径流不是简单地由一种或两种水源补给,而是由降雨、冻土和冰川积雪融水共同混合补给,且在不同景观带其补给组分贡献不同,进而得出葫芦沟流域出山径流混合了不同景观带的各种水体。图 3-72 显示,不同景观带地表水、地下水和葫芦沟流域出山口河水均落在偏冻土和降雨一侧,说明在降雨期葫芦沟流域出山径流的补给水源中,冻土融水与降雨的补给占主要部分,冰川积雪融水的补给占少部分。

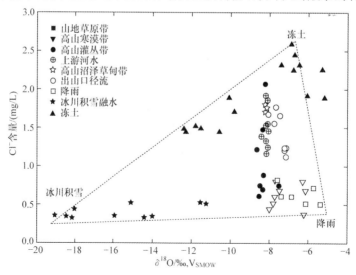

图 3-70　降雨期三端元混合图($\delta^{18}O$ 和 Cl^- 含量)

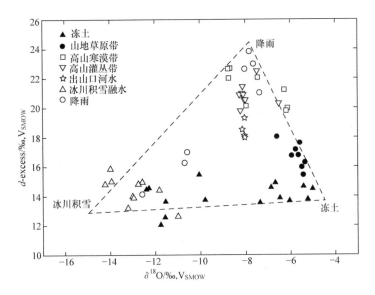

图 3-71　降雨期不同带三端元混合图(δ^{18}O 和 d-excess)

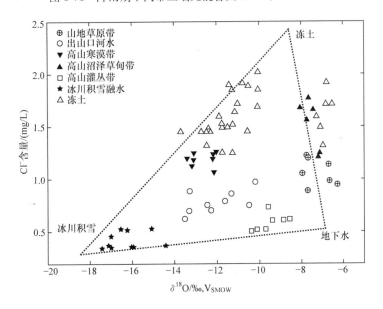

图 3-72　融水期三端元混合图(δ^{18}O 和 Cl$^-$含量)

由图 3-72 和图 3-73 得知,在融水期,各个景观带径流同位素组成均落在由地下水、冻土融水和冰川积雪融水三个端元贯穿的三角形区域内,也反映了三端元混合的特征。但是不同景观带地表水、地下水和葫芦沟流域出山口河水均落在偏地下水和冰川积雪一侧,说明在融水期葫芦沟流域出山径流的补给水源中,冰川积雪融水与地下水的补给占主要部分,冻土融水补给相对较少。

由于缺乏充足的数据,世界上许多流域缺乏监测,尤其在高寒山区。运用同位素或者联合水化学示踪来进行水文分割是一种明确径流组成和来源的有效方法。本书应用混合模型

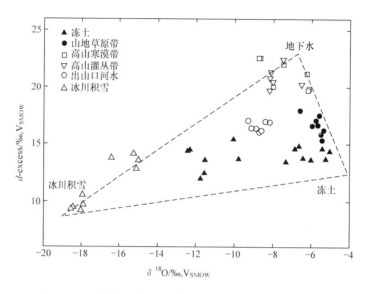

图 3-73　融水期不同带三端元混合图(δ^{18}O 和 d-excess)

甄别径流组分的来源、混合比例及混合过程。恒定元素^{18}O、D、Cl^-和F^-趋于保守,被用来计算混合系数。计算结果如下:在降雨期,高山寒漠带与高山灌丛草甸带的泉水是葫芦沟流域出山径流的最大贡献者,约占 52%,主要来自降雨、冻土融水和冰川积雪融水的下渗转化;冰川积雪带的地表径流占 14%;高山寒漠带与高山灌丛带的地表径流占 19%;山地草原带的贡献为 9%;出山径流只有 6%来自降雨直接补给河道。同时,计算出,地下水主要由冰川积雪带、高山寒漠带与高山灌丛草甸带的冰川积雪融水、冻土融水和降雨补给。其中,51%来自冻土融水、16%来自冰川积雪融水、33%来自降雨(图 3-74)。结果表明,在降雨期,葫芦沟出山径流主要来自冻土融水、降雨和冰川积雪融水混合补给。

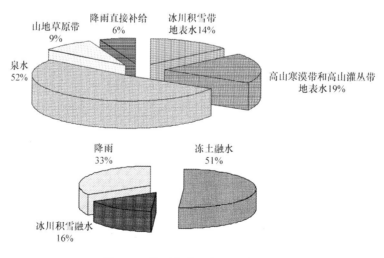

图 3-74　降雨期出山径流贡献组合

而在融水期葫芦沟流域出山径流的补给水源中(图 3-75),泉水是其最大贡献者,约占总径流量的 65%,主要来自冰川积雪融水和冻土融水下渗转化;流经冰川积雪带、高山寒漠带和高山灌丛带的冰川积雪融水占总径流量的 23%;各个景观带季节冻土的消融补给占 12%。

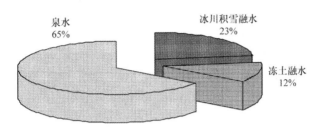

图 3-75 融水期出山径流贡献组合

葫芦沟流域出山径流的年内分配与降水过程和高温季节基本一致,具有春汛、夏洪、秋平、冬枯的周期性变化规律。葫芦沟流域出山径流为以冰川融水和降雨/雪混合补给为主的河流,径流年内分配的特点为汛期较晚、夏雨集中、春汛连着夏汛、汛期较长。径流连续最大 4 个月发生在 6~9 月,最大月一般在 7 月或 8 月,最小月一般在 1 月或 2 月。

春初,因地表层土壤处于冻结状态,流域内基本无地表径流形成,3~4 月白天表层土壤处于正温,有融雪过程,但融水较少,以及由于流域的填洼作用,地表径流十分微弱,晚上出现负温,土壤重新冻结。一般在 5 月左右随气温上升,高寒山区季节性积雪和冰川开始消融,融雪加快,而且此时冻土消融尚浅,存在的冻土层如隔水层一样,阻止水流入渗,在满足流域表层初损之后形成地表径流,冬季降雪和冰川融水为融水期河川径流的主要来源。地表径流开始缓慢增加,出现不明显的春汛。进入 6 月后降水开始增多,并随气温升高,冻土消融和冰川积雪消融量逐渐增多。到 7~8 月,降水量达到最大值,季节性冰川积雪消融量减少,冻土消融量增大,低海拔处山地草原带等的冻土已基本达到最大融化层深度,季节冻土层消失,地表水量急剧上升,常形成夏汛。流域的调蓄能力也增强,下渗及蒸发量大,洪峰削减。进入 9 月融水逐渐减少,降水也自高山向低山逐渐转为固态,河水很快减退,高寒山区的降水不断地对冰川积雪进行补给,在一定时期内气温升高将会增加高山冰川和积雪融水对径流的补给。10 月至翌年 2 月为枯水期。气温迅速下降,降水多以冰川积雪形式存留,地表水、降雪和土壤冻结,径流量减少,径流依靠泉水补给,沿河谷两岸多处出现冰锥,土壤冻结把大量的壤中流以冰晶的形式存储进来。流域季节性冻土的消融过程是影响水文过程的重要因素。冻土作为不透水层或储水层,在春末夏初可以提高径流,到秋冬季可以滞留降水,提高流域的蓄水量。

3.3.6 流域水文过程及生态水文功能

黑河高山区-葫芦沟流域位于祁连山中段,多为现代冰川发育的剥蚀构造高山,山脉间形成一系列山间拗陷。源区分布有基岩裂隙水和碎屑岩类裂隙孔隙水。随着海拔的升高和地形对气流和水汽的抬升,降水量增加、气温下降,海拔 4200m 以上降水均为固态,雪峰林立,冰川广布。黑河高山区是由青藏高原寒区向北方干旱平原区过渡的高大山地系统来决定其垂直植被带谱的生物多样性及景观格局的破碎性的,复杂山地地形、生态系统格局及相应的小气候环境形成了该区特殊的冰川、积雪、冻土和植被分布格局,造了源区水循环过程的复杂性。

黑河高山区-葫芦沟流域景观垂直地带性十分明显,从低山区到高山区代表性生态系统依次为山地草原带、高山灌丛带、高山沼泽草甸带、高山寒漠带和冰川积雪带,它们是山地水循环的基本单元。黑河山区河川径流主要受冻土区冰川、积雪和土壤水(冰)的补给。冻土面积广阔、补给能力强、延续时间长,对流域水文过程最为重要。高山带降水以固态补给冰川,冻土区的降水参与冻土的冻融过程,季节积雪的分布取决于降水和气温的分布,而不同的植被生态系统具有不同的降水和气温条件。在景观带尺度上,黑河高山区小雨量和大雨量降水过程的水文效应有较大差别,小雨量降水较多,且降水过程受地表拦蓄的比例更大。源区降水更容易被山地植被拦蓄,或积蓄于土壤表层形成地下径流,或被蒸发,或被植被吸收利用,很难形成地表径流。径流对表层土壤前期含水量反应很敏感,土壤的入渗能力取决于土壤水分的饱和度。较长的降水间隔期会导致土壤含水量下降、土壤入渗能力提高。由于在山地系统存在气流抬升和下沉的动力作用,两者的作用使得山地降水量呈现随高度增长而先升后降的趋势。径流受土壤入渗和储水能力影响,很少产生地表径流。在祁连山特定的降水和植被条件下,径流以地下径流的形式为主,降水与径流的关系很难用简单的线性关系来描述。径流主要受降水量和前期降水的影响,对于前期有一定降水基础、雨量较大的降水过程,径流反应敏感(张立杰等,2008)。

葫芦沟流域受降水条件、河流补给类型及流域自然地理特征影响,年内径流分配很不均匀,河流在不同高程有不同的补给来源,在高山带主要是冰川和永久积雪补给,中低山带主要为雨水和季节冻土融水补给。从径流年内分配变化规律结果分析可以看出,河川径流的年内分配变化主要受河流大小、径流补给条件和下垫面条件影响,其径流补给来源有冰川积雪/冻土融水、降雨和泉水溢出补给等。降雨期气温高、降雨多、融水多、径流量也大。融水期气温低、降水少、融水少、径流量也小。因此,地表径流的年际变化有明显的减少和增加趋势。根据本章的分析研究,可以得到黑河高山区-葫芦沟流域径流形成的水文过程图。

黑河高山区-葫芦沟流域不同景观带水文循环模式如图 3-76 所示,降雨和冰川积雪融水在多年冻土活动层和季节性冻土中的迁移、转化和相变是葫芦沟流域水循环的主体。在黑河高山区-葫芦沟流域现代冰川发育,冰川的规模和覆盖程度对河流的调节起着至关重要的作用。在冬、春季一定范围内,降水以固态形式存在,季节积雪又直接影响着径流的补给过程和年内变化。而高寒区季节性冻土的大面积存在对流域水文过程和水文变化也有着十分复杂的影响。冰川、季节积雪和冻土等这些寒区水文要素与气温密切相关。在这样的高寒流域内,气温对径流的影响非常重要。气温升高,使蒸发增加、冻土活动层深度增大、冰川消融增加、季节积雪加速融化、降水固/液态比例减小,意味着直接径流的增加,而且冰川消融和季节积雪融化的增加也会使径流增加。

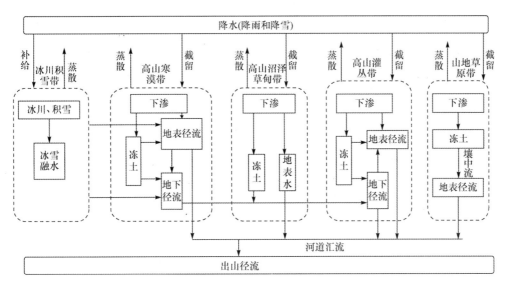

图 3-76　黑河高山区-葫芦沟流域不同景观带水文循环模式图

季节冻土活动层的变化对径流的影响也较为重要,一方面活动层深度增加,降低了隔水层深度,从而减少了直接径流;另一方面随着活动层的加深,活动层中储藏的冻结水会被释放,从而补给径流(丁永建等,1999)。黑河高山区-葫芦沟流域气温较低,冬季降水大部分以固体形式储存,而夏秋季温度升高则加速了其消融过程。另外,山区蒸发相对较小,这些因素叠合导致出山径流上升。气温作为气候变化的核心因素,决定着其他气候因素变化,进而影响径流量的变化,因此气温变化对出山径流有重要的影响作用。入渗是指水分进入土壤形成土壤水的过程,它是降水、地面水、土壤水和地下水相互转化的一个重要环节。土壤孔隙度与土壤入渗能力的大小密切相关。一般而言,孔隙大而多的地方入渗速度较快,孔隙小而少的地方入渗速度较慢。冰川融水大量补给河川,但自 5 月开始,随着气温的升高,冰川积雪大量融化补给河川,同时又使土壤向下解冻,冻土的融水作用增强,土壤入渗性能提高,同时土壤蒸散增加。

黑河高山区-葫芦沟流域山地坡陡,雨季降雨较多,但降雨很少产生径流或直接补给河流,而是经过不同景观带的植被和地表截留,下渗转换成裂隙孔隙水、地下径流和壤中流,或形成季节性冻土,最终汇集于河道。冬季降水一部分以冰川积雪的形式保存下来,并于翌年逐步融化,汇集成地表水;另一部分入渗补给山区基岩裂隙孔隙水,形成地下径流,然后逐渐沿途补给地表水。冻土融水、冰川积雪融水和降水沿裂隙孔隙下渗形成地下径流向下运动,受地质构造的控制,绝大部分地下水以泉水的形式就近排泄于沟谷而转化成河水。

黑河高山区为径流形成区,这里海拔较高和地形切割,降水比较充沛,高山发育的冰川每年夏季消融,形成冰川径流,成为河流的源头。高寒区冰川积雪融水和降雨一部分形成地表径流,一部分沿裂隙渗入地下,形成地下径流。在山巅地下水向山缘运动的过程中,绝大部分孔隙裂隙水就近排泄于沟谷而转化为河水。流域内在不同的水文响应单元往往存在多个局部地下水径流系统,地下径流系统接受融水和降雨补给,在深切水文网的强烈排泄作用下和地质构造的多重影响下，以泉水的形式排泄，补给河水。

地表水在高山地带接受冰川积雪融水和降雨补给，在向下游流经途中不断接受不同景观带的降雨和冻土融水等的补给。因此，地表径流量随山溪河流流程增加，到达出山口时，河川径流达到最大。葫芦沟流域河水在流出出山口之前接纳了绝大部分山区水量，完成了"径流—补给—径流—排泄"的水文循环过程。固体冰川融水、季节性雪融水、降水和基岩裂隙水通过山区完成产汇流。流域内各景观带在产汇流和水资源管理保持方面起了重要作用。本书认为，葫芦沟流域各种水资源以不同形式补给出山口河水，流域内的冰川、积雪和冻土是非常重要的水资源。山区河流多数是山区基岩裂隙水的排泄通道，地下水在河流出山之前几乎全部转化为地表水，经河道流出山外。出山口河水主要由冰川积雪融水、冻土融水、降雨和泉水混合补给。

流域水文过程与生态系统的相互作用关系研究反映了出山径流的形成过程受到海拔、地形和复杂下垫面时空变化异质性的影响。海拔和地形的相互作用形成了山区流域能量和水量的输入，输入的水量和能量与山区地形、下垫面和植被的相互作用产生径流，径流与地形、下垫面、植被和土壤的相互作用产生汇流过程，从而形成出山径流。出山径流的形成与冰川、积雪、冻土、山区植被、生态、土壤和地貌的水文过程紧密联系。黑河高山区作为内陆河流域水资源的形成区，其出山径流对全球变化和山区人类活动的响应和预测是流域水资源合理分配和管理的重要的科学依据（康尔泗等，2007；徐海量，2005；王根绪等，2001）。水文过程是生态系统演替的主要驱动力之一，利用调整水文过程的方法可以很好地控制植被动态，水文过程可以调整和配置景观带内的营养物、矿物质和有机质。水质和水位变化、水化学特征及其变化都会影响生态系统的动态、分布和演替。可以利用水的流量、流速、质量等水文要素对生境进行重塑并控制植被群落。

不同的景观带有不同的水文过程，而从独特的水文过程可以分析出景观带的某些独特性质，其原因主要是景观带中的植被可以在多个层次上影响降雨、径流和蒸发，进而对水资源进行重新分配，并由此影响水文循环全过程。生态系统对水文循环的作用包括冠层截留、地表蒸发、植被蒸腾、枯枝落叶层和土壤的水分涵蓄及总体上植被对径流和地下水的影响等。黑河高山区的生态系统格局实际上是景观尺度上依赖时空因子的镶嵌斑块，该斑块组合的总体模式决定了整个区域的水文过程。不同景观带类型对径流过程产生不同的影响。水文生态功能包括改变降水分布、涵养水源、保持水土、减洪、滞洪、调节气候等。祁连山降水容易被山地植被拦蓄，或积蓄于土壤表层形成地下径流，或被蒸发，或被植被吸收利用，很难形成地表径流。

黑河高山区-葫芦沟流域径流为混合补给型，主要由地下径流、冰川积雪融水径流、降水径流、地表径流、表层潜流、壤中流和冰川融水径流组成，受水源补给影响，径流分配除受降水影响外，还受到冰川和积雪的影响。黑河高山区-葫芦沟流域为混合补给型，河川径流依赖于降水，但又不完全受制于降水，不同植被带的水源涵养功能和冰川的水源蓄库功能对河川径流的时间变化起着很大的调节作用。因此，不同的自然条件和尺度下，植被对径流的影响不尽相同，降水量、土壤前期湿润状况、地理条件和植被覆盖率、植被群落结构都有可能占优势，并由此而导致径流的时空格局与过程上的差异。

1. 冰川积雪带

冰川积雪作为流域一种特殊的水资源,被称为天然固体水库。冰川积雪带为开启的水文地质构造,冰川、冰缘地貌发育,地形切割强烈,岩层裂隙发育,山坡坡度大,岩石的渗透性能良好,基岩裂隙水在山区进行着与地表水的交替。基岩裂隙水在祁连山山区主要分布于3800m 以下的中高山区。含水层岩性为古生界至中新生界的浅变质岩和碎屑岩。各地段岩层的含水性及富水程度都受构造和裂隙发育程度影响,极为均一,集中出露于裂隙发育的构造破碎带。降水降落在冰雪区一部分以冰川形式保存下来,维持冰川物质平衡,并逐步融解;另一部分除消耗蒸发外,受气温的调节,与冰川融水补给河流,形成冰川径流。冰川积雪融水一部分形成地表径流;另一部分通过下渗运动进入岩石裂隙,补给基岩裂隙水,形成地下径流。地下水径流流经高山寒漠带,部分径流在高山寒漠带位置较低的岩石裂隙中渗出,还有部分地下径流直接流向河谷灌丛带,在灌丛带以泉水形式排泄,形成具有一定流量和流速的泉水,为常年性或季节性泉水,然后汇入河道。

2. 高山寒漠带

高山寒漠带地貌类型多为岩屑堆、岩屑坡和石冰川,所处地形多为古冰斗、冰碱堤、冰碛台地和流石滩等。气候高寒、地形复杂、山势高峻,机械风化作用占有绝对优势,其中冻裂风化作用最为显著。山区孔隙水分布于山间断陷盆地,含水层主要由冰碛-冰水相泥质砂砾石和冲积相砂砾卵石组成。高山寒漠带气候寒冷、蒸散发微弱、颗粒组分粗、土壤薄、入渗率高,而且为流域降水高值区,年降水量为 400～700mm,并多为固态。高山寒漠带植被稀疏,有零星分布的低等冷生植被。地表发育着极薄的垫状植被,土层薄,持水能力差,坡度陡,因此部分降雨可直接产生地表径流补给河流,但径流补给量极少。

高山寒漠带地表组成复杂,包括裸土区、石质戈壁区等。地表砾石层对水分入渗也会造成一定影响。地表砾石在不同降雨强度下,都有增加入渗、减小径流和保持水土的作用。岩石碎块在空中或地表把雨水进行拦截、吸附和再分配,从而影响降水分布格局的过程。地表砾石层对水分入渗也会造成一定影响,地表砾石在不同降雨强度下,都有增加入渗、减小径流的作用。岩石碎块把雨水进行拦截、吸附和再分配,形成基岩裂隙水和孔隙水等,从而影响降水分布格局。高山寒漠带并非直接产流,这与陈宗宇、张光辉等的研究说法不同。高山寒漠带接受局地降水、冰川积雪融水和冻土融水入渗补给,局部径流系统地下水就近向河流排泄,径流途径短,循环深度有限,水循环交替积极。分析其水循环特征可知,浅部地下径流以山区水文网切割深度为排泄基准面,一般在局部接受降水和冰川积雪融水补给,经过短暂的地下径流,就近向河流排泄。而深部地下水在高山带接受降水和冰川积雪融水补给,径流深度在水文网切割深度以下,在山前断裂带附近出露成泉。高山寒漠带由于其降水多、颗粒组分粗、土壤薄、入渗率高,有利于冰川积雪融水和降水下渗,形成地下径流缓慢向下运动,补给河水,融水径流在冰缘沉积和冻土活动层等中的迁移转化是本区主要的产汇流特征,高山寒漠带是我国寒区流域的主要径流形成区。源区地下水有基岩裂隙水、碎屑岩类裂隙孔隙水和松散岩类孔隙水,其水文循环过程在山区水循环中占有十分重要的地位,由于其高寒环境限制,相关研究较少且零散。

3. 高山沼泽草甸带

沼泽草甸是一种重要的自然资源,它具有多种功能,对区域水文、生物和气候等具有重要意义。沼泽水的补给来源是降雨和融雪水,水耗则以蒸发为主。水是沼泽发生的主导因素,也是沼泽最活跃的组成部分,沼泽水是地表水和地下水的过渡类型,地下水与地表水有密切的水力联系。在沼泽较低的凹地上的表面水流称为沼泽表面流,在沼泽表层多孔介质中的渗流称为表层流。沼泽体所含有的水分多以重力水、毛管水、薄膜水和化合水的形式存在。沼泽水不同于一般的地表水和地下水,其独特的水文特征主要表现在泥炭层的含水性、透热性、水分的毛细管运动及沼泽的热力状况与蒸发作用等方面。沼泽地形低洼,泥炭层和草根层似海绵状结构、孔隙度大、持水能力强,可储蓄大量水分,有蓄水库之称。在降雨时期,沼泽能截留降雨,从而起到削减洪峰和均化洪水的作用。在融水期,冻土消融,释放储蓄的冬季降水,补给河水。

高山沼泽草甸带融冻层或活动层的深度可从地表往下几十厘米至2～5m。季节冻土在翌年夏季也不融化者称为隔年冻土。冻土水文过程是指水分在季节冻土、多年冻土活动层,以及多年冻土冻结层以下岩层和土壤内的迁移、转化和相变的过程,是一种基于冻土为主要下垫面类型的特殊水文过程。季节性冻土随季节与海拔变化,祁连山区土壤于每年的10月开始冻结,翌年4月左右开始消融,较低海拔的土壤到9月下旬消融结束。土壤季节性冻融随着海拔的升高,在相同深度的冻结层,其冻结出现的时间较早,但在相同深度的融化层,其融化出现的时间较迟(金博文等,2003;常学向等,2001)。葫芦沟流域山区地势高耸,气候严寒,存在岛状多年冻土,随纬度的增加,高程上升,冻土分布呈现出由季节冻土—岛状冻土—片状冻土—连续冻土逐渐过渡的分布模式。在山区,冻土分布除了主要受高程和纬度的控制以外,局地因素对冻土分布有着比高平原区更显著的影响。

高山沼泽草甸带冻土(水)资源是流域水资源的重要组成部分,冻土(水)是土壤层内经常参与陆地水分交换的水量,特别是根系带中能被植物利用并可恢复的水量,其消耗于陆地蒸散和补给地下水。冻土(水)不仅有土体和环境之间不断地输入和输出,而且在土体内部也有水平的扩散、壤中流和垂直方向上的水分上下传输等小范围运动,这些水分的运动过程都影响到土壤水循环的数量和强度。冻土(水)资源是降雨、冰川积雪融水进入水分循环的起点,冻土(水)资源在维持生态系统结构和功能的稳定上具有重要作用(段争虎,2008)。由于冻土(水)运动的机理和循环的过程都极其复杂,目前该方面的研究还十分有限,特别是在流域大范围冻土(水)水循环的机理、过程和测定等方面。冻土(水)的水文功能在高山沼泽草甸带主要表现为季节性冻土的消融补给排泄。沼泽草甸带在维系流域水与环境中发挥了极其重要的水文生态功能,主要表现在提供储水空间、补充地下水、保持地下水位。沼泽草甸带与冻土具有共生性,一方的存在与保持以另一方的保持为前提。冻土一般保存在地表植被良好的沼泽中,特别是具有良好汇水条件的沟谷和洼地中,冻土发育,地温较低,含冰量大。同时,土层岩性特征对地表水分条件具有控制作用,松散土层中细粒土含量对土层持水性影响明显,细粒土含量高,持水性好,有利于冻土的发育和保存。高山沼泽草甸带主要受冻土区冰川积雪融水和降雨补给,冻土面积广阔,土壤水(冰)补给能力强,延续时间长,对流域水文过程和水资源稳定性具有重要的水文效应。

4. 高山灌丛带

高山灌丛带由于土壤疏松,土壤为细颗粒状,孔隙度高,具有较强的透水性,使地表拦蓄降水缓慢入渗,降雨在灌丛带基本不产生地表径流,而是下渗转化成地下径流,地下径流又以泉水形式排泄,最终汇入河道。植被能在降水充沛的季节增加入渗,从而有利于增加地下水的补充量,形成地下径流。枯枝落叶层所具有的截留降雨和调蓄降雨作用使葫芦沟流域基本不产生地表径流,其影响到土壤渗透性和土壤的蓄水、保水能力,对山区流域径流具有较多的贡献。高山灌丛带的枯落物层、土层拦截的雨水通过下渗运动进入岩石裂隙,形成地下径流,部分径流从位置较低的岩石裂隙中渗出,还有部分地下径流入渗到表层岩溶带,形成具有一定流量和流速的表层岩溶水(这部分出露的岩溶水一般为常年性或季节性泉水)。高山灌丛带地下水流量最大,是葫芦沟河水的主要补给源,且其总溶解固体(total dissolved solids,TDS)值较低,与冰川积雪带接近,表明灌丛带地下水补给主要来自冰川积雪融水,灌丛带地下水主要为冰川积雪融水和降水入渗,转换成基岩裂隙水、碎屑岩类裂隙孔隙水和松散岩类孔隙水,形成地下径流流经寒漠带补给。地形影响水交替条件,而水交替条件又影响水化学成分和矿化度。从冰川积雪带至高山灌丛带,地形陡峭且切割剧烈,地下径流坡度大、流速快、受地表径流影响小,水体和岩石接触时间相对较短,和岩石土体等外界发生物质交换的时间短,因此水化学物质的含量较低,冰川积雪融水和降水也使河流的离子含量很低,TDS 也较低。灌丛带地下水为冰川积雪融水和降水入渗补给,河流坡度大流速快,受地表径流影响小,冰川积雪融水使河流的离子含量很低,使河流 TDS 也较低。灌丛带接受中高山带的降水、冰川积雪融水和冻土融水的补给,在断裂带受阻出露地表,以泉水的形式排泄,径流路径长、深度大、水循环交替缓慢。

5. 山地草原带

山地草原带地表为密集的草本植被覆盖,植被盖度在 85% 以上,植被高度一般低于20cm,阻碍了地表径流的产生,使降雨下渗到土壤。尽管年平均降水量为 403.4～502.3mm,但很少出现地表径流,主要是因为山地草原带通过密集的植被覆盖,吸纳降水,能增加土壤水分入渗,使降雨能较快地渗入土中形成土壤水,增加对土壤水的补给,当土壤水饱和时才能产生径流,并沿坡面向下流动形成壤中流,从而在数量上减少地表径流的形成,在时空上滞后了雨季降雨的汇集。因此,在山地草原带也是很少出现地表径流。除非日降水量或连续几天的降水量达到一定阈值时,才会有流速很慢的地表径流过程。山地草原带处于地势相对平缓的地区,由于水流速相对缓慢,岩层中保留了部分易溶盐,同时水分的蒸发,也伴随有一定数量盐分的积累,因此其矿化度比葫芦沟河水矿化度高。年降水量较多,降水冲刷流域内大量的表层风化物,增加了河水中化学物质的含量。降水在下渗过程中能从土壤中淋滤出部分盐,把盐带入水中,引起水的矿化度增高。山地草原带季节性冻土作为储水层,可以滞留冬季降水,提高流域的蓄水量。冻土活动层的变化对径流的影响较为复杂,一方面活动层深度增加降低了隔水层深度,从而减少了地表径流;另一方面随着活动层的加深,活动层中储藏的冻结水会被释放,从而补给径流。高山草甸对到达地表的降雨径流存在明显的拦蓄作用。高山草甸植被可缓冲到达地表的降雨能量,通过密集的植被覆盖,阻碍了地表径流的产生,使降雨缓慢入渗到土壤中去。这就可以解释本区较大一些的小流域很少产生地表径流,以及多年冻土和季节冻土发育的黑河干流山区流域产流系数较低的现象。

由于海拔、地形和下垫面极其复杂的空间和时间上的异质性,高寒山区水文过程是一个多学科的综合作用过程。在水文循环中,海拔和地形影响着降水的分布,而下垫面的复杂性和异质性影响着水文过程。对水文循环过程的研究,有助于进一步研究和认识内陆河流域水文和生态系统的相互联系问题。本书基于同位素示踪技术和水化学信息,对黑河高山区水文过程进行系统研究,目前研究可以得出以下结论。

(1) 根据降水的同位素 δD 和 $\delta^{18}O$ 值,通过回归求得葫芦沟流域降水线方程为 $\delta D = 8.45\delta^{18}O + 21.9$,$R^2 = 0.99$,降水线方程中 δD 和 $\delta^{18}O$ 之间有很好的线性关系,相关系数 R 值较高,表明降水的同位素组成 δD 和 $\delta^{18}O$ 有极好的相关性。与全球降水线相比,其斜率与截距均偏大,截距远大于10,这意味着葫芦沟流域地处西北内陆,海洋蒸发的水汽很难直接到达,主要受大陆性水汽来源影响。而降落到地表的水重新蒸发在当地水汽来源中占很大比例,因此当地降水线的斜率和截距都较高。这也说明研究区地处高寒山区,受局地气候环境(水汽来源、降水和温度等)的影响强烈,内循环较强,其主要受局地水汽内循环控制。同时,流域各种水体的 $d\text{-}excess$ 值在12‰～23‰波动,远高于全球氘盈余平均值的10‰,这也表明在山区与盆地相间的葫芦沟流域,强烈蒸发形成局地水循环,局地水循环形成的降雨在总降雨中所占比例非常大,致使出现极高的 $d\text{-}excess$ 值。

葫芦沟流域降雨同位素组成存在高程效应,降雨同位素组成随地区高程的变化而变化,随着海拔的增高,δD 和 $\delta^{18}O$ 值逐渐降低。葫芦沟流域各景观带地表水不存在高程效应,因为高山寒漠带地表水土要为冻土融水、冰川积雪融水与降雨的混合水。山地草原带和高山沼泽草甸带主要由冻土的反复消融冻结形成,因此同位素 δD 和 $\delta^{18}O$ 组成差异很大,不存在高程效应。各景观带的冻土的同位素组成也不存在高程效应。高山灌丛带泉水补给均直接或间接来源于当地大气降水的入渗补给,与降雨相比,泉水的平均同位素组成相对贫重同位素,说明高山灌丛带泉水在接受降雨补给的同时,也接受贫同位素的高山冰川积雪和冻土融水补给。高寒山区的冰川积雪融水与冻土融水的 δD 和 $\delta^{18}O$ 相对偏负,由于冰川积雪融水和冻土融水下渗转换成基岩孔隙裂隙水和地下径流,然后以泉水形式排泄,造成高山灌丛带泉水的 δD 和 $\delta^{18}O$ 较低,高山灌丛带泉水补给为冰川积雪和冻土融水与降水三者混合补给。区域水化学和同位素数据显示,高山灌丛带泉水存在混合作用,一是混入了以硫酸盐为主的高山寒漠带和沼泽草甸带的水;二是混入了融水和降水的下渗水(低矿化度的碳酸盐型水),改变了其水化学类型。

(2) 在降雨期,高山寒漠带与高山灌丛带的泉水是葫芦沟流域出山径流的最大贡献者,约占52%,主要来自降雨、冻土融水和冰川积雪融水的下渗转化;冰川积雪带的地表径流占14%;高山寒漠带与高山灌丛带的地表径流占19%;山地草原带的贡献为9%;出山径流只有 6% 来自降雨直接补给河道。同时,计算出地下水主要由冰川积雪带、高山寒漠带与高山灌丛草甸带的冰川积雪融水、冻土融水和降雨补给。其中,51% 来自冻土融水,16% 来自冰川积雪融水,33% 来自降雨。在湿季,葫芦沟河出山径流主要来自冰川积雪融水、冻土融水和降雨补给。而在融水期葫芦沟流域出山径流的补给水源中,泉水是其最大贡献者,约占总径流量的 65%,主要来自冰川积雪融水和冻土融水下渗转化;流经冰川积雪带、高山寒漠带和高山灌丛带的冰川积雪融水占总径流量的 23%;各个景观带季节冻土的消融补给占 12%,表明葫芦沟出山径流在融水期的补给水源中,冰川积雪融水与泉水的补给占主要部分,冻土融水补给相对较少。

(3) 研究发现,黑河高山区-葫芦沟流域各种水资源以不同形式补给出山口河水,流域内的冰川、积雪和冻土是非常重要的水资源。降雨很少产生径流或直接补给河流,而是经过不同景观带的植被和地表截留,下渗转换成孔隙裂隙水、地下径流和壤中流,或形成季节性冻土,最终汇集于河道。冬季降水以冰川积雪的形式保存下来,并于翌年逐步融化,汇集成地表水;另一部分入渗补给山区基岩孔隙裂隙水,形成地下径流,然后逐渐沿途补给地表水。冻土融水、冰川积雪融水和降水沿裂隙孔隙下渗形成地下径流向下运动,受地质构造的控制,绝大部分地下水以泉的形式就近排泄于沟谷而转化成河水。在高寒区,冰川积雪融水和降雨一部分形成地表径流;另一部分沿裂隙渗入地下,形成地下径流。地下径流水补给的主要来源有降雨的直接入渗、地表径流水的渗漏、土壤水的补给。植被对降雨有明显的调节作用,经过短暂的地下径流,由于受岩性和地形、地势的控制,就近向河流排泄,流域内在不同的水文响应单元,往往存在多个局部地下水径流系统,地下径流系统接受融水和降雨补给,然后以泉水的形式排泄,补给河水。在深切水文网的强烈排泄作用下和山区地层及地质构造的多重影响下,地表水在高山地带由冰川积雪融水和降雨产生,在向下游径流途中不断接受不同地带的降雨和冻土融水等的补给。因此,地表径流随山溪河流沿程增加,到达出山口时,河川径流达到最大。葫芦沟河水在流出出山口之前,接纳了绝大部分山区水量,完成了"径流—补给—径流—排泄"的水文循环过程。流域内部同景观带在产汇流,对水资源管理保持起了重要作用。

参 考 文 献

常学向,王金叶,金博文,等,2001.祁连山林区季节性冻土冻融规律及其水文功能研究[J].西北林学院学报,16(s1):26-29.

陈建生,汪集旸,2004a.试论巴丹吉林沙漠地下水库的发现对西部调水计划的影响[J].水利经济,22(3):1-8.

陈建生,汪集旸,赵霞,等,2004b.用同位素方法研究额济纳盆地承压含水层地下水的补给[J].地质论评,50(6):649-658.

陈宗宇,聂振龙,张荷生,等,2004.从黑河流域地下水年龄论其资源属性[J].地质学报,78(4):560-567.

陈宗宇,万力,聂振龙,等,2006.利用稳定同位素识别黑河流域地下水的补给来源[J].水文地质工程地质,33(6):9-14.

程国栋,肖洪浪,赵文智,等,2009.黑河流域水-生态-经济系统综合管理研究[M].北京:科学出版社.

程国栋,赵传燕,2006.西北干旱区生态需水研究[J].地球科学进展,21(11):1101-1109.

丁宏伟,姚吉禄,何江海,2009.张掖市地下水位上升区环境同位素特征及补给来源分析[J].干旱区地理,32(1):1-8.

丁永建,叶柏生,周文娟,1999.黑河流域过去40a来降水时空分布特征[J].冰川冻土,21(1):42-48.

段争虎,2008.土壤水研究在流域生态-水文过程中的作用、现状与方向[J].地球科学进展,23(7):682-684.

甘义群,李小倩,周爱国,等,2008.黑河流域地下水氘过量参数特征[J].地质科技情报,27(2):86-90.

何永涛,闵庆文,李文华,2005.植被生态需水研究进展及展望[J].资源科学,27(4):8-15.

贺建桥,宋高举,蒋熹,等,2008.2006年黑河水系典型流域冰川融水径流与出山径流的关系[J].中国沙漠,28(6):1186-1189.

胡海英,包为民,王涛,等,2007.氢氧同位素在水文学领域中的应用[J].中国农村水利水电,(5):4-8.

胡兴林,2000.甘肃省主要河流径流时空分布规律及演变趋势分析[J].地球科学进展,15(5):516-521.

贾艳琨,刘福亮,张琳,等,2008.利用环境同位素识别酒泉-张掖盆地地下水补给和水流系统[J].地球学报,29(6):740-744.

金博文,康尔泗,宋克超,等,2003.黑河流域山区植被生态水文功能的研究[J].冰川冻土,25(5):580-584.

康尔泗,陈仁升,张智慧,等,2007.内陆河流域水文过程研究的一些科学问题[J].地球科学进展,22(9):940-953.

蓝永超,张生才,1999.黑河出山径流量年际变化特征和趋势研究[J].冰川冻土,21(1):49-53.

李林,王振宇,汪青春,2006.黑河上游地区气候变化对径流量的影响研究[J].地理科学,26(1):41-46.

连英立,张光辉,聂振龙,等,2011.张掖盆地地下水及其补给水源的同位素特征[J].勘察科学技术,(2):11-16.

马金珠,黄天明,丁贞玉,等,2007.同位素指示的巴丹吉林沙漠南缘地下水补给来源[J].地球科学进展,22(9):922-930.

聂振龙,陈宗宇,申建梅,等,2005.应用环境同位素方法研究黑河源区水文循环特征[J].地理与地理信息科学,21(1):104-108.

钱云平,ANDREW L H,张春岚,等,2005a.应用^{222}Rn研究黑河流域地表水与地下水转换关系[J].人民黄河,27(12):58-61.

钱云平,林学钰,秦大军,等,2005b.应用同位素研究黑河下游额济纳盆地地下水[J].干旱区地理,28(5):574-580.

钱云平,秦大军,庞忠和,等,2006.黑河下游额济纳盆地深层地下水来源的探讨[J].水文地质工程地质,33(3):25-29.

苏永红,朱高峰,冯起,等,2009.额济纳盆地浅层地下水演化特征与滞留时间研究[J].干旱区地理,32(4):544-551.

汤绪,孙国武,钱维宏,2007.亚洲夏季风北边缘研究[M].北京:气象出版社.

田立德,姚檀栋,NUMAGUTI A,等,2001a.青藏高原南部季风降水中稳定同位素波动与水汽输送过程[J].中国科学(D辑),31(s1):215-220.

田立德,姚檀栋,WHITE J W C,等,2005.喜马拉雅山中段高过量氘与西风带水汽输送有关[J].科学通报,50(7):669-672.

田立德,姚檀栋,孙维贞,等,2001b.青藏高原南北降水中δD和δ^{18}O关系及水汽循环[J].中国科学:地球科学,31(3):214-220.

王根绪,钱鞠,程国栋,2001.区域生态环境评价(REA)的方法与应用——以黑河流域为例[J].兰州大学学报,37(2):131-140.

王金叶,康尔泗,金博文,2001.黑河上游森林区冻土的水文功能[J].西北林学院学报,16(z1):30-34.

王宁练,张世彪,贺建桥,等,2009. 祁连山中段黑河上游山区地表径流水资源主要形成区域的同位素示踪研究[J]. 科学通报,(15):2148-2152.

王宁练,张世彪,蒲健辰,等,2008. 黑河上游河水中 $\delta^{18}O$ 季节变化特征及其影响因素研究[J]. 冰川冻土,30(6):914-920.

仵彦卿,张应华,温小虎,等,2004. 西北黑河下游盆地河水与地下水转化的新发现[J]. 自然科学进展,14(12):1428-1433.

徐海量,2005. 流域水文过程与生态环境演变的耦合关系[D]. 乌鲁木齐:新疆农业大学.

阳勇,陈仁升,吉喜斌,2007. 近几十年来黑河野牛沟流域的冰川变化[J]. 冰川冻土,29(1):100-106.

杨永刚,2011. 景观带尺度高寒区水文特征时空变化规律研究[D]. 北京:中国科学院大学.

姚檀栋,周行,杨晓新,2009. 印度季风水汽对青藏高原降水和河水中 $\delta^{18}O$ 高程递减率的影响[J]. 科学通报,54(15):2124-2130.

余武生,姚檀栋,田立德,等,2006. 慕士塔格地区夏季降水中 $\delta^{18}O$ 与温度及水汽输送的关系[J]. 中国科学(D辑),36(1):23-30.

张光辉,刘少玉,谢悦波,等,2005a. 西北内陆黑河流域水循环与地下水形成演化模式[M]. 北京:地质出版社.

张光辉,刘少玉,张翠云,等,2004. 黑河流域地下水循环演化规律研究[J]. 中国地质,31(3):289-293.

张光辉,聂振龙,王金哲,等,2005b. 黑河流域水循环过程中地下水同位素特征及补给效应[J]. 水科学进展,20(5):511-519.

张立杰,赵文智,何志斌,等,2008. 祁连山典型小流域降水特征及其对径流的影响[J]. 冰川冻土,30(5):776-782.

张应华,仵彦卿,2007. 黑河流域中上游地区降水中氢氧同位素与温度关系研究[J]. 干旱区地理,30(1):16-21.

张应华,仵彦卿,2009. 黑河流域中游盆地地下水补给机理分析[J]. 中国沙漠,29(2):370-375.

张应华,仵彦卿,苏建平,等,2006. 额济纳盆地地下水补给机理研究[J]. 中国沙漠,26(1):96-102.

赵良菊,尹力,肖洪浪,等,2011. 黑河源区水汽来源及地表径流组成的稳定同位素证据[J]. 科学通报,56(1):58-67.

ADIAFFI B, MARLIN C, OGA Y M S, et al. , 2009. Palaeoclimatic and deforestation effect on the coastal fresh groundwater resources of SE Ivory Coast from isotopic and chemical evidence[J]. Journal of Hydrology,369(1-2):130-141.

ANDREW J L, 2009. Hydrograph separation for karst watersheds using a two-domain rainfall-discharge model [J]. Journal of Hydrology,364(3-4):249-256.

ARAGUÁS-ARAGUÁS L, FROEHLICH K, ROZANSKI K, 1998. Stable isotope composition of precipitation over Southeast Asia[J]. Journal of Geophys Research,103(D22):28721-28742.

ARAVENA R, SUZUKI O, PENA H, et al. , 1999. Isotopic composition and origin of the precipitation in Northern Chile[J]. Applied Geochemistry,14(4):411-422.

BIRKS S J, GIBSON J J, GOURCY L, et al. , 2002. Maps and animations offer new opportunities for studying the global water cycle[J]. EOS, Transactions of the American Geophysical Union,83(37):406.

BOUCHAOU L, MICHELOT J L, QURTOBO M, et al. , 2009. Origin and residence time of groundwater in the Tadla basin(Morocco)using multiple isotopic and geochemical tools[J]. Journal of Hydrology,379(3-4):323-338.

BOWEN G J, WILKINSON B H, 2002. Spatial distribution of $\delta^{18}O$ in meteoric precipitation[J]. Geology,

30(4):315-318.

CARL E R,FENG X H,2003. The use of stream flow routing for direct channel precipitation with isotopically-based hydrograph separations:the role of new water in stormflow generation[J]. Journal of Hydrology,273(1-4):205-216.

CHEN Z Y,NIE Z L,ZHANG G H,et al.,2006. Environmental isotopic study on the recharge and residence time of groundwater in the Heihe River Basin,Northwestern China[J]. Hydrogeology Journal,14(8):1635-1651.

CLARK I D, FRITZ P,1997. Environmental Isotopes in Hydrogeology[M]. Baco Raton:CRC press.

CRAIG H,1961a. Isotopic variations in meteoric waters[J]. Science,133(3465):1702-1703.

CRAIG H,1961b. Standard for reporting concentrations of deuterium and oxygen-18 in natural waters[J]. Science,133(3467):1833-1834.

DALAI T K,KRISHNASWAMI S,SARIN M M,2002. Major ion chemistry in the headwaters of the Yamuna river system:chemical weathering,its temperature dependence and CO_2 consumption in the Himalaya[J]. Geochimica et Cosmochimica Acta,66(19):3397-3416.

DANSGAARD W,1964. Stable isotopes in precipitation[J]. Tellus,16(4):436-468.

DOUGLAS R T,DIRK V E,ISAAC R S,et al.,2014. The influence of groundwater inputs and age on nutrient dynamics in a coral reef lagoon[J]. Marine Chemistry,166:36-47.

DUTTON A,WILKINSON B H,WELKER J M,et al.,2005. Spatial distribution and seasonal variation in $^{18}O/^{16}O$ of modern precipitation and river water across the conterminous USA[J]. Hydrological Processes,19(20):4121-4146.

EASTOE C J,HESS G,MAHIEUX S,2015. Identifying recharge from tropical cyclonic storms,Baja California Sur,Mexico[J]. Groundwater,53(s1):133-138.

EASTOE C J,WATTS C J,PLOUGHE M,et al.,2012. Future use of tritium in mapping pre-bomb groundwater volumes[J]. Groundwater,50(1):87-93.

EICHINGER L,1980. Experience gathered in low-level measurement of ^3H in water[A]∥IAEA. Low-Level ^3H Measurement[M]. IAEA-TECDOC-246,43-64. Vienna:IAEA.

EPSREIN S,MAYEDA T,1953. Variations of ^{18}O content of waters from natural sources[J]. Geochimica et Cosmochimica Acta,4(5):213-224.

FAVREAU G,LEDUC C,MARLIN C,et al.,2002. Estimate of recharge of a rising water table in semiarid Niger from ^3H and ^{14}C modelling[J]. Groundwater,40(2):144-151.

FENG X H,FAIIA A M,POSMENTIER E S,2009. Seasonality of isotopes in precipitation:a global perspective[J]. Journal of Geophysical Research,114:116.

GAMMONS C H,POULSON S R,PELLICORI D A,et al.,2006. The hydrogen and oxygen isotopic composition of precipitation,evaporated mine water,and river water in Montana,USA[J]. Journal of Hydrology,328(1-2):319-330.

GEDZELMAN S D,LAWRENCE J R,1982. The isotopic composition of cyclonic precipitation[J]. Journal of Applied Meteorology,21(10):1387-1404.

GIBSON J J,EDWARDS T W D,2002. Regional water balance trends and evaporation-transpiration partitioning from a stable isotope survey of lakes in northern Canada[J]. Global Biogeochemical Cycle,16(2):1-14.

GIBSON J J,EDWARDS T W D,BIRKS S J,et al.,2005. Progress in isotope tracer hydrology in Canada[J].

Hydrological Processes,19(1):303-327.

GONFIANTINI R,ROCHE W A,OLIVRY J C,et al. ,2001. The altitude effect on the isotopic composition of tropical rains[J]. Chemical Geology,181(1-4):147-167.

HE J H,MA J Z,ZHANG P,2012. Groundwater recharge environments and hydrogeochemical evolution in the Jiuquan Basin,Northwest China[J]. Applied Geochemistry,27(4):866-878.

HE J,AN Y H,ZHANG F C,2013. Geochemical characteristics and fluoride distribution in the groundwater of the Zhangye Basin in Northwestern China[J]. Journal of Geochemical Exploration,135:22-30.

HOFFMANN G,JOUZEL J, MASSON V, 2000. Stable water isotopes in atmospheric general circulation models[J]. Hydrological Processes,14(8):1385-1406.

HOOPERR P,SHOEMAKER C A,1986. A comparison of chemical and isotopic hydrograph separation [J]. Water Resources Research,22(10):1444-1454.

IAEA,1999. Isotope Techniques in Water Resources Development and Management[M]. Vienna: IAEA-CSPZ/C.

IAEA,2001. Isotope Based Assessment of Groundwater Renewal in Water Scarce Regions,IAEA-TECDOC-1246, Austria[M]. Vienna:IAEA-CSPZ/C.

ICHIYANAGI K,2007. Review:studies and applications of stable isotopes in precipitation[J]. Journal of Japan Associate Hydrology Science,37(4):165-185.

JOHNSEN S J,DANSGAARD W,WHITE J W C,1989. The origin of Arctic precipitation under present and glacial conditions[J]. Tellus B:Chemical and Physical Meteorology,41(4):452-468.

JOHNSONK R,INGRAM B L,2004. Spatial and temporal variability in the stable isotope systematics of modern precipitation in China:implications for paleoclimate reconstructions[J]. Earth and Planetary Science Letters,220(3-4):365-377.

JOUZEL J,FROEHLICH K,SCHOTTERER U,1997. Deuterium and oxygen-18 in present-day precipitation:data and modeling[J]. Hydrology Science,42(5):747-763.

JOUZEL J,KOSTER R D,SUOZZO R J,et al. ,1991. Simulations of the HDO and $H_2^{18}O$ atmospheric cycles using the NASA GISS general circulation model:sensitivity experiments for present-day conditions[J]. Journal of Geophysical Research,96:7495-7507.

JOUZEL J,MERLIVAT L,1984. Deuterium and oxygen 18 in precipitation:modeling of the isotopic effects during snow formation[J]. Journal of Geophysical Research,89:11749-11757.

JURGEN S,ROLAND P,JENS F F,2011. Age structure and recharge conditions of a coastal aquifer(Northern Germany)investigated with $^{39}Ar,^{14}C,^3H$, He isotopes and Ne[J]. Hydrogeology Journal,19(1):221-236.

KLING H,NACHTNEBEL H P,2009. A method for the regional estimation of runoff separation parameters for hydrological modeling[J]. Journal of Hydrology,364:163-174.

LACHNIET M S,PATTERSON W P,2006. Use of correlation and multiple stepwise regression to evaluate the climatic controls on the stable isotope values of Panamanian surface waters[J]. Journal of Hydrology,324:115-140.

LAWRENCE J R,WHITE J W C,1991. The elusive climate signal in the isotopic composition of precipitation, in stable isotope geochemistry[M]//TAYLOR H P,O'NEIL J R,KAPLANI R. A Tribute to Samuel Epstein. The Geochemical Society,Special Publication No. 3:169-185.

LAWRENCE J R,GEDZELMAN S D,WHITE J W C,et al. ,1982. Storm trajectories in eastern USD/H isotopic composition of precipitation[J]. Nature,296(5858):638-640.

LE GAL LA SALLE C,MARLIN C,LEDUC C,et al. ,2001. Renewal rate estimation of groundwater based on radioactive tracers (^{3}H,^{14}C)in an unconfined aquifer in a semi-arid area,Iullemeden Basin,Niger[J]. Journal of Hydrology,254(1-4):145-156.

LIU Z F,TIAN L D,CHAI X R,et al. ,2008. A model-based determination of spatial variation of precipitation δ^{18}O over China[J]. Chemical Geology,249(1-2):203-212.

LONGINELLI A,SELMO E,2003. Isotopic composition of precipitation in Italy:a first overall map[J]. Journal of Hydrology,270(1-2):75-88.

MERLIVAT L,JOUZEL J,1979. Global climate interpretation of the deuterium-oxygen 18 relationship for precipitation[J]. Journal of Geophysical Research,84:5029-5033.

MOOK W G,2000. IHP-V:Environmental Isotopes in the Hydrological Cycle:Principles and Applications [M]. Paris:VNESCO.

MORGENSTEMU,DAUGHNEY C J,LEONARD G,et al. ,2014. Using groundwater age to understand sources and dynamics of nutrient contamination through the catchment into Lake Rotorua,New Zealand[J]. Hydrology and Earth System Sciences,11:9907-9960.

NELSON S T,2000. A simple,practical methodology for routine VSMOW/SLAP normalization of water samples analyzed by continuous flow methods[J]. Rapid Communication Mass Spectrom,14(12): 1044-1046.

NJITCHOUA R,SIGHA-NKAMDJOU L,DEVER L,et al. ,1999. Variations of the stable isotopic compositions of rainfall events from the Cameroon rain forest,Central Africa[J]. Journal of Hydrology,223(1-2):17-26.

PALMER P C,GANNRETT M W,HINKLE S R,2007. Isotopic characterization of three groundwater recharge sources and inferences for selected aquifers in the upper Klamath Basin of Oregon and California, USA[J]. Journal of Hydrology,336(1-2):17-29.

RAVIKUMARP,SOMASHEKAR R K,2011. Environmental Tritium(^{3}H)and hydrochemical investigations to evaluate groundwater in Varahi and Markandeya river basins,Karnataka,India[J]. Journal of Environmental Radioactivity,102(2):153-162.

ROZANSKI K,ARAGUÁS-ARAGUÁS L,1995. Spatial and temporal variability of stable isotope composition of precipitation over the South American continent[J]. Bulletin Inst. Fr. études Andines,24(3): 379-390.

ROZANSKI K,ARAGUÁS-ARAGUÁS L,GONFIANTINI R,1993. Isotopic pattern in modern global precipitation[M]//SWART P K,LOJWAN K L,MCKENZIE J,et al. Climatic Change in Continental Isotopic Records. Washington D C:American Geophysical Union.

ROZANSKI K,ARAGUAS-ARAGUAS L,GONFIANTINI R,1992. Relation between long-term trends of oxygen-18 isotope composition of precipitation and climate[J]. Science,258(5084):981-985.

SEBNEM A,HASAN Y,MARTIN S,et al. ,2013. Environmental isotopes and noble gases in the deep aquifer system of Kazan Trona Ore Field,Ankara,central Turkey and links to paleoclimate[J]. Quaternary Research,79(2):292-303.

SIEGENTHALER U,OESCHGER H,1980. Correlation of ^{18}O in precipitation with temperature and altitudes[J]. Nature,285(5763):314-318.

STIMSON J,RUDOLPH D,FRAPE S,et al. ,1996. Interpretation of groundwater flow pat terns through a reconstruction of the tritium precipitation record in the Cochabamba valley,Bolivia[J]. Journal of Hydrology,180(1):155-172.

SU Y H,ZHU G F,FENG Q,et al.,2009. Environmental isotopic and hydrochemical study of groundwater in the Ejina Basin,Northwest China[J]. Environmental Geology,58(3):601-614.

TELMER K,VEIZER J,2000. Isotopic constraints on the transpiration,evaporation,energy and GPP budgets of a large boreal watershed:Ottawa River basin,Canada[J]. Global Biogeochemical Cycle,14(1):149-166.

TIAN L D,YAO T D,SCHUSTER P F,et al.,2003. Oxygen-18 concentrations in recent precipitation and ice cores on the Tibetan Plateau[J]. Joural Geophysical Research,108(D9):4293.

TIAN L D,MASSON-DELMOTTE V,STIRVENARD M,et al.,2001. Tibetan Plateau summer monsoon northward extent revealed by measurements of water stable isotopes[J]. Journal of Geophysical Research,106:28081-28088.

TIAN L D,YAO T D,MACCLUNE K,et al.,2007. Stable isotopic variations in west China:a consideration of moisture sources[J]. Joural Geophysical Research,112:D10112.

VAN DER KEMP W J M,APPELO C A J,2000. Inverse chemical modeling and radiocarbon dating of palaeogroundwaters:the tertiary Ledo-Paniselian aquifer in Flanders,Belgium[J]. Water Resources Researeh,36(5):1277-1287.

VUILLE M,WERNER M,BRDLEY R S,et al.,2005. Stable isotopes in precipitation in the Asian Monsoon region[J]. Journal of Geophysical Research,110(D23):108.

WANG B,LIN H,2002. Rainy season of the Asian-Pacific summer monsoon[J]. Journal of Climate,15(4):386-398.

WEN X H,WU Y Q,WU J,2008. Hydrochemical characteristics of groundwater in the Zhangye Basin,Northwestern China[J]. Environmental Geology,55(8):1713-1724.

YAMANAKA T,TSUJIMURA M,OYUNBAATAR D,et al.,2007. Isotopic variation of precipitation over eastern Mongolia and its implication for the atmospheric water cycle[J]. Journal of Hydrology,333(1):21-34.

YAPP C J,1982. A model for the relationships between precipitation D/H ratios and precipitation intensity[J]. Journal of Geophysical Research,87:9614-9620.

YONGE C J,GOLDENBERG L,KROUSE H R,1989. An isotope study of water bodies along a traverse of southwestern Canada[J]. Journal of Hydrology,106(3-4):245-255.

YURTSEVERY,GAT J R,1981. Atmospheric waters[M]// GAT J R,GONFIANTINI R. Stable Isotope Hydrology:Deuterium and Oxygen-18 in the Water Cycle. Vienna:International Atomic Energy Association.

YU W S,YAO T D,TIAN L D,et al.,2007. Stable Isotope Variations in Precipitation and MoisTUre Trajectories on the Western Tibetan Plateau,China[J]. Arctic,Antarctic,and Alpine Research,39(4):688-693.

ZHANG X P,SHI Y F,YAO T D,1995. Variational features of precipitation $\delta^{18}O$ in Northeast Qinghai-Tibet Plateau[J]. Science in China(Series B),38(7):854-864.

ZHAO L J,YIN L,XIAO H L,et al.,2011. Isotopic evidence for the moisture origin and composition of surface runoff in the headwaters of the Heihe River basin[J]. Chinese Science Bulletin,2011,56(1):58-67.

| 第 4 章 | 流域水循环的水化学研究

水文地球化学是通过研究水系统化学组分时空分布规律,分析不同水体水化学分区和各种水文地球化学过程,揭示水系统地球化学演化过程的科学。通过对黑河流域各种水体系统采样,研究选取流域尺度及高寒山区小流域和巴丹吉林沙漠两个典型区,开展水化学特征分析,并利用水文地球化学模拟等方法对流域不同尺度、区域和水体的水力联系、水循环过程等进行研究。

4.1 流域尺度水循环过程中的水化学演变

对黑河流域上、中、下游东西支干流的地表水和地下水进行了系统采集,利用水文地球化学分析方法,在分析黑河流域降水、河水和地下水的水化学变化规律的基础上,利用饱和指数法、离子比例组合和反向水文地球化学模拟软件(PHREEQC)对地下水化学形成作用进行分析,以期揭示黑河流域地下水水化学演化规律和形成机理等水循环规律。

地下水在径流过程中与周围介质不断地相互作用,其化学成分随着地下水的运动也在不断地发生变化,因此含水层中的水化学浓度变化及各种矿物的饱和指数可以反映区域地下水的径流特征、水力联系等。利用水化学资料可以很好地研究地下水的赋存环境、径流途径及能量质量交换等重要信息,从而揭示地下水的循环规律(张人权等,2005;李云峰等,2004;文冬光等,1995;沈照理等,1993;Herczeg et al.,1991)。

4.1.1 采样、分析测定和研究方法

流域所有地表水和地下水样采集于 2007~2008 年。地下水样根据井深分为浅层地下水($<50m$)和深层地下水($>50m$)。采集的水样瓶用 Parafilm 封口膜密封后,带回室内 $4℃$ 冷藏至分析。利用 YSI-63 型多参数水质仪现场测定所有水样的温度、电导率、酸碱度、氧化还原电位和盐度,HCO_3^- 用滴定法现场测定。Na^+、K^+、Mg^{2+} 和 Ca^{2+} 等阳离子使用 PE-2380 型原子吸收光谱仪测定;SO_4^{2-}、Cl^- 和 NO_3^- 三种阴离子使用 Dionex-100 离子色谱仪测定;CO_3^{2-} 用滴定法测定。为保证数据的可行性,所有的测定数值都经过阴阳离子电荷平衡计算。

4.1.2 上游地表水和地下水的水化学特征

上游河水和包气带水均为 HCO_3^--SO_4^{2-}-Ca^{2+}-Mg^{2+} 类型(图 4-1);水体中阴阳离子含量顺序分别为 $HCO_3^- > SO_4^{2-} > Cl^- > NO_3^-$ 和 $Ca^{2+} > Mg^{2+} > Na^+ > K^+$,$Ca^{2+}$ 含量明显地高于 Mg^{2+} 和 Na^+ 的含量,HCO_3^- 含量也远远超过 SO_4^{2-}、Cl^- 及 NO_3^- 的含量。河水的 TDS 值为 327.6~1107.4mg/L,大多数河水和泉水的 TDS 在 500mg/L 以下,属于淡水类型,与

区域降水（402mg/L）类似。地表水电导率为 $225 \sim 1323 \mu s/cm$，地下水电导率为 $508 \sim 1280 \mu s/cm$。地表水和地下水的电导率较为接近，说明流域上游地表水与地下水相互转化较为频繁，二者都由降水补给转化，并且水循环积极，地下水更新较快。

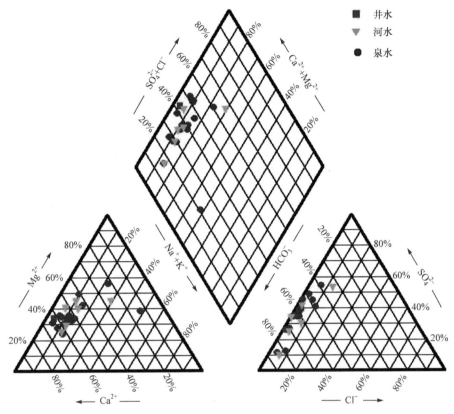

图 4-1 上游地表水和地下水的 Piper 三线图

4.1.3 中游各水体水化学特征揭示的水循环过程

1. 张掖盆地地下水的离子比例分析

张掖盆地浅层地下水的优势离子为 Ca^{2+} 和 HCO_3^-，总溶解固体较低。其化学类型多为 $HCO_3^- - SO_4^{2-} - Ca^{2+} - Mg^{2+}$，仅在个别区域阴离子由 HCO_3^- 转变为 SO_4^{2-} 占优势，TDS 较高，反映了水循环过程中存在强烈的蒸发。由水化学演化趋势看，盆地地下水演化始于上游地表水的补给，终止于平原区地下水体或泉水溢出，反映了地下水的补给来源和排泄去向；其 pH 较高，为弱碱水。水化学类型也体现出了张掖盆地的浅层地下水主要由上游河水补给形成。

深层地下水的阴离子也以 HCO_3^- 为主，阳离子以 Mg^{2+} 和 Ca^{2+} 为主；TDS 均小于 1000mg/L，水质较淡。但是在远离干流的 3 个样点，如红沙窝新建村、清泉镇十号村和高台县南华镇出现了以 SO_4^{2-} 和 Mg^{2+} 为主的水体，TDS 达 1300mg/L，这些样点主要分布在绿洲农业灌溉区，可能受到农业灌溉回水的影响，存在更大时间尺度的水循环过程。其水化学类型比较复杂,包括 $HCO_3^- - SO_4^{2-} - Ca^{2+} - Mg^{2+}$、$HCO_3^- - SO_4^{2-} - Mg^{2+} - Ca^{2+}$、$SO_4^{2-} - HCO_3^- - Na^+ - Mg^{2+}$、$SO_4^{2-} - Cl^- - Na^+ - Mg^{2+}$ 和 $SO_4^{2-} - HCO_3^- - Na^+ - Ca^{2+}$ 型(图 4-2)。水化学类型的复杂化变化趋势指示了该区域地下水补排条件和水动力特征的改变对水质具有决定性的影响。

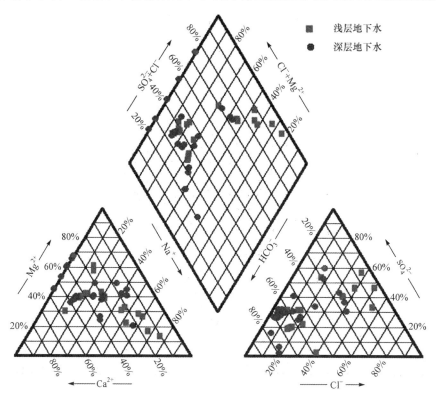

图 4-2 张掖盆地地下水的 Piper 三线图

由于水体受到混合、蒸发等多种作用的共同影响,使用单一离子浓度往往无法判别其物质来源,而两种可溶组分的元素或元素组合的比值(即 X/Y)则能消除水体中稀释或蒸发效应的影响,可用来讨论物质来源和不同水体混合的过程。

$[Na^+]/[Cl^-]$ 是表征地下水中 Na^+ 富集程度的水文地球化学参数。$[Na^+]/[Cl^-]$ 值是恒定的,标准海水的 $[Na^+]/[Cl^-]$ 平均值为 0.85。盆地地下水 $[Na^+]/[Cl^-]$ 值大于或小于 0.85 是在随后的演化过程中向不同的方向演变而成的。如果海相沉积水接受大气降水的入渗溶滤,则 $[Na^+]/[Cl^-]$ 值应趋向大于 0.85。从图 4-3 可以看出,张掖盆地内地下水中 Na^+ 较 Cl^- 多,两者的比值大于 1,表明张掖盆地内地下水发生了强烈的水岩相互作用,这可能是由地下水补给来源单一和当地人类活动影响及强烈的蒸散发作用导致的。同时,$[Na^+]/[Cl^-]$ 的非比例增加,表明地下水不只有 NaCl 的溶解,还伴有钠长石等含钠矿物的溶解,揭示了内陆水循环的基本特征。

一般来说,Na^+ 主要来自斜长石等含钠矿物的风化溶解,地下水中 Cl^- 主要来源于可溶性岩盐颗粒等的溶解,并且与 Na^+、K^+ 溶解的比值为 1:1。张掖盆地内深层地下水一个显著的特点是 $Na^+ + K^+$ 浓度较 Cl^- 浓度高,两者的物质的量浓度比,即 $([Na^+] + [K^+])/$

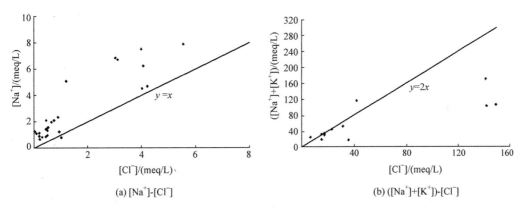

(a) [Na⁺]-[Cl⁻]　　　　　　　　　(b) ([Na⁺]+[K⁺])-[Cl⁻]

图 4-3　张掖盆地深层地下水$[Na^+]$-$[Cl^-]$、$([Na^+]+[K^+])$-$[Cl^-]$的关系图

$[Cl^-]$大多数小于 2(图 4-3)。由于岩盐类 NaCl 矿物在干旱区离子成分受干扰程度较小,因此该区域地下水应是在上游山区河流补给含水层中已发生过多次交互作用及水岩溶滤作用。河水中浓度较高的 HCO_3^- 促进了钠钾盐的分解,导致张掖盆地地下水的 $Na^+ + K^+$ 浓度偏高。

图 4-4 分析结果表明,石膏和岩盐均未达到饱和,Cl^- 与 SO_4^{2-} 分别由岩盐与石膏溶解产生。同时,HCO_3^- 显示出 $CaCO_3$ 和 $MgCa(CO_3)_2$ 的溶解。Na^+ 的增加或损失由岩盐溶解

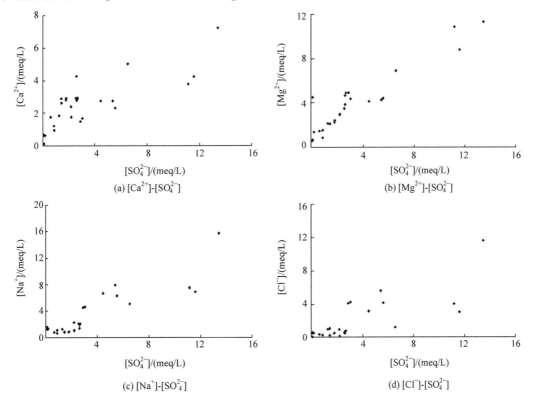

(a) [Ca²⁺]-[SO₄²⁻]　　　　　　　　(b) [Mg²⁺]-[SO₄²⁻]

(c) [Na⁺]-[SO₄²⁻]　　　　　　　　(d) [Cl⁻]-[SO₄²⁻]

图 4-4　张掖盆地深层地下水$[Ca^{2+}]$-$[SO_4^{2-}]$、$[Mg^{2+}]$-$[SO_4^{2-}]$、$[Na^+]$-$[SO_4^{2-}]$和$[Cl^-]$-$[SO_4^{2-}]$关系图

提供,Ca^{2+}、Mg^{2+} 的增加或损失由 $CaCO_3$、$MgCa(CO_3)_2$ 及 $CaSO_4 \cdot 2H_2O$ 提供,这种现象可由($[Ca^{2+}]+[Mg^{2+}]$)-($[HCO_3^-]+[SO_4^{2-}]$)与($[Na^+]+[K^+]$)-$[Cl^-]$ 的关系表示。如果离子交换显著,两参数应为斜率为 -1 的线性关系。图 4-5 结果表明,斜率为 -0.863,但是相关性未达到显著水平,表明张掖盆地深层地下水的阳离子交换较弱。

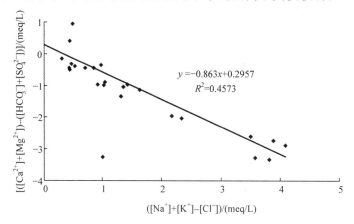

图 4-5 张掖深层地下水阳离子交换比例关系

地下水中的 HCO_3^-、Ca^{2+} 和 Mg^{2+} 很可能来自含钙、镁的硫酸盐或碳酸盐矿物的溶解。因此,可以选用($[Ca^{2+}]+[Mg^{2+}]$)/($[HCO_3^-]+[SO_4^{2-}]$)的方法确定这几种离子的来源。如果($[Ca^{2+}]+[Mg^{2+}]$)/($[HCO_3^-]+[SO_4^{2-}]$)>1,则表明地下水中的 Ca^{2+} 和 Mg^{2+} 主要来源于碳酸盐矿物的溶解;如果($[Ca^{2+}]+[Mg^{2+}]$)/($[HCO_3^-]+[SO_4^{2-}]$)<1,则表明地下水中为硅酸盐或硫酸盐矿物的溶解;($[Ca^{2+}]+[Mg^{2+}]$)/($[HCO_3^-]+[SO_4^{2-}]$)≈1,则表明既有碳酸盐矿物的溶解又有硫酸盐矿物的溶解。在($[Ca^{2+}]+[Mg^{2+}]$)/($[HCO_3^-]+[SO_4^{2-}]$)关系散点图中(图 4-6),张掖盆地大部分地下水的($[Ca^{2+}]+[Mg^{2+}]$)/($[HCO_3^-]+[SO_4^{2-}]$)≈1,表明碳酸盐矿物和硫酸盐矿物的溶解主导着该盆地地下水化学特征的形成。

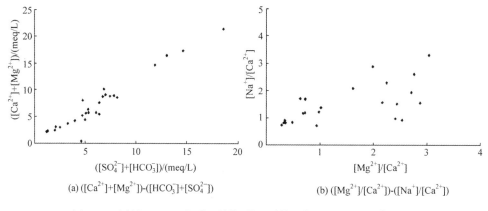

(a) ($[Ca^{2+}]+[Mg^{2+}]$)-($[HCO_3^-]+[SO_4^{2-}]$)

(b) ($[Mg^{2+}]/[Ca^{2+}]$)-($[Na^+]/[Ca^{2+}]$)

图 4-6 张掖深层地下水($[Ca^{2+}]+[Mg^{2+}]$)-($[HCO_3^-]+[SO_4^{2-}]$)和
($[Mg^{2+}]/[Ca^{2+}]$)-($[Na^+]/[Ca^{2+}]$)对比关系

[Mg^{2+}]/[Ca^{2+}]值、[Na$^+$]/[Ca^{2+}]值也常用来区分溶质的大致来源。以方解石溶解作用为主的地下水一般具有相对较低的[Mg^{2+}]/[Ca^{2+}]值和[Na$^+$]/[Ca^{2+}]值;以白云岩风化溶解作用为主的地下水具有较低的[Na$^+$]/[Ca^{2+}]值和较高的[Mg^{2+}]/[Ca^{2+}]值(约为 1)。从研究区地下水[Mg^{2+}]/[Ca^{2+}]、[Na$^+$]/[Ca^{2+}]的散点图(图 4-6)来看,张掖盆地深层地下水的[Mg^{2+}]/[Ca^{2+}]>1,说明张掖盆地含水层中的水岩反应以白云石矿物溶解作用为主。

2. 张掖盆地地下水水文地球化学模拟

反向模拟用以阐明某一地下水流场中地下水的地球化学演化路径问题,即了解某一水化学系统中发生了哪些水-岩反应,哪些矿物发生了溶解或沉淀,其量为多少。本书根据地下水流等值线图选择了 3 条路径,即上寨十六庄—碱滩村路径、明水乡用济村—平原堡路径,以及南华镇—高台县合黎乡路径来阐述区域地下水所发生的水-岩反应(图 4-7)。

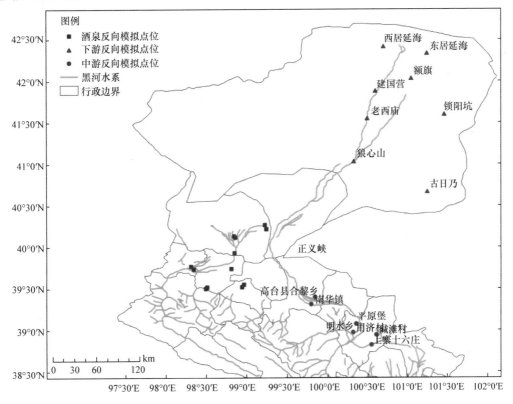

图 4-7 黑河流域反向模拟路径点位分布图

1) 矿物饱和度揭示了碳酸盐、硫酸盐的溶解

PHREEQC 软件可以在模拟运算中直接得到地下水中主要矿物的饱和指数(saturation index,SI)。饱和指数的计算既能使水溶液中各组分的化学形态及含量分布定量化,又能客观、实际地反映各组分的存在形式,并为进一步的反向模拟参数调整提供依据(Jan van et al.,2001)。

从表 4-1 可以看出,张掖盆地内细土平原深层地下水上寨十六庄—碱滩村路径发生方解石和文石的沉淀,且饱和指数从西向东逐渐减少。石膏和硬石膏的饱和指数小于零,说明石膏体发生溶滤作用;白云石表现出溶解过程。岩盐的饱和指数小于−2.0,属于极不饱和型,表现出溶解状态。

表 4-1　张掖盆地地下水主要矿物饱和指数(SI)的模拟结果

编号	采样点	硬石膏	文石	方解石	CO_2	白云石	石膏	岩盐
1	上寨十六庄	−0.10	2.66	2.81	−1.30	−5.45	−0.35	−4.91
2	碱滩村	−0.03	1.80	1.96	−0.98	−4.28	−0.22	−3.86
3	用济村	0.25	2.51	−2.66	−0.78	4.99	−0.50	−5.73
4	平原堡	0.36	2.65	−2.80	−0.87	5.32	−0.60	−5.24
5	南华镇	−0.87	1.81	−1.96	−0.02	4.03	1.11	−3.80
6	合黎乡	−1.06	3.19	−3.34	−0.86	6.71	1.28	−2.85

注:SI<0 时,表示水中该矿物过饱和有可能发生沉淀;SI>0 时,水将溶解该矿物(如果含水层中存在);SI=0 时,地下水中该矿物的溶解处于平衡状态。表 4-5 和表 4-7 同。

明水乡用济村—平原堡路径上发生了方解石的沉淀,白云石、石膏和岩盐的溶解。南华镇-高台县合黎乡路径上发生了硬石膏、方解石和岩盐的溶解,说明在中游张掖盆地地下水的主要化学作用为碳酸盐和硫酸盐的溶解,这一结果也印证了前述离子比值所证实的盆地深层地下水的水化学作用。

饱和指数是地下水水化学研究中应用最多的一个指标,用饱和指数判断矿物的溶解是比较可行的,但用来判断矿物沉淀往往不甚可靠(Plummer et al.,1990)。而利用反向模型PHREEQC 则可以模拟某一水化学系统中发生了哪些水-岩反应,计算出各水溶解混合组分的量,以及在演化过程中气体和矿物转移的物质的量。因此,将本书选择的 3 条路径分别进行了反向模拟来阐述地下水所发生的水-岩反应。

2)地球水文反向模拟指示的岩盐溶蚀过程

地球水文化学反向模拟步骤如下:①水流路径的确定。模拟的反应路径要求在同一流线上,因此首先要选择反应路径,即地下水的流线。②"可能反应相"的确定。选取"可能反应相"以硬石膏、方解石、白云石、石膏、岩盐和 CO_2 为主,各矿物质转移量见表 4-2。

表 4-2　张掖盆地地下水各矿物质的转移量

路径	硬石膏 /(mg/L)	方解石 /(mg/L)	白云石 /(mg/L)	石膏 /(mg/L)	岩盐 /(mg/L)	CO_2 /(g/L)
上寨十六庄—碱滩村	—	$-3.52×10^{-3}$	—	—	$6.25×10^{-2}$	—
明水乡用济村—平原堡	—	$-1.04×10^{-2}$	$4.14×10^{-2}$	$5.31×10^{-2}$	$1.96×10^{-2}$	$7.22×10^{-2}$
南华镇—高台县合黎乡	$4.37×10^{-2}$	$4.63×10^{-2}$	—	—	$1.25×10^{-1}$	$5.05×10^{-2}$

注:正值表示物质进入溶液,负值表示物质离开溶液。

(1)上寨十六庄—碱滩村路径分析。由上寨十六庄—碱滩村这条路径上各矿物质转移的量(表 4-2)可以看出,在这条路径上,普遍存在着岩盐溶解、方解石沉淀的矿物溶解与沉淀趋势。该反应路径上矿物饱和指数的计算结果也反映出一致的规律(表 4-1),即水流路径上方解石、白云石的饱和指数普遍大于零,均处于过饱和状态;而石膏、岩盐的饱和指数则普遍小于零,处于非饱和状态,表明在该水流路径上,地下水水体经历了水化学类型由 HCO_3^--Ca^{2+}-Na^+ 到 HCO_3^--SO_4^{2-}-Mg^{2+}-Ca^{2+} 的变化过程,该条路径上硫酸盐(尤其是石膏)、镁盐逐渐占主导地位。沿着水流路径 TDS 显著增加(图 4-8);阴离子 SO_4^{2-} 和 Cl^- 与阳离子 Na^+ 含量沿水流路径骤增。因此,张掖盆地张掖绿洲区地下水环境的基本演化格局如下:上寨十六庄地下水中的阴离子 SO_4^{2-} 和 Cl^- 浓度很低,重碳酸盐含量很高,基本稳定在 180mg/L 左右,含量优势较明显;沿水流路径,地下水沿途溶解石膏和岩盐等矿物,导致硫酸盐和氯化物含量增加,重碳酸盐浓度略有降低(178.38~146.3mg/L),TDS 也有递增的趋势。总体上,本区为黑河流域干流区,是地表水的排泄区,地下水沿途溶蚀岩盐等含氯矿物导致 Cl^- 含量增加。

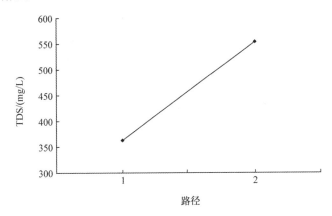

图 4-8　上寨十六庄—碱滩村路径矿物质的 TDS 变化图
1代表起点;2代表终点。下同

同样,该路径的地下水水化学特征参数指标也体现了张掖盆地地下水的赋存条件。

如图 4-9 所示,水流路径上寨十六庄—碱滩村的 $[Na^+]$/$[Cl^-]$ 值均小于 0.85。一般认为,地层水封闭越好,越浓缩,变质程度越深,其 $[Na^+]$/$[Cl^-]$ 值越小,反映了比较还原的水体环境。

Cl^- 通常在缓滞的水动力带中富集,Ca^{2+} 是弱矿化水中主要的阳离子,重碳酸钙水是低矿化水的普遍特征。沿水流路径 $[Cl^-]$/$[Ca^{2+}]$ 值升高,水流路径终点和起点差异显著(图 4-9),说明地下水流动渐趋缓滞,地下水交替程度不同,Cl^- 富集,形成了较高矿化的高氯地下水。

在低矿化水中,通常 Ca^{2+} 占优势,随着总溶解固体的增高,水中 Mg^{2+} 的含量也相应增高。如图 4-9 所示,$[Mg^{2+}]$/$[Ca^{2+}]$ 与 $[Na^+]$/$[Mg^{2+}]$ 十分相近,都比较小,说明 Mg^{2+}、Ca^{2+} 和 Na^+ 相比,占有一定的优势,这充分体现在该水流路径上水化学类型的变化过程中。

从图 4-9 可以看出,$[Cl^-]$/$[HCO_3^-]$ 和 $[Cl^-]$/$[SO_4^{2-}]$ 呈明显上升趋势,说明水流路径 SO_4^{2-} 含量逐渐占主导优势,HCO_3^- 含量相对变低的易溶盐聚集过程,显示出岩相组成由山前戈壁或河道到绿洲区的演变对水动力场和水化学场的控制作用,即水动力和地下水更新均呈相对减弱趋势。

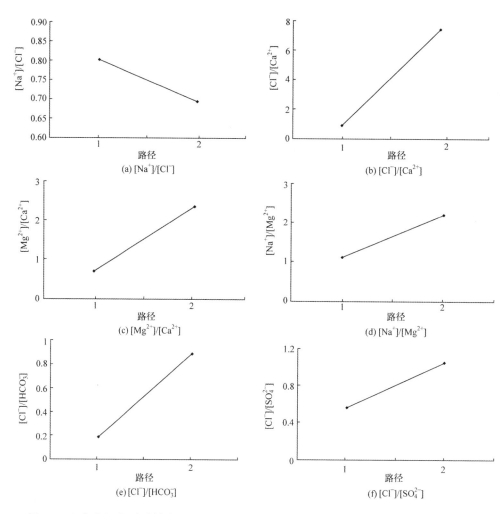

图 4-9　上寨十六庄-碱滩村路径矿物质的$[Na^+]/[Cl^-]$、$[Cl^-]/[Ca^{2+}]$、$[Mg^{2+}]/[Ca^{2+}]$、
$[Na^+]/[Mg^{2+}]$、$[Cl^-]/[HCO_3^-]$和$[Cl^-]/[SO_4^{2-}]$对比关系

　　（2）南华镇—高台县合黎乡路径分析。由表 4-3 的质量交换计算结果可以看出,沿南华镇-高台县合黎乡水流路径普遍存在方解石、硬石膏和岩盐的溶解。这和表 4-1 中该反应路径上矿物饱和指数计算结果所反映出来的规律是一致的,即水流路径上方解石、硬石膏、白云石和岩盐的饱和指数普遍小于零,表明这几种矿物相对于水溶液而言均处于非饱和状态。水流路径上经历了水化学类型由 SO_4^{2-}-HCO_3^--Na^+-Mg^{2+} 变化为 SO_4^{2-}-HCO_3^--Na^+-Ca^{2+} 的过程。Ca^{2+}、SO_4^{2-} 和 Mg^{2+} 同时增加表明了地下水沿水流方向发生了脱白云石作用。

　　如图 4-10 所示,水流路径南华镇—高台县合黎乡的$[Na^+]/[Cl^-]$值均大于 0.85,为陆相特征,表明地层水的浓缩变质作用不太明显,符合张掖盆地高台周围陆相沉积的岩相古地理特征。沿水流路径$[Cl^-]/[Ca^{2+}]$值升高,水流路径终点和起点相差不大(图 4-10),说明地下水流动渐趋快速,未形成较高矿化的高氯地下水。$[Mg^{2+}]/[Ca^{2+}]$值较小,而$[Na^+]/[Mg^{2+}]$值较大,说明 Na^+ 和 Ca^{2+} 占有一定的优势,$[Cl^-]/[HCO_3^-]$和$[Cl^-]/[SO_4^{2-}]$明显呈上升趋势,说明水流路径 SO_4^{2-} 含量逐渐占主导优势,HCO_3^- 含量相对较低的易溶盐聚集过程,这充分体现出该水流路径上水化学类型由 SO_4^{2-}-HCO_3^--Na^+-Mg^{2+} 向 SO_4^{2-}-HCO_3^--Na^+-Ca^{2+} 变化的过程,与上寨十六庄—碱滩村水流路径相一致。

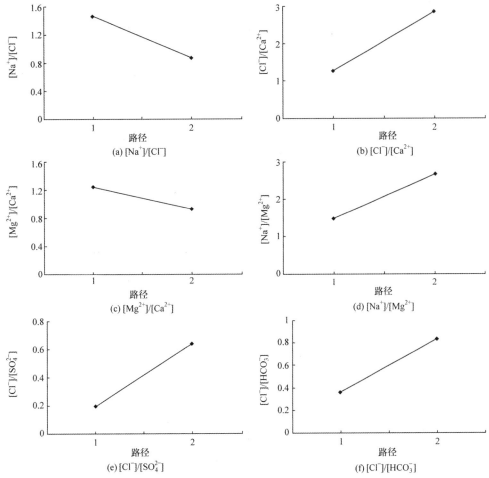

图 4-10 南华镇—高台县合黎乡路径矿物质的[Na^+]/[Cl^-]、[Cl^-]/[Ca^{2+}]、[Mg^{2+}]/[Ca^{2+}]、
[Na^+]/[Mg^{2+}]、[Cl^-]/[SO_4^{2-}]和[Cl^-]/[HCO_3^-]对比关系

3. 酒泉盆地浅层地下水的水化学特征

酒泉盆地浅层地下水水化学特征与张掖盆地明显不同,山前戈壁带地下水总溶解固体变化较高,TDS 为 $400 \sim 1000mg/L$,平均值为 $800mg/L$,主要水化学类型为 SO_4^{2-}-Mg^{2+}-Ca^{2+} 和 HCO_3^--SO_4^{2-}-Mg^{2+}-Ca^{2+}。较低的总溶解固体值与北大河山区的冰雪融水的值非常相似,且 pH 也很接近,说明低总溶解固体的浅层地下水来自于北大河山区的冰雪融水(表 4-3)。总溶解固体大于 $1000mg/L$ 的样点主要分布在马营河与丰乐河之间的地带,可能是受山前基岩裂隙水补给的影响,山前基岩裂隙水的总溶解固体高达 $1819.4 \sim 5786.0mg/L$,主要为 SO_4^{2-}-Ca^{2+}-Mg^{2+}-Na^+ 和 Cl^--SO_4^{2-}-Na^+(表 4-3)。这一带地下水可能是由洪水与山前基岩裂隙水混合补给形成的。

表 4-3　山前基岩裂隙水的水化学特征

编号	水体类型	pH	TDS/(mg/L)	TDS 均值/(mg/L)	水化学类型
1	山前基岩裂隙水	6.9	4369.2		SO_4^{2-}-Ca^{2+}-Mg^{2+}-Na^+
2		7.9	1819.4	3953.7	Cl^--SO_4^{2-}-Na^+
3		7.8	5786.0		Cl^--SO_4^{2-}-Na^+
4	北大河冰雪融水	7.9	334.8		HCO_3^--SO_4^{2-}-Ca^{2+}-Mg^{2+}
5		8.1	321.2	395.6	HCO_3^--SO_4^{2-}-Mg^{2+}-Ca^{2+}
6		7.9	532.7		HCO_3^--SO_4^{2-}-Mg^{2+}-Ca^{2+}

酒泉盆地深层地下水的 TDS 为 $300 \sim 1000mg/L$,平均值为 $500mg/L$,水化学类型为 HCO_3^--SO_4^{2-}、HCO_3^--Cl^--Na^+-Mg^{2+} 和 HCO_3^--Mg^{2+},为淡水,水质较好。深层地下水水化学演化主要起始于上游山前戈壁带,水化学类型为 HCO_3^--SO_4^{2-}-Ca^{2+}-Mg^{2+},沿径流途径深层水中阳离子向 Mg^{2+} 方向演化,阴离子仍以 HCO_3^- 为主。

4. 中游酒泉-金塔盆地地下水水化学演化规律

根据 Piper 三线图(图 4-11)可以看出,酒泉—金塔盆地地下水总体偏碱性,各离子质量浓度及水化学指标变化较大(表 4-4)。南部山前地表水阳离子以 Ca^{2+} 为主,阴离子以 HCO_3^- 为主;中部鸳鸯池水库及金塔境内地表水水化学类型变化不大,阳离子没有明显变化,阴离子演变为 SO_4^{2-}-HCO_3^-。酒泉西部及中部地下水阳离子从 Ca^{2+}、Mg^{2+} 型水向以 Ca^{2+} 为主过渡,阴离子均以 HCO_3^- 和 SO_4^{2-} 为主。东部阳离子以 Mg^{2+} 和 Ca^{2+} 为主,阴离子以 SO_4^{2-} 为主。金塔盆地内地下水特征变化不明显,西南部阳离子是以 Ca^{2+} 和 Mg^{2+} 型水向 Mg^{2+} 为主过渡,东北部以 Mg^{2+} 型为主,阴离子以 HCO_3^--SO_4^{2-} 型向 SO_4^{2-} 型转化。

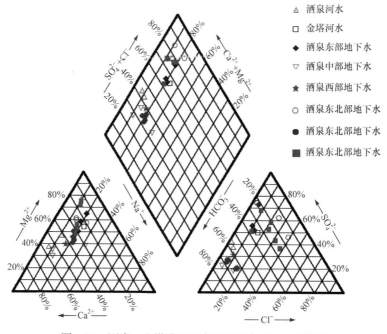

图 4-11　酒泉—金塔盆地河水和地下水 Piper 三线图

表 4-4　地下水主要化学特征及离子质量浓度统计值

项目	$t/℃$	pH	TDS /(mg/L)	$[Ca^{2+}]$ /(mg/L)	$[Mg^{2+}]$ /(mg/L)	$[Na^+]$ /(mg/L)	$[HCO_3^-]$ /(mg/L)	$[Cl^-]$ /(mg/L)	$[SO_4^{2-}]$ /(mg/L)
均值	12.13	7.73	847.5	58.7	10.7	6.2	229.4	79.1	331.0
最大值	18.40	8.50	3707.0	187.8	793.3	212.3	572.0	788.5	1511.2
最小值	9.80	7.60	124.2	24.2	99.3	49.4	62.7	2.7	15.5

　　由此可以看出,酒泉盆地地下水与金塔盆地地下水的水化学特征具有相同的演化趋势,没有明显的衔接,两个区域的地下水力直接联系较弱。

　　从各离子当量浓度对比关系图(图 4-12)来看,酒泉—金塔盆地内沿地下水西南—东北水流方向$[Mg^{2+}]/[Ca^{2+}]$和$[Na^+]$有所增加,并与$[Cl^-]$和$[SO_4^{2-}]$有正相关关系。$[Na^+]$较$[Cl^-]$高,大部分水样$[Na^+]/[Cl^-]$大于 1,表明地下水发生了强烈的水-岩相互作用,这可能是由地下水补给来源单一、当地人类活动及蒸发作用强烈造成的。同时,$[Na^+]/[Cl^-]$不成比例增加表明地下水中不仅有 Na^+、Cl^- 的溶解,还伴有含钠矿物的溶解。水中的 Na^+ 不易与某种阴离子达到饱和,随着 Na^+ 的增多,可能与硅酸盐的阳离子发生交换作用(Na^+-Ca^{2+})。沿水流方向 Ca^{2+} 的减少及 SO_4^{2-} 和 Mg^{2+} 的增加,表明沿途可能有石膏溶

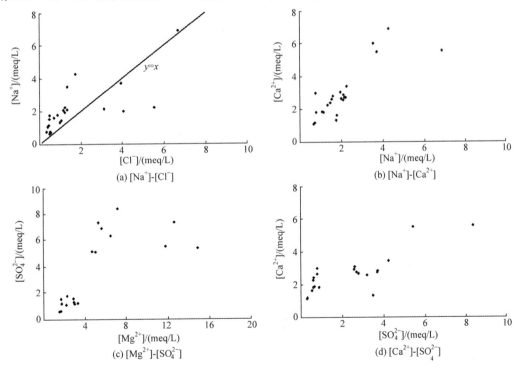

图 4-12　酒泉—金塔盆地地下水矿物质的$[Na^+]$-$[Cl^-]$、$[Na^+]$-$[Ca^{2+}]$、$[Mg^{2+}]$-$[SO_4^{2-}]$
和$[Ca^{2+}]$-$[SO_4^{2-}]$对比关系图

---

　　① 当量浓度已被废止使用,但实际工程应用中经常使用,因此本书仍沿用此物理量。

解出的 Ca^{2+} 置换了白云石中的 Mg^{2+}，产生 $CaCO_3$ 沉淀。一般认为，干旱区混合作用既包括垂向上大气降水入渗与地下水的混合作用，也包括侧向渗流过程中的多次混合作用(沈媛媛，2006；马学尼等，1998)。水文地质资料和地下水水化学资料显示，酒泉的河水样与金塔盆地地下水存在一定的混合作用，该区域水库的建设也在一定程度上对混合起了促进作用。因此，一方面这些地表水淡化了金塔盆地西南部地下水中的 TDS 浓度；另一方面，可能使整个地区地下水的化学成分有所改变。长期的溶滤、蒸发作用和滞留作用，导致 TDS 及各主要离子含量由西南向东北逐步增加，尤其是 SO_4^{2-} 和 Mg^{2+} 含量的增加。

1) 水文地球化学饱和指数分析

由酒泉—金塔盆地地下水主要矿物饱和指数结果可以看出，酒泉境内地下水发生方解石和文石的沉淀，且饱和指数从西向东逐渐减少(表 4-5)。石膏和硬石膏的饱和指数小于 0，且呈现由大到小的趋势，说明石膏体发生溶滤作用，白云石表现出溶解状态。岩盐的饱和指数小于 -2.0，属于极不饱和型，表现出溶解状态。金塔盆地内从西南至东北也表现出相似的趋势，均发生石膏体和白云石的溶滤作用和方解石、文石的沉淀。

金塔盆地西南部与酒泉东部的各矿物质饱和度均有显著差异，说明金塔盆地内的地下水并不是由酒泉地下水直接转化而来的，应该在北山古近系、新近系砂岩与白垩系砂砾岩隆起带出露成地表水后进入金塔盆地再次转化。

表 4-5　酒泉—金塔盆地地下水主要矿物饱和指数(SI)的模拟结果

编号	采样点	硬石膏	文石	方解石	CO_2	白云石	石膏	岩盐
7	酒泉西部	-0.23	2.06	2.22	-1.05	-4.30	-0.02	-5.41
8	酒泉西部	-0.19	1.99	2.14	-0.95	-4.17	-0.06	-5.34
9	酒泉西部	-0.14	2.05	2.21	-0.78	-4.16	-0.39	-2.81
1	酒泉东部	-0.57	-2.45	1.60	-1.00	-5.36	-0.82	-4.7
2	酒泉东部	-0.67	1.96	1.12	-0.73	-4.26	-0.92	-5.04
3	酒泉东部	-0.60	1.23	1.38	-0.74	-4.76	-0.84	-4.61
4	酒泉东部	-0.36	1.45	1.60	-0.74	-3.59	-0.60	-5.16
14	金塔西南部	-0.13	-2.77	2.92	-1.10	-5.74	-0.38	-4.80
15	金塔西南部	-0.13	2.74	-2.89	-1.13	-5.65	-0.38	-5.31
16	金塔西南部	-0.08	2.93	3.08	-1.31	-6.07	-0.33	-4.87
17	金塔西南部	-0.09	2.54	2.69	-1.05	-5.37	-0.33	-5.38
18	金塔西南部	-0.24	2.37	2.52	-0.54	-4.89	-0.48	-5.15
10	金塔东北部	-1.30	1.05	-1.20	-0.77	-7.10	-1.51	-2.76
11	金塔东北部	-1.22	1.53	1.68	-0.15	-5.63	-1.43	-4.43
12	金塔东北部	-1.28	-1.77	1.92	-0.36	-6.08	-1.50	-4.22
13	金塔东北部	-1.07	1.28	1.43	-0.68	-5.16	-1.30	-3.46

2) 酒泉—金塔盆地地下水反向地球水文模拟

酒泉境内地下水的总体流向是从西向东，而金塔盆地是从西南至东北方向。本书分别在酒泉境内和金塔境内各选择了 3 条路径(图 4-7)。选取可能反应相以硬石膏、方解石、白云石、石膏、岩盐和 CO_2 为主，其各矿物质转移量见表 4-6。

表 4-6 酒泉—金塔盆地地下水各矿物质的转移量

区域	路径	硬石膏 /(mg/L)	方解石 /(mg/L)	白云石 /(mg/L)	石膏 /(mg/L)	岩盐 /(mg/L)	$CO_2/(g/L)$
酒泉	7-1	—	-1.76×10^{-1}	1.18×10^{-1}	1.52×10^{-1}	3.72×10^{-2}	6.02×10^{-2}
	8-2	1.42×10^{-1}	-1.54×10^{-1}	1.03×10^{-1}	—	2.46×10^{-2}	5.60×10^{-2}
	9-3	—	-1.07×10^{-1}	5.45×10^{-2}	9.56×10^{-2}	1.42×10^{-2}	—
金塔	14-10	6.85×10^{-1}	-1.83	1.04	—	7.89×10^{-1}	2.37×10^{-1}
	15-11	2.74×10	-5.65×10^{-1}	3.17×10^{-1}	2.78×10	4.76×10^{-2}	7.32×10^{-2}
	16-12	4.53×10	-5.9×10^{-1}	3.38×10^{-1}		6.16×10^{-2}	8.65×10^{-2}

注:正值表示物质进入溶液,负值表示物质离开溶液。表示路径的数字是模拟点位编号,图 4-7 中未标出。

模拟计算结果表明(表 4-6),地下水化学演化过程与饱和指数分析一致,酒泉境内由西向东发生了白云石、石膏、硬石膏和岩盐的溶解,而方解石发生了沉淀。CO_2 气体在水流系统中为输入项,促进了酒泉境内各矿物质部分溶解。金塔盆地由西南至东北的地下水化学演化过程中也发生了类似的水-岩反应。

由此看出,酒泉和金塔盆地的地下水具有相类似的水-岩作用。因此,它们之间的地下水水力联系不大。经历的水循环转换过程为酒泉西部的地下水在酒泉东部转化为地表水,该地表水流向金塔盆地转换为地下水。

4.1.4 下游地下水水化学特征及水循环研究

1. 地下水水化学特征

1) 地下水的 TDS 值变动范围较大

一般来说,流程越长,TDS 值越大(黄天明等,2007;何朋朋,2006)。额济纳盆地南部浅层地下水的 TDS 值都较低(248.1~543.9mg/L),并且与该区河水的 TDS 值(685.5mg/L)很类似,说明浅层地下水与河水有密切的水力联系,可能是由于低 TDS 河水补给地下水的强度大,地下水更新与循环积极。因此,分布在该补给带的地下水 TDS 也较低。深层地下水的 TDS 值也较低,其范围为 518.8~2700.4mg/L。从整体来看,狼心山的 TDS 值最低,为 695.2~744.4mg/L,平均值为 718.7mg/L。然后,出现了由南向北逐渐增加的趋势,依次为老西庙(TDS 平均值为 1035.0mg/L)—建国营(TDS 平均值为 1688.2mg/L)—西居延海(TDS 平均值为 1834.1mg/L);狼心山(TDS 平均值为 718.7mg/L)—锁阳坑(TDS 平均值为 2964.2mg/L)。然而,狼心山(TDS 平均值为 718.7mg/L)—古日乃(TDS 平均值为 870.7mg/L)的 TDS 值变化比较一致。总体来看,额济纳旗达来呼布镇周围地下水的 TDS 值最高,说明地下水的最终汇聚点不是在东居延海,而是在额济纳旗达来呼布镇和东居延海之间。从 TDS 水平分布规律可以得出,水源地地下水在南部狼心山接受补给,地下水在尾闾东、西居延海处排泄。

从狼心山至东、西居延海方向,地下水中的阴离子以 SO_4^{2-} 为主,阳离子以 Na^+ 为主。地下水 TDS 小于 1000mg/L 的范围主要是在老西庙以南、狼心山至古日乃这一段,地下水水质一般较好,由于地表入渗条件较好,地下水循环交替迅速,在河水垂向入渗补给地下水过程中,混合作用比较充分。沿着地下水的流向,向北地下水的矿化度逐渐递增,至地下水的排泄地带水质较差,TDS值大多大于1000mg/L,有些甚至为中度咸水。建国营周围和西居延海附近以微咸水居多;TDS值最高达36378mg/L。

2) 浅层与深层地下水的水化学类型

该区地下水水化学特征主要是受地下水补、径、排条件与地层沉积环境因素控制,通常随着流程的增加,地下水中的阴离子主要由 HCO_3^- 和 SO_4^{2-} 向 Cl^- 转变(Stuyfzand,1999;Toth,1999)。下游区域地下水的水化学类型主要有两种:①浅层地下水阳离子是以 Na^+ 和 Mg^{2+} 为主,阴离子是以 SO_4^{2-} 和 HCO_3^- 为主。②深层地下水和自流井,非碳酸盐大于50%,阳离子以 Na^+ 为主,阴离子以 SO_4^{2-} 和 Cl^- 为主。总体来看,研究区无论是浅层地下水还是深层地下水,按阴离子组分,均是以 SO_4^{2-} 型水占优势,HCO_3^- 与 Cl^- 型水仅有局部分布;按阳离子组分,以 Na^+ 型水为主,其次为 Mg^{2+} 型水。在古日乃,水化学类型多为 SO_4^{2-}-Cl^--Na^+ 型和 Cl^--SO_4^{2-}-Na^+ 型,反映了干旱气候条件下第四系浅层水和终端湖的水化学特征(郭永海等,2005;高柏等,2005;沈照理等,1993)。下游地下水的pH为7.2~8.1,表现为弱碱性,这是由干燥炎热的气候条件下,强烈的地面蒸发所导致的。SO_4^{2-} 和 Cl^- 的含量增大可能与气候干旱、补给贫乏、径流条件差,以及岩层中富含该类盐分等因素有关。

3) 水化学特征呈现明显的水平分带性

总体上,黑河下游地下水水化学类型水平分带性明显,水化学类型由老西庙南部的 SO_4^{2-}-HCO_3^--Mg^{2+}-Na^+ 型变为东、西居延海的 SO_4^{2-}-Cl^--Na^+ 型。其空间分布规律反映了水源地补、排条件,即下游地下水接受南部狼心山处地下水的补给,南部狼心山为下游地势最高的地段,为地下水的补给区,TDS含量较低,地层中大部分盐分由于地下水的长期淋滤作用随地下径流向下游排泄;随着地下水逐渐向北流向,在东、西居延海尾闾排泄区,由于地下水径流滞缓,使得地下水中的可溶性含盐量增高,形成高TDS地下水,水化学类型主要为 SO_4^{2-}-Cl^- 型水,所有离子含量都在同时增加,反映了地下水从南向北的流向特征。在下游补给区,没有明显的浅层、深层水变化,即在垂向分布上相对"均一性"。由浅层到深层,地下水中各种离子含量及总量、TDS呈减少趋势,以 SO_4^{2-}-HCO_3^--Na^+-Mg^{2+} 型为主。而在东居延海排泄区自下而上,地下水水化学组分逐渐升高,地下水水化学类型由深部的 SO_4^{2-}-Cl^--Na^+ 型朝着浅部的 Cl^--SO_4^{2-}-Na^+ 型演化,与正常的水文地球化学分带基本一致。

4) 地下水水化学特征演化成因

区域地下水化学成分及其形成与分布是一定的自然地理和地质环境下经过漫长的地质历史过程的产物。在天然地下水水化学场形成的漫长历史进程中,地壳中多种化合物溶于水,随着水文循环一起迁移,经历不同环境使其数量、组成及存在形态不断变化。这个过程受两方面因素制约:一是地层条件、土壤中元素和化合物的物理化学性质;二是各种环境因素,如天然水的酸碱性质、氧化还原状况、有机质的数量与组成,以及各种自然环境条件等(董维红,2005)。

在地下水的化学成分中,各组分之间的含量比例系数常常被用来研究某些水文地球化学问题。由于水体受到混合、蒸发等多种作用的共同影响,使用单一离子浓度往往无法判别其物质来源,而两种可溶组分的元素或元素组合的比值(即 X/Y)则能消除水体中稀释或蒸发效应的影响,可用来讨论物质来源和不同水体混合过程。

从[Na⁺]-[Cl⁻]对比关系可以看出(图 4-13),绝大多数地下水的样点位于直线 1∶1 之上,说明 Na^+ 浓度整体上均大于 Cl^- 浓度,即[Na⁺]/[Cl⁻]>1,也说明地下水主要由地质历史时期的降水入渗补给。地下水在沿水流方向过程中不断通过水解和酸作用使岩石矿物风化溶解,使 Na^+ 从长石中释放出来,从而使 Na^+ 浓度大于 Cl^- 浓度,表明盆地下水经历了强烈的水-岩相互作用,地下水滞留时间长,水循环缓慢。

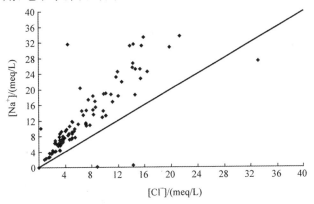

图 4-13 黑河下游地下水[Na⁺]-[Cl⁻]对比关系图

从图 4-14 可以看出,[Na⁺]/[Cl⁻]值基本上随着 TDS 的增加呈下降趋势,说明 Na^+ 与含水层中黏土矿物吸附的 Ca^{2+}、Mg^{2+} 进行了离子交换,导致地下水中的 Na^+ 浓度减小,Cl^- 浓度增加,水中 HCO_3^- 和 SO_4^{2-} 也相应地发生沉淀,使 Cl^- 富集,即导致[Na⁺]/[Cl⁻]值下降。

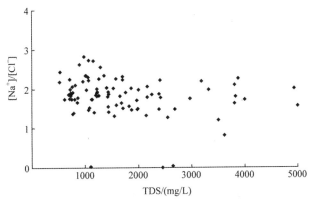

图 4-14 黑河下游地下水([Na⁺]/[Cl⁻])-TDS 对比关系图

Cl^- 是地下水中重要的离子组分之一,由于其保守性,在地下水化学成因研究中被广泛应用。从地下水 Cl^- 分布特征来看,研究区各含水层的 Cl^- 含量相对稳定,变化程度不大,且其含量并不随 TDS 变化,甚至随 TDS 的增加而减小,表明氯化物的溶解并不是研究区内地下水咸化的主要因素。以化学性质保守的 Cl^- 为参考对象,研究区内地下水的[SO₄²⁻]/[Cl⁻]随[SO₄²⁻]的增加而增大(图 4-15),说明硫酸盐在地下水咸化中具有重要作用。

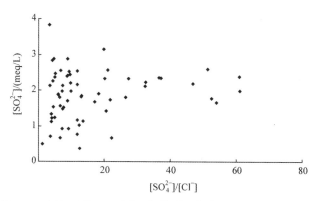

图 4-15 黑河下游地下水 $[SO_4^{2-}]$-($[SO_4^{2-}]$/$[Cl^-]$)对比关系图

从($[Ca^{2+}]$+$[Mg^{2+}]$)-($[SO_4^{2-}]$+$[HCO_3^-]$)的散点图可以看出,下游地下水主要发生了硅酸盐或硫酸盐矿物的溶解,需要硅酸盐分解的离子来保持平衡(图 4-16)。

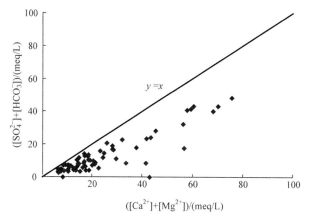

图 4-16 黑河下游地下水($[SO_4^{2-}]$+$[HCO_3^-]$)-($[Ca^{2+}]$+$[Mg^{2+}]$)对比关系图

($[Ca^{2+}]$+$[Mg^{2+}]$)与$[HCO_3^-]$关系线可以反映 Ca^{2+}、Mg^{2+} 的来源。从$[Ca^{2+}]$+$[Mg^{2+}]$与$[HCO_3^-]$的关系可以看出,($[Ca^{2+}]$+$[Mg^{2+}]$)远远落于 1:1 平衡线的下方,说明碱性离子在整个离子总量中所占比例的增加,需要 Na^+、K^+ 碱性离子来维持平衡(图 4-17)。

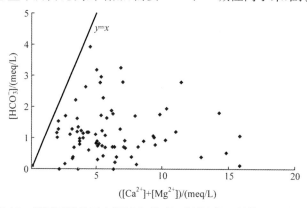

图 4-17 黑河下游地下水$[HCO_3^-]$-($[Ca^{2+}]$+$[Mg^{2+}]$)对比关系图

Na⁺ 矿物分解的指示因子可以反映出离子来自硅酸盐矿物的分解或土壤盐分的溶解。由[Na⁺]+[K⁺]和[Cl⁻]的关系图可以看出,[Na⁺]+[K⁺]远远大于[Cl⁻],两者的浓度比([Na⁺]+[K⁺])/[Cl⁻]达到 2 以上(图 4-18),说明碱性离子主要来源于硅酸盐矿物的分解(刘振敏,2000)。由于碱性硅酸盐矿物及土壤盐分多在开放式含水层系统发生溶解,需要充足的 CO_2 和 H^+ 持续补给地下水。HCO_3^- 为钠、钾盐的分解提供了良好的物质基础,运移过程中又经历了长时期的蒸发浓缩作用,导致流域终端[Na⁺]+[K⁺]浓度偏高。另外,[Na⁺]+[K⁺]与总阳离子的比值较高(图 4-19),反映了研究区地下水主要阳离子来源于硅酸盐的分解(Ryu et al.,2006)。[Na⁺]/[Cl⁻]显示了下游地下水中[Na⁺]和[Cl⁻]不成比例增加且比值基本大于 1,说明地下水中[Na⁺]+[K⁺]来源还可能包括一些含钠钾物质风蚀后的溶解,同时水中 Na^+ 与 K^+ 不易与某些阴离子达到饱和。随着 Na^+ 和 K^+ 含量的增多,可能与硅酸盐矿物的 Ca^{2+}(Mg^{2+})发生了阳离子交换。

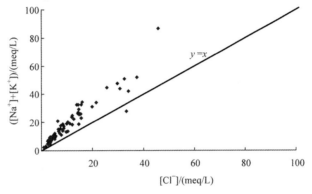

图 4-18　黑河下游地下水([Na⁺]+[K⁺])/[Cl⁻]对比关系图

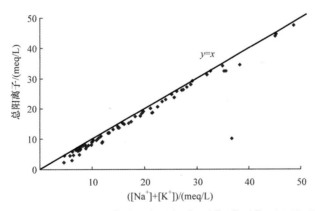

图 4-19　黑河下游地下水总阳离子与([Na⁺]+[K⁺])对比关系图

5) 地下水循环的水化学证据及影响因素

岩石含盐量主要指岩石中的易溶盐类(如 $NaCl$、Na_2SO_4 和 Na_2CO_3 等)的含量。由以上分析可知,在地下水流动的过程中,下游地下水发生阳离子交换吸附作用,从而使地下水中离子组分发生变化。在下游上段,即地下水补给区多形成 SO_4^{2-}-HCO_3^--Na^+ 型地下水,而在尾闾湖区,即排泄区以 SO_4^{2-}-Cl^--Na^+ 型为主。

下游研究区内古近系、新近系和白垩纪沉积地层分布范围大,中层岩石矿物成分以石膏、岩盐、片麻岩、石灰岩、变质砂岩和芒硝为主(Zhu et al.,2007;Fan,1991)。因此,额济纳盆地北部居延海和东部日乃大范围分布有 SO_4^{2-}-HCO_3^--Na^+ 型水。石膏层和芒硝是形成区内 SO_4^{2-} 型水的主要来源。由于沉积环境的交替变化,黏性土层的分布在水平和垂直方向上极不稳定,很难在盆地内找到一层分布比较稳定的隔水层,造成承压水没有统一完整的隔水顶、底板。因此,承压水与潜水之间存在着较密切的水力联系,虽然依据所含矿物成分不同可以将含水层系统划分为单层和多层含水层子系统,在多层系统中依地层岩性结构进一步划分为潜水区和承压水区子系统,但实际上却是一个各层之间存在着密切水力联系的含水综合体。从补给区至排泄区,在其长时期渗流过程中发生多次混合作用。

补给区地下水交替强烈,水化学类型简单,主要为 SO_4^{2-}-HCO_3^- 型水,TDS 值普遍较低,大多数小于 1000mg/L。而排泄区经过长途的溶滤、离子交换、混合等作用后,TDS 值较高,水化学类型复杂。特别在阴离子类型方面,两大盐类均有出现。由此反映了区内地下水补、径、排等之间的关系。

含水层岩性对地下水矿化作用主要表现在两方面:一是含水层的颗粒成分,它在很大程度上反映了地下水径流的通畅程度;二是含水层物理化学性质,如岩石中的可溶盐含量及其组分,吸附离子的容量及其组分。许多资料表明,在含水层岩性为砾卵石和砂砾石时,潜水总溶解固体绝大多数小于 1000mg/L,但当含水层岩性为砂、亚砂土和亚黏土时,潜水总溶解固体变幅则很大,大部分地区总溶解固体大于 1000mg/L,最高达 300000mg/L。因此,含水层岩性颗粒越粗,总溶解固体越低,反之则高。对于下游狼心山-南部的湖西新村一带,其含水层为砂砾石或粗砂。向北至额济纳旗一带,含水层为粉细砂和粉砂与黏土互层。含水层从南向北,岩相由粗变细,即由砾砂质土到黏土类的沉积变化规律,说明了由狼心山至居延海区域的总溶解固体递增。

6)浅层地下水循环中化学场的形成及成因

地下水的化学成分是地下水在流动过程中经过漫长的地质历史时期形成的。在其形成过程中,地下水受到流经岩石的成分和性质、地层结构、水动力场和沉积环境等的影响。影响浅层地下水化学场形成的主要作用有溶滤作用、蒸发浓缩作用、混合作用和阳离子交换吸附作用。

溶滤作用的产生与岩土中可溶岩的含量、可溶岩的溶解度、岩土的孔隙特征等有着密切关系。除此之外,溶滤作用还会受到气候、地形、地质构造和地下水运移规律等的影响。在下游上段补给区,地下水径流条件好,加之海拔较高,在含水层中的停留时间短,含水层中易溶组分,如 Cl^- 等不断被淋滤并由地下径流带走,阴离子以 SO_4^{2-} 和 HCO_3^- 占优势,形成低总溶解固体的 SO_4^{2-}-HCO_3^--Na^+-Mg^{2+} 型地下水。

干旱地区浅层地下水的蒸发对盐分的积累是非常显著的,在蒸发浓缩作用下,地下水中的 Ca^{2+}、Mg^{2+} 和 HCO_3^- 等离子浓度会逐渐增大,直接影响碳酸盐矿物的溶解平衡,从而使地下水的水化学成分发生改变。下游的潜水水位埋深是南深北浅,范围为 3~10m。通过土壤毛管的毛细作用,蒸发强度很大,随着埋深的增加,蒸发强度逐渐减弱。在额济纳盆地的北部边缘额济纳旗达来呼布镇-居延海,浅层地下水的排泄主要为蒸发,因此浅层地下水 TDS 浓度也相应增大。许多资料表明,在地层岩性等其他条件相同的情况下,浅层地下水埋藏越浅,TDS 值也越高。这也符合浅层地下水 TDS 值南低北高的规律。在径流区-排泄区过程中,地下水不断与外界环境进行各种物理化学作用,其中蒸发浓缩起主要作用。随着 pH 和 TDS 值逐渐增加,当 pH>7.6 和 TDS>1000mg/L 时,则产生碳酸盐的沉淀,致使水中 HCO_3^- 浓度降低,最终形成 TDS 较高的 SO_4^{2-}-Cl^--Na^+ 型水。

控制本区地下水离子成分的另一主要因素是蒸发-沉积作用。额济纳盆地含水层颗粒较细,循环速度较慢,植被覆盖率较低,蒸发作用变得非常强烈,加之上游地区的盐分积累和补给区矿物溶解作用形成的溶质,其组分的浓度急剧上升,致使地下水具有高含盐量,从而使水中各矿物达到热力学不稳定状态:过饱和。地下水各溶质在蒸发浓缩作用下,形成浓度很高的 Cl^- 和 SO_4^{2-},并且占据阴离子的主导地位,说明地下水处于蒸发沉积环境。$[Na^+]/[Ca^{2+}]$、$[Mg^{2+}]/[Ca^{2+}]$ 的平均当量浓度比分别为 15.68 和 1.87,说明地下水中 Ca^{2+} 缺失。通常,Ca^{2+} 的缺失主要由蒸发-沉积作用和离子交换作用引起。

一般认为,干旱区混合作用既包括垂向上大气降水入渗与地下水的混合作用,也包括在侧向上从补给区至排泄区渗流过程中的多次混合作用(沈缓缓,2006;马学尼等,1998)。在黑河狼心山和老西庙一带,狼心山地下水接受大气降水的垂向入渗补给和河水的补给,浅层地下水总溶解固体<1000mg/L,水中离子以 SO_4^{2-} 及 Mg^{2+}、Na^+ 为主。在尾闾湖居延海排泄区,深层地下水的 TDS 在 1000~3000mg/L,说明地下水接受了地下径流的侧向补给。

地下水中的 Ca^{2+}、Mg^{2+}、K^+ 和 Na^+ 四种碱性离子在地下水水化学成分的形成和演变过程中易发生阳离子交换,尤其是 Na^+-Ca^{2+} 的交换(曹玉清,1994)。在南部狼心山,沿地下水流方向 $[Na^+]/[Ca^{2+}]$ 与碱度的递增说明了阳离子交换的结果,即 $CaCO_3$、$MgCa(CO_3)_2$ 及 $CaSO_4 \cdot 2H_2O$ 溶解产生的 Ca^{2+} 和 Mg^{2+},与来自岩盐和斜长石、钾长石等的(Na^++K^+)发生阳离子交换。图 4-20 显示了($[Na^+]$+$[K^+]$)的增加伴随着($[Ca^{2+}]$+$[Mg^{2+}]$)的减少或是($[HCO_3^-]$+$[SO_4^{2-}]$)的增加,其斜率为 -0.9236($R^2=0.8926$),表明下游地下水阳离子存在显著的交换作用。

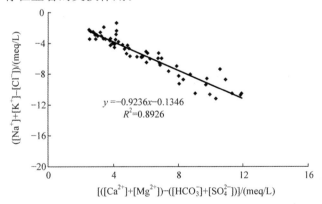

图 4-20 黑河下游地下水($[Na^+]$+$[K^+]$-$[Cl^-]$)-(($[Ca^{2+}]$+$[Mg^{2+}]$)-($[HCO_3^-]$+$[SO_4^{2-}]$))对比关系图

2. 地下流径与补给机理分析

额济纳旗达来呼布镇和居延海浅层地下水的化学类型基本类似,阴离子以 SO_4^{2-} 和

HCO_3^- 为主,Na^+ 和 Mg^{2+} 也有一定的相关性(图 4-21)。从地质构造上来说,居延海与额济纳旗达来呼布镇周围发育的断裂均为北东走向,构造上两区域地下水不太可能发生水力联系。在东西居延海周围,浅层地下水的水化学类型有所不同。浅层地下水以 SO_4^{2-} 和 HCO_3^- 为主,而自流井承压水以 SO_4^{2-} 和 Cl^- 为主,也排除了深层地下水对浅层地下水的越流补给现象。因此,居延海终端湖附近浅层地下水的补给主要来自黑河河水的季节性间断补给。

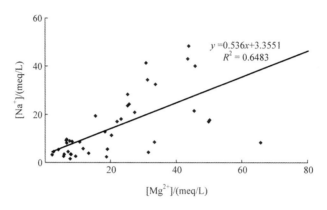

图 4-21 额济纳旗达来呼布镇和居延海浅层地下水的$[Na^+]$-$[Mg^{2+}]$对比关系

狼心山周围和额济纳旗达来呼布镇周围的地下水中的$[Na^+]$与$[Mg^{2+}]$之间的相关系数很高(图 4-21),且从狼心山到额济纳旗达来呼布镇,沿着河流流向,对应地下水中的 TDS 值也趋向于增加。由此可以推断,狼心山周围的地下水均来自黑河地表水的补给,然后侧向补给至中游额济纳旗达来呼布镇周围及尾闾湖。

3. 地下水化学演化的反向模拟

根据 PHREQC 软件得到的地下水主要矿物质饱和指数见表 4-7。狼心山—古日乃水流路径上岩盐处于未饱和状态,说明地下水水流路径上不断溶蚀含水层中的岩盐等矿物,使 Na^+ 和 Cl^- 的浓度升高。方解石、白云石的沉淀变化说明了当地碳酸岩系统平衡的变化规律。石膏和硬石膏的沉淀变化说明了硫酸盐系统的平衡变化规律。其明显存着由较低的 Na^+ 和 Cl^- 含量和较高的 HCO_3^- 含量向较高的 Na^+、Cl^- 含量和较低的 HCO_3^- 含量过度的水质变化趋势,而 SO_4^{2-} 沿水流路径变化不大。上述基本特征说明该路径很可能处于地下水的补给区-排泄区。

表 4-7 狼心山—古日乃路径主要矿物质饱和指数(SI)的模拟结果

地点	硬石膏	文石	方解石	$\lg P_{CO_2}$	白云石	石膏	岩盐
狼心山	0.45	2.44	2.59	−0.96	−5.20	−0.70	−4.22
古日乃	0.30	1.40	1.55	−0.23	−2.88	−0.54	−3.34

注:P_{CO_2} 表示空气中 CO_2 含量的分压值。

水文地球化学模拟要求水流位于同一路径上,由等水位线图可知,选取狼心山—古日乃水流路径。当地下水处于开放的条件时，则可选择 CO_2 和 O_2。钻孔易溶岩及水质分析资料表明，方解石、白云石、石膏、硬石膏和文石是含水层中主要的矿物成分。水化学类型和环境演化以 Na^+、Cl^- 的升高及 HCO_3^- 含量的降低为主要特征，这与地层中广泛分布的钙、镁碳酸盐及硫酸盐有关，因此选取方解石、白云石、石膏、硬石膏、芒硝等作为模型的"可能矿物相"。一方面，下游深层地下水的埋藏较深，地下水的补给、径流要比浅层强补给、强径流的山前地区弱得多，含水层可能存在岩盐；另一方面，考虑到平衡 Cl^-，因此将岩盐作为"可能矿物相"；同样，考虑到平衡 K^+，将钾长石纳入"可能矿物相"。如前所述，所研究的深层地下水埋藏较浅，基本上地下水处于开放的体系中，要考虑 CO_2 的影响。地下水中 Ca^{2+}-Na^+、Mg^{2+}-Na^+、Ca^{2+}-Mg^{2+} 交换在地下水化学成分形成的演化过程中，其是重要的阳离子交换过程（曹玉清，1994）。根据上述分析，下游地下水中发生着显著的阳离子交换。

综上所述，"可能矿物相"可能包括文石、硬石膏、方解石、白云石、岩盐、钾长石、石膏、CO_2，"阳离子交换"为参与水-岩作用的"可能矿物相"。狼心山—古日乃路径的反向地球化学模拟结果（表 4-8）表明，此条路径上，硬石膏、石膏和方解石溶解得较多，硫酸盐（尤其是硬石膏）、钠盐明显占主导地位；白云岩发生了沉淀；CO_2 在水流系统中为输入项，促进了各矿物质部分溶解。

表 4-8　狼心山—古日乃路径主要矿物质的转移量

路径	硬石膏/(mg/L)	方解石/(mg/L)	岩盐/(mg/L)	石膏/(mg/L)	CO_2/(g/L)	白云岩/(mg/L)
狼心山—古日乃	4.44×10^1	2.64×10^{-1}	—	4.46×10^1	3.40×10^{-3}	-1.51×10^{-1}

注：矿物质的转移量表示在 1L 地下水中溶解（正值）或沉淀析出（负值）的量。

结合优选的地下水水化学特性参数指标（李贤庆，2002；刘文生，1999），可以用来评价区域地下水赋存条件。如图 4-22 所示，狼心山—古日乃水流路径的 $[Na^+]/[Cl^-]$ 值均大于 1，表明地层水的浓缩变质作用程度不太明显，径流入渗具有重要影响，这符合黑河流域下游的陆相沉积的岩相古地理特征。沿水流路径，$[Cl^-]/[Ca^{2+}]$ 值升高，水流路径终点、起点差异较大；Ca^{2+} 含量有所降低，说明地下水流渐趋缓滞，地下水交替程度不同；由于 Cl^- 的富集，形成了较高总溶解固体的高 Cl^- 地下水（图 4-23）。

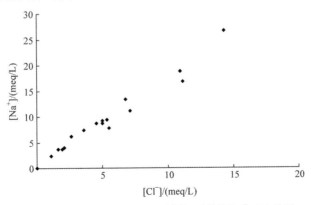

图 4-22　狼心山—古日乃地下水 $[Na^+]$-$[Cl^-]$ 对比关系

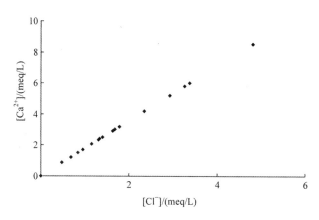

图 4-23　狼心山—古日乃地下水$[Cl^-]$-$[Ca^{2+}]$对比关系

表 4-9 和表 4-10 表明,在狼心山—老西庙路径上,发生了白云石和岩盐的大量溶解以及石膏的沉淀,使 Mg^{2+}、Na^+ 和 HCO_3^- 的含量升高,但阴阳离子沿水流未发生太大的变化,说明该路径可能不是地下水的补给区-排泄区。在老西庙—赛汉陶来路径上,发生了方解石和白云石的沉淀。而赛汉陶来至西居延海这条路径上,发生了方解石的沉淀、石膏的溶解,使高浓度的 HCO_3^- 浓度降低,而 Na^+、SO_4^{2-} 和 Cl^- 的浓度升高。上述两段水流路径明显存在分别由较低的 Na^+、Cl^- 和 SO_4^{2-} 含量和较高的 HCO_3^- 含量,向较高的 Na^+、SO_4^{2-} 和 Cl^- 含量和较低的 HCO_3^- 含量过渡的水质变化趋势,这是地下水排泄区的基本特征。因此,狼心山—西居延海路径处于地下水的补给区-排泄区,说明西居延海的地下水接受额济纳旗南部地下水的侧向径流补给。

表 4-9　狼心山—西居延海路径矿物质饱和指数(SI)

地点	硬石膏	文石	方解石	$\lg P_{CO_2}$	白云石	石膏	岩盐
狼心山	1.82	2.66	2.82	−0.92	−4.88	0.77	−5.30
老西庙	0.55	2.26	2.41	−1.85	4.74	0.79	−4.11
赛汉陶来	0.85	2.73	2.89	−0.94	4.82	1.09	−3.91
西居延海	2.13	3.16	3.32	−0.58	6.31	2.30	−1.68

注:P_{CO_2} 表示空气中 CO_2 含量的分压值。表 4-11 和表 4-13 同。

表 4-10　狼心山—西居延海路径矿物质的转移量

路径	方解石/(mg/L)	白云石/(mg/L)	岩盐/(mg/L)	石膏/(mg/L)	CO_2/(g/L)
狼心山—老西庙	—	1.63×10^{-3}	2.21×10^{-2}	-4.95×10^{-3}	8.10×10^{-3}
老西庙—赛汉陶来	-1.26×10^{-1}	-6.02×10^{-2}	4.82×10^{-2}	—	—
赛汉陶来—西居延海	-2.12×10^{-2}	—	—	4.41×10^{-1}	—

表 4-11 和表 4-12 表明,沿狼心山—锁阳坑路径出现了硬石膏、白云石和岩盐的大量溶解,发生了溶滤作用,使 Mg^{2+}、Na^+ 和 HCO_3^- 的含量升高,阴阳离子沿水流路径变化较大,TDS 骤增。因此,该路径可能不处于地下水的补给区-排泄区。地质研究表明,在东河与木吉湖之间存在地层隆起带,阻断了狼心山—锁阳坑路径上地下水的流动。

表 4-11　狼心山—锁阳坑路径矿物质的饱和指数（SI）

地点	硬石膏	文石	方解石	$\lg P_{CO_2}$	白云石	石膏	岩盐
狼心山	−0.46	2.42	2.58	−0.96	−5.16	0.71	−4.21
锁阳坑	−0.99	2.88	3.03	−0.80	−5.98	1.22	−2.83

表 4-12　狼心山—锁阳坑路径矿物质的转移量

路径	硬石膏/(mg/L)	方解石/(mg/L)	白云石/(mg/L)	岩盐/(mg/L)	石膏/(mg/L)	CO_2/(g/L)
狼心山—锁阳坑	3.10×10^{-1}	—	9.27×10^{-2}	9.21×10^{-2}	—	1.62×10^{-1}

在狼心山—东居延海水流路径上，主要发生了方解石由溶解至沉淀的过程，导致高的 HCO_3^- 含量降低以及 Ca^{2+} 的缺失，这反映了该条水流路径长期受到强烈蒸发浓缩作用，这也是处于排泄区的特征之一（表 4-13 和表 4-14）。

表 4-13　狼心山—东居延海路径矿物质的饱和指数（SI）

地点	硬石膏	文石	方解石	$\lg P_{CO_2}$	白云石	石膏	岩盐
狼心山	0.45	2.44	2.59	−0.95	5.19	0.70	−5.02
达来呼布镇	0.79	2.59	2.74	−0.78	5.51	1.03	−3.69
东居延海	0.56	2.03	2.18	−0.87	4.43	0.80	−3.93

表 4-14　狼心山—东居延海路径矿物质的转移量

路径	硬石膏/(mg/L)	方解石/(mg/L)	白云石/(mg/L)	岩盐/(mg/L)	石膏/(mg/L)	CO_2/(g/L)
狼心山—达来呼布镇	—	7.68×10^{-4}	—	7.68×10^{-4}	—	—
达来呼布镇—东居延海	—	-2.51×10^{-3}	—	—	—	—

总体上，下游地下水的水循环规律为深层地下水水循环较慢，浅层地下水水循环更新较快。深层地下水水循环较慢，是地质历史时期形成的古水。而浅层地下水水循环较积极，是次现代水或现代水。从地质构造上来看，老西庙以南的区域，南部是单一的潜水，向北逐渐过渡为双层或多层结构的潜水-承压水。地下水的水化学特征表明，以老西庙为界线，南北区域差异显著，说明二者地下水联系不大。

4.2　上游高寒山区不同景观带水化学特征与水循环过程

上游是黑河流域的主要产流区，但目前对高寒水源区水文过程的系统研究较缺乏。本节选取黑河高山区-葫芦沟小流域为试验区，在冰川积雪带、高山寒漠带、沼泽草甸、高山灌丛带和山地草原带等典型垂直景观带进行了野外考察和冰川、积雪、冻土、土壤水、降水、地表水和地下水等样品的采集工作，应用不同水体中的同位素及水化学信息，研究流域冻土融水、冰川融水、积雪融水、泉水和降水等水体对出山径流贡献的时空变化规律。解析地表径流的形成及地下水的补给、径流和排泄特征，认识源区景观带尺度流的降水、径流、基流、冰川积雪和冻土贡献组合的时空变化，旨在揭示黑河上游高寒小流域各景观带在产汇流和水循环过程中的重要规律和机制。

4.2.1 取样方法与测试分析

2009年5月至2010年12月,于两年里的雨季在祁连山葫芦沟流域的冰川积雪带、高山寒漠带、沼泽草甸带、高山灌丛带和山地草原带等典型景观带进行了野外考察,采集了降水、冰川、积雪、冻土、土壤水、地表水和地下水等样品(图3-33),每天采样两次,时间控制在12:00左右和18:00时左右。每种类型的水样各收集2个重复,样品采集后立刻装入8mL和2mL玻璃瓶中,并用Parafilm封口膜进行密封带回实验室,水样置于4℃冷藏环境保存。在研究区共采集水化学分析样品187组。同时,在采样现场用YSI-63手持式电导仪进行水样碱度、电导率、盐度和水温的测定,用Kestrel 4000便携式气象站在采样现场进行气温、湿度和风速等的测定。

4.2.2 冰川积雪带水体化学特征

冰川积雪带地形切割强烈,岩层裂隙发育,岩石的渗透性能良好,岩层的含水性及富水程度都受到构造和裂隙发育程度的影响,基岩裂隙水集中出露于裂隙发育的构造破碎带,其与地表水频繁交换。冰川积雪带土壤盐分组成以 Ca^{2+} 和 HCO_3^- 为主,Ca^{2+} 含量为94～124mg/L,HCO_3^- 含量为217～278mg/L,离子组成含量顺序为 $HCO_3^->SO_4^{2-}>NO_3^->Cl^-$,$Ca^{2+}>Mg^{2+}>K^+>Na^+$,说明冰川积雪带分布有碳酸盐岩石,发育有碳酸岩类、岩浆岩和沉积岩等。

在Piper三线图中,冰川和积雪样品阴离子数据点均落在 HCO_3^- 组分一端,在阳离子三线图中,数据点均落在 Ca^{2+} 一端,以纯碳酸盐的风化物质溶解为主(图4-24)。具有降水化学特征的冰川积雪样品中化学离子含量最低,以碳酸盐溶解为主,碳酸盐的含量占到90%以上,冰川积雪融水与基岩接触后各种离子含量有所增加。冰川积雪融水中主导阳离子是 Ca^{2+},占总阳离子的80%;主导阴离子是 HCO_3^-,占总阴离子的87%。主要阳离子相对含量的离子顺序为 $Ca^{2+}>Mg^{2+}>Na^+>K^+$,阴离子顺序为 $HCO_3^->SO_4^{2-}>NO_3^->Cl^-$。冰面融水与冰碛物接触后溶蚀岩体矿物中的部分化学物质,由于 Ca^{2+} 和 Mg^{2+} 主要以碳酸盐的形式存储于矿物中,而 $MgCO_3$ 的溶解度显著高于 $CaCO_3$。因此,在低矿化水中,镁盐淋失较钙盐强。但由于风化壳中 Ca^{2+} 含量高于 Mg^{2+},融水中 Ca^{2+} 浓度大于 Mg^{2+} 浓度,水化学成分最主要是碳酸风化,用下列反应式表示为

$$CaCO_3+CO_2+H_2O \Longleftrightarrow Ca^{2+}+2HCO_3^- \tag{4-1}$$

水化学类型受冰川区地质岩性影响,冰川积雪带化学物质含量是各景观带中最低的,其中碳酸盐的含量超过90%,高浓度的 Ca^{2+} 和 HCO_3^- 的TDS值较低,冰川积雪融水TDS平均为113.9mg/L,冰川积雪带的水化学类型为 HCO_3^--Ca^{2+} 型,为典型的碳酸盐溶滤水,且以固体降水为主,冰川积雪融水中以碳酸盐为主。

图4-25显示,冰川积雪融水($[Ca^{2+}]+[Mg^{2+}]$)/($[Na^+]+[K^+]$)的范围为48～56,比值较高,意味着水体受碳酸盐风化溶解控制。$[Mg^{2+}]/[Ca^{2+}]$ 值为0.18～0.22,$[Na^+]/$

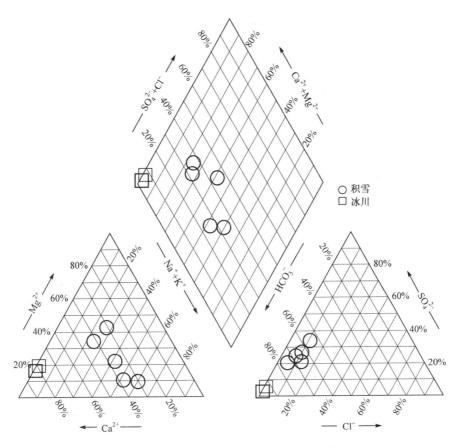

图 4-24　冰川积雪带样品的水化学 Piper 三线图

$[Ca^{2+}]$值为 $0.011\sim0.022$,具有相对较低的$[Mg^{2+}]/[Ca^{2+}]$值和$[Na^{+}]/[Ca^{2+}]$值,表明水体以方解石风化溶解作用为主。同时,Ca^{2+} 和 HCO_3^- 高度相关$(R=0.947)$,可推断 Ca^{2+} 和 HCO_3^- 来源相同,主要来自方解石等碳酸盐的风化溶解。冰川积雪融水与冰川和积雪的主要阴、阳离子浓度比较接近,冰川积雪融水的各种离子浓度比河水略低一些,说明冰川积雪融水虽已受地表岩石和土壤影响,但毕竟是水体刚和地面接触,比下游河流所受影响要小一些,河水中离子浓度主要由地表岩石成分所决定。冰川带水体内离子浓度变化说明,冰川积雪融水与地壳表面接触时间越久,其中可溶性离子浓度就越高,此外,其也与当地基岩岩性密切相关。这说明在水循环过程中,地下水的补给主要是冰川积雪带,该带水体形式以大气降水、冰川积雪及融水为主。

图 4-26(a) 显示,冰川积雪和冰川积雪融水的 $([Ca^{2+}]+[Mg^{2+}])/([HCO_3^-]+[SO_4^{2-}])$值基本位于 $1:1$ 等量线附近,而且冰川积雪融水的离子当量浓度明显高于冰川积雪,$[Ca^{2+}]+[Mg^{2+}]$与$[HCO_3^-]+[SO_4^{2-}]$有较好的相关性。图 4-26(c) 显示,冰川积雪和冰川积雪融水$[Ca^{2+}]+[Mg^{2+}]$与$[HCO_3^-]$的比值位于 $1:1$ 平衡线附近,平均值为 1.12,冰川积雪融水的离子当量浓度明显高于冰川积雪样,说明在冰川积雪和冰川积雪融水中,$[Ca^{2+}]+[Mg^{2+}]$与$[HCO_3^-]$是相对平衡的。同时,从图 4-26(b)中可以看出,冰川积雪和冰

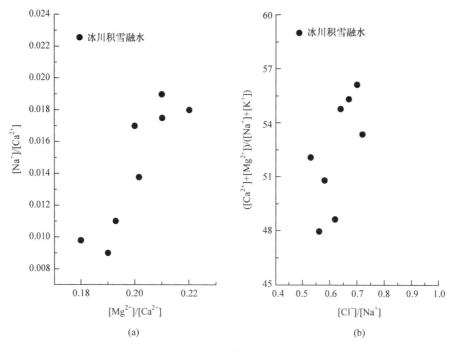

图 4-25　冰川积雪带主要离子关系

川积雪融水的$[SO_4^{2-}]$与$[Ca^{2+}]+[Mg^{2+}]$比值位于1∶1等量线上方,且严重偏离1∶1等量线,说明冰川积雪和冰川积雪融水中($Ca^{2+}+Mg^{2+}$)相对于SO_4^{2-}是严重过剩的,严重过剩的阳离子应该主要由HCO_3^-来补偿平衡,说明HCO_3^-浓度相对较高,而SO_4^{2-}浓度相对较低。$[Ca^{2+}]$和$[HCO_3^-]$之间的相关系数较高($R=0.94$),同时从图 4-26(d)中可以看出,冰川积雪带几乎不存在白云石的风化溶解。由此推断,水化学类型主要为HCO_3^-型,HCO_3^-主要来自方解石等碳酸盐的风化溶解,冰川积雪和冰川积雪融水的离子主要来源于碳酸盐岩石的风化淋溶,说明冰川积雪和冰川积雪融水的水循环较快,更新时间短。

4.2.3　高山寒漠带水体化学特征

高山寒漠带地表组成复杂,包括裸土区、石质戈壁区等。寒冻风化形成的岩屑坡、岩屑锥、石河,以及雪蚀作用造成的雪蚀洼地、雪崩锥、雪崩堤多见。高山寒漠带由于现代冰碛物发育、基岩石山裸露,以裸露基岩、冰碛沉积为主。土壤类型多为高山寒漠土和高山寒冻土,主要是高山特有的冰碛和流石滩发育的土壤,高山冰缘地带具有寒冻风化强烈与弱生物积累的土壤。土壤理化性质和营养条件差,表层有机质含量一般不足1%,是肥力最低的高山土壤之一。高山寒漠带消融层土壤和冻结层冻土的盐分组成均以Ca^{2+}、Mg^{2+}、HCO_3^-和SO_4^{2-}为主,阴离子HCO_3^-浓度为$339\sim374$mg/L,SO_4^{2-}浓度为$150\sim162$mg/L,阳离子Ca^{2+}浓度为$90\sim106$mg/L,Mg^{2+}浓度为$20\sim28$mg/L。阴阳离子含量顺序分别为$SO_4^{2-}>$

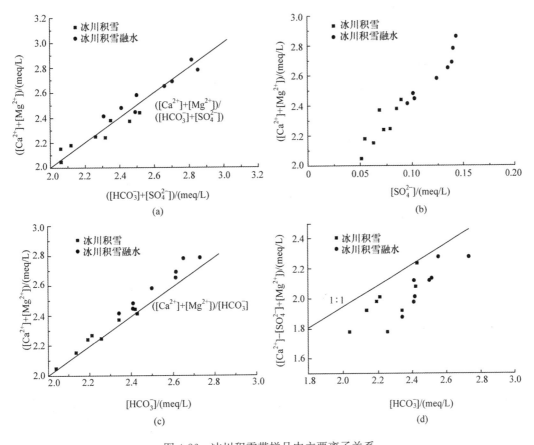

图 4-26　冰川积雪带样品中主要离子关系

$HCO_3^- > NO_3^- > Cl^-$，$Ca^{2+} > Mg^{2+} > Na^+ > K^+$（图 4-27），说明高山寒漠带分布有石膏、白云石和方解石等岩石，以裸露基岩、冰碛沉积为主，砾石表面常有盐斑。

高山寒漠带地表径流的阳离子组成以 Mg^{2+} 为主，其含量占总阳离子的近 59%，浓度为 165.9～172.4mg/L，平均值为 168.8mg/L。阴离子以 SO_4^{2-} 为主，浓度达 1183.6～1228.8mg/L，占总阴离子的 85%。水化学类型为 SO_4^{2-}-Ca^{2+}-Mg^{2+} 型，离子含量顺序为 $SO_4^{2-} > HCO_3^- > NO_3^- > Cl^-$，$Mg^{2+} > Ca^{2+} > Na^+ > K^+$。

从图 4-28（c）和图 4-28（d）中可以看出，高山寒漠带地表水和地下径流中的（$[Ca^{2+}]$＋$[Mg^{2+}]$）/（$[HCO_3^-]$＋$[SO_4^{2-}]$）值均位于 1：1 等量线附近，二者有很好的相关性，处于离子平衡状态。地表水的（$[Ca^{2+}]$＋$[Mg^{2+}]$）/$[HCO_3^-]$值位于 1：1 等量线以上，且严重偏离 1：1 等量线，而地下径流的（$[Ca^{2+}]$＋$[Mg^{2+}]$）/$[HCO_3^-]$值处于 1：1 等量线附近[图 4-28（e）和图 4-28（f）]，说明在高山寒漠带地表水中，（Ca^{2+}＋Mg^{2+}）相对于 HCO_3^- 是严重过剩的，严重过剩的阳离子应该由 SO_4^{2-} 来补偿平衡，而地下径流（$[Ca^{2+}]$＋$[Mg^{2+}]$）/$[HCO_3^-]$基本处于 1：1 平衡状态。同时，（$[Ca^{2+}]$＋$[Mg^{2+}]$）与$[SO_4^{2-}]$的关系图[图 4-28（a）和图 4-28

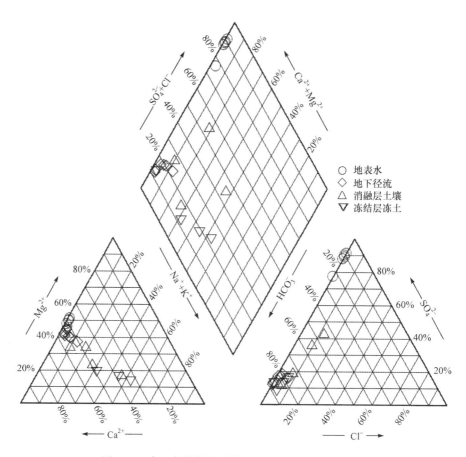

图 4-27 高山寒漠带各种样品的水化学 Piper 三线图

(b)]显示,高山寒漠带地表水位于 1:1 等量线右上方附近,地下径流位于 1:1 等量线上方,且严重偏离 1:1 等量线,说明高山寒漠带地表水中含有大量的 SO_4^{2-}、Ca^{2+} 和 Mg^{2+},且 ($Ca^{2+}+Mg^{2+}$)相对于 SO_4^{2-} 是较少过剩的,这一小部分过剩的阳离子应该主要由少量 HCO_3^- 来补偿平衡[图 4-28(e)和图 4-28(f)]。

地下径流水化学组成以 Ca^{2+}、Mg^{2+} 与 HCO_3^- 为主,高山寒漠带地下径流中 Ca^{2+} 是最强阳离子(17.3~19.9mg/L),占总阳离子的 62%,Mg^{2+} 占 32%。HCO_3^- 是最强的阴离子(87.5~99.2mg/L),占总阴离子的 87%。离子含量顺序为 $HCO_3^->SO_4^{2-}>NO_3^->Cl^-$,$Ca^{2+}>Mg^{2+}>Na^+>K^+$,属于 HCO_3^--Ca^{2+} 型水,受碳酸岩石风化溶解控制,硫酸盐对其贡献极少。同时,从图 4-29 可以看出,地下径流中几乎没有白云石溶解贡献。地下径流的 $[Mg^{2+}]/[Ca^{2+}]$ 值变化范围为 0.8~0.9,$[Na^+]/[Ca^{2+}]$ 值变化范围为 0.045~0.055,($[Ca^{2+}]+[Mg^{2+}]$)/($[Na^+]+[K^+]$)值较高,变化范围为 28~29.5,可以得出高山寒漠带地下径流主要来自冰川积雪融水和降水补给,沿途受水岩作用影响,水-岩作用以方解石和白云石的溶解为主导。

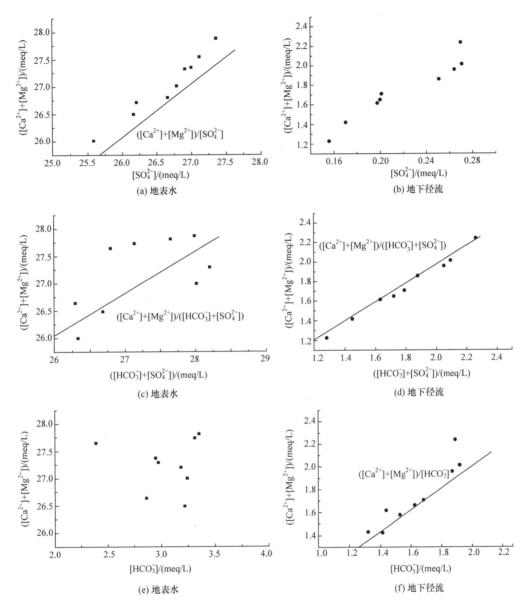

图 4-28　高山寒漠带主要离子关系

HCO_3^- 在高山寒漠带地表水中含量很低,主要溶解的阴离子是 SO_4^{2-},Ca^{2+} 和 Mg^{2+} 主要是以硫酸盐($CaSO_4$ 和 $MgSO_4$ 等)的形式融入水体,其主要来源于石膏等蒸发盐类矿物的溶解、硫化矿床氧化带氧化产物的溶解。研究区分布有石膏层,石膏按照化学反应式(4-2)溶解,导致地下水中 Ca^{2+} 和 SO_4^{2-} 浓度增加。硫酸钙型水与白云岩相通,则发生化学式(4-3)的反应:石膏和硬石膏溶解,从而使水中富集硫酸盐。Mg^{2+} 主要来自白云石的溶解,其化学反应主要通过化学式(4-4)进行,这揭示了高山寒漠带地表水是冰川积雪融水与基岩作用后的产物,冰川积雪融水与基岩作用后,各种化学离子的含量迅速增加,其中 SO_4^{2-}

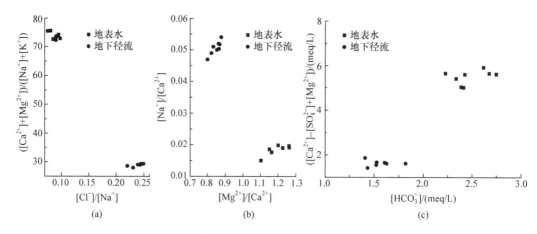

图 4-29　高山寒漠带地表、地下水主要离子关系

的变化最为显著。高山寒漠带地表水在沿着岩层向低处运动时,积极交替和岩石长期冲刷氧化岩石中分散状态的硫化物并溶解岩石中分散状态的硫酸盐(主要是石膏、硬石膏等),因而其富含硫酸盐。

$$CaSO_4 \cdot 2H_2O \longrightarrow Ca^{2+} + SO_4^{2-} + 2H_2O \qquad (4-2)$$

$$CaSO_4(水中) + CaMg(CO_3)_2 \longrightarrow 2CaCO_3 \downarrow + MgSO_4(水中) \qquad (4-3)$$

$$CaMg(CO_3)_2 + 2CO_2 + 2H_2O \longrightarrow Ca^{2+} + Mg^{2+} + 4HCO_3^- \qquad (4-4)$$

反应结果使水中镁增加而钙减少,从而使水中富集硫酸镁。白云岩和石膏互层的地区是进行上述反应最有利的环境。石膏与镁水作用能产生方解石替代石膏的反应,并使碳酸-镁型水变质为硫酸-镁型水:

$$MgCO_3 + CaSO_4 \cdot 2H_2O \longrightarrow CaCO_3 \downarrow + MgSO_4 + 2H_2O \qquad (4-5)$$

同时,从图 4-29 中可以看出,高山寒漠带地表水中有部分白云石的风化溶解。高山寒漠带地表水中 Ca^{2+} 和 Mg^{2+} 有一定的相关性($R=0.798$),说明 Ca^{2+} 和 Mg^{2+} 来源相同,高山寒漠带$[SO_4^{2-}]$与$[Ca^{2+}]$($R=0.998$)有较好的相关性,地表水的$[Mg^{2+}]/[Ca^{2+}]$值较高(>1.0),$[Na^+]/[Ca^{2+}]$值为 0.015~0.023,且 SO_4^{2-} 浓度高而 HCO_3^- 浓度低(<3.0meq/L),$([Ca^{2+}]+[Mg^{2+}])/([Na^+]+[K^+])$值变化范围为 72~75,说明高山寒漠带地表水以碳酸盐和硫酸盐矿物混合溶解为主。高山寒漠带地表水的$[Mg^{2+}]/[Ca^{2+}]$值随着$[SO_4^{2-}]$的增加而增加,说明主要来自石膏等硫酸盐的风化溶解。综上所述,可推断水中化学离子主要以石膏等硫酸盐形式溶入水里,也有少量白云石参与。

4.2.4　沼泽草甸带水体化学特征

沼泽草甸对区域水文、生物和气候等具有重要意义。沼泽草甸带地形相对较平坦,土壤长期为水分所饱和,在湿生植物作用和嫌气条件下,进行着有机质的生物积累与矿质元素的还原过程。水是沼泽发生的主导因素,也是沼泽最活跃的组成部分,沼泽水是地表水和地下水的过渡类型。沼泽草甸带土壤的盐分组成主要是 SO_4^{2-}、HCO_3^-、Ca^{2+}、Mg^{2+}、Na^+ 和 K^+,其含量都较高。主要离子相对含量的顺序为 $Ca^{2+} > Mg^{2+} > Na^+ > K^+$,$SO_4^{2-} > HCO_3^- >$ Cl^-。主导阳离子是 Ca^{2+},其次是 Mg^{2+} 和 Na^+,两者含量相差不大,都处于 $22\sim34mg/L$。主导阴离子是 HCO_3^- 和 SO_4^{2-},土壤中有明显的生物积累和石膏或硬石膏,同时有硫酸钙和碳酸钙的淋溶沉淀。随着冻土深度的加深,土壤离子含量增大,说明土壤受降水和径流的冲刷淋溶影响。

高寒区沼泽水的矿化度都较低,一般不超过 $300mg/L$,pH 为 $6.2\sim7.5$。沼泽水中主要的阴离子有 SO_4^{2-} 和 HCO_3^-,主要的阳离子有 Ca^{2+}、Mg^{2+}、Na^+ 和 K^+ 等。沼泽水的离子组成中阴离子以 SO_4^{2-} 和 HCO_3^- 为主,SO_4^{2-} 和 HCO_3^- 含量占总离子的近 90%;阳离子以 Ca^{2+} 为主,其次是 Mg^{2+} 和 Na^+,水化学类型主要为 HCO_3^--SO_4^{2-}-Ca^{2+} 型(图 4-30)。

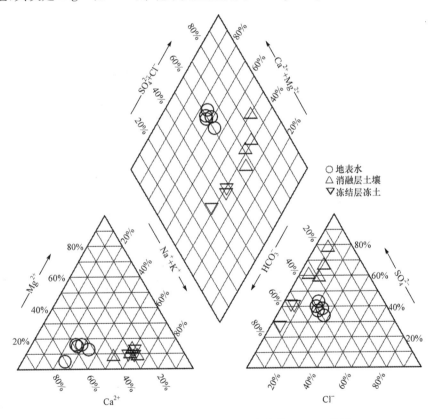

图 4-30 沼泽草甸带各种样品的水化学 Piper 三线图

从图 4-31 中可以看出,沼泽草甸带所有水样的([Ca^{2+}]+[Mg^{2+}])/[HCO_3^-]的值都位于 $1:1$ 平衡线以上,且严重偏离 $1:1$ 平衡线,说明在沼泽草甸带水中(Ca^{2+} +Mg^{2+})相对于 HCO_3^- 是严重过剩的。[SO_4^{2-}]/([Mg^{2+}]+[Ca^{2+}])值在沼泽草甸带都位于 $1:1$ 平衡线下方,说明 SO_4^{2-} 相对于(Ca^{2+} +Mg^{2+})是稍微过剩的。而沼泽草甸带([Ca^{2+}]+[Mg^{2+}])/

（[HCO$_3^-$]＋[SO$_4^{2-}$]）值基本位于 1∶1 平衡线下方，说明 HCO$_3^-$＋SO$_4^{2-}$ 相对于 Ca^{2+}＋Mg^{2+} 是过剩的，这一部分中过剩的当量浓度应该主要由 Na$^+$ 来补偿平衡，Na$^+$ 主要来自蒸发岩矿物和土壤组成的风化产物。同时，从图 4-31 中可以看出，在沼泽草甸带不存在白云石的风化溶解。

$$Na_2CO_3 + CaSO_4 \longrightarrow CaCO_3 \downarrow + Na_2SO_4 \tag{4-6}$$

$$Na_2CO_3 + H_2O \longrightarrow 2Na^+ + HCO_3^- + OH^- \tag{4-7}$$

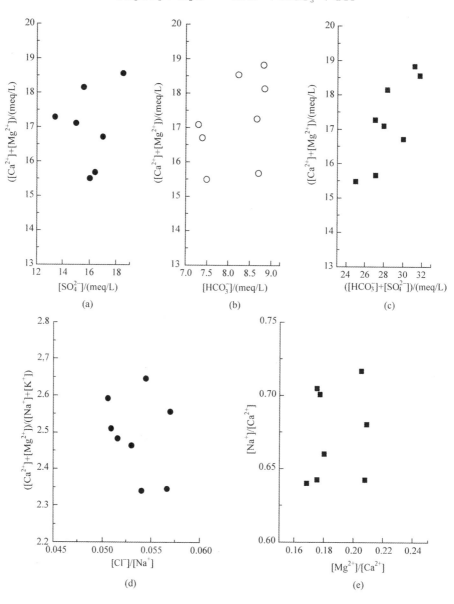

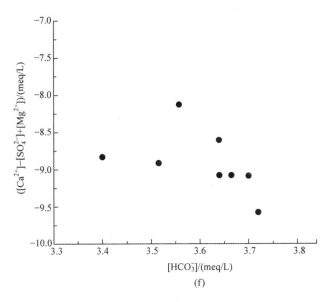

图 4-31 沼泽草甸带主要离子关系

图 4-31 所示,沼泽草甸带 $[Mg^{2+}]/[Ca^{2+}]$ 值为 $0.16\sim0.21$,$[Na^+]/[Ca^{2+}]$ 值为 $0.63\sim$ 0.76,$([Ca^{2+}]+[Mg^{2+}])/([Na^+]+[K^+])$ 值为 $2.3\sim2.7$,其比值较低,说明水体受到蒸发岩溶解影响。而且在沼泽草甸带地表水中,$[Ca^{2+}]$ 与 $[SO_4^{2-}]$ 有较好的相关性($R=$ 0.934),$[Ca^{2+}]$ 与 $[HCO_3^-]$ 也有较好的相关性($R=0.957$),$[Na^+]$ 与 $[SO_4^{2-}]$($R=0.892$)、 $[Cl^-]$($R=0.912$)有较高的相关性,表明水中的离子主要源自碳酸盐、硫酸盐和钠盐等多种矿物风化溶解。

4.2.5 山地草原带水体化学特征

山地草原带土体内的淋溶作用强,盐基物质较多,交换性盐基均呈饱和状态,尤其是土壤下层均有明显的钙积层,这是其最大的特点。土壤反应为中性至碱性,成土母质经受的风化程度相对较弱,常常还保留着一些易风化的矿物类型。山地草原带土壤的盐分组成主要是 SO_4^{2-}、HCO_3^-、Ca^{2+}、Na^+、Mg^{2+} 和 K^+,主导阴离子是 SO_4^{2-},阳离子 Ca^{2+} 和 Na^+ 的浓度明显高于 Mg^{2+} 和 K^+ 的浓度。离子相对含量顺序为 $Ca^{2+}>Na^+>Mg^{2+}>K^+$,$SO_4^{2-}>$ $HCO_3^->Cl^->NO_3^-$。土壤中有明显的生物积累和硫酸盐的淋溶沉淀,同时有石膏或硬石膏分布,而且 $20\sim160cm$ 处,随着冻土深度的加深,土壤离子含量增大,受降水等淋溶影响,土壤中盐分被冲刷。

图 4-32 显示,山地草原带地表径流的($Ca^{2+}+Na^+$)含量占总阳离子的 90%。其中, Ca^{2+} 占 46%,Na^+ 占 44%。SO_4^{2-} 是最强的阴离子,浓度为 $1183.6\sim1228.8mg/L$。主要离子相对含量顺序为 $Ca^{2+}>Na^+>K^+>Mg^{2+}$,$SO_4^{2-}>HCO_3^->Cl^->NO_3^-$,水化学类型为 SO_4^{2-}-Na^+-Ca^{2+} 型。

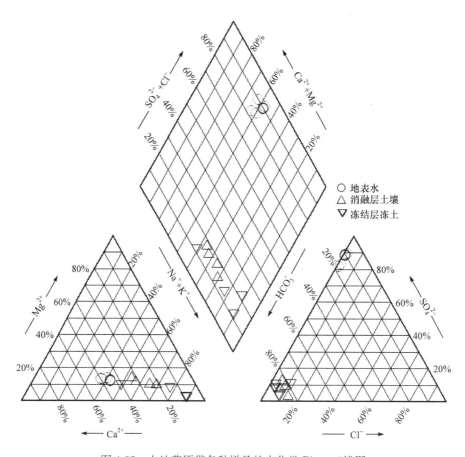

图 4-32 山地草原带各种样品的水化学 Piper 三线图

从图 4-33 中看出,山地草原带所有水样的($Ca^{2+} + Mg^{2+}$)与 HCO_3^- 的当量浓度比值都位于 1∶1 等量线以上,且严重偏离 1∶1 等量线,说明在山地草原带径流中($Ca^{2+} + Mg^{2+}$)相对于 HCO_3^- 是严重过剩的,严重过剩的阳离子应该主要由 SO_4^{2-} 来补偿平衡。同时,从图 4-34 中可以看出,山地草原带径流严重偏离 1∶1 等量线,在山地草原带不存在白云石的风化溶解。图 4-33 显示,$[SO_4^{2-}]/([Ca^{2+}]+[Mg^{2+}])$ 值在山地草原带都位于 1∶1 线下方,说明 $[SO_4^{2-}]$ 相对于($[Ca^{2+}]+[Mg^{2+}]$)是轻微过剩的,而($[Ca^{2+}]+[Mg^{2+}]$)/($[HCO_3^-]+[SO_4^{2-}]$)值基本位于 1∶1 下方,说明($[HCO_3^-]+[SO_4^{2-}]$)相对于($[Ca^{2+}]+[Mg^{2+}]$)是过剩的,过剩的阴离子应该主要由 Na^+ 来补偿平衡。Na^+ 的平均含量占阳离子总量的 44%,主要来自蒸发岩矿物和土壤组成的风化产物。在山地草原带水中,HCO_3^- 含量很低,主要溶解的阴离子是 SO_4^{2-}。其中,SO_4^{2-} 主要来源于石膏等蒸发岩、硫化矿床氧化带氧化产物的溶解。Ca^{2+} 和 Mg^{2+} 主要是以硫酸盐的形式融入水体的。SO_4^{2-} 和 Ca^{2+} 主要来自硫酸盐和蒸发岩的溶解。降水在渗入土壤中时,主要溶解硫酸盐($CaSO_4$、$MgSO_4$ 和 Na_2SO_4)。高盐度的 Ca^{2+}-SO_4^{2-} 型水主要来自石膏和硬石膏的溶解。

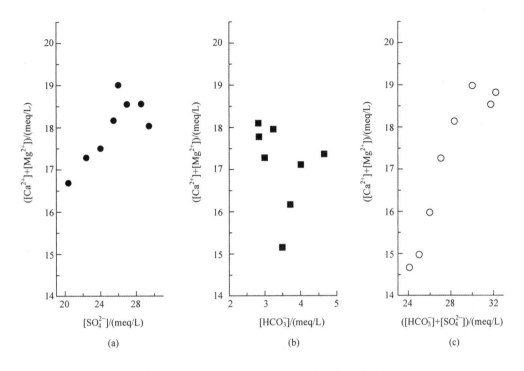

图 4-33　山地草原带地表径流中主要离子关系

图 4-34 显示,山地草原带[Mg^{2+}]/[Ca^{2+}]值较低(0.26~0.30),[Na^+]/[Ca^{2+}]值为0.74~0.86,SO_4^{2-} 浓度较高(>1211mg/L),HCO_3^- 浓度较低(<210mg/L),可推断渗透水与岩石接触时间较短,溶解较少碳酸盐矿物,说明为多种矿物风化溶解。([Ca^{2+}]+[Mg^{2+}])/([Na^+]+[K^+])值较低,变化范围为 1.3~1.7,说明受蒸发岩矿物风化溶解影响。在山地草原带地表径流中,[Ca^{2+}]与[SO_4^{2-}]有较好的相关性($R=0.965$),[Ca^{2+}]与[HCO_3^-]没有相关性($R=-0.457$),[Na^+]与[SO_4^{2-}]($R=0.942$)、[Cl^-]($R=0.881$)有较高的相关性,表明水中的离子主要源自硫酸盐和钠盐的溶解。

山地草原带处于地势相对平缓的地区,由于水流速相对缓慢,岩层中保留了部分易溶盐,同时由于水分的蒸发,伴随有一定数量盐分的积累,比葫芦沟河水高。雨季降水量较多,降水冲刷流域内大量的表层风化物,增加了河水中化学物质的含量。土体内的淋溶作用强,降水在下渗过程中能从土壤中淋滤出部分盐,把盐带入含水层,使水的总溶解固体增高。山地草原带溶滤作用发育,其主要来源是硫酸盐类($CaSO_4$、$MgSO_4$ 和 Na_2SO_4),分布最广的是硫酸钙,一般以分散状态分布在岩石中,呈石膏和硬石膏存在。水溶解石膏和硬石膏后,便形成总溶解固体较高的 SO_4^{2-}-Ca^{2+} 型水。水渗过土壤时,Ca^{2+} 也可进入水中,主要来源于蒸发岩。SO_4^{2-} 与 Ca^{2+} 主要来源于硫酸盐和蒸发岩的溶解。

4.2.6　出山口河水水化学特征

出山口河水流量最大,由各景观水体汇集形成,接纳了高山区—葫芦沟流域的绝大部分

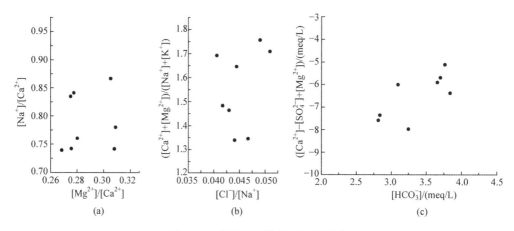

图 4-34　山地草原带主要离子关系

水量。

图 4-35 所示,葫芦沟流域上游河水中最强的阴离子是 HCO_3^-,SO_4^{2-} 是第二主导离子。Ca^{2+} 是最强阳离子,其含量占总阳离子的 56%,Mg^{2+} 占总阳离子的 32%,水化学类型为 SO_4^{2-}-HCO_3^--Ca^{2+}-Mg^{2+}。出山口河水中(Ca^{2+}＋Mg^{2+})占总阳离子的 87%,Ca^{2+} 是主导阳离子,占总阳离子含量的 63%,Mg^{2+} 占总阳离子含量的 24%。HCO_3^- 是主导阴离子,占总阴离子含量的 74%,离子相对含量顺序为 $Ca^{2+}>Mg^{2+}>Na^+>K^+$,$HCO_3^->SO_4^{2-}>NO_3^->Cl^-$,水化学类型为 HCO_3^--SO_4^{2-}-Mg^{2+}-Ca^{2+} 型,说明混合了多种不同类型的水源。据图 4-36 显示,出山口河水中 $[Mg^{2+}]/[Ca^{2+}]$ 值为 $0.86\sim1.01$,$[Na^+]/[Ca^{2+}]$ 值为 $0.15\sim0.22$,($[Ca^{2+}]+[Mg^{2+}]$)/($[Na^+]+[K^+]$)值为 $8.5\sim11.8$,说明出山口河水中化学物质主要来源于水-岩作用过程,石灰石和白云石的溶解是主要的水-岩作用,为多种矿物溶解,以碳酸盐含量最高,也有部分硫酸盐的参与,进一步推断出,山口河水是由不同景观带多种不同类型的水源混合补给形成的。从图 4-37(a)可以看出,河水样的($[Ca^{2+}]+[Mg^{2+}]$)与($[HCO_3^-]+[SO_4^{2-}]$)的当量浓度比值基本位于 $1:1$ 等量线附近,平均值为 1.1,($[Ca^{2+}]+[Mg^{2+}]$)和($[HCO_3^-]+[SO_4^{2-}]$)有较好的相关性。从图 4-37(c)可以看出,($[Ca^{2+}]+[Mg^{2+}]$)/$[SO_4^{2-}]$ 比值都位于 $1:1$ 等量线上方,且严重偏离 $1:1$ 等量线,说明出山口河水中($[Ca^{2+}]+[Mg^{2+}]$)相对于 $[SO_4^{2-}]$ 是严重过剩的,这严重过剩的阳离子应该由 HCO_3^- 来补偿平衡。如图 4-37(b)所示,葫芦沟出山口河水中的($[Ca^{2+}]+[Mg^{2+}]$)与 $[HCO_3^-]$ 的当量浓度比值基本位于 $1:1$ 等量线以上,且稍微偏离 $1:1$ 等量线,说明出山径流中($[Ca^{2+}]+[Mg^{2+}]$)相对于 $[HCO_3^-]$ 稍微过剩,少量过剩的阳离子应该主要由 SO_4^{2-} 来补偿平衡。同时,从图 4-37(d)可以看出,出山口河水中的化学离子组成并不是单纯的碳酸盐或者白云石的风化溶解形成,而是混合形成。出山河水中有白云岩参与溶解,主要接受灌丛带泉水的补给。HCO_3^- 相对较多,而 SO_4^{2-} 相对较少,说明葫芦沟河水水样是由碳酸盐和少量硫酸盐风化溶滤形成的。因此,出山口河水的来源主要由不同景观带多种不同类型的水源混合补给形成。

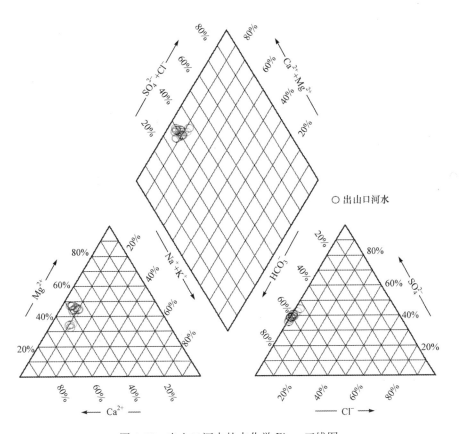

图 4-35　出山口河水的水化学 Piper 三线图

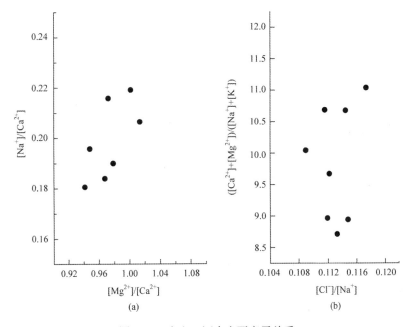

图 4-36　出山口河水主要离子关系

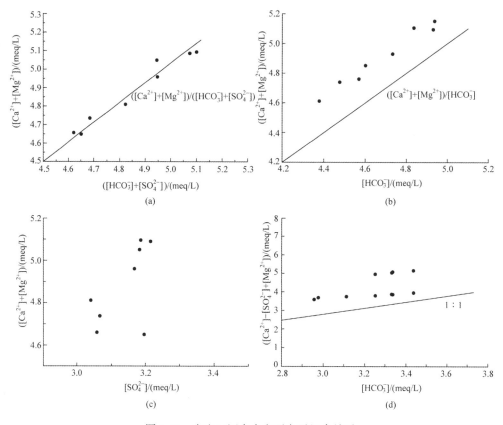

图 4-37　出山口河水中主要离子组合关系

　　总体上,黑河高山区-葫芦沟流域具有明显的水化学分带性。冰川积雪带为 $HCO_3^- $-$Ca^{2+}$ 型,主要源于方解石等碳酸盐的风化溶解。高山寒漠带地下径流属于 $HCO_3^- $-$Ca^{2+}$ 型水,受碳酸岩石风化溶解控制,硫酸盐对其贡献极少,且几乎没有白云石溶解贡献。地表水为 SO_4^{2-}-Ca^{2+}-Mg^{2+} 型,水中化学离子主要是以石膏等硫酸盐形式溶入水里,有少量白云石参与。沼泽草甸带地表水为 $HCO_3^- $-$SO_4^{2-}$-$Ca^{2+}$ 型,水中离子主要源自碳酸盐、硫酸盐和钠盐等多种矿物风化溶解。高山灌丛带泉水为 $HCO_3^- $-$Mg^{2+}$-$Ca^{2+}$ 型,地表水为 SO_4^{2-}-Ca^{2+}-Mg^{2+} 型。水化学数据显示,高山灌丛带泉水和地表水均存在混合作用,高山灌丛带地表水是高山寒漠带和沼泽草甸带井水与高山灌丛带泉水的混合水。山地草原带为 SO_4^{2-}-Na^+-Ca^{2+} 型,主要为硫酸盐和钠盐的溶解。地表径流在降水期主要由雨水下渗补给土壤水,形成壤中流,混合冻土融化补给形成,产流方式为饱和地面径流和冻融界面的壤中流。出山口河水为 $HCO_3^- $-$SO_4^{2-}$-$Mg^{2+}$-$Ca^{2+}$ 型,出山口河水、高山灌丛带泉水、高山寒漠带井水、冻土和冰川积雪之间存在相互补给排泄的关系,出山口河水为不同景观带水体的混合水,除接受降水外,还受贫同位素的冰川积雪融水或冻土融水等补给,说明黑河上游各水体之间的交互作用强烈。

4.3 巴丹吉林沙漠水化学特征及其指示的水循环

巴丹吉林沙漠地处我国西北内陆干旱区,其中高大的沙丘系统与大量永久性的湖泊相间分布,隶属于黑河二级生态水文单元。近年来,巴丹吉林沙漠南部湖泊的水有减少的趋势,甚至出现干涸、萎缩,引发国内外众多专家学者对沙漠南部地下水来源的探讨。在以往的研究中,由于水样采集点范围较小且局地性,以及主要研究方法氢氧同位素数据的多解性,研究结果存在诸多争议。本书利用水文地球化学方法,结合已有的研究结果和气象、地形地貌资料,将水样的采集点深入到巴丹吉林沙漠南部腹地和北部的戈壁区,对巴丹吉林沙漠南部和戈壁区的地下水来源、运动进行了分析,以期揭示巴丹吉林沙漠南部腹地和戈壁区地下水的来源、流向及补排关系。

4.3.1 样品采集分析与研究方法

2007 年 4 月 28 日至 5 月 20 日在巴丹吉林沙漠及周边区域共采集湖水、浅层地下水(井水、泉水)等样品 195 个(图 4-38)。沙漠南部井水的采样点井深都在 2m 以内,沙漠南部泉水为自然出露;戈壁区地下水的采样点包括 1 个 60m 的深井水和 11 个井深多在 5m 以内的浅井水。"沙漠南部地下水"统称为沙漠南部的泉水和井水,"戈壁区浅层地下水"指戈壁区浅井水。采样瓶采用塑料瓶,PVC 内垫和螺纹盖封口,样品采集后冷冻保存送实验室分析。

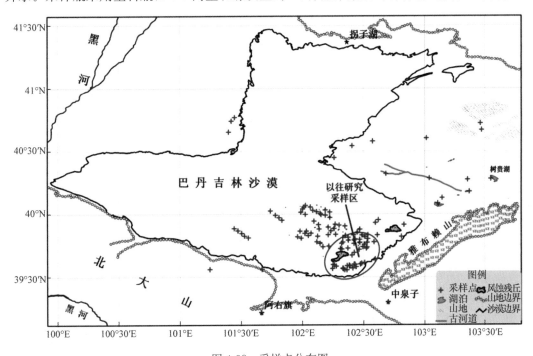

图 4-38 采样点分布图

根据野外采集水样的地理分布和水化学特征,主要将水样分为四类水体,分别是沙漠南部井水、沙漠南部泉水、戈壁区浅层地下水和地表水(即湖水)。本书讨论的主要是这四类水体的水化学特征及其水文学意义。分析各类水体的水化学类型、各项水化学指标的空间分布规律及其与地理要素的定量化关系。数据的统计分析工具采用 Excel 2007、SPSS 13.0 软件,作图用 AqQA,OriginPro 8 软件,水样点空间位置和地质、地形地貌特征用 ArcGIS 软件描绘,数据插值用 ArcGIS 自带的地统计分析功能完成,用 Kriging 法进行空间插值。

4.3.2 四类水体的水化学特征

1. 水化学指标统计特征分析

沙漠南部井水、沙漠南部泉水、戈壁区浅层地下水、地表水(湖水)数据见表 4-15～表 4-17。从表 4-15 可以看出四类水体水化学指标的关系,TDS 及 Na^+、Mg^{2+}、F^-、HCO_3^-、Cl^-、NO_2^- 和 SO_4^{2-} 的浓度是沙漠南部井水<沙漠南部泉水<戈壁区浅层地下水<地表水(湖水),pH、K^+ 的浓度是沙漠南部井水<戈壁区浅层地下水<沙漠南部泉水<地表水(湖水),Ca^{2+}、CO_3^{2-}、NO_3^- 的浓度是沙漠南部泉水<沙漠南部井水<戈壁区浅层地下水(地表水测出 NO_3^- 的只有 3 个水样,不进行比较)。戈壁区只有 1 个深井水样,其各项水化学指标值与戈壁区浅层地下水均值相差较大,与沙漠南部井水、泉水接近或相差较小。

2. 水化学类型分析

由四类主要水体的 Piper 三线图(图 4-39 和图 4-40)可知,四类水体的水化学类型各有区别,分述如下。

1) 沙漠南部井水

沙漠南部井水阳离子以 Na^+ 和 NH_4^+ 为主,阴离子以 Cl^- 和 HCO_3^- 为主,基本属于低矿化水(工大纯等,1995)。18 个井水水样的水化学类型由主到次分别是 Na^+-HCO_3^- 型,8 个;Na^+-Cl^- 型,6 个;NH_4^+-HCO_3^- 型,3 个;Na^+-SO_4^{2-} 型,1 个。

2) 沙漠南部泉水

沙漠南部泉水的水化学类型与沙漠南部井水较为一致,但主次不同,14 个泉水水样的水化学类型由主到次分别是 Na^+-Cl^- 型,7 个;Na^+-HCO_3^- 型,5 个;NH_4^+-HCO_3^- 型,2 个。

3) 戈壁区浅层地下水

戈壁区浅层地下水无一例外,都是 NH_4^+-Cl^- 型。

4) 地表水(湖水)

湖水以 NH_4^+-Cl^- 型为主,有 Na^+-SO_4^{2-} 型 2 个和 Na^+-CO_3^{2-} 型 1 个。按照黄锡荃(2003)的湖水总溶解固体分类,巴丹吉林沙漠的湖水可分为 3 类:①淡水湖,1 个,即鄂西克图湖,Na^+-HCO_3^- 型,位于雅布赖山前。②微咸水湖,10 个,均位于近山前的位置。③盐水湖,37 个,大多数位于沙漠南部腹地;在东南角风蚀残丘以南、靠近雅布赖山的位置也有几个盐水湖,分别是巴丹湖、呼和乌苏、通古图,这些盐水湖通常与 TDS 较低的湖临近分布。三类湖泊的水化学类型没有显著区别。

表 4-15 四类水体水化学指标统计值

水化学指标	沙漠南部井水			沙漠南部泉水			戈壁区浅层地下水			地表水（湖水）		
	均值	标准差	n	均值	标准差	n	均值	标准差	n	均值	标准差	n
pH	7.45	0.31	18	7.58	0.87	14	7.47	0.24	11	9.23	0.83	47
TDS/(g/L)	0.54	0.237	18	0.78	0.57	14	1.82	0.92	11	117.67	82.77	47
[Na$^+$]/(mg/L)	143.64	85.70	18	219.78	171.96	14	548.44	262.23	11	42098.79	28946.20	47
[K$^+$]/(mg/L)	12.52	7.10	18	15.38	14.02	14	14.02	7.61	11	3174.54	2628.33	47
[Mg^{2+}]/(mg/L)	18.97	8.82	18	26.58	28.76	14	43.46	19.33	11	347.73	457.41	47
[Ca^{2+}]/(mg/L)	36.65	14.27	18	36.21	33.09	14	73.74	48.55	11	99.18	86.09	47
[F$^-$]/(mg/L)	2.71	1.68	17	3.31	2.06	12	6.39	3.95	11	7.02	96.05	18
[HCO$_3^-$]/(mg/L)	193.89	66.26	18	227.73	131.46	13	257.67	114.68	11	2457.71	2896.02	47
[CO$_3^{2-}$]/(mg/L)	4.78	5.64	18	4.18	5.91	13	14.49	15.38	11	10570.96	9854.53	47
[Cl$^-$]/(mg/L)	100.61	68.38	18	206.66	230.51	14	559.31	379.85	11	49736.89	42602.21	47
[NO$_2^-$]/(mg/L)	0.57	0.50	16	1.18	1.34	12	2.23	1.58	11	86.53	66.41	46
[NO$_3^-$]/(mg/L)	32.71	33.09	17	28.92	11.77	11	53.41	34.49	11	18.25	4.15	3
[SO$_4^{2-}$]/(mg/L)	103.60	44.21	18	163.46	116.66	14	440.89	262.51	11	10423.72	6347.42	47

注：n 为样本量。

表4-16 沙漠南部和戈壁区地下水水化学特征

样品编号	水面高程/m	类型	pH	TDS/(g/L)	[Na+]/(mg/L)	[K+]/(mg/L)	[Mg2+]/(mg/L)	[Ca2+]/(mg/L)	[F-]/(mg/L)	[HCO3-]/(mg/L)	[CO3 2-]/(mg/L)	[Cl-]/(mg/L)	[NO2-]/(mg/L)	[NO3-]/(mg/L)	[SO4 2-]/(mg/L)	水化学类型
BD144	1300		7.59	1.76	483.3	29.6	48.9	61.4	2.3	276.3	31.7	595.6	0.5	10.8	367.6	Na$^+$-Cl$^-$
BD146	1225		7.76	1.52	440.8	13.1	41.0	80.9	3.7	423.6	24.9	309.9	1.2	49.4	395.4	Na$^+$-Cl$^-$
BD147	1266		7.65	2.59	812.5	23.1	78.4	60.9	10.4	414.4	22.6	736.4	1.9	106	643.8	Na$^+$-Cl$^-$
BD151	1306		7.44	2.59	861.8	13.5	52.6	90.7	15.7	322.3	0.0	753.1	4.2	110	656.3	Na$^+$-Cl$^-$
BD152	1374	戈壁区浅井水	7.46	1.12	374.2	15.1	27.2	42.6	8.9	239.4	0.0	297.7	1.7	73.3	240.9	Na$^+$-Cl$^-$
BD153	1354		6.91	3.76	977.5	9.5	69.5	209	5.9	80.6	2.3	1491	5.9	18.0	959.1	Na$^+$-Cl$^-$
BD154	1316		7.35	0.85	238.6	6.6	23.4	62.3	4.9	184.2	0.0	222.8	1.7	22.5	205.4	Na$^+$-Cl$^-$
BD155	1293		7.54	1.06	327.4	3.1	28.5	70.4	5.4	178.6	9.1	289.5	2.1	53.7	243.4	Na$^+$-Cl$^-$
BD156	1486		7.33	2.20	653.1	14.2	55.7	69.3	5.9	207.2	0.0	581.1	2.3	77.3	720.9	Na$^+$-Cl$^-$
BD157	1419		7.75	1.93	662.6	7.8	33.6	29.9	4.9	374.3	28.1	718.5	2.6	27.8	256.8	Na$^+$-Cl$^-$
BD160	1527		7.41	0.70	201.2	18.5	19.3	33.8	2.2	133.5	40.8	156.9	0.5	38.4	160.2	Na$^+$-Cl$^-$
BD021	1156		7.46	0.43	109.4	9.5	20.5	34.3	4.7	252.3	0.0	61.6	—	10.1	73.4	Na$^+$-HCO$_3^-$
BD038	1137		7.42	0.45	104.6	9.4	15.1	44.0	3.2	181.9	9.1	60.2	—	6.5	121.2	Na$^+$-HCO$_3^-$
BD042	1149		7.22	0.52	122.2	9.6	29.2	36.3	3.1	133.5	0.0	127.0	0.8	42.8	126.6	Na$^+$-Cl$^-$
BD062	1181		7.34	0.65	187.8	18.0	24.0	39.6	5.9	191.5	9.5	142.3	1.0	72.6	126.9	Na$^+$-Cl$^-$
BD072	1165		7.42	1.05	377.8	6.0	9.0	16.0	4.7	211.8	0.0	304.4	0.9	15.5	230.9	Na$^+$-Cl$^-$
BD078	1170	沙漠南部井水	7.32	0.35	105.8	18.9	7.0	13.0	1.8	138.1	0.0	66.0	0.2	26.2	66.6	Na$^+$-HCO$_3^-$
BD082	1183		7.44	0.95	273.6	36.4	32.3	65.6	5.8	271.7	18.1	228.0	1.3	119	154.0	Na$^+$-Cl$^-$
BD090	1165		8.60	0.38	102.5	10.2	13.1	19.9	3.1	188.8	9.1	65.6	0.2	3.4	70.0	Na$^+$-HCO$_3^-$
BD101	1208		7.47	0.42	115.7	9.6	23.2	28.0	1.5	92.1	0.0	107.9	1.3	76.2	85.5	Na$^+$-Cl$^-$
BD109	1172		7.48	0.49	124.2	8.0	15.4	31.3	2.8	175.0	0.0	93.2	0.2	2.0	125.3	Na$^+$-HCO$_3^-$
BD113	1177		7.25	0.32	69.1	13.9	20.6	23.4	1.3	138.1	0.0	65.1	0.2	37.5	62.1	NH$_4^+$-HCO$_3^-$
BD124	1188		7.50	0.50	130.8	7.3	12.5	47.0	1.4	324.6	4.5	86.4	0.2	—	52.5	NH$_4^+$-HCO$_3^-$
BD141	1237		7.27	0.31	69.2	13.1	7.5	31.7	1.0	202.6	0.0	43.4	0.1	8.7	44.2	Na$^+$-HCO$_3^-$
BD142	1228		7.29	0.34	58.8	12.1	17.5	32.2	1.2	151.9	4.5	50.4	0.2	8.7	86.5	Na$^+$-HCO$_3^-$

续表

样品编号	水面高程/m	类型	pH	TDS/(g/L)	[Na⁺]/(mg/L)	[K⁺]/(mg/L)	[Mg²⁺]/(mg/L)	[Ca²⁺]/(mg/L)	[F⁻]/(mg/L)	[HCO₃⁻]/(mg/L)	[CO₃²⁻]/(mg/L)	[Cl⁻]/(mg/L)	[NO₂⁻]/(mg/L)	[NO₃⁻]/(mg/L)	[SO₄²⁻]/(mg/L)	水化学类型
BD047	1147	沙漠南部井水	7.51	0.56	131.8	11.6	15.8	57.3	2.3	290.5	10.9	92.5	0.3	11.3	96.6	$Na^+-HCO_3^-$
BD171	1228		7.55	0.67	284.6	13.9	39.4	51.5	—	283.2	11.3	30.4	0.0	7.4	99.4	$NH_4^+-HCO_3^-$
BD163	1483		7.39	0.42	71.2	14.0	26.3	51.1	1.1	133.5	0.0	68.6	1.6	53.6	117.3	$Na^+-SO_4^{2-}$
BD164	1421		7.19	0.52	146.5	3.8	13.2	37.4	1.2	128.9	9.1	117.8	0.7	54.6	125.7	Na^+-Cl^-
BD130	1181		7.37	0.45	103.1	11.2	17.4	42.1	1.7	207.2	15.9	83.9	0.2	16.8	69.4	$Na^+-HCO_3^-$
BD136	1202		7.32	1.57	287.5	55.0	96.8	122	6.1	537.8	0.0	333.9	3.6	—	400.3	Na^+-Cl^-
BD034	1152		6.88	0.41	97.2	8.6	17.2	26.9	1.4	188.8	0.0	71.7	0.2	—	88.9	$Na^+-HCO_3^-$
BD003	1128		7.25	0.56	202.7	5.6	13.8	28.4	5.2	—	—	150.1	1.0	40.5	158.6	Na^+-Cl^-
BD026	1146		7.47	0.42	143.0	9.5	7.3	8.9	1.9	179.6	0.0	82.5	0.3	20.4	83.0	$NH_4^+-HCO_3^-$
BD099	1175		7.22	0.26	80.6	5.5	8.4	12.4	1.5	124.3	6.8	42.0	0.1	22.6	44.3	$NH_4^+-HCO_3^-$
BD005	1126	沙漠南部泉水	7.25	0.74	253.9	9.3	12.8	23.3	4.6	142.7	0.0	197.2	1.3	42.9	172.8	Na^+-Cl^-
BD014	1129		7.34	0.39	105.7	8.2	17.6	26.4	3.4	157.5	9.1	61.5	—	22.9	87.3	$Na^+-HCO_3^-$
BD030	1140		7.75	0.83	302.0	11.7	6.4	7.5	2.8	271.7	9.1	170.5	0.5	13.2	185.3	Na^+-Cl^-
BD036	1156		7.23	0.32	88.7	7.7	13.9	16.6	2.9	147.3	0.0	53.6	0.7	24.2	60.7	$Na^+-HCO_3^-$
BD043	1144		10.5	1.07	205.1	34.9	37.6	45.8	—	326.9	0.0	266.8	—	—	319.0	Na^+-Cl^-
BD054	1152		7.89	1.51	559.5	18.0	17.8	14.7	7.3	435.1	13.6	412.4	2.3	25.9	256.2	Na^+-Cl^-
BD019	1144		7.46	2.09	598.0	23.5	87.2	94.5	—	126.6	0.0	902.2	3.8	45.7	314.3	Na^+-Cl^-
BD162	1391		7.26	0.28	50.0	6.5	18.1	37.7	1.0	115.1	0.0	65.2	0.2	43.0	48.3	$Na^+-HCO_3^-$
BD002	1444	沙漠南缘井水	7.41	1.03	316.0	5.7	14.9	47.1	2.6	230.2	0.0	221.5	0.5	24.2	314.2	$NH_4^+-SO_4^{2-}$
BD145	—	戈壁区深井水	7.42	0.67	174.9	9.7	33.9	37.5	1.9	142.7	9.1	200.2	0.6	38.8	137.4	$NH_4^+-Cl^-$
BD148	—	沙漠西缘深井	7.32	0.50	164.2	12.6	10.7	10.0	2.1	161.1	0.0	122.4	0.2	14.4	99.5	$NH_4^+-Cl^-$

表 4-17　沙漠南部湖水水化学特征*

样品编号	水面高程/m	pH	TDS/(g/L)	[Na+]/(mg/L)	[K+]/(mg/L)	[Mg2+]/(mg/L)	[Ca2+]/(mg/L)	[F-]/(mg/L)	[HCO3-]/(mg/L)	[CO3^2-]/(mg/L)	[Cl-]/(mg/L)	[NO2-]/(mg/L)	[NO3-]/(mg/L)	[SO4^2-]/(mg/L)	水化学类型
BD159	1489	9.12	15.92	5.66	0.26	307.8	7.7	—	1.61	0.64	6.1	21.0	—	2.14	Na+-Cl-
BD161	1469	8.41	22.25	8.17	0.23	254.8	38.3	—	1.49	0.13	7.4	53.6	—	5.28	Na+-Cl-
BD158	1421	8.64	218.0	73.96	3.23	4?6.9	7.6	—	1.09	0.91	124.6	138.1	—	14.16	Na+-Cl-
BD165	1321	7.76	0.84	0.20	0.01	33.1	72.8	4.1	0.29	0.01	0.2	1.0	13.6	0.19	Na+-Cl-
BD139	1195	7.98	11.25	2.77	0.26	563.8	221.3	40.3	0.26	0.00	2.1	11.4	—	5.15	Na+-SO4^2-
BD140	1195	7.42	5.53	1.36	0.12	283.2	120.6	20.0	0.20	0.00	1.1	5.9	—	2.49	Na+-SO4^2-
BD166	1298	7.57	1.25	0.33	0.02	75.2	21.7	7.2	0.23	0.00	0.3	3.8	—	0.35	Na+-Cl-
BD167	1298	7.21	1.16	0.32	0.01	55.0	40.2	5.9	0.16	0.00	0.3	2.2	21.5	0.30	Na+-Cl-
BD182	1227	7.75	1.18	0.35	0.02	47.8	42.3	7.7	0.33	0.10	0.3	1.7	—	0.18	Na+-Cl-
BD187	1227	8.70	6.45	1.98	0.12	351.5	17.2	38.8	1.08	0.03	2.1	11.5	—	1.32	Na+-Cl-
BD192	1205	9.36	3.10	1.05	0.66	12?.7	7.2	22.1	0.31	0.38	0.7	6.0	—	0.59	Na+-Cl-
BD195	1207	7.42	1.16	0.30	0.02	6?.1	53.6	6.0	0.24	0.01	0.3	1.6	19.6	0.25	Na+-Cl-
BD004	1128	9.48	155.9	53.61	2.58	15?.6	64.9	—	3.41	7.43	76.3	116.9	—	13.86	Na+-Cl-
BD006	1126	9.69	155.1	53.04	6.59	251.1	196.2	—	1.69	11.0	69.1	111.8	—	14.01	Na+-Cl-
BD007	1133	9.78	299.6	100.40	9.12	135.3	85.7	—	0.00	40.9	138.1	182.6	—	10.76	Na+-Cl-
BD010	1131	9.61	134.0	51.12	3.70	927.7	347.3	—	5.58	12.8	46.6	59.8	—	15.69	Na+-Cl-
BD011	1144	9.63	73.2	28.21	1.30	18?.8	32.3	246	0.06	4.98	25.5	133.6	—	12.74	Na+-Cl-
BD012	1152	9.72	57.3	22.40	1.57	190.2	99.3	350	2.99	6.38	17.5	113.4	—	7.60	Na+-Cl-
BD013	1129	9.52	278.7	102.40	12.6	195.8	78.6	—	5.19	20.4	126.6	78.8	—	13.75	Na+-Cl-
BD016	1143	9.19	175.1	60.09	5.13	277.0	99.0	—	2.14	3.96	93.3	70.4	—	11.04	Na+-Cl-
BD020	1142	9.59	187.0	63.34	6.08	213.2	175.3	—	0.58	8.30	96.4	153.6	—	12.10	Na+-Cl-
BD022	1156	9.07	195.5	70.11	2.25	234.7	18.2	109	2.47	2.55	110.3	223.0	—	8.51	Na+-Cl-
BD025	1146	9.87	185.9	65.46	6.97	162.0	174.0	—	0.78	14.10	80.4	88.4	—	18.07	Na+-Cl-
BD031	1140	9.80	184.7	67.04	5.47	191.9	225.4	—	2.60	13.20	81.4	66.0	—	15.89	Na+-Cl-
BD035	1152	9.92	119.4	43.27	5.40	189.7	95.0	187	0.00	15.00	46.3	144.9	—	9.04	Na+-Cl-

续表

样品编号	水面高程/m	pH	TDS/(g/L)	[Na⁺]/(mg/L)	[K⁺]/(mg/L)	[Mg²⁺]/(mg/L)	[Ca²⁺]/(mg/L)	[F⁻]/(mg/L)	[HCO₃⁻]/(mg/L)	[CO₃²⁻]/(mg/L)	[Cl⁻]/(mg/L)	[NO₂⁻]/(mg/L)	[NO₃⁻]/(mg/L)	[SO₄²⁻]/(mg/L)	水化学类型
BD037	1156	9.86	138.0	50.65	4.52	235.5	4.8	20.3	2.99	18.4	51.7	131.2	—	10.90	Na⁺-Cl⁻
BD041	1149	9.70	208.9	78.05	3.95	461.6	199.6	—	3.44	13.1	99.0	148.1	—	12.32	Na⁺-Cl⁻
BD046	1147	10.10	80.4	32.97	0.67	183.9	44.2	124	7.01	28.7	5.5	9.5	—	8.82	Na⁺-CO₃²⁻
BD053	1152	9.63	215.4	78.81	4.06	214.6	187.3	—	3.83	17.4	98.2	216.6	—	14.44	Na⁺-Cl⁻
BD063	1181	9.75	137.8	47.43	4.61	133.8	26.3	—	1.95	11.2	56.5	88.1	—	16.83	Na⁺-Cl⁻
BD071	1165	9.72	147.3	54.46	2.16	198.4	15.0	—	0.71	16.3	60.7	65.8	—	13.02	Na⁺-Cl⁻
BD077	1170	9.82	168.7	63.26	3.14	283.3	27.5	—	0.00	26.0	63.6	132.7	—	12.14	Na⁺-Cl⁻
BD081	1183	9.38	289.4	99.44	4.90	218.4	13.8	—	12.66	23.5	143.2	294.7	—	11.57	Na⁺-Cl⁻
BD083	1183	9.75	110.6	42.46	3.02	270.5	44.0	—	3.83	18.7	37.4	—	—	6.81	Na⁺-Cl⁻
BD089	1170	10.00	67.2	39.64	1.20	269.2	52.6	72.6	0.35	0.92	14.2	20.3	—	10.71	Na⁺-Cl⁻
BD091	1165	9.68	89.4	32.44	3.08	179.2	46.7	101	2.08	8.55	34.5	79.0	—	9.50	Na⁺-Cl⁻
BD100	1175	9.94	100.1	37.83	3.31	255.6	131.8	60.0	4.02	18.4	28.1	43.2	—	10.08	Na⁺-Cl⁻
BD102	1212	10.00	111.5	41.74	2.94	190.1	111.7	—	2.47	20.4	30.3	47.5	—	14.57	Na⁺-Cl⁻
BD103	1176	9.94	118.3	44.26	3.99	303.8	152.0	—	0.99	21.0	37.6	87.4	—	10.42	Na⁺-Cl⁻
BD108	1174	9.83	159.3	58.81	5.20	240.5	249.6	—	3.92	20.6	62.0	85.4	—	10.14	Na⁺-Cl⁻
BD110	1172	9.86	181.4	52.15	3.97	286.1	163.9	—	3.65	22.6	81.9	90.0	—	18.39	Na⁺-Cl⁻
BD114	1177	9.88	108.4	41.74	3.38	603.2	189.8	—	2.82	14.6	33.9	67.6	—	12.57	Na⁺-Cl⁻
BD123	1188	8.43	91.9	26.22	3.40	1523.8	95.6	—	0.91	0.26	31.0	85.0	—	28.87	Na⁺-Cl⁻
BD129	1181	9.80	65.6	26.62	1.65	332.8	304.2	—	5.52	11.2	14.9	107.6	—	7.75	Na⁺-Cl⁻
BD135	1202	8.41	81.7	23.14	3.71	2929.4	192.4	—	0.87	0.30	26.1	107.2	—	24.87	Na⁺-Cl⁻
BD170	1228	7.65	334.0	94.95	21.8	5079.2	0.2	—	0.00	0.00	157.5	152.2	—	54.45	Na⁺-Cl⁻
BD181	1227	9.47	168.0	60.29	5.58	556.7	66.3	—	13.94	19.2	57.9	126.8	—	17.42	Na⁺-Cl⁻
BD184	1221	8.49	205.3	69.31	3.63	555.3	0.0	—	2.78	1.79	116.1	146.0	—	12.37	Na⁺-Cl⁻

* 分类标准:淡水湖 TDS 小于 1g/L;微咸水湖 TDS 为 1~23.7g/L;咸水湖 TDS 为 23.7~35g/L;盐水湖 TDS 大于 35g/L(黄锡荃,2003)。

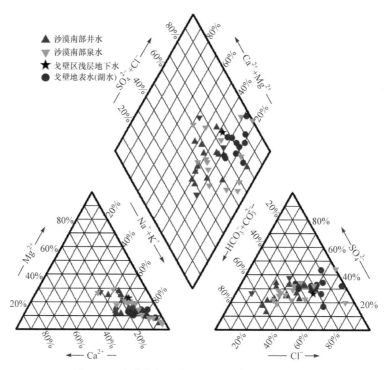

图 4-39　沙漠南部和戈壁区地下水 Piper 三线图

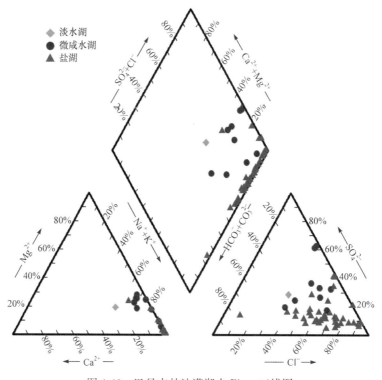

图 4-40　巴丹吉林沙漠湖水 Piper 三线图

5) 其他

树贵、古日乃的深井水都是 NH_4^+-Cl^- 型。青山队的浅井水为 NH_4^+-SO_4^{2-} 型。

3. 水化学特征与地理要素的关系

四类水体的水化学指标与地理要素的定量关系用 SPSS 软件的线性回归功能完成。地理要素选取纬度、经度和水位高程 3 个指标作为变量，引入变量的 P 值定为 0.10，剔除变量的 P 值定为 0.11，建立回归方程采用逐步引入剔除法，通过显著性检验的变量即可引入方程，得到水化学指标与之相关的线性模型。模型的拟合优度用决定系数（coefficient of determination）R^2 来表示。

各类水体的水化学指标与地理要素定量化关系的具体表征意义如下：各项水化学指标与纬度呈正相关时，意味着水体中的离子由南到北富集，呈负相关时，则表示离子由北向南富集；水化学指标与经度呈负相关时，意味着水体中的离子由东到西富集；水化学指标与水位高程呈负相关时，则意味着水体中的离子高位少、低位富集。需要注意的是，在大范围内，水位高程和径流方向与大区地势起伏是一致的：沙漠南部和戈壁区总体的地势是东高西低，但在小范围内，水位高程和径流方向也受局部地势的影响。

水化学指标与地理要素的相关关系的程度有区别。用"趋势"一词来表达微弱的相关关系，这种相关关系没有通过显著性检验，无法进入模型；"关系显著"则表示能够通过显著性检验，可以得出水化学指标与地理要素的线性模型。

1) 沙漠南部地下水

（1）沙漠南部井水。沙漠南部井水与纬度、经度、水位高程的定量化关系见表 4-18。由表 4-18 可以看到，经度对沙漠南部井水的 TDS 和 F^- 的影响较为显著，经度因素能够通过显著性检验引入模型，说明 TDS 和 F^- 较明显地从东向西富集，这也揭示了沙漠南部地下水的流向为从东向西。

其余水化学指标与经度、纬度、水位高程的相关性没有统一的趋势，表现在水化学的 13 项指标中，有 8 项与经度、纬度、水位高程呈负相关，有 5 项呈正相关；并且这些相关系数都很小，远未达到显著水平，不能通过显著性检验进入方程。

（2）沙漠南部泉水。沙漠南部泉水与纬度、经度、水位高程的定量化关系见表 4-19。由表 4-19 可以看到，沙漠南部泉水采样点在空间上的分布不太均匀。水化学各项指标与经度（8 负 5 正）、水位高程（10 负 3 正）也没有统一的相关趋势，大致趋势是从东向西离子富集，水位高处离子浓度低；但这些相关系数都很小，远未达到显著水平，不能通过显著性检验进入方程。各项指标与纬度呈现出微弱的负相关趋势，纬度因素虽通过显著性检验进入 K^+、Ca^{2+} 和 HCO_3^- 的模型，但决定系数（R^2）较小；余者的相关系数都很小，远未达到显著水平。

（3）沙漠南部浅层地下水。试将南部井水与南部泉水作为一类，即南部地下水，定量分析其与地理三要素的关系，见表 4-20。

表 4-18 沙漠南部井水水化学指标与地理要素关系

水化学指标	统计参数			与地理要素的相关性								
	均值	标准差	n	纬度（L_2）		经度（L_1）		水位高程（H）		线性模型		
				皮尔逊相关系数	显著性 P 值	皮尔逊相关系数	显著性 P 值	皮尔逊相关系数	显著性 P 值	方程	R^2	
pH	7.45	0.31	18	-0.180	0.238	-0.114	0.327	-0.213	0.199	—	—	
TDS/(g/L)	0.54	0.24	18	-0.179	0.239	-0.467	0.025	-0.203	0.209	$y=-0.477\times L_1+49.344$	0.218	
$[Na^+]$/(mg/L)	143.64	85.7	18	-0.356	0.073	-0.311	0.104	-0.161	0.261	—	—	
$[K^+]$/(mg/L)	12.52	7.1	18	0.104	0.341	0.065	0.399	-0.105	0.399	—	—	
$[Mg^{2+}]$/(mg/L)	18.97	8.82	18	-0.081	0.375	0.024	0.462	0.107	0.337	—	—	
$[Ca^{2+}]$/(mg/L)	36.65	14.27	18	0.054	0.416	0.069	0.392	0.207	0.205	—	—	
$[F^-]$/(mg/L)	2.71	1.68	17	0.245	0.087	-0.647	0.003	-0.448	0.036	$y=-4.548\times L_1+468.149$	0.418	
$[HCO_3^-]$/(mg/L)	193.89	66.26	18	-0.041	0.436	-0.287	0.124	-0.328	0.092	—	—	
$[CO_3^{2-}]$/(mg/L)	4.78	5.64	18	-0.144	0.284	-0.119	0.319	-0.055	0.414	—	—	
$[Cl^-]$/(mg/L)	100.61	68.38	18	-0.035	0.445	-0.303	0.110	-0.129	0.304	—	—	
$[NO_2^-]$/(mg/L)	0.57	0.5	16	0.212	0.184	0.098	0.360	0.412	0.057	—	—	
$[NO_3^-]$/(mg/L)	32.71	33.09	17	0.028	0.158	0.143	0.293	0.246	0.171	—	—	
$[SO_4^{2-}]$/(mg/L)	103.6	44.21	18	-0.031	0.360	-0.260	0.149	0.039	0.439	—	—	

注：n 为样本量。

表 4-19 沙漠南部泉水水化学指标与地理要素的关系

| 水化学指标 | 统计参数 | | | 与地理要素的相关性 | | | | | | 线性模型 | |
	均值	标准差	n	纬度(L_2) 皮尔逊相关系数	显著性 P 值	经度(L_1) 皮尔逊相关系数	显著性 P 值	水位高程(H) 皮尔逊相关系数	显著性 P 值	方程	R^2
pH	7.58	0.87	14	−0.150	0.304	−0.069	0.142	−0.142	0.315	—	—
TDS/(g/L)	0.78	0.57	14	−0.308	0.142	−0.171	0.280	−0.197	0.250	—	—
$[Na^+]$/(mg/L)	219.78	171.96	14	−0.149	0.306	−0.329	0.126	−0.303	0.147	—	—
$[K^+]$/(mg/L)	15.38	14.02	14	−0.511	0.031	0.178	0.271	−0.009	0.488	$y=-65.840 \times L_2+2643.373$	0.290
$[Mg^{2+}]$/(mg/L)	26.58	28.76	14	−0.385	0.087	0.101	0.366	0.055	0.426	—	—
$[Ca^{2+}]$/(mg/L)	36.21	33.09	14	−0.501	0.034	0.170	0.281	0.169	0.282	$y=-152.379 \times L_2+6118.424$	0.259
$[F^-]$/(mg/L)	3.31	2.06	12	−0.392	0.104	−0.441	0.076	−0.354	0.130	—	—
$[HCO_3^-]$/(mg/L)	227.73	131.46	13	−0.515	0.036	0.149	0.314	−0.102	0.370	$y=-599.293 \times L_2+24149.843$	0.265
$[CO_3^{2-}]$/(mg/L)	4.18	5.91	13	−0.304	0.156	0.067	0.414	−0.163	0.298	—	—
$[Cl^-]$/(mg/L)	206.66	230.51	14	−0.157	0.296	−0.238	0.207	−0.175	0.275	—	—
$[NO_2^-]$/(mg/L)	1.18	1.34	12	−0.344	0.137	−0.201	0.265	−0.154	0.317	—	—
$[NO_3^-]$/(mg/L)	28.92	11.77	11	−0.130	0.351	−0.309	0.177	0.276	0.206	—	—
$[SO_4^{2-}]$/(mg/L)	163.46	116.66	14	−0.406	0.075	−0.178	0.271	−0.217	0.228	—	—

注：n 为样本量。

表 4-20 沙漠南部地下水水化学指标与地理要素的关系

水化学指标	统计参数			与地理要素的相关性							
	均值	标准差	n	纬度(L_2)		经度(L_1)		水位高程(H)		线性模型	
				皮尔逊相关系数	显著性P值	皮尔逊相关系数	显著性P值	皮尔逊相关系数	显著性P值	方程	R^2
pH	7.50	0.61	32	-0.095	0.302	-0.113	0.269	-0.160	0.191	—	—
TDS/(g/L)	0.64	0.42	32	-0.112	0.271	-0.313	0.040	-0.226	0.107	—	—
$[Na^+]$/(mg/L)	176.95	133.79	32	-0.293	0.307	-0.391	0.013	-0.265	0.071	$y=-157.983 \times L_1+16328.994$	0.153
$[K^+]$/(mg/L)	13.77	10.59	32	-0.166	0.182	-0.052	0.389	-0.081	0.331	—	—
$[Mg^{2+}]$/(mg/L)	22.30	20.11	32	-0.156	0.198	-0.008	0.483	-0.007	0.484	—	—
$[Ca^{2+}]$/(mg/L)	36.46	23.90	32	0.245	0.089	-0.138	0.226	-0.156	0.198	—	—
$[F^-]$/(mg/L)	2.96	1.84	32	0.049	0.401	-0.535	0.001	-0.420	0.012	$y=-2.927 \times L_1+302.266$	0.287
$[HCO_3^-]$/(mg/L)	208.08	98.43	32	-0.200	0.140	-0.044	0.407	-0.221	0.116	—	—
$[CO_3^{2-}]$/(mg/L)	4.53	5.66	32	-0.212	0.127	-0.002	0.495	-0.077	0.339	—	—
$[Cl^-]$/(mg/L)	147.01	166.45	32	0.024	0.447	-0.327	0.034	-0.194	0.144	$y=-164.634 \times L_1+16979.116$	0.107
$[NO_2^-]$/(mg/L)	0.84	0.98	28	0.022	0.456	-0.230	0.119	-0.024	0.452	—	—
$[NO_3^-]$/(mg/L)	31.22	26.53	28	-0.025	0.449	0.036	0.428	0.250	0.100	—	—
$[SO_4^{2-}]$/(mg/L)	129.79	87.69	32	-0.103	0.288	-0.294	0.051	-0.171	0.174	—	—

注：n为样本量。

由表 4-20 可以看到,经度对 Na^+、F^- 和 Cl^- 浓度的影响显著,经度因素能够通过显著性检验进入模型,说明 Na^+、F^- 和 Cl^- 较明显地从东向西富集。纬度、水位高程与各项水化学指标的相关性的影响没有统一的趋势,表现在纬度 9 负 4 正,水位高程 12 负 1 正,意味着南部地下水大多数离子浓度有从北向南富集的趋势,高处离子浓度低。但纬度、水位高程与各项水化学指标的相关系数很小,远未达到显著水平,不能通过显著性检验进入方程。

2)戈壁区浅层地下水

戈壁区浅层地下水与纬度、经度和水位高程的定量化关系见表 4-21。

由表 4-21 可以看到,戈壁区浅层地下水的各项水化学指标与纬度的相关趋势不太统一,4 负 8 正,且大多数相关系数很小,远未达到显著水平。但 K^+ 和 CO_3^{2-} 与纬度的负相关关系显著,纬度因子通过显著性检验得以引入方程,表明 K^+ 和 CO_3^{2-} 从北向南富集。

有 12 项水化学指标(除 CO_3^{2-} 外)与经度存在负相关关系,意味着离子有从东向西富集的趋势;与水位高程的负相关关系意味着离子受到水位高程的影响,水位高处离子浓度稍低;但相关系数都不大,也都未达到显著水平。F^- 与经度的负相关关系显著,纬度因子通过显著性检验得以引入方程,说明 F^- 明显从东向西富集。

3)地表水(湖水)

巴丹吉林沙漠南部湖水与纬度、经度和水位高程的定量化关系见表 4-22。

由表 4-22 可以看出,沙漠南部湖水的水化学各项指标与纬度的关系与该区的井水、泉水有较大的不同。湖水的水化学各项指标与纬度呈显著的正相关关系、与高程呈显著的负相关关系,大多数可以通过显著性检验进入方程,表示离子由南向北富集,低处的湖泊离子浓度高;其与经度的关系虽不显著,但负相关的趋势是确定的,即从东向西富集。通过以上分析得出,地表水的流向是从东向西,地表水的更新能力由南向北逐渐减弱。

总体来看,地下水与地表水的流向是一致的,即从东向西,对于地下水的更新能力也是由东向西逐渐减弱,虽然地下水的不太明显。

4. 水化学特征指示的地下径流方向

1)南部井水、泉水同源,补给来自东边,地形控制地下水运动

(1)南部井水、泉水的水化学特征指示二者同源。

从沙漠南部和戈壁区地下水 Piper 三线图(图 4-40)和水化学类型(表 4-16)可以看到,沙漠南部的井水与泉水的水化学类型基本一致,没有明显区别,仅主次不同。井水最多的是 Na^+-HCO_3^- 型,8 个,其次是 Na^+-Cl^- 型,6 个;而泉水最多的是 Na^+-Cl^- 型,7 个,其次是 Na^+-HCO_3^- 型,5 个。

比较南部的井水与泉水的各项水化学指标发现,除了 Ca^{2+}、CO_3^{2-}、NO_3^- 外,其余各项水化学指标都是南部井水<南部泉水,而泉水的 Ca^{2+}(36.21±33.09)与井水的 Ca^{2+}(36.65±14.27)数值非常接近。据此断定,二者应该同源,属于同一类型的地下水。

表 4-21 戈壁区浅层地下水水化学指标与地理要素的关系

水化学指标	统计参数			与地理要素的相关性						线性模型	
	均值	标准差	n	纬度(L_2)		经度(L_1)		水位高程(H)		方程	R^2
				皮尔逊相关系数	显著性 P 值	皮尔逊相关系数	显著性 P 值	皮尔逊相关系数	显著性 P 值		
pH	7.47	0.24	11	−0.364	0.136	−0.124	0.359	−0.311	0.176	—	—
TDS/(g/L)	1.82	0.92	11	0.298	0.387	−0.330	0.161	−0.152	0.328	—	—
$[Na^+]$/(mg/L)	548.44	262.23	11	0.376	0.412	−0.391	0.117	−0.155	0.324	—	—
$[K^+]$/(mg/L)	14.02	7.61	11	−0.533	0.046	−0.499	0.059	−0.019	0.478	$y=-22.083 \times L_2-8.869 \times L_1+1820.563$	0.565
$[Mg^{2+}]$/(mg/L)	43.46	19.33	11	0.620	0.477	−0.498	0.060	−0.297	0.188	—	—
$[Ca^{2+}]$/(mg/L)	73.74	48.55	11	0.589	0.119	−0.121	0.362	−0.227	0.251	—	—
$[F^-]$/(mg/L)	6.39	3.95	11	0.418	0.100	−0.645	0.016	−0.257	0.223	$y=-5.6 \times L_1+583.171$	0.416
$[HCO_3^-]$/(mg/L)	257.67	114.68	11	−0.252	0.227	−0.468	0.073	−0.493	0.062	—	—
$[CO_3^{2-}]$/(mg/L)	14.49	15.38	11	−0.758	0.003	0.040	0.454	0.127	0.355	$y=-60.033 \times L_2-2442.253$	0.574
$[Cl^-]$/(mg/L)	559.31	379.85	11	0.138	0.343	−0.165	0.313	−0.077	0.412	—	—
$[NO_2^-]$/(mg/L)	2.23	1.58	11	0.446	0.085	−0.093	0.393	−0.058	0.432	—	—
$[NO_3^-]$/(mg/L)	53.41	34.49	11	0.100	0.385	−0.662	0.013	−0.128	0.354	$y=-50.068 \times L_1+5210.329$	0.438
$[SO_4^{2-}]$/(mg/L)	440.89	262.51	11	0.112	0.372	−0.350	0.146	−0.102	0.383	—	—

表4-22 湖水水化学指标与地理要素的关系

水化学指标	统计参数			与地理要素的相关性						线性模型	
	均值	标准差	n	纬度(L_1) 皮尔逊相关系数	纬度(L_1) 显著性P值	经度(L_2) 皮尔逊相关系数	经度(L_2) 显著性P值	水位高程(H) 皮尔逊相关系数	水位高程(H) 显著性P值	方程	R^2
pH	9.23	0.83	47	0.335	0.011	−0.395	0.003	−0.501	0.000	$y=-0.006\times H+1.990\times L_2-63.266$	0.417
TDS/(g/L)	117.70	82.80	47	0.408	0.002	−0.370	0.005	−0.414	0.002	$y=-0.484\times H+228.270\times L_2-8394.018$	0.391
$[Na^+]$/(g/L)	42.10	28.95	47	0.415	0.002	−0.386	0.004	−0.437	0.001	$y=-177.726\times H+81461.054\times L_2-2989382$	0.419
$[K^+]$/(g/L)	3.17	2.63	47	0.379	0.004	−0.426	0.001	−0.464	0.001	$y=-16.865\times H+6902.380\times L_2-251326$	0.414
$[Mg^{2+}]$/(mg/L)	347.70	457.40	47	−0.053	0.361	0.149	0.159	−0.008	0.478	—	—
$[Ca^{2+}]$/(mg/L)	99.18	86.09	47	0.049	0.372	−0.221	0.067	−0.369	0.005	$y=-0.388\times H+564.333$	0.136
$[F^-]$/(mg/L)	7.02	96.05	18	0.445	0.032	−0.857	0.000	−0.610	0.004	$y=-263.046\times L_1+26976.315$	0.735
$[HCO_3^-]$/(g/L)	2.46	2.90	47	−0.052	0.365	−0.107	0.238	−0.147	0.162	—	—
$[CO_3^{2-}]$/(g/L)	10.57	9.85	47	0.117	0.218	−0.364	0.006	−0.458	0.001	$y=-55.148\times H+76630.656$	0.209
$[Cl^-]$/(g/L)	49.74	42.60	47	0.422	0.002	−0.313	0.016	−0.311	0.017	$y=117517.0\times L_2-195.190\times H-4396835$	0.316
$[NO_2^-]$/(mg/L)	86.53	66.41	46	0.321	0.015	−0.295	0.023	−0.310	0.018	$y=141.668\times L_2-0.289\times H-5208.888$	0.230
$[NO_3^-]$/(mg/L)	18.25	4.15	3	—	—	—	—	—	—	—	—
$[SO_4^{2-}]$/(g/L)	10.42	6.35	47	0.277	0.030	−0.210	0.078	−0.383	0.004	$y=-33.226\times H+12409.598\times L_2-444017$	0.257

注：n为样本量。

泉水若干水化学指标比井水高，这可能是由于以下原因：①井水位置较深，其水化学类型和较低的离子浓度较好地反映了其直接来自补给源区。②泉水在出露的过程中，混合了包气带中经过蒸发浓缩的水，故而较多显示出有蒸发迹象的 Na^+-Cl^- 类型和较高的离子浓度。③泉水出露以后，在沙漠地带也会或多或少地经历了蒸发。

分析南部沙丘区井水和泉水的地理位置关系发现，井水采样点的平均水位高程是 (1264.2 ± 94.8)m$(n=29)$，平均经纬度是 $102°35'31.7''$E、$40°3'32.5''$N；泉水采样点的平均水位高程是 (1169 ± 39)m$(n=14)$，平均经纬度是 $102°6'23.4''$E、$39°54'54.1''$N，即井水采样点的平均水位高程比泉水的高，井水采样点的中心比泉水的明显偏东、略微偏北。这意味着井水的采样中心点距离补给源要比泉水近，补给井水的地下水流程比泉水的短，其接受降水的补给也稍多；且 Na^+-Cl^- 型的泉水多于井水，这意味着补给泉水的地下水受湖水的回灌影响较大。诸多影响造成了沙漠南部泉水的离子要比井水富集，这恰恰与统计分析的结果相符。

（2）降水和地形对地下水的补给影响。

从沙漠南部的井水、泉水及二者合一为地下水与地理要素的定量关系表（表 4-18～表 4-20）可以看到，经度对离子浓度的影响最大，能够通过显著性检验进入井水的 TDS 和 F^- 及地下水的 Na^+、F^- 和 Cl^- 浓度线性模型中；其次是纬度，通过显著性检验进入泉水的 K^+、Ca^{2+} 和 HCO_3^- 浓度线性模型中，且与井水及地下水的各项水化学指标也是呈负相关的居多。这意味着，沙漠南部的地下水，其补给主要来自东边，可能还有北边。

一般来说，地下水的补给主要有大气降水的直接入渗、地表或地下径流的补给。也从以下这几方面入手，探讨沙漠地区地下水的可能来源。

从降水插值图（图 4-41）可以看到，巴丹吉林沙漠的降水与纬度、高程、经度均呈显著负相关，降水从南向北、从东向西递减，其对沙漠南部地下水的补给量应该也是从南向北、从东向西减少，这与地下水离子从东向西富集的情况相符合，却与地下水离子从北向南富集的趋势不吻合，说明大气降水的直接渗透补给不是主导南部地下水离子浓度变化的最主要因素。

从水样采集点的高程插值图（图 4-42）可以看到，沙漠南部的总体地形是东高西低，东边雅布赖山前的高程大于 1550m，到西部沙漠腹地高程小于 1100m。而沙漠南部以北的戈壁区，因其北部有沙拉套尔汗山及零星山地，高程也基本高于沙漠南部。在我国西北干旱区的内陆，山地集水是山前平原、盆地的重要补给，沙漠南部的东边和北边有较高的地势，意味着有来自山区范围的路径流向沙漠内部；又因东部的雅布赖山比戈壁区北部的山体长而高大，沙漠南部的地下水极有可能主要来自雅布赖山区。这样的推测能很好地解释沙漠南部地下水离子浓度的空间变化特征，与浅层地下水的 TDS 和 F^- 浓度插值图中（图 4-43 和图 4-44）TDS 和 F^- 浓度总体东低西高的趋势相符合，说明地下水的运动受地形的控制。

此外，沙漠南部地下水的水化学类型除主要的 Na^+-HCO_3^- 外，还有不少 Na^+-Cl^- 型，但未呈现出区域性的分布。造成这种有盐水湖特征的地下水的原因可能是存在湖水对地下水的回灌。Gates 等（2008）用同位素平衡模型算得，有 19%～39% 的湖水回灌了浅层地下水，这可以解释沙漠南部地下水的 TDS 及各种离子浓度有较大差异的现象。统计了 13 个 Na^+-Cl^- 型的地下水，发现除 1 个（样点 BD164）以外，其余都临湖。

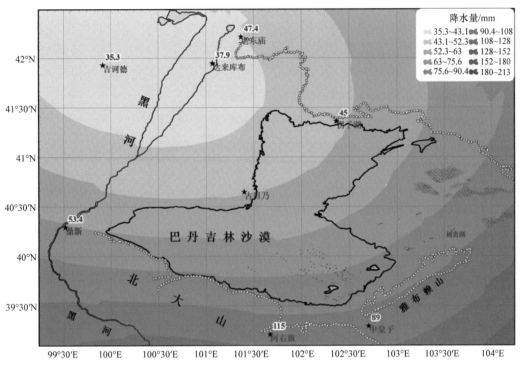

图 4-41　巴丹吉林沙漠周边地区降水插值图

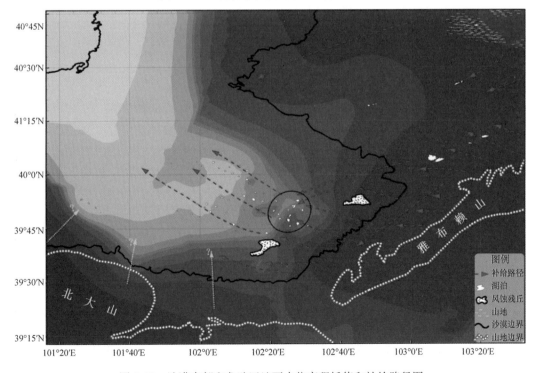

图 4-42　沙漠南部和戈壁区地下水位高程插值和补给路径图

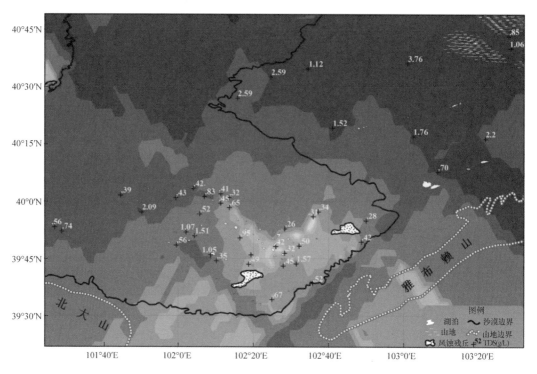

图 4-43　南部地下水 TDS 插值图

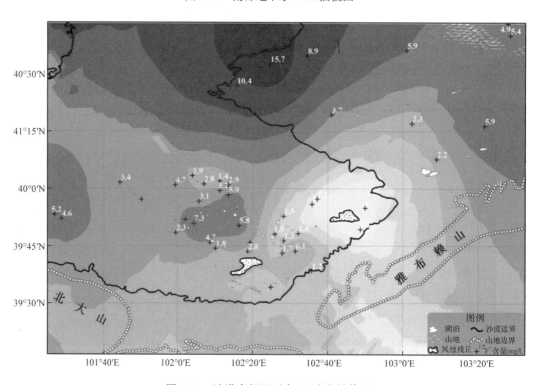

图 4-44　沙漠南部地下水 F⁻浓度插值图

（3）局部地貌对地下水运动的影响。TDS 是水中离子总含量的体现，F⁻ 浓度因其高活性和易溶性，可以较好地反映地下水的运动，在同样的水文地质条件下，F⁻ 浓度随流程增加而富集。从浅层地下水的 TDS 和 F⁻ 与插值图上可以看到：①F⁻ 低值中心处于沙漠南部的东北角风蚀残丘偏北位置。②TDS 有 2 条低值带，一条东北-西南走向的，与两处风蚀残丘连线平行；另一条方向与两处风蚀残丘连线垂直，起点位于风蚀残丘连线的中段。③两处风蚀残丘的西、南侧，地下水出露少、地表湖泊也少。

戈壁区地下水呈现的空间异质性极有可能受到局部地貌的影响（肖洪浪等，2007）。雅布赖山东北段高、西南段低，沙漠南部东缘的地势以东北角为最高。雅布赖山前的地下水除了随大地形向西弥散之外，东北段山前的地下水也沿山势流向西南，从沙漠的东北角流入，因此处地势较高，地下水未受滞留形成大的湖泊，却仍有井、泉出露，形成了一个地下水的 F⁻ 浓度低值中心；又由于此处风蚀残丘的阻水作用，地下水兵分两路，一路从风蚀区的北边绕过、然后顺地势向西、向南弥散，形成了东北—西南向低 TDS 地下水带；另一路则直接沿沙漠东缘南下，形成 TDS 由低到高的地下水，此路来水又与雅布赖山西南段向西的地下水一起穿过两处风蚀残丘的中间地带，向沙丘区内部补给。这两处大的补给源在诺尔图附近汇合，形成了巴丹吉林沙漠面积最大的湖泊；诺尔图以西的湖泊群为巴丹吉林沙漠最密集的湖泊群。而两处风蚀残丘的西、南侧，由于在来水方向有阻水的隆起，缺少补给，造成小范围的井、湖缺失。

2）戈壁区浅层地下水接受东边、北边的补给

（1）戈壁区浅层地下水的补给源分析。与沙漠南部的井、泉水相比，虽然戈壁区浅层地下水各项水化学指标与地理要素的相关趋势依然不统一，但通过显著性检验、被引入线性方程的比较多，K⁺、F⁻、CO₃²⁻ 和 NO₃⁻ 浓度模型的决定系数（R^2）也都比沙漠南部地下水的高。在这 4 个模型中，离子与经度、纬度都呈负相关，说明这 4 种离子从东向西、从北向南富集，意味着戈壁区浅层地下水接受东边雅布赖山和北边沙拉套尔汗山等山地水分的补给。

由图 4-45 可以看出，戈壁区浅层地下水离子浓度受地形、地貌影响明显。北部山地南面（BD154、BD155）、雅布赖山前（BD156、BD157、BD160）、古河道上（BD144、BD146）的地下水，TDS 和 F⁻ 浓度均较低，只有 BD156 的略高，TDS 为 2.2g/L、F⁻ 浓度为 5.9mg/L，其余的水样 TDS 均小于 2g/L、F⁻ 浓度都在 5.5mg/L 以内。戈壁区中部（BD153）和西部、接近巴丹吉林北部沙丘边缘的地方（BD147、BD151、BD152）的地下水具有较高的 TDS、F⁻ 浓度，除了 BD152 的 TDS（1.1g/L）、BD153 的 F⁻ 浓度（5.9mg/L）较低以外，其余水样点的 TDS 均值为 3g/L、F⁻ 浓度均值接近 12mg/L。

从降水插值图（图 4-41）可以看出，该区的降水从东向西递减，其对地下水的补给量应是东多西少。与沙漠南部类似，雅布赖山应为该区地下水最主要的补给源，方向从东向西；在历史上降水丰沛时期足以形成河流，现今河流干涸，但古河道上仍然有浅层地下水，山前仍有面积较大的湖泊，如树贵湖、哈拉木格台湖等。而戈壁区北部山地前低离子浓度的地下水应该是受到了山地汇集降水的影响，说明即使在极端干旱内陆区，较高海拔山地集水对地下水的补给量也不容忽视。

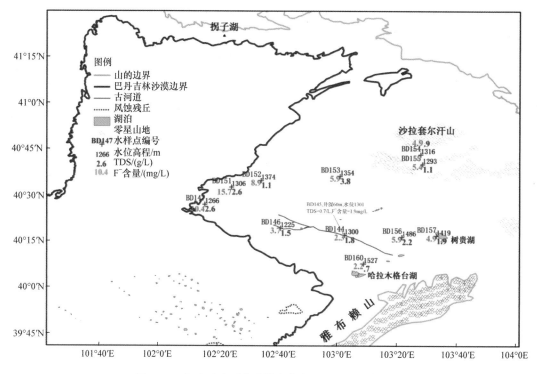

图 4-45　戈壁区地下水采样点分布和 TDS、F⁻ 含量图

（2）戈壁区与沙漠南部的水力联系分析。由高程插值图（图 4-42）可知,戈壁区海拔基本上高于沙漠南部海拔,在与雅布赖山平行的方向上,戈壁区水样点的水位高程高于沙漠南部,且没有查到近地面有阻水层的资料,如果两区属于同一个自由流场,水力梯度下应该存在从戈壁区向沙漠南部的补给。但从这两区浅层地下水的水化学类型、离子浓度和聚类分析结果的比较来看,戈壁区浅层地下水与沙漠南部浅层地下水存在着较大的差异。

由沙漠南部和戈壁区地下水 Piper 三线图（图 4-39）可以看出,戈壁区浅层地下水与沙漠南部的井水、泉水重叠性较小,反而与微咸水湖较为一致。分析水化学类型发现,戈壁区浅层地下水无一例外,都是 Na^+-Cl^- 型;沙漠南部地下水的最主要的类型是 $Na^+-HCO_3^-$,其次是 Na^+-Cl^- 型,兼有 $NH_4^+-HCO_3^-$、$Na^+-SO_4^{2-}$ 型（表 4-16,表 4-17）。对比两区地下水的各项水化学指标的平均值,除 pH 和 $[K^+]$ 这 2 项是戈壁区浅层地下水介于沙漠南部井水和泉水之间外,其余 11 项的均值都是戈壁区浅层地下水大于沙漠南部的井水和泉水。

为探讨戈壁区浅层地下水、沙漠南部井水、沙漠南部泉水这 3 类水体是否属于同一类,用 SPSS 软件对所有地下水进行了 Q 型的分层聚类分析。由于 13 项水化学指标中,NO_2^-、NO_3^-、HCO_3^- 和 CO_3^{2-} 浓度这 4 项指标均存在缺失,若直接进行水样的 Q 型分层聚类,累计丢失水样达到 10 个,进行了预处理,即先对 13 项水化学指标做了 R 型分层聚类,结果发现,NO_2^- 浓度指标与 TDS 及 Na^+、Cl^- 和 SO_4^{2-} 浓度基本等价,可舍去,而 NO_3^-、HCO_3^- 和 CO_3^{2-} 浓度这 3 项都没有与其基本等价的指标,只能保留。于是,采用除 NO_2^- 浓度之外的 12 项水化学指标作为变量,聚类方法选择类间平均链锁法,对距离的测度方法选择欧氏距离平方法,设定聚类数目为 3 类,分析结果见表 4-23。

表 4-23 沙漠南部和戈壁区地下水聚类分析结果

编号	类型	聚类结果	编号	类型	聚类结果	编号	类型	聚类结果
BD144	戈壁区浅层地下水	1	BD072	沙漠南部井水	2	BD034	沙漠南部泉水	—
BD146	戈壁区浅层地下水	1	BD078	沙漠南部井水	2	BD003	沙漠南部泉水	—
BD147	戈壁区浅层地下水	1	BD082	沙漠南部井水	2	BD026	沙漠南部泉水	2
BD151	戈壁区浅层地下水	1	BD090	沙漠南部井水	2	BD099	沙漠南部泉水	2
BD152	戈壁区浅层地下水	2	BD101	沙漠南部井水	2	BD005	沙漠南部泉水	2
BD153	戈壁区浅层地下水	3	BD109	沙漠南部井水	2	BD014	沙漠南部泉水	2
BD154	戈壁区浅层地下水	2	BD113	沙漠南部井水	2	BD030	沙漠南部泉水	2
BD155	戈壁区浅层地下水	2	BD124	沙漠南部井水	—	BD036	沙漠南部泉水	2
BD156	戈壁区浅层地下水	1	BD141	沙漠南部井水	2	BD043	沙漠南部泉水	—
BD157	戈壁区浅层地下水	1	BD142	沙漠南部井水	2	BD054	沙漠南部泉水	1
BD160	戈壁区浅层地下水	2	BD047	沙漠南部井水	2	BD019	沙漠南部泉水	—
BD145	戈壁区深井水	2	BD171	沙漠南部井水	—	BD162	沙漠南部泉水	2
BD021	沙漠南部井水	2	BD163	沙漠南部井水	2	BD145	戈壁区深井水	2
BD038	沙漠南部井水	2	BD164	沙漠南部井水	2	BD148	沙漠西缘深井	2
BD042	沙漠南部井水	2	BD130	沙漠南部泉水	2	BD002	井水	2
BD062	沙漠南部井水	2	BD136	沙漠南部泉水	—			

由表 4-23 可以看到,沙漠南部井水和泉水参与到聚类分析中的除了 BD054 外,全部属于第 2 类;戈壁区 60m 的深井水属于第 2 类;戈壁区浅层地下水的聚类结果比较杂乱,有 6 个属于第 1 类、3 个属于第 2 类、BD153 单属第 3 类。这样的结果反映了戈壁区不同地方浅层地下水水化学特征的复杂性。

从高程插值图(图 4-43)可知,戈壁区地势东、北面较高,中、南部较低,古河道尾端也位于中南部。或许存在着由此(BD146,即穆仁呼都格附近)向西南补给到沙漠南部包尔准图附近的水流,正好与此处附近较高的 TDS、F^- 浓度带相吻合。而戈壁区浅层地下水与微咸水湖在 Piper 三线图上相似的分布(唯一的雅布赖山前淡水湖则与南部地下水分布相似),以及呈现盐水湖特征的 Na^+-Cl^- 水化学类型,暗示戈壁区浅层地下水受到了较强烈的蒸发。戈壁区西缘几个离子浓度极高值水样大大地增加了为数不多的戈壁区浅层地下水离子浓度的均值,不可因此轻易否认戈壁区对沙漠南部的补给。

树贵苏木有一个 60m 深的水样,其各项水化学指标均比沙漠南部地下水的小或与其接近,或许暗示着在较深的地下,戈壁区与沙漠南部有着水力联系。

3)地表水的水化学特征受地形和气候条件控制

沙漠南部湖水的 10 项水化学指标与地理要素的线性方程决定系数(R^2)大多比地下水的要高。湖泊水化学指标与水位高程的相关性最高也最为显著,其次是纬度,与经度只存在统一的负相关趋势,除 F⁻ 浓度外,经度均无法通过显著性检验,不能引入方程。这与该区的井、泉水对经度显著相关、对水位高程有负相关趋势、对纬度相关趋势不统一的情况相当不同。沙漠南部湖泊接受地下水补给,但二者水化学特征与地理要素的关系呈现较大差异,这可能是由于以下原因。

（1）地形（高程）对湖泊水化学特征的控制。地形对地下水和地表水的控制体现在不同方面。由于地下水流动性较好、更新速率较高,地形主要控制地下水的运动,对其水化学特征的影响并不显著（仅呈负相关趋势,表 4-18～表 4-21）。但处于沙山之间低洼处的湖水,相对地下水流动性差、更新速率更低,地形（高程）限制了湖水的流动,又因长时间的蒸发浓缩作用,造成湖泊的水化学指标对水位高程呈现显著负相关。

高程对水化学特征和地表水运动的影响可以从以下两方面得到验证:一是淡水湖、微咸水湖都位于地势较高的雅布赖山前,其距离补给源较近,水源离子浓度较低,降水量也较多,而且处于高位,流动性也好;而咸水湖大多分布在沙漠内部、海拔较低处。二是在沙漠内部,距离较近的湖泊之间普遍存在上水方向湖泊对下水方向湖泊的补给,上水方向湖泊属于径流型湖泊,下水方向湖泊多为排泄型湖泊（孙培善等,1964）,因而下水方向湖泊流动性差、受蒸发富集的影响更甚。典型的例子就是巴丹吉林沙漠海子群,临近分布的高低湖泊 BD182、BD187 和 BD181,NO_2^- 含量分别为 1.70mg/L、11.48mg/L 和 126.78mg/L,相差数十倍;另外,从巴润伊克里南、北湖,准吉格德南、北湖,塔马营南、北湖,包尔准图东、西湖,宝日陶勒盖东、西湖等,都可以看出高程对湖泊离子浓度的影响。这与其他学者的研究吻合,Hofmann（1996）发现,巴丹吉林沙漠南部的湖泊显示出盐度有很宽的跨度,大而深的湖属于低含盐类型（<3g/L）,小而浅的湖属于微咸类型（3～20g/L）,如宝日陶勒盖湖。

（2）气候对地表水的影响。地下水水化学指标与经度呈显著负相关反映的主要是与补给源雅布赖山的距离远近。湖泊水化学指标与纬度呈显著正相关体现的是蒸发对地表水离子富集的影响。

巴丹吉林沙漠周边地区的降水和干燥度变化趋势非常一致,都是从东南向西北降水量减少、干燥度指数降低。显然,纬度对该地区的干燥度和蒸发控制力最强,这种气候环境对地表湖泊的影响经过长年累月的叠加变得显著,正好符合湖泊水化学特征与纬度的显著负相关关系。而井水和泉水由于埋藏在地下,受蒸发影响远远小于地表水,它们受气候条件,如温度、空气湿度和干燥度指数的影响相对湖水便小得多。

4.3.3　讨论与结论

1. 降水对地下水的补给

大气降水的直接入渗对中国西北干旱内陆地区地下水的补给到底有多少？这个问题多年来一直存在争议。有学者认为,在干旱内陆的沙漠地区、零星的降水对地下水的补给微不足道。但考虑到干旱地区的降水特性,即一年中的降水集中在春、夏季,通常以几场暴雨的形式降落,补给相当集中,加之沙漠面积广袤、沙层渗透性良好,降水对地下水的补给不能够忽视,并认为巴丹吉林沙漠的高大沙丘是水分主要的存储体（杨小平,2000）。Gates 等

(2008)、陈建生等(2006)和杨小平(2002)均检测到南部沙丘区地下水高的 T 值,0.0~39.4T.U.,证明南部沙丘区地下水普遍混有现代降水。Gates 等(2008)在巴丹吉林沙漠东南缘宝日陶勒盖、赛因乌苏等地的丘间平地钻取了 14 个包气带岩芯,用氯质量平衡法对沙漠东南缘大气降水的直接补给做了定量研究,得出 1.0~3.6mm/a 的入渗补给量,只占当地年均降水的 1%~2%。与湖泊的蒸发损失相比,降水对浅层地下水的直接补给只占很小的比例。Gates 等用 2500km² 代表研究区湖泊总的潜在集水区面积,算得降水总的直接补给大约是 $3.75×10^6 m^3/a$。这比按 16.94km²(Hofmann,1999)计算湖泊面积、用 2600mm/a 蒸发量计算得到的 $4.4×10^7 m^3/a$ 要小一个数量级。Gates 等(2008)认为,降水的直接入渗至少要达到 17.6mm/a,即大约年均降水的 20%,才能够维持湖面蒸发的平衡。

综上可认为,虽然沙漠南部地下水离子浓度东低西高的趋势与本地降水趋势相符,但降水对沙漠地下水的直接补给所占比例很小,无法完全维持沙漠南部的湖泊,外部的补给才是沙漠南部主要的补给源。

2. 沙漠南部井水、泉水同源问题

一直以来,对巴丹吉林沙漠地下水的研究并未将井水(即浅层地下水)、泉水严格区分开,而是均以浅层地下水等同对待。陈建生等(2004)提出,祁连山(西南 200km)融化的雪水通过地质断层快速输入到巴丹吉林沙漠,从深部上涌补给浅层地下水,形成湖泊的观点。本书的研究特将泉水出露口采集的水样与浅层地下水的井水水样加以区分,来研究二者水化学特征的联系和区别。若如"地下河"之说,则从泉水出露口所采集的水样,其离子浓度应该是最小的,而潜水层地下水各项水化学指标应与泉水相当,或者受蒸发影响略微富集。本书的研究结果显示,井水与泉水水化学类型一致,泉水的各项水化学指标比井水偏高;这样的结果意味着沙漠南部井泉水同源,都是浅层地下水,由于泉水出露位置较井水高,混合了包气带的水,导致泉水的离子浓度较井水偏高。

3. 沙漠南部地下水来自雅布赖及周边山区

沙漠南部地下水离子浓度与经度呈显著负相关关系、与水位高程统一呈负相关趋势,以及戈壁区地下水主要离子北高南低、东高西低的空间分布特征,都与本区的地形相符,暗示地下水的补给来自地势高的山区,尤以东部高大狭长的雅布赖山为主。这与其他学者的同位素研究结果相符合。

Ma 等(2006)研究发现,该地区的水化学和稳定同位素研究证据有着与附近民勤盆地相似的数据,认为巴丹湖地区的浅层地下水来源于古水。Gates 等(2008)通过对巴丹吉林沙漠东南部和周边地下水¹⁸O 和 D 稳定同位素及放射性同位素 T、¹⁴C 定年分析,提出一个补给概念模型:在更新世的湿润气候时期和中、早全新世时期,该地区地表水和地下水较丰富,巴丹吉林沙漠浅层含水层有可能由降水通过一系列机制补给,包括直接补给和山前补给。雅布赖山前的浅层地下水相对年轻的地下水流流向排泄区,即沙漠西部或可能还有北部。由于晚全新世干旱化,入流减少,湖水和水位不断以低速下降。在目前的水头梯度下,从补给区到沙漠东南部湖泊的通过时间为 1000~2000 年。以这个速率,来自中全新世湿润时期或更早时间的剩余古水呈现出更低的水头梯度和更深的径流,于是造成目前巴丹吉林沙漠水减少、湖泊干涸的后果。

根据本书的研究结果,不仅沙漠东南部地下水的补给来自雅布赖山,两处风蚀残丘以西、沙漠南部腹地的地下水也显示出来自东边雅布赖山的特征。按照 Gates 等的研究结果,雅布赖山前的浅层地下水到达沙漠东南部湖泊的通过时间是 1000～2000 年,则雅布赖山前的浅层地下水补给沙漠南部腹地需要更长的时间。

本书的研究数据暗示戈壁区北部山地拦截的降水对当地地下水也有较明显的补给作用,且该区高程相对沙漠南部较高,存在从北向南的水力梯度。戈壁区浅层地下水的水化学特征显示其潜水面受蒸发影响较大,各项水化学指标的均值也受到几个极高值的影响,总体呈现出与沙漠南部地下水不太一致的水化学特性。由于大多数巴丹吉林沙漠的研究缺少这一地区的详细数据,探讨戈壁区对沙漠南部的水力联系还需更多的研究。

4. 局部地貌对沙漠南部地下水运动的影响

地形对沙漠南部地下水的影响,大多数学者着眼于东高西低的大地形,论证沙漠南部东缘的雅布赖山地下水对沙漠南部的补给作用;而对于沙漠内、沙漠边缘的局部地形地貌,仅有 Hofmann(1996,1999)研究了巴丹吉林沙漠东南角风蚀残丘对地下水系统的影响,认为其将沙漠东南部的地下水分成了两个独立的流动系统,以南的由沙丘区外部的水源补给,以北的由降水直接补给。

本书的研究利用 ArcGIS 的空间插值结果,得到沙漠南部东北角的 F⁻ 浓度低值中心和东北、西北两条 TDS 低值带,加上两处风蚀残丘背向补给源方向的少泉、少井、少湖区,可认为,这是由沙漠南部的两处风蚀残丘及东北角较高的地势所导致的。如果东北角风蚀残丘对北来的地下水分水设想成立,则对于 Hofmann 以东南角风蚀残丘为界划分的北部地下水系统仅有降水补给的观点有所补充。

由沙漠南部及其北戈壁区地下水的水化学特征分析,结合气象、地形地貌等资料,对巴丹吉林沙漠南部地下水的来源、运动进行研究,得出以下结论:巴丹吉林沙漠东边的雅布赖山前地下水是沙漠南部和戈壁区浅层地下水的主要补给源区;戈壁区北部山地的集水对该区浅层地下水也有所补给。地形、地貌控制沙漠南部地下水的运动;其东北角的高地势和风蚀残丘影响来自雅布赖山北段的地下水路径。巴丹吉林沙漠南部的井水和泉水同源。地形(高程)和气候条件一同控制巴丹吉林沙漠地表水(即湖水)的水化学特征。

综上,巴丹吉林沙漠南部湖泊群的形成是该地区自然地理特征的结果。巴丹吉林沙漠作为一个被南、东、北三面都是山地包围的拗陷盆地,其拗陷中心便成为周围山地降水的汇集中心,即湖泊群位置。自湖泊群往西,随着地势降低的减缓,地下水继续向西运动,湖泊不再聚群分布,而是呈平行的带状分布。

参 考 文 献

曹玉清,1994.岩溶化学环境水文地质[M].长春:吉林大学出版社.
陈建生,赵霞,盛雪芬,等,2006.巴丹吉林沙漠湖泊群与沙山形成机理研究[J].科学通报,51(23):

2789-2796.

陈建生,赵霞,汪集旸,等,2004.巴丹吉林沙漠湖泊钙华与根状结核的发现对研究湖泊水补给的意义[J].中国岩溶,23(4):277-282.

董维红,2005.反向水文地球化学模拟技术在鄂尔多斯白垩系自流水盆地深层地下水^{14}C 年龄校正中的应用[D].长春:吉林大学.

高柏,张文,孙占学,等,2005.内蒙古东乌旗地区地下水水文地球化学[J].干旱区研究,22(4):431-435.

郭永海,王驹,吕川河,等,2005.高放废物处置库甘肃北山野马泉预选区地下水化学特征及水岩作用模拟[J].地学前缘,12(特刊):117-123.

何朋朋,2006.基于蒙特卡罗方法的边坡可靠性分析[D].北京:中国地质大学.

黄天明,庞忠和,2007.应用环境示踪剂探讨巴丹吉林沙漠及古日乃绿洲地下水补给[J].现代地质,21(4):624-631.

黄锡荃,2003.水文学[M].北京:高等教育出版社.

李贤庆,侯读杰,唐友军,等,2002.地层流体化学成分与天然气藏的关系初探——以鄂尔多斯盆地中部大气田为例[J].断块油气田,9(5):1-5.

李云峰,李金荣,侯光才,等,2004.从水文地球化学角度研究鄂尔多斯盆地南区白垩系地下水的排泄途径[J].西北地质,37(3):91-95.

刘文生,1999.京当以南河北平原地下水水质演化机制的探讨[J].勘查科学技术,(3):36-39.

刘振敏,2000.腾格里沙漠区盐湖物质成分研究[J].盐湖研究,8(3):21-26.

马学尼,黄廷林,1998.水文学[M].北京:中国建筑工业出版社.

沈媛媛,2006.黑河流域地下水数值模拟模型及在水量调度管理中的应用研究[D].长春:吉林大学.

沈照理,朱宛华,钟佐燊,1993.水文地球化学基础[M].北京:地质出版社.

孙培善,孙德坎,1964.内蒙高原①西部水文地质初步研究[J].治沙研究,(6):295-301.

王大纯,张人权,史毅虹,等,1995.水文地质学基础[M].北京:地质出版社.

文冬光,沈照理,钟佐燊,等,1995.地球化学模拟及其在水文地质中的应用[J].地质科技情报,14(1):99-104.

肖洪浪,李锦秀,赵良菊,2007.土壤水异质性研究进展与热点[J].地球科学进展,22(9):954-959.

杨小平,2000.巴丹吉林沙漠及其毗邻地区的景观类型及其形成机制初探[J].中国沙漠,20(2):166-170.

杨小平,2002.巴丹吉林沙漠腹地湖泊的水化学特征及其全新世以来的演变[J].第四纪研究,22(3):97-104.

张人权,梁杏,靳孟贵,等,2005.当代水文地质学发展趋势与对策[J].水文地质工程地质,(1):51-56.

BURNS D A,KENDALL C,2002. Analysis of ^{15}N and ^{18}O to differentiate NO_3^- sources in runoff at two watersheds in the Catskill Mountains of New York [J]. Water Resource Research,38(5):1-11.

FAN X P,1991. Characteristics of the stream-aquifer systems and rational utilization of water resources in the Heihe River [J]. Gansu Geology,12:1-16.

GATES J B,EDMUNDS W M,GEORGE D W,et al. ,2008. Conceptual model of recharge to southeastern Badain Jaran Desert groundwater and lakes from environmental tracers[J]. Applied Geochemistry,23:3519-3534.

---

① 指内蒙古高原——编者注。

HERCZEG A I,TORGERSEN T,CHIVAS A R,et al.,1991. Geochemistry of groundwater from the great artesian basin,Australia [J]. Journal of Hydrology,126:225-245.

HOFMANN J,1996. The lakes in the SE part of Badain Jaran Shamo,their limnology and geochemistry[J]. Geowissenschaften,14(7-8):275-278.

HOFMANN J,1999. Geoökologische untersuchungen der gewässer im südosten der badain Jaran wüste[J]. Berliner Geographische Abhandlungen,64:247.

JAN VAN D L,AURENT D W,2001. Present state and future directions of modeling of geochemistry in hydrological systems [J]. Journal of Contaminant Hydrology,47:265-282.

MA J Z,EDMUNDS W M,2006. Groundwater and lake evolution in the Badain Jaran Desert ecosystem,Inner Mongolia[J]. Hydrogeology Journal,14:1231-1243.

PLUMMER L N,BUSBY J F,LEE R W,et al.,1990. Geochemical modeling of the madison aquifer in parts of Montana,Wyoming and South Dokota[J]. Water Resource Research,26(9):1981-2014.

RYU J H,ROBERT A,ZIERENBERG R A,et al.,2006. Sulfur biogeochemistry and isotopic fractionation in shallow groundwater and sediments of Owens Dry Lake,California [J]. Chemical Geology,229: 257-272.

STUYFZAND P J,1999. Patterns in groundwater chemistry resulting from groundwater flow [J]. Hydrogeology Journal,7:15-27.

TOTH J,1999. Groundwater as a geologic agent:an overview of the causes,processes and manifestations [J]. Hydrogeology Journal,7:1-14.

ZHU G F,LI Z Z,SU Y H,et al.,2007. Hydrogeochemical and isotope evidence of ground-water evolution and recharge in Minqin Basin,Northwest China[J]. Journal of Hydrology,333:239-251.

第5章 流域水文过程模拟与水平衡、水资源更新评估

流域水平衡与水资源更新转化等水文过程是开展流域水管理的基础。本章借助水文模型,精细化估算起伏地形下流域综合降水状况,开展干流山区不同时空尺度的水量平衡分析,以及流域中、下游荒漠平原区地下水赋存、转化和更新状况模拟和评估。

5.1 流域起伏地形下降水空间分布精细化估算

降水过程受地理位置、大气环流和包括地形等下垫面的多因素共同作用,本节分别从大气环流与地形抬升对降水的影响两部分来考虑。降水过程指当空气达到过饱和时,水蒸气凝结成小水珠或小冰晶,并且其体积逐渐变大,最终在重力作用下从空中落到地面,在此期间还需源源不断的水汽来维持。根据降水理论方程,假定空气达到饱和且气流在辐合状态下产生降水,降水量等于气柱中凝结的水汽量,因为不等于实际降水量,所以被称为环流背景场降水量。各种天气系统产生的降水受到地形的影响显著,如相对高度、坡度、地面形态等,迎风坡降水增加,背风坡降水减少。但地形因素本身对降水量增加并不显著,主要通过触发气流产生对流运动引起。因此,通过坡度、坡向与风向夹角和风速等要素之间的关系,构建地形抬升降水效应理论估算模型来考虑地形强迫抬升作用对降水过程的加强或减弱效应。以上降水估算均基于理论方程,虽物理意义明确,但仍有很多的不确定性因素。因此,结合地形代表性较好的降水台站的大量实测降水资料,采用统计方法与残差地统计学方法,构建半经验半理论的降水量估算。本节基于 ArcGIS 和 MATLAB 平台,采用 3km×3km 的高分辨率区域气候模式数据中 11 个气压层(分别为 1000hPa、925hPa、850hPa、700hPa、600hPa、500hPa、400hPa、300hPa、250hPa、200hPa 和 100hPa)上的比湿、温度、经向风速与纬向风速数据,区域经处理的数字高程模型及由此生成的 1km×1km 坡度数据与坡向数据,实现了黑河流域 1km×1km 分辨率的半经验半理论的起伏地形下综合降水模型基础上的降水量精细分布估算。

5.1.1 环流背景场理论降水估算

根据天气发生学理论中降水发生的条件,进行环流背景场理论估算模型的构建,并对模型生成的 1981~2010 年多年年均降水量及四季代表月份的环流背景场理论降水量的空间特征进行分析。

1. 环流背景场理论降水估算模型构建

潮湿空气中的水汽达到饱和或过饱和状态,在凝结核的作用下形成小水珠或小冰晶并不断凝结长大,在重力作用下降落到地面形成降水。因此,空气柱中的水汽形成降水的首要

条件是空气需达到饱和状态,即满足发生降水时空气的湿度不小于当时大气条件下空气的饱和湿度,对应于各气压层上,实际比湿需要大于饱和比湿(史岚,2012),即

$$q_k \geqslant q_{sk} \tag{5-1}$$

其中,

$$q_{sk} = 0.622 \frac{6.11 \times 10^{\frac{7.5 t_k}{273.3 + t_k}}}{p_k} \tag{5-2}$$

式中,q_k 为各气压层的比湿(g/g);q_{sk} 为各气压层的饱和比湿(g/g);t_k 为对应气压层的大气温度(℃);p_k 为对应气压层的气压(hPa),对于各气压层而言是一个常数;k 为气压层的层数序列代码。

空气柱中存储的水量非常有限,一场降水的发生,降水量通常超出水汽含量,而且在降水过程中,空气的湿度通常保持恒定(杨大文等,2014)。有研究表明,近地表气温为 20℃,大气压为 1000hPa 时,饱和湿空气柱中的最大可降水量相当于 5cm 的液态水深;如果气温降至 10℃,大气压不变,可降水量大约仅有一半。因此,降水强度和降水量不仅由空气柱中的水汽总量决定,而且与水汽输送所带来的"过境水"有关,更主要取决于区域大气环流对水汽输送中水汽的收入与支出之间的对比程度,即大气的水汽通量散度的影响。当水汽通量散度大于 0 时,水汽表现为水汽辐散,区域上空的水汽呈散失状态,在辐散条件下,晴空无云;当水汽通量散度小于 0 时,水汽表现为辐合,周围的空气源源不断地输入到空气柱中,区域上空处于水汽积聚,发生成云致雨过程。于是,仅当空气辐合上升,即水汽通量散度小于 0 时,空气柱的水汽量增加达到饱和状态后发生凝结,降水才可能发生。通过各气压层格点上的水汽收支估算产生的可能降水量。空气辐合上升定义如下:

$$A = \nabla \cdot \left(\frac{1}{g} q \overline{V}_k \right) = \frac{\partial}{\partial x} \left(\frac{1}{g} u q \right) + \frac{\partial}{\partial y} \left(\frac{1}{g} v q \right) < 0$$

即

$$\nabla \cdot \overline{V}_k = \frac{\partial u}{\partial x} + \frac{\partial u}{\partial y} < 0 \tag{5-3}$$

式中,A 为水汽通量散度[g/(s·cm^2·hPa)],负值为水汽辐合,正值为水汽辐散,值的大小表示辐合或辐散强度;q 为比湿(g/g);u 为纬向风速(m/s);v 为经向风速(m/s);x 为经向距离(km);y 为纬向距离(km);∇ 为各梯度层;g 为常量,一般取 9.8N/kg。

整个气柱的水平辐合水汽量近似等于气柱的可能降水量,即

$$W_0 = -\frac{1}{g} \int_{100}^{p_s} \nabla \cdot \overline{V}_k q_k \mathrm{d}p \tag{5-4}$$

式中,W_0 为气柱的可能降水量(mm);p_s 为地面实际气压值(hPa),需要确定各格点高程对应的气压(hPa);q_k 为各气压层的比湿(g/g);$\nabla \cdot \overline{V}_k$ 为各气压层水汽的水平辐合强度(s^{-1})。

于是,仅考虑区域性气流的水平运动影响降水量,根据降水发生需要同时具备水汽饱和与水汽辐合条件,降水量背景场理论估算模型为

$$W_0 = \begin{cases} -\dfrac{1}{g} \int_{200}^{p_s} \nabla \cdot \overline{V}_k q_k \mathrm{d}p, & q_k \geqslant q_{sk} \text{ 且 } \nabla \cdot \overline{V}_k < 0 \\ 0, & q_k < q_{sk} \text{ 或 } \nabla \cdot \overline{V}_k \geqslant 0 \end{cases} \tag{5-5}$$

式中,W_0 为气柱的可能降水量(mm);p_s 为地面实际气压值(hPa),需要确定各格点高程对应的气压(hPa);q_k 为各气压层的比湿(g/g);$\nabla \cdot \overline{V}_k$ 为各气压层上水汽的水平辐合强度(s^{-1});q_{sk} 为各气压层的饱和比湿(g/g)。

通常对流层高度在300hPa 附近,高层水汽含量很少,本书降水量计算中将 200hPa 作为对流层降水量估算的积分上限。标准大气压下,1g 水的体积为 $1cm^3$,在 $1cm^2$ 面积上水高 1cm,即 10mm。这样在计算结果上乘以 10,可以将 $1cm^2$ 面积上的降水量值转换为等深雨量的常用单位 mm。

2. 环流背景场理论降水的空间分布

1981～2010 年,黑河流域环流背景场年均理论降水的空间分布如图 5-1 所示。黑河流域的年总降水量呈现南北少、中部多的空间分布格局。理论降水高值区位于张掖和临泽一带,以金塔为中心形成次高值连片区域,在黑河中上游交界的浅山带呈斑块状分布,最高值达到 98.79mm。理论降水最低值接近于 0,连片低值位于北部阿拉善高原一带,这与当地年降水量在整个区域最小的趋势比较一致;另外,低值区呈条带状分布在上游,没有体现出现实中上游的降水量高值区,主要是因为上游的降水分布与区域海拔的地形抬升作用密切相关,在环流背景场理论模型中未考虑地形抬升作用。黑河流域上游海拔较高,相对于中、下游而言,大气柱厚度要小很多,在环流背景场模型中的积分厚度较小,计算得到的理论降水量不高。因为 7 月水汽辐合强度大,比湿也大,在一年中所占比例最大,其降水量分布格局与 7 月极为相近。

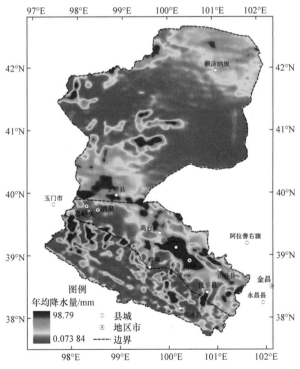

图 5-1 1981～2010 年黑河流域环流背景场年均理论降水的空间分布

1981～2010 年,黑河流域环流背景场理论降水季节性代表月份(1 月、4 月、7 月和 10 月)月均降水的空间分布如图 5-2 所示。黑河流域地处内陆,周围水汽输送量有限,额济纳旗以南,马鬃山地区以东,黑河干流下游流经区及上游斑块状区域成为四季环流背景场理论

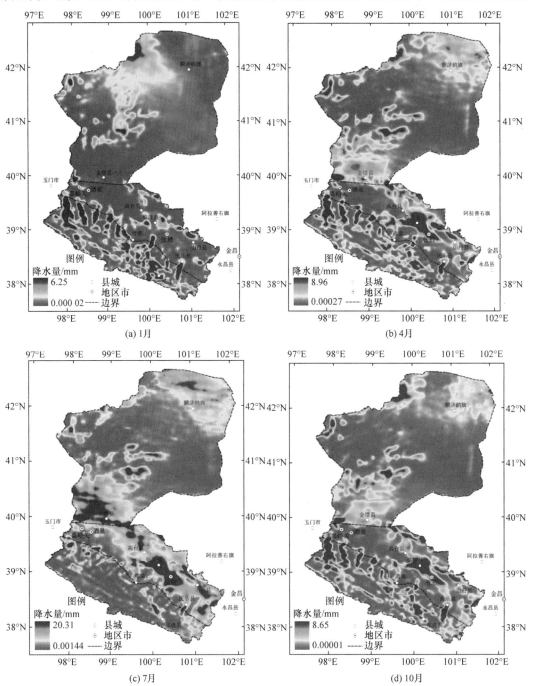

(a) 1月

(b) 4月

(c) 7月

(d) 10月

图 5-2　1981～2010 年黑河流域环流背景场季节代表性月份月均理论降水的空间分布

降水低值区,区域范围大小随着季节水汽输送变化略有变化。黑河流域环流背景场下的降水空间分布格局具有明显的季节变化特征,反映了不同水汽来源水汽输送的季节切换,夏季风缓进速退、冬季风快进慢退的过程,以及不同来源水汽量在量级上的对比差异。

冬季(1月),环流背景场理论降水为全年最低值,区域理论降水最高值为6.25mm,最低值是0.00002mm。理论降水高值区主要呈斑块状出现在上游山区,东部山区接近连片分布,西部山区主要分布在深谷。区域高空主要受中高纬度的西风带环流控制,加上近地面内蒙古高压控制,盛行西北风,来自大西洋北部及北冰洋、欧洲平原、地中海、黑海及里海等湿润气流经开放的东西通道至本区,虽已成强弩之末,但影响到马鬃山地区的北部边缘,使其成为理论降水高值区。酒泉、金塔、高台等中游地区位于青藏高原季风的辐散区,其理论降水量较小,同时黑河干流下游沿线至额济纳旗的理论降水量也较小。

春季(4月),环流背景场理论降水整体增加,最高值为8.96mm,最低值为0.00027mm。气温回升,地表温度回升速率高于周围大气,沿青藏高原边缘绕流的西南季风进入本区,形成辐合气流;同时,黑河中游绿洲区进入春灌时期,主要分布在对流层中、下部的大气水汽含量增加,促进了甘州区、临泽县等地形成理论降水高值区,并在中游地区呈连片趋势。与此同时,来自太平洋的东南季风途径河套平原进入本区与西风气流在此区域上空辐合,对额济纳旗区域造成微弱影响。西风带北移,对马鬃山地区北部边缘的影响减小。但上游山区条带状理论降水高值区稍有减弱趋势。

夏季(7月),环流背景场理论降水为全年最高,最高值为20.31mm,最低值为0.00144mm。青藏高原逐渐形成低压叠加在印度低压上,进入本区的西南季风与东南季风继续北伸和西进,西风带向东向南,3种气流影响到中上游东部地区,水汽输送量达到最大,辐合强度也最大,区域在该时期降水量达到最大,同时黑河中游绿洲区进入农作物生长期,大量引灌,同时蒸散发作用最强,大气湿度较大。相对而言,分别以甘州、临泽与金塔为中心在中游形成连片的理论降水高值区,额济纳旗东北方向的理论降水次之。

秋季(10月),环流背景场理论降水分布格局与春季相当,理论降水略低于春季,最高值为8.65mm,最低值近似为0。西南季风和东南季风快速向南、向东撤退,水汽输送减弱,水汽辐合强度减小,对额济纳旗东北部、黑河中游东部稍有影响,以金塔为中心的理论降水高值区逐渐消失,甘州与张掖一带仍是中游理论降水高值区。来自东西通道的西风带气流向南移动,影响到马鬃山北部地区。另外,上游山区气温较低,水汽更易达到饱和,成为理论降水高值分布比较集中的区域,以上游西部条带状的规模最大。

5.1.2 地形抬升降水效应理论估算

降水,尤其是山地降水的分布既与大气候条件有关,又显著受到区域地形及海拔的影响。本书在分析地形对降水的动力抬升机制的基础上,构建地形抬升降水效应理论估算模型,引入地形坡向与风向的夹角来分析迎风坡与背风坡的地形抬升降水效应,同时对模型生成的1981~2010年多年年均降水量及季节代表性月份的地形抬升理论降水场的空间特征进行分析。

1. 地形对降水量的影响

地形与大气之间的相互作用十分复杂,空气气流动力抬升、热力作用及微物理效应等会影响到降水过程。

地形对降水的影响因时空尺度而异。小时降水量主要受各种随机因素的影响,地形因素影响不明显;日降水量虽呈离散分布,但地形的影响逐渐明显;在月降水量中,其他随机因素的影响不明显,地形影响凸显。Christopher 等(1993)做了大量的降水量与地形抬升之间关系的研究,并得出它们之间呈线性关系的结论。在累积雨量更大、降雨强度更大、累积降雨时间更长的情况下,地形的影响更为显著。地形本身对降水影响并不明显,主要通过触发气流运动产生降水,如图 5-3(a)所示。地形雨的形成机理有 3 种,地形触发层状大气的垂直运动或空气对流所导致大尺度的上坡降水;因截留大气降水引起小山坡上小范围降水的重新分布;因坡地上太阳辐射差异引起大气条件不稳定,形成上升热气流产生降水。其中,以地形抬升形成的对流降雨效果最为明显。

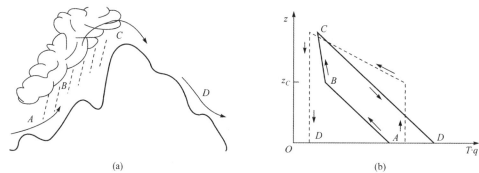

图 5-3 地形抬升触发气流运动产生降水过程(杨大文等,2014)

A、B、C 和 D 分别表示不同的气团遇迎风坡的起始阶段、爬坡阶段、到达山顶阶段及翻越进入背风坡阶段。

(a)空气沿地形抬升形成降雨;(b)地形抬升空气过程中大气温度(T)与大气湿度(q)的变化规律

地形,如山脉的走向、相对高度、山脉的长度以及局部地形对降水的影响主要取决于与区域气流的相互作用,迎风坡气流抬升并辐合,降水量增加,背风坡因气流下沉,水汽含量减少,气温绝热上升,产生焚风效应。地形对大气温度和大气湿度的影响如图 5-3(b)所示,A、B、C 和 D 分别表示不同的气团遇迎风坡的起始阶段、爬坡阶段、到达山顶阶段及翻越进入背风坡阶段。当气团遇迎风坡被迫抬升时,起始的大气温度与湿度在 A 点,起初气团温度以约等于干绝热直减率的速率下降。当空气达到饱和时,到达凝结高度 B 点以上,气团降温速率减小,接近于湿绝热直减率。饱和空气继续上升,气团温度继续降低,水蒸气变成雨雪,形成降水。气团到达山峰 C 点以后,进入 D 阶段,地形降低,气团沿干绝热直减率升温,饱和程度逐渐下降,空气湿度比上升时要小,温度却比上升时要高。

2. 地形抬升降水效应理论估算模型构建

XYZ 三维坐标系统下地形抬升速度的计算,如图 5-4 所示。在 XYZ 三维坐标系统,OX 表示正北方向,OY 表示正东方向,OZ 指向天顶,假定斜坡 $OABC$ 是一个坡面,斜坡坡

度为 α，坡面法向量 On 的水平投影 On' 与正北方向的夹角，即坡向为 β，气流矢量 V_0 的盛行风向为 θ，气流矢量 V_0 在水平方向上分解为垂直于坡面的矢量 V_n 与平行于坡面的矢量 V_s。矢量 V_s 因平行于坡面，不受斜坡影响，而矢量 V_n 因受到坡面阻挡，被迫沿坡面上升。

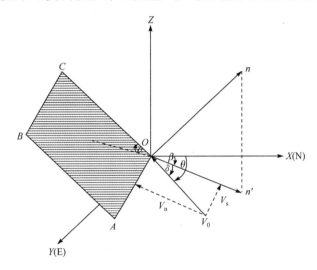

图 5-4 XYZ 三维坐标系统下地形抬升速度的计算（傅抱璞，1992）

N 表示北；E 表示东

1）地形抬升风速的估算

地形通过作用于气流与降水建立联系，迎风坡面降水量增加，背风坡面降水量减小，采用坡向与风向之间的关系来表达。由于坡向与风向角都以正北方向为零，均按顺时针旋转，逐渐增大，坡向与风矢量之间的夹角定义如下：

$$\delta = \theta - \beta \tag{5-6}$$

式中，δ 为坡向与风矢量的夹角（°）；θ 为风向角（°）；β 为坡向（°）。最大地形抬升速度出现在 δ 等于 0 时，气流垂直于坡面。δ 越小，气流越垂直于坡面，地形的抬升作用越强，风速越大。当 δ 等于 90° 时，风向与坡面平行，地形对气流不会产生抬升作用。当 δ 小于 90° 时，坡面可以抬升气流，此时的坡面为迎风坡，随着坡向修正因子从 0° 逐渐增大，坡面的抬升作用逐渐减弱；当 δ 大于 90° 时，坡面为背风坡，气流下沉，坡面修正因子越大，气流的下沉扩散运动越强。

如图 5-4 所示，垂直于坡面，被地形抬升的气流风速为

$$V_n = V_0 \cos(\theta - \beta) \tag{5-7}$$

式中，V_n 为被坡面抬升的风速（m/s）；V_0 为风矢量（m/s）；θ 为风向角（°）；β 为坡向（°）。

为应用方便，令

$$K = \cos(\theta - \beta) \tag{5-8}$$

式中，K 为坡向修正因子，$-1 \leqslant K \leqslant 1$；$\theta$ 为风向角（°）；β 为坡向（°）。当 $K > 0$ 时，风矢量与坡向的夹角小于 90°，坡面为迎风坡，K 值越大，风向与坡向的夹角越小，抬升作用越强；当 $K = 0$ 时，风向与坡面平行，不发生坡面抬升作用；当 $K < 0$ 时，风矢量与坡向的夹角大于 90°，坡面为背风坡，K 值越小，风向与坡向的夹角越小，焚风效应越强。

地形抬升气流沿坡面上升,如图5-5(a)所示,V_n 被分解为平行于坡面方向上的分量 W_s 与垂直于坡面方向上的分量 W_n,其中 W_n 受坡面阻碍,消耗于与地物的冲撞并转化为涡动能,而 W_s 分量则沿坡面继续向上。于是,气流被继续抬升,平行坡面向上的气流速率为

$$W_s = V_n \cos\alpha \tag{5-9}$$

该风速在垂直 Z 方向上产生的风速,如图5-5(b)所示,为坡面的抬升速度 V_g,即

$$V_g = W_s \cdot \sin\alpha = \frac{1}{2}V_n \sin(2\alpha) = \frac{1}{2}V_0 \cos\delta \sin(2\alpha) \tag{5-10}$$

式中,V_g 为坡面的抬升速度(m/s);V_0 为风矢量(m/s);δ 为坡向与风矢量的夹角(°);α 为坡度角(°)。

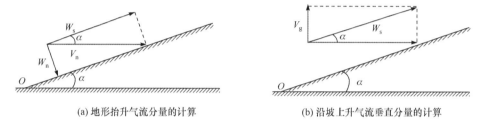

(a) 地形抬升气流分量的计算　　　　　　　(b) 沿坡上升气流垂直分量的计算

图 5-5　地形抬升速度分解与计算示意图

于是,在迎风坡,风速越大,坡面抬升速度越大。风向与坡向夹角越小,风向越垂直于坡面,地形抬升速度越大。同时,当坡度为 45° 时,地形抬升速度最大;当坡度小于 45° 时,地形抬升速度随坡度增加而增大;当坡度大于 45° 时,地形抬升速度随坡度增加而减小;在平地时,地形抬升速度为 0。背风坡气流下沉,地形对坡面的抬升速度变化与迎风坡刚好相反。

2) 地形抬升降水效应估算模型构建

假定由地形抬升引起的气柱中水平辐合水汽量近似等于地形抬升降水量。结合地面不同高度的空气密度与大气中表示水汽含量的比湿变化,并引入经向风速与纬向风速来表示风速,地形抬升降水效应理论估算模型为

$$W_t = \rho q V_g \tag{5-11}$$

其中,

$$V_g = \frac{1}{2}V_0 \cos\delta \sin(2\alpha)$$

$$V_0 = \sqrt{u^2 + v^2}$$

$$\delta = \theta - \beta$$

于是

$$W_t = \frac{1}{2}\rho q \sqrt{u^2 + v^2} \cos(\theta - \beta)\sin(2\alpha) \tag{5-12}$$

式中,W_t 为地形抬升降水效应(mm);ρ 为空气密度(kg/m³);q 为比湿(g/g);u 和 v 分别为纬向风速和经向风速(m/s);α 为坡度角(°);θ 为风向角(°),即风的来向与正北方向的夹角,顺时针 0°~360°;β 表示坡向角(°),即坡面法向与正北方向的夹角,顺时针 0°~360°。

3. 地形抬升降水效应的空间分布

1) 坡向修正因子空间分布

坡向修正因子被定义为坡向与风向夹角的余弦值,在地形的坡向不变的情况下,坡向修正因子反映了因风向变化引起的迎风坡与背风坡的转换。1981~2010 年,黑河流域各季节代表性月份的坡向修正因子空间分布如图 5-6 所示,正值表示迎风坡,风矢量与坡向夹角小于 90°,负值表示背风坡,0 值表示风向与坡向平行。坡向修正因子表示风向与坡向的夹角,坡向修正因子越大,表示风向与坡向的夹角越小,迎风坡的抬升作用或背风坡的焚风效应越强。

黑河流域大部分区域终年盛行西北风,坡向修正因子的空间分布格局基本一致,修正值的大小因季节如更偏西或更偏北等风向的微弱变化引起。下游位于 40°N 及以北,除流域东缘夏季受东南季风的微弱影响,引起坡向修正因子变化外,绝大部分区域在西北风作用下,偏西偏北坡向为迎风坡,偏东偏南方向为背风坡。以 39°N 为界,中上游 39°N 以北区域在西北风的作用下,同样偏西偏北坡向为迎风坡,反之为背风坡;而 39°N 以南区域受西南季风的影响,冬季与夏季坡向修正因子的变化几乎相反,迎风坡由冬季偏西偏北坡向转为偏西偏南,部分转为偏东与偏南方向。甘州区、民乐县、山丹县,以及上游南边界沿线表现明显。

2) 地形抬升降水效应的空间分布

1981~2010 年,黑河流域年均地形抬升效应的空间分布如图 5-7 所示,正值表示在环流背景场理论降水的基础上,通过地形抬升降水量增加,通常对应于迎风坡位置,负值表示在环流背景场理论降水的基础上减少的降水量,其出现在背风坡位置。地形影响的年均降水最大增量为 20.92mm,最大减少量为 -19.41mm,绝大多数区域因地形坡度较小,地形抬升降水效应接近于 0。最大地形抬升效应主要出现在上游,地形特征越复杂,山越高,谷越深,地形抬升效应越强。通常迎风坡与背风坡成对出现,在图中表现为犬牙交错形态。因 7 月空气的比湿最大,地形抬升降水效应所占比例最大,年均地形抬升降水效应的分布格局与 7 月极为相近。

1981~2010 年,黑河流域季节代表性月份(1 月、4 月、7 月和 10 月)的地形抬升降水效应的空间分布如图 5-8 所示,地形对降水的影响区域受地形特征的控制,各地的主风向与水汽条件影响地形抬升降水效应的幅度。地形抬升降水效应主要分布在地形复杂的上游山区,山脉的走向对降水效应的影响明显,迎风坡与背风坡相间分布,另外还分布在张掖东北侧的北山地区小片区域以及马鬃山地区。在地形较为平坦的中游与额济纳旗盆地区域,地形降水效应不明显。40°N 以北的中下游地区终年处在西风带控制下,风向比较固定,以西北风为主,地形抬升降水效应呈西北-东南分布,最东影响到下游黑河干流沿岸。而在 40°N 以南区域,地形降水效应空间分布格局受到季节性风向变化的影响,具有明显的季节变化特征,地形降水效应幅度受比湿与风速的影响。

冬季(1 月),区域高空主要受中高纬度的西风带环流控制,加上近地面内蒙古高压的控制,盛行西北风,空气干冷,大气水汽含量最小,地形抬升降水效应为全年最低值,区域地形抬升降水最高降水增量为 0.14mm,最低值为 -0.12mm。地形抬升降水效应正值主要分布

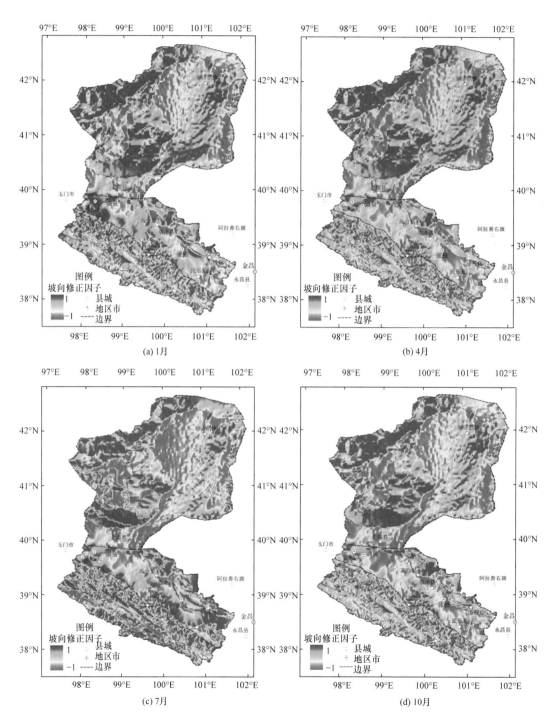

图 5-6　1981~2010 年黑河流域季节代表性月份的坡向修正因子空间分布

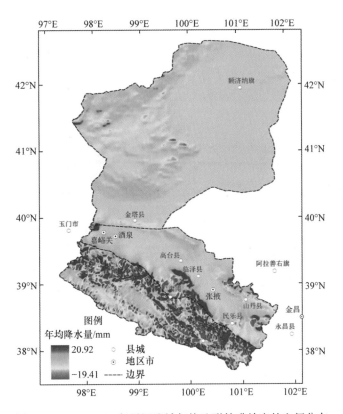

图 5-7　1981～2010 年黑河流域年均地形抬升效应的空间分布

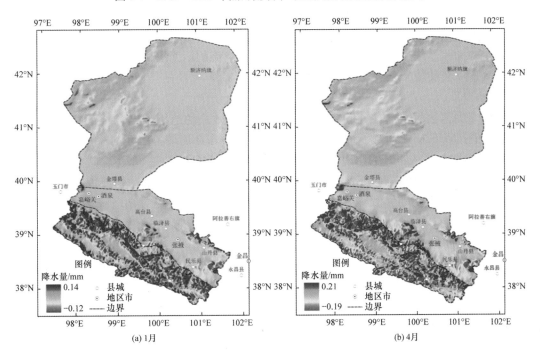

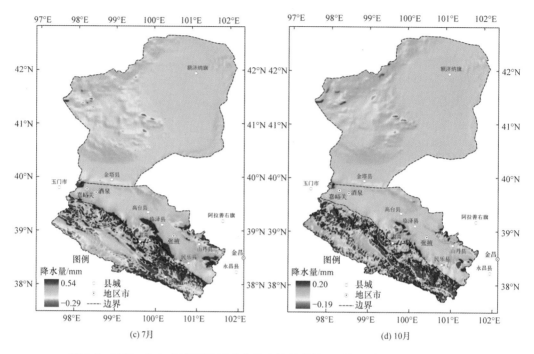

图 5-8 1981~2010 年黑河流域季节代表性月份的地形抬升降水效应空间分布

在与风向呈 $(0°,90°]$ 的偏西坡,因大地形的遮挡,在偏东坡及大地形遮挡的特定区域成为背风坡,降水效应为负值。

春季(4 月),在地形复杂区域,地形抬升降水效应明显增加,地形抬升降水最高值为 0.21mm,最低值是 -0.19mm。在 40°N 以北的马鬃山地区变化不大,依然是偏西坡为正值,偏东坡为负值。在上游山区,因沿青藏高原边缘绕流的西南季风进入本区,上游山区东部地形抬升降水量增加,以 39°N 以南浅山区的地形抬升增量显著,偏南坡为正值,偏北坡为负值。

夏季(7 月),大气水汽含量最丰富,地形抬升降水效应的范围增至全年最高,地形抬升降水最高值达到 0.54mm,最低值为 -0.29mm,主要分布在流域各山区,以上游山区的变化最为明显。这时,进入本区的西南季风与东南季风继续北伸和西进,水汽输送量达到最大,降水量也达到最大,大气湿度最大,在 39°N 以南浅山区的地形增量达到最大,因上游山区岭谷分布走向与风向一致,西南风伸入深山峡谷,带来大量水汽,在偏南坡降水量增加,偏北坡为负值。而在 39°N 以北地区,西南风微弱影响到浅山带,同时因西风带北移,其地形降水量的影响程度相对减弱。

秋季(10 月),地形抬升降水效应分布格局与春季相当。地形抬升降水效应最高值为 0.20mm,最低值为 -0.19mm。西南季风快速向南撤退,水汽输送减弱,在 39°N 以南区域仍有微弱影响,深山谷地偏南坡降水量增量仍较大,偏北坡为负值。而在 39°N 以北区域,随着西风带的南移,来自北冰洋及欧洲平原的西风带气流向南移动影响到该区域,在偏东坡地形抬升降水效应为正,在偏西坡地形抬升降水效应为负。

5.1.3 起伏地形下综合降水估算

综合各降水观测台站对泰森多边形区及高程带的地形代表性分析结果,除去 50 个降水观测站中属于水文站的鸳鸯池、冰沟、鹦鸽嘴、新地等严重高估降水的台站。因降水观测台站数量相对较少,将遴选出的 40 个台站数据,采用一般线性回归模型,参与起伏地形下综合降水估算模型的统计回归与残差地统计插值等模型构建过程。

1. 起伏地形下综合降水估算模型的构建

影响降水的不确定性因素有很多。在前面理论模型中,假定在空气柱中的水汽处于饱和状态下,由水平通量散度确定以及通过地形抬升形成的辐合水汽量完全转化为降水量,但在现实中,通常降水过程的降水转化率都达不到 1。尤其在光热资源丰富的干旱与半干旱区,气柱中凝结水汽的绝大部分还未降落到地表,就又重新蒸发到大气中(林之光,1995)。同时,因下垫面的区域差异,不同区域的降水转化率也不同。因此,环流背景场理论降水和地形抬升降水效应理论降水应有不同的降水转化系数。同时,添加一常数项来表示在模型中未考虑的其他影响因子造成的降水差异。这样,起伏地形下综合降水估算模型的形式如下:

$$W = aW_0 + bW_t + c \tag{5-13}$$

式中,W 为降水量(mm);W_0 为环流背景场理论降水量(mm);W_t 为地形抬升降水效应理论降水量(mm);a 与 b 分别为两种理论降水量的转化系数;c 为常量,表示由其他不确定性因素引起的降水量(mm)。

2. 起伏地形下综合降水模型的降水空间分布

分别对起伏地形下综合降水模型估算的年均和季节代表性月份月均降水的空间分布特征进行分析。

1) 综合估算年均降水的空间分布

1981～2010 年,黑河流域综合估算年均降水如图 5-9 所示。综合估算的年均降水量自南向北、自东向西逐渐减小,高值区位于上游山区中东部及中游民乐县等山麓地带,向西北方向逐渐减小,最高值为 739.62mm。低值区主要位于马鬃山地区和额济纳旗以北区域,综合估算的年降水量最低值为 24.93mm,无论是上游、中游,还是下游,地形特征对降水的影响都比较明显。

2) 综合估算季节代表性月份的月均降水空间分布

1981～2010 年,黑河流域综合估算的冬季降水量如图 5-10(a) 所示。冬季降水量最低值为 0.72mm,最高值为 18.88mm。降水量自南向北逐渐减小。高值区与低值区几乎都分布在上游山区,成对出现,犬牙交错,中游东部边界区域出现小片降水高值区,下游降水量较少。因区域降水量较少,区域地形抬升降水所占比例增大,从上游、中游到下游,地形控制降水的特征表现明显。

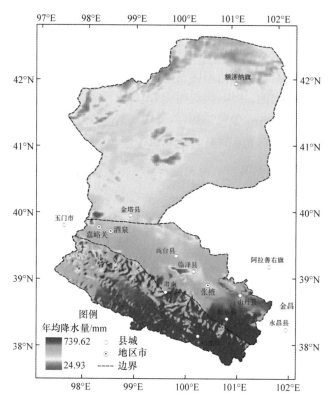

图 5-9 1981～2010 年黑河流域综合估算年均降水的空间分布

1981～2010 年,黑河流域综合估算的春季降水量如图 5-10(b)所示。春季降水量较冬季有所增加,最低值为 1.18mm,最高值为 81.93mm。降水量自南向北、自东向西逐渐减小。高值区与低值区仍然分布在上游山区,犬牙交错,中游东部出现小片降水高值区,下游降水量较少。因区域降水量较少,区域地形抬升降水所占比例增大,从上游、中游到下游,地形控制降水的特征表现明显。

1981～2010 年,黑河流域综合估算的夏季降水量如图 5-10(c)所示。无论上游、中游还是下游,夏季的降水量都达到最大值。降水量自东南向西北逐渐减少。黑河上游中东部及中游民乐县周边为降水的高值区,最高降水量达 133.26mm。下游地区,尤其是额济纳旗以北区域,为降水低值区,区域降水的地形影响表现明显,综合估算降水最低值为 3.37mm。

1981～2010 年,黑河流域综合估算的秋季降水量空间分布如图 5-10(d)所示。秋季的降水量较夏季降水量要小,最低值为 1.02mm,最高值为 49.46mm。降水量自南向北、自东向西逐渐减少,高值区位于上游中东部及中游地区民乐县等山麓地带,其区域范围明显小于夏季,向西北方向逐渐减少。低值区分布在上游东部山区背风坡以及流域西边界沿线,因降水量值较少,地形抬升降水效应的影响逐渐转为主导。

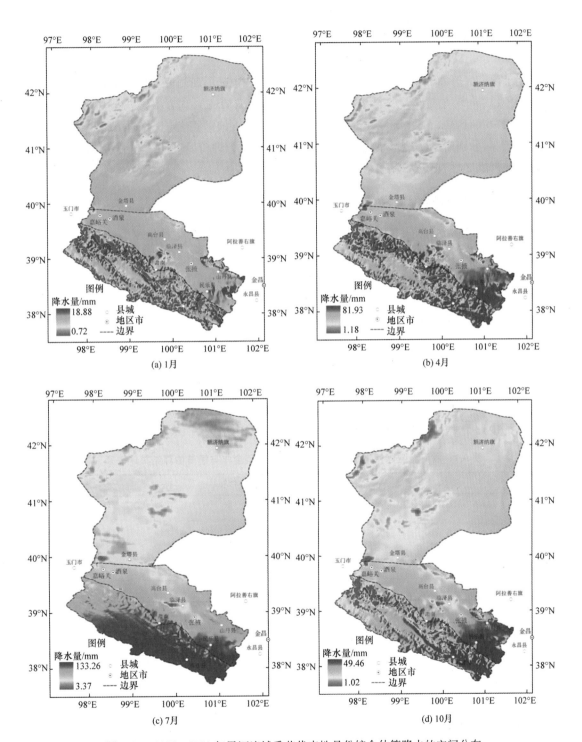

图 5-10 1981～2010 年黑河流域季节代表性月份综合估算降水的空间分布

5.1.4 起伏地形下综合降水估算模型验证与比较

鉴于研究区降水台站较少,本书采用交叉验证方式,选用观测值与模拟值拟合函数的斜率、相关系数 r、均方根误差(root mean squared error,RMSE)、均方根误差与实测标准差比值(RMSE-observations standard deviation ratio,RSR)、偏差百分比(percent bias,PBIAS)等误差指标,分别对起伏地形下综合估算模型的精度进行评价。同时,与相同数据源的黑河流域高分辨率区域气候模式的误差进行对比。

1. 起伏地形下综合降水估算模型的验证

黑河流域起伏地形下综合降水估算模型全年与季节代表性月份平均降水的误差见表 5-1。模型估算的年降水量和季节代表月份的降水量拟合曲线斜率在 1 附近波动,模拟值略微偏低。降水观测值与模拟值之间的相关系数都达到 0.7 以上,均通过了 0.01 的显著性水平。各月的误差差异显著,春季 4 月的观测值与模拟值之间的斜率最小为 1.06;1 月最大,也仅为 1.21,模拟值略微低于观测值。但是,7 月的观测值与模拟值的相关系数最高,达到 0.92,统计最为显著,10 月次之,冬季的相关系数最小,显著性水平略有降低。全年 RMSE 达到 5.93mm,7 月的降水量最大,其 RMSE 也达到最大,为 13.50mm,而相对比较干燥的 1 月,RMSE 为 1.57mm。考虑到与观测值标准差的对比,发现 7 月 RSR 的模拟值较好,值为 0.39,由小到大依次为 7 月、10 月、4 月和 1 月。相对于实测值,7 月和 10 月的 PBIAS 都接近于 0,1 月的降水模拟值偏高程度在四季中最大。

表 5-1　黑河流域起伏地形下综合降水估算模型全年与季节估算结果误差表

时间	斜率	r	P	RMSE/mm	RSR	PBIAS
1 月	1.21	0.72	0.003938	1.57	0.66	−4.27
4 月	1.06	0.78	0.000002	7.32	0.61	−1.66
7 月	1.11	0.92	0.000000	13.50	0.39	−0.18
10 月	1.12	0.85	0.000019	4.20	0.50	0.03
全年	1.13	0.83	0.000814	5.93	0.51	−1.61

注:斜率表示观测值与模拟值拟合直线的斜率,越接近于 1,模型越好;r 表示观测值与模拟值之间的相关程度;P 表示统计的显著水平;RMSE 表示均方根误差;RSR 表示均方根误差与实测标准差的比值;PBIAS 表示偏差百分比。

2. 起伏地形下综合降水估算模型的比较

起伏地形下综合降水估算模型(简称综合降水模型)与高分辨率区域气候模式(简称气候模式)估算结果误差比较见表 5-2。综合降水模型可以较好地模拟出降水的空间分布,其各种误差都远远小于气候模式误差,各误差评价指标结果显示综合降水模型都要优于气候模式输出结果。

表 5-2　起伏地形下综合降水估算模型与高分辨率区域气候模式估算结果误差比较

时间	斜率		相关系数 r		显著水平		RMSE/mm		RSR		PBIAS	
	P1	P2	P1	P2	P1	P2	P1	P2	P1	P2	P1	P2
1 月	1.21	0.37	0.72	0.40	0.004	0.109	1.6	4.5	0.7	2.3	−4.3	−16.8
4 月	1.06	0.95	0.78	0.69	0.000	0.004	7.3	11.3	0.6	1.0	−1.7	4.7
7 月	1.11	0.67	0.92	0.78	0.000	0.000	13.5	36.4	0.4	1.0	−0.2	3.8
10 月	1.12	0.81	0.85	0.69	0.000	0.007	4.2	9.6	0.5	1.0	0.0	−15.0
全年	1.13	0.70	0.83	0.64	0.001	0.036	5.9	15.9	0.7	1.2	−1.6	−29.0

注：P1 与 P2 分别表示本书构建的起伏地形下综合降水估算模型估算误差以及相同数据源黑河流域高分辨率区域气候模式数据降水估算误差。

就观测值与模拟值的拟合曲线斜率而言，综合降水模型与观测值的斜率接近于 1，而气候模式模拟与观测值拟合曲线斜率大多数远小于 1；就相关系数 r 而言，综合降水模型的相关系数绝大多数大于 0.78，通过 0.01 的显著性水平，而气候模式的相关系数最高达 0.78，统计显著性较前者要低，1 月未能通过显著性检验；无论是 RMSE、RSR，还是 PBIAS，综合降水模型模拟误差都远远低于气候模式误差。

本节基于 ArcGIS 和 MATLAB 平台，采用 3km×3km 的高分辨率区域气候模式的比湿、温度、经向风速与纬向风速数据，数字高程模型及坡度数据与坡向数据，采用天气发生学理论与方法，分析了降水发生的环流背景场条件及地形抬升效应，并分别构建模型，结合黑河流域的降水观测台站数据，实现了黑河流域 1km×1km 分辨率的半经验半理论降水模型基础上，起伏地形下综合降水估算的降水精细分布，基本结论如下。

1）环流背景场理论降水的时空分布

环流背景场理论年均降水量范围为 0.00~98.79mm，降水高值区以甘州、临泽及金塔为中心分布，上游与下游的理论降水较少，中游连片分布。因受西风带、季风环流等的影响，降水理论值具有明显的季节变化。冬季最小，理论降水量为 0.00~6.25mm，降水高值区位于上游山区谷地与马鬃山北部边缘，低值区位于酒泉金塔一带；春季的理论降水量增加，为 0.00~8.96mm，受西南季风及东南季风影响，中游及额济纳旗北部地区理论降水量增加显著，马鬃山北部地区范围缩小；夏季，流域中游及额济纳旗北部地区降水量达到最大，理论降水量范围为 0.00~20.31mm；秋季，理论降水量范围为 0.00~8.65mm，分布格局与春季近似。

上游山区冬季 1 月、春季 4 月和秋季 10 月的环流背景场理论值高值区呈条带状分布，1 月的范围最大，4 月高值区域大于 10 月，7 月的环流背景场理论值增加趋势不如中、下游明显。中游的环流背景场降水经历了 1 月的低值、4 月理论值增加显著，7 月形成了以金塔、甘州和临泽为中心的带状高值区，10 月理论值逐渐回落，降水回落程度自西向东减小，仍受部分西南季风的影响。下游位于西风带，其降水带反映出西风带北移南进过程，表现在马鬃山北部及额济纳旗东北部降水高值区的移动。

2）地形抬升降水效应的时空分布

引入坡向角与风向角的夹角余弦作为坡向修正因子来区分迎风坡与背风坡，反映水汽与风同地形相互作用的影响，其较传统意义上采用降水量与海拔，以及坡度和坡向等地形因子进行统计分析而构建的拟合关系式更能清晰表达因主风向的季节变换形成的降水空间分布格局的变化。受来自各季节不同方向大气环流的影响,地形抬升理论降水的空间分布不同。年均地形抬升降水效应分布在-19.42～20.92mm。地形抬升降水效应冬季最小,夏季最大,冬季地形抬升降水效应为-0.12～0.14mm,春季为-0.19～0.21mm,夏季为-0.29～0.54mm,秋季为-0.19～0.20mm。

3)起伏地形下综合降水估算的降水时空分布

考虑降水量背景场与地形抬升作用对降水量的影响,年均降水量为24.93～739.62mm,冬季1月、春季4月、夏季7月和秋季10月的降水量分别为0.72～18.88mm、1.18～81.93mm、3.37～133.26mm和1.02～49.46mm,自南向北、自东向西逐渐减少。在降水的空间分布中,地形对降水的影响明显,冬季、春季与秋季降水的低值与高值都出现在上游山区,呈现犬牙交错分布。

5.2 黑河干流山区水文过程模拟与水量平衡分析

5.2.1 研究区域概况

1. 自然地理概况

黑河干流山区出山径流由莺落峡水文站(38°48′N,100°11′E,海拔1637m)控制,流域海拔为1637～5120m,控制面积约为10009km²(图5-11)。流域内另有祁连水文站(38°12′N,100°14′E,海拔2590m)和扎麻什克水文站(38°14′N,99°59′E,海拔2635m)控制的

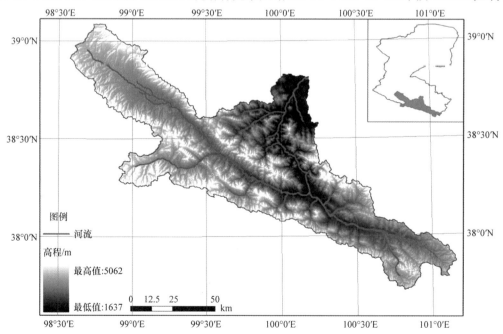

图 5-11 黑河干流山区数字高程模型

东西两个分支流域,东支为八宝河,长约 75km,控制面积为 2452km²,西支干流名为黑河,长约 175km,控制面积为 4589km²,这两股干流在青海省祁连县黄藏寺汇合后进入甘肃省境内,约经 85km 的流程在莺落峡出山口进入张掖灌区。流域内代表性气象台站的多年平均气温、降水分布状况见表 5-3(王建等,2005)。整个区域被多年冻土和季节性冻土覆盖,植被覆盖度高,降水较多,固态降水比例较大。

表 5-3　黑河干流山区代表性台站年平均气温、年降水量

地名	东经	北纬	年平均气温/℃	年降水量/mm	海拔/m
冰沟	100°13′	38°04′	−2.7	491.7	3500
祁连县	100°14′	38°12′	0.7	394.7	2787
野牛沟	99°36′	38°24′	−3.1	403.7	3180
肃南	99°37′	38°48′	3.6	255.2	2312
托勒	98°24′	38°48′	−2.9	284.3	3360

根据冰川编目资料(王宗太等,1981),流域内有冰川 219 条,冰川覆盖面积为 59km²,冰川覆盖为 0.59%,冰川储水量为 $13.81 \times 10^8 m^3$,径流量为 $16.05 \times 10^8 m^3$,冰川融水补给率为 3.4%。八一冰川是黑河干流流域最大的冰川,长度为 2.2km,面积为 2.81km²。对气象站观测资料的分析表明(王宁练等,2008;丁永建等,1999),黑河上游祁连山区降水量从东向西呈减少趋势,并随海拔升高而增加,年降水量在低山区为 200mm 左右,而在高山区可达 600mm 以上,降水主要集中在夏季。流域植被覆盖类型主要有高山冰雪、高山草甸、高山草原、中山草甸、中山草原、中山森林和少量灌耕地等(陈仁升等,2003)。森林主要分布于中山地带,以青海云杉和祁连圆柏为主,灌木和牧草遍布于流域各处。流域土壤以高山草甸土、高山草原土、寒漠土、灰褐土和灰棕漠土为主。

2. 水量平衡概况

从水量平衡角度讲,降水是黑河流域唯一的补给水源,而蒸散发则是黑河流域水资源最终消失的途径。黑河干流山区的水汽来源主要是西风气流的水汽输送和蒙古低压气流相辐合而向南部山区输送(江灏等,2009)。

康尔泗等(2008,2007)以海拔 3600m 为分界线,将黑河干流山区分为高山冰雪冻土带和山区植被带。高山冰雪冻土带下垫面主要由冰川、积雪、多年冻土和高山草甸等组成,而山区植被带下垫面主要由草甸、灌木和水源涵养林等组成。高山冰雪冻土带和山区植被带的多年平均水量平衡组成见表 5-4(康尔泗等,1999)。

表 5-4　黑河干流山区水量平衡组成

分带	分带海拔/m	占流域面积的比例/%	平均海拔/m	降水量 分带/mm	降水量 流域平均/mm	陆面蒸散量 分带/mm	陆面蒸散量 流域平均/mm	径流系数 分带	径流系数 流域平均	对出山径流的贡献率/%
高山冰雪冻土带		58.9	3993.1	513.2		279.3		0.46		83
	3600				459.7		294.1		0.36	
山区植被带		41.1	3142.3	383.1		315.4		0.18		17

5.2.2 水文过程模拟

1. 数据制备

SWAT 模型需要输入的数据很多,主要包括 DEM 数据、气象水文数据、土壤类型数据、植被类型数据等。其中,植被类型数据和土壤类型数据又分为空间数据和属性数据。

1) DEM 数据

DEM 数据是分布式水文模型不可或缺的数据之一。利用 DEM 数据可以提取地形信息、计算水流方向、计算集水面积、提取河网、划分子流域等。本书的研究所采用的 DEM 数据为 30m 分辨率的 ASTER GDEM 数据。

2) 气象水文数据

驱动 SWAT 模型需要的气象数据主要包括逐日降水数据、逐日最高气温数据、逐日最低气温数据、逐日太阳辐射数据、逐日相对湿度数据和逐日风速数据。本书的研究中采用的气象数据主要来自研究区内或研究区附近的气象站的观测数据,包括托勒、野牛沟、祁连县、民乐、张掖和肃南,各气象站的属性及模拟所采用的气象数据时间序列见表 5-5。各气象站空间分布状况如图 5-12 所示。

表 5-5　黑河干流山区气象站与水文站

站点	所属省份	北纬/(°)	东经/(°)	海拔/m	时间序列
张掖	甘肃省	38.9	100.4	1482.7	1976～2009 年
肃南	甘肃省	38.8	99.6	2312	1995～2009 年
民乐	甘肃省	38.5	100.8	2271	1995～2009 年
托勒	青海省	38.8	98.4	3367	1976～2009 年
野牛沟	青海省	38.4	99.6	3320	1976～2009 年
祁连县	青海省	38.2	100.3	2787.4	1976～2009 年
扎麻什克水文站	青海省	38.23	100.0	2635	1976～2009 年
祁连水文站	青海省	38.2	100.23	2590	1976～2009 年
莺落峡水文站	甘肃省	38.8	100.18	1674	1976～2009 年

用于模型率定与验证的水文观测数据来自于位于干流西支的扎麻什克水文站、位于干流东支的祁连水文站和位于干流出山口的莺落峡水文站的观测数据。3 个水文观测站位置如图 5-12 所示,采用的观测数据时间序列见表 5-5。

3) 土壤数据

驱动 SWAT 模型的土壤数据包括土壤类型空间数据和土壤类型物理属性数据。土壤类型空间数据是从中国 1:100 万土壤类型数据中裁切得到的。研究区内共包括 24 种土壤类型(土壤亚类),如图 5-13 所示。

土壤数据质量的好坏直接影响着模型的模拟结果。SWAT 模型中的土壤数据库是依据美国本土的土壤属性建立的。因此,在模型模拟之前,需要根据黑河干流山区的实际情

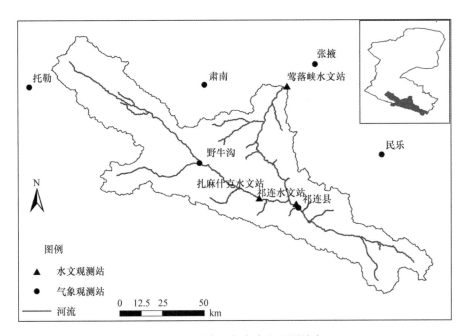

图 5-12 研究区气象水文观测站点

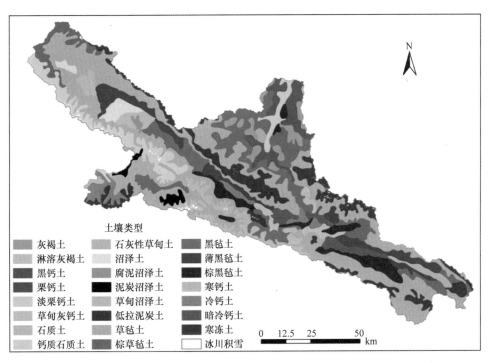

图 5-13 黑河干流山区土壤类型图

况,查找各土壤类型对应的物理、化学属性,输入到 SWAT 土壤数据中。土壤的物理属性决定了土壤剖面中水和气的运动情况,影响着陆地上的水文循环,并且对水文响应单元

(hydrologic response unit,HRU)中的水循环起着重要作用。土壤的物理属性主要根据土壤亚类名称从中国土壤数据库网站(http://vdb3.soil.csdb.cn)上查找得来,极少部分土壤的属性无法从网站获取,而是通过查找本地土壤普查资料获取,还有部分参数需要通过SPAW软件计算获得。各土壤参数获取途径见表5-6。

表5-6 各土壤参数获取途径

参数名称	参数定义	获取途径
SNAME	土壤名称	中国土壤数据库
NLAYERS	土壤分层数	中国土壤数据库
HYDGRP	土壤水文学分组	中国土壤数据库
SOL_ZMX	土壤剖面最大根系深度	中国土壤数据库
TEXTURE	土壤层的结构	中国土壤数据库
SOL_Z	土壤表层到土壤底层的深度	中国土壤数据库
SOL_BD	土壤湿密度	SPAW 计算
SOL_AWC	土层可利用的有效水量	SPAW 计算
SOL_K	饱和水力传导系数	SPAW 计算
SOK_CBN	有机碳含量	中国土壤数据库、粒径转换
CLAY	黏土含量	中国土壤数据库、粒径转换
SILT	壤土含量	中国土壤数据库、粒径转换
SAND	沙土含量	中国土壤数据库、粒径转换
ROCK	砾石含量	中国土壤数据库、粒径转换
USLE_K	USLE 方程中土壤侵蚀 K 因子	通过方程计算

4)植被数据

采用植被类型数据代替土地利用数据,包括空间数据和属性数据两部分。植被类型空间数据是从中国1:100万植被分类图中裁切得到的。研究区内共包括19种植被类型,如图5-14所示。

各植被类型的属性信息对于 SWAT 模型模拟植被生长至关重要。SWAT 模型植被数据库中每种植被类型包括40多个参数,这些参数可以通过查阅植物志、相关文献获取。

2. 建模过程

Arc SWAT 模拟的一般步骤包括:①流域离散化;②定义水文响应单元;③定义气象数据并生成模型输入数据;④模型初步运行和参数敏感性分析;⑤模型校准与验证。

1)流域离散化

流域离散化是利用输入的 DEM 数据进行提取水系、描绘流域边界、划分子流域、计算子流域参数等操作。利用 Arc SWAT 进行流域离散化的过程如图5-15所示。

用于计算水流方向和汇流累积量的算法称为 D8 算法。D8 算法是基于 DEM 定义水流方向的最简单且使用最广泛的一种方法。D8 算法可以这样描述,中间的栅格单元水流流向(flow direction)定义为临近 8 个格网点中坡度最陡的单元。流动的 8 个方向用不同的代码

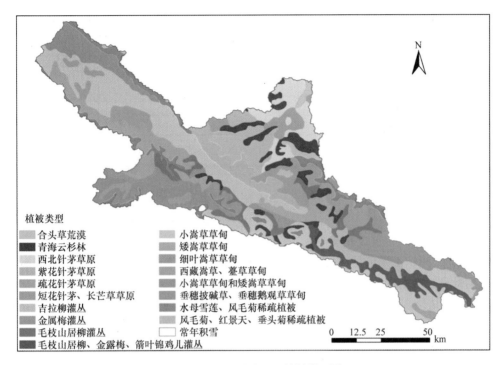

植被类型
- 合头草荒漠
- 青海云杉林
- 西北针茅草原
- 紫花针茅草原
- 疏花针茅草原
- 短花针茅、长芒草草原
- 吉拉柳灌丛
- 金属梅灌丛
- 毛枝山居柳灌丛
- 毛枝山居柳、金露梅、箭叶锦鸡儿灌丛

- 小嵩草草甸
- 矮嵩草草甸
- 细叶嵩草草甸
- 西藏嵩草、蒿草草甸
- 小嵩草草甸和矮嵩草草甸
- 垂穗披碱草、垂穗鹅观草草甸
- 水母雪莲、风毛菊稀疏植被
- 风毛菊、红景天、垂头菊稀疏植被
- 常年积雪

0 12.5 25   50
└──┴──┴──────┘ km

图 5-14 黑河干流山区植被类型图

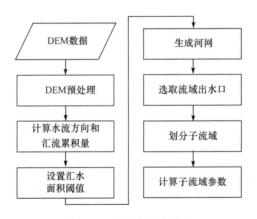

图 5-15 流域离散化过程

编码,如图 5-16(a)所示。循环处理每个格网点,直到每个格网流向都得到确定,从而生成格网水流方向数据,如图 5-16(b)所示。在每个格网点流向确定的基础上,计算汇集到每个格网点上的上游格网数,即生成汇流累积矩阵,如图 5-16(c)所示。

以设定的集流阈值为标准,从水流累积矩阵图中提取河流栅格网络图。当栅格的特征值大于该阈值时,认为该栅格位于水道之上,将这些栅格的值赋为 1,小于该阈值的栅格作为产流区,其栅格的值赋为 0。将各水道按有效水流方向连接产生河流栅格网络图,如图 5-16(d)所示。对生成的河流栅格网络图进行矢量化转换,就可以获得相应的矢量河网图与相关的拓扑信息。

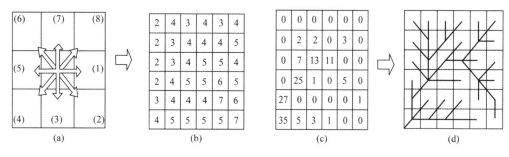

图 5-16　D8 算法提取河网

河网提取完成后 Arc SWAT 会在每条支流河道末端生成一个出水点(outlet),根据研究区大小,选择合适的流域出水口之后就可以划分子流域,子流域划分完成后进一步计算各子流域的参数,如面积、水流长度等。

在本书中,根据上述流域离散化方法,通过设置不同的集水面积阈值,进行了十种不同阈值的离散化方案的试验,设置的集水面积阈值为 20~350km²,划分的子流域个数为 11~283 个。试验结果表明,当阈值为 100km² 时,径流模拟效果最佳。黑河干流山区最终被划分为 43 个子流域,如图 5-17 所示。在划分的子流域中,最大的子流域为干流西支阴坡的 22 号子流域,面积为 1063.5km²;最小为 17 号子流域,位于中低山区,面积为 40.0km²。子流域平均面积为 233.0km²。

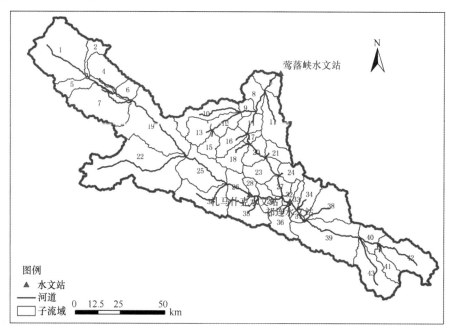

图 5-17　子流域及河网

2) 水文响应单元划分

对于结构复杂的流域,划分出的每一个子流域包括多种土地利用方式和多种土壤类型。因此,在每一个子流域内部存在着多种植被-土壤组合方式,不同的组合也具有不同的水文响应,为了反映这种差异,通常需要在每个子流域内部进行更详细的划分。考虑到上述因素,SWAT 模型提出了水文响应单元的概念,即根据各子流域内不同的土地利用类型、土壤类型及坡度类型,划分 HRU,使其反映出不同土地利用类型、土壤类型及坡度组合的水文响应差异。HRU 划分流程如图 5-18 所示,以植被类型数据(土地利用数据)、土壤类型数据和坡度分类数据作为输入,并且将植被数据和土壤数据重分类为适合 SWAT 模型的分类标准。每一个 HRU 具有唯一的植被类型、土壤类型和坡度分类,根据该标准,每个子流域被进一步划分为若干个 HRU。研究区的坡度变化较大,经过多次试验之后,将研究区坡度分为 4 类,分别是 0°～5°(占流域面积的 7.6%)、5°～25°(占流域面积的 36.6%)、25°～45°(占流域面积的 24.5%)和≥45°(占流域面积的 31.3%)。最终,HRU 划分完成后,43 个子流域被进一步划分为 2641 个 HRU。其中,面积最大的 HRU 为 228.5km²,面积最小的 HRU 为 410m²,HRU 平均面积为 3.9km²。

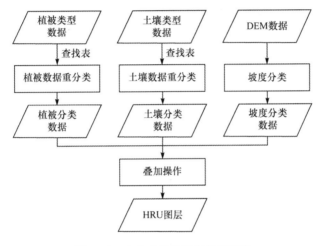

图 5-18　水文响应单元划分流程图

以 7 号子流域为例,HRU 划分过程如下:7 号子流域位于干流西支河道西南侧,子流域面积为 490.5km²,海拔为 3455～4863m,子流域出水口与干流西支主河道连接,所产径流直接注入主河道。7 号子流域内植被类型呈垂直地带性分布,按照海拔由低到高依次为西藏蒿草＋薹草草甸(HTCD,占子流域面积 30.1%)、小蒿草草甸(HCCD,占子流域面积 62.8%)、稀疏植被(SFZB,占子流域面积 5.3%)、冰川积雪(CNJX,占子流域面积 1.8%),如图 5-19 所示;土壤类型包括腐泥沼泽土(占子流域面积 2.6%)、草甸沼泽土(占子流域面积 10.7%)、沼泽土(占子流域面积 18.9%)、薄黑毡土(占子流域面积 10.1%)、草毡土(占子流域面积 31.9%)、钙质石质土(占子流域面积 23.8%)、寒钙土(占子流域面积 0.2%)、冰川积雪(占子流域面积 1.8%),如图 5-20 所示;子流域坡度按照上文所述分为 4 类,分别是 0°～5°(占子流域面积 29.0%)、5°～25°(占子流域面积 45.4%)、25°～45°(占子流域面积 12.7%)、≥45°(占子流域面积 12.9%),如图 5-21 所示。以上 3 个图层进行叠加即可完成 7 号子流域 HRU 的划分,共划分为 58 个 HRU,结果如图 5-22 所示。

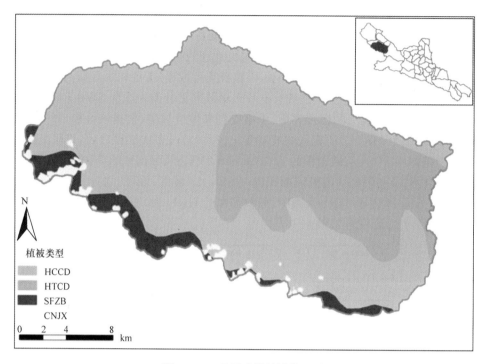

图 5-19　7 号子流域植被类型图

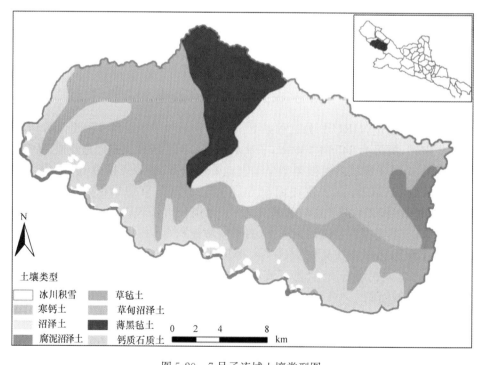

图 5-20　7 号子流域土壤类型图

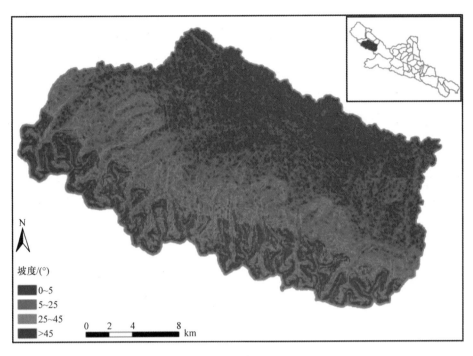

图 5-21 7 号子流域坡度分类图

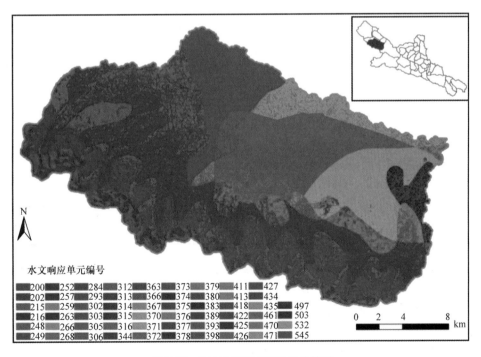

图 5-22 7 号子流域 HRU 划分结果

3）写入数据

ArcSWAT 中写入数据操作包括两部分：一是读入已经制备好的天气发生器数据和各气象台站的观测记录数据；二是将运行 SWAT 模型需要的各种参数，如土壤物理参数、植被参数等，写入到各流域、子流域及 HRU 对应的文本文件中。

4）模型初步运行

本书研究采用的气象水文实测资料时间段为 1995.1.1～2009.12.31，在上述准备工作已经全部顺利完成的情况下，可以初步运行模型。模型初步运行选用的时间段为 1995～2009 年，模型模拟的时间步长为天，选择输出结果的时间步长为月。在模型运行时，根据每天输入的气象观测资料，计算水量平衡过程、产汇流过程等，每月进行结果累加，输出为月尺度水量平衡结果。以莺落峡作为研究区出水口，进行模拟径流与实测径流的对比。

3. 敏感性分析与 SWAT 模型校准

参数敏感性分析是定量评价分布式水文模型各参数重要性的有效手段。通过对水量平衡要素（径流、渗漏、蒸散）的参数敏感性进行分析，可以为区域水量平衡的研究及合理利用区域水资源提供科学依据。利用 SWAT 模型自带的敏感性分析模块对模型参数进行敏感性分析，结果见表 5-7。

表 5-7 参数敏感性分析结果

参数	描述	敏感度	输入文件	尺度
TLPAS	温度递减率/(℃/km)	1	.sub	子流域
ALPHA_BF	基流因子/d	2	.gw	HRU
SOL_Z	土壤层深度/mm	3	.sol	HRU
ESCO	土壤蒸发补偿因子	4	.bsn	流域
CN2	SCS 径流曲线数	5	.mgt	HRU
CH_K2	河道的有效渗透系数/(mm/h)	6	.rte	子流域
SOL_AWC	土壤层可利用水量/(mmH₂O/mmsoil)	7	.sol	HRU
CANMX	植被最大储水量/(mmH₂O)	8	.hru	HRU
BLAI	最大叶面积指数	9	Crop.dat	流域
SOL_K	饱和水力传导度/(mm/h)	10	.sol	HRU

水文模拟过程中，一般情况下可以将实测的气象水文资料分成校准期和验证期。校准期是通过调整模型中的相关参数，使模拟结果与实测数据较好地吻合，也称为模型率定；验证期是对已校准好的模型在流域内进行验证，以便对模型进行适用性评价。本书选定的模型校准期为 1995.1～2002.12，校准方法采用研究小组成员发明的多时间尺度、多变量、多站点模型校准方法。校准过程如图 5-23 所示。

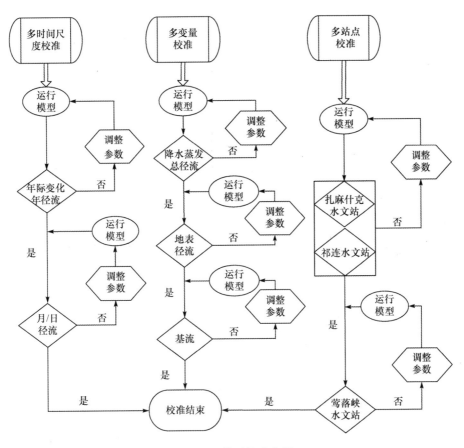

图 5-23　模型校准流程

4. 模拟结果与评价

本书的研究中模型校准期为 1995.1～2002.12,模型验证期为 2002.1～2009.12,两个模拟期均选定第一年作为模型的预热期。选取研究区内扎麻什克、祁连和莺落峡 3 个水文站的径流量实测值与模拟值进行对比,结果如图 5-24～图 5-30 所示。

1) 年径流模拟结果

图 5-24 为扎麻什克水文站、祁连水文站和莺落峡水文站在模型校准期与验证期的年平均径流量模拟值与实测值的对比结果。从图 5-24 中可以看出,3 个水文站 1996～2009 年径流量模拟值与实测值均非常接近,有些年份的数据甚至完全重合在一起,仅从曲线拟合程度考虑,3 个水文站年径流量的模拟效果较好。扎麻什克水文站控制的干流西支流域产水量大于祁连水文站控制的干流东支流域产水量,3 个水文站近 15 年出山径流量均呈上升趋势。由数据计算得知,扎麻什克水文站 1996～2009 年平均模拟径流量为 26.1m³/s,年平均实测径流量为 24.8m³/s,相对误差为 5.3%;祁连水文站年平均模拟径流量为 15.3m³/s,年平均实测径流量为 15.9m³/s,相对误差为 -3.9%;莺落峡水文站年平均模拟径流量为 54.5m³/s,年平均实测径流量为 54.7m³/s,相对误差为 -0.5%。简单的计算结果表明,

3 个水文站年径流过程的模拟结果较为理想。

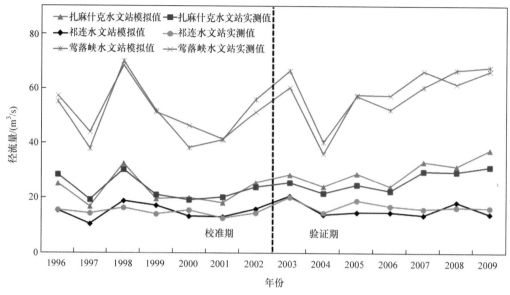

图 5-24　3 个水文站年径流模拟结果与实测值对比

2）月径流模拟结果

图 5-25～图 5-30 分别为扎麻什克水文站、祁连水文站、莺落峡水文站模型校准期（1995.1～2002.12）与验证期（2002.1～2009.12）月径流过程模拟值与实测值对比结果，柱状图分别为各水文站控制区域内的年平均降水量模拟值。由于每个模拟期的第一年为模型预热期，图 5-25～图 5-30 中所示的时间段分别为 1996.1～2002.12 和 2003.1～2009.12 的

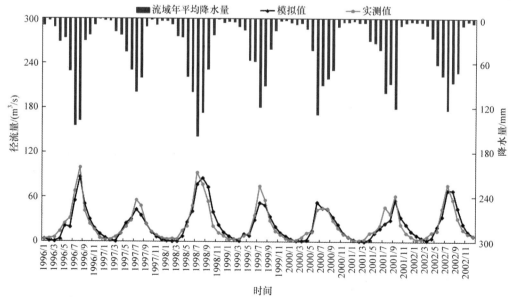

图 5-25　扎麻什克水文站校准期月径流模拟结果与实测值对比

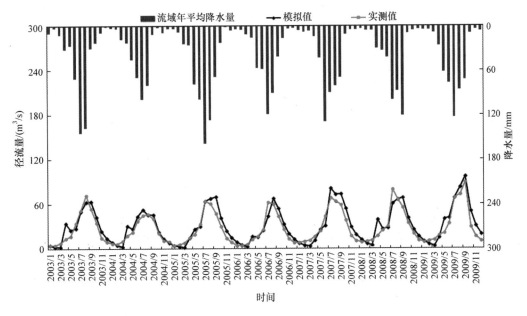

图 5-26　扎麻什克水文站验证期月径流模拟结果与实测值对比

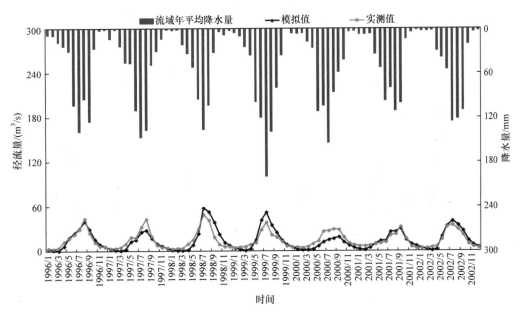

图 5-27　祁连水文站校准期月径流模拟结果与实测值对比

数据。按照模型调参校准过程,3 个水文站均在校准期进行参数调整,调整完成后,保持各参数值不变,并将其直接应用到验证期的径流模拟,以验证参数取值和模型对径流的模拟能力。

从图 5-25～图 5-30 中可以看出,3 个水文站的校准期内,除个别年份的个别月份模拟值稍有差异外,模拟值与实测值几乎重合在一起。参数值保持不变应用到验证期的径流模

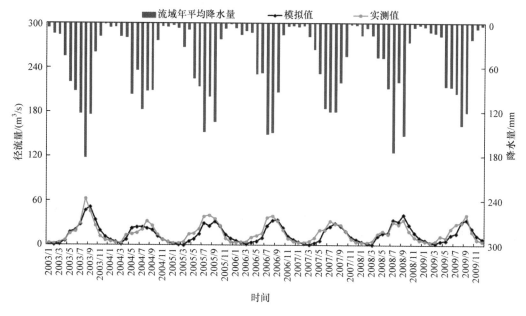

图 5-28 祁连水文站验证期月径流模拟结果与实测值对比

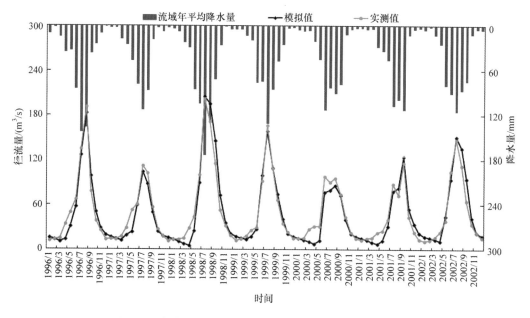

图 5-29 莺落峡水文站校准期月径流模拟结果与实测值对比

拟时,模拟值与实测值也能够很好地拟合在一起,与模型校准期几乎无差异,仅从曲线拟合情况来看,模型能够很好地模拟研究区内的出山径流过程。表 5-8 为 3 个水文站在校准期与验证期多年月平均流量模拟值与实测值及相对误差计算结果。从表 5-8 中可以看出,除扎麻什克水文站验证期模拟值与实测值之间的误差达到 12.5% 外,其他阶段误差均小于 10%。

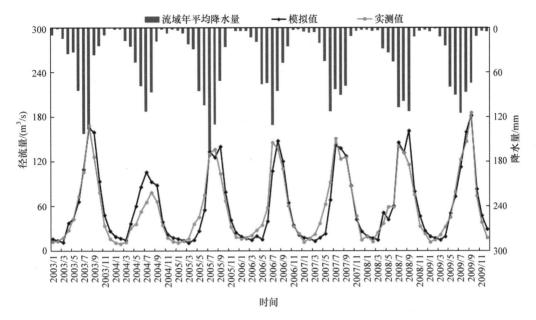

图 5-30　莺落峡水文站验证期月径流模拟结果与实测值对比

表 5-8　3 个水文站月平均流量模拟值、实测值及误差

模拟期	扎麻什克水文站			祁连水文站			莺落峡水文站		
	模拟值 /(m³/s)	实测值 /(m³/s)	误差/%	模拟值 /(m³/s)	实测值 /(m³/s)	误差/%	模拟值 /(m³/s)	实测值 /(m³/s)	误差/%
校准期	22.4	23.1	−2.8	14.1	14.6	−3.9	49.9	51.3	−2.9
验证期	29.6	26.3	12.5	15.6	17.0	−7.9	60.0	57.7	4.1

　　综上所述,仅从简单的数据计算和曲线拟合程度来看,模型能够很好地模拟研究区的出山径流、冰川融水径流,评价模拟结果具体好坏程度还需要选取水文模拟中常用的一些评价指标。

　　3) 模拟结果评价

　　对于水文模拟结果的评价,通常有两种方法:一种是通过作图法比较模拟值与实测值的拟合程度、相关程度、变化趋势等;另一种是通过选取一些误差评价指标,进行误差统计分析,即统计法。从图 5-24～图 5-30 可以看出,模拟值与实测值能够很好地拟合在一起,并且变化趋势相同。下面通过统计法进行模拟结果评价。

　　本书选定 4 个比较常用的参数作为评价模型模拟结果好坏的标准,分别是纳什系数(Nash-Sutcliffe efficiency,NSE)、均方根误差与实测值标准差的比值 RSR、偏差百分比 PBIAS 和决定系数 R^2,其中,前 3 个指标是 Moriasi 等(2007)在总结了大量文献中关于水文模拟结果的评价指标后推荐使用的,4 个指标分别定义如下。

$$NSE = 1 - \frac{\sum\limits_{i=1}^{n}(Q_i^{obs} - Q_i^{sim})^2}{\sum\limits_{i=1}^{n}(Q_i^{obs} - Q_{avg}^{obs})^2} \qquad (5\text{-}14)$$

$$RSR = \frac{RMSE}{STDEV_{obs}} = \frac{\sqrt{\sum\limits_{i=1}^{n}(Q_i^{obs} - Q_i^{sim})^2}}{\sqrt{\sum\limits_{i=1}^{n}(Q_i^{obs} - Q_{avg}^{obs})^2}} \qquad (5\text{-}15)$$

$$PBIAS = \frac{\sum\limits_{i=1}^{n}(Q_i^{obs} - Q_i^{sim})}{\sum\limits_{i=1}^{n}Q_i^{obs}} \times 100 \qquad (5\text{-}16)$$

$$R^2 = \frac{\left[\sum\limits_{i=1}^{n}(Q_i^{obs} - Q_{avg}^{obs})(Q_i^{sim} - Q_{avg}^{sim})\right]^2}{\sum\limits_{i=1}^{n}(Q_i^{obs} - Q_{avg}^{obs})^2 \sum\limits_{i=1}^{n}(Q_i^{sim} - Q_{avg}^{sim})^2} \qquad (5\text{-}17)$$

式中,Q_i^{sim} 为时间步长内模型模拟的河道径流量(m^3);Q_i^{obs} 为时间步长内水文站实际观测的河道径流量(m^3);Q_{avg}^{sim} 和 Q_{avg}^{obs} 分别为模拟时间段内模拟和观测的平均径流量(m^3)。

Moriasi 等(2007)在总结大量文献之后,重点推荐使用 NSE、RSR 和 PBIAS 这 3 个参数作为评价模拟结果的指标,并进一步对参数的取值范围与模拟结果的好坏进行分级,其中关于月尺度径流模拟的评价标准见表 5-9。

表 5-9　月尺度径流模拟评价标准

模拟结果	NSE	RSR	PBIAS/%
非常好	0.75<NSE≤1.00	0.00≤RSR≤0.50	PBIAS<±10
好	0.65<NSE≤0.75	0.50<RSR≤0.60	±10≤PBIAS<±15
可以接受	0.50<NSE≤0.65	0.60<RSR≤0.70	±15≤PBIAS<±25
不可接受	NSE≤0.50	RSR>0.70	PBIAS≥±25

根据选定的评价指标对扎麻什克水文站、祁连水文站、莺落峡水文站的月出山径流模拟值与实测值进行评价,结果见表 5-10。

表 5-10　3 个水文站月出山径流模拟结果评价

水文站	校准期(1996.1~2002.12)				验证期(2003.1~2009.12)			
	NSE	RSR	PBIAS	R^2	NSE	RSR	PBIAS	R^2
扎麻什克水文站	0.88	0.34	2.83	0.88	0.83	0.41	−12.49	0.87
祁连水文站	0.70	0.55	3.88	0.79	0.80	0.44	7.91	0.82
莺落峡水文站	0.94	0.25	2.88	0.94	0.90	0.32	−4.08	0.91

根据表 5-9 中的评价标准,结合表 5-10 中 3 个水文站在校准期与验证期的评价参数计算值可以得出以下结果:扎麻什克水文站在校准期的月径流模拟结果属于"非常好",在验证

期除 PBIAS 的值超过了 10％外,NSE、RSR 均属于"非常好"范畴,综合 3 个参数,扎麻什克水文站在验证期径流模拟结果为"好";祁连水文站在校准期的月径流模拟结果属于"好",但是验证期的模拟结果为"非常好";莺落峡水文站在校准期与验证期的月径流模拟结果均为"非常好",3 个水文站的评价结果见表 5-11。

表 5-11   3 个水文站评价结果

水文站	校准期(1996.1~2002.12)	验证期(2003.1~2009.12)
扎麻什克水文站	非常好	好
祁连水文站	好	非常好
莺落峡水文站	非常好	非常好

如表 5-10 所示,3 个水文站在校准期与验证期的 R^2 值,除校准期祁连水文站的低于 0.80 外,其他时期均超过 0.80,莺落峡水文站两个时期的 R^2 值均超过 0.90,说明模拟值与实测值相关度较高。

综上所述,SWAT 模型在黑河干流山区月径流水文过程模拟中模拟效果非常理想,SWAT 模型能够模拟研究区的水文过程,模拟结果可信,可以根据 SWAT 模型的输出结果继续进行相关的水量平衡信息提取与分析工作。

5.2.3   水量平衡特征

在本书的研究中,水量平衡的总输入为降水量(PRECIP,mm),实际蒸散量(ET,mm)和流域产水量(WYLD,mm)是主要的输出部分,如果忽略水流在河道中的传输损失,则水量平衡公式为 PRECIP＝ET＋WYLD。在 SWAT 模型中,WYLD 包括侧向流(壤中流,Q_{lat},mm)、地表径流(Q_{surf},mm)、浅层地下径流(Q_{gw},mm)和河道传输损失,若忽略传输损失,则 WYLD＝Q_{surf}＋Q_{lat}＋Q_{gw}。需要强调的是,WYLD 是指坡面产流的水量,该部分水还未经过河道汇流演算。本书计算的水文信息分量还包括渗透过根系区补给地下水的量(PERC,mm)及模拟期结束时土壤含水量(SW,mm)。

1. 全流域水量平衡组成分析(年月尺度)

全流域年平均水量平衡组成见表 5-12。

表 5-12   全流域年平均水量平衡组成   (单位:mm)

模拟期	年份	PRECIP	ET	Q_{lat}	Q_{surf}	Q_{gw}	WYLD	PERC	SW
	1996	524.0	323.6	100.9	35.4	41.8	177.7	45.2	97.2
	1997	397.1	320.4	68.9	28.3	19.2	116.1	20.5	75.9
	1998	652.6	383.7	133.1	36.0	62.9	231.4	69.0	109.4
校准期	1999	481.5	324.3	92.8	29.0	40.4	161.8	43.7	103.3
	2000	462.5	321.1	72.3	28.8	22.2	122.9	24.0	107.2
	2001	452.1	334.2	80.6	26.1	31.3	137.6	33.9	111.7
	2002	505.7	323.6	95.1	31.6	48.2	174.5	52.2	109.4

模拟期	年份	PRECIP	ET	Q_{lat}	Q_{surf}	Q_{gw}	WYLD	PERC	SW
验证期	2003	594.5	338.3	110.2	49.6	58.4	217.7	63.6	133.1
	2004	464.2	345.6	78.9	44.6	32.2	155.3	33.9	111.6
	2005	543.0	347.7	100.6	39.9	49.3	189.3	54.0	120.4
	2006	498.2	342.8	93.8	30.6	41.2	165.1	44.3	117.2
	2007	562.8	352.2	103.3	36.3	57.0	196.2	62.1	121.8
	2008	558.7	352.5	111.1	47.7	55.3	213.5	59.6	120.9
	2009	569.2	357.3	111.7	38.9	66.7	216.9	71.8	114.9
平均		519.0	340.5	96.7	35.9	44.7	176.8	48.4	111.0

表 5-12 所示,模拟时间段内(1996.1~2009.12),模型校准期产水量最大的年份为 1998 年,流域平均产水深为 231.4mm,地表径流量为 36.0mm,占产水量的 15.6%;模型验证期产水量最大的年份为 2003 年,流域平均产水深为 217.7mm,地表径流量为 49.6mm,占产水量的 22.8%。仅从 1998 年和 2003 年的地表径流量所占比例来看,地表径流量有所上升,这与校准期的干旱年份有关,1997 年是整个模拟期中最干旱的一年,流域平均降水量为 397.1mm,产水量仅为 116.1mm,1997 年结束时,流域平均土壤含水量仅为 75.9mm,也达到整个模拟期中的最干旱年。事实上,当土壤足够干旱时会有更多的降水入渗到土壤,以补充土壤水分,而土壤中多余的水分通过壤中流或者浅层地下径流的方式补给河道,因此 1998 年有更多的降水下渗到土壤,该现象可以从 1998 年的流域平均壤中流量为 133.1mm,占当年产水量的 57.5%,以及 2003 年的流域平均壤中流量为 110.2mm,占当年产水量的 50.6% 的事实中得到证明。1998 年与 2003 年相比,壤中流量占产水量的比例降低 6.9%。模型能够捕获这种极端干旱年份发生后对流域水文过程影响的现象,进一步说明其结构的可靠性。

从表 5-12 中可以看出,如果将全流域作为一个整体来研究其逐年水量平衡状态,并不是每一年模拟结束时流域都能够达到水量平衡,表现为动态平衡。据表 5-12 中数据计算,有的年份流域失水,有的年份流域储水,多年平均达到平衡。定义两个状态,流域失水定义为流域输入水分小于输出水分,即 PRECIP<ET+WYLD;流域储水定义为流域输入水分大于输出水分,即 PRECIP>ET+WYLD。在本书的研究中,流域失水年份为 1997 年、1999 年、2001 年、2004 年、2006 年、2008 年、2009 年,流域储水年份为 1996 年、1998 年、2000 年、2002 年、2003 年、2005 年、2007 年。结合流域年平均降水量可以得出,干旱年份(年平均降水量小于多年平均降水量)流域失水,湿润年份(年平均降水量大于多年平均降水量)流域储水。从 1996~2009 年平均数据计算得知,流域多年平均降水量为 519.0mm,蒸发量为 340.5mm,产水量为 176.8mm,多年平均输入与多年平均输出之间差 1.7mm,可以认为是河道传输损失量,从多年平均角度而言,流域处于水量平衡状态。

根据 SWAT 模型输出结果,对研究区 1996~2009 年月平均水量平衡组成进行了计算,见表 5-13。

表 5-13　黑河干流山区 1996～2009 年月平均水量平衡组成　　（单位：mm）

月份	PRECIP	ET	Q_{lat}	Q_{surf}	Q_{gw}	WYLD	PERC	SW
1	4.7	2.2	0.0	0.0	0.3	0.4	0.0	107.0
2	5.1	3.4	0.2	0.2	0.1	0.5	0.3	104.6
3	12.9	7.1	0.0	1.0	0.2	1.2	0.0	104.0
4	23.0	20.8	1.0	10.6	0.1	11.6	0.6	114.8
5	57.8	41.3	10.8	8.5	1.1	20.3	5.4	116.8
6	80.1	63.4	16.2	3.0	4.1	23.3	8.0	108.5
7	124.4	76.4	25.7	5.2	7.0	38.0	12.5	113.9
8	107.6	68.2	23.3	4.0	9.2	36.5	11.2	115.7
9	76.5	39.4	17.3	2.8	9.8	29.9	9.5	121.2
10	19.3	11.6	2.1	0.5	8.1	10.7	0.9	117.5
11	4.7	4.5	0.0	0.0	3.5	3.5	0.0	113.3
12	2.8	2.4	0.0	0.0	1.2	1.2	0.0	111.0
总计	519.0	340.5	96.7	35.9	44.7	176.8	48.4	112.4

表 5-13 能够体现各成分的年内变化过程，将一年分为干湿两季，湿季为 4～9 月，干季为 10～12 月和翌年的 1～3 月。从表 5-13 可以计算得出，湿季降水量占全年降水量的 90.4%，蒸发量占全年蒸发量的 90.8%，产水量占全年产水量的 90.3%，地表径流量占全年地表径流量的 95.0%，说明该地区主要的水文过程发生在湿季。干季只有少量的地下水补给河道径流。

图 5-31 是根据流域水量平衡方程（PRECIP＝ET＋WYLD）计算的全流域月平均水量平衡状态。从图 5-31 中可以看出，1～3 月流域处于正平衡，即储水状态，这是因为干季流域几乎不产水，只有极少量的地下水流出，而这时降水主要以雪的形式保存到流域中，因此处于正平衡状态。4～6 月流域处于负平衡，即失水状态，4 月为融雪径流过程，流域处于失

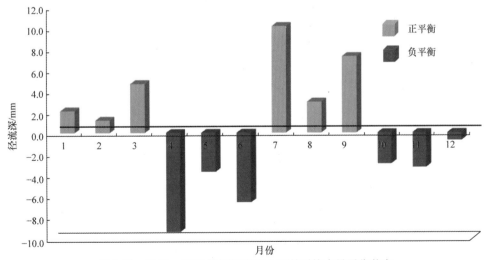

图 5-31　1996～2009 年黑河干流山区月平均水量平衡状态

水状态。5月和6月,部分剩余的积雪会继续在这两个月融化,同时温度上升蒸发量增大,冻土开始大量融化,降雨也开始增加,而降雨的增加不足以抵消蒸发量和产水量的增大,因此5月和6月流域仍然处于负平衡状态。7~9月流域处于正平衡状态,这是因为随着温度的升高,降雨开始大量增加,降雨的输入大于蒸发量和产水量,流域处于保水状态。10~12月,流域处于负平衡状态,进入10月以后,温度下降,降水急剧减少,而7~9月大量的降水下渗到土壤中,没有立即汇入河道中,土壤的调蓄作用使该部分水缓慢释放到河道中,因此10~12月河道径流以地下水补给为主。

流域产水量(出山径流)及各组成成分的年内变化过程如图5-32所示。由图5-32可以看出,壤中流与出山径流的年内变化趋势保持一致,均在7月达到最大;6~7月存在一个明显的快速上升过程,7~9月3个月出山径流和壤中流均保持在一个较高的水平,进入10月存在一个明显的快速下降过程;10月以后流域进入枯水期,温度较低、降水较少,只有少量的出山径流产生。地表径流的年内变化过程与出山径流略有不同,地表径流在4月达到年内最大;3~4月地表径流存在一个快速上升过程,这与温度上升、在冬季积累的降雪开始融化有关(王建等,2005),但是温度的上升还不足以使冻土融化(金铭等,2011),这时冻土就像一个不透水层阻止了积雪融水的下渗,因此主要以地表径流的方式补给河道。冬季积累的降雪在4~5月两个月内几乎全部融化,这时虽然降水开始增加,但是降水主要下渗到土壤中,以壤中流的方式补给河道(陈仁升等,2007),因此地表径流在6月存在一个相对低点;进入7月以后流域降水达到全年最大,一部分降水以地表径流的方式补给河道,因此地表径流出现了年内第二个小峰值;进入8月后,其随着降水的逐渐减少,地表径流也随之减少。浅层地下径流的年内变化趋势相对简单,其随着温度和降水的增加而增大,9月浅层地下径流达到全年最大,之后逐渐减少;浅层地下径流达到最大值的时间滞后于出现最大出山径流的时间两个月,说明地下水对出山径流具有调节作用。

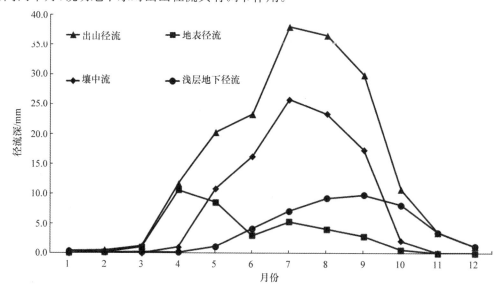

图5-32　流域产水量(出山径流)及各组成成分年内变化过程

2. 坡面产流成分年变化趋势(年月尺度)

本书模拟的流域产水量及 3 种坡面产流组成成分 1996～2009 年的变化趋势如图 5-33 所示。从图 5-33 中可以看出,各组成成分年际波动状况基本与出山径流保持一致,近十几年的总体变化呈不显著上升趋势。该结果与已有研究(陈仁升等,2002;康尔泗等,1999;蓝永超等,1999)结论保持一致,同时也证明之前对该地区径流变化趋势的预测是准确的。

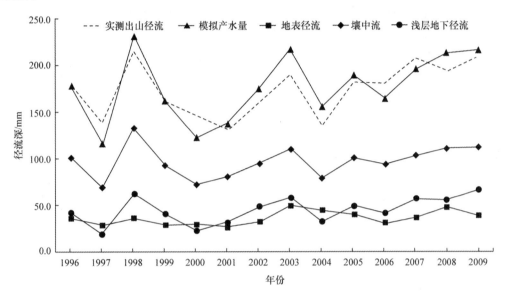

图 5-33　1996～2009 年各坡面产流组成成分变化趋势

3 种坡面产流组成成分中,对径流贡献最大的是壤中流,超过了地表径流和浅层地下径流对径流量的贡献,年平均补给量为 96.7mm,占总产水量的 54.5%;其次是浅层地下径流,年平均补给量为 44.7mm,占总产水量的 25.2%;最小的为地表径流,年平均补给量为 35.9mm,占总产水量的 20.3%。

关于内陆河流域产水量组成成分的研究相对较少。虽然同位素技术能够用于径流分割,但是由于内陆河流域山区水文过程复杂,地表水与地下水经多次转化才汇入河道,同位素技术也有其限制性。对黑河上游山区的基流分割研究显示(党素珍等,2011),多年基流量呈上升趋势,与本书研究结果一致。

本书中浅层地下径流(地下水)对径流的贡献为 25.2%,与汤奇成等(1992)的研究结果(地下水对黑河水系出山径流的贡献为 31.0%)和高前兆等(1984)的研究结果(地下水对黑河水系出山径流的贡献为 36.7%)略有差异。但是,本书仅限于研究黑河干流山区出山径流中地下水的贡献,前后研究区域不一致可能是导致差异存在的原因。陈仁升等(2007)对黑河干流山区 3 个典型的高山草甸径流场观测研究显示,高山草甸植被可缓冲到达地表的降雨能量,通过密集的植被覆盖和多层次结构,阻碍了地表径流的产生,使降雨缓慢入渗到下部土壤中。这可以解释本书模拟结果:壤中流对出山径流的贡献最大,地表径流对出山径流的贡献最小。

根据模型输出结果,对模拟时间段内流域产水量及各组成成分不同月份的多年变化趋势进行分析,如图 5-34 所示。图 5-34(a)、图 5-34(b)分别为 1 月、2 月各成分逐年变化趋势,1996~2009 年,1 月、2 月流域产水量呈微小上升趋势,除 2000 年和 2001 年模拟的异常年份外,浅层地下径流与产水量曲线几乎重合在一起,说明 1 月、2 月出山径流绝大部分来自地下水的补给,分别占 99.6%、95.2%。图 5-34(c)为 3 月逐年变化状况,流域产水量也呈现上升趋势,随着温度的上升,浅层地下径流不再是主要的补给成分,地表径流对产水量的贡献为 95.2%,浅层地下径流仅占 4.7%。图 5-34(d)为 4 月逐年变化状况,流域产水量也呈微小上升趋势,随着温度的继续上升,积雪大量融化,地表径流仍然是主要的补给成分,土壤表层开始融化,壤中流开始增大。年平均出山径流中地表径流占 90.5%,壤中流占8.3%,浅层地下径流仅占 1.2%。图 5-34(e)为 5 月逐年变化状况,与前 4 个月不同,5 月流域产水量呈微小下降趋势;温度继续上升,冻土继续融化,加之降水开始增加,大部分降落到地面的水分入渗到土壤中,以壤中流的方式补给河道,因此壤中流成为主要的径流补给成分,占 53.0%,地表径流占 41.7%,浅层地下径流占 5.3%。

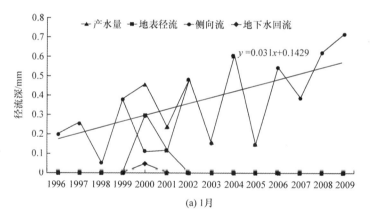

(a) 1月

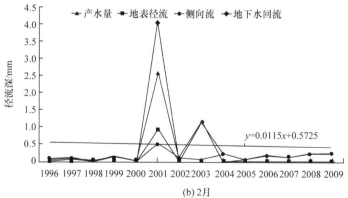

(b) 2月

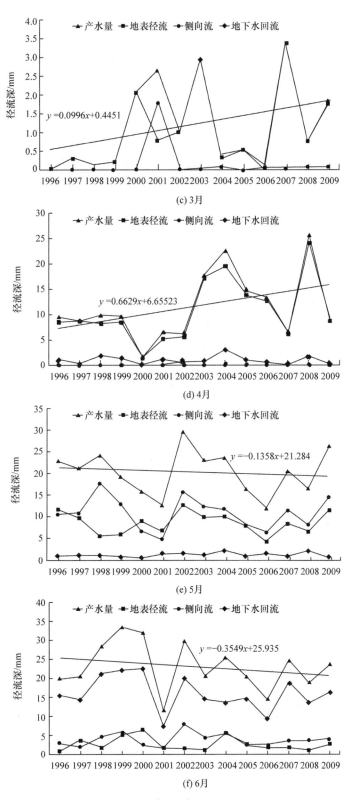

(c) 3月

(d) 4月

(e) 5月

(f) 6月

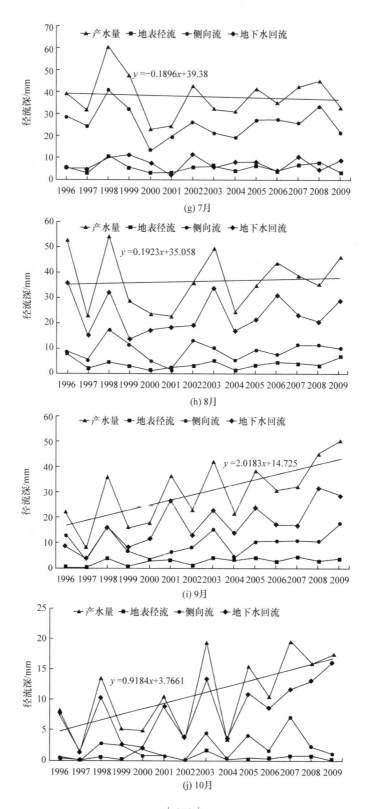

(g) 7月

(h) 8月

(i) 9月

(j) 10月

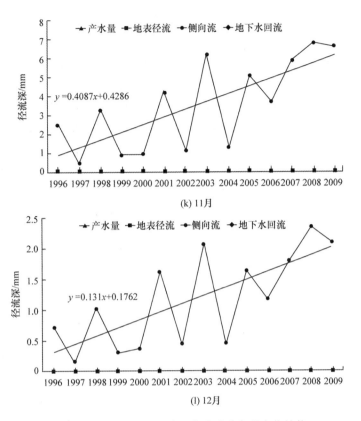

图 5-34 黑河干流山区坡面产流成分各月变化趋势

图 5-34(f)、图 5-34(g)分别为 6 月、7 月逐年变化状况,模拟结果表明,6 月、7 月流域产水量也呈微小下降趋势。壤中流对径流的贡献比例较 5 月继续增大,随着降水的增加,浅层地下径流补给也开始增大,1996~2009 年平均流域产水量中壤中流分别占 69.5% 和67.7%,浅层地下径流分别占 17.7% 和 18.5%,地表径流分别占 12.8% 和 13.8%。图 5-34(h)、图 5-34(i)分别为 8 月、9 月逐年变化状况,流域产水量均呈微小上升趋势,9 月增加趋势更加明显,壤中流补给仍然是主导补给成分。1996~2009 年平均流域产水量中,壤中流分别占 63.8% 和 57.9%,浅层地下径流分别占 25.2% 和 32.6%,地表径流分别占 11.0% 和9.5%。图 5-34(j)为 10 月逐年变化状况,流域产水量呈微小上升趋势。进入 10 月,由于气温下降,降水减少,土壤开始冻结,壤中流迅速减少,浅层地下径流成为主要补给成分。1996~2009 年平均出山径流中,浅层地下径流占 75.6%,壤中流占 19.4%,地表径流仅占 5.0%。图 5-34(k)、图 5-34(l)分别为 11 月、12 月逐年变化状况,两月流域产水量均呈微小上升趋势,浅层地下径流与产水量曲线基本重合在一起,地表径流和壤中流几乎为 0。1996~2009 年平均出山径流中,浅层地下径流分别占 99.4% 和 99.7%。

对春季融雪径流的研究表明,春季消融季节,75% 左右的出山径流来源于积雪消融。该结果在一定程度上说明本书模拟的 3~5 月地表径流贡献较大是正确的。对冻土水文过程及冻融规律的研究表明,研究区内冻土 4 月初开始融化,10 月下旬开始冻结。该结果与本模拟结果 4 月壤中流开始增大,10 月壤中流迅速减少的结果一致。康尔泗等(1999)研究指出,在气候变化情景下,春季出山径流可能增加,而夏季径流可能减少,总体上出山径流略有增加。该结果与本书5~7月流域产水量呈微小下降趋势的结果一致。

总之,流域产水量及各成分1996~2009年各月变化,除5~7月呈微小下降趋势外,其余各月呈上升趋势,1~2月、10~12月以浅层地下径流补给为主,3~4月以地表径流补给为主,5~9月以壤中流补给为主。通过本书的研究,进一步清晰了内陆河山区流域年内各月的主导水文过程,从而有助于中、下游地区对水资源的合理开发利用。

3. 不同下垫面水量平衡组成分析

从SWAT模型模拟结果中提取各植被类型1996~2009年平均降水量、蒸发量和产水量的值,如图5-35所示。从图5-35中可以看出,单位面积降水量最大的植被类型为毛枝山居柳+金露梅+箭叶锦鸡儿灌丛(MJGC),达到600.5mm;在14种植被类型中,除了荒漠草原(HTHM)、西北针茅草原(XSCY)、短花针茅+长芒草原(DCCY)3种植被类型的年平均降水量低于500mm外,其他类型的年平均降水量均大于500mm。在所有的植被类型中,蒸发量均大于产水量,单位面积蒸发量最大的植被类型为PECD(垂穗披碱草+垂穗鹅观草草甸),最小的为荒漠草原(HTHM),虽然荒漠草原(HTHM)所处的环境较干旱,但是由于其降水量比较小,绝大部分降水用于蒸发,只有极少部分产流。单位面积产水量最大的植被类型为冰川积雪(CNJX),其次为水母雪莲+风毛菊稀疏植被(SFZB)和风毛菊+红景天+垂头菊稀疏植被(HCZB),均超过200mm。

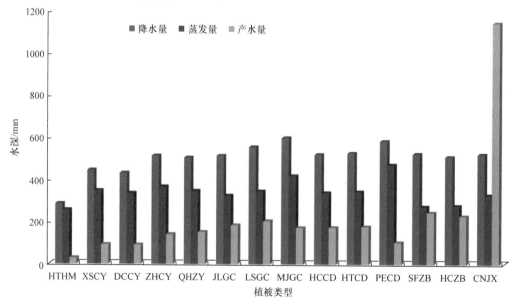

图 5-35　1996~2009年各植被类型平均降水量、蒸发量和产水量

HTHM:荒漠草原;XSCY:西北针茅草原;DCCY:短花针茅+长芒草原;ZHCY:紫花针茅草原;QHZY:针叶林;JLGC:金露梅灌丛;LSGC:毛枝山居柳灌丛;MJGC:毛枝山居柳+金露梅+箭叶锦鸡儿灌丛;HCCD:小蒿草草甸;HTCD:西藏蒿草+薹草草甸;PECD:垂穗披碱草+垂穗鹅观草草甸;SFZB:水母雪莲+风毛菊稀疏植被;HCZB:风毛菊+红景天+垂头菊稀疏植被;CNJX:冰川积雪

　　图 5-36 所示为各种植被类型的面积占整个研究区面积的百分比，以及各植被类型产水量对总产水量的贡献百分比。从图 5-36 中可以明显地看出，HCCD 的面积占比和产水量占比均接近 50%，是黑河干流山区主要的产水植被类型，其他植被类型产水量对总产水量的贡献均低于 10%。

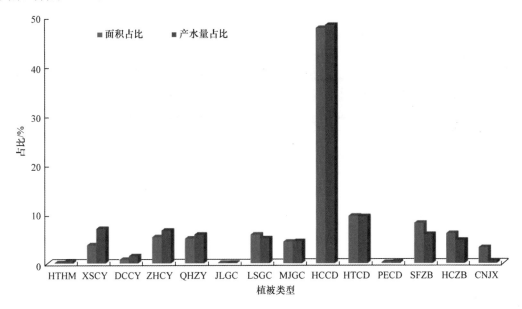

图 5-36　各植被类型面积占比和产水量占比

HTHM：荒漠草原；XSCY：西北针茅草原；DCCY：短花针茅＋长芒草原；ZHCY：紫花针茅草原；QHZY：针叶林；
JLGC：金露梅灌丛；LSGC：毛枝山居柳灌丛；MJGC：毛枝山居柳＋金露梅＋箭叶锦鸡儿灌丛；HCCD：小蒿草草甸；
HTCD：西藏蒿草＋薹草草甸；PECD：垂穗披碱草＋垂穗鹅观草草甸；SFZB：水母雪莲＋风毛菊稀疏植被；HCZB：风
毛菊＋红景天＋垂头菊稀疏植被；CNJX：冰川积雪

　　为了能够进一步分析各个植被型组的水量平衡状况，将 14 种植被类型按照植被型组进行组合，分为 7 个植被型组，包括荒漠草原、山地草原、针叶林、高山灌丛、高山草甸、稀疏植被和冰川。荒漠草原仅占流域总面积的 0.5%，产水量对总产水量的贡献为 0.1%，可以忽略不计；7 个植被型组中，面积最大的是高山草甸，占研究区总面积的 58.0%，产水量占总产水量的 57.4%，大部分降水被蒸散发消耗掉，径流系数为 0.33；另外，山地草原产水量对径流的贡献为 9.8%，径流系数为 0.24；针叶林产水量对总产水量的贡献为 5.0%，径流系数为 0.30；高山灌丛产水量对总产水量的贡献为 10.3%，径流系数为 0.33；稀疏植被产水量对总产水量的贡献为 14.2%，径流系数为 0.46；冰川融水对出山径流的贡献为 3.2%，径流系数为 2.19，冰川区平均径流深为 1147.7mm，远大于模拟的冰川区年平均降水量523.3mm。这是因为在本书的研究中，SWAT 模型中嵌入了冰川融水模块，按照冰川融水模块的设计原理，认为冰川正在消融，所以径流系数大于 1。

　　如表 5-14 所示，1996~2009 年荒漠草原平均径流深为 29.1mm，几乎全部来自壤中流补给，地表径流补给仅为 0.1mm，可忽略不计，无浅层地下径流补给；1996~2009 年山地草原平均径流深为 114.7mm，其中壤中流补给占 77.4%，地表径流补给占 5.1%，浅层地下径流补给占 17.5%；1996～2009 年针叶林平均径流深为 153.1mm，壤中流补给占 83.1%，地表径流补给占 4.1%，浅层地下径流补给占 12.9%；1996～2009 年高山灌丛平均径流深为 189.9mm，壤中流补给占 65.0%，地表径流补给占 10.6%，浅层地下径流补给占 24.5%；1996～2009 年高山草甸平均径流深为 174.9mm，壤中流补给占 45.2%，地表径流补给占 23.3%，浅层地下径流补给占 31.8%；1996～2009 年稀疏植被平均径流深为 238.7mm，壤中流补给占 68.5%，地表径流补给占 17.0%，浅层地下径流补给占 14.7%；1996～2009 年冰川平均径流深为 1147.7mm，壤中流补给占 14.3%，地表径流补给占 84.8%，浅层地下径流补给占 1.1%。总之，除冰川区外，其他植被型组均以壤中流补给河道径流为主，浅层地下径流补给次之，地表径流补给最小，进一步说明了内陆河高寒山区特殊的河道径流补给方式。

表 5-14　1996～2009 年各植被型组平均水量平衡组成

植被型组	面积占比/%	PRECIP/mm	ET/mm	Q_{lat}/mm	Q_{surf}/mm	Q_{gw}/mm	WYLD/mm	径流系数	径流贡献/%
荒漠草原	0.5	287.3	257.8	29.1	0.1	0.0	29.1	0.10	0.1
山地草原	15.1	475.4	355.7	88.8	5.9	20.1	114.7	0.24	9.8
针叶林	5.8	506.6	348.3	127.2	6.3	19.7	153.1	0.30	5.0
高山灌丛	9.6	576.6	380.4	123.5	20.1	46.6	189.9	0.33	10.3
高山草甸	58.0	523.6	341.5	79.1	40.8	55.6	174.9	0.33	57.4
稀疏植被	10.5	519.2	275.8	163.6	40.5	35.1	238.7	0.46	14.2
冰川	0.5	523.3	329.0	164.2	973.8	12.9	1147.7	2.19	3.2

4. 不同高程带水量平衡组成分析

海拔是对内陆河高寒山区水文过程影响较大的因素之一。随着海拔的升高，温度降低，降水在达到最大降水高度带之前升高，超过最大降水高度带后随海拔的升高而降低，土壤温度也随空气温度的降低而发生变化。由高度引起的水热垂直地带性规律决定了植被的垂直地带性分布。为了探讨海拔对内陆河高寒山区水文过程的影响，将黑河干流山区进行高程分带，根据 SWAT 模型输出结果，利用开发的水文信息提取系统分别提取各高程带的水量信息，进行水量平衡组成分析。本书将黑河干流山区分为 5 个高程带，分别为 1637～2800m、2800～3500m、3500～4000m、4000～4500m、4500～5062m，如图 5-37 所示。其中，海拔 2800m 以下为山地草原和荒漠草原，2800～3500m 为高山灌丛带，3500～4000m 为高山草甸带，4000～4500m 为稀疏植被（裸露地面）带，4500m 以上为冰川积雪带。

1996～2009 年各高程带平均水量平衡组成见表 5-15。由表 5-15 可以看出，产水量最多的高程带为 3500～4000m 带，占流域总产水量的 38.7%；其次为 4000～4500m 带，产水量占流域总产水量的 32.0%。除 1637～2800m 带外，其余各高程带的平均降水量都在 510mm 以上，平均降水量最大的高程带为 2800～3500m 带。各高程带单位面积平均产水量（径流深）随海拔的升高而增大，径流系数也随之增大，因此径流系数最大的高程带为 4500～5062m 带，达到 0.78；因为流域内的冰川大部分位于海拔 4500m 以上，冰川覆盖率占该高程带面积的 20% 以上，所以产流系数较高。地表径流、壤中流、浅层地下径流基本呈现

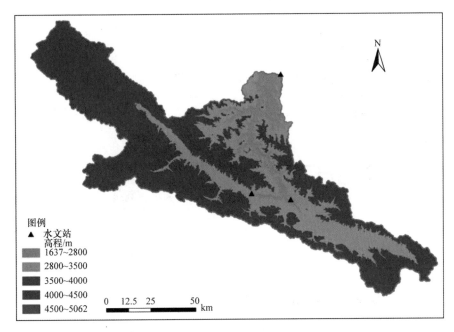

图 5-37　黑河干流山区高程分带

出随海拔升高而增大的趋势。因为 3500m 以上区域植被稀疏,温度较低,蒸发相对减少,产水量占流域总产水量的 75.8%,所以研究区主要为高海拔地区产流。

表 5-15　1996～2009 年不同高程带平均水量平衡组成

高程 分带/m	面积 占比/%	PRECIP /mm	ET/mm	Q_{lat}/mm	Q_{surf}/mm	Q_{gw}/mm	WYLD/mm	径流 系数	径流贡 献/%
1637～2800	5.5	428.4	340.5	70.4	2.6	10.8	83.7	0.20	2.6
2800～3500	26.6	532.5	382.6	89.4	17.2	37.7	144.0	0.27	21.6
3500～4000	40.2	524.9	347.7	84.7	36.5	49.3	170.0	0.32	38.7
4000～4500	25.4	515.2	291.4	122.5	47.3	52.9	222.2	0.43	32.0
4500～5062	2.3	511.7	265.9	166.8	197.0	35.1	397.9	0.78	5.1

5. 典型子流域水量平衡组成分析

在进行流域离散化时,黑河干流山区被分成 43 个子流域,选择其中 3 个典型子流域对其水量平衡组成成分进行分析,3 个子流域分别是 sub7、sub11、sub38,如图 5-38 所示。

其中,sub7 位于流域西支河道西南侧,中心点海拔为 3664m,主要植被类型为高山草甸,占子流域面积的 92.9%,属于高山草甸带;sub38 位于流域东支河道东北侧,中心点海拔为 3444m,主要植被类型为高山草甸和高山灌丛,其中高山草甸面积占子流域面积的 64.6%,高山灌丛面积占子流域面积的 17.6%,属于灌丛草甸带;sub11 位于流域中低山区,均匀分布在中低山区支流河道的两侧,中心点海拔为 2530m,主要植被类型为草原和针叶林,其中草原面积占 56.4%,针叶林面积占 28.1%,属于山地草原带。这 3 个子流域内的植被类型涵盖了研究区内所有的植被类型,如图 5-39 所示。

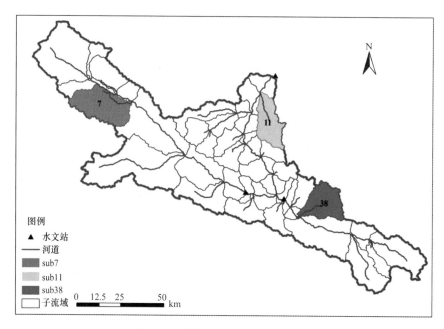

图 5-38 黑河干流山区典型子流域

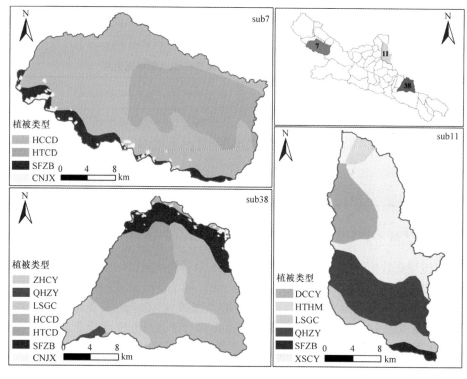

图 5-39 典型子流域植被类型

HCCD:小嵩草草甸;HTCD:西藏嵩草+薹草草甸;SFZB:水母雪莲+风毛菊稀疏植被;QHZY:针叶林;LSGC:毛枝山居柳灌丛;CNJX:冰川积雪;HTHM:荒漠草原;XSCY:西北针茅草原;DCCY:短花针茅+长芒草原;ZHCY:紫花针茅草原

如表 5-16 所示,1996~2009 年 3 个子流域平均降水量分别如下:sub7 为 443.9mm,
sub11 为 505.4mm,sub38 为 622.1mm,说明研究区内降水从东向西、从高海拔向低海拔地
区减少。sub7 中产水量以地表径流和浅层地下径流补给为主,分别占 1996~2009 年子流
域平均产水量的 39.2%和 41.2%,壤中流补给相对较少,仅占产水量的 19.9%,说明高海
拔地区的子流域壤中流补给不占主导地位。sub38 中产水量则以壤中流补给为主,占产水
量的 59.4%,地表径流和浅层地下径流分别占产水量的 19.1%和 21.6%,说明中海拔地区
子流域则以壤中流补给为主。sub11 中产水量则几乎全部来自壤中流补给,占产水量的
91.9%,说明中低山区较干旱,几乎无地表径流产生。

表 5-16　1996~2009 年典型子流域平均水量平衡

子流域	面积/km^2	PRECIP/mm	ET/mm	Q_{lat}/mm	Q_{surf}/mm	Q_{gw}/mm	WYLD/mm	PERC/mm	SW/mm
sub7	490.5	443.9	313.4	27.7	54.6	57.5	139.4	62.1	107.3
sub11	313.7	505.4	384.6	106.3	2.0	7.4	115.7	8.0	108.1
sub38	349.1	622.1	379.0	147.8	47.6	53.6	248.7	58.4	121.9

6. 典型 HRU 水量平衡组成分析

研究区内的植被类型组合为 7 个植被型组,分别是荒漠草原、山地草原、针叶林、高山灌
丛、高山草甸、稀疏植被和冰川。根据不同的植被型组,分别从前述的 3 个典型子流域,即
sub7、sub11 和 sub38 选择 7 组典型的 HRU,每组 HRU 由相同植被类型、相同土壤类型、
不同坡度分类(在本书中坡度分为 4 类)的 4 个 HRU 组成,如图 5-40 所示。对选取的典型
HRU 的 1996~2009 年平均水量平衡进行了分析,见表 5-17。表 5-17 中第一列为 SWAT
生成的各 HRU 的唯一标示符,通过这个标示符可以唯一表示一个 HRU。在每一组 HRU
中,又计算了该组 HRU 整体的水量平衡组成成分,特别需要指出的是,这不是对 4 个 HRU
的 1996~2009 年平均水量平衡成分简单地取平均,而是先计算每组 HRU 的总水量,再除
以每组 HRU 的总面积,得到各水分量的平均水深(mm)。

表 5-17　1996~2009 年典型 HRU 平均水量平衡

HRU 类型	面积/km^2	PRECIP/mm	ET/mm	Q_{lat}/mm	Q_{surf}/mm	Q_{gw}/mm	WYLD/mm	PREC/mm	SW/mm
冰川	8.8	443.9	301.8	130.6	973.5	4.8	1105.0	49.9	254.9
高山草甸	137.2	443.9	324.4	26.7	37.4	46.9	110.2	50.5	159.4
荒漠草原	9.5	505.4	433.6	74.9	0.0	0.0	74.9	0.0	28.4
针叶林	59.4	505.4	366.8	127.2	1.2	5.5	133.9	5.9	65.1
山地草原	47.2	505.4	396.6	78.7	5.6	16.5	100.6	17.9	164.6
高山灌丛	34.7	622.1	416.0	113.5	22.3	65.7	201.3	71.9	119.7
稀疏植被	34.3	622.1	246.5	312.9	39.8	21.7	374.1	23.5	7.8

从表 5-17 可以看出,选取的冰川 HRU 的总面积为 8.8km^2,1996~2009 年平均降水量
为 443.9mm,产水量为 1105.0mm,产水量远大于降水量,这是因为加入了冰川径流模拟。

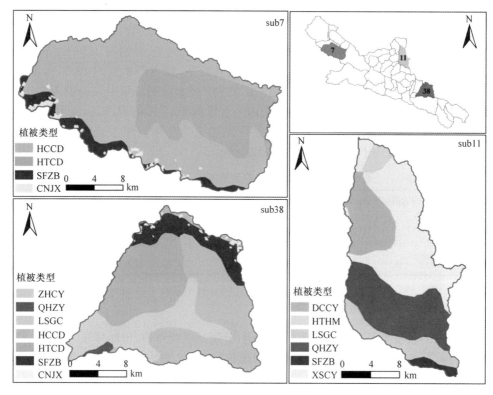

图 5-40　典型 HRU

HCCD:小蒿草草甸；HTCD:西藏蒿草＋薹草草甸；SFZB:水母雪莲＋风毛菊稀疏植被；QHZY:针叶林；LSGC:
毛枝山居柳灌丛；CNJX:冰川积雪；HTHM:荒漠草原；XSCY:西北针茅草原；DCCY:短花针茅＋长芒草原；
ZHCY:紫花针茅草原

根据以往的研究结果,在中国西北内陆河流域山区,单位面积冰川年均产流 1000mm 以上是合理的,而该冰川 HRU 的年均降水量只有 443.9mm,与经验值相比偏低,这与所使用的气象台站资料和设置的降水梯度有关,有待于进一步调整。冰川 HRU 的产流方式绝大部分以地表径流为主,接近 90%,很小一部分水以壤中流的方式产流,几乎无浅层地下径流产生。

选取的针叶林 HRU 的总面积为 59.4km²,1996～2009 年平均降水量为 505.4mm,产水量为 133.9mm,几乎全部(95.0%)以壤中流的方式产流,地表径流和浅层地下径流分别占总产水量的 0.9% 和 4.1%,渗透过根系区的水量仅为 5.9mm,说明雨水降落到针叶林覆盖的地表不会立即产生地表径流,也很少渗透过根系区下渗到浅层地下含水层中,雨水主要通过下渗到土壤后以壤中流的方式慢慢释放到河道中,这充分证明了针叶林的水源涵养作用。

山地草原 HRU 和荒漠草原 HRU 的总面积分别为 47.2km² 和 9.5km²,产水量分别为 100.6mm 和 74.9mm,其中,壤中流产流分别占产水量 78.2% 和 100%,再次说明内陆河流域中低山区已经没有地表径流,但是从水量平衡的角度计算,这些区域的年降水量大于年蒸散量,仍然会有部分水量进入河道,因此主要以侧流的方式补给河道。

选择的高山草甸 HRU 的总面积为 137.2km², 产水量为 110.2mm, 壤中流、地表径流、浅层地下径流对产水量的贡献分别为 24.2%、33.8% 和 42.6%, 说明高山草甸 HRU 中壤中流不是主要的产流方式, 而是以浅层地下径流和地表径流为主。选择的稀疏植被 HRU 的总面积为 34.3km², 由于其所处的景观带紧接冰川带, 降水较高, 蒸发较低, 产流量较大, 产流量为 374.1mm, 以壤中流为主, 达到 83.6%, 地表径流和浅层地下径流所占比例均很小, 渗透过根系区的水量仅为 23.5mm, 土壤含水量仅为 7.8mm, 这与稀疏植被带的下垫面特征密切相关; 该组 HRU 所处的土壤类型为寒冻土, 寒冻土是夏季雪线以下和稠密高山草甸植被上限之间地段发育极微弱的原始土壤, 所处地形为分水岭脊、古冰碛物、冰川沉积物、坡积物和残积物, 山坡倒石垒垒, 岭脊岩体裸露, 台面砾石遍布, 仅在倒石裂隙、台地凹处存在细土, 大部分水量以裂隙水的方式流走。选择的高山灌丛 HRU 的总面积为 34.7km², 产水量为 201.3mm, 其中壤中流产水占 56.4%, 地表径流产水占 11.1%, 浅层地下径流产水占 32.6%。

另外, 表 5-17 中各组 HRU 中的不同坡度 HRU 之间的水量平衡存在一个明显的特征: 坡度越大时, 壤中流越大, 浅层地下径流越小; 反之, 坡度越小时, 浅层地下径流越大, 壤中流越小。

5.3 黑河流域地下水赋存环境及建模理论

5.3.1 黑河流域水文地质环境

1. 中游流域水文地质概况

黑河流域中游位于甘肃省河西走廊中部, 南部为晚近地质构造作用强烈隆升的祁连山区山前冲积、洪积平原, 中间走廊(盆地)与祁连山多为断层相接, 北部为隆升的龙首山、合黎山地, 西部以嘉峪关断层为界, 东接大黄山, 基底为古近纪、新近纪或白垩纪的碎屑岩。第四系地层极为发育, 堆积物主要为河流相碎屑沉积, 物质来源除风积沙及山前洪积物外, 大部分由各河流从南部搬运而来。全新统(Q_4)为一套冲-洪积地层, 主要分布于河床、漫滩及河流 I、II 级阶地上, 岩性主要为砂砾石, 在阶地上部为亚砂土、亚黏土; 上更新统(Q_3)为洪积和冲-洪积堆积, 分布于整个盆地, 在洪积扇区岩性以砾卵石为主, 细土平原区由亚砂土、砂和亚黏土组成; 中更新统(Q_2)以冲-洪积为主, 在盆地广泛分布, 埋藏于 30~130m 或以下, 岩性由洪积扇的砾卵石向下游逐渐过渡到细土平原的亚砂土、砂和亚黏土互层; 下更新统(Q_1)为一套胶结的砂岩、砂砾岩夹砂地层, 伏于盆地中上更新统之下(图 5-41 和图 5-42)。

受地貌、沉积物和构造条件制约, 盆地内地下水主要赋存于第四系更新统和全新统含水层中, 为第四系孔隙水, 含水层自南部山前至北部盆地中心由单一潜水含水层过渡到多层承压含水层, 厚 100~1000m, 地下水系统在水平方向上具有明显的分带特征(图 5-41, 图 5-42)。据含水层系统结构可分为单一型——潜水、多层型——承压含水层。单一型潜

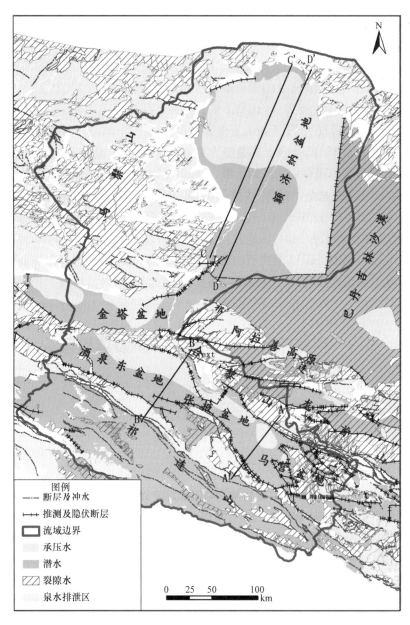

图 5-41　黑河流域水文地质简图

水主要分布于盆地南部山前冲洪积扇裙带,含水层由较单一的大厚度砾卵石组成,富含淡水,渗透系数为 $100\sim400\text{m/d}$,导水系数为 $2000\sim10000\text{m}^2/\text{d}$,单井涌水量可达 $10000\text{m}^3/\text{d}$。多层承压水分布于盆地中部和北部细土平原带,主要含水层为砂砾卵石,其次为夹于其间的黏土、亚黏土、砂等,渗透系数为 $10\sim80\text{m/d}$,单井涌水量为 $500\sim5000\text{m}^3/\text{d}$。潜水、承压水这种自南向北的带状分布规律在黑河中游十分明显。随着含水层岩性南北向变化,地下水埋藏深度也呈有规律变化,南部山前水位可达 200m 以上,至戈壁前缘渐变为 $5\sim30\text{m}$,至细土带

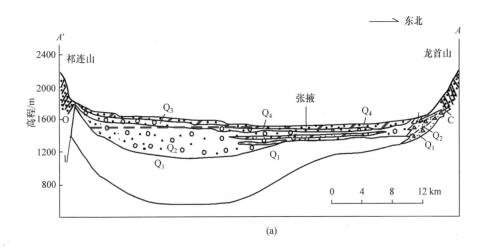

(a)

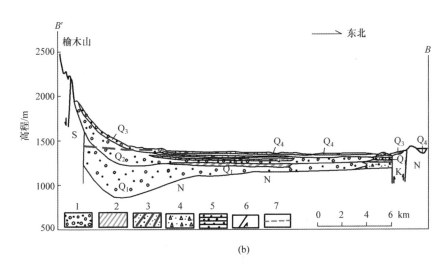

(b)

图 5-42　黑河中游盆地水文地质剖面图

1:砂砾石;2:黏土;3:亚砂土、亚黏土;4:砂岩;5:砂砾岩;6:断层;7:水位

泉水溢出。地下水水质具有垂向分异特征,一般上部地下水矿化度大于 1g/L,下部矿化度小于 1g/L。

　　黑河中游盆地是具有完整的补给、径流、排泄过程的水文地质单元,并具有典型的山前倾斜平原自流斜地水文地质特征。地下水资源补给主要依靠南部祁连山区出山地表径流及出山后河流沿途渗漏补给,在南部洪积扇地带接受河水和引灌渠水垂向淋滤渗漏补给,中部冲积细土平原接受沟渠、水库和灌溉水入渗补给,占总补给量的 70% 左右,是地表水资源的重复表现形式;山区侧向流入量和降水、凝结水入渗补给量占总补给量的 30% 左右(丁宏伟等,2012)。泉水、蒸散发、人工开采是主要的排泄方式。洪积扇群带的地下水沿着地形坡度向扇缘和细土平原带运动,随着含水层导水性的变弱,径流强度递减,主要含水层的水交替大体在扇形砾石平原以"入渗-径流"为主要形式,在细土平原以"入渗-蒸发"为主导作用(张应华等,2009)。张掖盆地地下水自东南向西北运动,最终排泄于黑河干流,流出区外;酒泉东盆地,地下水自西南向东北运动,部分排泄于蒸发,部分排泄于黑河干流,流出区外。

黑河发源于祁连山北麓,由莺落峡进入中游张掖盆地,经正义峡流向下游额济纳旗,干流全长 821km。河水在盆地南部冲洪积扇带渗漏补给地下水,地下水又以泉水排泄补给河水,地表水和地下水相互转化频繁,通过地表水和地下水之间的相互转化,构成了一个统一的"河水-地下水-泉水-河水"水资源系统,或称"河流-含水层系统"。

据 1986 年实测资料,张掖盆地黑河河床排泄的地下水量约为 $6.0 \times 10^8 \mathrm{m}^3/\mathrm{a}$,相当于戈壁区河洪、渠系水入渗量的 51%。经过深循环形成的承压水对上部潜水的顶托补给量大约占补给量的 23%。大量的灌溉水入渗形成的地下水不参与盆地深部水循环,根据勘查资料,灌溉水循环的深度大约在 50m 以内,经浅部径流循环,最终以泉水或蒸发等方式排泄(苏建平,2005)。

黑河中游盆地位于河西走廊中部平原区,南端为晚近地质构造作用强烈隆升的祁连山区,南缘与祁连山多为断层相接,北缘也为隆升的龙首山、合黎山地,基底为新近纪、古近纪或白垩纪的基岩。地势自东南向西北倾斜,地形坡度为 4‰~25‰,地貌上分为南部山前冲洪积-洪积戈壁平原和盆地中部冲洪积细土平原两类,平均海拔为 1352~1700m,属温带大陆性干旱气候,多年平均气温为 7.7℃,年均降水量为 90~160mm,蒸发量为 2000~2500mm,盛行西北风。黑河发源于祁连山北麓,自莺落峡进入中游张掖盆地,多年平均径流量为 $15.91 \times 10^8 \mathrm{m}^3$(莺落峡站,1944~2012 年),经正义峡流向下游金塔盆地、额济纳盆地,干流全长约 821km。黑河接受大气降水、高山冰雪融水和山区地下水补给。

中游盆地包括张掖盆地、山丹-大马营盆地和酒泉东盆地,以人工绿洲为主。张掖盆地可被利用的多年平均水资源量为 $15.80 \times 10^8 \mathrm{m}^3$,酒泉东盆地为 $6.98 \times 10^8 \mathrm{m}^3$。黑河流域自西汉初期以来就有农业水资源开发利用的历史(钟方雷等,2011),其灌溉农业发达,是主要的耗水区。农业灌溉以引用地表水和泉水为主,地下水开采利用主要集中于每年的 4~6 月(卡脖子旱);城镇工业及生活用水则全年井采。自 20 世纪 80 年代开始,随着农田灌溉面积的不断扩展和城镇规模的迅速扩张,地下水的开采量及开采规模不断扩大,中游流域地下水开采量由 1980 年的 $0.92 \times 10^8 \mathrm{m}^3$ 增加到 2010 年的近 $5.0 \times 10^8 \mathrm{m}^3$,30 年增加了 4 倍多,已在该地区的地下水排泄项中占有相当比例。分水政策正式实行后,水资源利用分配格局发生了一定变化,突出表现在地表水利用量的减少、地下水开采量的逐步增加及水资源利用率的不断提高方面,从而引起了"河流-含水层"水资源系统的一系列变化。

2. 下游流域水文地质环境

黑河下游以额济纳盆地为中心,东部为阿拉善高原宗乃山和雅布赖山连接的拐子湖北山、戈壁地带,东南部是巴丹吉林沙漠西部,西部、南部是马鬃山和北山东段连接的剥蚀低山、残丘和戈壁,西北和北部均为低山残丘和戈壁。盆地内地势低平,最低点为北部的东西居延海,最高点为南部的狼心山,地势南高北低,地面坡降为 1‰~3‰。受构造、地貌和沉积条件等的制约,南部由单一的潜水含水层构成,向北逐渐过渡为双层或多层结构的潜水-承压水含水层系统。据甘肃省地质矿产局第二水文地质工程地质队编写的"内蒙古自治区额济纳旗黑河下游荒漠平原环境地质研究报告",额济纳盆地广泛分布第四系松散沉积物,自南向北沉积物颗粒逐渐变细,厚度为 50~500m,其孔隙含水层中赋存丰富的地下水,盆地内第四系地层发育较为齐全,是盆地内含水层系统的主体。额济纳盆地西南部主要为潜水,含水层主要由冲洪积砾石、砂砾石所组成,局部夹有黏土、亚黏土透镜体,含水层一般厚 150~200m,局部可达 250m。盆地中部以下为潜水-承压水多层含水层结构,相对隔水层主要由黏土、亚黏土组成,厚度一般为 5~15m,顶板埋深一般为 30~50m,含水层厚度为 100~200m (图 5-41,图 5-43,图 5-44)。

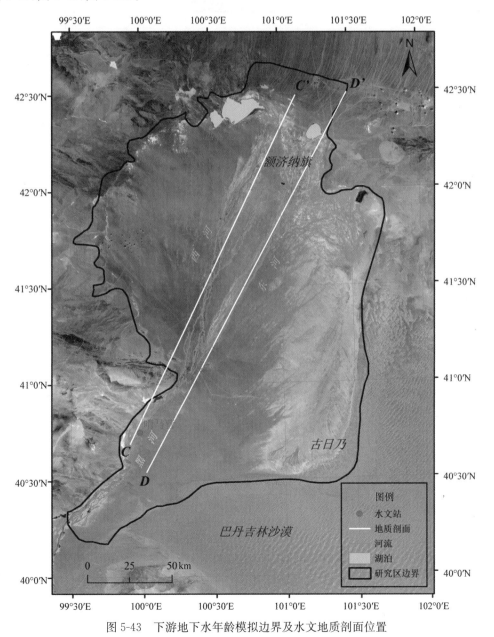

图 5-43　下游地下水年龄模拟边界及水文地质剖面位置

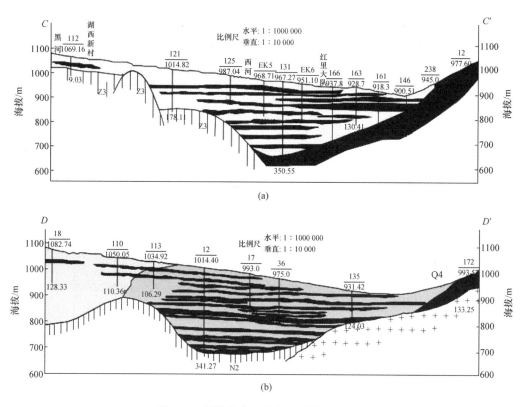

图 5-44　额济纳盆地水文地质剖面示意图

多层结构含水层分布于盆地东南部的古日乃和盆地北部的赛汉陶来—达来呼布镇一带，含水层的总厚度一般为150～180m，局部地段可达300m，含水层岩性以中细砂、粉细砂、黏土夹层为主，相对隔水顶板埋深一般为40～50m。北部东西居延海至中蒙边界一带的含水层组成以冲、洪积物为主，岩性主要为砂、砂黏土、黏土，基底为砂岩、泥质砂岩，含水性较差。由南向北，含水层厚度由大变小，富水程度由好变差。盆地地下水自南向北主要以水平径流的方式由单一潜水含水层逐渐流向多层含水层，各含水层间无区域性的隔水层，存在着由下向上的越流补给。

5.3.2　三维地下水流系统数值模拟与溶质运移模拟理论

1. 三维地下水流系统数值模拟理论基础

1）模型表达

在水文地质概念模型建立的基础上，建立三维地下水流系统数值模型。地下水水流数值模型是刻画实际地下水流在数量、空间和时间上的一组数学关系式，用来反映研究区水文地质条件和地下水运动的基本特征，刻画水流过程中的数量关系和空间结构，达到复制和再现一个实际水流系统基本状态的目的。这个数学模型常由偏微分方程及定解条件构成，其实质是质量守恒定律和能量守恒定律在水文地质上的应用与体现,根据研究区水文地质条件采用水平方向的各向同性饱和、非饱和三维水流数学模型进行计算。在不考虑水密度变化的条件下,孔隙介质中的地下水在三维空间的流动可以用下面的偏微分方程表示:

$$\frac{\partial}{\partial x_i}\left(K_i\frac{\partial h}{\partial x_i}\right)+q_s=S_s\frac{\partial h}{\partial t},i=1,2,3 \tag{5-18}$$

式中,h 为水头(L);K_i 为渗透系数 i 方向上的分量(L/T);q_s 为单位体积流量,用以代表单位时间内流进汇或来自源的水量(L^3/T);S_s 为孔隙介质的储水率(L^{-1});t 为时间(T)。

一般来说,S_s,K_i 都可能为空间的函数,而 q_s 可能不仅随空间变化,还可能随时间变化。

初始条件:

$$h\left(x_i\right)\big|_{t=0}=h_0(x_i),i=1,2,3 \tag{5-19}$$

及边界条件:

$$h\left(x_i\right)\big|_\Gamma=\Phi(x_i,t),i=1,2,3 \tag{5-20}$$

或

$$\frac{\partial h}{\partial n}\bigg|_\Gamma=\Psi_\Gamma(x_i,t),i=1,2,3 \tag{5-21}$$

式(5-18)加上相应的初始条件式(5-19)和边界条件式(5-20)或式(5-21),便构成了一个描述地下水流动体系的数学模型。从解析解的角度上说,该数学模型的解就是一个描述水头值分布的代数表达式。在所定义的空间和时间范围内,所求得的水头 h 应满足边界条件和初始条件。但除了某些简单的情况,式(5-18)的解析解一般很难求得。因此,各种各样的数值法被用来求得式(5-18)的近似解。

2) 数值离散与求解

地下水运动的有限差分理论实际上是根据地下水流动的连续性方程进行的。按照连续性方程,流入和流出某个计算单元的水流之差应等于该单元中储水量的变化。当地下水的密度不变时,连续性方程可以简单地表示:

$$\sum Q_i = S_s\frac{\Delta h}{\Delta t}\Delta v \tag{5-22}$$

式中,Q_i 为单位时间内流入或流出该计算单元的水量(L^3/T);S_s 为含水层的储水率(L^{-1}),它表示当水头变化为一个单位时,该含水层单位体积中所吸收或释放的水量;Δv 为计算单元的体积(L^3);Δh 为某一时间段内水头的变化(L);Δt 为时间变化量(T)。

式(5-22)的右侧表示在单位时间内,当水头变化为 Δh 时含水层的储水量变化。在这个公式,仅表示了由于地下水的流入而引起的储水量的增加。同理,如果流出的地下水量大于流入的地下水量,则含水层的储水量减少。

计算单元(i,j,k)和其相邻的 6 个计算单元下标分别由$(i-1,j,k)$,$(i+1,j,k)$,$(i,j-1,k)$,$(i,j+1,k)$,$(i,j,k-1)$和$(i,j,k+1)$来表示,可获得计算单元(i,j,k)的地下水渗流计算的有限差分公式:

$$\text{CR}_{i,j-\frac{1}{2},k}(h_{i,j-1,k}-h_{i,j,k})+\text{CR}_{i,j+\frac{1}{2},k}(h_{i,j+1,k}-h_{i,j,k})$$

$$+\text{CR}_{i-\frac{1}{2},j,k}(h_{i-1,j,k}-h_{i,j,k})+\text{CR}_{i+\frac{1}{2},j,k}(h_{i+1,j,k}-h_{i,j,k})$$

$$+\text{CR}_{i,j,k-\frac{1}{2}}(h_{i,j,k-\frac{1}{2}}-h_{i,j,k})+P_{i,j,k}h_{i,j,k}+Q_{i,j,k}=\text{SS}_{i,j,k}h_{i,j,k}(\Delta r\Delta c\Delta v)\frac{\Delta h_{i,j,k}}{\Delta t} \qquad (5\text{-}23)$$

水头变化对时间的差分:在横坐标轴上任选两个点,t_{m-1} 和 t_m。t_m 表示当前的时刻,t_{m-1} 表示在此之前的某一时刻。与这两个时刻相对应的水头值可以用 $h_{i,j,k}^m$ 和 $h_{i,j,k}^{m-1}$ 分别来表示(图 5-45)。根据有限差分计算的方法,可以将水头对时间的偏导数用差商近似表示为

$$\frac{\Delta h_{i,j,k}}{\Delta t}\approx\frac{h_{i,j,k}^m-h_{i,j,k}^{m-1}}{t_m-t_{m-1}} \qquad (5\text{-}24)$$

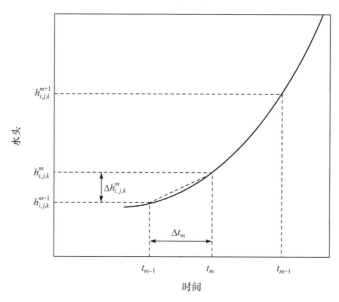

图 5-45 计算单元 (i,j,k) 水头变化对时间的差分

进行数值模拟就是预测在不同时刻的水头变化。这种水头变化取决于初始水头分布、边界条件、各种水文地质参数的分布,以及各种外界源和汇的分布与强度。非稳定流模拟总是从初始水头开始,每一步求出每个时间步长结束时的水头值,并用该值作为下一时间段的初始值,重复这样的过程,直至所要求的时间结束。

2. 溶质运移模拟原理

1) 模型表达

描述地下水溶质运移的数学模型由一个偏微分方程——控制方程及其定解条件构成。其实质是溶质的质量守恒定律和费克定律在水文地质上的应用。

在不考虑流体的黏度和密度变化的条件下,存在对流、弥散、流体源汇项、平衡吸附作用的地下水中溶质三维空间的溶质迁移可以用下面的偏微分方程表示为

$$\frac{\partial(\theta C^k)}{\partial t} = \frac{\partial}{\partial x_i}\left(\theta D_{ij}\frac{\partial C^k}{\partial x_i}\right) - \frac{\partial}{\partial x_i}(\theta v_i C^k) + q_s C_s^k + \sum R_n, \quad i = 1,2,3 \quad (5\text{-}25)$$

式中，C^k 为溶解相浓度（M/L³）；θ 为地层介质的孔隙度，无量纲；t 为时间（T）；x_i 为沿直角坐标系轴向的距离（L）；D_{ij} 为水动力弥散系数张量（L²/T）；v_i 为孔隙水平均实际流速（L/T）；q_s 为单位体积含水层流量（T⁻¹），它代表源（正值）和汇（负值）；C_s^k 为源或汇水流中 k 组分的浓度（M/L³）；$\sum R_n$ 为化学反应项[M/(L³·T)]。

在溶质运移过程中，起主导作用的是对流和弥散两种作用。

运移方程中的对流项 $\partial(\theta C^k)/\partial x_i$ 描述了与地下水同样速率的混溶溶质迁移。在很多迁移过程中，对流项起主导作用。通常用一个无量纲的 PelET 数来度量对流的重要程度：

$$P_e = \frac{|v|L}{D} \quad (5\text{-}26)$$

式中，$|v|$ 为平均实际流速的绝对值（L/T）；L 为特征长度（L）；D 为弥散系数（L²/T）。

在地下水溶质运移过程中，溶质的散播区域往往超出地下水平均速度而预期的扩展范围，这就是弥散对运移过程的贡献。弥散由机械弥散和分子扩散引起。机械弥散是地下水实际流速在微观尺度上偏离平均速率的结果；分子扩散由浓度梯度引起。与机械弥散的作用相比，分子扩散通常是次要的且可被忽略。通常把机械弥散处理为菲克扩散行为，可以做出实际的模拟计算（Zheng et al.，2002）。

初始条件的一般形式写为

$$C(x,y,z,t) = C_0(x,y,z) \in \Omega \quad (5\text{-}27)$$

式中，$C_0(x,y,z)$ 为已知的初始浓度分布；Ω 为整个模型区域。

2）数值求解

溶质运移模型的数值离散和求解也有多种方法，包括标准有限差分法、混合欧拉-拉格朗日混合法，以及采用通量限制器的三阶 TVD 法。有限差分法用固定网格来解运移方程，其优点是可有效处理弥散/反应占主导的问题，形式如下：

$$R\theta\frac{\partial C}{\partial t} = -\frac{\partial}{\partial x}(\theta v_x C) - \frac{\partial}{\partial y}(\theta v_y C) - \frac{\partial}{\partial z}(\theta v_z C) + L(C) \quad (5\text{-}28)$$

式中，$L(C)$ 为各种非对流项的算子。应用有限差分法将对流项的 3 个分量对应的一阶偏导数浓度值表示如下：

$$\frac{\partial}{\partial x}(\theta v_x C) + \frac{\partial}{\partial y}(\theta v_y C) + \frac{\partial}{\partial z}(\theta v_z C) = \frac{q_{x(i,j+\frac{1}{2},k)}C_{i,j+\frac{1}{2},k} - q_{x(i,j-\frac{1}{2},k)}C_{i,j-\frac{1}{2},k}}{\Delta x_j}$$

$$+ \frac{q_{y(i,j+\frac{1}{2},k)}C_{i,j+\frac{1}{2},k} - q_{y(i,j-\frac{1}{2},k)}C_{i,j-\frac{1}{2},k}}{\Delta y_j} + \frac{q_{z(i,j+\frac{1}{2},k)}C_{i,j+\frac{1}{2},k} - q_{z(i,j-\frac{1}{2},k)}C_{i,j-\frac{1}{2},k}}{\Delta z_j} \quad (5\text{-}29)$$

式中，$\Delta x_j, \Delta y_j, \Delta z_j$ 分别为单元 x, y, z 方向上的宽度；$j+\frac{1}{2}, i+\frac{1}{2}, k+\frac{1}{2}$ 分别为垂直于 x, y, z 方向上的单位断面。

在有限差分法中，断面浓度由上游或中心加权法估计得到，两个节点间的断面浓度与同方向上上游处的浓度相等，最后推算得到无振荡干扰的解。

3. 地下水年龄计算

对于恒定密度、混合来源地下水的年龄，只考虑对流和弥散时其年龄方程为

$$\frac{\partial A}{\partial t}=\frac{\partial}{\partial x_i}\left(D_{ij}\frac{\partial A}{\partial x_j}\right)-\frac{\partial}{\partial x_i}\left(\frac{q_i}{\theta}A\right)+1, \quad i,j=1,2,3 \tag{5-30}$$

式中，A 为地下水年龄值（T）；t 为时间（T）；q 为源汇项（T^{-1}）；为有效孔隙度，无量纲；D 为弥散张量（L^2/T）。

由于有同样的控制方程，可以用溶质运移控制方程加上合适的边界、初始条件来模拟地下水的年龄（Loaiciga，2004；Bethke et al.，2000；Goode，1996）。

5.4 流域中游地下水资源系统评价

5.4.1 流域中游水文地质概念模型

1. 模拟范围

选取位于河西走廊中西段的黑河流域中游盆地平原区，其东起大黄山，西至嘉峪关市的河口—吕家庄（嘉峪关大断裂），南邻祁连山，北接北山、合黎山和龙首山，包括酒泉东盆地、张掖盆地、山丹-大马营盆地。

2. 模型边界

水平边界：根据1:50万水文地质图和地下水埋藏类型，结合地形地貌特征、沉积物及水文地质构造，以第四系孔隙水含水层为对象，以断层与地下水分水岭为依据，确定含水层水平边界，得到模拟区面积约为 17050km^2。其中酒泉东盆地西边为嘉峪关断层，从地层岩性特征分析，断层两侧分别为卵砾石和泥质砂岩，二者岩性明显不　，为阻水断层，两盆地间无明显水力联系（王刚等，2009），概化为模型的零通量边界；北面以阿拉善隆起带边缘区域为界，分布着低山丘陵，为一套砂质泥岩、泥质砂岩、砂岩、砾岩等山麓-湖相沉积，白垩系地层零星出露，与古近系、新近系地层构成酒泉盆地和北部金塔盆地之间的天然隔水屏障，阻挡着酒泉盆地地下水向金塔盆地流注，也作为模型的隔水边界处理（A～F 段）；在南部为山间断陷构造带，酒泉东盆地南部（A～B 段）有侧向补给，张掖盆地及东部的民乐-山丹南部（C～D 段）有侧向补给和山前雨洪水入渗补给，采用注水井模拟；在北部的合黎山山前有雨洪水入渗补给，为二类弱透水流量边界（F～E 段）；而龙首山一带与断层接触，阻断地下水流通道，碎屑岩、基岩裂隙水对平原区补给甚微，为不透水边界（D～E 段）。虽然在张掖盆地与酒泉东盆地之间有榆木山隆起带，但两侧地下水运动方向相同，可近似为连续含水系统，只是导水性稍差（图 5-46）。

垂向边界：以气、土界面作为模型含水层系统的顶部边界，该界面与潜水面之间的非饱和带是联系大气降水、地表水与地下水的纽带，将非饱和带与饱和带作为统一体来考虑；以半胶结下更新统（Q$_1$）的底面作为模型含水层系统的底部边界，一般厚度为 100～300m，最大厚度为 800m。

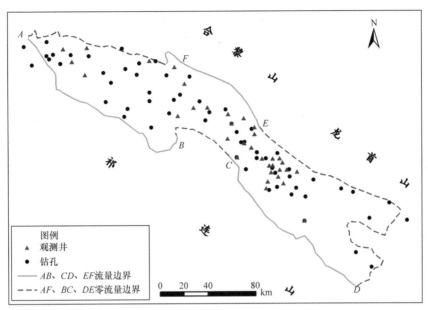

图 5-46　模型边界条件、钻孔与观测井分布

3. 含水层系统性质与分层

根据 100 个钻孔含水层系统结构特征,确定含水层属非均质各向同性含水层,将整个第四系含水层系统自顶部至底部分为六片五层,分别为一层潜水含水层,两层承压含水层和两层弱透水层,区内含水层厚度南部冲洪积扇带较厚,多在 95～263m,向北逐渐变薄,中部含水层厚度多在 42～95m(图 5-47)。由于在南部冲洪积扇裙带实际为单层潜水含水层,为了含水层系统连续性,人为将其概化为多层含水层和厚度为 2～5m 的弱透水层,通过设置相

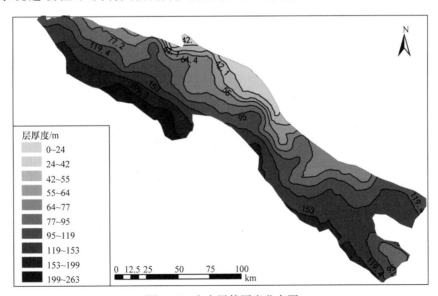

图 5-47　含水层等厚度分布图

应的渗透系数与存储参数进行管理。所有五个模拟层,均分别对应一定的实际地层,并且在整个模拟平面区域上连续分布。同时,鉴于地面高程数据点较少,插值得到的地面层不能反映真实的地形高程特征,因此考虑将研究区 30m DEM 数据经优化处理代替插值的地面层。

4. 含水层水力特征

计算区内含水层水力特征概化如下:①渗流符合达西定律;②水流呈三维流;③水流呈非稳定流。

5. 时间离散及应力期确定

中游盆地以人工绿洲为主,农业用水占总用水的 80% 以上,因此农业灌溉对地下水的影响非常显著。按照灌区灌溉管理制度,年内时间步长分为春灌(0~70 天)、夏灌(71~130天)、秋冬灌(131~330 天)、非灌期(331~360 天)。整个模拟期为 1995 年 1 月~2009 年 12月,模拟时段长 5475 天,划分为 15 个应力期,每个应力期分为 5 个步长。

6. 空间离散与三维概念模型构建

研究区在水平方向上有地下水径流运动,在垂向上接受地表水的补给,并与地表水有频繁的水量交换,因此该区域的地下水流特征符合三维地下水流运动系统。因此,选用 Visual Modflow 三维有限差分地下水模拟软件,采用方格网剖分为 1km×1km 网格,单元格数为110×160×5,其中有效单元网格为 17050 个,通过 3D Explorer 显示了相应的三维水流概念模型(图 5-48)。

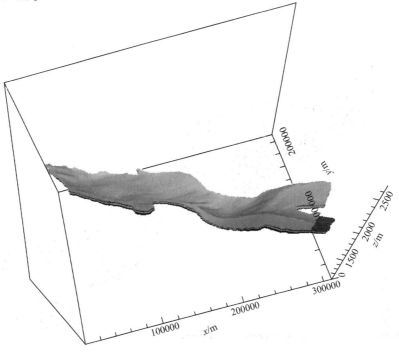

图 5-48 中游盆地三维地下水流概念模型

5.4.2 源汇项

源,即地下水的补给;汇,则为地下水的排泄。含水层或含水系统经由补给从外界获得水量,通过径流将水量由补给处输送到排泄处向外界排出。在地下水流概念模型转化为数值模型时,源汇项对模型的输出结果影响较大,是非常关键的参数。

1. 水量平衡方程

根据黑河流域水文地质特点、地下水分布及运动规律和补给、径流、排泄条件,结合水资源评价的相关规定,确定主要的补给项有降水与凝结水入渗、渠系入渗、田间入渗、河水入渗、侧向径流补给(包括计算单元之间的侧向径流补给),主要的排泄项有潜水蒸发蒸腾、人工开采、泉水溢出和侧向径流排泄(包括计算单元之间的侧向径流排泄)。水量均衡方程为

$$(Q_p + Q_c + Q_f + Q_{re} + Q_{ri} + Q_l + Q_{gi}) - (Q_{ev} + Q_e + Q_s + Q_{go}) = \pm \Delta W \qquad (5\text{-}31)$$

式中,Q_p 为降水及入渗量($10^8 \mathrm{m^3/a}$);Q_c 为渠系水入渗量($10^8 \mathrm{m^3/a}$);Q_f 为田间水入渗量($10^8 \mathrm{m^3/a}$);Q_{re} 为水库入渗量($10^8 \mathrm{m^3/a}$);Q_{ri} 为洪积扇带河道入渗量($10^8 \mathrm{m^3/a}$);Q_l 为侧向补给量($10^8 \mathrm{m^3/a}$);Q_{gi} 为计算单元间的侧向径流补给量($10^8 \mathrm{m^3/a}$);Q_{ev} 为潜水蒸发及植物蒸腾量($10^8 \mathrm{m^3/a}$);Q_e 为人工开采量($10^8 \mathrm{m^3/a}$);Q_s 为泉水溢出量($10^8 \mathrm{m^3/a}$);Q_{go} 为流出均衡区的地下径流量($10^8 \mathrm{m^3/a}$);ΔW 为储存量的变化量($10^8 \mathrm{m^3/a}$)。其中河水入渗量、渠系和田间灌溉水入渗量、泉水溢出量、人工开采、潜水蒸发蒸腾量等是地下水均衡的主要项,其他为次要项。

2. 补给项

1) 降水和凝结水入渗

黑河中游盆地气候干旱、降水稀少且多集中于高温的夏秋季节,因此降雨对地下水的补给作用极其有限(潘启民等,2001;陈隆亨等,1992)。能产生降雨入渗补给的地区主要分布在地下水位埋深小于 5m,一次降雨大于 10mm 以上的灌区(陈隆亨等,1992)。而且在灌区和非灌区,降雨入渗情况是不一样的。在非灌区由于包气带天然含水量少,降雨入渗补给只能发生在地下水位埋深 1~2 m 的地方。河西走廊地区有效降雨的入渗率在 0.3~0.5 变化,各地区的入渗量为东部 12~25mm,中部 5.5~17mm,西部 1.5~6.5mm(陈隆亨等,1992)。

$$Q_p = X \cdot \lambda \cdot F \qquad (5\text{-}32)$$

式中,Q_p 为降水入渗量($10^8 \mathrm{m^3/a}$);X 为引起地下水位上升的有效降水量(mm),也为年内降水量大于 10mm 的累加值;λ 为有效降水入渗系数,取值范围为 0.3~0.5;F 为接受降水入渗的面积($\mathrm{km^2}$)。

2) 渠系水入渗

渠系在输水过程中像河流一样有渗漏,其渗漏量与输水量、渠道衬砌类型和输水距离有关。河西走廊地区的各种卵石渠、土渠道渗漏率为每千米 0.5%~6%,混凝土渠为每千米 0.2%~2%,并随输水距离和时间的增加而增大。中游的干渠一般均以衬砌渠系渗漏中干支渠渗漏量所占比例最大,可占渠系总渗漏量的 60%~74%(陈隆亨等,1992)。目前,河西走廊

地区一般用"渠系水利用系数"综合反映灌区渠系的利用率,其与渗漏量之间的关系为(张光辉等,2005)

$$Q_c = Q_{引}(1-\alpha)(1-\beta) \tag{5-33}$$

式中,Q_c 为渠系水入渗补给量($10^8 \text{m}^3/\text{a}$);α 为渠系水利用系数;$Q_{引}$ 为渠首引水量($10^8 \text{m}^3/\text{a}$);β 为包气带消耗系数,在细土平原取 0.1,在山前戈壁平原取 0.2~0.3。$Q_{引}$、α 取自《水务管理年报》。

3)田间灌溉水入渗

甘肃省地质矿产局第二水文地质工程地质队在张掖市梁家墩乡、高台县正远乡进行典型参数研究时,根据试验反求出灌溉水入渗系数为埋深<1.0m 时,取 0.28;1.0~3.0m 时,取 0.35;3.0~5.0m 时,取 0.28;大于 5.0m 时,取 0.19。田间水入渗仅发生于水位埋深小于 10m 的地段,当地下水位埋深大于 10.0m 时,灌溉水基本对地下水没有补给(张光辉等,2005)。

因此,本书利用 1995~2009 年地下水埋深空间分布图,叠加灌区边界矢量图层。提取 1990~2010 年 4 期土地利用数据中农田和林草果面积作为灌溉面积,并将埋深、灌区边界与灌溉面积三者结合,提取基于灌区埋深小于 10m 的灌溉面积,以确定入渗系数取值。其计算公式为

$$Q_f = \alpha \cdot Q_0 \cdot F \tag{5-34}$$

式中,Q_f 为田间水入渗补给量($10^4 \text{m}^3/\text{a}$);α 为田间灌溉水入渗系数;Q_0 为田间净灌溉定额($\text{m}^3/\text{亩}^{①}$);F 为灌溉面积(亩)。本书的研究中各灌区春、夏、秋冬灌溉水量($Q_0 \cdot F$)取自《水务管理年报》。

对于降水、渠系、田间入渗强度,通过补给模块,按不同灌区不同应力期输入模型,沟谷、雨洪侧向补给依据相关水文地质资料,利用注水井进行计算。在中游盆地,黑河是主要河流,与地表交互频繁,因此河流入渗量在酒泉东盆地按线状补给量给定,黑河则通过河流模块参数进行控制。

3. 排泄项

1)潜水蒸发蒸腾

潜水蒸发量的大小受气候因素的影响,并随水位埋深的增加而减小。潜水蒸发主要发生在地下水埋深小于 2.0m 的地区,大于 2.0m 的地区明显减少,大于 5.0m 的地区蒸发很少,超过 10.0m 的地区几乎不产生蒸发。潜水蒸发最大时期为 5~9 月。根据安西南桥的对比观测,在潜水埋深不同的情况下,有植被和无植被蒸腾量的比值在潜水埋深<1m 时为 2,潜水埋深 1~3m 时为 1.9,潜水埋深 3~5m 时为 2.34(李文鹏等,2010)(表 5-18)。其计算公式为

$$Q_{ev} = F \cdot C \cdot d \tag{5-35}$$

式中,Q_{ev} 为潜水蒸发蒸腾量($10^8 \text{m}^3/\text{a}$);F 为不同水位埋深区面积(km^2);C 为潜水蒸发强度(mm/a);d 为植物蒸腾折算系数。

---

① 1 亩 ≈ 666.7 m^2。

表 5-18　黑河流域中游平原区蒸散量

水位埋深/m	<1	1~3	3~5	5~10
潜水蒸发强度/(mm/a)	327.79	94.69	41.00	12.00
植物蒸腾量折算系数	2.00	1.90	2.34	1.00
	无植物区 1.0			

2）地下水开采

需要说明的是，关于人工开采量，计算区内主要为灌溉开采井群，还有部分居民生活用水开采井、工业生产井。在模型建立时，按年开采强度将其概化为开采井引入模型（图 5-49）。

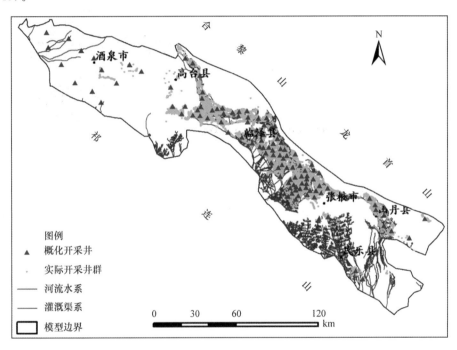

图 5-49　地下水开采井与灌溉渠系分布

潜水蒸发蒸腾通过蒸发模块，按不同灌区不同应力期输入模型，泉水溢出量利用排水沟模块进行控制。

5.4.3　中游三维地下水流系统数值模拟

1. 地下水流系统模型识别

1）初始水头流场分布

在非稳定流模拟中，初始水头是非常重要的定解条件之一。采用 1995 年 1 月平均水位观测值作为初始水头，经克里金插值得到整个区域初始水头分布，并将其作为模型的初始流场(图 5-50)。

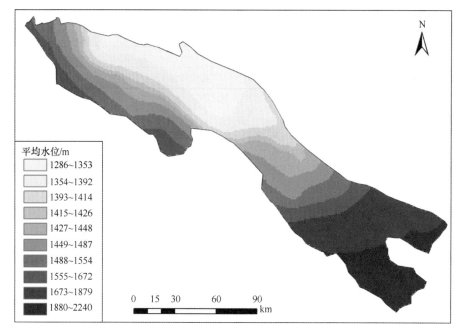

图 5-50　初始水头分布

2）水文地质参数调整

根据钻孔抽水试验资料给出的初始值，按照空间分布分区、分层输入模型，经过不断调试得到各区合适的水文地质参数，空间分布图及参数分区表分别见图 5-51、表 5-19～表 5-21。

表 5-19　1～3 层各分区水文地质参数值

分区	渗透系数			给水度 μ	储水率 s	有效孔隙度	总孔隙度
	K_x	K_y	K_z				
1	125.0	125.0	10.5	0.12	0.005	0.15	0.30
2	75.0	75.0	7.5	0.12	0.005	0.15	0.30
3	46.0	46.0	4.6	0.12	0.005	0.15	0.30
4	28.0	28.0	2.8	0.12	0.003	0.15	0.30
5	127.0	127.0	2.7	0.10	0.002	0.15	0.30
6	75.0	75.0	7.5	0.10	0.002	0.15	0.30
7	43.0	43.0	4.3	0.10	0.002	0.15	0.30
8	25.0	25.0	2.5	0.10	0.002	0.15	0.30
9	28.0	28.0	2.8	0.10	0.002	0.15	0.30
10	14.5	14.5	1.4	0.10	0.002	0.15	0.30
11	25.0	25.0	2.5	0.10	0.002	0.15	0.30
12	10.0	10.0	1.0	0.10	0.002	0.15	0.30
13	8.0	8.0	0.8	0.10	0.002	0.15	0.30

续表

分区	渗透系数			给水度 μ	储水率 s	有效孔隙度	总孔隙度
	K_x	K_y	K_z				
14	14.0	14.0	1.4	0.12	0.003	0.15	0.30
15	4.5	4.5	0.5	0.12	0.005	0.15	0.30
16	8.0	8.0	0.8	0.12	0.005	0.15	0.30
17	15.5	15.5	1.6	0.12	0.005	0.15	0.30
18	45.0	45.0	4.5	0.12	0.005	0.15	0.30
19	48.0	48.0	4.8	0.10	0.003	0.15	0.30
20	73.8	73.8	7.3	0.10	0.003	0.15	0.30
21	23.0	23.0	2.3	0.12	0.005	0.15	0.30
22	12.0	12.0	1.2	0.12	0.007	0.15	0.30
23	2.0	2.0	0.2	0.13	0.007	0.15	0.30
24	4.0	4.0	0.4	0.15	0.007	0.15	0.30
25	43.0	43.0	4.3	0.12	0.007	0.15	0.30
26	4.0	4.0	0.4	0.10	0.001	0.15	0.30

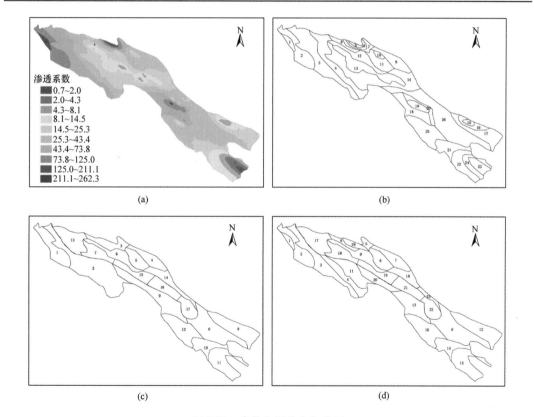

渗透系数
- 0.7~2.0
- 2.0~4.3
- 4.3~8.1
- 8.1~14.5
- 14.5~25.3
- 25.3~43.4
- 43.4~73.8
- 73.8~125.0
- 125.0~211.1
- 211.1~262.3

(a)

(b)

(c)

(d)

图 5-51 参数空间分布与分区

(a)渗透系数空间分布;(b)1~3 层渗透系数、存储参数分区;

(c)2~4 层渗透系数、存储参数分区;(d)5 层渗透系数、存储参数分区

表 5-20　2～4 层各分区水文地质参数值

分区	渗透系数			储水率 s	有效孔隙度	总孔隙度
	K_x	K_y	K_z			
1	0.8	0.8	0.08	0.00001	0.15	0.30
2	1.0	1.0	0.10	0.00001	0.15	0.30
3	1.0	1.0	0.10	0.00001	0.15	0.30
4	1.5	1.5	0.15	0.00001	0.15	0.30
5	1.5	1.5	0.15	0.00001	0.15	0.30
6	0.8	0.8	0.08	0.00001	0.15	0.30
7	0.3	0.3	0.04	0.00001	0.15	0.30
8	0.5	0.5	0.05	0.00001	0.15	0.30
9	2.0	2.0	0.20	0.00001	0.15	0.30
10	1.5	1.5	0.15	0.00001	0.15	0.30
11	3.5	3.5	0.35	0.00001	0.15	0.30
12	3.5	3.5	0.35	0.00001	0.15	0.30
13	0.5	0.5	0.03	0.00001	0.15	0.30
14	1.5	1.5	0.15	0.00001	0.15	0.30
15	0.5	0.5	0.05	0.00001	0.15	0.30
16	0.5	0.5	0.05	0.00001	0.15	0.30
17	0.3	0.3	0.03	0.00001	0.15	0.30

表 5-21　5 层各分区水文地质参数初值

分区	渗透系数			储水率 s	有效孔隙度	总孔隙度
	K_x	K_y	K_z			
1	25.0	25.0	1.5	0.005	0.15	0.30
2	125.0	125.0	12.5	0.005	0.15	0.30
3	75.0	75.0	7.5	0.005	0.15	0.30
4	46.0	46.0	4.6	0.005	0.15	0.30
5	28.0	28.0	2.8	0.005	0.15	0.30
6	43.0	43.0	4.3	0.005	0.15	0.30
7	25.0	25.0	2.5	0.003	0.15	0.30
8	28.0	28.0	2.8	0.003	0.15	0.30
9	38.0	38.0	3.8	0.005	0.15	0.30
10	6.5	6.5	0.6	0.001	0.15	0.30
11	5.5	5.5	0.5	0.002	0.15	0.30
12	8.5	8.5	0.8	0.005	0.15	0.30
13	15.5	15.5	1.5	0.005	0.15	0.30

分区	渗透系数			储水率 s	有效孔隙度	总孔隙度
	K_x	K_y	K_z			
14	45.0	45.0	4.5	0.005	0.15	0.30
15	23.0	23.0	2.3	0.007	0.15	0.30
16	12.0	12.0	1.2	0.003	0.15	0.30
17	43.0	43.0	4.3	0.005	0.15	0.30
18	28.0	28.0	2.8	0.003	0.15	0.30
19	14.0	14.0	1.4	0.003	0.15	0.30
20	4.5	45.0	0.5	0.001	0.15	0.30
21	16.0	16.0	1.6	0.007	0.15	0.30
22	13.5	13.5	1.3	0.001	0.15	0.30
23	25.0	25.0	2.5	0.002	0.15	0.30
24	35.0	35.0	2.5	0.003	0.15	0.30
25	30.0	30.0	3.0	0.003	0.15	0.30

2. 模型校验及地下水流场分析

本书的研究使用参数试估-校正法,主要依据不同应力期观测井水位值调整模型参数及源汇项进行反复的校验。每次模型校验并运行完成后,对照模拟值和观测值及均方根误差大小,分析判断导致观测值和模拟值产生偏差的原因,调整可能导致偏差的有关参数,再次进行模型运行,使模拟值和观测值的均方根误差达到最小。经反复调整含水层水力参数和源汇项数值后,得到最终通过检验的水流模型。从观测井水位拟合情况及整体模拟精度来看(图5-52,图5-53),模拟值与观测值非常接近,模拟值基本分布在观测值95%信度范围内。其中,模拟值平均误差为0.24m,最小误差为-0.11m,最大误差为4.71m,标准差为0.49m,均方根误差为2.44m。由于模拟期内计算步长数较少,计算水头曲线较平缓。同时,经模型计算得到不同时期地下水流向、流速与流场变化(图5-54,图5-55)。

可以看出,在酒泉东盆地地下水流的整体趋势是从西南向东北流动,而在张掖盆地地下水流的整体趋势是从东南向西北流动(图5-54),这与前人的研究结果一致(丁宏伟等,2012),也与地表水的流向基本一致。1995~2009年,地下水流向基本没有发生变化,但流速,尤其是酒泉东盆地及张掖盆地冲洪积扇中上部及河流入渗补给地下水地带的流速较1995年有所增大,平原区及北山山前流速基本没有变化(图5-55)。分析其原因可能有两个方面:一是冲洪积扇群带是地下水的主要补给和径流区,随着2005年后连续丰水年的到来,冲洪积扇裙带得到的渠系、河水入渗量有所增加,尤其是黑河干流河水渗漏量增加明显(胡兴林等,2012),而在平原区靠近北山一侧,来自北山的侧向补给微弱,地表又无来自河流、绿洲的补给,地下水的流动没有受到影响;二是由于盆地内地形地貌影响,含水层水力梯度在空间上差异很大,地下水流速的大小明显受到影响。在冲洪积扇裙带水力梯度大,地势下降较快,地下水流速也较快,而其他地区的水力梯度相对较小,地下水流速相对较缓,在盆地细土平原及河谷平原区,地势平缓,水力坡度小,地下水水流的速度最小。

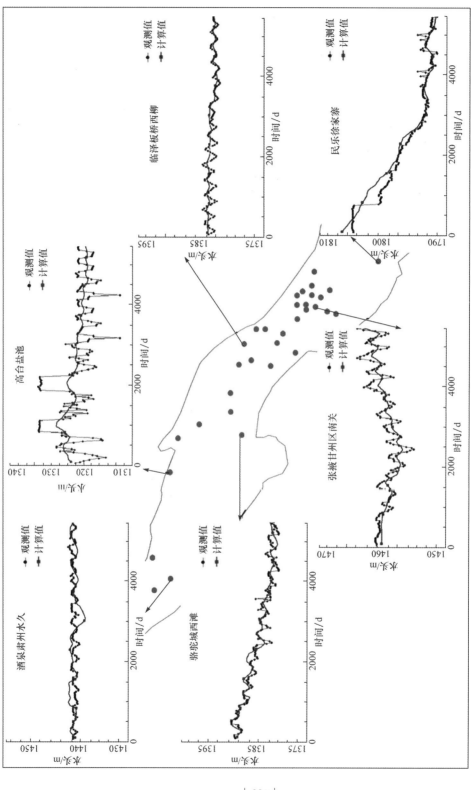

图 5-52 地下水观测井水位模拟结果

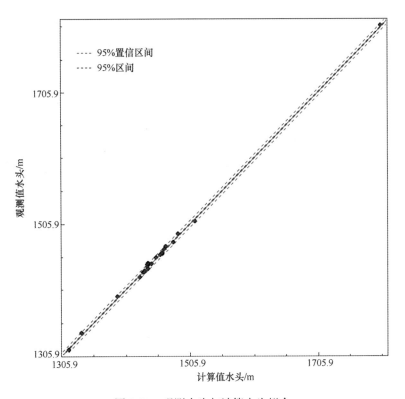

图 5-53　观测水头与计算水头拟合

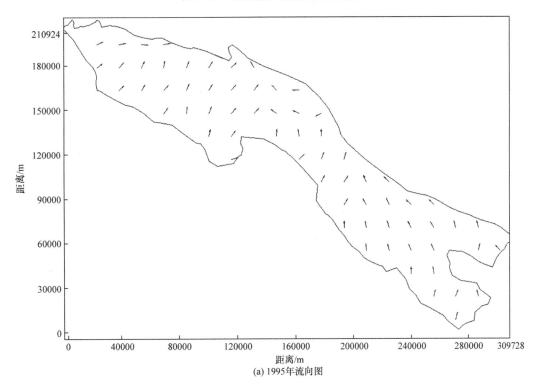

(a) 1995年流向图

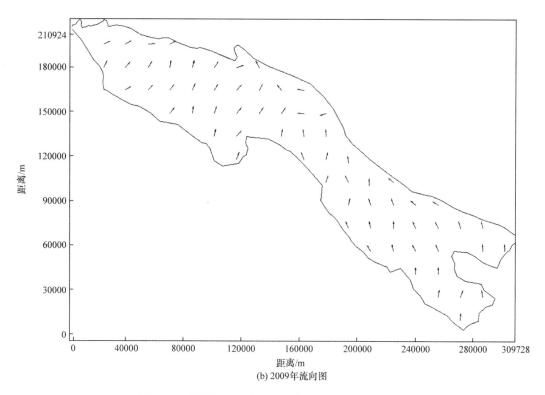

(b) 2009年流向图

图 5-54　模拟期地下水流向变化（1995 年和 2009 年）

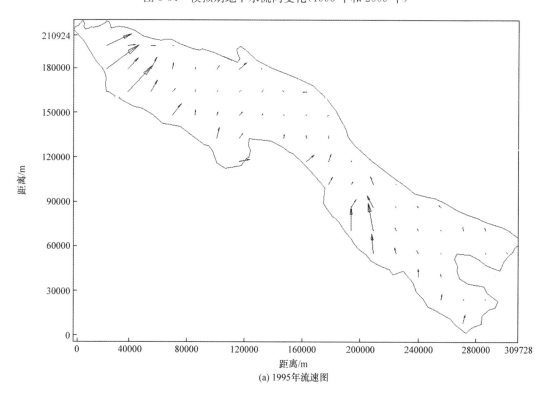

(a) 1995年流速图

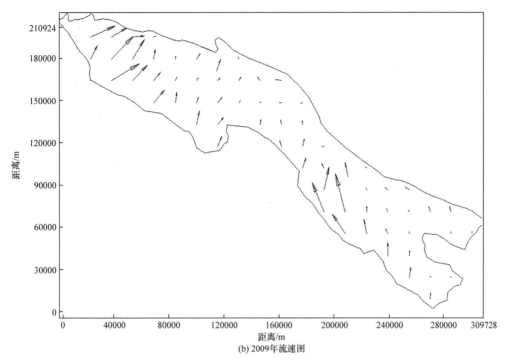

(b) 2009 年流速图

图 5-55　模拟期地下水流速变化(1995 年和 2009 年)

从模拟期地下水流场变化来看,1995～2009 年地下水水位变化比较明显(图 5-56),总体呈逐渐下降趋势,1995～2000 年水位下降幅度较大,2000～2009 年水位下降幅度减缓。

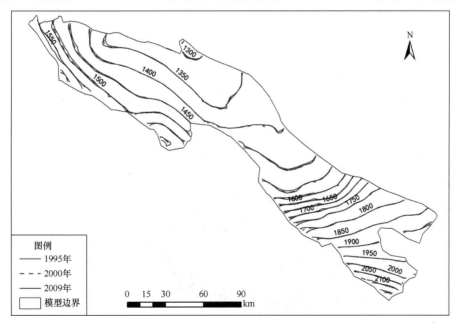

图 5-56　模拟期(1995 年、2000 年及 2009 年)地下水流场变化

图中数值为地下水水位,单位为 m

冲洪积扇群带地下水位下降显著,而在局部区域,如酒泉东盆地及黑河干流沿岸,尤其是干流所在的冲洪积扇裙带中上部,在 2001 年后陆续出现水位下降逐步趋缓甚至回升的趋势。

5.4.4　中游地下水资源量及水量平衡特征

从模拟结果来看,1995～2005 年地下水主要处于负均衡状态,而 2005 年后逐渐趋于正均衡,变化趋势与水位、流场变化基本是一致的(图 5-57)。整个模拟期中游盆地地下水系统总补给量为 424.25 亿 m^3,年均补给量为 28.28 亿 m^3,其中渠系水、田间水及河道入渗补给分别为 8.47 亿 m^3/a、2.55 亿 m^3/a 和 7.59 亿 m^3/a,所占比例分别为 30%、9% 和 27%(图 5-58);总排泄量为 463.79 亿 m^3,年均排泄量为 30.92 亿 m^3,其中潜水蒸发蒸腾量、泉水溢出量、人工开采量分别为 5.25 亿 m^3/a、12.45 亿 m^3/a、6.1 亿 m^3/a,所占比例分别为 17%、40% 和 20%(图 5-59)。总地下水储量减少了 39.55 亿 m^3,以 2.64 亿 m^3/a 的速率减少,即地下水平均每年亏缺 2.58 亿 m^3(表 5-22)。

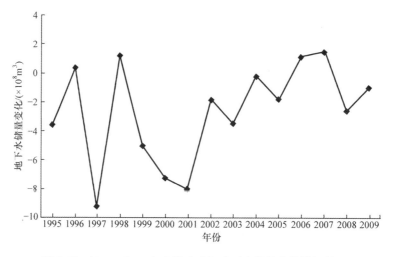

图 5-57　1995～2009 年中游盆地年地下水储量变化模拟结果

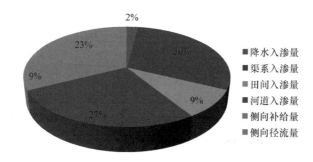

图 5-58　中游盆地主要补给项所占比例

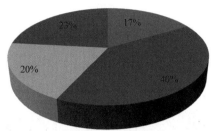

图 5-59　中游盆地主要排泄项所占比例

表 5-22　黑河中游盆地多年平均及总水量均衡模拟结果(1995～2009 年)　　（单位:亿 m³）

计算单元	补给						排泄				水量均衡
	降水入渗量	渠系水入渗量	田间水入渗量	河道入渗量	侧向补给量	侧向径流量	潜水蒸发蒸腾量	泉水溢出量	人工开采量	侧向流出量	
张掖盆地	0.34	5.77	1.75	4.66	1.54	3.55	2.91	8.13	3.94	4.56	−1.93
大马营盆地	0.04	0.36	0.00	0.20	0.31	0.28	0.00	0.62	0.45	0.73	−0.61
山丹新河盆地	—	0.07	—	0.02	0.12	—	—	0.20	0.02	0.10	−0.11
明花-盐池盆地	—	0.11	0.04	0.13	0.26	1.23	0.78	0.18	0.19	0.72	−0.10
酒泉东盆地	0.20	2.16	0.75	2.58	0.31	1.56	1.54	3.32	1.51	1.02	0.11
总计	0.58	8.47	2.54	7.59	2.54	6.62	5.23	12.45	6.11	7.13	−2.58

从各盆地多年平均状况来看(表 5-22),张掖盆地及大马营盆地地下水分别亏缺 1.93 亿 m³/a、0.61 亿 m³/a,处于较严重的负均衡状态;山丹新河盆地、明花-盐池盆地分别亏缺 0.11 亿 m³/a、0.10 亿 m³/a,处于一般负均衡状态;酒泉东盆地地下水盈余 0.11 亿 m³/a,基本处于均衡状态。

总体上讲,地下水系统水量变化向着有利于地下水盆地生态恢复的方向发展,但这是近年来连续处于丰水年的结果,若在未来的若干年遇到连续的偏干甚至枯水期,地下水系统将如何变化还有待进一步研究。

5.5　中、下游地下水年龄特征及更新能力评估

5.5.1　中游张掖盆地地下水年龄模拟

1. 边界条件

地下水年龄模拟边界范围的划定同水流模型的边界。溶质运移是溶质随地下水流场的动力学过程,因此溶质运移的边界条件与水流过程的边界条件紧密相关。水流模型的零流量边界因为无水流进入含水层,所以地下水年龄也不会发生变化,在溶质运移模型中为零溶质浓度通量边界;水流模型给定的流量边界中,进入的地下水基本为降水经过短暂停留/转

化进入含水层,假定其地下水年龄为零,这部分在溶质模型中也为零浓度通量边界。在地下水含水层系统的排泄过程中,溶质连同水流一起脱离模拟对象,因此在地下水的排泄区域,设定溶质浓度可以自由地脱离系统。

选取黑河干流张掖盆地,模拟范围为双井子以东、永固丘陵以西,南起祁连山南麓洪积平原,北至黑山—合黎山—龙首山等走廊北山,东西约130km,南北约50km,面积约6000km²(图5-60)。

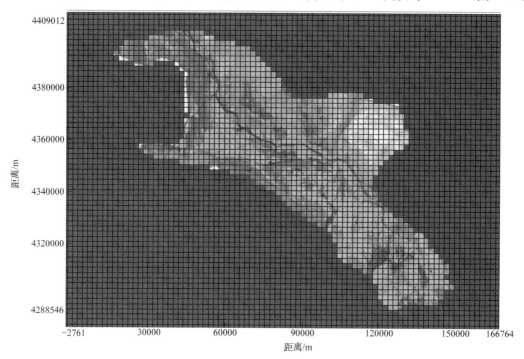

图5-60 张掖盆地地下水年龄模拟范围平面图

2. 模型离散

充分考虑研究区的边界、岩性分区边界,张掖盆地空间差分单元为2km×2km的方格网,共自动剖分节点3048个,有效单元格1369个(图5-60)。

3. 初始条件

初始条件即初始状态溶质浓度的分布。溶质运移模拟的目的如下:①增加对迁移体系的认识;②重现溶质运移的演化过程;③评价污染物维控方案和治理措施。前两个目的中,模型的初始条件通常取零值。由于在初始状态假定地下水正处于演化过程中,地下水年龄正在随含水层中的赋存、运移、弥散等过程逐步增加,在研究中假定模拟区初始状态的溶质浓度为零。

5.5.2 模型校正与地下水年龄计算

在溶质运移模型中,主要的参数是纵向弥散度 α_L、横向弥散度与纵向弥散度的比值

α_T/α_L、垂向弥散度与纵向弥散度的比值 α_V/α_L。在含水层中,弥散度不同于渗透系数和给水度,其水力测定非常繁复,在大区域范围内的参数值更是难以确定。目前,溶质运移模拟中一般使用参数试估-校正法,每次模型校验并运行完成后,对照模拟值和观测值及均方根误差大小,并分析判断导致观测值和模拟值产生偏差的原因,调整可能导致偏差的有关参数,再次进行模型运行,使模拟值和观测值的均方根误差达到最小。地下水的年龄取地下水抽水井水样[14]C 定年得到(图 5-61)。不同参数下、不同求解方法下得到的地下水年龄与实测值见表 5-23~表 5-25。

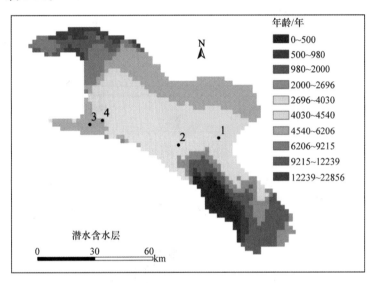

图 5-61　[14]C 定年取样点位置及潜水含水层年龄分布(1~4 为测井)

表 5-23　$\alpha_L=1m$ 时模拟值与实测值对比

	a,$\alpha_T/\alpha_L=0.1$,$\alpha_V/\alpha_L=0.01$				b,$\alpha_T/\alpha_L=0.01$,$\alpha_V/\alpha_L=0.001$			
样本序号	1#	2#	3#	4#	样本序号	1#	2#	3#	4#
模拟值	4.78	5.93	3.91	5.37	模拟值	4.93	6.02	4.11	5.39
实测值	4.23	5.31	3.74	4.72	实测值	4.23	5.31	3.74	4.72

表 5-24　$\alpha_L=10m$ 时模拟值与实测值对比

	a,$\alpha_T/\alpha_L=0.1$,$\alpha_V/\alpha_L=0.01$				b,$\alpha_T/\alpha_L=0.01$,$\alpha_V/\alpha_L=0.001$			
样本序号	1#	2#	3#	4#	样本序号	1#	2#	3#	4#
模拟值	4.38	5.23	3.51	4.57	模拟值	4.42	5.36	3.65	4.87
实测值	4.23	5.31	3.74	4.72	实测值	4.23	5.31	3.74	4.72

表 5-25　$\alpha_L=100m$ 时模拟值与实测值对比

	a,$\alpha_T/\alpha_L=0.1$,$\alpha_V/\alpha_L=0.01$				b,$\alpha_T/\alpha_L=0.01$,$\alpha_V/\alpha_L=0.001$			
样本序号	1#	2#	3#	4#	样本序号	1#	2#	3#	4#
模拟值	3.96	4.69	3.03	4.12	模拟值	4.02	4.75	3.32	4.23
实测值	4.23	5.31	3.74	4.72	实测值	4.23	5.31	3.74	4.72

从模拟结果看 $\alpha_L = 1.0$、$\alpha_T/\alpha_L = 0.1$、$\alpha_V/\alpha_L = 0.01$ 时,模拟值与实测值最为接近,此时所有模拟值的误差均小于 5%,最小误差仅 1.53%。模拟值落在实测值 5% 信度区间内,并且模拟值与实测值拟合度很接近,表明溶质运移模型确信可靠。

5.5.3 张掖盆地地下水年龄变化趋势与更新能力评估

图 5-62 表示的是研究区潜水的地下水年龄分布情况,可以看到盆地中最年轻的地下水分布于河流最上游下面的含水层内,年龄基本小于 1000 年。黑河干流流出祁连山经由莺落峡进入张掖盆地时,山前冲积平原下伏空隙较大的砂砾卵石含水层,其透水性能极其良好,干流和其他出山小支流等地表水在这部分区域大量入渗补给地下水(丁宏伟等,2012),因此在该区域形成年代最近的地下水。

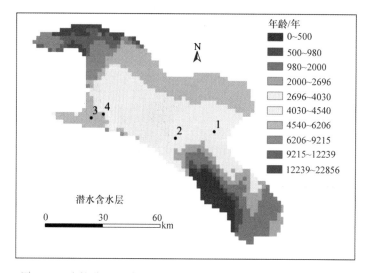

图 5-62 张掖盆地松散潜水含水层地下水年龄分布(1~4 为测井)

同样是在盆地内河流上游,靠近民乐部分地下水则较古老,在 1000~2000 年,这个差异从水循环的时间属性印证了水流模型中水均衡结果——河道、渠系渗漏在地下水补给中所占的重要比例。盆地中部地下水多由盆地上部地下水在含水层中赋存、流动而来,因此其年龄大于上游地区的地下水年龄,在 2000~6000 年。从图 5-62 中可以看出,盆地中部地下水年龄存在明显差异,盆地西部的地下水年龄较年轻,基本都在 2000~4000 年,而东部都在 4000 年以上,这种地下水年龄差异与地下水和其他水体的水力联系有关,西半端较年轻地下水分布的区域基本是黑河干流流经区域,地表多为人工绿洲(图 5-63,图 5-64),河流入渗、渠系、灌溉水分大量入渗补给地下水,地下水在运移过程中得到足够补充,因此其年龄较小;而东端远离河道,靠近北山山前,地表以戈壁、荒漠类型为主,降水也极其有限,地下水得不到有效的补充,这种和其他水体非常微弱的水力联系显著弱化了地下水系统的更新能力,因此地下水的年龄明显大于西半端。地下水年龄最古老的区域是盆地内流域的最末端,其年龄多在 6000 年以上,个别最古老地区可超过 10000 年,这个数值是由于最下游的地下水由上游区地下水在含水层中经过漫长的赋存、转化、运移才能到达。另外,在盆地末端,地势坡度不像出山时大,水力坡度平缓,细土平原透水介质颗粒组成以较小粒度为主,渗透性弱,在这两方面因素作用下,地下水流动缓慢,滞留时间多,因此地下水年龄可以达到 6000 年以上。

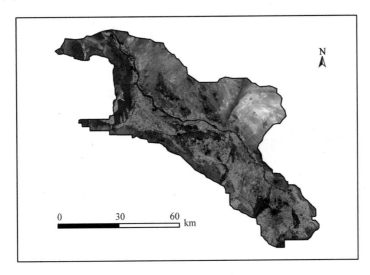

图 5-63 张掖盆地地表类型影像图

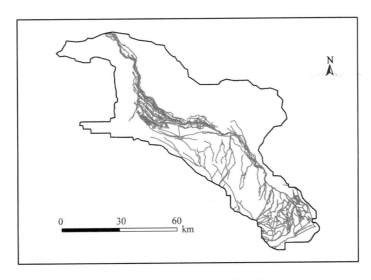

图 5-64 张掖盆地水系分布图

图 5-65 为张掖盆地第一层承压含水层地下水年龄分布图。在盆地干流上部,第一层承压含水层地下水年龄最年轻,分布状况和潜水含水层非常相似,说明其和潜水相似,也是在盆地上部受到大量新鲜的(初始进入含水层)的水源补给。在盆地中部,一方面,第一层承压含水层地下水年龄明显大于潜水含水层,基本为 4500~6000 年;另一方面,第一层承压含水层和潜水含水层在地下水年龄分布上存在明显差异,在潜水含水层中,地下水年龄呈现显著的东、西端异质性,即与地表植被类型、距离河道远近、灌溉渠系分布有显著的相关性,而盆

地中部第一层承压含水层中地下水年龄在东、西端没有较大的差别,呈现明显的一致性,两层含水层在地下水年龄分布上的差异从另一个方面证明了潜水含水层和承压含水层在补给来源上不同:潜水含水层与地表水体水力联系密切,与河水、灌溉渠系距离远近、地表植被类型等因素密切相关,因此在地下水年龄分布上往往存在较大的空间变异性,而承压含水层往往主要是接受来自上游地下水流通道的水分补给,其补给水源稳定,接受来自同一水流通道的地下水的年龄也较一致。第一层承压含水层中最古老的地下水也分布在盆地最下游,10000 年以上的区域明显多于潜水含水层,在盆地末端基本都在 9000 年以上。

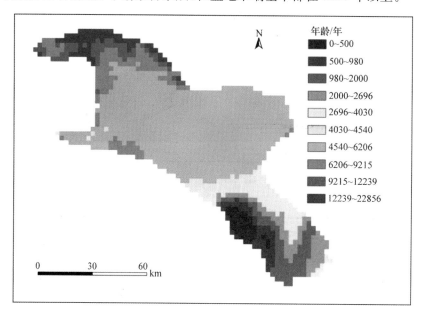

图 5-65　张掖盆地第一层承压含水层地下水年龄分布

在张掖盆地含水层中,第二层承压含水层地下水年龄最古老(图 5-66)。与第一层承压含水层相比,在盆地中部的东、西两端,第二层承压含水层中地下水年龄明显更古老,在 6000 年以上,这可能是在该层含水层中承压水的流动方向以从东南向西北为主,在东西两端形成小范围的滞流,垂向水力联系同样也很微弱,没有较大量的补给和排泄,造成地下水长时间停留,产生小范围的较古老区域。在盆地最下游区,第二层承压含水层地下水均为古老的地下水,有近 $500km^2$ 区域其年龄超过 12000 年,最古老地下水年龄在 20000 年以上。这些深层地下水,多由 10000 年前进入含水层的水分经漫长时间转化而成,因此对该部分地下水的开发利用需要有严格的数量限制,否则将影响到水资源的可持续开发利用。

地下水年龄可以反映地下水资源的形成演化过程,并可作为参考来评估地下水的更新能力(Huang et al.,2013;Doyon et al.,2012;Molson et al.,2012;Long et al.,2009;Cornaton et al.,2006)。从以上结果可以看出,在研究区内,地下水资源形成所需的时间为上游地区<中游地区<下游地区;浅层含水层<深层含水层<最深层含水层,地下水的更新能力则刚好相反。由于对水资源需求的不断增加、张掖盆地地下水位持续下降、浅层地下水水质恶化等,在新增加的地下水开采井中打井深度越来越大,而从模拟结果中可以看到更深层的

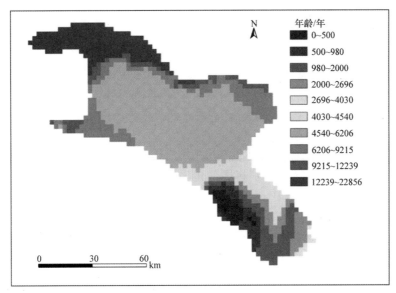

图 5-66　张掖盆地第二层承压含水层地下水年龄分布

地下水其形成与转化往往耗费 4000～6000 年乃至更长时间；浅层地下水抽取后能在较短时间内通过地表水体的补充得到更新,而如果开采的是年龄在数万年以上的深层地下水,则会透支水资源的可持续发展能力(Molson et al. ,2012;Mangiarotti et al. ,2012;Shi et al. ,2011;Ma et al. ,2009;Broers,2004),因此这种对水资源的深度开采利用并不是一个简单的水量问题,而是一个和可持续发展能力相关的水的"质"的科学,对于深层地下水的人工开采,应该持更加慎重的态度(Portoghese et al. ,2013;Bakari et al. ,2012;Huneau et al. ,2011)。另外,经过沿途的引水使用,下游地区比上游地区拥有更少的地表水资源,而通过对地下水年龄的计算和分析可知,下游地区地下水更新能力也弱于上游地区,因此存在地表水资源丰富的地区,地下水资源也相对较丰富,地表水资源匮乏的下游地区,其地下水资源也相对匮乏。这种现象更加锐化了干旱/半干旱区水资源在空间分配上的不均匀性。

5.5.4　下游额济纳盆地地下水年龄特征

1. 额济纳盆地地下水流模型

1) 含水层结构概化

根据额济纳盆地第四系含水层间的叠置关系,在垂向上可将其划分为 5 层:潜水含水层、承压含水层、深层承压含水层及两层弱透水层。潜水含水层地下水位的埋藏深度小,一般为 1～5m,水土条件良好,有利于不同类型植被的生长和繁衍。弱透水层一般在埋深为 30～50m 处发育较为稳定,厚度为 5～15m,作为潜水含水层与承压含水层或承压含水层间的分界层。

2) 边界条件

水平边界:模拟区选择以自然地形边界和地下水构造分水岭作为地下水流边界条件的依据,额济纳盆地第四系含水层系统的四周均可视为第二类边界。其中,东部、东南部巴丹吉林沙漠区的地下水径流补给相对显著,作为定流量边界,西部马鬃山北山山系、北部及东北部,第四系含水层与山体间为山足面和断层接触,山区的侏罗系碎屑岩类裂隙水和基岩裂隙水对平原区的补给量甚微,将其作为零流量的边界(图 5-43)。

隔水顶板概化:额济纳盆地地下水系统的顶部边界为气-土边界,该界面与潜水面之间的非饱和带是联系大气降水、地表水与地下水的纽带。通过顶面边界进入地下水流系统的水流包括地表水的入渗、大气降水的入渗、灌溉水的入渗补给以及凝结水的补给。通过顶部边界流出的系统包括潜水的蒸发、植被的蒸腾蒸散。

底面边界的概化:额济纳盆地第四系含水层底面为侏罗系、古近系、新近系的泥岩及砂岩,局部地段为震旦界大理岩,钻孔资料揭露其含量微弱,将其视为额济纳平原含水层系统的统一隔水底板。

3)模型离散

额济纳盆地剖分为 84×57 的网格,其中有效单元格有 3300 个。利用 Visual Mod Flow 建立地下水流模型,并进行一系列调参校正。

2. 源汇项计算

极端干旱的气候和水文条件使平原区的地下水主要依赖黑河地表水补给,额济纳盆地外山区基岩裂隙水和东部巴丹吉林沙漠孔隙水的补给也占一定的比例。由于大气降水很低且有强烈的蒸发作用,大气降水对地下水基本没有直接补给,但会影响包气带水分运移方向,部分抵消潜水蒸发。盆地地下水排泄相对简单,主要包括潜水蒸发、植物蒸腾,以及工农业及生活用水的开采。额济纳盆地地下水的补给项包括河道入渗、侧向径流补给、降水与凝结水的入渗、渠系入渗、田间入渗。排泄项包括潜水蒸发、植物蒸腾、人工开采。

区域地下水均衡方程表示为

$$\Delta W = W_r + W_p + W_b - W_{EZ} - W_{EP} - W_h \tag{5-36}$$

式中,ΔW 为地下水变化量(m³);W_r 为河道渗漏补给量(m³);W_p 为降水补给量(m³);W_b 为侧向地下水补给量(m³);W_{EZ} 为潜水蒸发量(m³);W_{EP} 为植物蒸腾量(m³);W_h 为人工开采量(m³)。

河道渗漏补给量:根据武选民(2002)的计算结果,1996~1999 年 4 年黑河通过狼心山水文站的总径流量为 $1.83×10^{10}$ m³,西河为 $4.92×10^9$ m³,东河为 $1.34×10^{10}$ m³。狼心山以上河流渗漏补给量为 $6.99×10^9$ m³,狼心山以下东河的渗透补给量为 $1.78×10^{10}$ m³,狼心山以下西河的补给量为 $3.44×10^9$ m³。

大气降水入渗总量:根据额济纳盆地气象站的数据统计,取大气降水入渗值为 0.1,1996~1999 年实测降雨资料,大气降雨量累计为 147.6mm。

侧向径流补给:额济纳盆地地下水的侧向补给主要是来自东南部巴丹吉林沙漠潜水的径流补给,其次是盆地上游鼎新盆地向额济纳盆地的潜流补给。根据甘肃省地质矿产局第二水文地质工程地质队 1980 年天仓-咸水 1:20 万和部队 1980 年务桃亥-特罗西滩 1:20 万水文地质普查资料,侧向补给量为 1.291 亿 m³,其中巴丹吉林沙漠补给量为 1.289 亿 m³,黑河河谷地下潜流的侧向补给量为 0.002 亿 m³。

潜水蒸发量:额济纳盆地植被生长期地下水年平均蒸发消耗总量为 1.73 亿 m³。其中,生长期的平均蒸量为 1.10 亿 m³,非生长期的蒸发量为 0.63 亿 m³,无植被生长区的潜水蒸发量为 4.98 亿 m^3。

地下水人工开采量:额济纳盆地工业、农业生活用水全部来源于地下水,对各开采井和开采量进行调查,经统计年开采量为 0.43 亿 m^3。

3. 地下水年龄分布特征

将水流模型代入溶质运移模型 MT3DMS 中得到地下水年龄分布。由年龄分布与流速线可以看出(图 5-67～图 5-72),流速越大的地方地下水年龄越小,流速越小的地方地下水年龄越大,这是由于流速大的地区地下水更新能力较强,地下水年龄比较小,而流速低的地区地下水更新能力很弱,地下水年龄比较老。

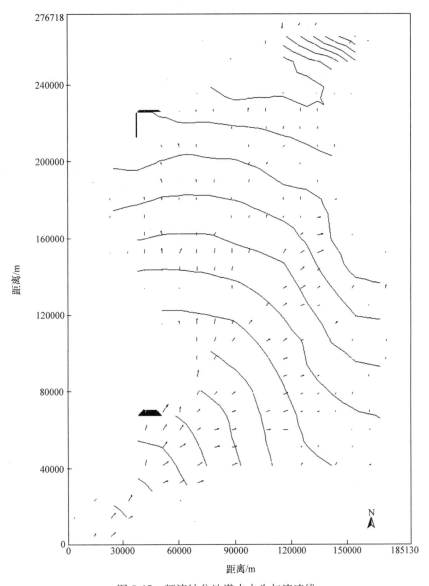

图 5-67　额济纳盆地潜水水头与流速线

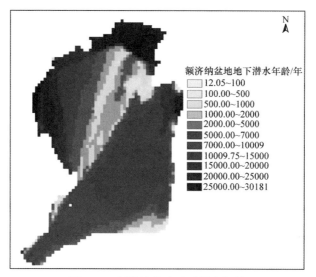

图 5-68　额济纳盆地地下潜水年龄

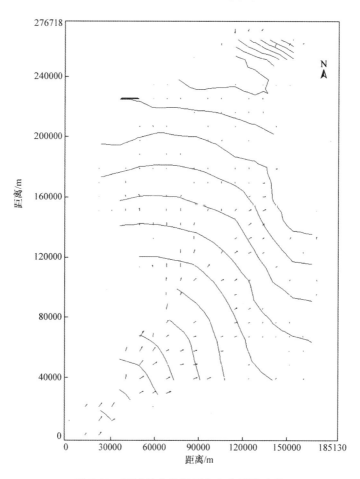

图 5-69　额济纳盆地承压水水头及流速线

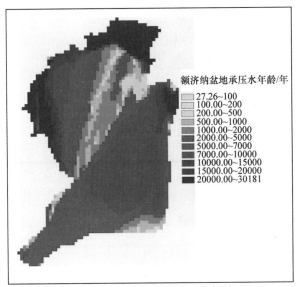

图 5-70　额济纳盆地承压水年龄

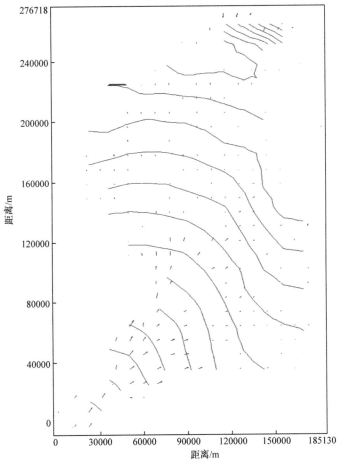

图 5-71　额济纳盆地深层承压水水头及流速线

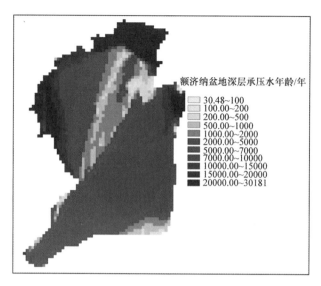

图 5-72 额济纳盆地深层承压水年龄

潜水年龄最小的地方是沿着黑河河道的方向,因此可以看出,沿河道的地区地下水的更新能力很强,同时也说明黑河下游额济纳盆地地下水最重要的补给来源于黑河干流的河道渗漏,在这一区域地下水与地表水的交互是最频繁的。

离河道越远,地下水更新能力越弱,在额济纳盆地东、西、北方向年龄逐步增加,最古老年龄在 3 万年以上,分别出现在北部山区与马鬃山和额济纳盆地的交汇带。在这一带地下水主要为裂隙水和孔隙水,补给很弱,因此年龄较大。

在额济纳盆地东南部与巴丹吉林沙漠相接的地区有一片地下水年龄较小,由南向北年龄逐步递增,说明在这一带的补给较为强烈。同时,这一带的补给主要由南边而来,该地带南部远离河道地下水年龄也较小,可能是由于靠近巴丹吉林沙漠有沙漠地下径流补给,结合盆地东部紧邻沙漠地区年龄较大的情况,应该还有河西走廊北山的径流补给。

5.6 地下水与地表水交互转化规律

在内陆河流域,地表水与地下水有着十分密切的关系,两者相互联系、相互转化、相互制约,构成统一的水资源系统。黑河流域地表水与地下水资源循环转化则更为频繁,地下水的补给与排泄是关键的影响因素,在补给与排泄过程中,含水层与含水系统除了与外界交换水量外,还交换能量、热量与盐量。因此,补给、排泄与径流决定着地下水水量、水质在空间与时间上的分布(王大纯等,2006)。受平原地区人类大量开发利用地表水资源的影响,地表水与地下水的数量转化规律、地下水的循环机理十分复杂,致使在流域地下水与地表水的联合调度管理中缺乏科学的决策依据和有效的优化配置模式(胡兴林等,2008)。因此,有必要了解和掌握近十多年地下水的补给排泄状况,摸清变化环境下地表水与地下水的数量转化规律和地下水的时空分布规律,科学、合理、有效地配置和利用水资源,协调社会经济发展与生态环境保护之间的用水矛盾（胡兴林，2003；蓝永超等，2002）。

1．降水、凝结水入渗规律及变化

经统计，得到中游盆地主要监测站降水入渗量（表 5-26）。同时发现，随着地下水埋深的逐渐增大，接受降水入渗的面积越来越小（图 5-73），而各县区降水入渗量则随着埋深及有效降水量的变化而变化，总的趋势以减少为主（图 5-74），中游盆地降水入渗量从 1995 年的 0.946 亿 m^3 减少为 2009 年的 0.591 亿 m^3。民乐县由于地下水埋深超过 5m，基本没有降水入渗补给。

表 5-26   中游盆地主要测站降水量及降水入渗量（2009 年）

测站	埋深/m	年平均降水量/mm	年平均有效降水量/mm	入渗系数	入渗强度/(mm/a)	入渗面积/km²	降水入渗量/$10^8 m^3$
张掖	3~5	114.4	46.3	0.40	18.5	95.10	0.018
临泽	3~5	50.0	59.2	0.40	23.7	570.43	0.135
高台	1~3；3~5	94.4	38.6	0.35	13.5	1623.39	0.219
民乐	>5	621.2	0.0	0.35	0.0	0.00	0.000
山丹	>5	251.1	0.0	0.35	0.0	0.00	0.000
酒泉	1~3；3~5	146.9	45.9	0.40	18.4	1042.60	0.219

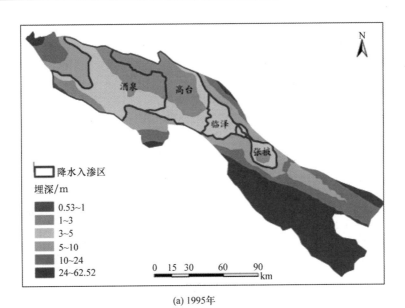

(a) 1995年

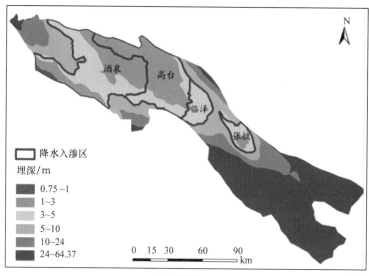

(b) 2000年

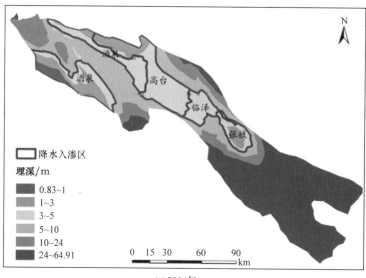

(c) 2004年

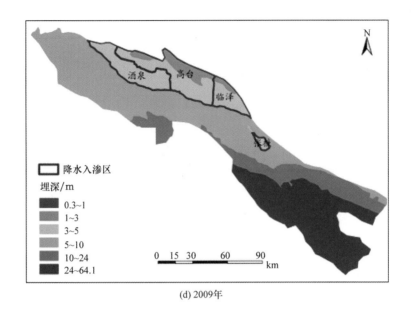

(d) 2009年

图 5-73 1995～2009 年地下水埋深及降水入渗补给区变化

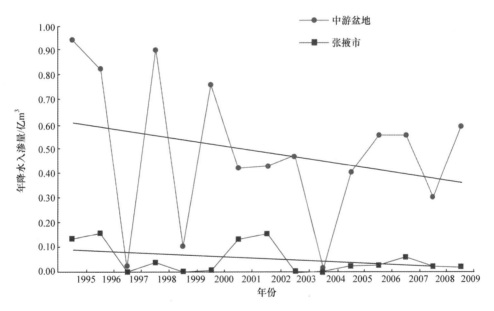

图 5-74 1995～2009 年中游盆地及张掖市降水入渗量变化

2. 渠系水入渗规律及变化

由于数据资料所限,本书以灌区为基本单元计算了 1995～2009 年干流中游盆地所有灌区的渠系水入渗量(表 5-27),酒泉东盆地的渠系入渗量以 1999 年的计算结果为初值(张光辉等,2005)。经计算发现,渠系入渗量略有增加,从 1995 年的 $5.98 \times 10^8 \, \mathrm{m}^3$ 增加到了 2009 年的 6.12 亿 m^3(图 5-75),这与渠首总引水量变化有一定关系。

表 5-27 中游盆地渠系水入渗量

盆地	灌区名称	引水量/10^8 m^3	干支斗渠系利用率/%	包气带消耗系数	入渗量/亿 m^3
张掖盆地	大满	1.825	72.0	0.3	0.357
	盈科	2.348	66.7	0.1	0.705
	西浚	2.244	67.2	0.2	0.589
	上三	0.962	75.8	0.1	0.210
	安阳	0.286	66.3	0.1	0.087
	花寨	0.087	57.7	0.1	0.033
	平川	0.683	61.0	0.1	0.240
	板桥	0.810	61.0	0.1	0.284
	鸭暖	0.507	61.0	0.1	0.178
	蓼泉	0.587	61.0	0.1	0.206
	沙河	0.381	75.0	0.1	0.086
	梨园河	1.969	69.7	0.3	0.418
	友联	2.767	68.08	0.1	0.795
	六坝	0.390	67.39	0.1	0.115
	罗城	0.493	62.18	0.1	0.168
	新坝	0.466	67.45	0.3	0.106
	红崖子	0.2413	68.58	0.3	0.053
	苏油口	1.278	60.00	0.3	0.358
	大堵麻	0.088	63.00	0.3	0.023
	洪水河	0.057	52.00	0.3	0.019
	童子坝	0.117	72.70	0.2	0.026
大马营河盆地	马营河	1.410	67.30	0.2	0.369
新河盆地	寺沟河	1.183	68.90	0.2	0.294
	老军河	0.605	66.70	0.2	0.161
明花-盐池盆地	肃南县	0.642	58.00	0.1	0.243
酒泉东盆地	酒泉	5.780	49.00～69.80	0.1～0.3	2.170

3. 田间灌溉水入渗规律及变化

经计算,得出各灌区 1995～2009 年春灌、夏灌、秋冬灌及总灌溉水入渗量(表 5-28)。同时,发现随着中游地下水埋深的逐渐增大,接受田间灌溉水入渗的面积有所减少(图 5-76),而各灌区灌溉水入渗量则随着埋深及灌溉用水量的变化而变化,整个盆地总的趋势以减少为主(图 5-77),灌溉水入渗量从 1995 年的 2.37 亿 m^3 减少为 2009 年的 2.13 亿 m^3,最大入渗量为 2000 年的 2.88 亿 m^3,最少为 2005 年的 2.02 亿 m^3,平均为 2.55 亿 m^3。山丹和民乐部分灌区由于地下水埋深超过 10m,没有灌溉水入渗补给。

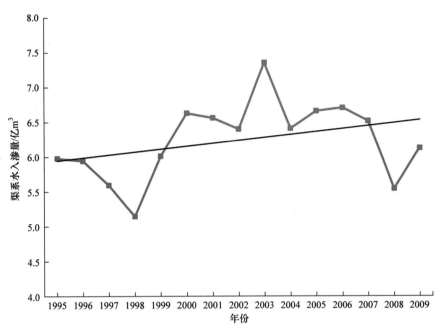

图 5-75　1995～2009 年中游盆地渠系水入渗量变化趋势(不包括酒泉东盆地)

表 5-28　田间灌溉水入渗量

灌区名称	入渗面积/km²	埋深/m	灌溉水入渗系数(α)	春灌入渗量/万 m³	夏灌入渗量/万 m³	秋冬灌入渗量/万 m³	总入渗量/万 m³
大满	146.25	5～10	0.19	76.67	193.88	274.95	545.69
盈科	296.55	3～5;5～10	0.19～0.28	54.96	1250.93	1004.10	2309.99
西浚	209.27	5～10	0.19	170.75	1120.26	909.47	2200.67
平川	66.51	3～5;5～10	0.19～0.28	130.80	372.48	534.80	1038.08
板桥	80.02	3～5;5～10	0.19～0.28	214.10	357.36	552.62	1124.08
鸭暖	53.15	3～5;5～10	0.19～0.28	26.08	239.84	114.12	380.04
蓼泉	52.29	5～10	0.19	64.57	239.50	207.71	511.97
沙河	56.22	5～10	0.19	44.79	244.82	225.10	514.90
小屯	64.82	5～10	0.19	0.00	241.35	255.69	497.23
新华	109.84	5～10	0.19	0.00	557.46	499.24	1056.89
倪家营	5.16	5～10	0.19	0.00	95.18	102.68	198.05
友联	112.78	1～3;3～5;5～10	0.19～0.28	63.36	495.05	325.90	884.31
大湖湾	81.39	1～3;3～5;5～10	0.19～0.28	145.62	374.80	429.70	950.12
三清渠	65.77	5-10	0.19	56.60	260.33	293.22	610.34
骆驼城	119.15	5-10	0.19	37.96	334.63	168.01	540.79
六坝	35.26	1～3;3～5;5～10	0.19～0.28	106.94	276.86	317.28	701.08
罗城	82.71	1～3;3～5;5～10	0.28～0.35	272.79	166.91	169.20	608.90

续表

灌区名称	入渗面积 /km²	埋深/m	灌溉水 入渗系数(α)	春灌入渗量 /万 m³	夏灌入渗量 /万 m³	秋冬灌入渗量 /万 m³	总入渗量 /万 m³
新坝	33.24	>10	0.00	0.00	0.00	0.00	0.00
马营河	52.94	>10	0.00	0.00	0.00	0.00	0.00
明花-盐池	32.13	5~10	0.19	61.10	339.42	269.80	670.51
酒泉东	1589.73	1~3;3~5;5~10	0.19~0.28	340.50	3105.00	2549.50	5995.00

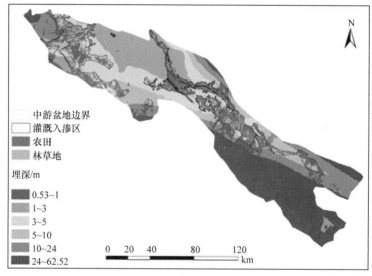

(a) 1995年

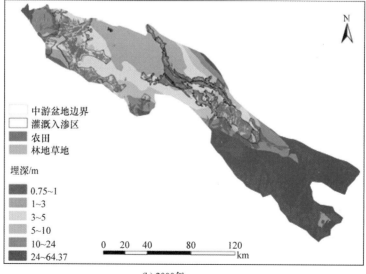

(b) 2000年

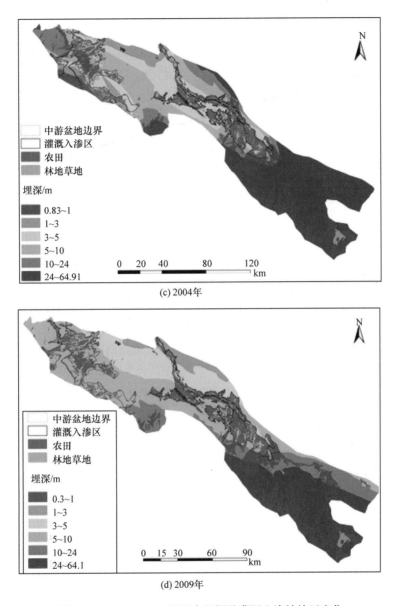

(c) 2004年

(d) 2009年

图 5-76　1995～2009 地下水埋深及灌溉入渗补给区变化

4. 潜水蒸发蒸腾量

经计算,得到中游盆地潜水蒸发植物蒸腾量(表 5-29)。随着地下水埋深的增加,中游盆地发生潜水蒸发植物蒸腾的区域越来越小(图 5-78),蒸散量呈不断减少趋势,从 1995 年的 6.2 亿 m³ 减少为 2009 年的 2.69 亿 m³,年平均减少 0.23 亿 m³。其中,张掖盆地减少了 1.94 亿 m³,酒泉东盆地减少了 1.57 亿 m³(图 5-79)。

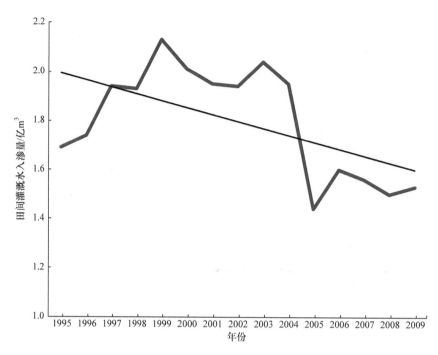

图 5-77 1995~2009 年中游盆地田间灌溉水入渗补给量变化(不包括酒泉东盆地)

表 5-29 中游盆地潜水蒸发植物蒸腾量

灌区名称	埋深/m	潜水蒸发量 /(mm/a)	植物蒸腾量 /(mm/a)	潜水蒸发面积 /km²	植物蒸腾量 面积/km²	潜水蒸发量 /亿 m³	植物蒸腾量 /亿 m³	总蒸散量 /亿 m³
大满	5~10	20	20	188.31	77.66	0.03	0.01	0.04
盈科	3~5;5~10	20	40	370.55	285.07	0.04	0.07	0.11
西浚	5~10	12	20	297.17	297.17	0.01	0.03	0.05
沙河	5~10	12	20	51.49	51.49	0.00	0.01	0.01
鸭暖	5~10	12	20	66.47	66.47	0.00	0.01	0.01
板桥	3~5;5~10	30	55	329.86	81.39	0.05	0.03	0.07
新华	5~10	12	20	417.53	84.01	0.02	0.01	0.03
小屯	5~10	12	20	108.92	108.92	0.01	0.01	0.02
蓼泉	5~10	12	25	178.85	52.29	0.01	0.01	0.02
平川	3~5	41	98	888.56	74.61	0.18	0.04	0.22
倪家营	5~10	25	40	0.00	0.00	0.00	0.00	0.00
骆驼城	5~10	12	20	1232.86	150.24	0.07	0.02	0.09
三清	5~10	12	20	144.05	83.45	0.01	0.01	0.02
友联	5~10	12	20	216.46	112.78	0.01	0.01	0.03
大湖湾	3~5	41	98	307.39	95.43	0.06	0.05	0.11
六坝	1~3;3~5	70	98	1260.33	35.26	0.44	0.02	0.46
罗城	1~3;3~5	60	110	1030.21	313.90	0.29	0.20	0.49

灌区名称	埋深/m	潜水蒸发量/(mm/a)	植物蒸腾量/(mm/a)	潜水蒸发面积/km²	植物蒸腾量面积/km²	潜水蒸发量/亿 m³	植物蒸腾量/亿 m³	总蒸散量/亿 m³
马营河	5~10	12	12	0.00	0.00	0.00	0.00	0.00
明花-盐池盆地	3~5;5~10	30	98	1805.83	187.57	0.27	0.11	0.37
酒泉东盆地	3~5;5~10	12	20	6045.24	1586.72	0.35	0.19	0.53

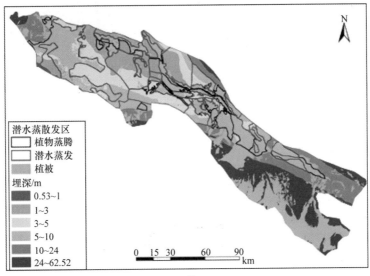

(a) 1995 年

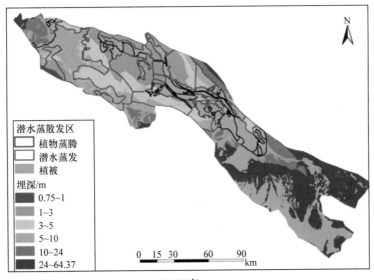

(b) 2000 年

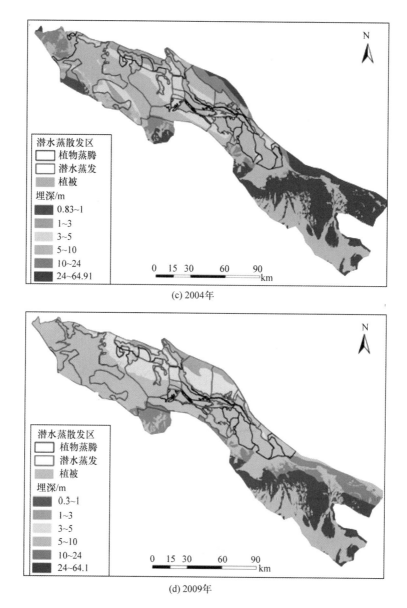

(c) 2004年

(d) 2009年

图 5-78　1995～2009 年潜水蒸发植物蒸腾区分布

5. 地下水开采量变化

根据 1995～2009 年各县区《水务管理年报》,得到中游盆地地下水开采量(表 5-30)。2009 年整个中游盆地地下水开采量达到 6.052 亿 m³。汇总分析发现,随着绿洲农业的发展,农田灌溉面积迅速扩展,对地下水的开采量也不断增加,尤其是张掖盆地。地下水开采量从 1995 年的 1.74 亿 m³ 增加到了 2009 年的 4.15 亿 m³,尤其是 2001～2004 年,地下水开采量增加非常显著(图 5-80)。

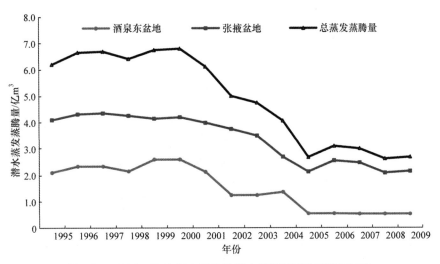

图 5-79　1995～2009 年中游盆地潜水蒸发和植物蒸腾量变化

表 5-30　中游盆地地下水开采量　　　　　　　　　　（单位：亿 m³）

盆地	行政区	灌区	地下水开采量	小计	合计
张掖盆地	甘州区	大满	0.464	1.402	3.121
		盈科	0.583		
		西干	0.355		
	临泽县	平川	0.104	0.357	
		鸭暖	0.032		
		蓼泉	0.117		
		沙河	0.083		
		梨园河	0.021		
	高台县	友联	1.001	1.318	
		六坝	0.189		
		罗城	0.128		
	民乐县	六坝北滩	0.020	0.044	
		洪水河	0.020		
		童子坝	0.004		
大马营盆地	山丹县	马营河	0.502	0.512	0.512
		大马营滩	0.010		
新河盆地	山丹县	寺沟河	0.037	0.047	0.047
		老军河	0.010		
盐池盆地	肃南县	明花区	0.472	0.472	0.472
酒泉东盆地	肃州区	酒泉东	1.900	1.900	1.900
合计			6.052		

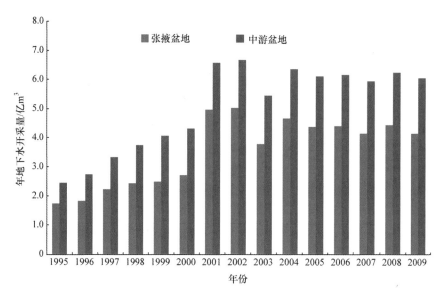

图 5-80　1995～2009 年地下水开采量变化

　　在黑河流域,地下水与地表水的交互是通过地下水与地表水的多次频繁转换实现的。尤其是中游盆地,地下水主要来自山前冲洪积扇裙带河水及渠系、田间水渗漏补给,在冲洪积扇群带边缘及细土平原区又以泉水溢出及地下水排泄补给河水的方式完成与地表的交互作用。由于近年来流域分水、地下水开采等活动的进行,虽然地表水与地下水的交互方式并未发生根本改变,但交换量发生了较大变化。河流出山后进入中游盆地,流经透水性极强的山前洪积扇群带,大量渗漏转化为地下水,使得径流小于 0.5 亿 m³/a 的河流渗失殆尽,较大的河流也渗失 32.8%～33.7%。胡兴林等(2012)研究指出,黑河实施全流域调水前后河道渗漏量发生显著的跳跃性变化,莺落峡至 312 桥区间河道渗漏量在调水后呈增加趋势,调水后较调水前河道渗漏量增加 3.1203 亿 m³。另据丁宏伟等(2001)研究,黑河干流中游地区的泉水资源处于不断的衰减过程,已从 1980 年的 13.14 亿 m³ 减少到 1999 年的 10.47 亿 m³。

　　以 2009 年为典型年计算,黑河流域中游南部洪积扇群带河水和渠系、田间渗漏转化为地下水的量达 17.1 亿 m³/a,其中河水为 6.73 亿 m³/a,渠系、田间渗漏为 10.37 亿 m³/a,占出山河川径流量的 50.46%;而地下水以泉水、潜水蒸发蒸腾及地下水开采等排泄方式损失的水量达 21.56 亿 m³/a,其中泉水溢出量为 12.79 亿 m³/a,潜水蒸发蒸腾及地下水开采量为 8.77 亿 m³/a,占地下水总排泄量的 70%。

参 考 文 献

陈隆亨,曲耀光,1992. 河西地区水土资源及其合理开发利用[M]. 北京:科学出版社.

陈仁升,康尔泗,吉喜斌,等,2007. 黑河源区高山草甸的冻土及水文过程初步研究[J]. 冰川冻土,29(3):387-396.

陈仁升,康尔泗,杨建平,等,2003. 内陆河流域分布式日出山径流模型[J]. 地球科学进展,18(2):198-206.

陈仁升,康尔泗,张济世,2002.应用 GRNN 神经网络模型计算西北干旱区内陆河流域出山径流[J].水科学进展,13(1):87-92.

党素珍,王中根,刘昌明,2011.黑河上游地区基流分割及其变化特征分析[J].资源科学,33(12):2232-2237.

丁宏伟,崔振卿,2001.黑河干流中游地区泉水资源衰减原因及趋势分析[J].甘肃地质学报,10(1):70-75.

丁宏伟,胡兴林,蓝永超,等,2012.黑河流域水资源转化特征及其变化规律[J].冰川冻土,34(6):1460-1469.

丁永建,叶柏生,周文娟,1999.黑河流域过去 40a 来降水时空分布特征[J].冰川冻土,21(1):42-48.

傅抱璞,1992.地形和海拔高度对降水的影响[J].地理学报,47(4):302-314.

高前兆,杨新源,1984.甘肃河西内陆河流径流特征与冰川补给[J].中国科学院兰州冰川冻土研究所集刊,5:131-141.

胡兴林,2003.黑河流域径流演变规律及区域性水资源优化配置分析[J].水文,23(1):32-35.

胡兴林,蓝永超,王静,等,2008.黑河中游盆地水资源转化规律研究[J].地下水,30(2):34-40.

胡兴林,肖洪浪,蓝永超,等,2012.黑河中上游段河道渗漏量计算方法的试验研究[J].冰川冻土,34(2):460-468.

江灏,王可丽,程国栋,等,2009.黑河流域水汽输送及收支的时空结构分析[J].冰川冻土,31(2):311-317.

金铭,李毅,刘贤德,等,2011.祁连山黑河中上游季节冻土年际变化特征分析[J].冰川冻土,33(5):1068-1073.

康尔泗,陈仁升,张智慧,等,2007.内陆河流域水文过程研究的一些科学问题[J].地球科学进展,22(9):940-953.

康尔泗,陈仁升,张智慧,等,2008.内陆河流域山区水文与生态研究[J].地球科学进展,23(7):675-681.

康尔泗,程国栋,蓝永超,等,1999.西北干旱区内陆河流域出山径流变化趋势对气候变化响应模型[J].中国科学(D辑):地球科学,29(增刊 1):49-54.

蓝永超,康尔泗,金会军,等,1999.黑河出山径流量年际变化特征和趋势研究[J].冰川冻土,21(1):49-53.

蓝永超,康尔泗,张济世,等,2002.黑河流域水资源合理利用分析[J].兰州大学学报,38(5):108-114.

李文鹏,康卫东,郝爱兵,等,2010.西北典型内流盆地水资源调控与优化利用模式——以黑河流域为例[M].北京:地质出版社.

林之光,1995.地形降水气候学[M].北京:科学出版社.

潘启民,田水利,2001.黑河流域水资源[M].郑州:黄河水利出版社.

史岚,2012.长江流域起伏地形下降水量分布精细化气候估算模型研究[D].南京:南京信息工程大学.

苏建平,2005.黑河中游张掖盆地地下水模拟及水资源可持续利用[D].兰州:中国科学院寒区旱区环境与工程研究所.

汤奇成,曲耀光,周聿超,1992.中国干旱区水文水资源研究[M].北京:科学出版社.

王大纯,张人权,史毅红,等,2006.水文地质学基础[M].北京:地质出版社.

王刚,周启友,魏国孝,等,2009.酒泉盆地地下水系统数值模拟与预测[J].工程勘察,(2):41-45.

王建,李硕,2005.气候变化对中国内陆干旱区山区融雪径流的影响[J].中国科学(D辑):地球科学,35(7):664-670.

王宁练,张世彪,蒲健辰,等,2008.黑河上游河水中 $\delta^{18}O$ 季节变化特征及其影响因素研究[J].冰川冻土,30(6):914-920.

王宗太,刘潮海,尤根祥,等,1981.中国冰川目录(I)祁连山区[R].兰州:中国科学院兰州冰川冻土研究所.

武选民,史生胜,黎志恒,等,2002.西北黑河下游额济纳盆地地下水系统研究(下)[J].水文地质工程地质,

（2）：30-33.

杨大文,杨汉波,雷慧闽,2014. 流域水文学[M]. 北京:清华大学出版社.

张光辉,刘少玉,谢悦波,等,2005. 西北内陆黑河流域水循环与地下水形成演化模式[M]. 北京:地质出版社.

张应华,仵彦卿,2009. 黑河流域中游盆地地下水补给机理分析[J]. 中国沙漠,29(2):370-375.

钟方雷,徐中民,程怀文,等,2011. 黑河中游水资源开发利用与管理的历史演变[J]. 冰川冻土,33(3):236-245.

BAKARI S S,AAGAARD P,VOGT R D,et al. ,2012. Groundwater residence time and paleorecharge conditions in the deep confined aquifers of the coastal watershed,South-East Tanzania [J]. Journal of Hydrology,466-467:127-140.

BETHKE C M,TORGERSEN T,PARK J,2000. The "age" of very old groundwater:insights from reactive transport models [J]. Journal of Geochemical Exploration,69-70:1-4.

BROERS H P,2004. The spatial distribution of groundwater age for different geohydrological situations in the Netherlands:implications for groundwater quality monitoring at the regional scale [J]. Journal of Hydrology,299(1-2):84-106.

CHRISTOPHER D,RONALD P N,DONALD L P,1993. A statistical-topographic model for mapping climatological Precipitation over mountainous terrain[J]. Journal of Applied Meteorology,33:140-158.

CORNATON F,PERROCH ET P,2006. Groundwater age,life expectancy and transit time distributions in advective-dispersive systems:2. Reservoir theory for sub-drainage basins[J]. Advances in Water Resources,29(9):1292-1305.

DOYON B,MOLSON J W,2012. Groundwater age in fractured porous media:analytical solution for parallel fractures [J]. Advances in Water Resources,37:127-135.

GOODE D J,1996. Direct simulation of groundwater age [J]. Water Resources Research,32(2):289-296.

HUANG T M,PANG Z H,2013. Groundwater recharge and dynamics in northern China:implications for sustainable utilization of groundwater [J]. Procedia Earth and Planetary Science,7:369-372.

HUNEAU F,DAKOURE D,JEANTON H C,et al. ,2011. Flow pattern and residence time of groundwater within the south-eastern Taoudeni sedimentary basin(Burkina Faso, Mali)[J]. Journal of Hydrology,409(1-2):423-439.

LONG A J,LARRY D,2009. Putnam age-distribution estimation for karst groundwater:Issues of parameterization and complexity in inverse modeling by convolution[J]. Journal of Hydrology, 376 (3-4):579-588.

LOÁICIGA H A,2004. Residence time,groundwater age,and solute output in steady-state groundwater systems [J]. Advances in Water Resources,27(7):681-688.

MA J Z,DING Z Y,Edmunds W M,et al. ,2009. Limits to recharge of groundwater from Tibetan plateau to the Gobi desert,implications for water management in the mountain front[J]. Journal of Hydrology, 364(1-2):128-141.

MANGIAROTTI S,SEKHAR M,BERTHON L,et al. ,2012. Causality analysis of groundwater dynamics based on a vector autoregressive model in the semi-arid basin of Gundal(South India)[J]. Journal of Applied Geophysics,83:1-10.

MOLSON J W,FRIND E O,2012. On the use of mean groundwater age,life expectancy and capture probability for defining aquifer vulnerability and time-of-travel zones for source water protection[J]. Journal of

Contaminant Hydrology,127(1-4):76-87.

MORIASI D N,ARNOLD J G,VAN LIEW M W,et al. ,2007. Model evaluation guidelines for systematic quantification of accuracy in watershed simulations[J]. Transactions of The ASABE,50:885-900.

PORTOGHESE I,D'AGOSTINO D,GIORDANO R,et al. ,2013. An integrated modelling tool to evaluate the acceptability of irrigation constraint measures for groundwater protection[J]. Environmental Modelling & Software,46:90-103.

SHI J S,WANG Z,ZHANG Z J,et al. ,2011. Assessment of deep groundwater over-exploitation in the North China Plain[J]. Geoscience Frontiers,2(4):593-598.

ZHENG C M,BENNETt G D,2002. Applied Contaminant Transport Modeling[M]. Second Edition. New York:Wiley.

第6章 流域社会经济系统水循环及其变化

社会经济系统水循环研究能够将水资源的使用及其与社会经济系统的驱动有机地联系起来,系统研究特定区域不同产业群、不同功能区及不同空间位置之间水资源的流动与转化(王勇,2009;Wang et al.,2009)。它既考虑了水资源在数量上的流动,又涉及水资源在形式上的转化,能够很好地体现水循环研究的系统性、动态性和完整性。因此,社会经济系统水循环提供了一个将人类在开发利用水资源过程中影响水资源运动的各种主要行为有机结合在一起的理论框架,并为科学全面定义水循环及解决相关水问题提供理论工具。

本章旨在系统认识西北内陆河流域黑河中游水资源系统与绿洲社会经济系统之间的相互作用过程与机理。黑河流域社会经济系统总体上呈现上、下游经济发展位势弱,中游绿洲经济发展位势突出的特点。位于中游的张掖市总面积为 4.19 万 m^2,集中了全流域 80% 以上的人工绿洲、95% 的耕地、91% 的人口和 89% 的国内生产总值,是流域内水资源的主要利用地区(康尔泗等,2004),绿洲经济形成了比较完备的产业体系。

从当前理论研究和实际应用来看,在水资源短缺条件下,通过建设较大水利工程等供用水调节措施,可以满足不同区域不同层面的用水需求。本章也着眼于在黑河流域综合治理重大水利工程实施条件下,通过流域绿洲社会经济系统水循环的变化特征,揭示在不同的用水政策下流域社会经济系统及水资源利用变化特征,以认识和评估重大水利工程对社会经济系统自身及社会经济水循环的影响,并提出对策建议。

6.1 社会经济系统水循环理论概要

相对于自然状态下的水循环,广泛社会经济活动作用下的水循环过程、规律及结果都发生了深刻的变化。原有水循环系统规律被打破,取而代之的是人工和自然共同影响下的水文循环(龙爱华,2008)。为客观描述人类活动影响下的水文循环过程,不同学者先后提出了人工侧支循环、二元水循环、社会水循环及社会经济系统水循环,之后人类活动作用下的水资源运动逐渐成为一个单独的研究领域,社会经济系统水循环成为衔接自然水系统与社会经济系统的有力分析框架。

系统认识干旱区水资源系统在社会经济系统内的代谢过程,不仅有助于准确估算维持区域社会经济正常运行所需要的水资源量,理解水资源的区域自给能力与对外依赖性,而且能科学地描述一定时空范围内水资源、自然环境和社会经济系统之间的内在联系,以阐明社会经济用水过程中各种水问题的产生环节和机理。

6.1.1 循环形式

在社会经济系统中,水资源循环形式一方面以实体水的形式参与了商品和服务的生产,以及社会经济系统中的"供-用-排"系统,自然形态的水资源由取水系统从自然水系统流入到社会经济系统,再循环到自然水系统的循环过程;另一方面水资源在进入到社会经济系统中后,以虚拟水的形式参与了产品的加工、制造、销售和消费。因此,在人文作用的驱动下,水在社会经济系统中不是简单的流动,而是在不同产业、不同区域及不同消费领域之间进行转化和运动。其中,各类产品和服务是虚拟水流动与转化的载体。

6.1.2 关键过程

社会经济系统水循环可划分为三个连续的过程:一是本地实体水资源及外地产品中虚拟水资源的流入过程;二是实体水和虚拟水两类水资源在经济生产中的转化过程;三是虚拟水随产品在社会经济系统内的流动过程(王勇,2009),如图 6-1 所示。图 6-1 展示了社会经济系统水循环的基本过程和框架。图 6-1 中实线表示实体水的流动,虚线表示虚拟水的运移和转化。如图 6-1 所示,一个地区社会经济系统中的水循环首先开始于这个地区经济生产和社会生活从自然界中的取水与用水。在经济生产中,各经济部门将开采的水资源作为生产要素用于产品和服务的生产,物理状态的水就会转化为虚拟水,"嵌入"到各经济部门的产品中,并形成各经济部门的虚拟水产出。

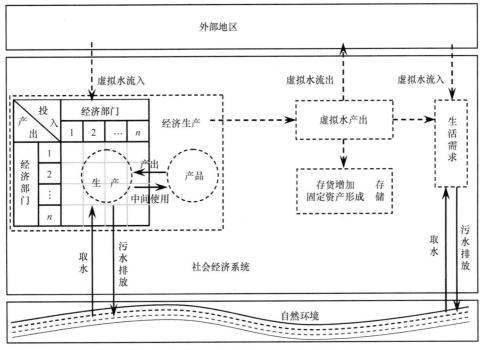

图 6-1 社会经济系统水循环的基本过程和框架(王勇,2009)

在各经济部门的虚拟水产出中,一部分虚拟水随经济生产对各类产品的中间消耗而重新返回到经济生产的过程中,用于本部门和其他部门虚拟水的转化。其他部分的虚拟水则随各经济部门产品的最终使用用于满足区域社会生活对虚拟水的消费需求,参与地区间的虚拟水贸易,以及形成各经济部门虚拟水的累积。此外,在商品贸易中,也有一部分虚拟水随着外地产品流入到本地经济生产和社会生活中,参与到本地区社会经济系统的水循环中。经济生产和社会生活中所产生的污水经相关处理后排入自然环境。

6.1.3 实体水流动过程

区域社会经济系统对物理态水资源的使用是社会经济系统水循环的开始环节,从社会经济系统水循环整个过程来看,本地实体水资源是社会经济系统水循环的基础,其以实物流的形态循环于社会经济系统的不同产业部门、不同区域之间。同时,水资源在经济生产过程中转化为虚拟水,之后随产品和服务的运输、销售和消费在社会经济系统中流动和转化,是一种水资源转化后的价值型资源,相对于实体水的流动形式是一种隐性流动。

实体水资源在进入社会经济系统后,通过"取水—供水—用水—排水"环节的流动过程,构成了社会经济系统水循环中实体水的主要流动路径和过程(图 6-2)。其中,用水环节中自然状态的水供给与利用是水资源支撑特定区域社会经济系统运转的关键环节,也是目前区域社会经济生产用水统计、水利部门行业统计的主要对象,现有国民经济和社会活动中用水部门主要有生产用水、生活用水及生态用水三大类别,每一类别内部均有部门细分下的用水情况统计(图 6-2)。水资源以生产投入要素的形式进入经济生产、社会生活及其他部门,再以产品输出及污水进行社会经济系统内部的循环流动。

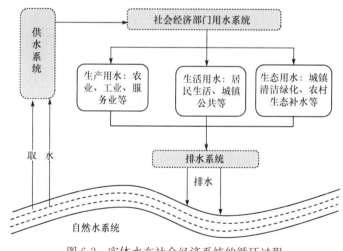

图 6-2 实体水在社会经济系统的循环过程

6.2 社会经济系统及用水变化

区域社会经济系统是自然水系统进入社会经济系统相互作用、相互影响的载体,社会经济系统自身的变化会影响到该区域自然水系统的变化。本节对 1994~2013 年张掖市社会经济系统及用水的主要指标变化特征进行分析,总结张掖市在这 20 年里社会经济及社会经济用水变化过程及特点,以便系统地对比分析 2000 年黑河综合治理工程及调水方案实施前后张掖绿洲社会经济系统本身的发展变化过程及特征。

6.2.1 社会经济系统变化

1. 经济总量呈快速增长趋势

社会经济系统是人类活动与自然水系统相互作用、相互影响的载体,也是水资源在人类活动影响下进入社会经济系统的循环载体。社会经济系统自身的变化过程受不同水资源条件变化的影响,同时这一过程也影响自然水系统的变化。绿洲经济是内陆河流域重要的社会经济系统,处于黑河中游的张掖市是典型的天然绿洲镶嵌人工绿洲的绿洲社会经济系统。张掖市 GDP 从 1994 年的 27.6 亿元增长到 2013 年的 335.97 亿元,20 年里以 14.1% 的年均增速快速增长。从人均水平看,人均 GDP 从 1994 年的 2339 元增长至 2013 年的 27788元,以 13.1% 的年均增速快速增长,如图 6-3 所示。

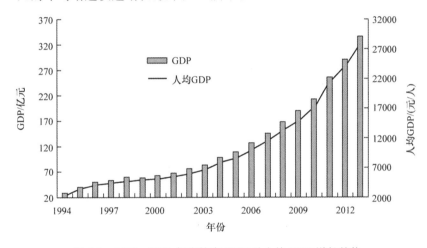

图 6-3　1994～2013 年张掖市 GDP 及人均 GDP 增长趋势

2. 产业结构呈工业、服务业比例上升,农业比例下降趋势

产业结构指区域内第一、第二、第三产业占地区生产总值的比例结构。张掖市由于资源条件、区域发展战略变化等,产业结构经历了以第一产业为主发展变化为以第二、第三产业为主,其中第三产业的上升比例较为突出。1994～2013 年,产业结构呈现一二三(1994～2004 年)到二三一(2005～2011 年)再到三二一(2012～2013 年)的演变过程,2004 年以后,第二产业、第三产业比例持续上升,尤其是第三产业的增长最为突出,第一产业比例持续下降,具体如图 6-4 所示。

3. 林牧渔产值增长快于种植业产值增长

张掖市是甘肃省重要的商品粮生产基地,农业是张掖市的基础性产业。2013 年,张掖市粮食产量位居全省第 3 位,其中粮食、谷物人均占有量分别为 1057.7kg、854.6kg,为甘肃

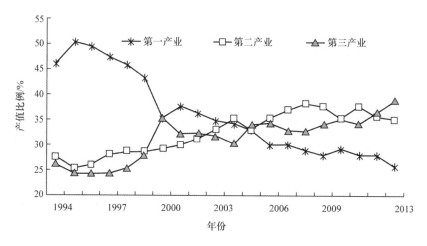

图 6-4　1994～2013 年张掖市三次产业比例变化

省最高。由于水资源条件及经济结构调整的压力,农业结构的调整是张掖市产业结构调整的重要内容。农业结构调整包括农业内部种植业和林牧渔,以及种植业内部粮食作物和经济作物两个层面的结构调整。

1994～2013 年,种植业产值由 1994 年的 10.63 亿元增长为 2013 年的 99.40 亿元,年均增长 12.5%;同时,林牧渔产值由 1994 年的 4.77 亿元增长为 2013 年的 55.30 亿元,年均增长 13.8%,如图 6-5 所示。因此,20 年里,张掖市种植业产值增长速度低于林牧渔产值增长速度,第一产业内部呈现林牧渔产值比例上升趋势,农业结构调整逐渐优化。

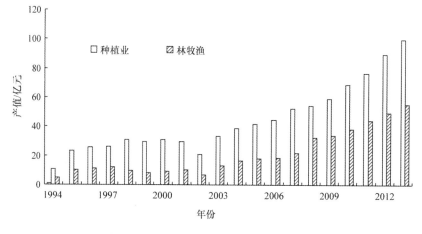

图 6-5　1994～2013 年张掖市农业结构变化

4. 以制种玉米为主的相对节水型农作物种植面积逐步增大

1993～2013 年,张掖市农作物播种总面积呈上升趋势,由 2000 年的 207.58×10³ hm² 扩大到 2013 年的 271.61×10³ hm²,其中粮食作物播种面积以年均 1.43% 的增速呈上升趋势,经济作物播种面积以年均 0.34% 的增速呈上升趋势。粮食作物播种面积上升速度快于经济作物,如图 6-6 所示。

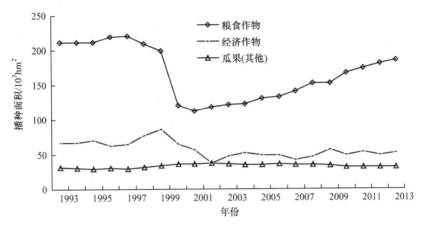

图 6-6 1993~2013 年张掖市主要农作物播种面积变化

粮食作物种植业是张掖市农业产业的第一产值大户,主要作物类型为小麦、玉米,随着农业结构的调整,张掖市粮食作物种植结构发生了较大变化。小麦种植面积由 2000 年的 $58.82 \times 10^3 hm^2$ 下降为 2013 年的 $49.15 \times 10^3 hm^2$,年均减少 1.4%。而制种玉米种植面积由 2000 年的 $22.70 \times 10^3 hm^2$ 上升为 2013 年的 $82.30 \times 10^3 hm^2$,年均增长 10.4%,瓜果及其他经济作物种植面积小幅增加。

6.2.2 社会经济系统用水变化

1. 用水总量趋于稳定

根据历年《甘肃省水资源公报》,1994~2013 年,张掖市用水总量在 18.20 亿~24.40 亿 m^3 波动,最低为 2001 年的 18.20 亿 m^3,最高为 2012 年的 24.40 亿 m^3,20 年平均用水总量约 22.20 亿 m^3,用水总量在 2000~2005 年出现年际间的较大波动,20 年总体上基本平稳,以年均 0.24% 的速度小幅增加。部门用水总量中,行业用水量由大到小依次为农业用水年均用水总量为 21.00 亿 m^3;工业部门年均用水总量为 0.56 亿 m^3;居民生活、生态用水、城镇公共年均用水总量分别为 0.34 亿 m^3、0.25 亿 m^3、0.09 亿 m^3。

2. 农业、种植业用水比例呈下降趋势

张掖市现有用水统计部门主要由农业、工业、服务业、居民生活、城镇公共及生态用水 6 个部门组成。1994~2013 年,张掖市农业用水占总用水量的比例平均约为 95%,其中农业用水和工业用水总计占总用水量的 97%~99%,说明农业和工业是主要的用水部门。

农业用水主要有农田灌溉用水和林牧渔业用水。1994~2013 年,张掖市农田灌溉用水平均约占农业用水总量的 90.5%,林牧渔用水约占 9.5%。农田灌溉用水在 15.00 亿~

21.00 亿 m³ 波动,总体上呈稳定趋势,年均约以 0.07%的变化率呈小幅增长趋势,而林牧渔用水总量以年均 4.77%的增幅呈上升趋势,如图 6-7 所示。

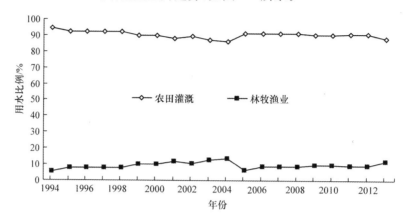

图 6-7 1994～2013 年张掖市农业用水结构变化

3. 单位产值用水量均呈快速下降趋势

总体上,1994～2013 年张掖市万元 GDP、农业部门万元产值用水量均呈快速下降趋势,前者年均下降 11.8%,后者平均下降 8.1%,主要用水大户农业的用水强度有所下降,但仍高于 GDP 用水强度,且年均下降速度低于 GDP 用水强度的下降速度 3.7 个百分点,如图 6-8所示。同时,工业、服务业万元产值用水量也呈下降趋势。

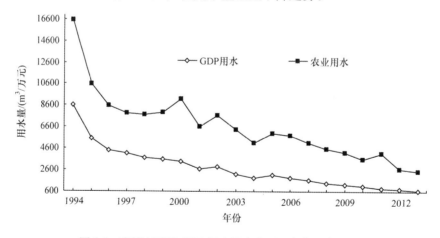

图 6-8 张掖市万元 GDP 用水及农业万元产值用水变化

6.2.3 部门之间水资源流动变化

1994～2013 年,每年张掖市约 22.00 亿 m³ 的总用水量在农业与非农业(工业、服务业、居民生活、城镇公共、生态用水)用水部门之间配置使用,农业用水量每年约占总用水量的

95.00%,非农业部门(工业生产、居民生活、城镇公共及生态用水)总计用水量约占5.00%。20年里,农业用水比例年均变化率不到0.01%,而非农业用水比例年均变化为0.92%。产业部门之间用水比例的变化表明,水资源在张掖市产业系统内部的循环流动总体上呈现农业内部的循环量保持稳定或小幅减少,而水资源在非农业部门的循环量呈逐渐增加的趋势。

6.2.4 基于投入-产出的张掖市主要生产部门水量对比

1. 投入-产出分析中水效率指标介绍

投入-产出(I-O)技术是通过国民经济中各部门之间投入与产出的对应关系来研究经济结构之间依存关系的分析方法,分析工具主要有投入产出表和投入产出数学模型(Chen et al.,2005;Correa et al.,1999)。针对地区产业部门用水结构特征的研究,投入-产出分析法是国内外应用比较广泛的分析方法(Velázquez,2006),是通过一系列技术指标计算分析不同类别产业用水效率及效益,以此定量分析评价产业用水现状、用水结构、用水效益的分析工具(汪党献等,2005)。投入-产出分析法依据的主要模型公式如下:

$$X = (I-A)^{-1}Y \tag{6-1}$$

式(6-1)为计算的基本等式。式中,X、Y分别为总投入行向量和最终产品列向量;$(I-A)^{-1}$为列昂惕夫逆矩阵。引进第j行业取水量(又称直接取水系数)W_j,设定Q_j的对角矩阵为Q,则表6-1中的行业用水量矩阵形式表示为

$$W = XQ \tag{6-2}$$

式中,W为各经济行业用水量的行向量,$W = (W_1, W_2, \cdots, W_n)$。式(6-1)和式(6-2)构成了水资源投入产出分析模型。衡量用水投入水平的指标有直接用水系数和完全用水系数。

(1)直接用水系数。该系数(W_{dj})是度量产业部门用水强度的主要指标,指该行业生产单位产品所需要的自然形态的水资源量。可以采用万元产值(X_j)取水量(W_j)表示,其公式为

$$W_{dj} = W_j / X_j \quad (j=1,2,\cdots,n) \tag{6-3}$$

其行向量为
$$W_d = (W_{d1}, W_{d2}, \cdots, W_{dn}) \tag{6-4}$$

(2)完全用水系数。完全用水系数(W_{tj})反映每增加1万元的最终产品,不仅包括部门生产直接耗用的水资源量,也包括生产过程来自其他部门投入的间接水消耗量,其主要用来分析经济行业在生产过程的累积耗水量水平。其计算公式为

$$W_{tj} = W_{dj}(I-A)^{-1} \tag{6-5}$$

式中,I为单位矩阵;A为直接消耗系数矩阵。

$$W_t = [W_{t1}, W_{t2}, \cdots, W_{tn}] \tag{6-6}$$

式中,W_t为完全取水系数行向量。

各经济部门的直接用水系数建立了经济生产与自然状态水资源之间的直接联系,反映的是各经济部门在生产单位产品的过程中对自然状态水资源的使用情况;而各经济部门的

完全用水系数则建立了经济生产与水资源之间的直接和间接联系,反映了各经济部门生产单位产品时对水资源的全部消耗状况。

2. 张掖市主要经济部门用水系数分析

由本节公式计算的 2002 年和 2007 年张掖市各经济部门的用水系数见表 6-1。

表 6-1　2002 年和 2007 年张掖市各经济部门用水系数对比　（单位：m³/万元）

经济部门	直接用水系数		完全用水系数	
	2002 年	2007 年	2002 年	2007 年
种植业	5897.68	2001.27	7173.55	2151.65
工业	—	30.05	—	447.62
采选业	54.20	—	417.87	—
制造业	92.60	—	1188.20	—
电力业	411.78	—	519.71	—
建筑业	18.40	30.05	596.25	93.77
服务业	16.36	14.56	334.93	308.02

张掖市主要产业部门用水效率在 2007 年均低于 2002 年的用水水平,尤其是最主要的用水部门种植业,其直接用水系数由 2002 年的 5897.68m³/万元下降为 2007 年的 2001.27m³/万元,5 年间种植业每万元产值用水量下降 3896.41m³;从完全用水系数看,种植业部门完全用水系数由 2002 年的 7173.55m³/万元下降为 2007 年的 2151.65m³/万元,即种植业每万元产值用水量（含虚拟水）5 年间下降 5021.9m³。其余部门（建筑业除外）每万元产值用水量均呈减少趋势。因此,张掖市主要用水部门万元产值直接用水量、完全用水量（含间接）呈减少趋势,产业部门用水效率的提高较为明显。

同时可以看出,张掖市农业各部门表现出较高的用水强度和较强的直接耗水能力,除畜牧业部门外,其他各农业部门的用水系数均大于 5000.00m³/万元;在用水构成上,各农业部门直接用水在完全用水构成中所占的比例均超过 70.0%。各工业和服务业部门在生产过程中对水资源的消耗却比较少,除电力业部门外,其他工业和服务业部门的直接用水系数均小于 100.00m³/万元。虽然消耗自然形态的水较少,但是这些部门在生产中却更多地依赖其他部门产品的投入,从而造成水资源的间接消耗。除电力业外,其他工业和服务业部门的间接用水均占到其完全用水的 90.0%以上,其中运输邮电业、建筑业及服务业部门更是超过 95.0%。

6.3　社会经济系统用水驱动因素

影响区域社会经济用水的因素涉及该区域自然资源禀赋特征、社会经济发展状况及各种人文因素。然而,区域经济总量、产业结构变化、技术进步程度是反映区域经济总量、经济结构调整及技术进步程度的关键指标,也是影响区域能源、资源消耗的关键因子,其中经济总量代表该地区全社会生产总值,产业结构变化主要指区域产业体系中第一、第二、第三产业的产值比例变化情况,而技术进步程度主要指该地区不同领域的技术改进对用水的影响,以万元产值用水量表示。甄别 3 个关键影响因素对区域用水总量的影响程度,可以从分析用水驱动机制的角度认识社会经济系统变化对区域用水总量的影响。本节借助因素分解模型的构建,揭示了张掖市经济总量增长、三次产业结构调整,以及技术进步引起用水强度的变化对张掖市用水总量的影响贡献率,从而对张掖绿洲主要的用水影响因素进行时间差异的分析。

6.3.1 要素分解模型构建

全要素分解模型(complete decomposition model)能够分析资源约束、结构变动、技术进步与经济增长之间的关系(Stern et al.,1996),已较为广泛地应用在能源研究领域(Sun, 2002)。区域水资源约束及消费与能源约束有很多相同之处,因此可以借鉴该方法构建水资源利用的分解模型,进而将水资源约束与产业结构调整变动、生产技术的进步与经济总量增长联系起来,四个方面有机地结合起来综合分析影响水资源消耗的驱动关系。

全要素模型的具体构建过程如下:将区域用水(WU)总量的变化看作是经济总量增长(以 GDP 总量表示)、产业结构(以区域三大产业分别占 GDP 的比例 S_j 表示)和用水强度(以单位 GDP 用水量 I_j 表示)这 3 种因素共同作用的结果,即用水的变化分解为 3 种不同的驱动效应:经济总量增长效应(GDP$_e$)、产业结构调整效应(S$_e$)和产业用水强度效应(I_e)。

区域用水总量变化的全要素分解模型可用式(6-7)表达:

$$WU = GDP \times \sum S_j I_j \tag{6-7}$$

假设基期指标(第 0 年)用上标 0 表示,第 t 年指标用下标 t 表示,则基期和第 t 年产业用水可分别用 WU^0 和 WU$_t$ 表示,t 年间产业用水变化量 ΔWU(ΔGDP,ΔS 及 ΔI 同理)为

$$\Delta WU = WU_t - WU^0 \tag{6-8}$$

因子 GDP、I 和 S 的变化对 ΔWU 的贡献(三因素的分解效应)分别为

$$\Delta WU = GDP_e + S_e + I_e \tag{6-9}$$

变化效应 GDP$_e$、S$_e$ 和 I_e 为正值,表示经济总量增长、产业结构调整和水资源利用效率的变化将加大水资源的利用量,其变化值称为产业用水变化的增量效应;反之,负值表示各自的减量效应。利用以上分解方法,可分析不同时空条件下特定区域经济规模扩大、产业结构调整和水资源利用强度因素对产业用水变化影响的程度、特点及规律。

因子 GDP、S 和 I 的变化对 ΔWU 的贡献(三因素的分解效应)分别为

$$GDP_e = \Delta GDP \sum_{j=1}^{3} I_j^0 S_j^0 + \frac{1}{2} \Delta GDP \sum_{j=1}^{3} (I_j^0 \Delta S_j + S_j^0 \Delta I_j) + \frac{1}{3} \Delta GDP \sum_{j=1}^{3} \Delta S_j \Delta I_j \tag{6-10}$$

$$S_e = GDP^0 \sum_{j=1}^{3} I_j^0 \Delta S_j + \frac{1}{2} \Delta S_j \sum_{j=1}^{3} (I_j^0 \Delta GDP + GDP^0 \Delta I_j) + \frac{1}{3} \Delta GDP \sum_{j=1}^{3} \Delta S_j \Delta I_j \tag{6-11}$$

$$I_e = \text{GDP}^0 \sum_{j=1}^{3} \Delta I_j S_j^0 + \frac{1}{2} \Delta I_j \sum_{j=1}^{3} (S_j^0 \Delta\text{GDP} + \text{GDP}^0 \Delta S_j) + \frac{1}{3} \Delta\text{GDP} \sum_{j=1}^{3} \Delta S_j \Delta I_j$$

$$(6\text{-}12)$$

6.3.2 数据及处理

根据 1994~2013 年《甘肃省水资源公报》中 14 个市(州)的用水数据、张掖市统计年鉴数据,分别计算列出 1994~2013 年张掖市经济总量及第一、第二、第三产业产值占 GDP 的比例(S_1,S_2,S_3),并依据行业用水总量,分别计算得出三大产业万元产值用水量,即用水强度(I_1,I_2,I_3)。依据相关研究文献(云逸等,2008),第三产业用水和生活用水具有高度的相关性,因此本书选取生活用水数据作为第三产业用水,见表 6-2。

表 6-2 1994~2013 年张掖市产业结构及用水强度变化

年份	第一产业 比例 S_1/%	第二产业 比例 S_2/%	第三产业 比例 S_3/%	第一产业用水 强度 I_1/(m³/万元)	第二产业用水 强度 I_2/(m³/万元)	第三产业用水 强度 I_3/(m³/万元)
1994	46.18	27.55	26.27	16545.15	1337.58	510.45
1995	50.35	25.31	24.34	10543.72	489.18	322.95
1996	49.59	26.01	24.40	8523.52	419.05	263.60
1997	47.55	28.13	24.32	7888.15	389.10	247.88
1998	45.80	28.75	25.45	7757.41	368.56	215.12
1999	43.31	28.67	28.02	7944.76	307.09	241.35
2000	35.16	29.25	35.59	9166.01	268.86	176.67
2001	37.80	30.00	32.20	6645.11	220.23	211.89
2002	36.30	31.29	32.41	7643.98	174.13	180.01
2003	34.95	33.16	31.89	6369.46	141.45	113.37
2004	34.41	35.36	30.23	5072.02	138.42	103.65
2005	32.83	33.04	34.14	5995.68	131.04	94.68
2006	30.06	35.39	34.55	5814.70	104.90	83.55
2007	30.12	36.97	32.91	5090.85	81.76	76.38
2008	28.98	38.28	32.73	4539.33	66.37	68.87
2009	27.95	37.75	34.29	4202.53	60.14	54.05
2010	29.30	35.45	35.25	3575.09	61.78	48.91
2011	28.00	37.80	34.30	4099.35	71.14	55.67
2012	28.04	35.52	36.44	2695.62	56.08	34.83
2013	25.95	35.12	38.93	2476.00	58.82	21.66

根据全要素分解模型中的公式[式(6-7)~式(6-12)],计算出张掖市 1994~2013 年经济总量增长、产业结构调整及用水强度变化对整个区域用水影响的贡献率(以年份变动间距为 1 作分析)。测度各影响因素驱动所带来的区域用水总量变化的减量效应、增量效应。同时,因为各影响因素数据量纲的差异较大,而变异系数(coefficient of variation)能够消除测

量尺度和量纲差异的影响,较为客观地反映数据之间的离散程度(杨运清等,1994),因此对 1994～2013 年数据结果进行各自变异系数的计算,其计算公式为数据样本的标准差与其平均数的比。以上建模和计算结果见表 6-3 和图 6-9。

表 6-3　1994～2013 年张掖市用水关键驱动因素分解分析　　　（单位:亿 m³）

年份	经济增长 效应(GDP$_e$)	结构调整 效应(S_e)	用水强度 效应(I_e)	用水变化 量(ΔWU)
1994～1995	8.55	−10.73	1.79	−0.39
1995～1996	5.01	−4.70	−0.31	0.01
1996～1997	1.36	−1.66	−0.82	−1.12
1997～1998	2.04	−0.42	−0.74	0.88
1998～1999	0.10	0.43	−1.12	−0.59
1999～2000	1.61	2.74	−4.17	0.18
2000～2001	1.57	−6.11	1.35	−3.19
2001～2002	1.89	2.50	−0.75	3.63
2002～2003	2.06	−3.87	−0.73	−2.55
2003～2004	3.31	−4.16	−0.27	−1.12
2004～2005	2.17	3.21	−0.91	4.46
2005～2006	3.07	−0.83	−1.90	0.34
2006～2007	3.39	−3.12	0.05	0.32
2007～2008	3.43	−2.71	−0.85	−0.14
2008～2009	2.86	−1.87	−0.80	0.19
2009～2010	2.38	−3.66	1.04	−0.24
2010～2011	2.35	3.16	−0.99	4.52
2011～2012	6.90	−2.83	0.02	4.09
2012～2013	3.21	−1.99	−1.68	−0.45
均值	3.01	−1.93	−0.62	0.46
变异系数	0.64	−1.77	−2.00	4.61

6.3.3　各因素的时间差异分析

分析表明,1994～2013 年,经济总量增长是张掖市影响用水总量变化的主要驱动因素,其对用水总量的变化呈现增量效应;而产业结构调整、用水强度的变化对用水总量的变化呈现不同程度的负向驱动力,即减量效应。同时,经济总量增长的增量效应略大于后两者的减量效应之和,这 3 种因素变化产生的效应叠加使张掖市用水总量出现一定的波动性,总体上呈现小幅增加的趋势,三者效应驱动下的用水总量的年际变化均值为 0.46 亿 m³。依据各因素效应值的变异系数绝对值,产业用水强度对用水的减量效应呈现较大的波动性,产业结构调整效应值次之,而经济总量增长对用水量的增量效应较为稳定,3 种因素不同类型的驱动效应下张掖市用水总量的变化量在年际的波动较大,如图 6-9 所示。

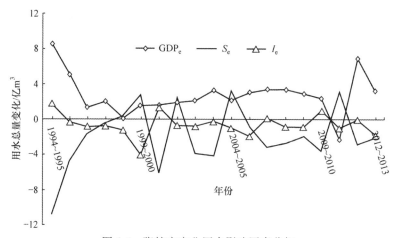

图 6-9　张掖市产业用水影响因素分解

GDP$_e$:经济总量增长效应;S$_e$:产业结构调整效应;I$_e$:产业用水强度效应

1. 经济总量增长是用水增加的主要拉动因素

1994～2013 年的研究期跨越了张掖市不同区域发展战略阶段,国民经济发展经历了从"九五"到"十二五"的 4 个五年规划期。20 年里张掖市的经济总量约以 14％的年均增速持续快速增长,经济总量的持续增长是引起产业用水增加的主要正向驱动因素,经济总量增长对用水总量产生的年度间变化效应均值为 3.01 亿 m³,每年度均表现为不同程度的增量效应。1999 年以来,经济总量增长体现了较强的增量拉动作用,2000～2013 年年均用水量增加约 3.21 亿 m³,高于 20 年平均值,总体上经济总量增长的增量效应呈稳定趋势。

2. 产业结构调整是用水减少的主要驱动因素

1994～2013 年,张掖市产业结构经历了第一产业比例持续下降,第二、第三产业比例持续上升,产业结构的调整优化体现高耗水行业比例稳定或小幅下降的趋势,而类似工业、服务业相对低耗水行业用水比例下降。同时,农业内部呈现种植业用水比例下降,林牧渔用水比例上升的发展变化趋势。依据用水影响因素分解分析结果,张掖市产业结构的调整对用水总量呈现明显的负向驱动作用,20 年减量效应均值为 -1.93 亿 m³,同时,产业结构调整的减量效应呈现较强的波动性。从效应数据的变异系数看,产业结构效应影响幅度较为明显,对用水总量的减量效应呈现一定的波动性。其中,2000 年以后,减量效应更为突出,如图 6-9 所示。

3. 部门用水强度的降低引起用水总量减少

1994～2013 年,张掖市三大产业的用水强度变化对用水总量的影响呈现负向驱动效应,20 年里对用水总量变化影响的效应平均值为 -0.62 亿 m³,影响幅度小于经济总量增长与产业结构调整的影响效应值。用水强度变化引起的效应波动性较小,体现了部门用水强度的减少对用水总量较为稳定的减量效应。

6.4   黑河调水对社会经济系统及用水影响

本节旨在分析 2001 年前后,即黑河流域调水工程实施前 7 年及实施后 13 年张掖市社会经济系统、用水状况、用水影响因素变化,以及其他与调水工程有关的因素各自的变化特征,以分析和评估重大水利工程实施的实际社会经济效应,客观揭示该工程对黑河中游绿洲社会经济系统变化及用水变化的影响特征及存在的主要问题。

6.4.1   调水对中游经济节水要求

2001 年起,黄河流域管理委员会决定对黑河水量进行统一调度。按照黑河分水方案,平水年黑河莺落峡来水量为 15.8 亿 m^3,正义峡应向下游下泄水量 9.5 亿 m^3。张掖市黑河干流地区的可用水量从分水前的近 9.0 亿 m^3 减至 6.0 亿 m^3 左右,张掖绿洲人均水资源量减少至 1190m^3,每公顷耕地水资源量减至 7665m^3,分别只有全国平均水平的 57% 和 29%(石敏俊等,2011)。

6.4.2   调水对社会经济发展影响

张掖市在黑河调水工程实施前后(2000 年)GDP 均呈上升趋势;1994～2000 年,张掖市GDP 以年均 19.70% 的增速呈快速增长趋势,2001～2013 年,GDP 年均增长 14.17%,增长速度小于 2000 年以前。总体上,调水工程对张掖市经济总量的总的增长趋势并未产生明显影响,但调水工程实施前 7 年 GDP 的平均增速高于调水工程实施后 13 年的平均增速。

从经济结构的变化趋势看,调水前后,张掖市经济结构出现调水前高耗水部门占主导,调水后高耗水部门产值比例逐渐下降,而低耗水部门产值比例上升的情况,体现为第一产业产值比例下降,而第二、第三产业产值比例持续上升的趋势。同时,在主要的用水部门,农业内部出现种植业产值比例小幅下降,而林牧渔业产值比例持续上升的趋势。同时,在种植业内部夏秋作物及作物品种之间也同样出现高用水作物比例下降,在种植方式上也出现向节水种植模式转变的趋势。依据实地调查数据,张掖市由于种植业结构调整,夏秋作物比例分水前为 8∶2,分水后 1.5∶8.5;农作物结构分水前以小麦、小麦-玉米带田为主,分水后以制种玉米为主。由此每年减少 1.5 亿～1.7 亿 m^3 的农业用水量。

6.4.3   调水对社会经济用水影响

依据调水前后张掖市用水数据对比分析,分水前 7 年(1994～2000 年)张掖市年均用水总量为 22.00 亿 m^3,分水后 13 年(2001～2013 年)张掖市年均用水总量约为 22.24 亿 m^3。从用水总量看,黑河分水工程的实施并未减少中游张掖市用水总量的明显变化,而年均用水总量在分水后呈现小幅上升趋势,见表 6-4。

表 6-4 分水工程实施前后张掖市主要用水指标变化

项目	指标	分水前 (1994～2000 年)	分水后 (2001～2013 年)
用水总量	年均用水总量/亿 m³	22	22.24
	年均变化率/%	−3.6	2.5
用水强度 /(m³/万元)	万元 GDP 用水量	4757.6	1640.9
	农业万元产值用水量	9766.9	4939.9
用水结构/%	农业/工业/服务业	95.7/2.8/1.4	94.4/2.2/1.6
	农田灌溉/林牧渔	91.8/8.2	90/10

依据张掖市用水结构数据对比分析,分水前 7 年张掖市农业、工业、服务业(居民生活)平均用水比例为 95.7∶2.8∶1.4,分水后变化为 94.4∶2.2∶1.6,其中农业用水比例在分水工程实施后降低 1.3 个百分点,工业用水减少 0.6 个百分点,而第三产业用水上升 0.2 个百分点。从农业内部主要用水部门比例看,农田灌溉用水的平均比例由分水前的 91.8% 减少为分水后的 90%,而林牧渔用水比例由分水前的 8.2% 上升为分水后的 10%。因此,在黑河调水条件下,张掖市部门用水结构呈现高耗水行业用水比例下降,而相对低耗水行业用水比例上升的趋势,部门用水结构呈调整优化趋势,见表 6-4。

从用水强度看,张掖市在分水前后万元 GDP 用水量、农业万元产值用水量均呈下降趋势,分水前 8 年万元 GDP 用水量、农业万元产值用水量的均值分别由 4757.6m³、9766.9m³ 下降为分水后 13 年的 1640.9m³、4939.9m³,分水前后两个阶段的万元产值用水量差距悬殊。

6.4.4 影响用水的关键因素的变化特征

从影响用水的关键因素及效应值的变化趋势看,分水前年际(年份间隔为 1 年)产业结构调整及用水强度变化因素的减量效应平均值之和大于经济总量增长驱动下的增量效应值,因此用水总量变化呈减少趋势;而分水后,经济总量增长的驱动效应均值大于产业结构调整及用水强度下降的减量效应平均值之和,因此用水总量年际变化值呈上升趋势。因此,从关键影响因素看,分水工程的实施并未减弱张掖市经济总量增长对用水总量的增量驱动效应;同时,产业结构调整与用水强度变化对用水总量的减量效应的影响程度并未增强,见表 6-5。

表 6-5 分水前后关键影响因素效应均值对比　　　　　　　　(单位:亿 m³)

时间段	GDP_e	S_e	I_e	ΔWU
分水前(1994～2000 年)	3.11	−2.39	−0.90	−0.18
分水后(2001～2013 年)	2.97	−1.71	−0.50	0.76

6.4.5　用水方式的变化

1. 分水后张掖市节水灌溉面积持续增加

分水前(2000 年),张掖市节水灌溉总面积为 159.8 万亩,分水后 5 年(2005 年)上升为
218.7 万亩,分水后 10 年(2010 年)节水灌溉面积达 250.6 万亩。其中,灌溉方式中,分水后
低压管灌、微灌、喷滴灌等高效节水灌溉技术应用推广面积逐年增多,如图 6-10 所示。

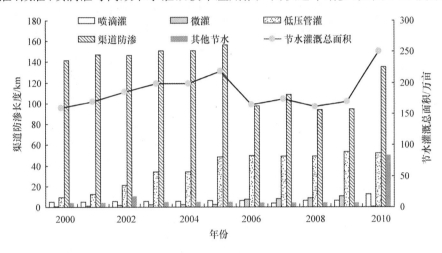

图 6-10　2000~2010 年张掖市分水前后灌溉面积及技术变化

2. 分水后引水、灌溉次数明显减少

据实地调查,张掖市主要灌区农田灌水次数由分水前的 7~8 次减少为分水后的 5~6
次,亩均减少用水量 160m³;用水高峰期由 5~6 月延至 8~9 月。以张掖市粮食生产区临泽
县为例,临泽县在分水工程实施后灌溉引水时间大幅缩短,引水量减少。经统计,分水后 10
年(2000~2009 年),临泽县年均干口引水量为 4.18 亿 m³(最多的 2000 年为 4.24 亿 m³,最
少的 2001 年为 3.96 亿 m³),较水量调度前年均少引水量 1.42 亿 m³。为完成调水任务,在
灌溉高峰期临泽县轮次引水时间为 13~15 天,每月调水时间为 15 天左右,引水时间短,而
调水时间长(张掖市水务局,2015)。

3. 分水后地下水开采量大幅增加

据实地调研分析,黑河分水工程实施后,张掖市地下水开采量约增加 2 亿 m³;地下水开
采量由分水前的 0.7 亿~1.0 亿 m³ 增加至分水后的 3.0 亿 m³;灌溉方式由河水渠灌、井渠
混灌逐步演变为单一井管方式;机井数量从分水前的 3300 眼增加到 1 万眼以上,机井深度
从几十米增加至 120~200m。以临泽县为例,分水后地下水开采量大幅增加,机井数量由调
水前的 262 眼增加到 2014 年的 1685 眼,年提水量由 1200 万 m³ 增加到 8000 万 m³ 余。

6.4.6 其他影响

1. 节水型社会建设有利于调水工程的实施

节水型社会建设试点对于缓解黑河分水后张掖市的水资源紧张起到了一定的积极作用,其主要表现在确认了水权制度,按水权面积进行水资源分配,规范了各灌区之间水资源的分配秩序,使得"总量控制"下水资源分配有据可依,改进了水资源管理;渠系衬砌等水利工程措施减少了灌溉用水损失,提高了水资源利用效率;作物种植结构调整符合农民预期收入,特别是制种玉米对带田的替代降低了单位面积灌溉定额,提高了用水效率,增加了农民收益,为保障黑河分水方案的顺利实施发挥了积极作用。

2. 分水引起中游生态用水减少

为实现黑河水量调度任务,调度条件下的引水量主要满足农田灌溉及其他生产、生活部门用水需求,导致张掖市部分农业生产县(区)生态用水量在分水后低于分水前。以临泽县为例,调水前每年用于生态灌溉的水量约为 8600 万 m^3,调水后为完成调水任务,灌溉引水量大幅减少,现有引水量和机电井提水量仅能基本满足农田灌溉需求,生态用水下降到 3000 万 m^3 左右,生态用水不足,全年无法灌溉的林草地面积近 10 万亩,其余部分全年能灌水一次,林草地年受旱面积约 15 万亩,大部分林草地退化。同时,为维持农田灌溉,临泽县近年来大量开采地下水,导致地下水位下降,一些地方地下水下降深度已达 6m,造成湿地大量萎缩甚至消亡,原有生态系统也受到威胁。

3. 分水后农民节水意识增强

农民节水行为是反映农民节水意识的重要指标。表 6-6 中数据显示,在张掖市被调查的农民中,有 98.3% 的农民认为,与分水项目实施前相比,已有节约用水习惯;有 64% 的农民在农业生产中开始采用高新节水技术。可见,项目实施后,中游地区大部分农民已经能够自觉节水,这主要是因为他们认为,节水一方面可以减少水费的支出,从而减少他们的经济负担;另一方面还可以改善下游的生态环境,给下游地区带来好处。但是在张掖市实地调查中发现,喷灌、滴灌、管灌等高新节水技术并没有得到所有农民的青睐,这主要是因为这几种节水措施的前期投入很大,而且更适合大面积种植(杨春红等,2006)。因此,调水工程虽然已实施多年,但在配套政策、节水技术支撑等方面仍有待进一步改进和完善。

表 6-6 张掖市农民对调水工程的态度(杨春红等,2006)

序号	问题	选项	人数	百分比/%
1	与项目实施前相比,您现在是否有节水习惯?	有	470	98.3
		没有	8	1.7
2	在农业生产中,您有没有采用高新节水技术?	有	306	64.0
		没有	172	36.0

社会经济系统水循环在理论上界定了水资源进入社会经济系统后的基本形式、关键流动过程,社会经济系统水循环的研究需侧重两个方面:一方面是社会经济系统内部不同用水部门(水循环载体)自身的发展变化,另一方面是社会经济系统对水资源的循环流动过程的变化。本章以张掖市特定时间段社会经济系统用水为研究截面,分析了张掖市社会经济系统及用水系统的发展变化特征,并分析了在黑河重大水利工程影响下区域社会经济系统自身、区域用水变化特征,以揭示工程实施对中游社会经济及用水的影响程度,主要结论有以下方面。

(1) 1994～2013 年张掖市 GDP、人均 GDP 均以约 14% 的年均速度呈快速增长趋势。经济结构在 20 年里呈现不同层次的优化趋势,三产比例由 1994 年的 50∶25∶25 调整为 2013 年的 26∶35∶39;农业内部种植业与林牧渔总产值比例由 1994 年的 69∶31 调整为 2013 年的 64∶36。从用水特征来看,20 年里,张掖市用水总量年均增长 0.24%;用水结构呈现高耗水部门用水比例下降,低耗水行业用水比例相对上升的趋势;主要用水部门农业内部农田灌溉用水呈下降趋势,林牧渔用水小幅上升。

(2) 从影响用水总量的关键因素的影响程度来看,张掖市经济总量增长是拉动用水量增加的主要驱动因素,每年平均引起总用水量的增量效应值为 3.01 亿 m^3;产业结构调整及用水强度的下降对用水总量的变化表现为减量效应,其效应均值分别为 -1.93 亿 m^3、-0.62 亿 m^3,两者减量效应之和略小于增量效应,符合张掖市用水总量总体小幅上升的趋势。

(3) 2000 年开始实施的黑河流域综合治理工程,其调水方案的实施对中游社会经济系统及用水的影响主要表现在用水总量的约束引起主要用水部门之间的结构比例变化;同时,分水工程的实施对中游经济的节水导向引起农民灌溉方式、节水技术及节水意识的明显改进。主要体现在分水前,张掖市产业结构实现由分水前的"一二三"到"三二一"的重大转型调整;同时,农业内部种植业产值比例小幅下降,而林牧渔产值比例小幅上升。从用水指标来看,分水条件下张掖市用水总量没有明显变化,1994～2013 年呈小幅上升趋势,但用水结构发生了较为明显的调整优化,高耗水行业用水比例在分水前大于分水后的比例,分水后农业用水比例和农业内部农田灌溉用水比例分别降低了 1%～2%,工业用水、服务业用水及农业内部林牧渔用水比例呈逐渐上升趋势。在用水方式上,种植方式的改变引起用水方式的转变,农作物结构在分水前以小麦、小麦-玉米带田为主,分水后以制种玉米为主。另外,分水后张掖市被调查农民中 98.3% 的农民节水意识增强,64% 的农民应用不同类型的节水技术。

参 考 文 献

康尔泗,李新,张济世,等,2004. 甘肃河西地区内陆河流域荒漠化的水资源问题[J]. 冰川冻土,26(6): 657-667.

龙爱华,2008. 社会水循环理论方法与应用初步研究[D]. 北京:中国水利水电科学研究院.

石敏俊,王磊,王晓君,2011. 黑河分水后张掖市水资源供需格局变化及驱动因素[J]. 资源科学,33(8): 1489-1497.

汪党献,王浩,倪红珍,等,2005. 国民经济行业用水特性分析与评价[J]. 水利学报,36(2):167-173.

王勇,2009. 张掖市社会经济系统水循环研究[D]. 北京:中国科学院研究生院.

王勇,肖洪浪,陆明峰,2008. 张掖市国民经济用水的投入产出分析[J]. 中国沙漠,28(6):1197-1201.

杨春红,唐德善,王瑞娜,2006. 黑河治理对农民节水意识影响的定性评价[J]. 人民黄河,28(12):8-9.

杨运清,张宏,1994. 变异系数差异的显著性检验[J]. 东北农业大学学报,25(1):27-31.

云逸,邹志红,王惠文,2008. 北京市用水结构与产业结构的成分数据回归分析[J]. 系统工程,26(4):
67-71.

张掖市水务局,2015. 黑河调水对临泽县经济社会发展的影响[R]. 张掖:张掖市水务局.

CHEN X K,GUO J E,YANG C H,2005. Extending the input-output model with assets [J]. Economic Systems Research,17(2):211-225.

CORREA H,CRAFT J,1999. Input-output analysis for organizational human resources management[J]. Omega-international Journal of Management Science,27(1):87-99.

STERN D,COMMON M,1996. Economics growth and environmental degradation:the environmental Kuznets carve and sustainable development[J]. World Development,24(7):1151-1159.

SUN J W,2002. Changes in energy consumption and energy intensity:a complete decomposition model [J]. Energy Economics,20(1):85-100.

VELAZQUEZ E,2006. An input-output model of water consumption:Analysing intersectoral water relationships in Andalusia [J]. Ecological Economics,56(2):226-240.

WANG Y,XIAO H L,LU M F,2009. Analysis of water consumption using a regional input-output model,model development and application to Zhangye City,Northwestern China [J]. Journal of Arid Environments,73:894-900.

|第7章| 社会水文学研究揭示的黑河流域人水关系演变

水是人类生产生活最基本的资源,也是影响生态环境最重要的要素之一(程国栋等,2006;肖洪浪等,2006)。人类在开发和利用水资源过程中,或多或少会影响天然水循环过程,内陆河每一次流域水循环的改变都会驱动新一轮绿洲格局的调整(程国栋等,2006;肖洪浪等,2006)。从短期看,流域内基于水土资源的农业发展带来了农业产量的飞速增长,同时也伴随着耗水量急剧增加、土地覆被明显变化及人类干扰加强。从长远看,水影响着许多古文明的产生、演化及消亡过程。千百年来,西北内陆河地区水环境在干湿交替中不断退化,当水资源利用率接近临界生产力时,流域水环境、水循环和水平衡状态在还没有被人类认识时就已经进入新的状态(肖洪浪等,2006;竺可桢,1973)。为了有目的地调控人水关系,实现人水关系和谐及经济-社会-生态环境的可持续发展,唯有充分阐明流域水环境变迁及其与人类活动的互馈机制(肖生春等,2008a)。因此,研究社会与水文过程在历史时期是如何协同进化的,可以更好地理解控制该循环过程的机制及其临界点或者阈值,其是保证未来水资源可持续利用和人-环境系统弹性的水文研究的关键(Montanari et al.,2013;Sivapalan et al.,2012)。

就黑河流域而言,明清以前,流域人类生产生活对自然界的依赖性强,气候变化在水系统环境的演变过程起主导作用,同时战争、开荒屯田和交通建设等人类活动对流域水环境的演变也具有一定影响。但是,自明清以来,尤其是自中华人民共和国成立以来,人类活动在水环境演变中影响作用越来越明显,并成为决定性因素(李静,2010)。近几十年,急剧增长的人口规模和快速发展的社会经济加速了人类对流域水土资源的开发,致使黑河流域水系统和生态环境迅速恶化,如水资源短缺、地下水位下降、植被退化、尾闾湖干涸、土地沙漠化等,严重影响了黑河流域的稳定发展,同时威胁周边地区的生态环境。

当前,在仅从水文学、生态学、生态水文学、社会学等单个学科领域进行流域水资源管理和研究已经无法满足要求的背景下,社会水文学(socio-hydrology)应运而生,旨在更加深刻地研究和表达水与人类之间的联系,以实现水资源的可持续利用和社会的可持续发展(Montanari et al.,2013;Sivapalan et al.,2012)。从社会水文学角度研究黑河流域人水关系演变,将为黑河流域水资源可持续利用提供新的思考视角和参考。

7.1 社会水文学

7.1.1 产生背景

社会需求是水文科学诞生的根本原因,也是水文科学不断发展的动力和源泉。从学科发展来看,近几十年来,由于各国经济社会的急速发展,以水资源短缺、水污染加剧和生态退化为主要标志的水问题不断涌现,与此相对应,先后诞生了主要以研究水资源短缺问题为核心的水资源水文学,以研究水环境为核心的环境水文学,以及以研究生态和水文过程相互关系为主线的生态水文学(徐宗学等,2010)。但是随着社会的发展,新的水问题使得以往部门水文学的不足日渐凸显。例如,生态水文学研究多侧重于生态水文过程的机理研究,与水资源水文学和环境水文学等一样,其存在一个缺陷,即仅将人类作为其中的一个外部影响因素来考虑(夏军等,2003)。同样,旨在实现社会经济效益最大化的综合水资源管理(integrated water resources management,IWRM),标志着人类对水资源已从单纯的开发转向在满足人类需求、维持生态系统可持续性间寻求一种平衡(Sivapalan et al.,2012),但是,人类仍然为水资源的外在管理者。

随着对水资源的深入开发,人类活动对水文过程的影响日益增大,水循环过程呈现出显著的自然-人工二元驱动特征(王浩等,2011),仅将人类活动当作一个影响因素已经无法完全表达其在水文过程中的作用。为了更好地描述水在人类社会系统中的流动过程,Merrett(1997)提出了社会水循环,得到国内外学者的重视,水系统环境可持续评级和优化水资源管理等方面取得了进展。但是由于缺乏系统的研究框架、统一的研究方法,往往难以应对不同地区的社会水循环问题(丁婧祎等,2015)。

在综合水资源管理、生态水文学和社会水循环发展的基础上,社会水文学应运而生,它将人类视为水循环的内生部分,以多种方式与系统交互作用,包括通过粮食、能源和饮用水供给消耗水,通过淡水污染,以及通过政策、市场和技术。明确地研究人水的协同进化是社会水文学区别于综合水资源管理的主要特征。社会水文学探讨人水耦合系统进化的方式及其协同进化的可能轨迹,最终解决水资源可持续利用的问题(Sivapalan et al.,2012)。

7.1.2 研究内容

社会水文学作为水文学与自然、社会、人文的交叉学科,其研究范围较为广泛。根据现有社会水文学的相关研究,其主要研究内容可以归纳为人-水耦合系统中的权衡、水资源管理中的利益关系、人-水耦合系统中的虚拟水研究三个方面。

权衡(trade offs)是指由于生态系统服务种类的多样性、空间分布的不均衡性、人类使用的选择性与生态系统服务之间的关系出现了动态变化,使得某些类型生态系统服务的供给随着其他类型生态系统服务供给的增加而呈现出减少的状况(Lu et al.,2015a)。在人-水耦合系统中存在众多与水有关的生态系统功能:一方面,包括以水为主要介质的生态系统为人类社会提供的功能,如防洪调蓄功能、食物供给功能;另一方面,包括水作为一种物质在水循环过程中为人类社会和生态系统所提供的功能,如航运功能、休闲娱乐功能等(傅伯杰等,2014)。在人-水耦合系统中,人类及自然对各种水生态系统功能的需求程度不同,从而存在着不同类型的权衡。如何兼顾多种水生态系统服务,使其生态与经济效益最大化,是社会水文学研究的主要内容之一。

在人-水耦合系统中,人对水的作用主要体现在人类对水资源的管理过程。不同利益群体对水资源的需求及用途各有差异,从而形成了不同利益群体在水资源管理过程中的利益关系。如何协调这种利益关系是实现水资源可持续利用的重要环节。在局地流域尺度,经常会出现上、下游人民在水资源利用中的利益冲突(Lu et al.,2015a)。由于水流具有从上游流向下游的自然属性,经常会给下游人民带来正面或负面的外部效益。例如,在上游农业中施用的化肥和农药会随水流流向下游,从而污染下游水质、影响下游人民生活,同时上游的水土流失到下游会增加下游的土壤肥力。但是,无论是哪一种外部效益都会损害上、下游人民其中一方的利益。如何更加公平地协调上、下游人民在水资源管理过程中的利益关系是长久以来一直讨论的问题。

虚拟水是在水资源商品化和资源配置全球化的背景下,生产商品和服务所需要的水资源数量(Allan,1994)。虚拟水概念拓宽了人们对水资源的认识、完善了社会水循环的过程,是人-水耦合系统研究的重要内容(丁婧祎等,2015)。虚拟水主要研究内容包括水资源安全、虚拟水贸易和水足迹等(刘宝勤等,2006)。水资源安全是可持续发展的关键一项,虚拟水概念的提出使人们注意到地区水资源危机可以通过全球性的经济贸易来减缓,从而为水资源安全研究提供了新思路(程国栋,2003)。贫水国家或地区通过贸易的方式,从富水国家或地区购买水资源密集型农产品来获得本地区水和粮食安全的方式被称为虚拟水战略(徐中民等,2003)。随着虚拟水战略的提出,由产品贸易引起虚拟水转移的虚拟水贸易成为研究热点。为了对虚拟水进行量化研究,在生态足迹概念的基础上,衍生出水足迹概念(Hoeskstra,2003)。水足迹指任何已知人口在一定时间内消费的所有产品和服务所需要的水资源数量(马晶等,2013)。水足迹作为一种全面核算人类活动对水资源真实占用的综合指标,已成为当前国际水资源管理的前沿研究领域。

7.1.3 发展方向和应用

社会水文学是一门以发现为基础的科学,其通过观察、理解和预测人们现实生活中的社会水文学现象来指导实践。社会水文学还具有时间特征,通常关注较长时间尺度的动力学过程。另外,学者们坚持认为社会水文学是一门定量学科,虽然大概的叙述对内容很重要,但是定量的描述对测试假设、模拟系统及预测系统未来的变化轨迹也是必要的。因此,社会水文学包含了历史社会水文学、比较水文学和过程社会水文学三个发展方向(Sivapalan et al.,2012)。

首先,社会水文学可以通过重建来研究和了解历史情况,包括现代和历史时期。水在许多古文明的产生、演化和最终的消亡中发挥了关键作用。例如,黑河下游的黑城子是由于战争截断上游河道、断绝水源而被废弃(沈卫荣等,2007)。除了文明的消亡,水管理和输用水技术的特殊模式也在历史过程中不断演变。例如,吐鲁番"坎儿井"的产生和演化,即凭借地势,将山前的水通过人工挖掘的隧道引到平原区,不需要抽水,同时减少了无效蒸发,这种引水工程经历了数千年的考验。这是历史水文学研究的意义所在。

其次,Sivapalan(2009)建议,与其重建各个流域的响应过程,不如加强比较水文学研究,其目的是辨识不同区域和流域间的异同点,并且利用基本的气候-景观-人类活动的术语来解释。在社会水文学中,意味着这种涵盖社会经济、气候和其他梯度的人水相互作用的比较分析可以将空间或者区域上的任何差异与过程及其时间动态进行比较(Peel et al.,2011;Blöschl et al.,2007)。因此,比较水文学是社会水文学的另一发展方向。

最后,为了完善时间和空间分析,有必要更细致地研究一小部分人水系统,包括生态-社会经济系统的常规监测,以便更详细地理解其间存在的因果关系。这就需要收集详细的社会和水文资料,包括现阶段的实时监测数据,以便理解目前人水系统的功能,有助于预测未来变化趋势。若想在新学科上取得进展,则需要掌握人水相互作用方面各种尺度上的新科学规律。通量-梯度关系就是一个例子,它以多种形式体现在经典水文学中。由于社会水文学体现不同尺度的协同进化和反馈过程,正如他们在生态水文学中的作用,最优化和目标函数是非常重要和具有实效的研究方向(Schaefli et al.,2011;Schymanski et al.,2009)。

流域作为一个半封闭的生态和经济系统,代表着水循环管理单元。流域内所有关于水土资源管理的决策和措施均会对生态、社会和经济产生重大影响。黑河流域作为典型的内陆河流域,在过去很长时期内,流域水资源全部用于社会经济发展和生态环境稳定。人类对水资源的开发利用程度不仅表现在社会经济发展方面,也反映在流域生态系统的稳定和健康方面。因此,从社会水文学角度开展黑河流域人水关系演变研究具有深刻意义。

7.2 人水关系变化

7.2.1 人水关系研究进展

1. 人水关系概念与发展阶段

作为人地关系中极重要的内容,人水关系研究得到学术界的高度重视,并且已经开展了大量的研究。人水关系是指"人"(指人文系统)与"水"(指水系统)之间复杂的相互作用关系(左其亭等,2009)。郑晓云等(2012)将人水关系提升到文化的水平,指出人水关系是人类在利用当地的水环境获取生存资源、与水环境互动过程中形成的一种文化关系,是一种重要的水文化,并强调人水关系的变化对人类发展的可持续性将产生重要影响。人与水系统和水环境之间的作用和影响是相互的,人类通过劳动来利用和改进水系统和水环境,使其更好地为人类所用,同时水系统会反作用于人类,影响人类的生活生产,甚至会关乎文明的存亡,促进或阻碍社会发展。人水关系演变是指人文系统与水系统之间的相互作用关系随着人类社会的发展及自然环境的变化而变化。例如,随着社会的发展,人类需水量逐渐增加,区域水资源难以满足人类需求,促使节水技术的开发或者水资源重复利用等;另外,随着全球变化、冰川退缩、出山径流变化,促使经济结构调整或者用于调蓄水资源等水利工程的修建。从古代殷商、西周诞生的"天人合一"观到当今的"人水和谐"论;从最原始的逐水、崇水、怕水,到如今的治水、节水、养水。

人水关系的研究涉及水、社会、经济、政策与生态等诸多领域,是一项跨学科的研究,需要在包含与水相关的多个方面及其相互作用的复杂大系统中进行研究,如社会、经济、地理、生态、环境和资源等(左其亭等,2009)。关于人水关系的描述及其演变研究在国内外已经开展了很多工作,并取得了丰硕的研究成果。

　　早在 1995 年,就有学者从人类文化学角度探讨了人水关系的历史发展过程,并分析了人水关系变化的动因机制(薛惠锋等,1995)。张家诚(2006)概述了人水关系的历史发展进程,总结了工、农时代人水关系存在问题的原因及其对人们思维方式的影响,指出当前解决环境问题主要依靠工程调控手段。一些学者从人与水矛盾系统关系及人水关系和谐等方面进行阐述,提出协调改善人水关系的途径,以实现可持续发展(陈阿江,2008;李其林等,2005;陈维达,2003)。王培君(2008)通过人类水用具的发展变化,揭示了人水之间由臣服和敬畏到和谐的演变历程,以及人类在人水关系中由适应水环境到改造水环境的变化。余达淮等(2008)提出,水文化是人水关系的升华,体现了人水关系的变化,人水和谐是水文化最根本的价值。程涛(2009)根据人水关系的自然属性和发展特征,概括出人水关系的三个基本阶段:人适应水阶段、水适应人阶段和人水和谐阶段。还有学者回顾分析了人类文明进程中的人水关系,展望了生态文明时代的人水关系,为水生态文明建设提出建议(王淑军,2014;邓建明等,2013)。针对人水关系的博弈本质,利用博弈均衡概念建立人水关系博弈均衡模型,试图为解决人水关系矛盾和区域水资源高效利用提供新的思路和方法(赵衡等,2014)。从生产方式的变革和人水相互关系出发,探讨了河湖水系连通的历史演变过程,划分出若干个发展阶段(李原园等,2014;左其亭等,2014)。

　　针对黑河流域的人水关系等方面的研究,肖生春等(2004a)综合额济纳旗地区历史时期的农牧业更替、水系变迁、绿洲环境演变,以及人类活动中心转移等方面,将该地区人地关系演进分为四个阶段:汉代以前"自然和谐"、两汉至元代"矛盾加剧"、明清"矛盾缓和"和近代"矛盾尖锐"。随后肖生春等(2008a,2008b,2004b)又系统地论述了黑河流域近百年和过去2000 年的水环境变化及其驱动机制,显示人类活动的影响越来越强烈。

　　2. 人水关系及其演变的研究方法

　　由于人水关系是人地关系的重要组成部分,一些针对人地关系的研究方法对人水关系研究同样适用。例如,吴攀升等(2002)应用中国传统文化中"关系"的理念,分析目前的人地关系,提出人地耦合论,被视作一种新的人地关系理论,将现在的人地关系描述成一种太极图式的耦合关系。Liu 等(2014)运用太极-轮胎模型(Taiji-tire model)阐释了塔里木河流域历史时期的人水关系变化。关于人水关系的研究大多为定性描述,少量研究涉及人水系统量化方法,主要以左其亭为代表,陆续地提出了嵌入式系统动力学耦合模型(左其亭,2007);人水和谐度的计算方法:确定人水和谐量化指标体系,设置量化准则,采用单指标定量描述、多指标综合描述及多准则的集成方法,量化了人水和谐程度等级(左其亭等,2008);隶属度定量描述及评价人水和谐程度方法(左其亭等,2009);人水博弈状态评估方法(赵春霞等,2009)。

　　对于人水关系演变研究,目前绝大多数研究停留在定性描述层面,缺乏具体的理论和明确的研究方法用于描述和表征,诸如人水之间由臣服和敬畏到和谐的演变历程,人适应水阶段、水适应人阶段和人水和谐阶段等表述。相比以往的研究,Lu 等(2015b)对流域人-水-生态关系演变过程的认识和研究有了实质性提升,其从人类活动系统、水系统和生态系统的相互作用和相互影响角度考虑流域系统演变,定量地表达了黑河流域过去 2000 余年人水关系的演变过程。

20 世纪 80 年代以来,联合国教科文组织、国际水文科学协会等实施了一系列国际水科学研究计划,从全球、区域和流域不同尺度和跨学科角度,探索人类活动与水的相互作用机制及和谐发展途径。众多学者开展了尺度不一的人水关系相关研究工作,包括水技术和社会协同进化的轨迹的研究(Geels,2002);运用绿水和蓝水的概念分析水与自然和水与人类社会关系的研究(Falkenmark,2007)。Simmons 等(2007)认为人和水之间的关系是人类经济社会与水系统间的相互作用和相互联系。Kallis(2010)从协同进化角度,将古雅典水资源发展的演变过程概括为水供给和需求的恶性循环。

社会水文学的产生为人水关系及其演变研究提供了新契机。Liu 等(2014)和 Lu 等(2015b)分别对塔里木河流域和黑河流域历史时期的人水关系变化进行了描述,缺乏演变机制的刻画。Elshafei 等(2014)提出了一个社会水文学模型框架,包括人类系统和水系统之间关键反馈机制的确定和参数化方法,为人水关系研究指明了方向,但要完全实现该目标仍面临巨大的挑战,包括对影响水系统和管理的人类活动、国家政策和社会文化等因子的量化等。Emmerik 等(2014)模拟了人水系统的协同进化过程,提出了环境意识的概念,用来解释澳大利亚马兰比季河流域农业与环境间的钟摆现象;为了避免代价高昂的钟摆效应发生,Kandasamy 等(2014)指出,需要基于长时间尺度的社会水文耦合模型进行管理,该模型必须包括人水系统的双向耦合,涵盖有关水和环境的人类价值观念和规范的缓慢变迁过程。di Baldassarre 等(2015)开发了一个简单的动态模型,用来表达冲积平原区水文与社会过程之间的互馈机制,认为简单的概念模型就能再现洪水和人类之间的相互影响,以及从耦合系统动力学角度生成新兴模式。

7.2.2 人水关系评价指标选取

流域是一个协同进化的社会-生态系统,在该系统中,水管理决策影响着环境的产出,而这一切又由社会条件决定。对于流域尺度上的人水关系演变,应用社会学领域的转变理论(transition theory),选取评判流域人水关系演变的相应指标,基于指标的变化,确定和阐释黑河流域人水关系演变过程的关键状态。

Tàbara 等(2008)指出,转变理论是理解和支持不同层次社会适应可持续性管理的最相关的方法之一。一般来说,转变可以理解成系统从动态平衡的一个阶段转变成另一个阶段的变化过程。虽然这样的演变模式是非线性的,并且受众多相互关联的因子的影响,但是 Rotmans(2005)仍将转变过程划分为四个不同的阶段:发展前期、起飞期、加速期和稳定期。在发展前期,已有的机制和权力现状不会明显地变化,但是到了起飞期后,快速的社会变化过程开始,直到进入另一种形势,在该形势中,变化和革新的速度重新减缓。转变受到内部或者外部因子的刺激,但通常是代理之间的联合因子影响的结果,这些代理创建机制和组织格局的"生态位",可供当前的那些优势部分选择,并最终推翻优势机制。转变可以利用一组系统指标监测和评价。在发展前期阶段,这些指标只是微弱的变化;在起飞和加速阶段,指标变化越来越快;在稳定阶段,进入一个新的平衡状态。

转变理论可以通过一些指标测量和评价,这些指标是具有实际物理意义的变量或者它们的替代参数。在本书的研究中,采用与流域人类活动和水资源密切相关的因子理解黑河流域过去 2000 余年人水关系的演变过程。由于人类活动包罗万象,其对水循环和水系统的影响方式也千差万别,并且因区域而异,如针对长江流域夏季洪涝灾害、黄河流域冬春季节的冰凌灾害、西北干旱区的春汛等,人类往往采取不同的防御措施,人水关系演变定量评价的指标也因区域而异(张翠云等,2004)。鉴于黑河流域自汉朝以来大多时期以农业为主体经济,另外根据数据的可获取性,选择的具体指标包括人口、耕地面积、人类用水量和天然绿洲四类。

人类作为各种社会经济活动的主体,不仅是执行者,也是受益者。黑河流域内,社会经济活动将水资源、绿洲和城镇聚落连接起来,水资源分配、社会经济活动方式及生态环境与人口的空间分布和人口数量紧密相关,人口规模决定着水土资源的压力(李静,2010;张翠云等,2004)。因此,人口是衡量人水关系最基本的参数。

人类通过生产生活改变流域下垫面条件,直接或间接地影响水循环各要素,从而影响整个水循环过程。耕地是农业绿洲最重要的土地利用类型,耕地面积增加,使灌溉用水量增加,引起作物蒸散量加大。因此,耕地面积是反映人水关系的重要指标之一(张强等,2002)。

黑河流域自从汉代屯田开地开始,用于灌溉耕地的水量占据流域人类用水量的绝大部分,以张掖盆地为例,当前的农业耗水仍占到流域用水量的 90% 以上。考虑到历史时期关于人类生活用水数据的缺乏,且所占比例小,此处的人类用水即为耕地的蒸散量(Lu et al.,2015b)。对于黑河流域来说,人类用水是评判人水关系最重要的指标。考虑到黑河中、下游区域降水量小,降水基本不产流,因此对于历史时期的人类用水主要指耕地的蒸散量与降水量之差,反映了人类社会发展对水循环的影响(李静,2010;康尔泗等,2007)。

黑河流域作为一个干旱区的内陆河流域,中、下游基本不产流,其出山径流除了用于人类活动外,还主要用于农业灌溉,剩余部分用于维持一定的天然绿洲,包括湖泊、湿地、林地和草地等。当人类用水过多时,用于维持天然绿洲的水量被压缩,导致天然绿洲退化(李静,2010)。因此,天然绿洲面积是反映供给环境的水资源量和人水关系的重要指标。

7.2.3 人水关系评价指标计算方法及数据

1. 流域水量平衡模拟

1) 水量平衡方程

水量平衡概念为研究流域水文过程提供了一个框架,对于一个流域,其水量平衡方程(Zhang et al.,2004)可以表示为

$$P = ET + R + \Delta W \qquad (7\text{-}1)$$

式中,P 为降水量;ET 为实际蒸散量;R 为径流量;ΔW 为流域水量储存变化。

就黑河流域而言,中游灌溉绿洲带开发利用出山径流后,中游的下泄径流于下游荒漠绿洲带被耗散,因此流域上、中、下游的水量平衡组成也存在差异。上、中、下游 3 个不同而又相互联系的水量平衡方程组成黑河流域的水量平衡方程(康尔泗等,2007):

上游山区: $$R_{出山}=P_{上游}-ET_{上游}+\Delta W_{上游} \tag{7-2}$$

中游: $$R_{中游流出}=R_{出山}+P_{中游}-ET_{中游}+\Delta W_{中游} \tag{7-3}$$

下游: $$ET_{下游}=R_{中游流出}+P_{下游}+\Delta W_{下游} \tag{7-4}$$

式中,$R_{出山}$ 为出山径流量;$P_{上游}$ 为上游山区的降水量;$ET_{上游}$ 为上游山区的蒸散量;$\Delta W_{上游}$ 为上游山区水量的储存变化;$R_{中游流出}$ 为中游流入下游的径流量;$P_{中游}$ 为中游区域的降水量;$ET_{中游}$ 为中游区域的蒸散量;$\Delta W_{中游}$ 为中游区域水量的储存变化;$ET_{下游}$ 为下游区域的蒸散量;$P_{下游}$ 为下游区域的降水量;$\Delta W_{下游}$ 为下游区域水量的储存变化。式(7-2)~式(7-4)是基于目前出山径流的情况,另外黑河流域中、下游区域地表水与地下水交换频繁,在历史时期人类主要利用地表水,流域地下水系统基本处于稳定状态,因此上、中、下游之间地下水水力联系可暂不予以考虑。

若将中、下游用水区作为一个整体,其水量平衡方程可表示为

$$ET_{中、下游}=R_{出山}+P_{中、下游}+\Delta W_{中、下游} \tag{7-5}$$

式中,$ET_{中、下游}$ 为中、下游区域的蒸散量;$R_{出山}$ 为出山径流量;$P_{中、下游}$ 为中、下游区域的降水量;$\Delta W_{中、下游}$ 为中、下游区域水量的储存变化。

在黑河流域中、下游地区,蒸发强烈,降水量很少,几乎全部消耗于当地蒸散发(康尔泗等,1999),式(7-2)~式(7-5)表明上游出山径流量决定了内陆河流域的水资源量,也决定了山前灌溉绿洲区所能获得的水资源量,而出山径流量的多少和中游地区对水资源量的开发利用共同决定了下游的水资源量。一旦流域经济结构不合理及对水资源的开发利用不当,就会影响中、下游水资源量的合理分配,破坏流域生态环境系统。

2) 基于 Budyko 假设的 Top-down 方法及改进

相比对流域降水和径流的监测,蒸散发测量要困难得多,主要由于地表蒸散发受很多因素影响,包括地形、下垫面、风速和湿度等。对于流域长时间尺度的蒸散量,一般采用水量平衡方程和基于物理机制或者经验的方法进行估算,前者只能得到区域整体的蒸散量,而后者可以得到不同下垫面的蒸散量。就目前来说,即使植被影响水文效应的过程得到了很好的阐释,还是很难利用物理模型估算流域的蒸散量。这主要是因为数据难以达到模型的要求,无法表达和反映流域的真实情况。因此,开发一个基于流域属性且具有实际应用的简单模型成为必然需求(Zhang et al. ,2004)。

蒸散发过程复杂,但长久以来基本得到一个共识:可获取的热量和水是影响蒸散发速率的主要因子。根据多年的平均情况,在极为干旱的情景中,实际蒸散量接近降水量;而在湿润的环境下,实际蒸散量逐渐接近潜在蒸散量。基于这些考虑,Budyko(1974)总结出一个描述年平均蒸散量的经验关系。在此基础上,一系列相似的关系式被提出并得到广泛应用(Zhang et al. ,2001;Choudhury,1999;傅抱璞,1981)。这些针对年平均蒸散量的关系式只考虑一阶因子,在一些流域获得良好的预测效果,这些流域的蒸散发主要受降水和潜在蒸散发的影响。

　　本节重点介绍傅抱璞 1981 年提出的公式。基于水量平衡的规律,傅抱璞(1981)假设在年平均尺度上,对于一个特定的潜在蒸散量(E_0),流域蒸散量相对于降水的变化速率($\partial E / \partial P$)随剩余的潜在蒸散量($E_0 - E$)的增加而增加,而随降水量(P)的增加而减少。近似地,对于一个特定的降水量(P),实际蒸散量相对于潜在蒸散量的变化速率($\partial E / \partial E_0$)随剩余降水量($P - E$)增加而增加,而随潜在蒸散量($E_0$)的增加而减少。

　　数学上,这些关系可以表示为

$$\frac{\partial E}{\partial P} = f(E_0 - E, P) \tag{7-6}$$

$$\frac{\partial E}{\partial E_0} = \varphi(P - E, E_0) \tag{7-7}$$

其中,f 和 φ 分别为式(7-6)和式(7-7)代表的函数,经过一些求导和转换(具体可参考傅抱璞的"论陆面蒸发的计算",1981 年),可以得到下列结果:

$$\frac{E}{P} = 1 + \frac{E_0}{P} - \left[1 + \left(\frac{E_0}{P} \right)^w \right]^{1/w} \tag{7-8}$$

$$\frac{E}{E_0} = 1 + \frac{P}{E_0} - \left[1 + \left(\frac{P}{E_0} \right)^w \right]^{1/w} \tag{7-9}$$

式中,w 为模型参数,决定特定 E_0/P 下的蒸散发速率(E/P),w 越大,蒸散发速率越高,反之亦然。在地势平坦、土壤水分下渗能力强和植被好的地方,地表产流量小,w 则大,反之则小。E/P、E/E_0 分别随 E_0/P、P/E_0 和 w 的变化情况如图 7-1 所示。

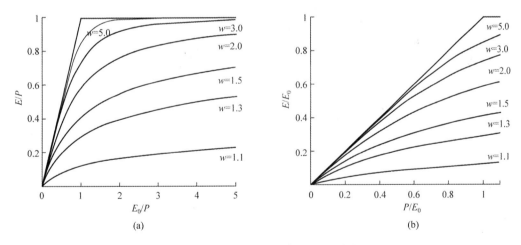

图 7-1　实际蒸散发在不同降水和潜在蒸发条件下的变化

(a)w 随 E/P 和 E_0/P 的变化;(b)w 随 E/E_0 和 P/E_0 的变化

　　鉴于黑河流域的特殊环境,其地表蒸散发的水源除降水外,还有地下水,另外耕地作为绿洲区主要的土地利用类型,其灌溉量远大于降水。因此,需对基于 Budyko 假设的 Top-down 方法进行改进,针对不同土地利用类型,将其利用的地下水量和灌溉量视为降水,叠加到自然降水中,得到综合"降水"(P'),改进后的方程如下所示:

$$\frac{E}{E_0}=1+\frac{P'}{E_0}-\left[1+\left(\frac{P'}{E_0}\right)^w\right]^{1/w} \tag{7-10}$$

$$\frac{E}{P'}=1+\frac{E_0}{P'}-\left[1+\left(\frac{E_0}{P'}\right)^w\right]^{1/w} \tag{7-11}$$

不同的土地利用类型,其综合"降水"可表示为

耕地: $$P'=P+I \tag{7-12}$$

林地: $$P'=P+G_{林地} \tag{7-13}$$

草地: $$P'=P+G_{草地} \tag{7-14}$$

未利用地: $$P'=P+G_{未利用地} \tag{7-15}$$

式中, I、$G_{林地}$、$G_{草地}$、$G_{未利用地}$ 分别为耕地的灌溉量,以及林地、草地和未利用地的地下水利用量。耕地的灌溉量随着种植结构的变化而变化,林地和草地利用的地下水量因类型而异。流域总的蒸散量 $Q_总$ 的计算公式如下:

$$Q_总=\sum_{l=1}^{6}E_l\times S_l \tag{7-16}$$

式中, l(取值 1~6)为土地利用的类型数,包括耕地、林地、草地、未利用地、水域湿地和建设用地; E_l 为土地类型 l 的蒸散量; S_l 为土地类型 l 的面积。

可以利用式(7-1)~式(7-5)等计算出的蒸散量进行验证。Yang 等(2006)通过研究得出,当流域内储水量的年际变化极小时,利用观测的降水量和径流量计算得到的蒸散量即可认为是"实测"的蒸散量。另外,可以利用野外台站的观测数据和遥感数据对各种土地利用类型和流域的蒸散量进行验证。

2. 水文重建方法

大家对人类与水文系统在长时间尺度上相互作用的基本模式的理解有限,并且在试图为这种相互作用建立预测时遇到了巨大的挑战(Thompson et al.,2013)。水文科学面临对年代到世纪尺度上的预测理解的根本挑战,该尺度与水资源管理决策影响持续的尺度匹配。获得这种理解依赖于所构建的预测框架。这些框架与传统的水文模型不同,它们必须考虑水文与其他许多环境子系统(如植被覆盖、土壤、景观变化、生物地球化学、土地利用变化、人类水需求等)的相互作用,另外还需要表达气候驱动和土地利用的持续变化。

在协同进化模型发展的研究议程中包括两个主题。第一个就是水文重建(hydrologic reconstruction),其旨在生产长时间(大约数百年)的理想数据集,包括流域尺度水文、气候、土地利用、人类活动、生态和地貌数据,而流域是研究管理问题最合适的尺度。获取长时间的水文变量及可能与其相关的环境子系统中的变量数据集,为识别并量化反馈提供了一个基础,这个反馈对发展协同进化模型非常重要。处理人水系统相互作用变化的研究工作尤其应该包括在重建工作中,这样才能建立揭示长时间尺度的人水反馈基础。这些数据集也会促进协同进化模型的测试、验证和改进。协同进化模拟和水文重建一起应付非定态构成预测的主要挑战,而水文重建也为反馈机制的识别、描述和参数化提供了一个基础。

水文学的未来研究更加依赖于从历史数据中挖掘新信息(Brázdil et al.，2006)。历史分析是社会水文学中的一种重要方法,其中长时间尺度的水文分析是其关键组成部分(Sivapalan et al.，2012)。它主要涉及研究过去和重建相应的协同演化的社会水文过程,通过社会和物理事件与机制的系统分析,以及它们的相互作用,将它们组织成不同阶段。即使精确的历史数据经常无法获取,但是在相关文献和其他考古发现的支持下,仍然可以重建历史时期人类-环境相互作用的形态(Costanza et al.，2007；Ponting，2007)。

由于缺乏黑河流域历史时期的实测数据,若要获取历史时期的人类用水量,不仅要重建上游出山径流,中、下游的降水量,还要重建历史时期的土地利用资料,进而估算实际蒸散量,然后利用式(7-5)得到流域的储水变化,对于内陆河黑河流域来说即为尾闾湖的储水变化,最终还需对储水变化进行验证。

1) 中、下游降水 $P_古$ 重建

通过近期的器测资料和历史时期的气候变化趋势,估计历史时期的降水量。任朝霞等(2010)根据全流域的旱涝灾害记录序列,重建了全流域过去 2000 年的年降水量,在其研究中,黑河流域 1956～1995 年 40 年中旱涝灾害与降水量存在显著的相关关系($R^2=-0.892$)。本书的研究中,将 1956～1995 年中、下游近 14 个台站各自的平均降水量进行插值,得到黑河流域中游 40 年的降水量,并将其作为基准值 P_{40},乘以相应的系数 α_i,即可得到历史时期黑河中、下游的降水量 $P_{古,i}$,该系数为任朝霞等(2010)所重建的降水序列中历史时期的降水量 $P_{任,i}$ 与近代降水量 $P_{任,近}$ 的比值。其关系可表示为

$$P_{40}=I(P_1,P_2,\cdots,P_n) \tag{7-17}$$

$$P_{古,i}=P_{40}\times\alpha_i \tag{7-18}$$

$$\alpha_i=P_{任,i}/P_{任,近} \tag{7-19}$$

式中,P_{40} 为通过黑河流域中、下游近 14 个台站 1956～1995 年的实测数据插值所得的降水量;P_n 为中、下游第 n 个台站 1956～1995 年的平均年降水量,$n=1,2,\cdots,14$;I 为插值方法;$P_{古,i}$ 为重建出的黑河中、下游历史时期第 i 时段的降水量,i 为研究中历史时期所选择的几个时段,$i=1,2,\cdots,7$;$P_{任,i}$ 为任朝霞等(2010)所重建的降水序列中第 i 时期的降水量;$P_{任,近}$ 为任朝霞等(2010)所重建的降水序列中近代的降水量;α_i 为 $P_{任,i}(i=1,2,\cdots,7)$ 与 $P_{任,近}$ 的比值。

2) 出山径流 $R_古$ 重建

基于树木年轮学的水文重建方法已经被广泛地应用于扩展已有的器测径流资料,其依据为径流变量与树轮宽度序列之间良好的相关关系。在祁连山区,已有很多基于树轮分析技术的径流重建研究,重建成果中最长的径流序列为 1400 多年(Yang et al.，2012),其次为 1300 年(康兴成等,2002)和 1000 年(Qin et al.，2010)。但是,所有重建的径流序列均未达到 2000 年。

为了重建黑河流域过去 2000 年的上游出山径流,需要基于以上已重建好的径流序列往前延展。由于学者所用方法和所选树芯样本不同,其重建的径流结果存在差异,甚至相反,因此,在延展过程中,首先需要对以上 3 个径流序列进行一致性检验。除了 3 个径流序列之

间的相互比较外,还参考区域内及周围其他代用资料所反映的历史时期的水文气象状态,包括青海湖的湖泊沉积、敦德冰芯中的花粉、粉尘和同位素信息等。选择两个效果较好的径流序列,其中短时间序列的用于扩展历史时期的径流,而长时间序列的用于验证二者相差时段的扩展序列。

由于以上重建结果均为黑河干流出山径流,为了获取黑河上游汇入中游的径流,需在干流的基础上乘以相应的系数,即可得到黑河上游历史时期的出山径流 $R_{古}$,该系数为黑河流域有器测资料以来的所有台站的多年平均出山径流总量($R_{总}$)与干流径流(莺落峡水文站控制,$R_{莺落峡}$)的比值。

3) 中、下游土地利用重建

随着 3S 技术和计算机水平的提高,利用遥感影像和解译方法监测和评价区域土地利用与土地覆被变化逐渐普遍。本书的研究中也有应用,以 Landsat 系列数据为主要数据源,包括 MSS、TM 和 ETM+等系列数据。信息提取前,需要对遥感影像进行预处理,包括影像合成、拼接、融合、几何精校正及图像增强等工作(谢家丽等,2012)。然后,在建立好的遥感地面解译标志的辅助下,通过人机交互方式对处理后的影像进行基本土地利用类型解译,建立了黑河流域的土地利用空间数据库(1975 年、2000 年、2010 年)和绿洲数据库(1965 年、1975 年、1990 年、2000 年、2005 年、2010 年)。黑河流域土地利用类型及其含义见表 7-1。

表 7-1　黑河流域土地利用类型及其含义

一级类型	二级类型	含义
耕地	—	指种植农作物的土地,包括熟耕地、新开荒地、休闲地、轮歇地、草田轮作地;以种植农作物为主的农果、农桑、农林用地;耕种 3 年以上的滩地和滩涂
	水田	指有水源保证和灌溉设施,在一般年景能正常灌溉,用以种植水稻、莲藕等水生农作物的耕地,包括实行水稻和旱地作物轮种的耕地
	旱地	指无灌溉水源及设施,靠天然降水生长作物的耕地;有水源和浇灌设施,在一般年景下能正常灌溉的旱作物耕地;以种菜为主的耕地,正常轮作的休闲地和轮歇地
林地		指生长乔木、灌木、竹类,以及沿海红树林地等林业用地
	有林地	指郁闭度>30%的天然木和人工林,包括用材林、经济林、防护林等成片林地
	灌木林	指郁闭度>40%,高度在 2m 以下的矮林地和灌丛林地
	疏林地	指郁闭度为 10%～30%的林地
	其他林地	未成林造林地、迹地、苗圃及各类园地(果园、桑园、茶园、热作林园地等)
草地	—	指以生长草本植物为主,覆盖度在 5%以上的各类草地,包括以牧为主的灌丛草地和郁闭度在 10%以下的疏林草地
	高覆盖度草地	指覆盖度>50%的天然草地、改良草地和割草地。此类草地一般水分条件较好,草被生长茂密
	中覆盖度草地	指覆盖度 20%～50%的天然草地和改良草地。此类草地一般水分不足,草被较稀疏
	低覆盖度草地	指覆盖度 5%～20%的天然草地。此类草地水分缺乏,草被稀疏,牧业利用条件差

续表

一级类型	二级类型	含义
水域	—	指天然陆地水域和水利设施用地
	河渠	指天然形成或人工开挖的河流及主干渠常年水位以下的土地,人工渠包括堤岸
	湖泊	指天然形成的积水区常年水位以下的土地
	水库坑塘	指人工修建的蓄水区常年水位以下的土地
	永久性冰川积雪地	指常年被冰川和积雪所覆盖的土地
	滩涂	指沿海大潮高潮位与低潮位之间的潮浸地带
	滩地	指河、湖水域平水期水位与洪水期水位之间的土地
城乡、工矿、居民用地	—	指城乡居民点及县镇以外的工矿、交通等用地
	城镇用地	指大、中、小城市及县镇以上建成区用地
	农村居民点	指农村居民点
	其他建设用地	指独立于城镇以外的厂矿、大型工业区、油田、盐场、采石场等用地,交通道路、机场及特殊用地
未利用土地	—	指还未利用的土地、包括难利用的土地
	沙地	指地表为沙覆盖,植被覆盖度在5%以下的土地,包括沙漠,不包括水系中的沙滩
	戈壁	指地表以碎砾石为主,植被覆盖度在5%以下的土地
	盐碱地	指地表盐碱聚集,植被稀少,只能生长耐盐碱植物的土地
	沼泽地	指地势平坦低洼,排水不畅,长期潮湿,季节性积水或常积水,表层生长湿生植物的土地
	裸土地	指地表土质覆盖,植被覆盖度在5%以下的土地
	裸岩石砾地	指地表为岩石或石砾,其覆盖面积大于5%的土地
	其他	指其他未利用土地,包括高寒荒漠、苔原等

然而,黑河流域历史时期的土地利用资料极为稀缺。颉耀文等(2013a,2013b)、汪桂生等(2013a,2013b)、石亮(2010)基于遥感影像和流域自然条件,并综合历史文献、古遗迹和历史地图等资料,重建了黑河流域历史时期7个时段的垦殖绿洲规模和分布。但是对黑河流域历史时期天然绿洲的分布情况及重建方法却知之甚少,本书的研究尝试利用近期的土地利用数据和颉耀文等(2013a,2013b)重建的垦殖绿洲资料(www.heihedata.org/heihe),重建历史时期的天然绿洲面积。黑河流域天然绿洲面积重建的方法如下。

首先,对比利用遥感数据解译出的黑河流域近50年的土地利用资料,发现绿洲中的耕地比例一直呈增加趋势,另外1975年后,黑河流域新增的耕地绝大多数源自未利用地,因此将1975年的耕地规模作为流域按照传统的耕地开垦方法所达到的最大规模。根据李并成(1998)和吴晓军(2000)的观点,黑河流域历史时期的耕地开垦具有以下特点:①人们选择天然绿洲区域(草地、林地和水域等)开垦,而不是沙漠等未利用地,因为相比之下,天然绿洲区域的水土条件更好,这是决定历史时期干旱区农业的重要因素。②一旦弃耕,耕地将转变为沙漠等未利用地。古代丝绸之路沿线众多消失的城市就是很好的证明。例如,楼兰古城、尼雅古城、黑城子等,在汉代时为绿洲城市,现在都成了沙漠(沈卫荣等,2007)。将历史时期所有的垦殖绿洲面积与 1975 年的绿洲面积进行叠加处理,即得黑河流域最大的绿洲规模。最后,从最大的绿洲规模中扣除各时段的垦殖绿洲及前面所有时段弃耕的区域(第 1 阶段不考虑此部分),即可得到各个时段的天然绿洲。另外,在处理过程中,结合谭其骧(1996)的《中国历史地图集》和相关文献,充分考虑水系变迁对绿洲的影响。

利用颉耀文等(2013a,2013b)重建的垦殖绿洲,以及根据以上方法重建的天然绿洲,即可获得流域历史时期未利用地的分布和规模。

4) 入湖水量验证

根据重建的土地利用资料、降水和潜在蒸散发,即可得到流域的实际蒸散量。结合重建的出山径流和降水,即可根据式(7-5)得到区域的储水量变化。对于历史时期的黑河流域,地下水开采可以忽略,因此中、下游的储水量变化,即为尾闾湖的水量变化。

湖泊是流域地表物质运移的主要载体,气候和环境变化共同控制着湖泊演变过程,因此湖泊沉积物连续且敏感地记录了区域及全球的气候和环境变化(张洪等,2004)。已有众多研究利用黑河流域尾闾湖的湖泊沉积物反演了湖泊的演变历史,所用指标包括湖泊沉积物粒度、元素含量及其比值、盐度、古色素、磁化率等。利用其反演出的流域沉积环境可以较好地对基于水量平衡计算出的入湖流量进行验证。

另外,河岸林的树木轮宽同样可以反映出河道的过水环境和湖泊的演变情况(Xiao et al.,2005)。虽然相比尾闾湖的湖泊沉积物,当地树木年轮反演的时间尺度短暂得多,但其分辨率较高,对历史时期的特殊水文事件捕捉能力较强。

3. 权衡分析方法

流域作为一个半封闭的生态和经济系统,代表一个水循环的管理单元,流域内所有关于水土资源管理的决定和措施均具有生态、社会和经济意义。土地开发和水资源利用是流域内互相伴随的两种行为。降水到达地面后,转变成河川径流和地下水补给,而该过程受到地形、土壤、植被、水文地质和降水特征的影响。土地利用变化在流域尺度上的水通量起着主要作用。土地利用变化影响在很多方面得到证实,包括水汽和热量的对流变化,反照率、净辐射和蒸发/蒸腾的变化等,导致循环和对流变化,并因此改变流域水循环过程。确定存在竞争的流域上游经济目标和下游生态目标之间的权衡关系不仅仅是一个简单练习,并且要求在流域尺度上理解土地利用、水文循环、生态可持续性和经济发展之间的动态作用(Lu et al.,2015a)。

过去半个世纪中,全球农业的飞速发展带来了持续增长的粮食供给,但也伴随着对环境的破坏(Tilman et al.,2002)。流域上游基于水土资源的农业生产,极大地改变了流域的水文循环过程,并且对下游的经济发展和生态系统可持续性产生负面作用(de Fraiture et al.,2010)。在干旱区,水是区域生态系统和经济发展最重要的限制因子,下游系统很容易受到上游水资源管理变化的影响。因此,确定流域内竞争的经济和环境目标之间的权衡关系,对流域集成管理和可持续发展极为重要(Kalbus et al.,2012;de Fraiture et al.,2010)。通过构建流域上游经济与下游生态可持续性及其他相关因子的关系,可以理解两者或者众多因素之间的相互影响。

4. 生态服务价值估算

生态系统服务是指人类通过利用生态系统的各种功能,直接或间接获得产品和服务(Costanza et al.,1997)。定量评估生态系统服务的经济价值是对环境资源进行合理配置的基础,对自然资本开发决策、生态系统保护及人类的可持续发展至关重要(张志强等,2001)。Costanza 等(1997)提供了全球尺度的各生态类型单位面积平均价值,目前在国际上仍然具有很大的影响。但是该方法存在以下三个方面的不足:①忽略了生态系统服务功能之间的差异;②未考虑同一类型生态群落的空间异质性;③未考虑公众支付意愿对生态系统服务的扰动响应函数,因此在研究及应用中引起了极大的争议(粟晓玲等,2006;谢高地等,2003)。

粟晓玲等(2006)在估算石羊河流域的生态服务价值时,根据森林和草地的生物量和覆盖度,引入生态价值修正系数,在 Costanza 等(1997)提出的各生态系统类型的单位公顷面积生态价值的基础上,乘以修正系数,得到二级分类生态群落的单位生态价值。确定修正系数时遵照两个原则:①保持二级分类生态群落平均单位价值与 Costanza 等(1997)提出的一级分类生态群落单位价值一致;②单位生态价值与生态系统的生物量呈正比。在修正系数的确定过程中还采用专家咨询法,以便更客观地反映生态服务价值的差异,最后得到各生态分类的生态价值修正系数(粟晓玲等,2006)(表 7-2)。

表 7-2 黑河流域土地利用类型及其单位生态价值

一级类型	二级类型	修正前 价值/(美元/hm²)	修正系数	修正后 价值/(美元/hm²)
耕地	旱地	92	1.0	92
林地	—	302	1.0	302
	有林地	302	1.5	453
	灌木林	302	1.1	332
	疏林地	302	0.7	211
	其他林地	302	0.7	211
草地	—	232	1	232
	高覆盖度草地	232	1.5	348
	中覆盖度草地	232	1	232
	低覆盖度草地	232	0.5	116
水域	—	8498	1.0	8498
	河渠	8498	1.0	8498
	湖泊	8498	1.0	8498
	水库坑塘	8498	1.0	8498
	永久性冰川积雪地	8498	1.0	8498
	滩地	8498	1.0	8498

5. 数据及其来源

本书的研究所用的数据包括水文气象资料、下垫面数据、社会经济数据、再分析数据和中国历史地图册等辅助资料,其来源主要有国家和地方的数据网站、统计年鉴和文献等。

1) 水文气象资料

水文气象资料主要包括气象数据和水文数据。气象数据包括降水、气温、日照时间、大气相对湿度和平均风速等,其来源于中国气象科学数据共享网(http://data.cma.gov.cn/home.do)、寒区旱区科学数据中心(http://westdc.westgis.ac.cn/);水文数据包括径流数据和降水数据等,其来源于寒区旱区科学数据中心(http://westdc.westgis.ac.cn/)和张掖市水文局。

2) 下垫面数据

本书的研究所用的下垫面数据包括土壤资料、土地利用资料、数字高程模型(digital elevation model,DEM)、垦殖绿洲资料。上述下垫面数据分辨率及其来源见表7-3,垦殖绿洲的时间和规模见表7-4。

表 7-3 下垫面数据分辨率及其来源

数据名称	分辨率	来源
土壤	1∶100 万	寒区旱区科学数据中心
土地利用	1∶10 万	中国科学院寒区旱区环境与工程研究所
DEM	30m×30m	美国国家航空航天局(NASA)数据网(http://wist.echo.nasa.gov/api)

表 7-4 历史时期垦殖绿洲的时间和规模

所属朝代	时间	垦殖绿洲面积/km²
汉代	1 世纪初	1755.48
魏晋时期	3 世纪末	690.86
唐代	8 世纪中期	574.13
元代	13 世纪末	379.28
明代	16 世纪上半叶	963.28
清代	18 世纪上半叶	1204.89
民国	20 世纪 40 年代	1917.17

3) 社会经济数据

本书的研究所用的社会经济数据包括经济、人口、粮食产量、用水和灌溉等。其中,经济、人口和粮食产量数据来自文献资料和甘肃经济信息网(http://www.gsei.com.cn/Index.html),用水和灌溉数据来自甘肃省水资源公报,其余资料来自文献。

4) 再分析数据

本书的研究所用的很多数据是在众多学者研究结果的基础上进行再分析利用,其中主要为历史时期气候环境演变和社会发展的研究结果,包括基于树木年轮、湖泊沉积、冰芯、孢粉和旱涝灾害记录等重建和反演的水文、气象和人类活动等方面的结果。

7.2.4 人水关系指标变化

1. 降水 $P_{古}$ 重建结果

图 7-2 为任朝霞等(2010)基于文献资料记载的旱涝灾害进行定量分级处理得到的黑河流域过去 2000 年的旱涝等级变化。其划分依据包括自然和社会方面的描述,自然方面包括雨旱天气、江河流量丰枯、庄稼生长和收成情况等,社会方面包括粮食价格、赈灾记录、逃亡现象等;其划分标准如下:1 为涝,2 为偏涝,3 为正常,4 为偏旱,5 为旱。任朝霞等(2010)发现,在近 40 年中,黑河流域旱涝等级与其年降水量距平百分比之间呈明显的负相关,最终基于历史时期统计的旱涝等级重建了黑河流域近 2000 年的降水量,如图 7-2 所示。

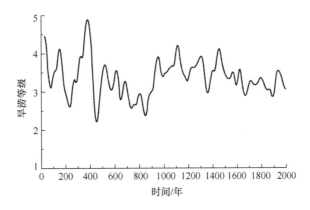

图 7-2　黑河流域旱涝等级 50 年滑动平均(任朝霞等,2010)

根据康兴成等(2002)重建的莺落峡过去近 1000 年的出山径流,15 世纪下半叶为径流偏枯阶段,17 世纪末为径流由丰转枯的阶段,20 世纪中叶为枯水阶段,这与任朝霞等(2010)重建的降水量有较好的对应。与靳鹤龄等(2005)通过居延海湖泊沉积物反演的气候相比,重建径流在 4～11 世纪的丰枯变化对应较好,而在 11 世纪后差异较大,原因是 11 世纪后人类活动改变了入湖径流,对尾闾湖的沉积环境影响较大。另外,Yang 等(2014)通过半化石、考古木和活树的年轮序列重建的祁连山区近 3500 年的降水序列发现,两组降水序列在过去 2000 年的变化波动基本一致。综上,任朝霞等(2002)重建的黑河流域过去 2000 年的降水数据具有参考价值(图 7-3)。

对应垦殖绿洲的时段,获取任朝霞等(2010)重建的各时段降水量,并计算其与过去 40 年黑河流域平均降水的比值,依次为 0.70、0.95、1.00、0.90、1.00、0.98 和 0.96。然后,将黑河中、下游 14 个气象台站过去 40 年的平均降水量分别乘以上述系数,即可得到黑河流域历史时期各时段的降水量,并将其进行插值,进而得到中、下游的降水量,如图 7-4 所示。

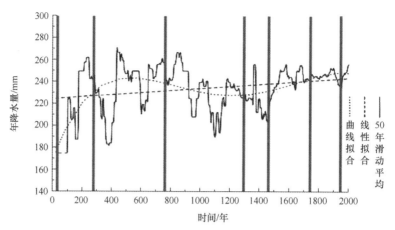

图 7-3　近 2000 年黑河流域降水量变化(任朝霞等,2010)

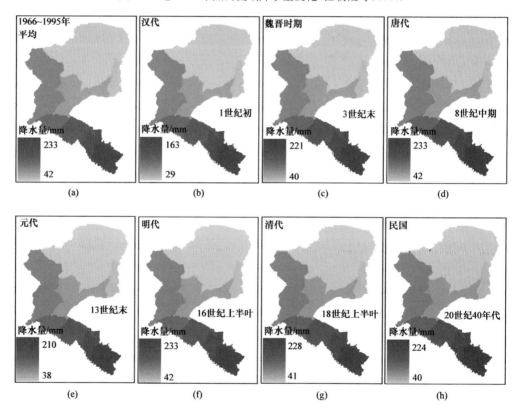

图 7-4　黑河中、下游历史时期不同时段的降水量分布

2. 出山径流 $R_古$ 重建

当前已重建的较长黑河干流出山径流序列包括 Qin 等(2010)重建的 1000 年的径流序列、康兴成等(2002)重建的 1300 年的径流序列和 Yang 等(2012)重建的 1400 年的径流序列。对比发现,Qin 等(2010)[图 7-5(b)]和 Yang 等(2012)[图 7-5(d)]重建的径流序列在

相同时间段内一致,但与康兴成等(2002)重建的径流序列[图 7-5(c)]存在较大区别,如在16 世纪 30 年代、17 世纪 90 年代、19 世纪 40 年代和 20 世纪 10 年代等阶段存在明显差异(图 7-5)。另外,综合张志华等(1996)重建的祁连山地区的湿润指数[图 7-5(a)]与 Sheppard等(2004)重建的青海省东北部的降水序列,发现与 Qin 等和 Yang 等重建的径流序列对应更好。因此,选择 Qin 等和 Yang 等重建的径流序列分别用于径流前推和验证。

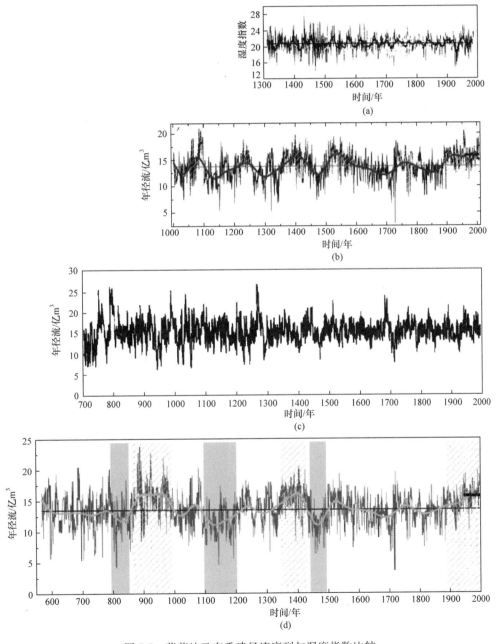

图 7-5 莺落峡已有重建径流序列与湿度指数比较

(a) 张志华等(1996);(b) Qin 等(2010);(c) 康兴成等(2002);(d) Yang 等(2012)

作为径流前推依据的数据为 Yang 等(2014)重建的青藏高原东北部长达 3500 年的降水序列,其重建的指标为半化石、考古木和活树的年轮序列;Yang 等(2014)在建立树木轮宽与降水相关关系时,采用的气象资料来自青藏高原东北部的典型气象台站,包括祁连、野牛沟、托勒、茶卡、都兰和德令哈。通过对比发现,过去近 50 年祁连山区的平均年降水量与莺落峡的年径流深呈显著相关(图 7-6)。同时,对比 Qin 等(2010)和 Yang 等(2012)重建的径流序列与 Yang 等(2014)重建的降水序列,发现其变化趋势相同。因此,基于 Yang 等(2014)重建的降水序列与 Qin 等(2010)重建的径流序列构建相关关系[$R_{\text{Qin等}(2010)}=0.2771 \cdot P_{\text{Yang等}(2014)}+80.632$],用 Qin 等(2010)重建的径流序列重建公元元年～1000 年的出山径流量(图 7-7)。最后利用 Yang 等(2012)重建的径流序列验证根据降水重建的公元 575～1000 年阶段的径流序列,效果良好。另外,所重建的径流序列与任朝霞等(2010)根据文献史料构建的旱涝等级序列具有很好的对应关系,主要是历史时期城镇位于中、下游沿河附近,上游来水量对当地百姓生产生活的影响极大:由于当时人类抵御自然灾害的能力较低,上游来水过多或者过少时,在中、下游表现为洪涝和干旱灾害。

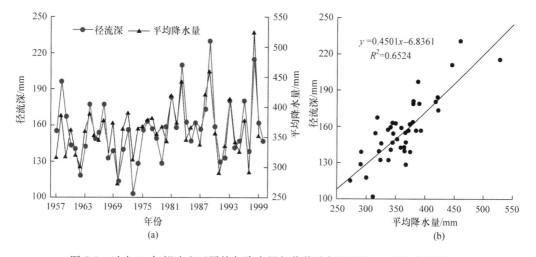

图 7-6　过去 50 年祁连山区平均年降水量与莺落峡年径流深(a)及拟合情况(b)

对于整个中、下游而言,上游来水还包括其他支流。根据近 50 年的水文观测资料,黑河整个山区的平均出山径流量为 37.83 亿 m³,其中黑河干流出山径流量为 15.80 亿 m³。假设历史时期干支流出山径流变化一致,将重建的干流径流量乘以 2.4,即为黑河上游山区的产流量。莺落峡历史时期几个阶段的重建出山径流量在 13.50 亿～16.20 亿 m³,整个出山径流量在 30.00 亿～37.00 亿 m³。

3. 土地利用重建

按照土地利用重建方法,历史时期的土地利用如图 7-8 所示,包括垦殖绿洲、天然绿洲和未利用地 3 类。

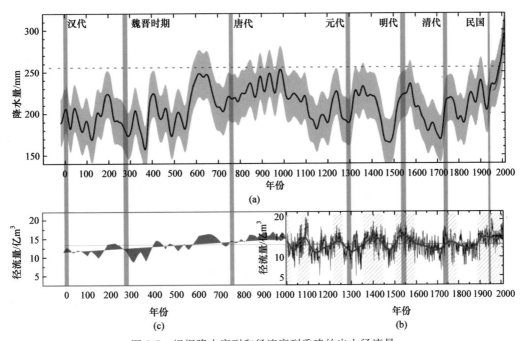

图 7-7 根据降水序列和径流序列重建的出山径流量

(a) Yang 等(2014)重建的青藏高原东北部年降水量;(b) Qin 等(2010)重建的黑河干流年出山径流量;

(c) 根据上述两条序列的相关关系重建的径流量

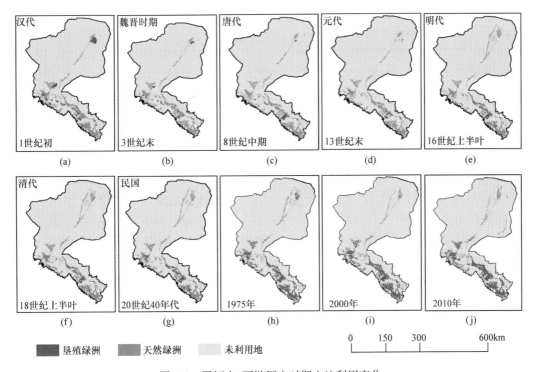

图 7-8 黑河中、下游历史时期土地利用变化

其中,1975年、2000年和2010年三期土地利用数据是利用遥感影像解译所得,并对相关类型进行了合并处理:由于城乡、工矿和居民用地较少,将其与耕地合并为垦殖绿洲,将林地、草地和水域合并为天然绿洲,其余为未利用地。此外,通过转移矩阵分析发现,1975年后新增的耕地大多源自未利用地,而在传统的耕地开垦方法中,通常选择水土条件较好的林草地开垦,因此将1975年的土地利用状况作为按照传统方法开垦的最终情形。然后,将颉耀文等(2013a,2013b)重建的7期垦殖绿洲数据与1975年的绿洲数据叠加,得到黑河中、下游的潜在绿洲规模。之后,综合考虑黑河流域历史时期的水系演变、《中国历史地图集》(谭其骧,1996)和史料记载(沈卫荣等,2007),如明代冯胜大军在攻打黑河下游的黑水城时,采取了建沙坝截水断流的办法迫使守军投降,从而可能导致后来的河流改道等;中国历史时期的地图册也反映了河道的变化。最后,从最大的绿洲规模中扣除各时段的垦殖绿洲以及前面所有时段弃耕的区域(第1阶段不考虑此部分),得到各个时段的天然绿洲面积(表7-5)。

表7-5 黑河流域垦殖绿洲与天然绿洲面积变化 (单位:km²)

时段	垦殖绿洲面积	天然绿洲面积	绿洲总面积
汉代(1世纪初)	1755.48	6367.40	8122.88
魏晋时期(3世纪末)	690.86	6230.32	6921.18
唐代(8世纪中期)	574.13	5952.54	6526.67
元代(13世纪末)	379.28	5913.66	6292.94
明代(16世纪上半叶)	963.28	5990.00	6953.55
清代(18世纪上半叶)	1204.89	5606.44	6811.33
民国(20世纪40年代)	1917.17	5001.38	6918.55

自汉武帝开拓河西后,在拓边和屯田的政策下,耕地规模较大,集中分布在尾闾湖区域和中游河流冲洪积扇源等水土条件优良的地方。随着战争的发生及朝代更迭,耕地规模下降,许多耕地逐渐沙漠化。一直到明代,流域中游的农业重新发展起来,但下游为游牧民族鞑靼部落控制,以牧业为主。清代耕地面积进一步增加,而下游仍为游牧民族居住。另外,流域内耕地规模还受国家的国力影响,在国家繁荣时,边疆稳定,同时实行一系列的政策促进开发,如汉代汉武帝时期和清代康熙、乾隆年间,黑河流域极为繁荣(沈卫荣等,2007)。1949年以后,随着科技的发展,农业水利进一步改善,流域耕地规模空前增加,但对下游的天然绿洲产生负面影响,一直持续到2000年左右。西居延海于1961年干涸时,湖盆变成草木不生的戈壁和盐漠;东居延海在1992年干涸时,湖底鱼骨累累,满目凄凉(龚家栋等,2002)。2000年分水计划执行以来,2002年东居延海开始恢复入湖径流,2007年东居延海达到2002年补水以来的最大水域面积39km²,为20世纪50年代后期有水文记录以来的最大值,下游生态逐渐好转,天然绿洲逐渐恢复。

绿洲逐渐往中游迁移和荒漠化面积逐渐增大的根本原因可归纳为以下两个方面:一方面,由于移民屯垦,地表原始植被遭到全面破坏:垦种的第一步就是把森林植被砍伐烧光,然后用铁犁进行深耕,以便清理埋藏在地下的草木根,经过耕作后的地表十分疏松,一旦弃耕或者疏于管理,在极端干旱条件下容易产生土壤风蚀粗化,加剧风沙活动;另一方面,出于对灌溉和水土条件的考虑,最初的垦区大多位于地势低洼处,一旦天然河道改道和人工渠道废弃,经过数百年灌溉积累在土壤中的粉黏粒物质,提供了丰富的沙尘源。在两晋到唐代期间,政权变化频繁,社会动荡,大量屯田区被弃耕,发生荒漠化,致使西夏、元代时期的屯田区只能沿河向源头迁移,最后转移到中游(肖生春等,2004a;龚家栋等,2002)。历代治所和屯田的发展与利用情况见表7-6。

表7-6　历代治所和屯田区的利用情况

古遗址	所处位置	兴建利用的时代和利用情况
居延城址	古居延三角洲下部	西汉、东汉
亚布赖城址	古居延三角洲下部	西汉到元代
亚布赖屯田区	古居延三角洲下部	西汉到元代的重要屯田区,面积约为100km²
破城	古居延三角洲上部	汉,甲渠候官衙,防御工事
宁寇军城	古居延三角洲中部	隋同城镇,唐安北都护府宁寇军治所
查干和日木屯田区	古居延三角洲中部	西夏、元代的主要屯田区
绿城	古居延三角洲中上部	始建于汉代,西夏、元代也曾使用
绿城屯田区	古居延三角洲中上部	汉晋、西夏、元代的屯田区,面积约为160km²
黑城	古居延三角洲中上部	始建于西夏,元代进行了扩建

资料来源:李静,2010;肖生春等,2004a。

4. 蒸散发估算

利用改进的基于 Budyko 假设的 Top-down 方法,估算流域的蒸散量 E。首先确定式(7-10)~式(7-15)中的变量,包括降水量 P、E_0、w、I、$G_{林地}$、$G_{草地}$ 和 $G_{未利用地}$。其中,实际降水量 P 采用 7.2.3 第一部分重建出的降水量结果。研究表明,Penman-Monteith 法在黑河流域具有较高的估算精度(赵丽雯等,2010)。本书的研究采用 Penman-Monteith 法估算本流域的潜在蒸散发 E_0,采用的数据包括中、下游 14 个气象台站的日降水量、最高气温、最低气温、平均气温、风速、湿度和日照时数等。最终中、下游的潜在蒸散量为 1050~2500mm/a(图 7-9)。对于历史时期,仅为部分研究通过树轮和冰芯所反映出的气温波动变化。①郑景云等(2005)总结了过去 2000 年中国气候变化研究方面的成果,得到过去 2000 年冷暖交替变化,气温波动在 2℃ 左右;②根据情景模拟分析,保持其他因素不变,若温度升高或降低 2℃,潜在蒸散量增加或者减小不到 9%,实际蒸散量变化在 5mm 以内;张兰影等(2014)在河西走廊古浪河流域的研究结果表明,温度增加 2℃,最高引起月蒸散量增加 1.16mm;③潜在蒸散量计算极为复杂,影响因素很多,气温上升不一定会引起潜在蒸散量的增加,这一现象在黑河流域存在,已被赵捷等(2013)证实:黑河流域 15 个站点年平均气温在 1959~1999 年呈明显上升趋势,但多数站点的潜在蒸散量呈现下降趋势。根据本区域历史时期的气温变化和有器测资料以来多年潜在蒸散量的变化情况以及以上三方面的考虑,本书的研究做出以下假设:将利用器测资料计算出的多年平均潜在蒸散量作为过去的潜在蒸散量。

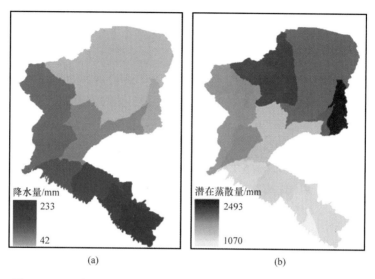

图 7-9 黑河中、下游 30 年(1966～1995 年)平均降水量和潜在蒸散量

对于灌溉量 I,根据肖生春等(2008b)的研究,中国北方自汉代到近现代的灌溉方式一直是大水漫灌和串灌;同时,结合王元第(2003)对黑河水系农田水利开发史的研究,基于作物品种、水利设施条件、灌溉方式、耕作条件和复种情况等因素的考虑,古代农田灌溉定额与近现代接近。1970～1985 年,黑河中游灌溉农业发展迅速,并且灌溉方式和技术都有了一定的改变和提高,表现在小地块的畦灌和沟灌,以及小规模喷灌和滴灌等现代节水灌溉技术的出现(肖生春等,2008b;王根绪等,2005)。根据张掖市历年统计年鉴数据,各县(区)灌溉定额差异较大,毛灌溉定额平均为 7872.0～17356.5m³/hm²。考虑到 20 世纪 90 年代中期以来,单一小麦为主的种植结构逐渐被玉米制种和小麦两种主要作物取代,后期的灌水定额相对前期有所提高,因此净灌溉定额在 1985 年前取毛定额的 50%,在 1986 年以后取 65%,区域平均净灌溉定额在前后两个阶段分别为 5000m³/hm² 和 6500m³/hm² 左右。根据王根绪等(2005)和田伟等(2012)的研究结果,林地对地下水的蒸散发强度达到 2700m³/hm²;而草地因覆盖度而异,最终根据高覆盖度、中覆盖度和低覆盖度草地的权重,草地对地下水的蒸散发强度为 2000m³/hm²;对于未利用地,由于地下水埋深大,其对地下水的影响可以忽略。历史时期土地利用资料只分为垦殖绿洲、天然绿洲和未利用地,将垦殖绿洲的灌溉量和地下水对天然绿洲的供给量分别设为 500mm 和 225mm。

w 是模型的一个重要参数,由地形、土壤和植被等决定。关于 w 值在中国不同地区的确定问题,Yang 等(2007)开展过系统的研究,在黄土高原地区的众多流域($E/P > 0.8$),w 值大于 3,最高为 4.4;在内陆河上游区(E/P 为 0.5～0.8),w 值大多数在 1.5 以上。相比黄土高原和内陆河上游区域,黑河中、下游地势更加平坦,气候更加干燥,土壤下渗能力较强,并且考虑到不同的地表覆盖的影响,如耕地、草地和林地,将耕地的 w 值设置为 3.5,而草地和林地分别为 3.2 和 3.8,对于历史时期的垦殖绿洲、天然绿洲和未利用地,其 w 值分别为 3.5、3.5 和 3.0。

确定以上变量后,即可计算各种土地利用的实际蒸散量,最终得到整个区域的蒸散量。

5. 水量平衡模拟及验证

利用水文重建的结果:降水量 P、出山径流量 R 及基于土地利用的蒸散量 E,即可根据水量平衡方程式(7-5)推算出中、下游水量的储存变化。由于在历史时期,土地利用中没有准确刻画湖泊等地物类型,而是将其视为天然绿洲的一部分,因此历史时期中、下游水量的储存变化即为汇入尾闾湖的径流量变化。对于近期的黑河流域,可以准确划分各种地物类型,计算的结果即为中、下游水量的储存变化。由于历史时期尚未建设大型的水利工程,如水库和水坝等,那么黑河中、下游入湖流量变化主要表现为尾闾湖变化,包括水面、水位和水量变化及迁移。尾闾湖的水面大小、水位深浅和水量及迁移影响着湖泊沉积过程,因此通过湖泊沉积物可以很好地反演尾闾湖的演变过程,在黑河流域已经积累了大量成果。表 7-7 为通过水文重建和水量平衡方程计算出的汇入尾闾湖的水量变化,以及前人利用湖泊沉积物反演出的湖泊演化过程和气候环境。

表 7-7 历史时期入湖流量变化以及尾闾湖演变

阶段	入湖水量 (储水量变化)/(亿 m^3/a)	尾闾湖演变
汉代	7.5	东居延海湖泊萎缩,沉积物剖面中的细磁性矿物达到峰值(翟文川等,2000;张振克等,1998)。这可能是由于受到低入湖水量和尾闾湖周边剧烈的人类活动的影响
魏晋时期	9.2	东居延海湖泊仍然处于萎缩状态,湖泊初级生产力低,如颤藻黄素、蓝藻叶绿素和衍生物总量含量少(翟文川等,2000;张振克等,1998)。这可能是由于受到低入湖水量和因战争等使开垦减弱的影响
唐代	18.1	东居延海沉积物中高含量的淤泥和黏土及较少的粗颗粒反映出湖泊水动力稳定、大湖面和高湖水位(靳鹤龄等,2005)。这反映出该阶段入湖流量大
元代	14.9	东居延海沉积物中高含量的淤泥和黏土及较少的粗颗粒反映出湖泊水动力稳定、大湖面和高湖水位(靳鹤龄等,2005)。这反映出该阶段入湖流量大
明代	18.9	东居延海湖水盐度降低,湖面扩大(张振克等,1998)。这反映出入湖流量大
清代	11.8	东居延海湖水盐度降低,湖面扩大(张振克等,1998)。这反映出入湖流量大
民国后期	15.4	东居延海湖泊保持较大的面积(肖生春等,2004b;张振克等,1998)
1975 年	2.0	西居延海干涸,东居延海扩张和萎缩相间(肖生春等,2004b;张振克等,1998)。这是由于中游剧烈的开垦,径流减少并不稳定
2000 年	−2.8	东居延海干涸,地下水位下降(Xiao et al.,2004;肖生春等,2004b;张振克等,1998)。这是由于中游剧烈的开垦,流域地下水过度开采
2010 年	−0.5	东居延海和天鹅湖湖面恢复

根据廖杰等(2015)对黑河调水以来额济纳盆地湖泊蒸发量的估算,湖泊水面多年平均蒸发量约为2100mm;据肖生春等(2008b)对历史时期黑河尾闾湖湖面蒸发耗水量的估算结果,年均蒸发量约为2250mm。另外,黑河尾闾湖经历了不同阶段,其湖面面积差异明显:古居延泽湖面达882km²;东西居延海相连时,湖面达1200km²,西居延海最大时达804km²,后来减少到1960年的213km²,直至干涸;东居延海最大时达400km²,后来逐渐减小甚至间歇性干涸,现在又恢复了湖面(肖生春等,2008b;刘亚传,1992)。根据尾闾湖的面积和估算出的年均蒸发量,即可得到维持湖面不变的最少入湖水量。结合湖泊演变过程,发现表7-7中结果较为合理。在所选的汉代和魏晋时期,入湖水量明显小于湖面年蒸发量,因此湖泊呈现一个萎缩的状态,这些现象在湖泊沉积物中得以记录(翟文川等,2000;张振克等,1998)。而在唐代、元代、明代、清代期间所选的几个时段及民国末期,入湖水量有所增加,加之湖泊规模有所减少,因此入湖水量可以维持湖面甚至促使湖面扩大,而中华人民共和国成立后,农业飞速发展,水资源更加紧张,正义峡以下河道很多地方被筑坝引水,入湖水量急剧减少,致使西居延海干涸,东居延海也间歇性干涸。2000年后,国家调水工程的实施保证了一定的入湖流量,但中游地下水又呈现亏缺状态(王金凤等,2013;闫云霞等,2013),表7-7中所计算出的负值正源于此。

6. 黑河流域历史时期人口变化

自西汉实行移民屯田制度以来,历朝历代都在河西采取了一系列土地开发政策,以解决地广民稀的问题,一方面充斥士卒进行"军屯",另一方面各种类型的人口迁移至河西落户务农。在过去2000年中,黑河流域人口规模受自然因素和社会因素的影响,呈波动变化,社会因素逐渐占据主导地位,如战争、生产方式和政策等。例如,公元755~1036年河西曾被吐蕃占领,农业开发停滞甚至倒退,人口减少。但是在过去2000余年中,流域人口整体上呈增加趋势。表7-8展示了过去2000余年黑河流域中游的人口变化(颉耀文等,2013a;李静,2010;肖生春等,2004a)。

表7-8 黑河流域中游人口统计

时间	人口	所辖范围
公元前103年	2.4万户8.9万人	张掖郡领10县
公元140年	6552户2.6万人	张掖郡领8县
公元265~316年	3700户1.48万人	张掖郡
公元583年	2126户2.44万人	甘州
公元639年	2926户1.17万人	甘州
公元742年	6248户2.2万人	张掖县
1290年	1550户2.4万人	甘州路
1368~1398年	2.1万户5.36万人	甘州五卫、山丹卫
1522年	1.95万户2.68万人	甘州五卫、山丹卫和高台所
1778年	28万人	甘州府
1875~1911年	26.09万人	甘州府

续表

时间	人口	所辖范围
1909~1911 年	25.98 万人	甘州府
1949 年	54.92 万人	张掖地区
1978 年	98.32 万人	张掖地区
2006 年	127.15 万人	张掖市
2010 年	120 万人	张掖市

整体来说,在清代中叶之前,黑河流域人口数量并不多,自西汉起,黑河流域人口数量和分布受到屯田政策的影响。在这期间,游牧民族和中原农耕民族反复斗争,农牧业生产方式交替占据主导地位,人口变化波动较大。中原王朝国力强盛时期,人民安居乐业,流域人口增加;中原王朝国力衰微时,无暇顾及黑河流域等边疆之地,外敌时常侵扰当地居民,致使大量人口内迁或在战争中死亡。

人口增加最初出现在西汉。汉武帝击败匈奴后,不仅在黑河流域实行大规模的移民实边、屯田垦荒活动,还多次以政府的形式向河西地区移民,西汉时期黑河流域仅中游人口就达 88731 人,改变了黑河流域原有的地旷人稀的局面。东汉时期,长时间的战争导致社会变动,沉重的兵役、徭役负担迫使大量人口逃离黑河流域,加之大量人口在战争中死亡,致使流域人口锐减。公元 104 年,黑河流域中游的人口仅有 4.8 万人,到了公元 140 年,黑河中、下游人口减少至 3.1 万人,与西汉时期相比分别下降了 46% 和 65%(李静,2010;肖生春等,2004a)。曹魏时期,混乱的社会秩序得到了调整,移民屯田制度得到积极推行,并一直延续到西晋,西晋时期黑河中游人口数量增加。南北朝初期,曾从黑河中游向内地迁入部分人口,以弥补五凉割据期间中原大量人口为逃避战乱流向河西的局势,导致黑河流域人口再次减少,数量不足 1 万人。

隋朝期间,为了解决黑河流域驻军供给问题,实行军屯。隋炀帝时期,河西地区进入屯垦全盛期,屯田人口有所增加,黑河中游人口达 6126 户,约 2.44 万人。唐代时期,屯田主要集中于中游的甘州地区,以军屯和犯屯为主,屯田数量较少,人口增长缓慢。安史之乱爆发后,吐蕃乘机占据黑河流域,这期间频繁的争斗和起义使得流域大量人口流亡,数量锐减。五代十国时期,由于东部战乱纷争无力西顾,为了争夺资源,河西各割据势力纷争再起,人口数量继续减少。

宋初,回鹘统治中游甘州地区,其发展畜牧业的同时兼营农业,流域人口数量有所回升。公元 1038 年,黑河流域被西夏党项族占领后,继续发展农牧业,屯田拓荒,从中原地区引进先进的农耕技术,加强水利建设,同时往中、下游迁入大量掳掠的汉人,使得流域人口在短时间内大幅度增加。宋末,蒙古军在侵占河西走廊时,大量人口被屠杀,致使黑河流域人口大幅度减少。元代初期,开始逐步重视河西地区的农业发展,1285 年甘州部分屯田军士被调集到下游亦集乃地区(今额济纳旗)开垦种植,第二年设置亦集乃路总管府。到 1290 年,黑河流域中游人口恢复到隋末唐初时期的人口规模,达 1550 户,约 2.4 万人(李静,2010;肖生春等,2004a)。

在冯胜大军攻克黑河下游亦集乃城后,明代将黑河下游亦集乃地区划为张掖和酒泉的边外地,彻底废弃历代修建的军事和屯垦设施,人类活动中心转移至东西河,即现代额济纳三角洲,以及中游河西走廊地区。同时,为了防范元代残余势力,明代在河西地区大量移民屯田,使人口数量迅速增加,据记载,明时仅甘州五卫人口就达 5.36 万人(李静,2010;肖生春等,2004a)。

清代至今黑河流域人口数量急剧增加,但其间存在几次较大的波动。清代初期,甘州回民起义,并招致政府镇压,几十年的战乱使流域内人口减少。康熙、雍正、乾隆期间延续历史时期对河西地区的开发政策,一直持续了百余年,期间战争平息,发展稳定,黑河中游人口增加。相比唐天宝元年(公元 742 年)甘州的 6284 户,清代仅甘州府就增加到 28.43 万户;清代前期到中期黑河流域人口大幅度增加,人口数量在 25 万~50 万人,为以前的 5~10 倍。清代中期黑河流域人口达到历史最高峰,从雍正前期的 5 万余人增加到乾隆四十三年(1778年)的 121.5 万人(石亮,2010)。清末同治年间的西北回族起义,加上民国时期西北地区连年军阀混战,社会经济每况愈下,人口减少。中华人民共和国成立以后,黑河流域人口迅速增加:1949 年中游人口达 55 万人;改革开放后,随着经济的快速发展,人口大幅度增加,2010 年流域总人口增加到 197.3 万人。

7. 人水关系评判指标变化对比

图 7-10 展示了黑河流域过去 2000 余年与人水关系密切相关的众多因子的变化,包括垦殖绿洲面积、天然绿洲面积、人口、人类用水量以及汇入尾闾湖水量变化。

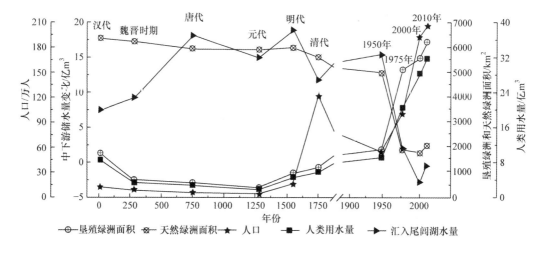

图 7-10 过去 2000 余年黑河流域人水关系评价指标的变化

在民国以前,汉代的垦殖绿洲规模是最大的,随后垦殖规模下降,明清时代又有所恢复,到 20 世纪 50 年代基本上恢复到汉代的水平,中华人民共和国成立后耕地面积飞速增加,2010 年耕地规模超过 6000km²。对于天然绿洲,从汉代到元代天然绿洲缓慢减少,明代到清代减少较为明显,在 20 世纪下半叶天然绿洲急剧减少,2000 年后天然绿洲面积有微弱增加。黑河流域人口变化的情况大致如下:从汉代到元代人口变化不大,明清时代人口增加明显,在清朝鼎盛时期黑河流域人口规模超过 100 万人,但清代后期和民国阶段有所减少,中华人民共和国成立后人口迅速增加,2010 年人口达 197.3 万人。人类用水量变化在中华人民共和国成立以前与垦殖绿洲的变化趋势一致,中华人民共和国成立后的人类用水量和耕地面积一样一直增加,但变化趋势不完全一致,主要是考虑了作物的种植结构变化,灌溉制度有所调整,而在历史时期所设置的灌溉定额一致不变。对于汇入尾闾湖的水量,其影响因素众多,包括上游山区的出山径流、中下游降水、人类活动,如开垦耕地等。由于汉代垦殖绿洲规模较大,加之所选时段出山径流偏低,汇入尾闾湖的水量较少,其后,垦殖绿洲规模减小,汇入尾闾湖的水量有所增加,但波动较大;清代垦殖绿洲规模有所恢复,汇入尾闾湖水量再次减少。中华人民共和国成立 50 年后,随着耕地面积的急剧增加,汇入尾闾湖的水量急剧减少。2000 年后,汇入尾闾湖的水量微弱增加,一是得益于上游山区的相对丰富的出山径流,二是节水措施和种植结构调整的效果。

以上 5 个因子变化可分为两类:一类是水-生态系统相关的因子,包括天然绿洲面积和汇入尾闾湖的水量,大致呈现出汉代到元代的波动变化或者微弱减小,明代到清代缓慢减少,20 世纪 50 年代到 2000 年急剧减少,2000 年后有所增加;另一类是人类社会系统相关的因子,包括人口、垦殖绿洲面积及人类用水量,其变化大致表现为汉代到元代的平缓变化,明代到清代垦殖绿洲面积和人类用水量缓慢增加,而人口增加明显,20 世纪 50 年代以后急剧增加。

7.2.5 人水关系变化

根据本章 7.2.3 节几个因子的变化规律,选择天然绿洲和人类用水量作为代表指标展示人水关系的变化情况(图 7-11)。基于它们的变化速率和变化趋势(k),另外考虑到朝代的起始时间,将人水关系演变划分为 4 个阶段:①人水关系和谐期(公元前 206 年~1368年);②人水关系紧张期(1368~1949 年);③人水关系恶化期(1949~2000 年);④人水关系重新趋于和谐期(2000 年以后)。

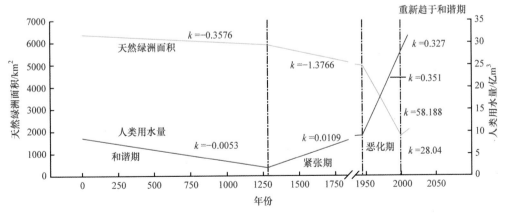

图 7-11　过去 2000 余年黑河流域人水关系变化过程

1. 人水关系和谐期(公元前 206 年～1368 年)

人水关系和谐期始于汉代。汉代之前,月氏、乌孙和羌人等部落在河西地区进行游牧,后来被匈奴占领,但这期间均以游牧生产方式为主,逐水而居,社会经济发展水平低下,对环境影响较小(程弘毅等,2011)。自从汉武帝开拓河西以后,先后在这里设置了酒泉、张掖、敦煌和武威四郡,为了巩固边防,实行屯田政策,在古居延三角洲中上部大规模屯田,耕地面积得到了空前的发展,生产方式由游牧业转变为农业。公元 140 年居延有 1560 户,人口 4733人,从地面渠道遗迹推算,耕地面积约为 370km² (龚家栋等,2002;胡春元等,2000)。然而,到了东汉晚期,长期的战争,致使黑河流域人口流失、农田水利遭到破坏,农业生产受到一定影响。在南北朝和元代期间,除了唐代维持较为稳定的社会环境外,其余时段战争频发,大量农田弃耕,并且游牧业自从东汉被重视后与农业兼营。

这一阶段黑河流域城镇变化的起源和形成过程:①秦汉以前的城市萌芽——秦朝时期虽然没有控制河西地区,但是张掖、酒泉和武威三地已成为月氏族聚居地,此时的月氏族已发展成为一个势力强大的民族。②两汉时期的奠基期——自汉武帝开拓河西后,设置河西四郡并辖 35 县,行政机构初具雏形,这对边远地区的开发和城镇的设置具有极其深远的意义;但东汉后期诸羌反抗朝廷,其中有三次反抗斗争规模大、持续时间长(公元 107～118 年、公元 140～145 年和公元 159～169 年),致使农牧业生产受损。经过曹魏和西晋时期的治理,得到好转;然后随着西晋的灭亡,河西长期陷入分裂割据的局面,许多城镇被弃,城镇数量一度下降。③隋唐时期的第二高峰期——隋唐结束了河西的割据局面,隋文帝在开皇元年(公元 581 年)实行郡县改革,将北周时期的州、郡、县三级制改为郡县两级制;唐代时期的城镇更多,职能更加全面,包括征粮、戍边、屯田和水利管理等。安史之乱后,吐蕃占据河西,战争不断,其后很长时间没有再现昔日盛况。④宋代的衰落期——宋代统治期间,河西被回鹘、西夏和蒙古汗国相继控制,到了元代才回归全国政权管辖(王录仓等,2005)。

公元前 206 年～1368 年,人口波动变化,没有增长,垦殖绿洲和天然绿洲面积变化较小,除了汉代人类用水量较多外,其他几个时段人类用水量在 5 亿 m³ 左右,汇入尾闾湖的水量整体较为充足,大多时候维持着较大湖面(靳鹤龄等,2005;Jin et al.,2005)。整体来说,该阶段人类活动对水系统影响较小,人水关系和谐。

2. 人水关系紧张期(1368～1949 年)

人水关系紧张期包括明清两代和民国时段,张掖农业发展加快,用水矛盾逐渐生成。明代在张掖各卫所均设有军屯和民屯,并令各卫所以三分戍守、七分屯田,做到中央重视、地方官吏尽职。这一时期屯田数目大,分布范围广,屯田力量增加,成就比较显著。另外,水利兴修规模大,河渠工程众多,虽然大多数为明代所开,但也有部分是在前朝废旧淤塞的基础上进行疏浚。然而,明清之际的张掖社会和生产情况出现停滞甚至倒退,主要原因有战乱频繁,许多人民被杀戮;清政府在平定张格尔发动的反清暴乱后,实行移军驻守和移民垦田政策,以全面经营新疆,而邻近的张掖地区,户口被大量迁徙至新疆,劳动力大大减少;水灾严重,耕地被冲毁,良田被淹没,根据记载,从顺治年间到乾隆四十五年(1780 年)共发生了 12次洪水;板结土地及盐碱地较多,直接影响了农业增产,这是由黑河流域本身的自然特征及多年开垦种植方式决定的;此时虽然用水不是特别紧张,但是用水浪费多,到了集中灌溉时候仍产生较多水事纠纷。然而,此时已有了珍惜水资源和保护水源涵养林的意识,这对后期的节水和分水等举措的实行具有一定帮助(王元第,2003)。

在清政府统一新疆后,张掖被作为军事、政治和经济重镇,为了巩固清朝在西北地区的统治,采取了一些措施恢复张掖的农业经济。这些措施涉及人口、用水和开地等方面,具体包括丈量土地、编造户籍和审定丁口,使钱粮税收与实际土地和人丁符合;设立分水用水规章,其中最有影响的是雍正四年(1726 年)年羹尧首次对黑河流域各县制定了均水制度,即从每年芒种前十日寅时到芒种之日卯时,高台上游镇江渠以上的 18 渠一律暂闭(王元第,2003),这对保护公正用水、减少用水纠纷具有一定的积极意义;支持垦荒和重视屯田。在这一系列措施下,张掖境内的农业经济得到恢复和发展:①开垦大量荒地,扩大耕地面积;②人口迅速增长,据记载,乾隆四十三年(1778 年)仅民丁和屯丁两项的人口数目就比汉代、唐代、元代和明代的人口多了四五十倍;③水利设施改善,治理河流,开挖灌溉水渠,固坝设闸,以防止洪灾。

从清朝道光二十年(1840 年)到 1949 年,中国处于半殖民地半封建社会,这期间张掖跟全中国一样,社会状况混乱,农田水利受到影响,农业经济呈凋敝衰落状态。自道光至同治年间,起义在陕甘地区此起彼伏,波及张掖境内。其后不论是清代末期还是民国时期,兵匪滋扰,百姓生活受到严重影响,生态环境及水资源受到破坏(王元第,2003)。对于水利条件方面,虽然这期间因战争部分设施遭到破坏,但民国时期,水利工程的科学测绘开始出现,水库兴建的勘察等也是首次出现;蓄水、引水工程和技术均有所提高。在 20 世纪初期,黑河流域水系仍然完整,支流基本上与干流黑河还保持着地表水力联系,自西向东的主要支流有讨赖河、洪水坝河、丰乐河、马营河、摆浪河、梨园河、大堵麻河、洪水河及山丹河等(李静等,2009)。下游的湿地面积约为 2500km²,其中,古日乃约为 1500km²,拐子湖约为 600km²,西居延海约为 267km²,木吉湖约为 80km²,东居延海约为 35.5km²(龚家栋等,2002)。因此,从这个角度来看,民国后期的农业发展得到了一定保证。

明清时期也是黑河中游城市再度复苏的阶段。甘州在元代统治的近一个世纪内,战略地位高,为河西经济、文化和政治中心。在 1403 年张掖设立陕西行都司甘肃镇后,甘州的战略地位再次得到巩固,这种状况持续了 322 年,从明代一直到清代前期。清代,本区沿袭明代的城市建制。清初到中叶的百余年间为河西的安定发展时期。晚清之后,甘肃的政治中心由甘州转移至兰州,地位下降许多,但是此时黑河流域的人口仍然具有一定规模(王录仓等,2005)。

从明代到 1949 年,共 580 余年,人口在清代达到峰值后又减少,整体呈增加趋势;垦殖绿洲面积增大,并从黑河下游向中游迁移;人类用水量以 1.09×10^6 m³/a 的速率增加;入湖水量呈减少趋势,天然绿洲以 1.38km²/a 的速率减少。这期间,水事纠纷开始增多,促使分水用水规章的出现(程弘毅等,2011;王元第,2003)。综合来讲,该阶段人水关系处于起飞状态,人水矛盾开始出现。

3. 人水关系恶化期(1949~2000 年)

中华人民共和国成立后的 50 余年为黑河流域人水关系的恶化阶段。在这 50 余年里,人类活动程度剧烈且无序,主要可以分为三个阶段:①第一阶段为 20 世纪 50 年代。中华人民共和国成立初期,一系列的政策提高了百姓的积极性,如 1950~1952 年的土地改革,使农民在经济上做了主人,新的生产关系极大地促进了生产力的发展,人类活动增强,特别是在 50 年代末期,受全民抗旱、农业合作化运动等的驱动,各种人类活动达到高潮。②第二阶段为 20 世纪 60~70 年代。60 年代受困难时期等影响,农业生产受到影响,农业活动基本荒废,人类活动较弱;70 年代因干旱和有关会议精神的鼓舞,广泛建设水库、渠道、机井等水利设施,抵御干旱,加大中游和下游上段农业开发规模,人类活动又一次出现高潮。③第三阶段为 20 世纪 80~90 年代,改革开放以后,商品粮基地的建设和垦荒造田活动的进行,增加了大量耕地,促使修浚和完善各类水利工程(张翠云等,2004)(表 7-9)。

表 7-9　黑河流域农业发展情况

区域	人口/万人	耕地面积/万 hm²	水库总数/个	引水渠总长度/km	开采井总数/眼
上游	8.02	7.15	1	179.4	117
中游	152.07	163.99	84	14927.8	5803
下游	15.03	28.24	17	721.5	1665
总计	175.12	199.38	102	15828.7	7585

这 50 余年剧烈的农业活动改变了流域中、下游的水系分布格局和水资源分配,尤其是从 20 世纪 80 年代起,农业灌溉引水量剧增,导致流域内众多支流与干流失去地表水力联系,下泄水量大幅度减少(龚家栋等,1998;王根绪等,1998)。额济纳旗年入境水量由 20 世纪 40~50 年代的 10 亿 m³ 减少至 2000 年前后的 2 亿~3 亿 m³,河道断流期也从 100 天左右增加到 200 多天。西居延海和东居延海相继于 1961 年和 1992 年干涸,湖盆不久就变成戈壁和盐漠。由于得不到地表水的补给,地下水位下降,水质恶化。原先成片分布的芨芨草甸和芦苇沼泽消失殆尽;两湖地区荒漠化迅速发展;生物多样性减少,原有的 130 多种植物种减少种类超过 70%(龚家栋等,2002)。

50 余年间,人口、耕地面积和人类用水量飞速增加,人口增加了 2.5 倍,耕地增加了 2 倍,人类用水量从 10 亿 m³ 增加到近 30 亿 m³,增加速率达 0.35 亿 m³/a,主要是因为 20 世纪 60 年代全球的绿色革命和中国 1978 年改革开放的推动作用,加速了农业的发展和人口的增加。然而,随着流域耕地面积和用水量的增加,汇入尾闾湖的水量减少,使得湖泊萎缩甚至干涸,地下水位下降和地下水储水减少等;天然绿洲面积同样急剧减少,减少速率达 58km²/a,主要原因如下:一方面部分林地和草地等被开垦成耕地;另一方面由于流域生态用水被人类生产生活挤占,造成湖泊萎缩及草地退化等。这一阶段,人类活动对水系统的影响达到顶峰,环境退化严重,表现为河道和湖泊相继干涸、天然绿洲面积减少、荒漠化迅速发展、沙尘暴频发。在此阶段,人水矛盾尖锐。

4. 人水关系重新趋于和谐期(2000 年以后)

为了遏制黑河流域生态环境继续恶化,国家和地方采取了一系列措施,如 2001 年起的天然林保护工程、"三北"防护林工程,2002~2004 年的退耕还林还草工程,2002 年张掖市列为国家节水型社会的试点城市,这些措施在一定程度上保证和提高了生态用水,保护了流域的生态系统。此外,2000 年开始实施的分水工程成为流域水资源重新分配的举措,也是恢复下游生态系统的关键。具体的干流分水方案为当莺落峡正常年份来水(多年平均)为 15.8 亿 m^3 时,正义峡下泄水量达到 9.8 亿 m^3,全流域生态用水达到 7.3 亿 m^3。

2000~2010 年,共实施"全线闭口、集中下泄"措施 35 次、700 天,累计为下游额济纳调入水量 57.6 亿 m^3,累计灌溉绿洲面积 471.4 万亩,浸润灌溉 19 条支流 1105km 的河道,保护了两岸濒临枯死的胡杨和怪柳。2002 年,东居延海自 1992 年干涸后首次进水,除了后来经历过短暂的干涸外,整体上水面不断增大,年内存在变化。2004 年,东居延海水面增加到 35.7km²,达到 1958 年以来的最大水面;2005 年,东居延海首次保持连年不干;2006 年,东居延海首次出现春季进水;2007 年,东居延海水域面积最大为 39km²,为 2002 年补水以来的最大值,也是 20 世纪 50 年代后期有水文记录以来的最大值;2008 年,首次实现了春季输水入西居延海。2009 年、2010 年,西河连续实现春季全干流过水。

另外,经过多年的黑河水量调度和黑河流域综合治理,下游生态急剧恶化的趋势得到有效遏制,并正在逐步恢复和好转。随着下游生态环境的改善,沙尘暴次数减少;大风日数和扬沙日数减少近一半,年均风速从 3.6m/s 降为 2.8m/s。随着进入下游水量的增加,下游河道断流天数减少。黑河下游狼心山断面断流天数在实施统一调度后急剧减少,从 1995~1999 年的 230~250 天减少为 90 天。地下水位持续下降的趋势得到初步遏制,2006 年地下水位达到或接近 1995 年以来的历史最高值;与 2002 年的地下水位相比,2006 年东河地区、西河地区和东居延海周边地区分别平均回升了 0.48m、0.36m 和 0.48m。黑河下游地区地下水的上升,加之下游灌溉的影响,极大地改善了土壤水分条件,促进了绿洲植被的生长。绿洲面积增大的同时,局部地区林草覆盖度逐年提高,数据显示,额济纳绿洲植被平均覆盖度和产草量指标逐年增加,2003 年比 2002 年分别提高了 9.77% 和 170%,2004 年比 2003 年分别提高了 8.57% 和 172%,随着植被覆盖度的增加,水土保持功能增强,每年减少土壤侵蚀量 7.73 万 t,有力地保护了西北地区这一重要的生态屏障。

在这个阶段,人口持续增加,耕地面积和人类用水量同样增加,但天然绿洲和汇入尾闾湖的水量相比 2000 年有所增加,其中天然绿洲面积增加速率为 28km²/a,表示 2000 年后黑河流域人水关系达到了一个新的平衡期。

7.3 中、下游生态经济权衡分析

7.3.1 中游农业发展的水文响应

以 1965 年、1975 年、1990 年、2000 年、2005 年和 2010 年六期黑河流域张掖盆地和额济纳盆地的绿洲数据分别代表这两个区域 1957~1969 年、1970~1979 年、1980~1995 年、1996~2002 年、2003~2007 年和 2008~2012 年各个阶段的土地利用情况,即近 50 年里张掖盆地耕地面积一直在增加,呈扩张趋势。考虑到不同类型林地和草地对地下水蒸散发的影响,以及灌溉随着种植结构变化而变化的情况,将270mm作为林地对地下水蒸散发强度的近似值,有林地、灌木林地、疏林地和其他林地对地下水的蒸散发强度在平均值的基础上乘以相应的系数,分别为2.0、1.5、1.0和0.5;覆盖度大于70%的平原区高覆盖草地对潜水的蒸散发强度被认为与作物相同,中覆盖草地和低覆盖草地的影响分别设置为高覆盖草地的0.5和0.2(Zhang et al.,2001);灌溉变化以1985年为界,前后的净灌溉定额分别为500mm和650mm(王根绪等,2005)。潜在蒸散发采用Penman-Monteith方法估算,分别计算出各种地类的蒸散量和流域总的蒸散量,并利用流域近50年器测的降水和径流资料,计算区域的蒸散量,作为"实测值",以供验证(Yang et al.,2007)。

利用改进的基于Budyko假设的Top-down方法和水量平衡方程,估算的张掖盆地年蒸散量的拟合和相关情况如图7-12所示。区域蒸散量模拟值与实测值拟合好,误差小,其中平均绝对误差(MAE)、均方根误差(RMSE)和相对误差(RE)分别为2.8mm、9.9mm和−1.96%,纳什效率系数(NSE)达到0.95。另外,两者相关性较好,斜率接近1,相关系数超过0.95。由此可见,张掖盆地年蒸散量模拟值与实测值基本一致。另外,就各种地类而言,林地、草地和未利用地的多年平均蒸散量为618mm、295mm和138mm,而耕地的蒸散量为500~750mm,与田伟等(2012)、Zhao等(2010)、赵丽雯等(2010)、李传哲等(2009)、程玉菲等(2007)利用遥感技术、模型方法和实测手段获取的结果相当。

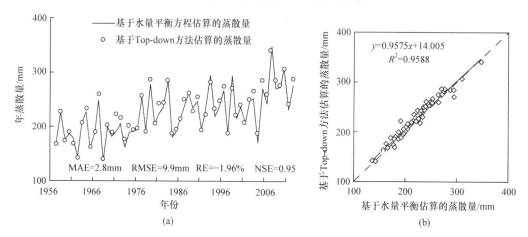

图7-12　基于水量平衡方程和Top-down方法估算的蒸散量(a)及验证(b)

基于模拟的各种地类的蒸散量,结合过去50余年区域的气温、降水(以张掖站和高台站为代表),以及入境径流(莺落峡水文站)和出境径流(正义峡水文站)变化,揭示耕地扩张对区域水文过程的影响。图7-13(a)和图7-13(b)分别为张掖盆地内张掖站和高台站记录的降水量和气温变化,其中降水量呈波动变化,而气温在1985年以前同样呈波动变化,其后呈增温趋势,增幅不到2℃。图7-13(d)为莺落峡和正义峡水文站实测的径流量变化,从中可看出,大致在1980年以前,两站实测的径流量变化基本一致,即径流流经张掖盆地过程中耗损量基本维持不变;1980年以后,两站径流的变化曲线差异明显,两站的径流差日趋增大,直至2000年后逐渐趋同,表示1980~2000年,张掖盆地利用损耗的径流量越来越大。这期间温度增加有一定的影响,可能增加蒸散发,但是本区域降水量少,潜在蒸散量大,降水基本不产流(康尔泗等,1999),因此温度增加对径流量损耗的贡献不大。灌溉农业是张掖盆地主要的支柱产业,过去50年随着耕地扩张,农业用水量日益增加,如图7-13(c)所示,张掖盆地总蒸散量和耕地蒸散量呈基本相同的增加趋势,表示流域蒸散量的变化主要由耕地的蒸散量决定;另外,流域总蒸散量的逐年变化幅度大于耕地,这主要是降水的影响。从图7-13(a)可以看出,降水波动较大,而本区域降水基本不产流,全部用于蒸散。随着耕地面积的增加,加上由于种植结构从单一的以小麦为主转变为以玉米制种和小麦两种作物为主,灌水定额增加,使得耕地的总蒸散量与初始时期相比翻了一番,对盆地总蒸散量的贡献比例也从最初的不到40%增加到54%[图7-13(c)]。

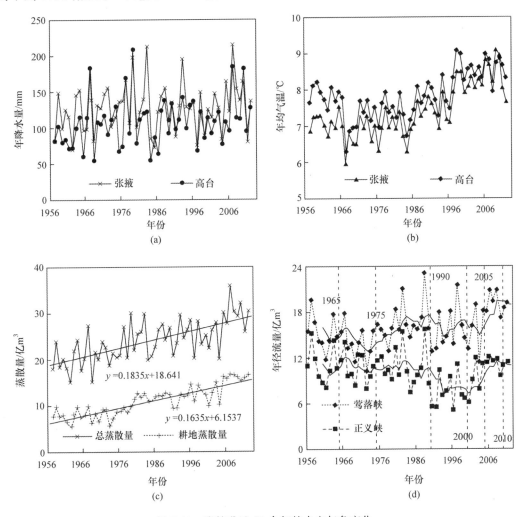

图 7-13　张掖盆地50余年的水文气象变化

2000年后,张掖盆地耕地持续扩张,耗水呈增加趋势[图7-13(c)],而流入下游的径流量逐渐增加并维持在10亿 m³ 左右,与上游的径流差也相对稳定[图7-13(d)],主要是由于：①分水计划的实行，保证了正义峡的下泄径流量；②上游出山径流较为充沛；③节水措施的实行，2002年张掖市作为国家节水型社会建设试点城市，通过衬砌等手段改善渠系工程，引进先进的灌溉技术，如喷灌和滴灌技术等；④中游地下水的开采增加。2000~2005年，张掖地区地表水的使用量减少了近3亿 m³，但是地下水的使用量增加了2亿 m³（李传哲等，2009；王根绪等，2005）。另外，灌溉利用率的提高在一定程度上减少了地表水对地下水的补给，最终导致中游地下水位下降（王金凤等，2013；闫云霞等，2013）。

由张掖盆地耕地扩张引起耗水增加，不仅影响正义峡的年际径流变化，也改变了其年内分配，莺落峡和正义峡月径流分布差别明显（任建华等，2002）。从图7-14可以看出，莺落峡的径流年内分布与张掖和高台两站的年内降水分布基本一致：5~10月为丰水期，11月至翌年4月为枯水期，而正义峡的年内径流分布呈现两个明显的高峰期，但均低于莺落峡的峰值：7~10月和12月至翌年3月，主要是因为4~9月为中游春小麦和玉米关键灌溉阶段（春小麦和玉米的生长周期分别为3月上旬至7月中旬与4月中旬至9月下旬），中游的灌溉用水削弱了正义峡7~10月的峰值，而冬季作物均已收割，中游用水较少，因而下泄水量较多。

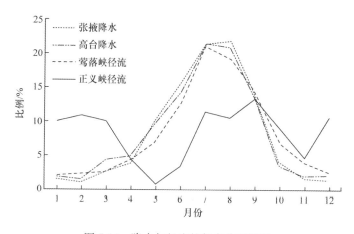

图7-14 降水与径流的年内分配情况

7.3.2 下游生态退化

黑河下游额济纳盆地的绿洲生态系统完全依赖于正义峡的下泄水量。随着张掖盆地耕地的迅速扩张，正义峡的下泄水量急剧减少，下游额济纳绿洲面积也随之变化（表7-10）。根据粟晓玲等（2006）改进的各种土地利用类型的单位生态服务价值：耕地、有林地、灌木林、疏林地、高覆盖草地、中覆盖草地、低覆盖草地和水域分别为92美元/hm²、453美元/hm²、332美元/hm²、211美元/hm²、348美元/hm²、232美元/hm²、116美元/hm²和8489美元/hm²，得到额济纳绿洲各阶段的生态服务价值。以1965年额济纳绿洲规模和1960~1964年正义峡的平均下泄水量为基准值，此后额济纳绿洲的面积变化与中游的下泄水量密切相关（表7-11）。

表 7-10　1965～2010 年额济纳绿洲面积变化　　　　　（单位：km²）

类型	1965 年	1975 年	1990 年	2000 年	2005 年	2010 年
耕地	164.0	166.6	167.1	38.2	40.5	41.7
有林地	3.0	2.3	2.3	5.2	5.2	5.2
灌木林	37.7	37.6	38.2	163.3	163.4	163.4
疏林地	21.9	16.3	21.6	14.8	14.8	14.8
高覆盖草地	16.5	16.2	28.4	5.5	7.4	16.9
中覆盖草地	176.0	185.9	226.2	124.3	141.9	149.8
低覆盖草地	544.6	535.5	651.5	318.1	471.1	472.9
水域	134.9	122.2	149.1	107.4	137.1	163.2
城镇用地	3.5	8.5	10.7	13.5	13.5	20.4
总计	1102.1	1091.1	1295.1	790.3	994.9	1048.3

表 7-11　张掖盆地耕地、正义峡下泄水量及额济纳绿洲的变化

径流变化	正义峡下泄水量/亿 m³	土地利用变化时段	张掖盆地 耕地面积/km²	额济纳绿洲 面积变化量/km²	额济纳绿洲 生态服务价值/百万美元
1960～1964 年平均	10.18	1965 年	1483.6	1102	129.0
1970～1974 年平均－1960～1964 年平均	0.42	1965～1975 年	152.1	－11	－10.8
1985～1989 年平均－1960～1964 年平均	0.47	1965～1990 年	239.1	193	14.9
1995～1999 年平均－1960～1964 年平均	－2.28	1965～2000 年	477.2	－312	－24.7
2000～2004 年平均－1960～1964 年平均	－0.95	1965～2005 年	684.0	－107	2.9
2005～2009 年平均－1960～1964 年平均	1.09	1965～2010 年	721.5	－54	25.6

　　与 1960～1964 年相比,1970～1974 年正义峡平均下泄水量微弱增加,而额济纳绿洲 1975 年的城镇用地和耕地较 1965 年有所增加,水域(水体或湿地)与自然植被均有所减少,中覆盖草地除外。1985～1989 年,正义峡平均下泄水量增加了 0.47 亿 m³,其中 1989 年的径流量是有记录以来的最大值,使得额济纳绿洲所有土地类型的面积均有所增大,而草地增加更为明显。1995～1999 年,正义峡平均下泄水量减少 2.28 亿 m³,相当于 1960～1964 年阶段下泄径流的 22%,致使额济纳绿洲迅速萎缩,尽管由于退耕还林还草政策,大片耕地转变为林地,但是草地和水域面积分别减少了 39% 和 24%,大片胡杨死亡(张小由等,2005)。1965～2000 年,额济纳绿洲面积减少了 312km²,相当于 1965 年的 30%。2000 年后,随着黑河流域分水计划的实行,正义峡的下泄水量开始增加,额济纳绿洲逐渐恢复。2000～2010 年,增加的草地和水域面积分别占 1965 年的 27% 和 53%,其中 2010 年的水域面积甚至比 1965 年的多近 30km²,但是绿洲总面积仍旧没有恢复到 1965 年的规模。

此外,计算的额济纳绿洲的生态服务价值也与正义峡下泄水量的变化基本一致:1965~2000 年,1990 年的生态服务价值最高,到达 1.4 亿美元,2000 年的最低,仅为 1 亿美元。与张志强等(2001)的估算结果相比,本书结果偏低,主要原因是在张志强等的研究中,林地和草地类型没有细分,单价分别为 302 美元/hm² 和 232 美元/hm²,而本书的研究在计算过程中将林地和草地分别细分为有林地、灌木林、疏林地与高覆盖草地、中覆盖草地、低覆盖草地,并乘以相应的系数 1.5、1.1、0.7 与 1.5、1.0、0.5,而本区内林地以灌木林和疏林地为主,草地以低覆盖草地为主,占草地总面积的 65% 左右。

7.3.3 中、下游生态经济权衡关系

为了更加清楚地理解黑河中游农业发展对下游生态系统的影响,构建张掖盆地的粮食产量与正义峡下泄径流,以及下游生态服务价值的权衡关系。图 7-15(a)展示了以 1960~1964 年的平均值及 1965 年的值为基准值,张掖盆地的耕地面积、年蒸散量和粮食产量、正义峡的径流量、额济纳绿洲的面积和生态服务价值等在 1965~2010 年的变化。在 1965~2000 年的发展阶段,张掖盆地的耕地面积、蒸散量和粮食产量分别增加了 477km²、4.27 亿 m³ 和 43.8 万 t;而正义峡的径流量和额济纳绿洲的生态服务价值分别减少了 2.28 亿 m³ 和 0.247 亿美元[图 7-15(a)]。2000 年以后,流域进入了一个较为可持续性发展的阶段,在此期间张掖盆地的耕地面积先增加然后保持稳定,蒸散量和粮食产量也呈增加趋势;而正义峡的径流量和额济纳绿洲的生态服务价值分别增加了 3.37 亿 m³ 和 0.503 亿美元(图 7-15a)。

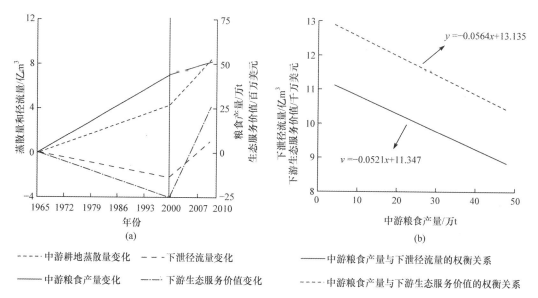

图 7-15 张掖盆地耕地蒸散量和粮食产量、正义峡径流量和额济纳绿洲生态服务价值变化及其权衡关系

图 7-15(b)展示了 1965~2000 年张掖盆地粮食产量与正义峡径流量和额济纳绿洲生

态服务价值之间的权衡关系。在此期间,粮食产量增加,而下泄径流量和生态服务价值减少。张掖盆地每增加 1000t 粮食,下泄水量减少 $52 \times 10^5 \text{ m}^3$,而额济纳绿洲的生态服务价值减少 5.6 万美元。

根据图 7-15(b)中张掖粮食产量和额济纳绿洲生态服务价值变化之间的关系,粮食增加越多,下游生态服务价值损失越大,而保证下游生态服务价值较高时,中游粮食产量较少。经计算,两者之间存在一个"利益最大化"的临界值,即图 7-16 所示,当中游粮食产量增加 116.4 万 t 时,下游生态服务价值约减少 0.65 亿美元。但是,由于中游粮食产量和下游生态服务价值的单位不一致,该临界点仅能起到启发作用。

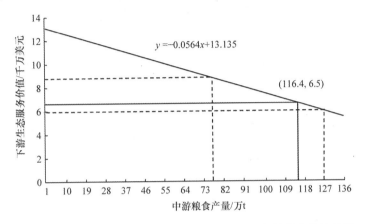

图 7-16 张掖盆地粮食产量和额济纳绿洲生态服务价值变化临界值

对于内陆河灌溉农业来说,水资源有限,农业水效率(单方水的粮食产量,即粮食总产量除以耕地蒸散量)的提高无疑对区域农业发展和生态可持续性至关重要。1957~2012 年,伴随着耕地扩张,张掖盆地粮食产量飞速增加,从不足 3 万 t 增加到 70 万 t[图 7-17(a)]。但是,国家粮食安全政策下的耕地增加只是粮食产量增长的部分原因;主要原因是改进的灌溉技术、高产量的农作物、化肥和农药的使用,以及机械化的普及促使单位面积的粮食产量增加,尤其是在改革开放后(张遇春,2008)。作物生产力的提高和生产方式的改善促使农业水效率从最初的不到 0.1kg/m^3 增加到现在的 0.6kg/m^3 左右。此外,值得注意的是,水效率的变化存在飞跃和波动的过程,如 1960 年前后的 3 年间,河西的干旱导致粮食减产;1978 年改革开放后,粮食产量飞速增长,水效率大幅度提高;2000 年后的几年间,粮食产量和水效率均呈波动变化,主要原因是分水计划刚刚实行,采取"全线闭口,集中下泄"的措施,可以在一定程度上对中游的可用地表水资源进行压缩,加上种植结构来不及调整,节水措施还没有完全应用,致使部分耕地得不到有效灌溉,粮食产量受到影响(李启森等,2006)。

图 7-17(b)展示了初始(1960 年初)和当前的农业水效率下,张掖盆地的粮食产量与耕地耗水之间权衡关系的变化过程。假若水效率仍然停留在最初水平,那么生产出当前规模的粮食将需要 6 倍的耕地和水量,这样下游的绿洲将完全消失。因此,农业技术的改善在一定程度上降低了农业发展对生态环境的负面作用。

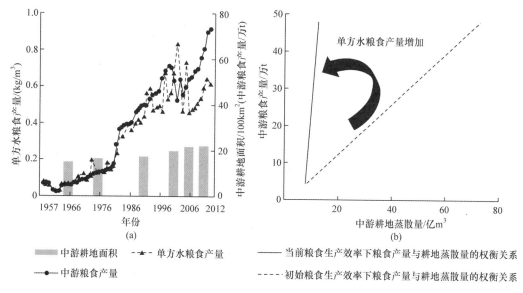

图 7-17　农业水效率对农业发展与生态可持续性间权衡关系的影响

参 考 文 献

陈阿江,2008. 论人水和谐[J]. 河海大学学报,10(4):19-24.

陈维达,2003. 人与河流基本关系之我见[J]. 中国水利,(6):43-44.

程国栋,2003. 虚拟水——中国水资源安全战略的新思路[J]. 中国科学院院刊,4(1):15-17.

程国栋,肖洪浪,徐中民,等,2006. 中国西北内陆河水问题及其应对策略——以黑河流域为例[J]. 冰川冻土,28(3):406-413.

程弘毅,黄银洲,赵力强,2011. 河西走廊历史时期的人类活动[EB/OL]. 中国科技论文在线:[2011-4-22]. http//www. paper. edu. cn/releasepaper/content/201104-553.

程涛,2009. 践行科学发展观　实现和谐的人水关系[J]. 中国水能及电气化,(11):6-7.

程玉菲,王根绪,席海洋,等,2007. 近 35a 来黑河干流中游平原区陆面蒸散发的变化研究[J]. 冰川冻土,29(3):406-412.

邓建明,周萍,2013. 浅谈人类文明史各阶段的人水关系[J]. 水利发展研究,(9):87-90.

丁婧祎,赵文武,房学宁,2015. 社会水文学研究进展[J]. 应用生态学报,26(4):1055-1063.

傅抱璞,1981. 论陆面蒸发的计算[J]. 大气科学,5(1):23-31.

傅伯杰,张立伟,2014. 土地利用变化与生态系统服务:概念、方法与进展[J]. 地理科学进展,33(4):441-446.

龚家栋,程国栋,张小由,等,2002. 黑河下游额济纳地区的环境演变[J]. 地球科学进展,17(4):491-496.

龚家栋,董光荣,李森,等,1998. 黑河下游额济纳绿洲环境退化及综合治理[J]. 中国沙漠,18(1):44-50.

胡春元,李玉宝,高永,2000. 黑河下游生态环境变化及其与人类活动的关系[J]. 干旱区资源与环境,14(增刊):10-14.

颉耀文,王学强,汪桂生,等,2013a. 基于网格化模型的黑河流域中游历史时期耕地分布模拟[J]. 地球科学进展,28(1):71-78.

颉耀文,余林,汪桂生,等,2013b. 黑河流域汉代垦殖绿洲空间分布重建[J]. 兰州大学学报(自然科学版),
　　49(3):306-312.

靳鹤龄,肖洪浪,张洪,等,2005. 粒度和元素证据指示的居延海 1.5kaBP 来环境演化[J]. 冰川冻土,
　　27(2):233-240.

康尔泗,陈仁升,张智慧,等,2007. 内陆河流域水文过程研究的一些科学问题[J]. 地球科学进展,22(9):
　　940-953.

康尔泗,程国栋,蓝永超,等,1999. 西北干旱区内陆河流域出山径流变化趋势对气候变化响应模型[J]. 中
　　国科学(D 辑),29(增刊 1):47-54.

康兴成,程国栋,康尔泗,等,2002. 利用树轮资料重建黑河近千年来出山口径流量[J]. 中国科学(D 辑),
　　32(8):675-685.

李并成,1998. 河西走廊汉唐古绿洲沙漠化的调查研究[J]. 地理学报,53(2):12-21.

李传哲,于福亮,刘佳,2009. 分水后黑河干流中游地区景观动态变化及驱动力[J]. 生态学报,29(11):
　　5832-5842.

李静,2010. 黑河流域生态环境历史演变研究[D]. 金华:浙江师范大学.

李静,桑广书,刘小燕,2009. 黑河流域生态环境演变研究综述[J]. 水土保持学报,16(6):210-215.

李其林,李秀良,2005. 人水和谐的基本特征和实现途径[J]. 水利学报,(增刊):235-238.

李启森,赵文智,冯起,2006. 黑河流域水资源动态变化与绿洲发育及发展演变的关系[J]. 干旱区地理,
　　29(1):21-28.

李原园,李宗礼,黄火键,等,2014. 河湖水系连通演变过程及驱动因子分析[J]. 资源科学,36(6):
　　1152-1157.

廖杰,王涛,薛娴,2015. 黑河调水以来额济纳盆地湖泊蒸发量[J]. 中国沙漠,35(1):228-232.

刘宝勤,封志明,姚治君,2006. 虚拟水研究的理论、方法及其主要进展[J]. 资源科学,28(1):120-127.

刘亚传,1992. 居延海的演变与环境变迁[J]. 干旱区资源与环境,6(2):9-18.

马晶,彭建,2013. 水足迹研究进展[J]. 生态学报,33(18):5458-5466.

任朝霞,陆玉麒,杨达源,2010. 黑河流域近 2000 年的旱涝与降水量序列重建[J]. 干旱区资源与环境,
　　24(6):91-95.

任建华,李万寿,张婕,2002. 黑河干流中游地区耗水量变化的历史分析[J]. 干旱区研究,19(1):18-22.

沈卫荣,中尾正义,史金波,2007. 黑水城人文与环境研究[M]//黑水城人文与环境国际学术讨论会文集.
　　北京:中国人民大学出版社.

石亮,2010. 明清及民国时期黑河流域中游地区绿洲化荒漠化时空过程研究[D]. 兰州:兰州大学.

粟晓玲,康绍忠,佟玲,2006. 内陆河流域生态系统服务价值的动态估算方法与应用——以甘肃河西走廊石
　　羊河流域为例[J]. 生态学报,26(6):2011-2019.

谭其骧,1996. 中国历史地图集[M]. 北京:中国地图出版社.

田伟,李新,程国栋,等,2012. 基于地下水陆面过程耦合模型的黑河干流中游耗水分析[J]. 冰川冻土,
　　34(3):668-679.

汪桂生,颉耀文,王学强,2013a. 黑河中游历史时期人类活动强度定量评价——以明、清及民国时期为
　　例[J]. 中国沙漠,33(4):1225-1234.

汪桂生,颉耀文,王学强,等,2013b. 明代以前黑河流域耕地面积重建[J]. 资源科学,35(2):362-369.

王根绪,程国栋,1998. 近 50a 来黑河流域水文及生态环境的变化[J]. 中国沙漠,18(3):233-238.

王根绪,杨玲媛,陈玲,等,2005. 黑河流域土地利用变化对地下水资源的影响[J]. 地理学报,60(3):
　　456-466.

王浩,龙爱华,于福亮,等,2011. 社会水循环理论基础探析 I:定义内涵与动力机制[J]. 水利学报,42(4): 379-387.

王金凤,常学向,2013. 近 30a 黑河流域中游临泽县地下水变化趋势[J]. 干旱区研究,30(4):594-602.

王录仓,程国栋,赵雪雁,2005. 内陆河流域城镇发展的历史过程与机制——以黑河流域为例[J]. 冰川冻土,27(4):598-607.

王培君,2008. 从水用具看人水关系[J]. 河海大学学报,10(1):7-9.

王淑军,2014. 人类文明演进中的人水关系变迁[J]. 山东水利,(4):35-36.

王元第,2003. 黑河水系农田水利开发史[M]. 兰州:甘肃民族出版社.

吴攀升,贾文毓,2002. 人地耦合论——一种新的人地关系理论[J]. 海南师范学院学报,15(3/4):50-53.

吴晓军,2000. 河西走廊内陆河流域生态环境的历史变迁[J]. 兰州大学学报(社会科学版),28(4):46-49.

夏军,丰华丽,谈戈,等,2003. 生态水文学概念、框架和体系[J]. 灌溉排水学报,22(1):4-10.

肖洪浪,程国栋,2006. 黑河流域水问题与水管理的初步研究[J]. 中国沙漠,26(1):1-5.

肖生春,肖洪浪,2004a. 额济纳地区历史时期的农牧业变迁与人地关系演进[J]. 中国沙漠,24(4): 448-450.

肖生春,肖洪浪,2004b. 近百年来人类活动对黑河流域水环境的影响[J]. 干旱区资源与环境,18(3): 57-62.

肖生春,肖洪浪,2008a. 黑河流域水环境演变及其驱动机制研究进展[J]. 地球科学进展,23(7):748-755.

肖生春,肖洪浪,2008b. 两千年来黑河流域水资源平衡估算与下游水环境演变驱动分析[J]. 冰川冻土,30(5):733-739.

谢高地,鲁春霞,肖玉,等,2003. 青藏高原高寒草地生态系统服务价值评估[J]. 山地学报,21(1):50-55.

谢家丽,颜长珍,李森,等,2012. 近 35a 内蒙古阿拉善盟绿洲化过程遥感分析[J]. 中国沙漠,32(4): 1142-1147.

徐中民,龙爱华,张志强,2003. 虚拟水的理论方法及在甘肃省的应用[J]. 地理学报,58(6):861-869.

徐宗学,李景玉,2010. 水文科学研究进展的回顾与展望[J]. 水科学进展,21(4):450-459.

薛惠锋,岳亮,1995. 人水关系历史渊源研究[J]. 山西师范大学学报(自然科学版),9(1):62-66.

闫云霞,王随继,颜明,等,2013. 黑河中游甘州区地下水埋深变化的时空分异[J]. 干旱区研究,30(3): 412-418.

余达淮,张文捷,钱自立,2008. 人水和谐:水文化的核心价值[J]. 河海大学学报,10(2):20-22.

翟文川,吴瑞金,王苏民,等,2000. 近 2600 年来内蒙古居延海湖泊沉积物的色素含量及环境意义[J]. 沉积学报,18(1):13-17.

张翠云,王昭,2004. 黑河流域人类活动强度的定量评价[J]. 地球科学进展,19(增刊):386-390.

张洪,靳鹤龄,肖洪浪,等,2004. 东居延海易溶盐沉积与古气候环境变化[J]. 中国沙漠,24(4):409-415.

张家诚,2006. 人水关系的历史回顾[J]. 水科学进展,17(4):581-584.

张兰影,庞博,徐宗学,等,2014. 古浪河流域气候变化与土地利用变化的水文效应[J]. 南水北调与水利科技,12(1):42-46.

张强,胡隐樵,2002. 绿洲地理特征及其气候效应[J]. 地球科学进展,17(4):477-486.

张小由,龚家栋,赵雪,等,2005. 额济纳绿洲近 20 年来土地覆被变化[J]. 地球科学进展,20(12): 1300-1305.

张遇春,2008. 干旱区绿洲耕地资源态势与粮食安全研究——以张掖市为例[D]. 兰州:西北师范大学.

张振克,吴瑞金,王苏民,等,1998. 近 2600 年来内蒙古居延海湖泊沉积记录的环境变迁[J]. 湖泊科学,10(2):44-51.

张志华,吴祥定,1996. 祁连山地区 1310 年以来湿润指数及其年际变幅的变化与突变分析[J]. 第四纪研究,(4):368-378.

张志强,徐中民,王建,等,2001. 黑河流域生态系统服务的价值[J]. 冰川冻土,23(4):360-367.

赵春霞,左其亭,2009. 人水和谐的博弈辨识方法及博弈力计算[J]. 水利水电技术,40(4):1-4.

赵衡,左其亭,2014. 人水关系博弈均衡研究方法及应用[J]. 水电能源科学,32(1):137-141.

赵捷,徐宗学,左德鹏,2013. 黑河流域潜在蒸散发量时空变化特征分析[J]. 北京师范大学学报(自然科学版),49(2/3):164-169.

赵丽雯,吉喜斌,2010. 基于 FAO-56 双作物系数法估算农田作物蒸腾和土壤蒸发研究——以西北干旱区黑河流域中游绿洲农田为例[J]. 中国农业科学,43(19):4016-4026.

郑景云,王绍武,2005. 中国过去 2000 年气候变化的评估[J]. 地理学报,60(1):21-31.

郑晓云,皮泓漪,2012. 人水关系变迁与可持续发展——云南大盈江一个傣族村的人类学考察[J]. 中南民族大学学报(人文社会科学版),32(4):47-53.

竺可桢,1973. 中国近五千年来气候变迁的初步研究[J]. 中国科学(B辑),(2):168-189.

左其亭,2007. 人水系统演变模拟的嵌入式系统动力学模型[J]. 自然资源学报,22(2):268-273.

左其亭,李可任,2014. 河湖水系连通下郑州市人水关系变化分析[J]. 自然资源学报,29(7):1216-1224.

左其亭,张云,2009. 人水和谐量化研究方法及应用[M]. 北京:中国水利水电出版社.

左其亭,张云,林平,2008. 人水和谐评价指标及量化方法研究[J]. 水利学报,39(4):440-447.

ALLAN J A,1994. Overall Perspectives on Countries and Regions[M]//ROGERS P,LYDON P. Water in the Arab World:Perspectives and Prognoses. Cambridge:Harvard University Press.

BLÖSCHL G,ARDOIN-BARDIN S,BONELL M,et al. ,2007. At what scales do climate variability and land cover change impact on flooding and low flows? [J]. Hydrological Processes,21(9):1241-1247.

BRÁZDIL R,KUNDZEWICZ Z W,2006. Historical hydrology-editorial [J]. Hydrological Sciences Journal,51(5):733-738.

BUDYKO M I,1974. Climate and Life [M]. New York:Academic Press.

CHOUDHURY B,1999. Evaluation of an empirical equation for annual evaporation using field observations and results from a biophysical model[J]. Joural of Hydrology,216:99-110.

COSTANZA R,D'ARGE R,GROOT R D,et al. ,1997. The value of the word's ecosystem services and natural capital[J]. Nature,387:253-260.

COSTANZA R,GRAUMLICH L,STEFFEN W,et al. ,2007. Sustainability or collapse:what can we learn from integrating the history of humans and the rest of nature? [J]. AMBIO:A Journal of the Human Environment,36(7):522-527.

DE FRAITURE C,MOLDEN D,WICHELNS D,2010. Investing in water for food,ecosystems,and livelihoods:an overview of the comprehensive assessment of water management in agriculture[J]. Agricultural Water Management,97(4):495-501.

DI BALDASSARRE G,VIGLIONE A,CARR G,et al. ,2015. Debates-perspectives on socio-hydrology:capturing feedbacks between physical and social processes[J]. Water Resources Research,(51):1-12.

ELSHAFEI Y,SIVAPALAN M,TONTS M,et al. ,2014. A prototype framework for models of socio-hydrology:identification of key feedback loop sand parameterisation approach[J]. Hydrology and Earth System Sciences. 18(6):2141-2166.

EMMERIK V T,LI Z,SIVAPALAN M,et al. ,2014. Socio-hydrologic modeling to understand and mediate the competition for water between agriculture development and environmental health:Murrumbidgee River

Basin, Australia[J]. Hydrology and Earth System Sciences, 18(10):4239-4259.

FALKENMARK M, 2007. Water Management and Ecosystems: Living with Change[Z]. Global Water Partnership.

GEELS F W, 2002. Technological transitions as evolutionary reconfiguration processes: a multi-level perspective and a case-study[J]. Research policy, 31(8):1257-1274.

HOESKSTRA A Y, 2003. Virtual Water Trade. Proceedings of the International Expert Meeting on Virtual Water Trade[M]. Delft: the Netherlands.

JIN H, XIAO H, ZHANG H, et al., 2005. Evolution and climate changes of the Juyan Lake revealed from grain size and geochemistry element since 1500a BP[J]. Journal of Glaciology and Geocryology, 27(2): 233-240.

KALBUS E, KALBACHER T, KOLDITZ O, et al., 2012. Integrated Water Resources Management under different hydrological, climatic and socio-economic conditions[J]. Environmental Earth Sciences, 65(5): 1363-1366.

KALLIS G, 2010. Coevolution in water resource development: the vicious cycle of water supply and demand in Athens, Greece[J]. Ecological Economics, 69(4):796-809.

KANDASAMY J, SOUNTHARARAJAH D, SIVABALAN P, et al., 2014. Socio-hydrologic drivers of the pendulum swing between agricultural development and environmental health: a case study from Murrumbidgee River Basin, Australia[J]. Hydrology and Earth System Sciences, 18(3):1027-1041.

LIU Y, TIAN F, HU H, et al., 2014. Socio-hydrologic perspectives of the co-evolution of humans and water in the Tarim River Basin, Western China: the Taiji-Tire Model[J]. Hydrology and Earth System Sciences, (18):1289-1303.

LU Z, WEI Y, XIAO H, et al., 2015a. Trade-offs between midstream agricultural production and downstream ecological sustainability in the Heihe River basin in the past half century[J]. Agricultural Water Management, 152:233-242.

LU Z, WEI Y, XIAO H, et al., 2015b. Evolution of the human-water relationships in Heihe River basin in the past 2000 years[J]. Hydrology and Earth System Sciences, (19):2261-2273.

MERRETT S, 1997. Introduction to the Economics of Water Resources[M]. London: Liverpool University Press.

MONTANARI A, YOUNG G, SAVENJIE G H H, et al., 2013. "Panta Rhei-Everything Flows": change in hydrology and society-The IAHS scientific decade 2013-2022[J]. Hydrological Sciences Journal, 58(6): 1256-1275.

PEEL M C, BLÖSCHL G, 2011. Hydrologic modelling in a changing world[J]. Progress in Physical Geography, 35(2):249-261.

PONTING C, 2007. A New Green History of the World: the Environment and the Collapse of Great Civilizations[M]. London: Penguin Books.

QIN C, YANG B, BURCHARDT I, et al., 2010. Intensified pluvial conditions during the twentieth century in the inland Heihe River Basin in arid northwestern China over the past millennium[J]. Global and Planetary Change, 72(3):192-200.

ROTMANS J, 2005. Societal Innovation: Between Dream and Reality Lies Complexity[M]. Rotterdam: Erasmus Research Institute of Management(ERIM).

SCHAEFLI B, HARMAN C J, SIVAPALAN M, et al., 2011. Hydrologic predictions in a changing environment:behavioral modeling[J]. Hydrology and Earth System Sciences,(15):635-646.

SCHYMANSKI S J,SIVAPALAN M,RODERICK M L,et al.,2009. An optimality-based model of the dynamic feedbacks between natural vegetation and the water balance[J]. Water Resources Research, 45(1):W01412.

SHEPPARD P R,TARASOV P E,GRAUMLICH L J,et al.,2004. Annual precipitation since 515 BC reconstructed from living and fossil juniper growth of northeastern Qinghai Province,China[J]. Climate Dynamics,23(7-8):869-881.

SIMMONS B,WOOG R,DIMITROV V,2007. Living on the edge:a complexity-informed exploration of the human-water relationship[J]. World Futures,63(3-4):275-285.

SIVAPALAN M,2009. The secret to 'doing better hydrological science':change the question! [J]. Hydrological Processes,23(9):1391-1396.

SIVAPALAN M,SAVENIJE G H H,BLÖSCHL G,2012. Socio-hydrology:a new science of people and water[J]. Hydrological Processes,26(8):1270-1276.

THOMPSON S E,SIVAPALAN M,HARMAN C J,et al.,2013. Developing predictive insight into changing water systems:use-inspired hydrologic science for the Anthropocene[J]. Hydrology and Earth System Sciences,17(12):5013-5039.

TILMAN D,CASSMAN K G,MATSON P A,et al.,2002. Agricultural sustainability and intensive production practices[J]. Nature,418(6898):671-677.

TÀBARA J D,ILHAN A,2008. Culture as trigger for sustainability transition in the water domain:the case of the Spanish water policy and the Ebro river basin[J]. Regional Environmental Change,8(2):59-71.

XIAO S,XIAO H,SI J,et al.,2005. Lake level changes recorded by tree rings of lakeshore shrubs:a case study at the Lake West-Juyan,Inner Mongolia,China[J]. Journal of Integrative Plant Biology(Formerly Acta Botanica Sinica),47(11):1303-1314.

XIAO S,XIAO H,ZHOU M,et al.,2004. Water level change of the west Juyan Lake in the past 100 years recorded in the tree ring of the shrubs in the lake banks[J]. Journal of Glaciology and Geocryology, 26(5):557-562.

YANG B,QIN C,SHI F,et al.,2012. Tree ring-based annual streamflow reconstruction for the Heihe River in arid northwestern China from AD 575 and its implications for water resource management[J]. The Holocene,22(7):773-784.

YANG B,QIN C,WANGJ,et al.,2014. A 3500-year tree-ring record of annual precipitation on the northeastern Tibetan Plateau[J]. Proceedings of the National Academy of Sciences,111(8):2903-2908.

YANG D,SUN F,LIU Z,et al.,2006. Interpreting the complementary relationship in non-humid environments based on the Budyko and Penman hypotheses[J]. Geophysical Research Letters,33(18):122-140.

YANG D,SUN F,LIU Z,et al.,2007. Analyzing spatial and temporal variability of annual water-energy balance in nonhumid regions of China using the Budyko hypothesis[J]. Water Resources Research,43(4): 436-451.

ZHANG L,DAWES W R,WALKER G R,2001. Response of mean annual evapotranspiration to vegetation changes at catchment scale[J]. Water Resources Research,37(3):701-708.

ZHANG L,HICKEL K,DAWES W R,et al.,2004. A rational function approach for estimating mean annual evapotranspiration[J]. Water Resources Research,40(2):89-97.

ZHAO W,LIU B,ZHANG Z,2010. Water requirements of maize in the middle Heihe River basin,China[J]. Agricultural Water Management,97(2):215-223.

第8章 流域生态系统变化

气候变化和人类活动深刻影响着流域生态环境的变化,尤其是从 2000 年开始,在国家层面上实施的黑河流域中、下游分水计划和生态综合治理工程。本章从流域景观到尾闾湖、湿地和荒漠河岸林等生态系统不同尺度,就分水前后十余年乃至更长的时间尺度上,对流域生态系统变化进行了评估。

8.1 黑河分水工程实施前后十年(1990~2010 年)生态环境变化

自 2000 年起黑河实施分水工程以来,在水资源的重新分配下,流域生态环境发生了明显变化。其中,有些直接受分水工程的影响,如下游的河岸林和尾闾湖;而有些是分水工程间接作用的结果。例如,中游为完成分水而实施节水工程,以及开采地下水导致的生态环境变化。为了对比分析流域生态环境对分水工程的响应变化,选择分水前后十年,即 1990~2010 年,基于 1990 年、2000 年、2005 年和 2010 年四期土地覆被资料,分上、中、下游探讨区域的生态环境变化(图 8-1)。遥感资料解译方法和土地利用分类方法参照 7.2.3 小节表 7-1。

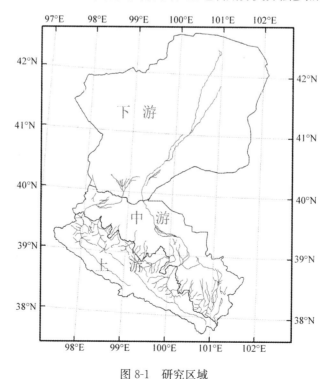

图 8-1 研究区域

8.1.1 上游生态环境变化

本小节介绍黑河上游在黑河分水工程实施前后 10 年生态环境变化,研究区域为控制干支流出山径流的水文台站以上的祁连山区。上游以裸岩、草甸、稀疏草地、草原和落叶阔叶灌木林为主,分别占总面积的 24.4%、20.2%、19.1%、17.4% 和 8.1%。1990~2010 年,黑河上游山区实施了一系列生态工程,包括"三北防护林工程""天然林保护工程"和"退耕还林还草工程"等。在生态工程和气候变化的共同作用下,上游生态环境发生了相应变化。

1990~2000 年,上游土地覆被各类型之间的转化见表 8-1。期间面积变化最大的为裸岩,增加了 328.5km² ,其次为冰川/永久积雪和草原,分别减少了 318.33km² 和 16.32km² 。而变化明显的是冰川/永久积雪、工业用地、水库/坑塘和交通用地,分别增加了-42.8%、17.7%、8.2% 和 8.2%。增加的裸岩面积主要源自冰川/永久积雪区的消退,主要原因是这一阶段气温增加明显;另外,工业用地和交通用地的增加表明上游人类活动增强。

2000~2005 年,上游土地覆被各类型之间的转化见表 8-2。期间面积变化最大的仍为裸岩,增加了 27.44km² ,其次为冰川/永久积雪和草甸,分别减少了 27.40km² 和 5.37km² 。而变化明显的是水库/坑塘、工业用地和冰川/永久积雪,分别增加了 735.2% 和 18.3%、-6.4%。增加的裸岩面积同样主要源自冰川/永久积雪区的消退,主要原因是这一阶段气温增加明显;而水库/坑塘面积的增加是由于上游梯度水库群的建设。另外,工业用地的持续增加表明上游人类活动增强。

2005~2010 年,上游土地覆被各类型之间的转化见表 8-3。期间面积变化最大的为裸岩,增加了 36.79km² ,其次为冰川/永久积雪、落/阔叶灌木林和草原,冰川/永久积雪和草原分别减少了 35.03km² 和 9.76km² ,而落/阔叶灌木林增加了 11.44km² 。而变化明显的是工业用地、采矿地和冰川/永久积雪,分别增加了 29.6%、27.7% 和-8.8%、。增加的裸岩面积主要源自冰川/永久积雪区的消退,增加的落叶阔叶灌木林源自草原和草甸。另外,工业用地和采矿地的增加表明上游人类活动增强。

总之,1990~2010 年,黑河上游最明显的土地覆被变化是冰川/永久积雪面积持续减少,转变为裸地,这主要受气候变化的影响;而人类活动持续加强,表现在工业用地、交通用地和采矿地增加;植被面积整体上变化不大;另外,由于水库的修建,水库/坑塘面积增加明显(表 8-4)。

表 8-1　1990~2000 年黑河上游土地覆被各类型之间的转化

(单位:km²)

类型	草甸	草原	草本沼泽	湖泊	水库/坑塘	河流	旱地	居住地	工业用地	交通用地	采矿地	稀疏林	稀疏灌木林
草甸	4485.20	6.95	1.53	—	—	0.01	—	0.10	0.09	0.61	—	—	—
草原	—	3852.80	—	—	—	0.49	0.06	—	—	0.00	—	—	—
草本沼泽	8.72	1.26	873.87	—	—	—	—	—	—	—	—	—	—
湖泊	—	—	—	0.60	—	—	—	—	—	—	—	—	—
水库/坑塘	—	—	—	—	0.38	—	—	—	—	—	—	—	—
河流	0.07	0.19	0.05	—	—	91.37	0.05	0.04	—	—	—	—	—
旱地	—	0.15	0.05	—	—	0.01	59.85	0.26	—	—	—	—	—
居住地	—	—	—	—	—	—	—	14.20	—	—	—	—	—
工业用地	—	—	—	—	—	—	—	—	0.50	—	—	—	—
交通用地	—	—	—	—	—	—	—	—	—	7.66	—	—	—
采矿地	—	—	—	—	—	—	—	—	—	—	2.04	—	—
稀疏林	—	—	—	—	—	—	—	—	—	—	—	0.13	—
稀疏灌木林	—	—	—	—	—	—	—	—	—	—	—	—	9.63
稀疏草地	4.16	19.71	0.41	—	0.03	0.16	0.21	—	—	—	—	—	0.01
裸岩	0.31	0.07	—	—	—	2.08	—	—	—	—	—	—	—
裸土	0.09	4.91	0.04	—	—	2.05	0.16	—	—	0.01	—	—	—
沙漠/沙地	—	—	—	—	—	—	—	0.01	—	—	—	—	—
盐碱地	—	—	—	—	—	—	—	—	—	—	—	—	—
冰川/永久积雪	—	—	—	—	—	—	—	—	—	—	—	—	—
落/阔叶林	—	0.04	—	—	—	0.03	—	—	—	—	—	—	—
常绿针叶林	0.13	1.54	0.43	—	—	—	0.02	—	—	—	—	—	—
针阔混交林	—	—	—	—	—	—	0.01	—	—	—	—	—	—
落/阔叶灌木林	12.42	2.28	0.02	—	—	—	0.03	0.04	—	—	—	—	—
总计	4511.10	3889.90	876.40	0.60	0.41	96.20	60.39	14.65	0.59	8.28	2.04	0.13	9.64

续表

类型	稀疏草地	裸岩	裸土	沙漠/沙地	盐碱地	冰川/永久积雪	落/阔叶林	常绿针叶林	针阔混交林	落/阔叶灌木林	总计
草甸	6.23	0.47	2.56	—	—	—	—	1.76	—	15.90	4521.41
草原	33.29	1.14	1.83	—	—	—	—	5.05	—	11.56	3906.22
草本沼泽	0.18	—	0.86	—	—	—	—	—	—	0.04	884.93
湖泊	—	—	—	—	—	—	—	—	—	—	0.60
水库/坑塘	—	—	—	—	—	—	—	—	—	—	0.38
河流	0.34	—	1.99	—	—	—	—	—	—	0.01	94.04
旱地	0.78	—	0.05	—	—	—	—	—	—	0.03	61.25
居住地	—	—	—	—	—	—	—	—	—	—	14.20
工业用地	—	—	—	—	—	—	—	—	—	—	0.50
交通用地	—	—	—	—	—	—	—	—	—	—	7.66
采矿地	—	—	—	—	—	—	—	—	—	—	2.04
稀疏林	—	—	—	—	—	—	—	—	—	—	0.13
稀疏灌木林	—	—	—	—	—	—	—	—	—	—	9.63
稀疏草地	4219.46	10.97	1.34	—	—	—	0.01	0.09	—	0.14	4256.70
裸岩	—	5082.32	—	—	—	24.01	—	—	—	—	5108.79
裸土	4.79	—	282.12	—	—	—	—	0.26	—	0.52	294.96
沙漠/沙地	—	—	—	0.04	—	—	—	—	—	—	0.04
盐碱地	—	—	—	—	0.06	—	—	—	—	—	0.06
冰川/永久积雪	—	342.34	—	—	—	401.23	—	—	—	—	743.57
落/阔叶林	0.02	—	0.03	—	—	—	8.21	—	—	—	8.35
常绿针叶林	1.81	0.04	0.11	—	—	—	—	627.63	—	1.89	633.48
针阔混交林	—	—	—	—	—	—	—	—	0.33	—	0.33
落/阔叶灌木林	2.30	0.03	—	—	—	—	—	0.80	—	1775.13	1793.16
总计	4269.20	5437.31	290.89	0.04	0.06	425.24	8.22	635.59	0.33	1805.22	22342.43

表 8-2　2000~2005 年黑河上游土地覆被各类型之间的转化

（单位：km²）

类型	草甸	草原	草本沼泽	湖泊	水库/坑塘	河流	旱地	居住地	工业用地	交通用地	采矿地	稀疏林	稀疏灌木林
草甸	4505.68	4.89	0.22	—	—	—	—	—	—	—	—	—	—
草原	—	3887.14	2.00	—	—	—	—	—	—	—	—	—	—
草本沼泽	—	—	876.39	0.01	—	—	—	—	—	—	—	—	—
湖泊	—	—	—	0.60	0.41	—	—	—	—	—	—	—	—
水库/坑塘	—	—	—	—	—	—	—	—	—	—	—	—	—
河流	—	—	—	—	1.82	94.31	—	—	—	—	—	—	—
旱地	0.04	2.27	—	—	—	0.02	57.67	0.39	—	—	—	—	—
居住地	—	—	—	—	—	—	—	14.64	—	—	—	—	—
工业用地	—	—	—	—	—	—	—	—	—	—	—	—	—
交通用地	—	—	—	—	—	—	—	—	0.59	—	—	—	—
采矿地	—	—	—	—	—	—	—	—	—	8.29	2.04	—	—
稀疏林	—	—	—	—	—	—	—	—	—	—	—	0.13	—
稀疏灌木林	—	—	—	—	—	—	—	—	—	—	—	—	9.65
稀疏草地	—	0.57	—	—	—	—	—	—	—	—	—	—	—
裸岩	—	—	—	—	0.08	—	—	—	—	—	—	—	—
裸土	—	—	—	—	1.14	—	0.01	—	0.11	—	—	—	—
沙漠/沙地	—	—	—	—	—	—	—	—	—	—	—	—	—
盐碱地	—	—	—	—	—	—	—	—	—	—	—	—	—
冰川/永久积雪	—	—	—	—	—	—	—	—	—	—	—	—	—
落/阔叶林	—	—	—	—	—	—	—	—	—	—	—	—	—
常绿针叶林	—	—	—	—	—	—	—	—	—	—	—	—	—
针阔混交林	—	—	—	—	—	—	—	—	—	—	—	—	—
落/阔叶灌木林	—	—	—	—	—	—	—	—	—	—	—	—	—
总计	4505.72	3894.87	878.61	0.61	3.45	94.33	57.68	15.03	0.70	8.29	2.04	0.13	9.65

续表

类型	稀疏草地	裸岩	裸土	沙漠/沙地	盐碱地	冰川/永久积雪	落/阔叶林	常绿针叶林	针阔混交林	落/阔叶灌木林	总计
草甸	—	—	—	—	—	—	—	—	—	0.30	4511.09
草原	0.77	—	—	—	—	—	—	—	—	—	3889.91
草本沼泽	—	—	—	—	—	—	—	—	—	—	876.40
湖泊	—	—	—	—	—	—	—	—	—	—	0.60
水库/坑塘	—	—	—	—	—	—	—	—	—	—	0.41
河流	0.01	0.01	0.05	—	—	—	—	—	—	—	96.20
旱地	—	—	—	—	—	—	—	—	—	—	60.39
居住地	—	—	—	—	—	—	—	—	—	—	14.64
工业用地	—	—	—	—	—	—	—	—	—	—	0.59
交通用地	—	—	—	—	—	—	—	—	—	—	8.29
采矿地	—	—	—	—	—	—	—	—	—	—	2.04
稀疏林	—	—	—	—	—	—	—	—	—	—	0.13
稀疏灌木林	—	—	—	—	—	—	—	—	—	—	9.65
稀疏草地	4268.26	0.11	0.23	—	—	—	—	0.02	—	—	4269.19
裸岩	—	5398.30	—	—	—	38.94	—	—	—	—	5437.32
裸土	0.35	—	289.26	—	—	—	—	—	—	—	290.87
沙漠/沙地	—	—	—	0.04	—	—	—	—	—	—	0.04
盐碱地	—	—	—	—	0.06	—	—	—	—	—	0.06
冰川/永久积雪	—	66.34	—	—	—	358.89	—	—	—	—	425.23
落/阔叶林	—	—	—	—	—	—	8.22	—	—	—	8.22
常绿针叶林	—	—	—	—	—	—	—	635.59	—	—	635.59
针阔混交林	—	—	—	—	—	—	—	—	0.33	—	0.33
落/阔叶灌木林	—	—	—	—	—	—	—	—	—	1805.22	1805.22
总计	4269.39	5464.76	289.54	0.04	0.06	397.83	8.22	635.61	0.33	1805.52	22342.41

表8-3 2005～2010年黑河上游土地覆被各类型之间的转化

（单位:km²）

类型	草甸	草原	草本沼泽	湖泊	水库/坑塘	河流	旱地	居住地	工业用地	交通用地	采矿地	稀疏林	稀疏灌木林
草甸	4501.37	0.12	—	—	—	—	—	—	—	—	—	—	—
草原	—	3884.18	—	—	—	—	—	—	—	—	—	—	—
草本沼泽	0.19	—	878.29	0.02	0.01	—	0.90	0.05	0.21	—	—	—	—
湖泊	—	—	—	0.59	—	—	—	—	—	—	—	—	—
水库/坑塘	—	—	—	—	3.12	—	—	—	—	—	—	—	—
河流	—	—	—	—	—	94.24	—	—	—	—	—	—	—
旱地	0.01	0.44	—	—	—	—	56.88	0.36	—	—	—	—	—
居住地	—	—	—	—	—	—	—	15.03	—	—	—	—	—
工业用地	—	—	—	—	—	—	—	—	0.69	—	—	—	—
交通用地	—	—	—	—	—	—	—	—	—	8.29	—	—	—
采矿地	—	—	—	—	—	—	—	—	—	—	2.04	—	—
稀疏林	—	—	—	—	—	—	—	—	—	—	—	0.13	—
稀疏灌木林	—	—	—	—	—	—	—	—	—	—	—	—	9.65
稀疏草地	0.02	0.09	—	0.03	—	—	—	—	—	—	0.56	—	—
裸岩	—	—	—	—	—	—	—	—	—	—	—	—	—
裸土	—	0.03	—	—	0.03	0.05	0.16	—	—	—	—	—	—
沙漠/沙地	—	—	—	—	—	—	—	—	—	—	—	—	—
盐碱地	—	—	—	—	—	—	—	—	—	—	—	—	—
冰川/永久积雪	—	—	—	—	—	—	—	—	—	—	—	—	—
落/阔叶叶林	—	—	—	—	—	—	—	—	—	—	—	—	—
常绿针叶林	—	—	—	—	—	—	—	—	—	—	—	—	—
针阔混交林	—	—	—	—	—	—	—	—	—	—	—	—	—
落/阔叶灌木林	—	—	—	—	—	0.05	—	—	—	—	—	—	—
总计	4501.59	3884.86	878.29	0.64	3.16	94.34	57.94	15.44	0.90	8.29	2.60	0.13	9.65

续表

类型	稀疏草地	裸岩	裸土	沙漠/沙地	盐碱地	冰川/永久积雪	落/阔叶林	常绿针叶林	针阔混交林	落/阔叶灌木林	总计
草甸	—	—	0.16	—	—	—	—	—	—	4.08	4505.73
草原	0.25	1.76	0.05	—	—	—	—	—	—	7.46	3894.62
草本沼泽	—	—	0.1	—	—	—	—	—	—	—	878.60
湖泊	—	—	0.02	—	—	—	—	—	—	—	0.61
水库/坑塘	0.17	—	0.17	—	—	—	—	—	—	—	3.29
河流	—	—	0.10	—	—	—	—	—	—	—	94.34
旱地	—	—	—	—	—	—	—	—	—	—	57.69
居住地	—	—	—	—	—	—	—	—	—	—	15.03
工业用地	—	—	—	—	—	—	—	—	—	—	0.69
交通用地	—	—	—	—	—	—	—	—	—	—	8.29
采矿地	—	—	—	—	—	—	—	—	—	—	2.04
稀疏林	—	—	—	—	—	—	—	—	—	—	0.13
稀疏灌木林	—	—	—	—	—	—	—	—	—	—	9.65
稀疏草地	4268.64	—	0.06	—	—	—	—	—	—	—	4269.40
裸岩	—	5464.77	—	—	—	—	—	—	—	—	5464.77
裸土	0.02	—	289.25	—	—	—	—	—	—	—	289.52
沙漠/沙地	—	—	—	0.04	—	—	—	—	—	—	0.04
盐碱地	—	—	—	—	0.06	—	—	—	—	—	0.06
冰川/永久积雪	—	35.03	—	—	—	362.81	—	—	—	—	397.84
落/阔叶林	—	—	—	—	—	—	8.22	—	—	—	8.22
常绿针叶林	—	—	—	—	—	—	—	635.61	—	—	635.61
针阔混交林	—	—	—	—	—	—	—	—	0.33	—	0.33
落/阔叶灌木林	0.02	—	—	—	—	—	0.05	—	—	1805.41	1805.51
总计	4269.10	5501.56	289.91	0.04	0.06	362.81	8.27	635.61	0.33	1816.95	22342.47

表 8-4 1990～2010 年黑河上游土地利用类型面积变化   （单位：km²）

类型	1990 年	2000 年	2005 年	2010 年
草甸	4521.41	4511.09	4505.72	4501.59
草原	3906.24	3889.91	3894.87	3884.86
草本沼泽	884.92	876.40	878.60	878.29
湖泊	0.60	0.60	0.61	0.64
水库/坑塘	0.38	0.41	3.46	3.16
河流	94.03	96.20	94.33	94.34
旱地	61.24	60.39	57.68	57.94
居住地	14.20	14.64	15.03	15.44
工业用地	0.50	0.59	0.69	0.90
交通用地	7.66	8.29	8.29	8.29
采矿地	2.04	2.04	2.04	2.60
稀疏林	0.13	0.13	0.13	0.13
稀疏灌木林	9.64	9.65	9.65	9.65
稀疏草地	4256.72	4269.20	4269.40	4269.10
裸岩	5108.79	5437.32	5464.77	5501.55
裸土	294.94	290.88	289.54	289.91
沙漠/沙地	0.04	0.04	0.04	0.04
盐碱地	0.06	0.06	0.06	0.06
冰川/永久积雪	743.57	425.24	397.83	362.81
落/阔叶林	8.35	8.22	8.22	8.26
常绿针叶林	633.48	635.59	635.61	635.61
针阔混交林	0.33	0.33	0.33	0.33
落/阔叶灌木林	1793.17	1805.22	1805.52	1816.95
总计	22342.44	22342.44	22342.44	22342.44

8.1.2　中游生态环境变化

本小节介绍黑河中游在黑河分水工程实施前后 10 年生态环境变化,研究区域南部边界与上游边界接壤,东部、北部和西部边界根据流域边界和地下水系统边界确立。中游以稀疏草地、旱地、裸岩、沙漠/沙地和裸土为主,分别占总面积的 41%、20%、11.6%、5.8% 和 5.2%。1990～2010 年,黑河中游实施了一系列生态和水利工程,包括三北防护林工程、分水工程、节水工程(全国第一个节水示范点)和退耕还林还草工程等。在以上工程的作用下,中游生态环境发生了相应变化。

1990～2000 年,中游土地覆被各类型间转化见表 8-5。期间面积变化最大的为旱地,增加了 653.76km²,其次为裸土、草原、稀疏草地和河流,分别减少了 498.94km²、91.94km²、80.60km² 和 58.00km²。而变化明显的是灌木园地、采矿地、水田、乔木园地、工业用地、冰川/永久积雪、盐碱地和裸土,分别增加了 140.6%、61.8%、45.7%、34.5%、28.9%、－49.6%、－43.0%、－26.0%。增加的旱地面积主要源自裸土和稀疏草地;河流面积减少主要是由于出山径流在山前被直接引进渠道,导致部分河道干涸;灌木园地和乔木园地的增加主要是中游果园的增加;采矿地和工业用地的增长主要是由于工矿业的发展;冰川/永久积雪的减少是由于气温上升的结果;旱地的增加主要是由于耕地开垦,其中少量源自盐碱地;水田面积增加是农业开发的结果。

2000～2005 年,中游土地覆被各类型间转化见表 8-6。期间面积变化最大的为裸土,减少了 211.42km²,其次为草原、旱地、稀疏草地、工业用地和河流,分别增加了 94.49km²、－40.50km²、39.51km²、30.17km² 和 27.37km²。而变化明显的是河流、工业用地、交通用地、水库/坑塘和裸土,分别增加了 51.1%、48.4%、40.9%、20.1%、－14.9%。减少的裸土区域部分被开垦为旱地,部分转变为工业用地和交通用地;增加的草地和稀疏草地主要源于旱地,这是退耕还草的结果;河流和水库/坑塘的增加是中游水域恢复措施的结果。

2005～2010 年,中游土地覆被各类型间转化见表 8-7。期间面积变化最大的为裸土,减少了 130.56km²,其次为旱地、工业用地、河流、稀疏草地和居住地,分别增加了 113.18km²、23.30km²、－12.50km²、－10.37km²、9.94km²。而变化明显的是灌木绿地、工业用地、绿地、湖泊、水田和河流,分别增加了 134.6%、25.2%、18%、－36%、－35%、－15.5%。增加的旱地面积主要源自裸土和稀疏草地;部分裸土区域开发为工业用地;部分旱地用作为居住地;部分河道干涸变成裸土,导致河流面积减少。

总之,1990～2010 年,黑河中游最明显的土地覆被变化是旱地持续增加,主要通过裸土区域开垦;分水后,部分旱地退耕变为草原和稀疏草地。部分裸土区域开发成工业用地、交通用地和居住地;水田在分水前后变化相反,分水前,水田增加,分水后,水田减少,主要是受减少耗水作物面积的影响;河流面积在分水前后的变化也存在差异(表 8-8)。

表8-5 1990~2000年黑河中游土地覆被各类型之间的转化

(单位：km²)

类型	草甸	草原	草本绿地	草本沼泽	湖泊	水库/坑塘	河流	水田	旱地	居住地	工业用地	交通用地	采矿地	稀疏林	稀疏灌木林
草甸	595.74	0.43	—	—	—	—	—	—	20.35	—	—	—	—	—	—
草原	—	1576.41	—	0.73	0.13	3.99	0.11	0.04	48.65	3.29	0.07	0.05	0.34	0.44	1.06
草本绿地	—	—	1.68	—	—	—	—	—	—	—	—	—	—	—	—
草本沼泽	—	1.52	—	16.02	0.46	0.82	—	—	0.39	—	—	—	—	—	—
湖泊	—	0.13	—	0.02	7.47	—	0.07	—	0.13	—	—	—	—	—	—
水库/坑塘	—	2.07	—	3.22	—	24.76	—	0.03	4.18	0.35	0.45	—	—	0.01	0.34
河流	—	1.93	—	0.02	—	0.57	46.17	—	16.58	0.95	—	—	—	0.02	2.46
水田	—	—	—	—	—	—	—	0.28	0.01	—	—	—	—	—	—
旱地	0.02	10.45	0.12	1.02	—	0.51	0.37	0.04	4388.10	32.88	0.76	0.13	—	—	0.94
居住地	—	—	—	—	—	—	—	—	—	392.63	—	—	—	—	—
工业用地	—	—	—	—	—	—	—	—	—	—	48.36	—	—	—	—
交通用地	—	—	—	—	—	—	—	—	—	—	—	49.04	—	—	—
采矿地	—	—	—	—	—	—	—	—	—	—	—	—	3.06	—	—
稀疏林	—	0.02	—	—	—	0.16	0.14	—	0.41	0.03	0.06	—	—	13.30	—
稀疏灌木林	—	0.02	—	—	—	—	—	—	1.93	0.05	—	—	—	—	67.36
稀疏草地	2.04	85.43	—	0.28	0.20	2.92	0.56	0.11	200.09	7.86	3.10	0.38	0.14	1.33	1.81
裸岩	—	0.85	—	—	0.12	—	—	—	—	—	—	—	—	—	0.00
裸土	—	13.82	0.25	1.47	0.38	6.67	5.92	—	463.40	17.05	7.29	3.17	0.88	2.52	1.74
沙漠/沙地	—	0.12	—	—	0.40	—	—	—	0.34	—	—	—	—	—	—
盐碱地	—	0.03	—	—	—	0.77	—	—	8.05	—	1.64	—	—	—	—
冰川/永久积雪	—	—	—	—	—	—	—	—	—	—	—	—	—	—	—
落/阔叶林	—	0.10	—	—	0.01	0.01	0.19	—	2.31	0.06	0.08	—	—	—	0.15
常绿针叶林	—	0.15	—	—	—	—	—	—	—	—	—	—	—	—	0.01

续表

类型	草甸	草原	草本绿地	草本沼泽	湖泊	水库/坑塘	河流	水田	旱地	居住地	工业用地	交通用地	采矿地	稀疏林	稀疏灌木林
落/阔叶灌木林	13.23	6.33	—	—	—	0.14	0.04	—	0.29	—	0.11	0.10	0.54	—	0.60
乔木园地	—	—	—	—	—	—	—	—	—	—	—	—	—	—	—
灌木园地	—	—	—	—	—	—	—	—	—	—	—	—	—	—	—
绿地	—	—	—	—	—	0.01	—	—	0.32	0.71	0.41	—	—	—	—
灌木绿地	—	—	—	—	—	—	—	—	—	—	—	—	—	—	—
总计	611.03	1699.81	2.05	22.78	9.17	41.33	53.57	0.50	5155.53	455.86	62.33	52.87	4.96	17.62	76.47

类型	稀疏草地	裸岩	裸土	沙漠/沙地	盐碱地	冰川/永久积雪	落/阔叶林	常绿针叶林	落/阔叶灌木林	乔木园地	灌木园地	绿地	灌木绿地	总计
草甸	0.39	0.25	—	—	—	—	0.89	0.52	6.24	0.11	—	—	—	623.92
草原	122.97	1.43	22.10	1.48	0.17	—	—	2.24	3.32	0.11	1.62	0.11	—	1791.75
草本绿地	—	—	—	—	—	—	—	—	—	—	—	—	—	1.68
草本沼泽	0.73	—	0.81	0.01	0.09	—	—	—	0.02	—	—	—	—	20.86
湖泊	0.05	—	—	—	0.29	—	—	—	—	—	—	—	—	8.15
水库/坑塘	3.50	—	1.59	0.01	—	—	0.16	—	0.05	—	—	0.09	—	40.81
河流	13.31	—	23.02	—	—	—	5.16	0.16	1.22	—	—	—	—	111.57
水田	0.05	—	—	—	—	—	—	—	—	—	—	—	—	0.34
旱地	44.82	0.00	17.39	0.18	—	—	2.82	0.01	1.07	0.06	—	0.10	—	4501.77
居住地	—	—	—	—	—	—	—	—	—	—	—	—	—	392.63
工业用地	—	—	—	—	—	—	—	—	—	—	—	—	—	48.36
交通用地	—	—	—	—	—	—	—	—	—	—	—	—	—	49.04
采矿地	—	—	0.08	—	—	—	0.12	—	—	—	—	—	—	3.06
稀疏林	0.05	—	—	—	—	—	—	—	—	—	—	—	—	14.07
稀疏灌木林	0.42	0.02	0.02	—	—	—	0.35	—	1.17	—	—	—	—	71.64

续表

类型	稀疏草地	裸岩	裸土	沙漠/沙地	盐碱地	冰川/永久积雪	落/阔叶林	常绿针叶林	落/阔叶灌木林	乔木园地	灌木园地	绿地	灌木绿地	总计
稀疏草地	11092.62	11.57	51.74	3.37	0.95	—	1.01	1.98	3.22	0.22	0.62	0.05	—	11473.57
裸岩	—	3128.09	—	0.48	—	0.05	0.00	0.05	2.09	—	—	—	—	3129.60
裸土	86.01	—	1299.53	0.42	0.03	—	2.21	0.05	1.44	—	—	0.23	—	1915.48
沙漠/沙地	20.60	—	0.02	1568.88	1.85	—	—	—	—	—	—	—	—	1589.96
盐碱地	1.18	—	0.06	1.24	—	—	—	—	—	—	—	—	—	25.22
冰川/永久积雪	—	21.59	—	—	—	21.86	—	—	—	—	—	—	—	43.45
落/阔叶林	0.18	—	—	—	—	—	36.85	0.00	—	—	—	—	—	42.03
常绿针叶林	0.70	—	—	—	—	—	—	264.69	—	—	—	—	—	265.55
落/阔叶灌木林	5.14	0.01	0.15	—	—	—	0.05	—	988.88	—	—	—	—	1015.46
乔木园地	—	—	—	—	—	—	—	—	—	1.12	—	—	—	1.12
灌木园地	0.09	—	—	—	—	—	—	—	—	—	1.44	—	—	1.53
绿地	0.16	—	0.15	—	—	—	—	—	—	—	1.44	3.75	—	5.51
灌木绿地	—	—	—	—	—	—	—	—	—	—	—	—	0.36	0.36
总计	11392.97	162.96	1416.51	1576.07	14.38	21.91	49.62	269.65	1008.72	1.51	3.68	4.33	0.36	27188.47

表 8-6 2000~2005 年黑河中游土地覆被各类型之间的转化

(单位：km²)

类型	草甸	草原	草本绿地	草本沼泽	湖泊	水库/坑塘	河流	水田	旱地	居住地	工业用地	交通用地	采矿地	稀疏林	稀疏灌木林
草甸	608.51	—	—	—	—	—	—	—	2.47	0.04	—	0.04	—	—	—
草原	—	1680.98	—	—	0.15	—	—	—	4.39	0.05	0.11	0.05	0.01	—	—
草本绿地	—	—	2.05	—	—	—	—	—	—	—	—	—	—	—	—
草本沼泽	—	0.01	—	21.49	0.05	0.28	—	—	0.04	—	—	—	—	0.01	—
湖泊	—	0.07	—	1.32	7.62	1.18	0.01	—	0.01	—	—	—	—	—	0.01
水库/坑塘	—	1.10	—	0.57	—	36.56	—	—	0.20	0.02	—	—	—	—	0.03
河流	—	—	—	—	—	—	53.09	—	—	—	—	—	—	—	—

续表

类型	草甸	草原	草本绿地	草本沼泽	湖泊	水库/坑塘	河流	水田	旱地	居住地	工业用地	交通用地	采矿地	稀疏林	稀疏灌木林
水田	1.76	—	—	—	—	—	—	0.49	—	—	—	—	—	—	—
旱地	—	99.26	0.09	0.18	0.04	0.29	—	—	4976.94	13.56	0.96	2.73	—	0.04	0.04
居住地	—	—	—	—	—	0.02	—	—	—	455.86	0.00	—	—	0.01	—
工业用地	—	—	—	—	—	—	—	—	—	—	60.30	0.21	—	—	—
交通用地	—	—	—	—	—	—	—	—	—	0.05	—	52.86	—	—	—
采矿地	—	—	—	—	—	—	—	—	—	—	—	—	4.96	—	—
稀疏林	—	—	—	—	—	—	—	—	—	—	—	—	—	17.61	—
稀疏灌木林	—	0.02	—	0.01	—	—	—	—	1.09	—	0.04	—	—	—	74.66
稀疏草地	0.01	5.39	—	0.06	0.17	2.15	0.17	—	40.41	0.10	0.20	0.04	—	—	0.01
裸岩	—	—	—	—	—	—	—	—	—	—	—	—	—	—	—
裸土	—	7.40	—	—	1.58	7.89	27.66	—	89.46	1.53	30.75	18.60	0.91	0.61	0.26
沙漠/沙地	—	—	—	—	—	—	—	—	—	—	—	—	—	—	0.03
盐碱地	—	0.09	—	0.42	0.48	1.27	—	—	0.03	—	—	—	—	—	—
冰川/永久积雪	—	—	—	—	—	—	—	—	—	—	—	—	—	—	—
落/阔叶林	—	—	—	—	—	—	—	—	—	—	—	0.01	—	—	—
常绿针叶林	—	—	—	—	—	—	—	—	—	—	—	—	—	—	—
落叶阔叶灌木林	—	—	—	—	—	—	—	—	—	—	—	—	—	—	—
乔木园地	—	—	—	—	—	—	—	—	—	—	—	—	—	—	—
灌木园地	—	—	—	—	—	—	—	—	—	—	—	—	—	—	—
绿地	—	—	—	—	—	—	—	—	—	—	0.12	—	—	—	—
灌木绿地	—	—	—	—	—	—	—	—	—	—	—	—	—	—	—
总计	610.28	1794.32	2.14	24.14	10.09	49.64	80.93	0.49	5115.04	471.21	92.48	74.46	5.87	18.27	75.04

续表

类型	稀疏草地	裸岩	裸土	沙漠/沙地	盐碱地	冰川/永久积雪	落/阔叶林	常绿针叶林	落/阔叶灌木林	乔木园地	灌木园地	绿地	灌木绿地	总计
草甸	13.18	—	—	—	—	—	—	—	—	—	—	—	—	611.02
草原	—	—	0.29	0.08	0.21	—	—	—	—	—	—	—	—	1699.83
草本绿地	—	—	—	—	—	—	—	—	—	—	—	—	—	2.05
草本沼泽	—	—	—	—	—	—	—	—	—	—	—	—	—	22.78
湖泊	0.09	—	—	—	—	—	0.06	—	—	—	—	—	—	9.17
水库/坑塘	1.55	—	0.16	—	0.07	—	0.04	—	0.02	—	—	—	—	41.32
河流	—	—	0.47	—	—	—	—	—	—	—	—	—	—	53.56
水田	—	—	—	—	—	—	—	—	—	—	—	—	—	0.49
旱地	48.67	0.01	1.97	—	—	—	—	—	8.80	—	—	0.18	—	5155.52
居住地	—	—	—	—	—	—	—	—	—	—	—	—	—	455.86
工业用地	0.55	—	0.66	—	0.49	—	—	—	—	—	—	0.03	—	62.32
交通用地	—	—	—	—	—	—	—	—	—	—	—	—	—	52.86
采矿地	—	—	—	—	—	—	—	—	—	—	—	—	—	4.96
稀疏林	—	—	—	—	—	—	—	—	—	—	—	—	—	17.61
稀疏灌木林	0.56	—	—	—	0.08	—	—	—	—	—	—	—	—	76.46
稀疏草地	11338.80	0.01	1.34	0.21	0.52	0.03	—	—	3.38	—	—	—	—	11392.97
裸岩	—	3162.92	—	—	—	—	—	—	—	—	—	—	—	3162.95
裸土	28.67	—	1200.19	0.34	—	—	0.07	—	0.05	—	—	0.55	—	1416.52
沙漠/沙地	0.26	—	0.02	1575.82	0.08	—	—	—	—	—	—	—	—	1576.08
盐碱地	0.15	—	—	0.08	11.80	—	—	—	—	—	—	—	—	14.37
冰川/永久积雪	—	0.47	—	—	—	21.44	—	—	—	—	—	—	—	21.91
落/阔叶林	—	—	—	—	—	—	49.61	—	—	—	—	—	—	49.62

续表

（单位：km²）

类型	稀疏草地	裸岩	裸土	沙漠/沙地	盐碱地	冰川/永久积雪	落/阔叶林	常绿针叶林	落/阔叶灌木林	乔木园地	灌木园地	绿地	灌木绿地	总计
常绿针叶林	—	—	—	—	—	—	—	269.66	—	—	—	—	—	269.66
落/阔叶灌木林	—	—	—	—	—	—	—	—	1008.71	—	—	—	—	1008.71
乔木园地	—	—	—	—	—	—	—	—	—	1.51	—	—	—	1.51
灌木园地	—	—	—	—	—	—	—	—	—	—	3.68	—	—	3.68
绿地	—	—	—	—	—	—	—	—	—	—	—	4.20	—	4.32
灌木绿地	—	—	—	—	—	—	—	—	—	—	—	—	0.36	0.36
总计	11432.48	3163.41	1205.10	1576.54	14.17	21.47	49.78	269.66	1020.96	1.51	3.68	4.96	0.36	27188.47

表8-7　2005～2010年黑河中游土地覆被各类型之间的转化　　　　（单位：km²）

类型	草甸	草原	草本绿地	草本沼泽	湖泊	水库/坑塘	河流	水田	旱地	居住地	工业用地	交通用地	采矿地	稀疏林	稀疏灌木林
草甸	595.74	0.43	—	—	—	—	—	—	20.35	—	—	—	—	—	—
草原	1576.41	—	—	0.73	0.13	3.99	0.11	0.04	48.65	3.29	0.07	0.05	0.34	0.44	1.06
草本绿地	—	—	1.68	—	—	—	—	—	—	—	—	—	—	—	—
草本沼泽	—	1.52	—	16.02	0.46	0.82	—	—	0.39	—	—	—	—	—	—
湖泊	—	0.13	—	0.02	7.47	—	0.07	—	0.13	—	—	—	—	—	—
水库/坑塘	—	2.07	—	3.22	—	24.76	—	0.03	4.18	0.35	0.45	—	—	0.01	—
河流	—	1.93	—	0.02	—	0.57	46.17	—	16.58	0.95	—	—	—	—	0.02
水田	—	—	—	—	—	—	—	0.28	0.01	—	—	—	—	—	—
旱地	0.02	10.45	0.12	1.02	—	0.51	0.37	0.04	4388.10	32.88	0.76	0.13	—	—	0.94
居住地	—	—	—	—	—	—	—	—	—	392.63	—	—	—	—	—
工业用地	—	—	—	—	—	—	—	—	—	—	48.36	—	—	—	—

续表

类型	草甸	草原	草本绿地	草本沼泽	湖泊	水库/坑塘	河流	水田	旱地	居住地	工业用地	交通用地	采矿地	稀疏林	稀疏灌木林
交通用地	—	—	—	—	—	—	—	—	—	—	—	49.04	—	—	—
采矿地	—	—	—	—	—	—	—	—	—	—	—	—	3.06	—	—
稀疏林	—	0.02	—	—	—	—	—	—	0.41	0.03	0.06	—	—	—	—
稀疏灌木林	—	0.02	—	—	—	0.16	0.14	—	1.93	0.05	—	—	—	13.30	67.36
稀疏草地	2.04	85.43	—	0.28	0.20	2.92	0.56	0.11	200.09	7.86	3.10	0.38	0.14	1.33	1.81
裸岩	—	0.85	—	—	0.12	—	—	—	—	—	—	—	—	—	0.00
裸土	—	13.82	0.25	1.47	0.38	6.67	5.92	—	463.40	17.05	7.29	3.17	0.88	2.52	1.74
沙漠/沙地	—	0.12	—	—	—	—	—	—	0.34	—	—	—	—	—	—
盐碱地	—	0.03	—	—	0.40	0.77	—	—	8.05	—	1.64	—	—	—	—
冰川/永久积雪	—	—	—	—	—	—	—	—	—	—	—	—	—	—	—
落/阔叶林	—	0.10	—	—	0.0	0.01	0.19	—	2.31	0.06	0.08	—	—	—	0.15
常绿针叶林	—	0.15	—	—	—	—	—	—	—	—	—	—	—	—	0.01
落/阔叶灌木林	13.23	6.33	—	—	—	0.14	0.04	—	0.29	—	0.11	0.10	0.54	—	0.60
乔木园地	—	—	—	—	—	—	—	—	—	—	—	—	—	—	—
灌木园地	—	—	—	—	—	—	—	—	—	—	—	—	—	—	—
绿地	—	—	—	—	—	0.01	—	—	0.32	0.71	0.41	—	—	—	—
灌木绿地	—	—	—	—	—	—	—	—	—	—	—	—	—	—	—
总计	611.03	1699.81	2.05	22.78	9.15	41.33	53.57	0.50	5155.53	455.86	62.33	52.87	4.96	17.62	76.47

续表

类型	稀疏草地	裸岩	裸土	沙漠/沙地	盐碱地	冰川/永久积雪	落/阔叶林	常绿针叶林	落/阔叶灌木林	乔木园地	灌木园地	绿地	灌木绿地	总计
草甸	0.39	0.25	—	—	—	—	—	0.52	6.24	—	—	—	—	623.92
草原	122.97	1.43	22.10	1.48	0.17	—	0.89	2.24	3.32	0.11	1.62	0.11	—	1791.75
草本绿地	—	—	—	—	—	—	—	—	—	—	—	—	—	1.68
草本沼泽	0.73	—	0.81	0.01	0.09	—	—	—	0.02	—	—	—	—	20.86
湖泊	0.05	—	—	—	0.29	—	—	—	—	—	—	—	—	8.15
水库/坑塘	3.50	—	1.59	0.01	—	—	0.16	—	0.05	—	—	0.09	—	40.81
河流	13.31	—	23.02	—	—	—	5.16	0.16	1.22	—	—	—	—	111.57
水田	0.05	—	0.05	—	—	—	—	—	—	—	—	—	—	0.34
旱地	44.82	0.00	17.39	0.18	—	—	2.82	0.01	1.07	0.06	—	0.10	—	4501.77
居住地	—	—	—	—	—	—	—	—	—	—	—	—	—	392.63
工业用地	—	—	—	—	—	—	—	—	—	—	—	—	—	48.36
交通用地	—	—	—	—	—	0.05	—	—	—	—	—	—	—	49.04
采矿用地	—	—	—	—	—	—	—	—	—	—	—	—	—	3.06
稀疏林	0.05	—	0.08	—	—	—	0.12	—	—	—	—	—	—	14.07
稀疏灌木林	0.42	0.02	0.02	—	—	—	0.35	—	1.17	—	—	—	—	71.64
稀疏草地	11092.62	11.57	51.74	3.37	0.95	—	1.01	1.98	3.22	0.22	0.62	0.05	—	11473.60
裸岩	—	3128.09	—	0.48	—	—	0.00	—	—	—	—	—	—	3129.59
裸土	86.01	—	1299.53	0.42	1.03	—	2.21	0.05	1.44	—	—	0.23	—	1915.48

续表

类型	稀疏草地	裸岩	裸土	沙漠/沙地	盐碱地	冰川/永久积雪	落/阔叶林	常绿针叶林	落/阔叶灌木林	乔木园地	灌木园地	绿地	灌木绿地	总计
沙漠/沙地	20.60	—	0.02	1568.88	—	—	—	—	—	—	—	—	—	1589.96
盐碱地	1.18	—	0.06	1.24	11.85	—	—	—	—	—	—	—	—	25.22
冰川/永久积雪	—	21.59	—	—	—	21.86	—	—	—	—	—	—	—	43.45
落/阔叶林	0.18	—	—	—	—	—	36.85	0.00	2.09	—	—	—	—	42.03
常绿针叶林	0.70	—	—	—	—	—	—	264.69	—	—	—	—	—	265.55
落/阔叶灌木林	5.14	0.01	—	—	—	—	0.05	—	988.88	—	—	—	—	1015.46
乔木园地	—	—	—	—	—	—	—	—	—	1.12	—	—	—	1.12
灌木园地	0.09	—	—	—	—	—	—	—	—	—	1.44	—	—	1.53
绿地	0.16	—	0.15	—	—	—	—	—	—	—	—	3.75	—	5.51
灌木绿地	—	—	—	—	—	—	—	—	—	—	—	—	0.36	0.36
总计	11392.97	3162.96	1416.51	1576.07	4.38	21.91	49.62	269.65	1008.72	1.51	3.68	4.33	0.36	27188.47

表 8-8 1990～2010 年黑河中游土地利用类型面积变化 （单位：km²）

类型	1990 年	2000 年	2005 年	2010 年
草甸	623.92	611.03	610.28	609.11
草原	1791.75	1699.81	1794.31	1794.87
草本绿地	1.68	2.05	2.14	2.16
草本沼泽	20.86	22.78	24.14	24.16
湖泊	8.15	9.17	10.10	6.47
水库/坑塘	40.81	41.33	49.64	50.48
河流	111.57	53.57	80.93	68.43
水田	0.34	0.50	0.49	0.32
旱地	4501.77	5155.53	5115.03	5228.21
居住地	392.63	455.86	471.20	481.14
工业用地	48.36	62.33	92.49	115.79
交通用地	49.04	52.87	74.45	77.94
采矿地	3.06	4.96	5.87	6.38
稀疏林	14.07	17.62	18.26	19.01
稀疏灌木林	71.64	76.47	75.05	75.69
稀疏草地	11473.57	11392.97	11432.48	11422.11
裸岩	3129.60	3162.96	3163.41	3163.40
裸土	1915.45	1416.51	1205.10	1074.54
沙漠/沙地	1589.96	1576.09	1576.54	1575.14
盐碱地	25.22	14.37	14.17	15.08
冰川/永久积雪	43.45	21.91	21.47	21.45
落/阔叶林	42.02	49.62	49.78	50.28
常绿针叶林	265.55	269.66	269.66	269.69
落/阔叶灌木林	1015.44	1008.71	1020.96	1024.72
乔木园地	1.12	1.51	1.51	1.51
灌木园地	1.53	3.68	3.68	3.71
绿地	5.52	4.32	4.96	5.85
灌木绿地	0.36	0.36	0.36	0.84
总计	27188.47	27188.47	27188.47	27188.47

8.1.3 下游生态环境变化

本小节介绍黑河下游在黑河分水工程实施前后10年生态环境变化,研究区域中游北部边界以北的区域。下游以裸土、裸岩、沙漠/沙地和稀疏草地为主,分别占总面积的66.5%、18.7%、7.8%和3.3%。1990~2010年,黑河下游实施了一系列生态和水利工程,包括"三北防护林工程"、分水工程、"天然林保护工程"和"退耕还林还草工程"等。在以上工程的作用下,下游生态环境发生了相应变化。

1990~2000年,下游土地覆被各类型之间的转化见表8-9。期间面积变化最大的为稀疏草地,减少了314.81km²,其次为裸土、湖泊、交通用地和旱地,分别增加了276.43km²、−44.37km²、34.35km²和31.41km²。而变化明显的是采矿地、交通用地、水库/坑塘、工业用地和湖泊,分别增加了270.3%、175.5%、113.4%、35.8%和−97.1%。增加的旱地主要源自稀疏草地和稀疏灌木林;湖泊面积减少主要是由于中游下泄径流的减少;增加的旱地主要源自裸土和稀疏草地的开垦。另外,由于社会发展和工业开发,工业用地、交通用地、采矿地和居住地大幅度增加。

2000~2005年,下游土地覆被各类型之间的转化见表8-10。期间面积变化最大的为裸土,减少了133.21km²,其次为河流、旱地、沙漠/沙地、盐碱地、湖泊和稀疏草地,分别增加了61.29km²、47.87km²、42.20km²、−40.73km²、35.17km²和−28.51km²。而变化明显的是湖泊、河流、工业用地、采矿地、交通用地和旱地,分别增加了2679.9%、433.4%、82.9%、80.2%、30.5%和7.8%。由于分水工程的实施,自2002年起,东居延海湖面恢复,并且河道过水面积增大,从而导致河流和湖面面积急剧扩张;社会和工业的发展促进工业用地、采矿地和交通用地的大幅增加;另外,下游的耕地开垦持续进行,主要源自裸土和稀疏草地。减少的裸土区域除了部分被开垦为旱地外,部分转变为工业用地和交通用地,大部分由于分水后水淹变成湖泊和河流。减少的盐碱地转变成沙漠/沙地。

2005~2010年,下游土地覆被各类型之间的转化见表8-11。期间面积变化最大的为裸土,减少了171.54km²,其次为裸岩、沙漠/沙地、旱地、湖泊、交通用地和工业用地,分别增加了−65.06km²、58.48km²、57.80km²、30.29km²、23.81km²、19.60km²。而变化明显的是工业用地、湖泊、水库/坑塘、交通用地、草本绿地、采矿地和草本沼泽,分别增加了264.2%、83%、65.4%、33.8%、19.4%、18.4%和17.3%。分水工程保证湖泊面积和水库/坑塘增大;社会和工业的持续发展促进工业用地、交通用地和采矿地的大幅增加;另外,下游的耕地开垦持续进行,主要源自裸土和稀疏草地。减少的裸土区域除了部分被开垦为旱地外,部分转变为工业用地和交通用地,部分由于分水后水淹变成湖泊和水库/坑塘。减少的裸岩大部分转变为沙漠/沙地。

总之,1990~2010年,黑河下游最明显的土地覆被变化是湖泊、河流等水域面积从减少,继而逐渐恢复并扩张;旱地持续增加,主要通过裸土和稀疏草地区域的开垦;裸土区域除了开垦成旱地、被水淹成为水域外,部分因社会发展开发成工业用地、交通用地和居住地。下游生态环境从分水前的恶化转变成分水后逐渐恢复,并呈持续好转的趋势(表8-12)。

表 8-9 1990~2000 年黑河下游土地覆被各类型之间的转化

(单位:km²)

类型	草甸	草原	草本绿地	草本沼泽	湖泊	水库/坑塘	河流	旱地	居住地	工业用地	交通用地	采矿地	稀疏林
草甸	0.09	—	—	—	—	—	—	—	—	—	—	—	—
草原	—	130.37	—	0.99	—	2.98	—	5.38	0.07	—	—	—	—
草本绿地	—	—	0.26	—	—	—	—	—	—	—	—	—	—
草本沼泽	—	0.59	—	61.01	0.12	0.93	—	—	—	—	—	—	—
湖泊	—	2.08	—	—	1.19	—	—	—	—	—	—	—	—
水库/坑塘	—	—	—	1.84	—	9.33	9.61	—	—	—	—	—	—
河流	—	—	—	—	—	—	—	—	—	—	—	—	—
旱地	—	0.48	—	—	—	0.04	—	573.61	2.69	—	—	—	—
居住地	—	—	—	—	—	—	—	—	56.34	—	—	—	—
工业用地	—	—	—	—	—	—	—	—	—	2.99	—	—	—
交通用地	—	—	—	—	—	—	—	—	—	—	19.58	—	—
采矿地	—	—	—	—	—	—	—	—	0.02	—	—	0.63	—
稀疏林	—	—	—	—	—	—	—	—	—	—	—	—	26.35
稀疏灌木林	—	—	—	—	—	0.02	1.23	1.52	—	—	—	—	—
稀疏草地	—	2.26	—	0.44	—	7.65	0.01	10.22	0.10	0.29	0.01	—	1.55
裸岩	—	—	—	—	—	—	—	—	—	—	1.41	1.28	—
裸土	—	4.38	—	0.17	—	4.30	3.29	16.06	4.50	0.78	32.94	0.07	0.07
沙漠/沙地	—	—	—	—	—	—	—	—	—	—	—	—	—
盐碱地	—	0.50	—	0.60	—	0.66	—	4.91	—	—	—	0.36	—
落/阔叶林	—	—	—	—	—	—	—	0.22	0.89	—	—	—	0.02
落/阔叶灌木林	—	—	—	—	—	—	—	—	—	—	—	—	—
绿地	—	—	—	—	—	—	—	—	—	—	—	—	—
灌木绿地	—	—	—	—	—	—	—	—	—	—	—	—	—
总计	0.09	140.66	0.26	65.05	1.31	25.91	14.14	611.92	64.61	4.06	53.94	2.34	27.99

续表

类型	稀疏灌木林	稀疏草地	裸岩	裸土	沙漠/沙地	盐碱地	落/阔叶林	落/阔叶灌木林	绿地	灌木绿地	总计
草甸	—	—	—	—	—	—	—	—	—	—	0.09
草原	—	6.00	0.02	2.46	0.26	0.10	—	—	—	—	148.63
草本绿地	—	—	—	—	—	—	—	—	—	—	0.26
草本沼泽	—	0.28	—	7.64	0.06	—	—	—	—	—	70.57
湖泊	—	6.28	—	36.07	—	—	—	—	—	—	45.68
水库/坑塘	—	0.04	—	0.92	—	—	—	—	—	—	12.13
河流	0.82	0.10	0.05	3.91	0.04	—	0.01	—	—	—	13.72
旱地	—	1.69	—	1.10	—	0.09	—	—	—	—	580.52
居住地	—	—	—	—	—	—	—	—	—	—	56.34
工业用地	—	—	—	—	—	—	—	—	—	—	2.99
交通用地	—	—	—	—	—	—	—	—	—	—	19.58
采矿地	—	—	—	—	—	—	—	—	—	—	0.63
稀疏林	0.75	—	—	2.03	—	—	—	—	—	—	29.15
稀疏灌木林	1112.82	2.49	—	45.08	0.65	3.47	—	0.03	—	—	1163.19
稀疏草地	0.04	2422.50	1.08	428.19	0.92	—	—	—	—	—	2878.46
裸岩	1.14	0.42	14523.10	—	—	—	—	—	—	—	14528.27
裸土	29.88	114.05	—	51019.96	6.35	38.04	0.12	0.33	0.18	—	51275.47
沙漠/沙地	—	0.07	—	3.44	6010.48	—	—	—	—	—	6014.00
盐碱地	0.86	9.73	—	0.33	12.04	519.62	—	0.05	—	—	549.68
落/阔叶林	—	—	—	0.21	—	—	75.82	—	—	—	77.14
落/阔叶灌木林	—	0.00	—	0.56	—	—	—	111.01	—	—	111.57
绿地	—	—	—	—	—	—	—	—	0.79	—	0.79
灌木绿地	—	—	—	—	—	—	—	—	—	0.25	0.25
总计	1146.31	2563.65	14524.25	51551.90	6030.80	561.32	75.95	111.42	0.97	0.25	77579.09

表 8-10 2000~2005 年黑河下游土地覆被各类型之间的转化

(单位：km²)

类型	草甸	草原	草本绿地	草本沼泽	湖泊	水库/坑塘	河流	旱地	居住地	工业用地	交通用地	采矿地	稀疏林
草甸	0.09	—	—	—	—	—	—	—	—	—	—	—	—
草原	—	128.10	—	0.03	0.40	0.01	—	6.51	0.26	—	—	—	0.02
草本绿地	—	—	0.26	—	—	—	—	—	—	—	—	—	—
草本沼泽	—	—	—	61.55	—	2.81	—	0.33	—	—	—	—	—
湖泊	—	—	—	—	1.19	—	—	—	—	—	—	—	—
水库/坑塘	—	1.18	—	0.12	—	18.06	—	0.92	—	—	—	—	—
河流	—	—	—	—	—	—	14.14	—	—	—	—	—	—
旱地	—	0.06	—	—	—	—	—	608.60	1.87	—	—	—	—
居住地	—	—	—	—	—	—	—	—	64.62	—	—	—	—
工业用地	—	—	—	—	—	—	—	—	—	4.06	—	—	—
交通用地	—	—	—	—	—	—	—	—	—	—	53.93	—	—
采矿地	—	—	—	—	—	—	—	—	—	—	—	2.35	—
稀疏林	—	—	—	—	—	—	—	—	—	—	—	—	27.98
稀疏灌木林	—	—	—	—	—	—	—	—	—	—	—	—	—
稀疏灌草地	—	0.36	—	—	0.13	2.74	0.06	14.81	0.09	—	0.24	—	—
裸岩	—	—	—	—	—	—	—	—	—	—	0.07	—	—
裸土	—	0.62	—	4.33	34.77	2.63	61.23	27.91	0.37	3.36	16.16	1.88	—
沙漠/沙地	—	—	—	—	—	—	—	0.51	—	—	—	—	—
盐碱地	—	—	—	—	—	—	—	—	—	—	—	—	—
落/阔叶林	—	—	—	—	—	—	—	0.21	—	—	—	—	—
落/阔叶灌木林	—	—	—	—	—	—	—	—	—	—	—	—	—
绿地	—	—	—	—	—	—	—	—	—	—	—	—	—
灌木绿地	—	—	—	—	—	—	—	—	—	—	—	—	—
总计	0.09	130.32	0.26	66.03	36.49	26.25	75.43	659.80	67.21	7.42	70.40	4.23	28.00

续表

类型	稀疏灌木林	稀疏草地	裸岩	裸土	沙漠/沙地	盐碱地	落/阔叶林	落/阔叶灌木林	绿地	灌木绿地	总计
草甸	—	—	—	—	—	—	—	—	—	—	0.09
草原	0.01	3.66	0.19	0.98	0.31	—	—	0.18	—	—	140.66
草本绿地	—	—	—	—	—	—	—	—	—	—	0.26
草本沼泽	0.03	0.13	—	0.24	—	—	—	—	—	—	65.06
湖泊	0.03	0.05	—	0.05	—	—	—	—	—	—	1.32
水库/坑塘	0.03	0.52	—	5.06	—	—	—	0.01	—	—	25.90
河流	—	—	—	—	—	—	—	—	—	—	14.14
草地	—	1.08	—	0.22	0.11	—	—	—	—	—	611.93
居住地	—	—	—	—	—	—	—	—	—	—	64.62
工业用地	—	—	—	—	—	—	—	—	—	—	4.06
交通用地	—	—	—	—	—	—	—	—	—	—	53.93
采矿地	—	—	—	—	—	—	—	—	—	—	2.35
稀疏林	—	—	—	—	—	—	—	—	—	—	27.98
稀疏灌木林	1146.29	—	—	—	—	—	—	—	—	—	1146.29
稀疏草地	0.28	2521.90	0.04	21.19	1.78	—	—	0.05	—	—	2563.67
裸岩	—	—	14524.18	—	—	—	—	—	—	—	14524.25
裸土	0.19	7.62	—	51390.80	0.01	—	—	0.02	—	—	51551.90
沙漠/沙地	—	—	—	—	6030.80	—	—	—	—	—	6030.80
盐碱地	—	0.22	—	—	40.00	520.59	—	—	—	—	561.32
落/阔叶林	—	—	—	0.12	—	—	75.95	—	—	—	75.95
落/阔叶灌木林	—	—	—	—	—	—	—	111.10	—	—	111.43
绿地	—	—	—	—	—	—	—	—	0.97	—	0.97
灌木绿地	—	—	—	—	—	—	—	—	—	0.25	0.25
总计	1146.83	2535.18	14524.41	51418.66	6073.01	520.59	75.95	111.36	0.97	0.25	77579.09

表8-11 2005～2010年黑河下游土地覆被各类型之间的转化

（单位：km²）

类型	草甸	草原	草本绿地	草本沼泽	湖泊	水库/坑塘	河流	旱地	居住地	工业用地	交通用地	采矿地	稀疏林
草甸	0.09	—	—	—	—	—	—	—	—	—	—	—	—
草原	—	123.18	—	0.02	2.61	1.42	—	2.01	—	0.28	—	—	—
草本绿地	—	—	0.26	—	0.45	—	—	—	—	—	—	—	—
草本沼泽	—	—	—	65.40	—	—	—	—	—	—	—	0.04	—
湖泊	—	—	—	2.40	33.86	—	—	—	—	—	—	—	—
水库/坑塘	—	0.16	—	0.48	—	23.77	—	—	—	0.04	—	—	—
河流	—	—	—	—	—	—	46.06	—	—	—	—	—	—
旱地	—	0.16	—	—	—	0.67	—	656.58	1.06	—	—	—	—
居住地	—	—	—	—	—	—	—	—	67.22	—	—	—	—
工业用地	—	—	—	—	—	—	—	—	—	7.42	—	—	—
交通用地	—	—	—	—	—	—	—	—	—	—	70.39	—	—
采矿地	—	—	—	—	—	—	—	—	—	—	—	4.23	—
稀疏林	—	—	—	—	—	—	—	—	—	—	—	—	27.99
稀疏灌木林	—	—	—	—	—	—	—	—	—	—	—	—	—
稀疏草地	—	0.48	—	4.37	1.57	0.55	0.19	7.92	0.36	—	—	—	0.06
裸岩	—	—	—	—	—	—	—	—	—	0.23	—	—	—
裸土	—	1.51	0.05	4.74	26.91	16.96	23.08	51.09	1.34	19.05	23.81	0.74	0.01
沙漠/沙地	—	0.18	—	0.02	1.37	0.01	—	—	—	—	—	—	—
盐碱地	—	—	—	—	—	—	—	—	—	—	—	—	—
落/阔叶林	—	—	—	—	—	—	—	—	—	—	—	—	—
落/阔叶灌木林	—	—	—	—	—	—	—	—	—	—	—	—	—
绿地	—	—	—	—	—	—	—	—	—	—	—	—	—
灌木绿地	—	—	—	—	—	—	—	—	—	—	—	—	—
总计	0.09	125.67	0.31	77.43	66.77	43.38	69.33	717.60	69.98	27.02	94.20	5.01	28.06

类型	稀疏灌木林	稀疏草地	裸岩	裸土	沙漠/沙地	盐碱地	落/阔叶林	落/阔叶灌木林	绿地	灌木绿地	总计
草甸	—	—	—	—	—	—	—	—	—	—	0.09
草原	0.04	0.37	—	0.27	0.07	—	—	0.04	—	—	130.31
草本绿地	—	0.05	—	—	—	—	—	—	—	—	0.26
草本沼泽	—	0.21	—	0.09	—	—	—	—	—	—	66.03
湖泊	—	—	—	0.01	—	—	—	—	—	—	36.48
水库/坑塘	0.08	1.06	0.01	0.64	—	—	—	—	—	—	26.24
河流	—	—	—	29.37	—	—	—	—	—	—	75.43
旱地	0.05	1.21	—	0.05	0.01	—	—	—	—	—	659.79
居住地	—	—	—	—	—	—	—	—	—	—	67.22
工业用地	—	—	—	—	—	—	—	—	—	—	7.42
交通用地	—	—	—	—	—	—	—	—	—	—	70.39
采矿地	—	—	—	—	—	—	—	—	—	—	4.23
稀疏林	—	—	—	—	—	—	—	—	—	—	27.99
稀疏灌木林	1146.83	—	—	—	—	—	—	—	—	—	1146.83
稀疏草地	2.47	2516.03	—	0.20	—	—	0.72	0.24	—	—	2535.16
裸岩	—	—	14459.34	—	64.84	—	—	—	—	—	14524.41
裸土	3.01	22.01	—	51216.48	0.20	4.05	0.92	2.68	—	0.01	51418.65
沙漠/沙地	—	5.06	—	—	6066.36	—	—	—	—	—	6073.00
盐碱地	—	—	—	—	—	520.59	—	—	—	—	520.59
落/阔叶林	—	—	—	—	—	—	75.95	—	—	—	75.95
落/阔叶灌木林	—	—	—	—	—	—	0.02	111.35	—	—	111.37
绿地	—	—	—	—	—	—	—	—	0.97	—	0.97
灌木绿地	—	—	—	—	—	—	—	—	—	0.25	0.25
总计	1152.48	2546.00	14459.35	51247.11	6131.48	524.64	77.61	114.31	0.97	0.26	77579.09

表 8-12　1990～2010 年黑河下游土地利用类型面积变化 （单位：km²）

类型	1990 年	2000 年	2005 年	2010 年
草甸	0.09	0.09	0.09	0.09
草原	148.62	140.66	130.32	125.67
草本绿地	0.26	0.26	0.26	0.32
草本沼泽	70.57	65.06	66.04	77.43
湖泊	45.68	1.31	36.48	66.77
水库/坑塘	12.14	25.90	26.24	43.39
河流	13.71	14.14	75.43	69.34
旱地	580.52	611.93	659.80	717.60
居住地	56.34	64.62	67.22	69.97
工业用地	2.99	4.06	7.42	27.02
交通用地	19.58	53.93	70.39	94.20
采矿地	0.63	2.35	4.23	5.01
稀疏林	29.14	27.98	27.99	28.06
稀疏灌木林	1163.20	1146.29	1146.83	1152.49
稀疏草地	2878.46	2563.67	2535.16	2546.00
裸岩	14528.27	14524.24	14524.41	14459.35
裸土	51275.46	51551.89	51418.65	51247.11
沙漠/沙地	6014.00	6030.80	6073.00	6131.48
盐碱地	549.68	561.32	520.59	524.65
落/阔叶林	77.14	75.95	75.95	77.61
落/阔叶灌木林	111.57	111.43	111.37	114.32
绿地	0.79	0.97	0.97	0.97
灌木绿地	0.25	0.25	0.25	0.27
总计	77579.09	77579.09	77579.09	77579.09

8.2　张掖市湿地系统特征

湿地是指永久或暂时性的天然或人工的沼泽地、湿原、泥炭地或水域地带,带有静止或流动的淡水、半咸水或咸水低潮时水深不超过 6m 的水体,通常包括沼泽、泥炭地、水稻田、河流、湖泊及人工水库的淡水区域(National Wetlands Working Group,1997)。湿地是一个多功能的生态系统,也是地球上生物多样性最为丰富的生态系统。湿地保护对保护生物多样性及候鸟的生境具有非常重要的意义。

8.2.1　张掖市湿地类型

参照《湿地公约》及《全国湿地资源调查与监测技术规程》湿地类型的划分标准,张掖湿地可划分为 2 个大类、4 个类型和 13 个类别(孟好军等,2011)。其中,天然湿地包括永久性河流、季节性河流、洪泛平原湿地、永久性淡水湖、季节性淡水湖、草本沼泽、高山湿地、灌丛湿地、内陆盐沼 9 个类别(表 8-13);人工湿地包括池塘、灌溉地、蓄水区、盐田 4 个类别。上述类型在张掖市所辖的"五县一区"均有分布。2005 年,全市土地总面积为 4.19×10^6 hm²,湿地总面积为 2.10×10^5 hm²,占土地总面积的 5.01%。其中,天然湿地面积为 2.00×10^5 hm²,占全市湿地总面积的 95.2%;人工湿地总面积为 1.07 万 hm²,占全市湿地总面积的 5.1%。按照不同类别,永久性河流湿地面积为 4.39 万 hm²、季节性河流为 6.58×10^3 hm²、洪泛平原湿地为 7.66×10^3 hm²、湖泊湿地为 644hm²、草本沼泽为 9.50×10^3 hm²、高山湿地为 1.14×10^5 hm²、灌丛湿地为 1.01 万 hm²、内陆盐沼湿地为 7.66×10^3 hm²、库塘湿地为 5.07×10^3 hm²、灌溉地为 3.06×10^3 hm²、盐田为 2.58×10^3 hm²(孟好军等,2011)。

表 8-13　张掖市湿地类型划分标准

湿地类型	序号	类别	特征
天然湿地 I			
河流湿地 I_1	1	永久性河流	包括河流及其支流、溪流、瀑布,平均宽度≥10m,长度>5km
	2	季节性河流	季节性、间歇性、定期性的河流、溪流、小河,平均宽度≥10m,长度>5km
	3	洪泛平原湿地	河水泛滥淹没的河流两岸地势平坦地区,包括河滩、泛滥的河谷、季节性泛滥的草地
湖泊湿地 I_2	4	永久性淡水湖	常年积水的淡水湖泊
	5	季节性淡水湖	季节性或临时性的洪泛平原湖
沼泽湿地 I_3	6	草本沼泽	植被盖度≥30%,以草本植物为主的沼泽
	7	高山湿地	包括分布在高山和高原地区的具有高寒性质的沼泽化草甸、冻原、融雪形成的临时水域
	8	灌丛湿地	以灌木为主的沼泽,植被盖度≥30%
	9	内陆盐沼	由一年生和多年生盐生植物群落组成,水含盐量达 0.6%以上,植被盖度≥30%
人工湿地 II	10	池塘	包括鱼、虾养殖池塘、农用池塘、储水池塘,一般以行政村为单位,连片面积≥2hm²
	11	灌溉地	包括灌溉渠系和稻田
	12	蓄水区	水库、拦河坝、堤坝形成的面积大于 8hm² 的储水区
	13	盐田	晒盐池、采盐场等

8.2.2　张掖市湿地分布特征

张掖市湿地主要有天然湿地和人工湿地两大类型。天然湿地包括全市各县(区)均有分布的河流、湖泊、沼泽等和分布在肃南、民乐、山丹三县境内的高山湿地;人工湿地包括全市各县(区)内分布的池塘、灌溉地和分布在高台县的具有典型特征的盐田湿地。

1. 天然湿地

1）河流湿地

河流湿地包括全市境内分布的永久性河流、季节性河流和洪泛平原,总面积为 $5.81 \times 10^4 hm^2$,占天然湿地面积的 29.1%,占全市湿地面积的 27.67%。在黑河流域范围内,流域面积较大的河流有黑河干流、马营(山丹)河、童子坝河、洪水河、海潮坝河、小堵麻河、大堵麻河、酥油口河、大野口河、大磁窑河、梨园河、摆浪河、水关河和石灰关河等河流。河流湿地总面积为 4.39 万 hm^2,占湿地总面积的 75.49%,占天然湿地总面积的 21.97%,占张掖市湿地总面积的 20.85%。

季节性河流水源主要由自然降雨补给。一般仅在夏秋季节进入汛期才有洪水下泄,年积水 80～120 天,主要分布在肃南县、临泽县、高台县及民乐县,全市面积在 $100hm^2$ 以上的季节性或间歇性河流有马蹄河、黄草沟河等,总面积为 $5.70 \times 10^3 hm^2$,占河流湿地面积的 9.79%,占天然湿地面积的 2.85%,占全市湿地总面积的 3.13%。

张掖洪泛平原湿地总面积为 $7.66 \times 10^3 hm^2$,占河流湿地面积的 13.19%,占天然湿地总面积的 3.84%,占全市湿地总面积的 3.64%。该类湿地主要分布在黑河沿岸、地势平坦被河水淹没的河滩、泛滥河谷、季节性泛滥的草地,其在高台县分布较广,在巷道、合聚、宣化、黑泉、罗城等乡镇均有分布,面积达 $6.83 \times 10^3 hm^2$。甘州区的乌江镇、新墩镇、西城驿林场黑河滩也分布着大片洪泛平原湿地,面积达 $687.1hm^2$;民乐县的永固镇有洪泛平原湿地 $150hm^2$。

2）湖泊湿地

张掖市湖泊湿地以淡水湖为主,主要分布在肃南、高台和临泽三县,面积为 $644hm^2$,占天然湿地面积的 0.32%,占全市湿地面积的 0.31%。湖泊湿地是季节性候鸟栖息的主要场所。

永久性淡水湖湿地主要分布在肃南县明花乡,面积为 $254.25hm^2$,其水源以地下水为主,季节性集水特征明显。其次,祁连乡境内分布有 $223.37hm^2$ 的永久性淡水湖湿地,其水源为冰雪融水,是重点保护动物黄鸭等候鸟的栖息地。另外,在临泽县平川镇北部的巴丹沙漠地区也有分布,现存锁龙潭、墩风燧及其周围滩地等几处。永久性淡水湖湿地总面积为 $572hm^2$,占湖泊湿地面积的 88.82%,占天然湿地面积的 0.29%,占张掖市湿地总面积的 0.27%。该类湿地由地下水涌出地表汇集于低洼地而成,地表常年积水,春秋季节地下水位上升湖面较大,水深 1.2～1.6m,夏季地下水位下降,湖面缩小。季节性淡水湖湿地仅分布于高台县宣化镇,且面积较小,仅 $72hm^2$,占湖泊湿地面积的 11.18%,占张掖市天然湿地总面积的 0.04%,占张掖市湿地总面积的 0.03%。

3）沼泽湿地

沼泽湿地在各县(区)均有分布,既有大面积的高山湿地,也有成片的草本沼泽和灌丛湿地,还有零星分布的内陆盐沼,水源由降水或地下水补给而形成。黑河流域中游的沼泽湿地共有 3 种类型,分别是草本沼泽、灌丛湿地和内陆盐沼,总面积为 2.00 万 hm^2,占天然湿地面积的 10.02%,占张掖市湿地面积的 9.51%。

草本沼泽水源为地下水和天然降水,生长的植物以苔草为主,为夏季畜牧业生产主要的活动场所,也是许多野生动物的栖息地和重要活动场所,总面积为 $9.50 \times 10^3 hm^2$,占沼泽湿地面积的 47.46%,占天然湿地总面积的 4.76%,占全市湿地总面积的 4.51%。

灌丛湿地均处在地表过湿或积水的地段上,以喜湿的灌木为主,在甘州、肃南、山丹、高台、临泽各县(区)均有分布,代表植物有鬼箭锦鸡儿、金露梅等,总面积为 $2.86 \times 10^3 hm^2$,占沼泽湿地面积的 14.2%,占天然湿地总面积的 1.43%,占全市湿地总面积的 1.36%。

高山湿地主要包括高山沼泽化草甸和高山灌丛。高山灌丛和草甸湿地面积大、分布广,主要分布在祁连山高山地带,生长植物主要以珠芽蓼(Polygonum viviparum)、香青(Anaphalis sinica)、高山龙胆(Gentiana algida)、红花绿绒蒿(Meconopsis punicea)、羽叶点地梅(Pomatosace filicula)、金露梅(Potentilla fruticosa)、高山绣线菊(Spiraea alpina)、鬼箭锦鸡儿(Caragana jubata)等。高山湿地总面积为 $8.09 \times 10^4 hm^2$,占沼泽湿地面积的 57.42%,占天然湿地总面积的 40.52%,占全张掖市湿地总面积的 38.46%。其中,沼泽化草甸为 $7.37 \times 10^4 hm^2$,灌丛湿地为 $7.26 \times 10^3 hm^2$。

内陆盐沼主要分布在黑河、山丹河沿岸、泉水溢出带和河流、渠系的退水区域,面积为 $7.66 \times 10^3 hm^2$,占沼泽湿地面积的 78.25%,占天然湿地总面积的 3.83%,占全市湿地总面积的 3.64%。由一年生和多年生耐盐生植物群落组成,土壤为重盐碱潮土,植物主要以柽柳、盐爪爪(Kalidium foliatum)、碱蓬(Suaeda glauca)等为代表种。

2. 人工湿地

人工湿地包括池塘、灌溉地及渠系、蓄水区和盐田 4 个类别,面积为 $1.07 \times 10^4 hm^2$,占张掖市湿地总面积的 5.1%。盐田是河西走廊干旱半干旱荒漠地带分布的具有典型特征的湿地类型之一,仅分布在高台县盐池乡,总面积为 $2.58 \times 10^3 hm^2$,占人工湿地面积的 24.18%,占全市湿地面积的 1.23%。水塘在张掖市呈零星分布,面积为 $162.9 hm^2$,占人工湿地总面积的 1.52%,占全市湿地面积的 0.08%,主要分布在甘州、临泽、高台、山丹四县(区),以渔业生产为主。

灌溉地及渠系指主要的灌溉干支渠和稻田,张掖市的总面积为 $3.06 \times 10^3 hm^2$,占人工湿地面积的 28.57%,占全市湿地面积的 1.45%。渠系在全市范围均有分布,而稻田则主要分布在甘州、临泽、高台三县(区)境内。

蓄水区系指张掖市境内用于农业灌溉的蓄水库,现有可利用中小型水库 44 座;蓄水量达 $2.18 \times 10^8 m^3$,蓄水区面积达 $4.91 \times 10^3 hm^2$,占人工湿地面积的 45.81%,占全市湿地面积的 2.33%。

8.2.3 张掖湿地植物区系特征及生物多样性

1. 湿地植被区系特征

黑河流域内有森林、草原、荒漠、寒漠、冻原、农田等多种生态系统,是该区植物种类组成多样性的环境基础。通过湿地区域植物资源的野外调查和历史资料的查阅,湿地区域分布的高等植物有 84 科 399 属 1044 种。其中,蕨类植物有 7 科 13 属 14 种,裸子植物有 3 科 6 属 10 种,被子植物有 74 科 380 属 1020 种;乔木有 48 种,灌木有 145 种。其中,尚保存一些珍贵稀有的植物种类资源。例如,裸果木($Gymnocarpos\ przewalskii$)是中亚荒漠的特有植物,起源于地中海旱生植物区系古近纪和新近纪古老残遗成分;星叶草($Circaeaster\ agretsis$)为我国特有种,分布于林下及山坡阴湿之地。

黑河流域分布的高等植物包含 20 种以上的科有菊科(Compositae)、禾本科(Gramineae)、毛茛科(Ranunculaceae)、蔷薇科(Rosaceae)、豆科(Leguminosae)、藜科(Chenopodiaceae)、玄参科(Scrophulariaceae)、十字花科(Cruciferae)、莎草科(Cyperaceae)、石竹科(Caryophyllaceae)、伞形科(Umbelliferae)、龙胆科(Gentianaceae)、虎耳草科(Saxifragaceae)、百合科(Liliaceae)、杨柳科(Salicaceae)、蓼科(Polygonaceae)16 科(表 8-14)。其中,含有 50 种以上的科有蔷薇科、豆科、毛茛科、禾本科与菊科。上述 16 科包含的在该区有分布的植物种类共 748 种,占该区植物种类总数的 71.4%。同时,许多种类是祁连山北坡主要植被类型的建群种和优势种。

表 8-14 黑河流域植物分布较大科序列表

科	全国 属数/种数	甘肃 属数/种数	黑河流域 属数/种数	占全国比例/% 属/种	占甘肃比例/% 属/种
菊科	227/2323	88/426	40/116	17.6/5.0	45.5/27.2
禾本科	288/1202	82/271	42/96	14.6/7.9	51.2/35.4
毛茛科	40/736	28/303	20/79	50.0/10.7	71.4/38.9
蔷薇科	48/855	39/316	21/66	43.8/7.7	53.8/20.8
豆科	163/1252	46/308	13/53	7.9/4.2	28.3/17.2
藜科	38/184	25/84	16/48	42.1/26.1	64.0/57.1
玄参科	60/634	26/97	9/39	15.0/6.1	34.6/40.2
十字花科	96/411	50/156	18/36	18.8/8.8	36.0/23.1
莎草科	31/688	11/123	5/31	161.0/45	45.5/25.2
石竹科	31/372	17/87	12/31	38.7/8.3	70.6/35.6
伞形科	95/525	46/117	20/29	21.1/5.5	43.5/33.3
龙胆科	19/269	10/65	7/28	36.8/10.4	70.0/43.1
虎耳草科	26/440	10/75	6/26	23.1/5.9	60.0/34.7
百合科	55/335	37/152	7/25	12.7/7.5	18.9/16.5
杨柳科	3/230	2/110	2/22	66.7/9.57	100.0/20.0
蓼科	11/180	10/78	4/23	36.4/12.8	40.0/29.5

黑河流域分布的 380 属被子植物,可以归纳为 13 个分布类型(表 8-15)。黑河流域分布的被子植物中,除世界广泛分布的 49 属外的 331 属,热带属仅 21 个,占 6.3%,无建群种和优势种,种群数量稀少;温带属 310 个,占 93.7%,包含了该区主要植被类型的建群种和优势种。由此进一步说明,祁连山北坡植物区系是一个温带植物区系,其中北温带属(119 属)

是区系的核心;起源于古地中海沿岸的其他温带属对区系性质影响也较大。

表 8-15　祁连山北坡被子植物属的分布类型

分布范围	属数	占总数比例/%
1 世界分布	49	12.89
2 泛热带分布	14	4.23
3 旧世界热带分布	3	0.91
4 热带亚洲及大洋洲分布	1	0.30
5 热带亚洲(印度-马来西亚)	2	0.60
6 北温带分布	119	35.95
6-1 北极-高山分布	4	1.21
6-2 北温带和南温带间断分布	34	10.27
6-3 欧亚和南美间断分布	4	1.21
7 东亚和南温带间断分布	6	1.81
8 旧世界温带分布	54	16.31
9 温带亚洲分布	20	6.04
10 地中海、西亚到中亚分布	27	8.16
11 中亚分布	20	6.04
12 东亚分布	15	4.53
13 中国特有种	8	2.42
合计	380	99.98

2. 区域湿地植被类型

张掖市湿地分布范围广泛,分布区环境差异大,海拔高低不同,区域气候条件相异。湿地生态系统的物种组成和植被类型较为丰富。地处祁连山区的高山草甸、沼泽和灌丛湿地的总面积为 $8.09 \times 10^4 \mathrm{hm}^2$,湿地植被主要有沼泽草甸植被和灌丛植被两大类型。沼泽草甸植被主要分布于河边、水漫滩和冰川下游,以蒿草-苔草群落为代表,植物种类有多种蒿草和苔草、水毛茛(*Batrachium bungei*)、灯心草(*Juncus effusus*)、高原毛茛(*Ranunculus tanguticus*)、委陵菜(*Potentilla chinensis*)、龙胆属(*Gentiana*)及马先蒿属(*Pedicularis*)等类群。湿地灌丛植被主要分布在祁连山海拔 3800m 左右的区域,植物种类以金露梅、高山柳、高山绣线菊、箭叶锦鸡儿等为主,伴生分布有多种蒿草和苔草,以高山柳＋金露梅＋草本群落为代表。河西荒漠地区的湿地,如肃南县明海湿地区,湿地分布面积约为 5677hm²,组成湿地的植被以湿生和沼生植物为主,植被以芦苇＋草本群落为代表,植被组成的建群种主要有芦苇、苔草、冰草(*Agropyron cristatum*)等。

张掖市湿地区植物群落的种类组成以广布性的湿生、盐生和中生植物为主。因此,植物群落以盐生、湿生和沼泽型的植物群落为主。湿地区域的植被类型可划分为 3 个植被型,即盐生灌丛植被、高草湿地植被和低草湿地植被。各植被型具有不同的植物种群系,植被型和群系的特征主要描述如下。

水菖蒲群落:群落生长于地下水长期滞留形成的积水滩和排水沟两侧,呈块状分布于积水坑的四周、浅水处。夏季季相绿色,由水菖蒲、水葱组成,水菖蒲生长良好,植被高 40～50cm,具有香味,根径粗壮,叶剑形,长 50～60cm,中脉突起,拂焰茎叶状,不包花序,盖度 30%～50%;水葱生长较弱,高 50～60cm,数量较少,盖度仅为 5% 左右,还生长一些藻类,各自集生。

水葫芦苗群落:群落外貌相对整齐,夏季季相灰绿色,结构分为两层:第一层以水葫芦苗为主,高 20～30cm,盖度 30% 左右;第二层以薹草为主,散生于浅水处。整个群落由低矮浓密的草本植物组成。

芦苇群落:群落外貌整齐,夏季季相绿色,主要由芦苇组成,零星散生一些湿生植物,结构简单,株高 2～5m,盖度 80%～100%。

黑三棱群落:群落外貌整齐,夏季季相为翠绿色或绿黄色,由挺水植物、浮水植物和沉水植物组成,总盖度 80% 左右。挺水植物主要是黑三棱,多生于渠两边,密集呈带状,在静水中植株挺立,植株高 40～80cm,翠绿色或绿黄色,球状花序,盖度 30%～60%,同时有水蓼伴生,植株直立或斜生,散生或集生,高 30～50cm,植株紫红色。浮水植物为浮叶眼子芽,生长于群落水深处,沉水植物为线叶眼子菜,植株长 30～40cm,顺水流方向匍匐水中,盖度 10%～20%。

柽柳群落:主要生长于盐渍化程度较高的湿地区域,植株高 80～400cm,盖度 60%～80%。冠层下生长有多种湿生植物,平均高 10～25cm,盖度 20%～40%。

金露梅-箭叶锦鸡儿群落:主要由金露梅、鬼箭锦鸡儿、高山柳、高山绣线菊等多种灌木组成,平均高度 40～350cm,盖度 70%～90%。灌木层下生长有蒿草、珠芽蓼、高山龙胆等多种草本植物,平均高度 5～25cm,盖度 10%～30%。

线叶眼子菜-狐尾藻群落:群落外貌整齐,夏季季相暗绿色,线叶眼子菜生长良好,夏季季相暗绿色,盖度 40%～60%,狐尾藻呈块状镶嵌集生在线叶眼子菜群落中,夏季季相绿、黄绿色,盖度 10%～15%。

3. 湿地物种多样性

张掖市境内湿地分布范围广,且海拔、温度不尽相同。因此,湿地生态系统的物种组成多样性非常丰富。不同的湿地类型植被群组相异,地处高海拔区的湿地植被主要有沼泽植被和沼泽草甸植被两种类型。沼泽植被主要分布于野马大泉等处,植被主要为草丛沼泽,以蒿草-苔草群落为代表,植物种类有多种蒿草和苔草、水毛茛等草本植物,该类湿地区灌木很多。沼泽草甸植被主要分布于河边、水漫滩地,植物种类多样,主要有藏蒿草、多种苔草、碱毛茛、高原毛茛、鹅绒委陵菜、龙胆属类群。该湿地中动物有兽类 26 种、鸟类 98 种。

河西走廊中部——张掖绿洲的湿地,是黑河流域面积较大的湿地,湿地植被的组成以湿生和沼生植物为主,建群种主要有香蒲、黑三棱、芦苇、柽柳、线叶柳等,其物种多样性组成十分丰富,有水生和湿生两大类,以湿生和挺水植物为主,如多茎委陵菜、酸模(*Rumex acetosa*)、薹草等;浮水和沉水植物相对较少,仅有眼子菜(*Potamogeton distinctus*)等少数几种。

黑河流域湿地的特殊生境也为各种水禽提供了良好的栖息繁殖地和食物链。因此,该流域湿地中的鸟类众多。2005 年张掖市湿地资源调查结果显示,《湿地公约》中定义的水禽在黑河流域沼泽湿地中有大天鹅、小天鹅、黑颈鹤、灰鹤、大白鹭、黑鹳、斑头雁、赤麻鸭和斑嘴鸭等 50 多种。但该湿地区分布的其他脊椎动物则很少。例如,除引进的鱼和蟹类外,乡土鱼种有草鱼、鲫鱼等 8 种;湿地的两栖类仅有花背蟾蜍、中国林蛙、田鼠等栖息于湿地的草甸之中。另外,在该区还栖息有兽类 48 种。黑河流域的湿地生态系统是周围哺乳类,尤其是荒漠地区蹄类动物赖以生存的基础。

8.2.4　湿地生境演变的影响因素

湿地是一种综合资源,这是人们对湿地开发利用强度大的根本因素。张掖市地处内陆干旱荒漠地区,水资源短缺,耕地较少。人口的增长对湿地的胁迫越来越严重。特别是 20 世纪 80 年代以来,经济发展和城市建设步伐的加快造成了大面积湿地开垦,水资源不合理利用,致使湿地污染日趋严重,导致了湿地生物多样性的丧失,对湿地植被带来了很大的威胁。

超载放牧会使沼泽湿地草原化,并导致毒杂草增加,鼠虫害加剧,湿地原生植被系统严重退化,产生逆行演替。特别是以沼泽草甸为主的肃南明海湿地区,超载放牧所造成的湿地植被的演替变化最为明显,已发生了沼泽草甸→草原→荒漠化的演替结果。肃南县调查资料显示,其退化面积达 $7.12 \times 10^5 hm^2$,占可利用草场的 50%,其中明花区草场退化达 70%。因此,急需采取切实可行的措施,加强控制草场载畜量,合理利用湿地植被资源,特别是对湿地及其周边草场的载畜量,也应严格控制,以预防鼠害和毒草、杂草的发生,防止湿地草原化乃至荒漠化的发展和演替。

同时,伴随着各河流水量的减少和地下水的过度开采,节水渠道的衬砌,分水战略的实施,该区范围内的原有湖泊、沼泽和芦苇湿地严重退化,面积锐减。自 20 世纪 90 年代开始,随着城市工业化的快速发展,受大量含有硫酸盐、氯化物、氨氮、挥发酚等污染物的工业、城市生活废污水、农业化肥及农药污水的影响,芦苇生存的水环境质量急剧下降,加之不同植物对污染物的适应能力差异较大,适应性差的物种因生存环境的变化而发生死亡,造成了植物群落结构的衰退,即使能够生存的植物,也会因生存环境的变化数量和种群结构、密度、生长状况等发生改变。同时,大面积的农业开发和过度的地下水开采,造成地下水位下降,使得芦苇湿地面积由 20 世纪 90 年代末的 $597.8 hm^2$ 下降到 $522.0 hm^2$,芦苇的高度由 4m 下降到 3m,苇径缩小 4%,群落密度下降 20%,植被群落已演变成了目前的芦苇草甸群落。

湿地的过度开发和利用,在当地对可以引起水文状况的任何水源利用和气候干旱,都可能会诱发或加速植被群落的演变过程,特别是毗邻农田的地区和受人类活动影响严重的地表、地下水地带,如绿洲农业灌溉(主要是漫灌)、截水(机井抽取地下水)和生活用水等都会影响积水坑、沼泽等水生物群落的生境条件,从而会加快由水生到旱生再到荒漠的演变过程。

8.2.5 湿地生态状况评价与服务功能价值

1. 湿地生态状况评价

湿地生态评价的目的是为科学分析湿地的生态功能,正确处理湿地生态环境和开发利用的相互关系,并依据具体情况提出对受影响湿地的生态环境行使有效的保护途径和措施。湿地生态评价是湿地保护的基础,对湿地生态现状做出客观正确的评价,可以为制订合理的湿地保护对策提供依据,其对提高湿地生态环境管理水平具有重要的指导作用。

为了开展黑河流域中上游典型湿地生态评价,应用层次分析法(牛赟等,2007),以典型湿地区的供水功能、过滤功能、科教旅游、物质生产、面积的适应性、生境景观供应、土壤养分资源及野生生物资源 8 个因子为评价指标,对黑河流域中上游具有代表性的祁连山冰川湿地、高山灌丛草甸湿地、黑河干支流沿岸湿地、肃南县明海湿地、高台县盐田湿地、临泽县双泉湖草本沼泽湿地、甘州区城郊芦苇湿地和民乐县永固沼泽湿地 8 个较大的湿地区域进行生态功能综合评价。评价结果表明,祁连冰川、高山灌丛草甸湿地所处的地理位置特殊,受外界和人为因素的干扰小,其生态环境质量最好;肃南县明海湿地、民乐县永固沼泽湿地、黑河干支流沿岸湿地、临泽县双泉湖草本沼泽由于受人为干扰强度大,生态环境脆弱,其生态环境质量一般;甘州区芦苇湿地由于地处城郊区,受城市工业化和生活污水污染严重,其生态环境质量较差;高台县盐田湿地由于其土壤盐碱化程度高,其生态系统物种单一,物质生产力低,受地下水位的波动影响较大,生态环境质量最差。

2. 湿地生态服务及其价值

湿地服务价值评估是生态系统服务与自然资产价值评估的一个重要组成部分,也是近年才逐渐发展起来的生态经济学新领域。湿地服务价值评估不仅有助于丰富和完善全球生态系统服务功能与价值评估的理论和方法,推动当代生态经济学的发展,而且有助于提高人们对湿地重要性的认识,推动包括湿地在内的自然资产与环境保护工作;不仅可以为国家和地区协调发展与保护关系,平衡代内、代际利益关系,实行生态补偿,实现区域可持续发展的目标服务,而且可以实施综合的国民经济与资源环境核算体系,以及为政府间有关碳指标的国际谈判等提供基础数据支持。目前,湿地服务价值评估研究还处于探索和起步阶段,但是发展很快。诸多学者在湿地服务价值领域开展了卓有成效的工作,并取得了丰硕的研究成果,这大大推动了湿地服务价值评估乃至整个湿地科学的发展。

湿地的生态功能是指湿地具有的潜在或实际维持、保护人类活动及人类未被直接利用的资源,或维持、保护自然生态系统过程的能力,其包括涵养水源、调蓄洪水功能、调节气候功能、降解污染、固定 CO_2 和释放 O_2、保护土壤和作为生物栖息地。为探讨张掖湿地的生态服务功能价值,以地处黑河流域中游的张掖市北郊湿地为例,采用市场价值法、碳税法和造林成本法、影子工程法、资产价值法、旅行费用法等(孙昌平等,2010)进行生态服务功能价值估算,该区 $1.73 \times 10^3 \text{hm}^2$ 湿地的生态服务功能总价值为 2.24 亿元,其直接使用价值为 0.1731 亿元,间接使用价值为 2.071 亿元。以张掖黑河湿地自然保护区 4.12 万 hm^2 湿地为例,借助市场价值法、碳税法、影子工程法、生态价值法、旅行费用法等(孔东升等,2015)进行湿地生态服务功能价值评估,结果表明,黑河湿地自然保护区生态服务功能总价值约为32.9亿元,其中各生态服务功能的价值量依次为调蓄洪水功能>湿地固碳释氧功能>旅游休闲功能>提供水源功能>气候调节功能>物质生产功能>生物栖息地功能>科研教育价值功能>降解污染物功能。直观的货币价值突显了保护区湿地对区域经济发展的重要性。由此可以看出,保护区湿地的生态价值远比直接开发的价值高。

8.3 尾闾湖及湿地景观结构变化

干旱区内陆河尾闾湖及其湿地景观的变化是气候变化和人类活动影响下流域内水量平衡的综合体现,揭示其演变规律和驱动机制,对于流域可持续发展具有重要意义。中国西北干旱区内陆河——黑河下游尾闾湖及湿地可分为径流补给型、地下水补给型和降水补给型,其水分补给特点决定了各尾闾湖及湿地景观结构受到气候变化和人类活动影响的程度。近50年7期遥感影像资料及流域气候水文资料分析表明,区域人类活动影响下的流域水文变化主导了黑河尾闾湖及湿地景观结构的时空格局变化;而在暖干化气候背景下,湖泊湿地逐步演变并维持以盐碱地和草地为主的景观类型。

8.3.1 研究背景与进展

中国被联合国列为 13 个贫水国之一,占国土面积 1/3 的内陆河地区先天性的水资源不足,再叠加不合理的利用,使得水问题成为西北内陆河流域经济发展和生态保护的关键性问题(程国栋等,2006)。内陆河最大的问题是上、中、下游的用水矛盾,近 50 年上、中游的水土资源开发过度用水,致使下游河道断流,加速了生态环境退化过程。干旱区湖盆干涸和湿地退化将导致水环境、土壤和植被退化,产生以土壤风蚀、沙化和盐化等过程为主的土地荒漠化,并成为沙尘和盐尘的策源地(Yang et al.,2008;Wang et al.,2007;胡汝骥等,2005;陈隆亨等,1990);另外,将导致生物多样性和生物生产力降低,并逐步降低乃至丧失其生态系统服务功能,包括气候水文调节功能,水、食物、燃料和矿产等供给服务功能,生物栖息地及土壤形成与养分循环支持功能,以及休闲娱乐、教育美学和科学研究等方面的文化价值(任娟等,2012;张武文等,2006;Millennium Ecosystem Assessment,2005)。

黑河是我国第二大内陆河,在沙漠与戈壁深处形成了围绕东西两条河的额济纳三角洲,成为我国西北乃至华北地区一条重要的生态防线。随着中游张掖地区农业用地的持续扩张,水资源消耗不断增加,导致进入下游额济纳绿洲的水资源急剧减少,造成下游湖泊干涸和土地沙漠化等生态环境退化。2000 年,黑河流域实施中、下游分水计划以来,额济纳绿洲下游水环境与生态环境均得到一定改善。

黑河下游额济纳绿洲的生态环境退化,20 世纪 80 年代以来逐步为学术界和政府所重视。遥感数据常被用来开展不同尺度的生态环境变化研究。很多学者利用不同时段,尤其是 2000 年流域分水前后的遥感影像资料,结合地面调查资料,对黑河流域(蒙吉军等,2005;

郭铌等,2004)及下游额济纳沿河绿洲和尾闾湖(杨兰芳,2005)开展了土地利用/覆盖变化(张小由等,2005;曹宇等,2004;王心源等,2001)、以归一化植被指数(normalized differential vegetation index,NDVI)为主的植被变化(Chang et al.,2011;Jin et al.,2010;乔西现等,2007;杨何群等,2006)及驱动机制(李秀彬等,2010;Ge et al.,2009;曹宇等,2005)等方面的研究。

湿地生境演变是当今资源与环境变化研究的一个热点问题,注重人为或自然因素对湿地形成、演化过程、规律及其机制方面的研究(Temesgen et al.,2013;Li et al.,2010;Melendez et al.,2010;Zhao et al.,2010;MacAlister et al.,2009;Rebelo et al.,2009;Bai et al.,2008;Carmen et al.,2005;Jain et al.,2000)。湖泊作为地表水的重要载体,参与自然系统的水分循环,这在世界干旱地区显得格外突出和重要(王亚俊等,2007)。干旱区湖泊及湿地景观的变化是其所在流域内水量平衡的综合体现,同时对区域气候变化和人类活动的影响具有高度的敏感性。内陆湖不仅是干旱区气候变化的指示物,而且是本流域生态系统状况的指标(胡汝骥等,2005)。因此,对湖泊及湿地景观变化动态的监测,揭示自然因素及人类活动对湖泊及湿地的影响规律,对干旱区内陆河流域生态-经济-社会可持续发展有着极其重要的意义。

以黑河尾闾湖及其湿地为主要研究区,基于 1965～2010 年 7 期遥感影像资料,结合区域水文气候演变过程,试图揭示其景观格局和驱动机制的时空变化特征,为干旱区流域综合治理提供借鉴。

8.3.2 研究区域、材料与方法

1. 研究区域概况

黑河流域地理位置位于 96°20′～104°05′E 和 37°41′～42°42′N(图 8-2)。发源于祁连山中段,出山后向西流经河西走廊中段,然后沿东北方向进入内蒙古额济纳旗。黑河以莺落峡(YLX)和正义峡(ZYX)为界,分为上、中、下游。

黑河在下游狼心山(LXS)处分为东、西河水系,并由十余条辫状支流组成了复杂的水系网,由此形成了巨大的冲积扇。由于地质及历史时期河道摆动,由南向北在扇缘处形成了古日乃湖、古居延泽、东-西居延海及拐子湖等湖泊及湿地。历史上,东河水系主要以东居延海和古居延泽为尾闾,西河水系主要以西居延海为尾闾,东河下段有支流注入西居延海;古日乃湖在哨马营处曾有古河道相连(Zhang et al.,2006;仵彦卿等,2000),地下水由地湾东梁-狼心山河段渗漏补给潜水含水层后,主要流向古日乃—进素图海子一带,另外,古日乃湿地还接受东部巴丹吉林沙漠地下水的补给(武选民等,2002);拐子湖曾作为连接古居延泽的河道湖存在(冯绳武,1988)。近现代,东、西河水系分别主要以东、西居延海为尾闾。

研究区属极端干旱区,区域气象监测数据表明(图 8-3),1950～2012 年,额济纳旗、拐子湖和鼎新三站年平均气温分别为 8.8℃、8.4℃ 和 9.1℃;年降水量分别为 37mm、45mm 和 55mm,且多集中在 5～9 月;潜在蒸散量为 3000mm/a。

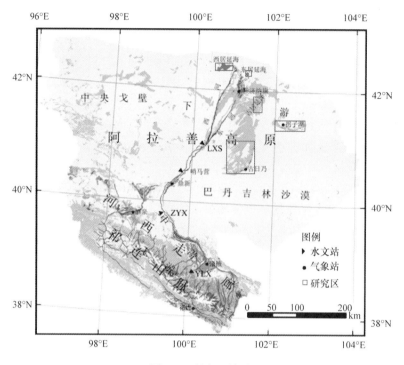

图 8-2　研究区域图

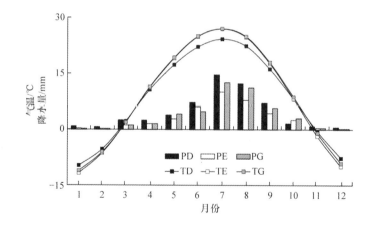

图 8-3　研究区域气候图(1950～2012 年)

PD、TD:鼎新降水量和气温;PE、TE:额济纳旗降水量和气温;PG、TG:拐子湖降水量和气温

2. 遥感数据来源及处理方法

基于研究区域荒漠背景,结合中国科学院资源环境遥感宏观监测研究中的土地分类系统(王涛等,2008;刘纪远,1996),本书的研究只选取了与尾闾湖和湿地景观有关的灌木林地、草地(湖滨草地)、湖泊水体、沼泽和盐碱地 5 个二级分类指标作为监测指标。

本书的研究以 Landsat 系列数据作为主要数据源,包括 1965 年的 HK(只包括古日乃和拐子湖两区域),1975 年的 MSS,1990 年、1995 年、2006 年和 2010 年的 TM,以及 2000 年
ETM 共 7 期数据。信息提取前,对遥感影像进行了影像合成、拼接、融合、几何精校正,以及
图像增强等预处理工作。校正过程中,对 2000 年 ETM＋图像利用 1∶100 000 地形图进行
图像纠正并作为基准图像。影像合成选用 4 波段、3 波段、2 波段标准假彩色合成方案;纠正
时,在每景图像上均匀地选择(7×8)个控制点,且平均定位误差小于 1 个像元,即地面距离
小于 30m。其他各年数据均以 2000 年基准图像为参考图像进行图像配准,以使不同时相图
像上的同名像元具有相同的地理坐标。纠正和配准后的整景图像保持 TM 的 30m 空间分辨
率。通过野外实地订正,保证定性准确率要求达到 95％以上(谢家丽等,2012;王涛等,2008)。

本书的研究主要以黑河东、西居延海和古居延泽 3 个尾闾湖及古日乃和拐子湖两个湿
地为研究对象,监测区域面积分别为 169.12km²、911.20km²、136.47km²、4109.95km² 和
1723.39km²(图 8-2)。

黑河流域各水文站径流和东居延海水域面积等水文数据引自黑河水量调度公报,气象
资料源于中国气象服务网站(http://data.cma.cn/)。

8.3.3 尾闾湖及湿地水文补给类型与景观结构特征

根据现代额济纳三角洲冲积扇河道分布与水文现状,黑河下游尾闾湖及湿地可分为三
类:第一类由现代河道直接相连,如东、西居延海和居延泽。近代,东、西河水系分别主要以
东、西居延海为尾闾,东河水系最东部支流与居延泽北部的天鹅湖和进素图海子相通,另外,
在东河冲积扇东北缘还存在多条与居延泽相通的干河道,其与居延泽存在地下水水力联系;
东河水系西部一条支流流向西居延海。2000 年开始实施的黑河治理工程修建了从狼心山
至东居延海专用的输水渠道,以保证每年有一定的水量注入东居延海。第二类分布于下游
冲积扇缘,如古日乃湖湿地。历史上在哨马营处有古河道相连,与鼎新至狼心山的黑河下游
主河道有地下水水力联系,并受到东南部走廊北山经巴丹吉林沙漠西南缘形成的地下水补
给。第三类为构造堑谷地,如拐子湖湿地,为地质时期河道湖的一部分,基本与古居延泽失
去地下水联系。由于其线状深陷的堑谷构造,成为北部丘陵戈壁和巴丹吉林沙漠北部降水
形成地下水的主要汇集区。

干旱荒漠平原区的湖盆多为浅碟形构造,其自然景观与水文地质条件呈环带状分异。
地势平坦的湖盆中央为湖面,周围为密集低矮的沼泽化草甸,向外以盐湿生芦苇为主,再外
为以柽柳和白刺为主的湿中生灌木林地。湖盆在水深较浅、入湖水量不足的情况下,极易迅
速蒸干,逐渐演变为寸草不生的盐沼和覆盖盐壳的干湖盆;沼泽化草甸也会在地下水位下降
过程中消亡;高大芦苇逐渐稀疏矮化甚至死亡;灌木林地由于风沙活动逐渐形成灌丛沙堆,
并随时间延续,在湖盆边缘逐级阶地上形成由小到大不同规模的灌丛沙堆,直至演替到灌丛
死亡、沙堆风蚀解体的最终阶段。在湖面扩大的情况下,沼泽化草甸逐步外移,在湖水波动
带重新形成;芦苇则在水深不超过 1.5m 的区域形成植株高大密集的芦苇荡;原有柽柳灌丛
淹水后死亡,柽柳幼苗则在湖水波动带附近重新自然更新。从统计数据可以看出[图 8-4
(a)],在 1975～2010 年处于干涸-充水状态的东居延海,其湖泊湿地景观类型以湖泊水域、

湖滨草地和盐碱湿地为主,并相互转化。于 20 世纪 60 年代干涸的西居延海和历史时期干涸的古居延泽,均以盐碱地和湖滨草地景观为主;近 10 年的流域分水,使得湖泊水域景观有了显著的变化[图 8-4(b),图 8-4(c)]。

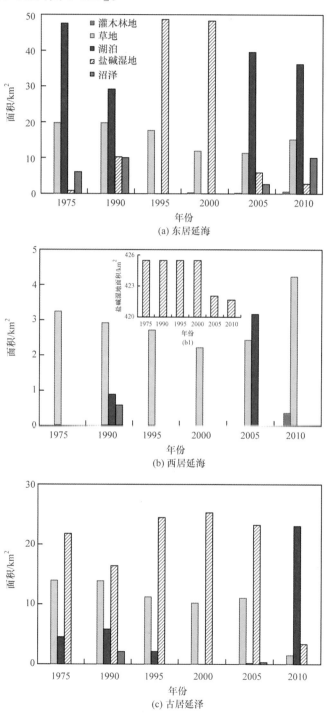

(a) 东居延海

(b) 西居延海

(c) 古居延泽

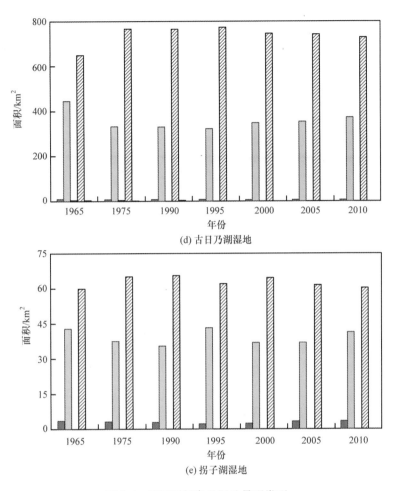

图 8-4　黑河尾闾湖及湿地景观类型

　　位于冲积扇东缘的古日乃湖,地下水埋藏浅,常出露形成季节性水面,强烈蒸发后形成盐沼,周围植被以稀疏芦苇为主,地下水出露带上部和扇缘分布有大面积梭梭林和灌丛沙堆。在地下水补给量减少的情况下,地下水出露带下移,扇缘上部盐生芦苇草甸逐渐退化,被旱生植被取代;湖盆边缘梭梭林发生衰败,导致巴丹吉林沙漠向西扩张。东北部的拐子湖湿地,其景观格局与古日乃湖类似,基本呈条带状:堑谷低洼处以盐沼和盐碱地为主,并伴有季节性水面,边缘为盐生芦苇草甸,谷地两侧坡面以梭梭灌丛和白刺沙堆为主。由于地形特点和地下水补给较为缓慢并具有稳定性的特点,古日乃湖和拐子湖主要由盐碱湿地和湖滨草地景观类型组成,且在 1965～2010 年里格局变化较小[图 8-4(d),图 8-4(e)]。

8.3.4　尾闾湖及湿地景观结构变化

　　遥感影像资料解译结果表明,1975 年东居延海湖泊面积近 47.56km^2,1990 年萎缩至

29.12km²,1995 年和 2000 年湖泊一直处于干涸状态,湖底盐碱地成为湖泊主要的景观类型;自黑河流域分水计划实施以来,通过专用输水渠道,2005 年东居延海湖泊面积达到 39.55km²,以后至 2010 年基本维持在 35km² 左右。湖滨草地景观面积为 11~20km²,浅水沼泽只存在于湖泊具有一定水面的情况下[图 8-4(a)]。相对于 1975 年,1990 年湖面面积减小 18.44km²,这部分景观转化为了湖滨草地、盐碱地及沼泽等景观;至 1995 年湖泊干涸,导致湖滨草地和沼泽景观相应减少,并全部转化为盐碱地;湖泊干涸持续到 2000 年,湖盆地下水位也持续下降,导致湖滨草地类型面积大幅度下降,部分以草地为主的景观因草本退化而转变为以稀疏灌木为主的林地景观;2005 年,湖泊面积在 39.55km² 的情况下,湖盆中央的盐碱地大多转化为水域景观,并在湖水波动带形成一定面积的沼泽;2010 年湖泊面积较 2005 年减少 3.18km²,而水位波动带的沼泽类型增加了 7.46km²,适宜的湖泊水环境大幅促进了湖滨植被的生长,使得湖滨草地和灌木林地分别增加了 3.94km² 和 0.42km²,而盐碱地面积有所减少(表 8-16)。

西居延海自 20 世纪 60 年代干涸后,只在 1990 年和 2005 年存在 3km² 以下的季节性水面。西居延海主要的景观类型为湖底盐壳及盐碱地,可达 425.50km²,湖滨带草地景观在 4km² 以下波动[图 8-4(b)];各期之间不同景观类型变化不大(表 8-16)。

古居延泽大部分被流沙覆盖,从南向北,目前只存在锁阳坑、进素图海子、天鹅湖等小面积较为低洼的湿地,且以盐碱地和湖滨草地景观类型为主。2005 年以前,只有最北部的天鹅湖存在 5km² 以下的水面,湖泊水位在 1.5m 以内波动,主要由东河地下水补给。2010 年,东河最东部支流有河水直接流入天鹅湖,并与南部进素图海子相连,达到 25km² 水面,覆盖了原来大面积分布的湖滨草地和盐碱地类型[图 8-4(c),表 8-16]。

总体上,拐子湖和古日乃湖湿地景观以盐碱地和草地景观类型为主,以及较小面积的灌木林地景观类型,其盐碱地和草地景观类型面积变化互为消长(图 8-4,表 8-16)。

古日乃湖盐碱地面积从 1965 年开始到 1975 年增长了 112.93km²,以后于 1995 年达到高值,随后下降,变幅在 -5.55~9.75km²;湖滨草地面积则在 1965~1975 年下降了 115.70km²,1995 年达到低值,以后 3 期逐步上升,2010 年达到 373.17km²,但还未达到 1965 年的水平;在 7 个监测时段,灌木林地面积呈减少趋势,总体在 4.35~8.26km² 波动;古日乃湖 1965 年和 1975 年存在 0.5km² 左右的水面,以及 0.72km² 的沼泽;1990 年以后 5 期不存在水面,除 1990 年沼泽面积为 0.72km² 外,1995~2010 年 4 期均没有沼泽出现(图 8-4,表 8-16)。

1965 年拐子湖湖滨草地面积为 42.89km²,1975 年和 1990 年分别下降了 5.24km² 和 2.19km²,1995 年增加至 43.32km²,2000 年减少了 6.56km²,2005 年微弱增加,2010 年重新增加至 41.61km²。盐碱地面积从 1965 年的 59.99km² 增加到 1975 年的 65.02km² 和 1990 年的 65.61km²,1995 年减少了 3.42km²,2000 年又增加至 64.57km²,2005 年和 2010 年分别较上期减少 2.70km² 和 1.74km²。灌木林地在初、终期分别达到 3.49km² 和 3.34km²,其余各期变动范围在 2.23~3.14km²(图 8-4,表 8-16)。

表 8-16 黑河尾闾湖及湿地景观结构变化 （单位：km²）

区域	类型	1965年/1975年	不同时期变化值						2010年
			1965~1975年	1975~1990年	1990~1995年	1995~2000年	2000~2005年	2005~2010年	
东居延海	湖泊	**47.56**	—	**-18.44**	**-29.12**	**0.00**	**39.55**	**-3.18**	**36.37**
	湖滨草地	**19.82**	—	**0.34**	**-2.55**	**-5.63**	**-0.74**	**3.94**	**15.18**
	沼泽	6.12	—	3.87	-9.99	0.00	2.67	7.46	10.13
	盐碱地	0.82	—	9.52	38.30	-0.37	-42.33	-3.08	2.86
	灌木林地	0.00	—	0.00	0.00	0.18		0.42	0.59
西居延海	盐碱地	**425.50**	—	**0.00**	**0.00**	**0.00**	**-3.43**	**-0.33**	**421.74**
	湖滨草地	3.25	—	-0.34	-0.20	-0.52	0.23	1.82	4.24
	湖泊	0.00	—	0.87	-0.87	0.00	3.16	-3.16	0.00
	沼泽	0.00	—	0.59	-0.59	0.00	0.00	0.00	0.00
	灌木林地	0.00	—	0.00	0.00	0.00	0.00	0.35	0.35
古居延泽	盐碱地	**21.85**	—	**-5.52**	**8.15**	**0.80**	**-2.06**	**-19.81**	**3.41**
	湖滨草地	**13.94**	—	**-0.10**	**-2.57**	**-1.00**	**0.79**	**-9.57**	**1.49**
	湖泊	**4.53**	—	**1.23**	**-3.66**	**-2.10**	**0.12**	**22.89**	**23.01**
	沼泽	0.00	—	2.09	-2.09	0.00	0.38	-0.38	0.00
	灌木林地	0.00	—	0.00	0.00	0.00	0.00	0.00	0.00
古日乃湖	盐碱地	**652.12**	**112.93**	**0.82**	**9.75**	**-27.24**	**-5.55**	**-11.82**	**731.01**
	湖滨草地	**447.44**	**-115.70**	**-0.30**	**-8.42**	**24.91**	**6.49**	**18.75**	**373.17**
	灌木林地	8.26	-1.43	0.05	-0.61	-1.92	0.00	0.15	4.50
	沼泽	0.72	0.00	0.00	-0.72	0.00	0.00	0.00	0.00
	湖泊	0.52	0.05	-0.57	0.00	0.00	0.00	0.00	0.00
拐子湖	盐碱地	**59.99**	**5.03**	**0.59**	**-3.42**	**2.38**	**-2.70**	**-1.74**	**60.13**
	湖滨草地	**42.89**	**-5.24**	**-2.19**	**7.86**	**-6.56**	**0.15**	**4.70**	41.61
	灌木林地	3.49	-0.61	0.00	-0.65	0.00	0.91	0.20	3.34
	湖泊	0.00	0.00	0.00	0.00	0.00	0.00	0.00	0.00
	沼泽	0.00	0.00	0.00	0.00	0.00	0.00	0.00	0.00

注：字体加粗部分为面积较大、显著的景观类型。

8.3.5 区域气候水文变化及其对尾闾湖和湿地的影响

1. 河道水文过程对尾闾湖水体变化的影响

对于直接与河道相连的尾闾湖盆，其水体面积及相应湿地景观类型变化主要与入湖径流量及其维持时间有关。从图 8-5 可以看出,在季节上,东居延海水体面积变化呈 V 字形,即在 9~10 月和 1~3 月湖泊得到补水的情况下,保持较大的湖面面积,5~8 月,由于强烈的蒸发,导致湖面急剧萎缩,达到季节最低值;在水量不足以维持蒸发时,湖泊即干涸。

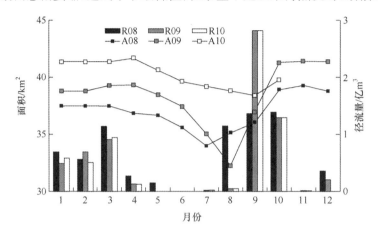

图 8-5 2008~2010 年黑河下游狼心山径流量(R)与东居延海湖泊面积(A)逐月变化

不同时期下游径流量[图 8-6(a)]和尾闾湖水体面积[图 8-6(b)]对比结果表明,随着进入下游和尾闾湖径流量的减少,尾闾湖水体面积相应减少。水体面积的变化相应影响着湖泊周围环状分布的沼泽、草地和灌丛景观的变化。据调查(陈江南等,2007;乔西现等,2007),相比 1992 年干涸的东居延海,在 2002 年重新恢复 35.7km² 湖面的情况下,湖滨带植被种类和盖度明显增加:以低矮芦苇为主的草地覆盖度由原来的 1% 转变为覆盖度在17%~37% 的盐爪爪+碱蓬+芦苇群落,且不同覆盖度草地面积都有不同程度的增加;原来覆盖度为 13% 且 65% 处于干枯的灌木柽柳林转化为覆盖度为 18%~56% 的柽柳+芦苇群落,高覆盖度灌木柽柳林面积明显增加。

如图 8-6(a)所示,1960~2010 年黑河上游干流出山口莺落峡(YLX)径流总体上呈现增长趋势;下游正义峡(ZYX)和狼心山(LXS)整体上呈相似的下降趋势;狼心山径流主要分配在东河,西河平均在 30% 以下。对 1960~2010 年进行分阶段统计,结果表明,1960~1979年莺落峡平均径流量为(14.33±1.94)亿 m³;1980~2000 年平均径流量增加至(16.47±2.70)亿 m³,并呈微弱下降趋势;2001 年以后增加至(17.56±3.18)亿 m³,并呈显著上升趋势。下游正义峡在 1960~1979 年平均径流量基本稳定在(10.61±1.82)亿 m³;1980~2000年径流量呈明显下降趋势,平均径流量为(9.23±2.96)亿 m³,且年际变化较大;2001 年以后呈上升趋势,平均径流量增加至(10.35±2.03)亿 m³。下游狼心山 3 个阶段变化趋势及年际特征与正义峡基本一致,其平均径流量分别为(5.80±1.43)亿 m³,(4.70±2.37)亿 m³和(5.60±1.48)亿 m³。

进一步对流域不同河段,如莺落峡和正义峡(中游 WLy-z)、正义峡和狼心山(下游上段WLz-l)之间的径流损失量进行统计,结果表明[图 8-6(c)],1960~1979 年中游径流损失量低于下游上段,平均值分别为(3.72±0.93)亿 m³ 和(4.81±0.40)亿 m³。1980~2000 年中游径流损失量平均为(7.24±1.25)亿 m³,为上一时段的近两倍,较下游上段多近 160%,且

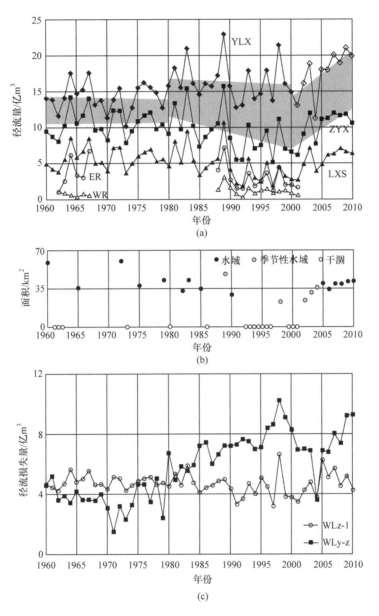

图 8-6　1960～2010 年黑河流域上、中、下游各水文站径流量变化(a)、
东居延海水体面积变化(b)及中、下游径流损失量(c)

YLX:莺落峡;ZYX:正义峡;LXS:狼心山;ER:东河;WR:西河;WLy-z:莺落峡和正义峡区间径流损失量;
WLz-l:正义峡和狼心山区间径流损失量;直线表示各水文站径流量不同时段变化趋势;灰色区域强调上、下
游径流量变化趋势分异

呈显著增加趋势;下游上段呈微弱下降趋势。2000 年以后,中游径流损失量呈增加趋势,平均为(7.21±1.61)亿 m³,基本同过去 20 年相当;下游上段呈微弱增加趋势,平均径流损失量为(4.75±0.86)亿 m³,基本同过去 30 年相当。

由此可以看出，1980～2000年中游在径流增加的情况下，其区间径流损失量大幅增加（中游绿洲用水量的增加），导致下游径流量显著减少。下游额济纳天然绿洲在1956年之前基本没有农业用地，在以后的30年间开垦面积一度达到4000hm²。而1960年以来正义峡至狼心山段的径流损失量（WLz-l）基本保持在4.68亿m³左右，由此最终导致尾闾湖全面干涸，仅在丰水年时，才有径流注入尾闾湖。下游狼心山处对东西河水量的分配[图8-6(a)]，使得70%以上径流主要通过东河水系，因此在1961年后，东居延海会有间歇性的水面存在[图8-6(b)]，如1965年、1972年、1975年、1979年、1982～1983年、1985年、1989年、1998年、2002～2004年，而在1961～1963年、1973年、1980年、1986年、1991～1997年、1999～2001年湖泊呈干涸状态。

2000年实施黑河流域分水计划以来，减少了中游径流损失量，基本保证了下游正义峡（ZYX）、狼心山（LXS）径流变化趋势和比例与上游出山口莺落峡（YLX）的一致性，东居延海专用输水渠道的修建保证了每年的入湖水量，使湖泊水体面积从2005年以来基本维持在40km²左右[图8-6(b)]。

位于黑河下游冲积扇东缘的居延泽和古日乃湿地，其湖盆草地生长主要依靠地下水补给。古日乃湿地的地下水补给源区处于冲积扇上段的正义峡和狼心山之间，补给量相对稳定，因此其主要景观类型盐碱地和草地面积相对变化不大[图8-4(d)]。居延泽处于冲积扇下部，其地下水补给量取决于下游径流量，因此随着1960～2000年下游径流量的减小，其草地和湖泊残余水体类型面积呈减少趋势；随着2000年以来地下水补给量增大，草地面积有所增加；2010年东河水系支流河水的直接注入，使湖面迅速扩大，淹没了湖滨草地和盐碱地[图8-4(c)]。

2. 区域气候变化对湖泊、湿地的影响

研究区附近鼎新、额济纳旗和拐子湖3个国家基准气象站1960～2010年的气温和降水变化表明，位于古日乃湖湿地西南90km的鼎新气象站[图8-7(a)]，在51年里气温和降水量均呈上升趋势，其中气温上升速率为0.03℃/a，降水量多年平均值为(55.5±21.3)mm，年降水量极值为24.2mm和119.7mm。位于黑河下游绿洲区的额济纳旗气象站[图8-7(b)]和拐子湖湿地的气象站[图8-7(c)]，在51年里气温均呈上升趋势，上升速率可达0.05℃/a；降水量则呈下降趋势，两站多年平均降水量分别为(34.9±19.7)mm和(44.5±23.8)mm，年降水量极值分别为7.0mm和101.1mm，以及12.2mm和111.0mm。

相对于河道径流，全年不足50mm的降水几乎对尾闾湖的水量补给微乎其微，但持续上升的气温无疑会增加水面蒸发及湖滨植被蒸腾，从而加剧湖泊水量损失，导致湖滨带植被退化和湖盆盐渍化。

对拐子湖湿地7期遥感影像资料主要的草地和盐碱地景观面积与连续2年平均降水量进行相关分析，结果表明，草地类型呈正相关关系，且达到显著水平（$r=0.81$，$p=0.023$，$n=7$）；而盐碱地类型呈负相关关系（$r=-0.22$，$p=0.557$，$n=7$）。上述统计结果表明，在降水增加的情况下，周边降水以径流或地下水的方式汇集补给拐子湖湿地，促进湿地植被生长，减小盐碱地的面积；而在降水减少的情况下，洼地水分补给相应减少，湿地植被衰败，盐碱地面积增大。

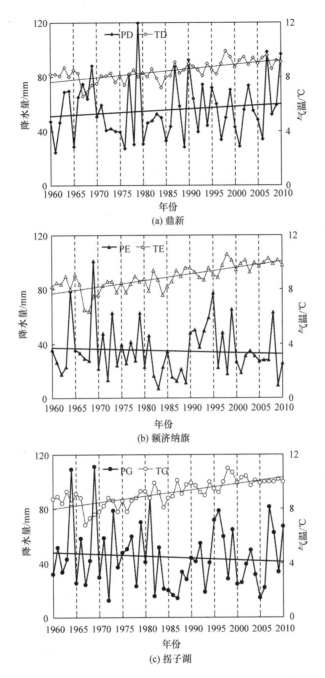

图 8-7 1960~2010 年鼎新、额济纳旗和拐子湖三站气温、降水量变化

8.3.6 小结与讨论

　　干旱区气候水文特点决定了黑河流域尾闾湖及湿地的景观类型以草地和盐碱地为主，其水文过程影响着景观结构的变化。干旱区内陆河一般分为 3 个部分：上游山区为流域径

流形成区,中游平原农业绿洲区为径流消耗区,下游荒漠绿洲区为径流耗散区(肖生春等,2011)。气候变化深刻影响着流域出山径流量的多寡(Li et al.,2012,2006)和中、下游绿洲水资源的消耗,如水体蒸发和植被蒸散发等,绿洲区人类活动则影响着水资源在中、下游和时间上的分配(肖生春等,2011),如区域绿洲耗水、水库对径流的调节、截留和季节性分配。

湖泊水域的变化是其所在流域水量平衡的综合结果,一方面受人类活动影响表现出其脆弱性,另一方面对气候变化又显示出高度敏感性。在我国西部,尤其是蒙新湖区,人类活动对于湖泊是十分重要的影响因素(丁永建等,2006;秦伯强,1999;Wang,1989)。黑河下游尾闾湖及湿地的水分补给类型可分为河道地表径流补给型、古河道地下径流补给型和降水补给型3种类型,各自不同的水分补给特点决定了其受气候变化和人类活动影响的程度。在时间上,20世纪60年代初,3个尾闾湖的干涸主要是由流域出山口径流的减少造成的,1990~2000年尾闾湖的持续干涸主要是由中游农业绿洲大量耗水导致的,2000年以来各尾闾湖,尤其是东居延海保持数年不干涸,主要是在流域出山口径流持续增加的基础上,实施流域中、下游分水计划而实现的。在空间上,下游东西河水量的人为分配,导致1960~2010年东居延海存在阶段性的水体,而西居延海和居延泽基本处于干涸状态,主要依靠洪积扇地下水补给。依靠地下水和降水维持的古日乃湖和拐子湖湿地受人类活动影响较弱,而且正义峡至狼心山之间河道渗漏转化为地下水的量基本稳定,因此其湿地景观结构变化主要受到气候变化的影响。对于内蒙古西部沙漠封闭性湖泊变化的研究表明,其面积变化与区域气候(气温、降水量和蒸发量)有非常好的一致性(任昱等,2011;熊波等,2009)。

由于遥感影像的不连续性、水文过程受人为控制影响大的特点,本书的研究仅就不同年际黑河尾闾湖及其湿地景观结构变化进行了分析,并不能有效代表1960~2010年的逐年变化过程和空间格局。可以肯定的是,区域人类活动影响下的流域水文变化主导了黑河尾闾湖及湿地景观结构的时空格局变化;而在气候变化背景下,湖泊湿地逐步演变并维持以盐碱地和草地为主的景观类型。

8.4 荒漠河岸林生长的树轮学评价

8.4.1 荒漠河岸林树轮研究进展

在干旱区,人类活动是影响生态水文过程的主要因素之一。但是,森林对人类活动影响的径流变化如何响应,以及如何去定量这种响应一直未能得到解决。黑河流域是我国西北典型的内陆河流域,20世纪后期随着中游用水量的增加,下游来水量剧减,导致下游胡杨林衰败、尾闾湖干涸、土地退化等一系列问题(肖生春等,2011;Ji et al.,2006)。2000年开始实施的黑河分水计划保证了下游一定的来水量,使下游的生态有所恢复(Cao et al.,2013;Chang et al.,2011;Jin et al.,2010;Guo et al.,2009;司建华等,2005)。为此,大量关于下游地下水位、水化学、绿洲面积、植被覆盖度变化的研究陆续开展(Xi et al.,2010;Su et al.,2007)。上述研究基本基于定点观测或遥感研究,不能同时达到覆盖广和时间尺度长的要求。

树木年轮资料具有样本分布广、时间序列长、定年准确且可定量等优势(Mann et al.,1998),是一系列自然环境过程和人类活动引起的环境变化的记录者(Speer,2010),在气候学(Yang et al.,2014;Speer,2010;Briffa,2000)、生态学(Xiao et al.,2015;Schweingruber,1996)、灾害学(Stoffel et al.,2010)及水文学(Woodhouse,2000)等学科交叉研究中发挥了重要作用。黑河下游的树木年轮学研究早已开展,树种主要有胡杨和柽柳(Xiao et al.,2005)。胡杨树木年轮学研究主要集中于以下 3 个方面:①基于单点或多点的重建工作(刘普幸等,2007;孙军艳等,2006);②胡杨径向生长年内尺度的研究(Xiao et al.,2014);③基于面域样本的研究(Peng et al.,2013;Zhang et al.,2012)。Peng 等(2013)和 Zhang 等(2012)在额济纳绿洲部分区域的研究结果表明,绿洲内胡杨径向生长存在空间差异,但目前仍然缺乏绿洲尺度的研究。利用树木年轮学的相关方法,在黑河下游额济纳绿洲建立了 28条胡杨轮宽年表,用于研究整个绿洲尺度近百年下游胡杨林径向生长对人类活动影响的径流变化的响应。

8.4.2 研究材料与数据处理方法

胡杨样芯样本采至额济纳绿洲内,采样时间为 2002～2013 年。本书研究所用的 28 个样本点(图 8-8)中,10 个样点选自 Peng 等(2013)的样本,9 个选自 Zhang 等(2012)的样本[选取样本量大于 17 且不与 Peng 等(2013)重复的样本点],另外采集了 9 个样点的样芯。这 28 个样点的选取原则是能够代表绿洲内胡杨林的空间分布状况,以获取绿洲尺度上的空间代表性。按照国际树木年轮学研究的标准方法,样芯经过干燥、固定、打磨、初步定年、交叉定年、轮宽测量等步骤,并用 COFECHA 程序检验样芯定年和轮宽测量值的准确性(Grissino-Mayer,2001),利用 ARSTAN 软件(Cook et al.,2007)去除生长趋势后采用双权重法求均值,得到标准年表(STD)。

年表与气象水文要素的相关分析是揭示环境因子对该树种径向生长影响程度的重要手段。将标准年表树轮指数与距离采样点最近、环境条件相似的额济纳气象站的气温、降水量(1957～2010 年)、正义峡径流量进行相关分析。用于分析的气温、降水量、径流量数据包括前一年 9 月至当年 9 月的月均温、月降水总量、月总径流量,前一年及当年年均温、年总降水量和年总径流量。同时,额济纳绿洲的 5 口地下水井(图 8-8)水埋深变化数据也用于年表的相关分析。用于分析的地下水位数据包括前一年 9 月至当年 9 月的月平均地下水埋深、前一年及当年年平均地下水埋深。彭家中等(2011)利用地统计分析发现,黑河下游地下水埋深的变程约为 22.6km,因此本书利用离该 5 口地下水井中任何一口的距离小于 22.6km 的样点与该地下水井的地下水埋深变化进行相关分析。在所有年表中,有 25 条年表符合这一距离的要求。

正义峡年径流量数据利用 Regime Shift Detection V3.2 软件(Rodionov et al.,2005;Rodionov,2004)进行均值突变点的分析,以区分出不同的水文状况阶段(自然阶段、衰退阶段、恢复阶段)。对所有 28 条年表在同一年份的年表指数求算术平均后,得到一条代表额济纳绿洲径向生长状况变化的指数序列(以下简称区域年表)。在求算术平均前,为使所有年

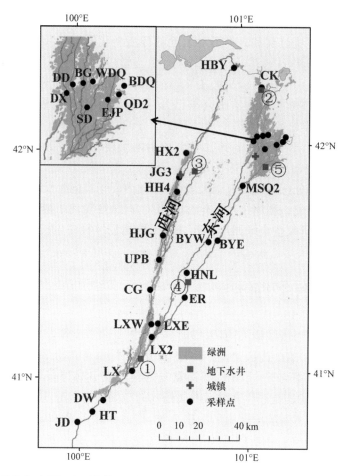

图 8-8　采样点、绿洲、地下水井及城镇分布图［城镇包括赛汉陶来(左)、达来呼布(右)］
图中字母组合均为采样点代号

表对区域年表的贡献相同,所有年表均进行了标准化处理,即以年表值除以年表序列在自然
阶段的均值,使得区域年表在自然阶段的均值为 1。计算所有年表在同一年的年表值的变
异系数,得到了一条变异系数序列,用来表达绿洲内部树木径向生长的空间差异性。为了直
观地表达该空间差异,利用 ArcGIS 9.3 软件进行空间插值。

8.4.3　胡杨径向生长及其水文气象要素影响

1. 年表特征

对 28 个样点轮宽标准年表特征进行统计(表 8-17),结果表明:样本平均长度为 65～
180 年,年表长度为 85～215 年;年表平均敏感度系数为 0.15～0.38;序列间平均相关性为
0.16～0.90;R_{bar} 值为 0.13～0.64;信噪比为 3.14～43.87;样本总体信号强度(expressed
population signal,EPS)为 0.76～0.98;第一主成分方差解释量为 20.6%～68.8%。

表 8-17　额济纳绿洲 28 条胡杨轮宽标准年表统计值

样点	样本量(样芯/树)	ML/年	年表区间/年	MS	MC	年表共同区间/年	SNR	EPS	PC1/%	R_{bar}
DW	37(39/37)	73.6	1922～2012	0.25	0.17	1941～2012	3.14	0.76	20.6	0.13
JD	35(35/35)	164.0	1817～2006	0.36	0.39	1862～2006	28.77	0.97	51.1	0.49
HT	32(42/21)	109.8	1883～2013	0.20	0.46	1919～2013	14.37	0.94	42.1	0.37
LX	17(20/17)	106.6	1893～2003	0.30	0.53	1914～2003	6.36	0.86	37.0	0.31
LXW	45(46/23)	64.0	1928～2013	0.26	0.16	1968～2013	15.55	0.94	31.6	0.28
CG	18(20/18)	103.4	1895～2003	0.24	0.34	1921～2002	3.46	0.78	27.4	0.20
UPB	25(25/25)	86.9	1913～2003	0.23	0.58	1923～2003	11.35	0.92	40.8	0.36
HJG	34(37/20)	82.2	1922～2010	0.15	0.42	1935～2006	8.57	0.90	33.1	0.28
JG3	33(35/33)	92.2	1887～2006	0.17	0.76	1927～2003	19.56	0.95	48.8	0.44
HH4	14(16/12)	105.2	1862～2006	0.20	0.76	1892～2006	14.18	0.93	68.8	0.64
HX2	32(33/32)	77.9	1919～2006	0.17	0.90	1939～2006	43.87	0.98	64.4	0.62
HBY	43(46/23)	81.8	1919～2010	0.23	0.38	1935～2010	13.40	0.93	31.3	0.28
LX2	35(35/34)	104.2	1894～2013	0.38	0.25	1918～2013	20.58	0.95	45.8	0.43
LXE	39(41/20)	81.1	1918～2013	0.29	0.45	1940～2013	29.20	0.97	51.6	0.49
HNL	38(40/20)	79.0	1911～2010	0.21	0.50	1939～2010	20.42	0.95	46.7	0.42
ER	21(24/21)	102.6	1880～2003	0.21	0.50	1917～2002	5.06	0.84	33.7	0.27
BYE	17(20/17)	116.1	1894～2003	0.24	0.47	1911～2001	7.06	0.88	38.1	0.32
BYW	22(25/22)	98.0	1907～2003	0.20	0.52	1920～2000	4.28	0.81	25.3	0.20
MSQ2	27(28/27)	146.1	1863～2007	0.20	0.34	1886～2007	5.91	0.86	27.0	0.27
SD	35(35/35)	120.6	1798～2006	0.25	0.72	1916～2006	30.52	0.97	59.6	0.57
WDQ	54(64/33)	139.0	1838～2012	0.25	0.61	1859～2012	40.89	0.98	59.2	0.57
DD	42(45/41)	125.9	1857～2012	0.18	0.68	1901～2012	16.89	0.94	39.6	0.35
BG	43(44/25)	88.8	1909～2012	0.27	0.48	1938～2012	19.80	0.95	38.1	0.36
QD2	19(19/18)	74.9	1921～2006	0.32	0.50	1940～2006	11.45	0.92	48.7	0.43
BDQ	39(41/21)	125.5	1797～2012	0.28	0.76	1911～2011	30.06	0.97	54.2	0.52
DX	29(30/29)	108.1	1885～2007	0.15	0.59	1921～2007	6.20	0.86	25.4	0.21
EJP	18(20/18)	180.2	1804～2001	0.15	0.62	1832～2000	7.56	0.88	43.0	0.37
CK	48(48/25)	83.5	1909～2013	0.30	0.30	1942～2013	19.69	0.95	39.6	0.37

注:ML 表示样本平均长度;MS 表示平均敏感度系数;MC 表示样本平均相关性;SNR 表示信噪比;EPS 表示样本总体信号强度;PC1 表示第一主成分方差解释量;R_{bar}反映年表样本间包含的共同信息量。

2. 径流状况的阶段划分

Regime Shift Detection V3.2 软件检验出正义峡年径流量序列在 1954～2010 年存在两个均值突变点,分别在 1990 年和 2003 年。1990 年,正义峡年径流量的多年平均值由 1954～1989 年的 10.98 亿 m³ 减少到 1990～2002 年的 7.64 亿 m³;2003 年,正义峡年径流量的多年平均值由 1990～2002 年的 7.64 亿 m³ 增加到 2003～2010 年的 11.03 亿 m³[图 8-9(a)]。该结论基本符合黑河流域的分水历史。因此,将上述 3 个阶段分别命名为自然阶段、衰退阶段、恢复阶段。在衰退阶段,下游年均来水量减少近 30%。在恢复阶段,下游来水量均值恢复,甚至高于自然阶段的来水量均值。

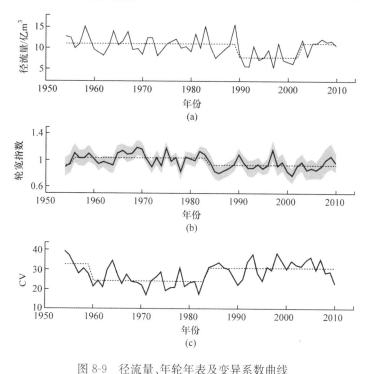

图 8-9　径流量、年轮年表及变异系数曲线

(a) 1954～2010 年正义峡年径流量(实线)及不同来水量阶段均值(虚线);

(b) 区域年表序列(实线)及其 95% 置信区间(灰色区域);

(c) 额济纳绿洲 28 条年表的变异系数(CV)序列及 3 个波动阶段均值[运用突变分析方法(regime-shift analysis)]

3. 气象、水文变量与年表的相关关系

额济纳绿洲内的 28 条年表与气温、降水量及正义峡径流量的相关关系(Pearson 相关)显示出极大的空间变异性(图 8-10)。28 条年表与 15 个降水变量的 420 个相关分析结果显示[图 8-10(a)],只有 35 个相关系数达到显著水平($p < 0.05$),其中 19 条年表至少与一个月降水变量显著相关。其中,只有一条年表(BYW)与前一年的降水总量的相关性达到显著水平,3 条年表与当年总降水量的相关性达到显著水平。所有年表与 4 个前一年月降水量的相关分析显示,与 9 月、11 月降水量达到显著相关的年表最多,但是也分别只有 4 条和 3 条;在与 9 个当年月降水量数据的相关分析中,与 2 月、5 月、6 月的降水数据达到显著水平的年表最多,分别有 7 条、5 条、3 条。以上结果说明,前一年秋季的降水及当年夏春季的降水对绿洲部分样点的胡杨径向生长有一定影响,但是显著正相关和显著负相关都有。

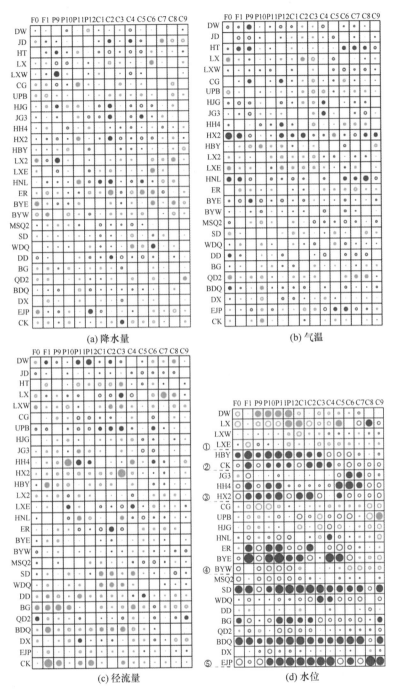

图 8-10　额济纳绿洲 28 条年表与额济纳气象水文数据相关分析结果图

用于分析的气象水文数据包括前一年(F1)及当年(F0)总降水量、总径流量、年平均气温及年平均地下水埋深,前一年 9 月至当年 9 月(P9,…,P12,C1,…,C9)的月总降水量、月气温、月径流量及月平均地下水埋深。图中的方格边长为 1×1,方格中圆的直径为相关系数的绝对值。●为显著正相关($p<0.05$),○为不显著正相关,●为显著负相关,○为不显著负相关

气温和所有年表的相关关系与降水量和年表的关系相似,420 个相关结果中只有 39 个相关系数达到显著水平,17 条年表至少与一个气温变量的相关性达到显著水平[图 8-10(b)]。3 条年表与前一年的年均气温显著相关,7 条年表与当年的年均气温显著相关。所有年表与 4 个前一年月气温变量的相关分析显示,9 月、12 月的月均气温分别与 4 条、4 条年表显著相关,为显著相关最多的两个月;与当年月均气温变量的相关分析显示,6 月、7 月、8 月的月降水量分别与 3 条、3 条、4 条年表显著相关,为显著相关最多的 3 个月。值得注意的是,77% 的显著相关系数为负数,说明高温对部分胡杨径向生长有抑制作用。

28 条年表与 15 个正义峡径流量的相关关系表明,420 个相关结果中有 55 个达到显著水平[图 8-10(c)],20 条年表至少与一个径流变量的相关性达到显著水平。6 条年表与前一年的径流量显著相关,3 条年表与当年的径流量显著相关。所有年表与 4 个前一年月径流变量的相关分析显示,11 月的月径流量与 7 条年表显著相关,为显著相关最多的一个月;与当年 9 个月径流变量的相关分析显示,2 月、3 月、4 月的月径流量分别与 7 条、9 条、4 条年表显著相关,为显著相关最多的 3 个月。以上结果说明,正义峡前一年的径流量对胡杨的生长影响要比当年的径流量大,且以前一年冬季及当年春季径流量的影响为主。但是,这种相关性在空间上却并不稳定,同时具有正负的显著相关性。

15 个地下水埋深变量与 25 条胡杨年表的相关分析结果[图 8-10(d)]表明,375 个相关系数中有 97 个相关系数达到显著水平,16 条序列至少与一个地下水埋深变量的相关性达到显著水平。25 条年表中有 4 条年表与当年的年均地下水埋深显著相关,8 条年表与前一年的年均地下水埋深显著相关。所有年表与 15 个月均地下水埋深变量的相关分析显示,前一年 10 月至当年 6 月的月均地下水埋深分别与 10 条、11 条、9 条、8 条、8 条、6 条、7 条、6 条、5 条年表的相关系数达到显著水平。这说明前一年冬季至当年夏季的地下水埋深对当年胡杨的径向生长影响显著。同样值得注意的是,92% 的显著相关系数为负数。

结合图 8-8 及图 8-10 发现,各年表与地下水水位的关系不仅与距离有关,还与河道状况、河水流向有关。井 1 位于狼心山附近,其地下水埋深变化与其上游的两条年表 LX、DW 的相关性显著,但是与其下游的两条年表 LXW、LXE 的相关性却不显著。在与井 4 作相关分析的 6 个样点中,井 4 与 ER 和 BYE 的相关性最强,样点 ER 和 BYE 与井 4 处在同一条支流,而与井 4 相距最近却不在同一支流的样点 HNL 的相关性却没能达到显著水平。

以上结果说明,径流量、降水量、气温与额济纳绿洲胡杨径向生长的关系存在空间差异,且上述 3 个环境因子总体上仅对整个绿洲内小部分胡杨的生长有显著影响。地下水埋深是影响胡杨径向生长的最主要因子,且以上一年冬至当年夏初的地下水埋深的影响最为显著。

8.4.4 额济纳绿洲胡杨生长状况时空特征

1954～2010 年,由区域年表代表的额济纳绿洲胡杨生长状况存在波动[图 8-9(b)]。可以看出,1954 年以来绿洲内的胡杨生长状况总体呈现下降趋势。尤其是 1983～2007 年,区域年表的指数除 1990 年和 1997 年大于自然阶段的均值 1 外,其他的年份都小于自然阶段的均值。该阶段的变异系数呈现增长趋势。

　　1954～2010年,区域年表在1969年达到最大值1.186,即1969年为该阶段内胡杨总体生长状况最好的年份;在2001年达到最小值0.762,即2001年为该阶段内胡杨总体生长状况最差的年份。由所有年表1969年的指数空间分布状况可以看出,绿洲内大部分胡杨生长状况良好[图8-11(b)],其中以西河下游及东河上游长势最为良好(年表HX2、HNL的年表指数分别为2.04、1.85)。28条年表在2001年的年表指数的空间分布图显示[图8-11(a)],只有4个样点在该年的年表指数超过自然阶段的均值,大部分区域的胡杨生长状况较自阶段的均值差,其中以东河下游为主(年表HX2、BDQ的年表指数分别为0.38、0.29),即在经历12年来下游年均来水量减少近30%后,额济纳绿洲胡杨径向生长量较自然阶段约减少23.8%。

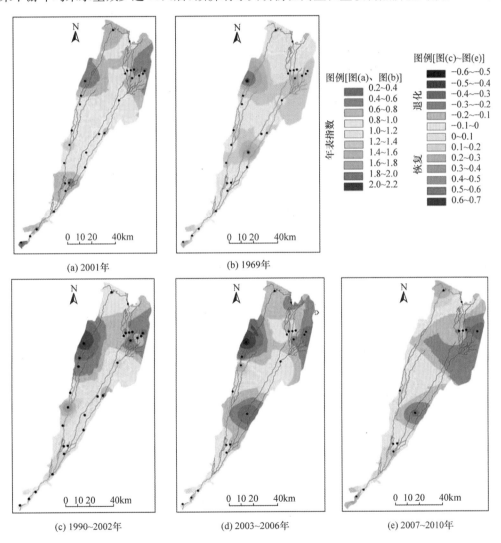

图8-11　额济纳绿洲胡杨径向生长空间插值图及用于插值的样点(样点名称见图8-7)

(a)2001年胡杨径向生长状况空间分布图;(b)1969年胡杨径向生长状况空间分布图;(c)1990～2002年胡杨径向生长衰退状况空间分布图;(d)2003～2006年胡杨径向生长恢复状况空间分布图;(e)2007～2010年胡杨径向生长恢复状况空间分布图

区域年表在自然阶段、衰退阶段和恢复阶段的年表指数均值分别为 1.00、0.924 和 0.921。为了解绿洲内胡杨径向生长在衰退阶段的衰退状况[图 8-11(c)],将每条年表在衰退阶段的指数均值减去自然阶段的指数均值,并将该差值利用 ArcGIS 软件进行空间插值。由图 8-11(c)可以看出,并不是所有的样本都呈现出衰退,以东、西河下游的衰退最为严重。相对自然阶段的均值,东、西河下游径向生长衰退分别为 38.2%(BDQ)和 47.9%(HX2);在东、西河上游及主河道上游的胡杨径向生长反而呈现增长趋势 36.6%(UPB)、21.4%(LX2)和 21.4%(HT)。另外,东西居延海湖岸周边的两个点并没有出现显著的衰退(CK:3.8%,HBY:4.0%)。

由于 28 条年表中只有 13 条年表序列到达 2010 年,21 条年表到达 2006 年,将恢复阶段细分为 2003～2006 年、2007～2010 年两个阶段。2003～2006 年,区域年表指数的均值为 0.883,说明在中游来水量开始恢复后三年内,绿洲内胡杨整体的生长状况仍没有好转,但存在空间差异。相对于 2001 年,21 条年表中有 15 条年表在 2003～2006 年的平均状况开始好转,其中 9 条年表在该阶段的平均状况好于衰退阶段的平均状况,其中 5 条年表甚至好于自然阶段的均值[图 8-11(d)]。从图 8-11(d)可以看出,2003～2006 年,开始好转的状况首先出现在额济纳河,以及东、西河附近两个人口相对密集的地区,即达来呼布和赛汉陶来。

2007～2010 年,区域年表指数的均值为 0.972,说明该阶段内,绿洲内胡杨生长状况总体上已基本恢复到自然阶段的平均水平,但是仍然存在空间差异。在 13 条年表中,有 11 条年表在该阶段的均值高于 2001 年,其中 10 条年表在该阶段的均值高于衰退阶段的均值。有 7 条年表在该阶段的均值甚至高于自然阶段的均值[图 8-11(e)],未恢复的区域主要集中在东河的中、下游。

在恢复阶段,莺落峡、正义峡年径流量及中游消耗的径流量分为 18.4 亿 m³、11.0 亿 m³、7.4 亿 m³(图 8-12)。值得注意的是,相对于 1980～2002 年中游的用水量均值(7.3 亿 m³)来说,

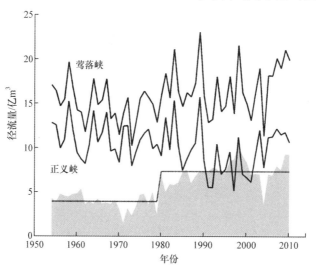

图 8-12　莺落峡、正义峡年径流量、中游年用径流量(阴影部分)及其均值突变

径流量在 1980 年由 3.9 亿 m³ 突变到 7.3 亿 m³

该值在 2003～2010 年并无下降。从过去 56 年有水文记录的阶段来看,2003～2010 年是丰水年,莺落峡平均来水量要比 1944～2010 年的均值高出 2.5 亿 m³,比树轮重建的近千年尺度的均值高出 4.6 亿 m³(Qin et al.,2010),即平水年和枯水年很有可能在未来出现。在正义峡径流量超过自然阶段均值的状况下,额济纳绿洲的胡杨径向生长也还未完全恢复。可以预测,在枯水年份,额济纳绿洲的生长必将受到严重影响。因此,如何协调中、下游以及额济纳绿洲内部的水量分配仍是亟待解决的问题。

参 考 文 献

曹宇,欧阳华,肖笃宁,等,2005. 额济纳天然绿洲景观变化及其生态环境效应[J]. 地理研究,24(1): 130-139.

曹宇,肖笃宁,欧阳华,等,2004. 额济纳天然绿洲景观演化驱动因子分析[J]. 生态学报,24(9):1895-1902.

陈江南,蒋晓辉,杨一松,等,2007. 黑河下游额济纳地区林草植被对调水的响应[J]. 中国水土保持,7: 17-19.

陈隆亨,肖洪浪,1990. 我国西北干旱地区内陆河流域下游土地荒漠化及其对策[J]. 干旱区资源与环境, 4(4):36-44.

程国栋,肖洪浪,徐中民,等,2006. 中国西北内陆河水问题及其应对策略——以黑河流域为例[J]. 冰川冻土,28(3):406-413.

丁永建,刘时银,叶柏生,等,2006. 近 50a 中国寒区与旱区湖泊变化的气候因素分析[J]. 冰川冻土,28(5): 623-632.

冯绳武,1988. 河西黑河(弱水)水系的变迁[J]. 地理研究,7(1):18-26.

郭铌,梁芸,王小平,2004. 黑河调水对下游生态环境恢复效果的卫星遥感监测分析[J]. 中国沙漠,24(6): 740-744.

胡汝骥,姜逢清,王亚俊,等,2005. 亚洲中部干旱区的湖泊[J]. 湖泊科学,24(4):424-430.

孔东升,张颖,2015. 张掖黑河湿地自然保护区生态服务功能价值评估[J]. 生态学报,35(4):972-983.

李秀彬,张镱锂,董锁成,等,2010. 中国西部现代人类活动及其环境响应研究[M]. 北京:气象出版社.

刘纪远,1996. 中国资源环境遥感宏观监测调查与研究[M]. 北京:中国科学技术出版社.

刘普幸,陈发虎,靳立亚,等,2007. 基于胡杨年轮重建黑河下游近 100 年春季径流量[J]. 干旱区地理, 30(5):696-700.

蒙吉军,吴秀芹,李正国,2005. 黑河流域 LUCC(1988—2000)的生态环境效应研究[J]. 水土保持研究, 12(4):17-21.

孟好军,贾永礼,刘贤德,等,2011. 黑河流域湿地资源分布特征[J]. 湿地科学,9(1):90-93.

牛赟,刘贤德,张宏斌,等,2007. 黑河流域中上游湿地生态功能评价[J]. 湿地科学,5(3):215-220.

乔西现,蒋晓辉,陈江南,等,2007. 黑河调水对下游东、西居延海生态环境的影响[J]. 西北农林科技大学学报,35(6):190-195.

秦伯强,1999. 近百年来亚洲中部内陆湖泊演变及其原因分析[J]. 湖泊科学,11(1):11-19.

彭家中,司建华,冯起,等,2011. 基于地统计的额济纳绿洲地下水位埋深空间异质性研究[J]. 干旱区资源与环境,25(4):94-99.

任娟,肖洪浪,王勇,等,2012. 居延海湿地生态系统服务功能及价值评估[J]. 中国沙漠,32(3):852-856.

任昱,高永,虞毅,等,2011. 乌兰布和沙漠湖泊变化与气候关系[J]. 干旱区研究,28(1):168-175.

司建华,冯起,张小由,等,2005. 黑河下游分水后的植被变化初步研究[J]. 西北植物学报,25(4):631-640.

孙昌平,刘贤德,孟好军,等,2010. 黑河流域中游湿地生态系统服务功能价值评估[J]. 湖北农业科学,(6):1519-1523.

孙军艳,刘禹,蔡秋芳,2006. 额济纳233年来胡杨树轮年表的建立及其所记录的气象水文变化[J]. 第四纪研究,26(5):799-807.

王涛,颜长珍,宋翔,2008. 近30年来内蒙古阿拉善盟不同生态系统土地利用动态遥感[J]. 中国沙漠,28(6):1001-1004.

王心源,郭华东,王长林,等,2001. 额济纳旗绿洲生态环境的遥感动态监测分析[J]. 水土保持通报,21(1):60-62.

王亚俊,孙占东,2007. 中国干旱区的湖泊[J]. 湖泊科学,24(4):422-427.

仵彦卿,慕富强,贺益贤,等,2000. 河西走廊黑河鼎新至哨马营段河水与地下水转化途径分析[J]. 冰川冻土,22(1):73-77.

武选民,史生胜,黎志恒,等,2002. 西北黑河下游额济纳盆地地下水系统研究(上)[J]. 水文地质与工程地质,(1):16-20.

肖生春,肖洪浪,蓝永超,等,2011. 近50 a来黑河流域水资源问题与流域集成管理[J]. 中国沙漠,31(2):529-535.

肖生春,肖洪浪,宋耀选,等,2004. 2000年来黑河中、下游水土资源利用与下游环境演变[J]. 中国沙漠,24(4):405-408.

谢家丽,颜长珍,李森,等,2012. 近35年来内蒙古阿拉善盟绿洲化过程遥感分析[J]. 中国沙漠,32(4):1142-1147.

熊波,陈学华,宋孟强,等,2009. 基于RS和GIS的沙漠湖泊动态变化研究——以巴丹吉林沙漠为例[J]. 干旱区资源与环境,23(8):91-99.

杨何群,刘勇,2006. 黑河分水后额济纳绿洲生态恢复的遥感定量测算[J]. 兰州大学学报,42(4):21-28.

杨兰芳,2005. 应用EOS/MODIS资料监测河西内陆河下游水库湖泊水域的变化[J]. 干旱气象,23(1):49-53.

张武文,成格尔,高永,2006. 内蒙古沙漠湖泊的特征及保护[J]. 内蒙古农业大学学报,27(4):11-14.

张小由,龚家栋,赵雪,等,2005. 额济纳绿洲近20年来土地覆被变化[J]. 地球科学进展,20(12):1300-1305.

BAI J H,OU Y H,CUI B S,et al. ,2008. Changes in landscape pattern of alpine wetlands on the Zoige Plateau in the past four decades [J]. Acta Ecologica Sinica,28(5),2245-2252.

BRIFFA K R,2000. Annual climate variability in the Holocene:interpreting the message of ancient trees [J]. Quaternary Science Reviews,19(1-5):87-105.

CAO Y,WU Y,ZHANG Y,et al. ,2013. Landscape Change under the Surface Water Allocation in Ejina Oasis,Northwestern China [M]. Nanjing:Atlantis Press.

CARMEN C,JUAN H,AUXILIADORA C M,2005. Landsat monitoring of playa-lakes in the Spanish Monegros Desert [J]. Journal of Arid Environments,63:497-516.

CHANG Y S,BAO D,BAO Y H,2011. Satellite monitoring of the ecological environment recovery effect in the Heihe River downstream region for the last 11 years [J]. Procedia Environmental Sciences,10:2385-2392.

COOK E R,KRUSIC P J,2007. ARSTAN Version 41d:A Tree-Ring Standardization Program Based on Detrending and Autoregressive Time Series Modeling, with Interactive Graphics [R]. Palisades, NY: Tree-Ring Laboratory, Lamont Doherty Earth Observatory of Columbia University.

GE X G, XUE B, WAN L, et al. , 2009. Modelling of lagging response of NDVI in Ejina Oasis to runoff in the lower reaches of Heihe River [J]. Scientia Geographica Sinica, 29(6): 900-904.

GRISSINO-MAYER H D, 2001. Evaluating crossdating accuracy: a manual and tutorial for the computer program COFECHA [J]. Tree ring research, 57: 205-221.

JAIN A, RAI S C, SHARMA E, 2000. Hydro-ecological analysis of a sacred lake watershed system in relation to land-use/cover change from Sikkim Himalaya [J]. Catena, 40(3): 263-278.

JI X B, KANG E S, CHEN R S, et al. , 2006. The impact ofthe development of water resources on environment in arid inland river basins of Hexi region, Northwestern China [J]. Environmental Geology, 50(6): 793-801.

JIN X M, SCHAEPMAN M, CLEVERS J, et al. , 2010. Correlation between annual runoff in the Heihe River to the vegetation cover in the Ejina Oasis (China) [J]. Arid Land Research and Management, 24(1): 31-41.

JIN X M, SCHAEPMAN M, CLEVERS J, et al. , 2010. Correlation between annual runoff in the Heihe River to the vegetation cover in the Ejina Oasis(China)[J]. Arid Land Research and Management, 24(1): 31-41.

LI A, DENG W, KONG B, 2010. A comparative analysis on spatial patterns and processes of three typical wetland ecosystems in 3H area, China [J]. Procedia Environmental Sciences, 2: 315-332.

LI L, WANG Z Y, WANG Q C, 2006. Influence of climatic change on flow over the upper reaches of Heihe River [J]. Scientia Geographica Sinica, 26(1): 40-46.

LI Z L, WANG N A, LI Y, et al. , 2012. Variations of runoff in responding to climate change in mountainous areas of Heihe River during last 50 years [J]. Bulletin of Soil and Water Conservation, 32(2): 7-11.

MACALISTER C, MAHAXAY M, 2009. Mapping wetlands in the Lower Mekong Basin for wetland resource and conservation management using Landsat ETM images and field survey data [J]. Journal of Environmental Management, 90(7): 2130-2137.

MANN M E, BRADLEY S, HUGHES M K, 1998. Global-scale temperature patterns and climate forcing over the past six centuries [J]. Nature, 392(6678): 779-787.

MELENDEZ P I, NAVARRO P J, GOMEZ I, et al. , 2010. Detecting drought induced environmental changes in a Mediterranean wetland by remote sensing [J]. Applied Geography, 30: 254-262.

Millennium Ecosystem Assessment, 2005. Ecosystems and Human Well-being: Desertification Synthesis [M]. Washington: World Resources Institute.

PENG X M, XIAO S C, XIAO H L, 2013. Preliminary dendrochronological studies on Populus euphratica in the lower reaches of the Heihe River basin in northwest China [J]. Dendrochronologia, 31(1): 242-249.

QIN C, YANG B, BURCHARDT I, et al. , 2010. Intensified pluvial conditions during the twentieth century in the inland Heme River Basin in arid northwestern China over the past millennium[J]. Global and planetary change, 72(3): 192-200.

REBELO L M, FINLAYSON C M, NAGABHATLA N, 2009. Remote sensing and GIS for wetland inventory, mapping and change analysis [J]. Journal of Environmental Management, 90(7): 2144-2153.

RODIONOV S N, OVERLAND J E. 2005. Application of a sequential regime shift detection method to Bering Sea ecosystem[J]. Ices Journal of Marine Science,62(3):328-332.

RODIONOV S N,2004. A Sequential algorithm for testing climate regime shifts [J]. Geophysical Research Letters, 31(9): L09204.

SCHWEINGRUBER F H,1996. Tree Rings and Environment:Dendroecology [M]. Berne:Paul Haupt Publishers.

SPEER J H,2010. Fundamentals of Tree-ring Research [M]. Tucson:The University of Arizona Press.

STOFFEL M, BOLLSCHWEILER M,BUTLER D R,et al. ,2010. Tree Rings and Natural Hazards: A State-of-the-Art [M]. New York:Springer.

SU Y H,FENG Q,ZHU G F,et al. ,2007. Identification and evolution of groundwater chemistry in the Ejin Sub-Basin of the Heihe River,Northwest China [J]. Pedosphere,17(3):331-342.

TEMESGEN H,NYSSEN J,ZENEBE A,et al. ,2013. Ecological succession and land use changes in a lake retreat area(Main Ethiopian Rift Valley)[J]. Journal of Arid Environments,(91):53-60.

WANG S J,1989. The activity of human being in recent 40 years had influence over arid lake in China [J]. Arid Land Geography,12(1):1-5.

WANG T,TA W Q,LIU L C,2007. Dust emission from desertified lands in the Heihe River Basin,Northwest China [J]. Environmental Geology,51(8):1341-1347.

WARNER B G,RUBEC C D A,1997. The Canadian Wetland Classification System [M]. Waterloo:Wetlands Research Centre,University of Waterloo.

WOODHOUSE C A, 2000. Extending hydrologic records with tree rings [J]. Water Resources Impact, 2(4):25-27.

XI H Y,FENG Q,SI J H,et al. ,2010. Impacts of river recharge on groundwater level and hydrochemistry in the lower reaches of Heihe River Watershed, Northwestern China [J]. Hydrogeology Journal, 18: 791-801.

XIAO S C,XIAO H L,PENG X M,et al. ,2014. Daily and seasonal stem radial activity of Populus euphratica and its association with hydroclimatic factors in the lower reaches of China's Heihe River Basin [J]. Environmental Earth Sciences,72:609-621.

XIAO S C,XIAO H L,PENG X M,et al. ,2015. Dendroecological assessment of Korshinsk peashrub(Caragana korshinskii Kom.)from the perspective of interactions among growth,climate,and topography in the western Loess Plateau,China [J]. Dendrochronologia,33:61-68.

XIAO S C,XIAO H L,SI J H,et al. ,2005. Lake level changes recorded by tree rings of lakeshore shrubs:a case study at the Lake West Juyan,Inner Mongolia,China [J]. Journal of Integrative Plant Biology, 47(11):1303-1314.

YANG B,QIN C,WANG J,et al. ,2014. A 3,500-year tree-ring record of annual precipitation on the northeastern Tibetan Plateau [J]. Proceedings of the National Academy of Sciences of the United States of America,111(8):2903-2908.

YANG L R,YUE L P,LI Z P,2008. The influence of dry lakebeds,degraded sandy grasslands and abandoned farmland in the arid inlands of northern China on the grain size distribution of East Asian aeolian dust [J]. Environmental Geology,53:1767-1775.

ZHANG Q B,LI Z S,LIU P X,et al. ,2012. On the vulnerability of oasis forest to changing environmental conditions:perspectives from tree rings [J]. Landscape Ecology,27:343-353.

ZHANG Y H,WU Y Q,SU J P,2006. Mechanism of groundwater replenishment in Ejin Basin [J]. Journal of Desert Research,26(1):96-92.

ZHAO H,CUI B S,ZHANG H G,et al. ,2010. A landscape approach for wetland change detection(1979-2009)in the Pearl River Estuary [J]. Procedia Environmental Sciences,2:1265-1278.

第9章 流域水系统变化

在干旱区,水系统变化主导着生态系统的变化,尤其在中国西北地区的内陆河流域水资源有限的条件下,同时满足经济增长和生态环境保护需求的压力越来越大。本章主要基于树木年轮代用指标,分析了千百年尺度上流域和尾闾湖等区域气候水文演变过程;基于近60年的器测水文记录,分析了现代流域地表和地下水系统变化背景、时空动态演化规律及其驱动下的流域水环境变化。

9.1 现代水文过程与水资源配置

9.1.1 流域水文过程与中、下游水资源配置

1945年以来,干流莺落峡出山口多年平均径流量为(15.87±2.74)亿 m³;下游正义峡多年平均径流量为(10.59±2.57)亿 m³;2000~2012年分别为(17.53±2.91)亿 m³和(10.19±2.09)亿 m³;2000~2012年流域干流出山口多年平均径流量较1945~1999年高13.25%,下游正义峡低4.54%(表9-1)。

表 9-1 1945~2012 年干流出山口和下游径流特征

指标	1945~1999 年径流量/亿 m³		2000~2012 年径流量/亿 m³		两期变化/%	
	莺落峡	正义峡	莺落峡	正义峡	莺落峡	正义峡
平均年径流量	15.48	10.68	17.53	10.19	13.25	−4.54
标准差	2.57	2.68	2.91	2.09	—	—
最小年径流量	10.18	5.14	11.28	6.12	—	—
(发生年份)	(1973 年)	(1997 年)	(2004 年)	(2001 年)		
最大年径流量	22.96	17.55	21.08	12.07	—	—
(发生年份)	(1989 年)	(1952 年)	(2009 年)	(2007 年)		

如图9-1所示,2000年以来干流出山口径流(YLX)保证率在25%以上的年份有8年,总体上处于丰水期。通过对比下游正义峡理论下泄径流量(EZYX,国务院1997年分水方案计算)和实测径流量(ZYX),除2004年枯水年外,其余年份均低于理论下泄水量。而20世纪80年代之前,实际下泄水量均大于理论下泄水量;80年代二者基本持平;90年代开始,实际下泄水量均小于理论下泄水量,这也是下游水环境整体恶化的阶段。

2000~2012年中、下游水资源分配累计曲线(图9-2)表明,莺落峡出山口径流量共计227.94亿 m³,正义峡下泄水量达132.54亿 m³,但较之理论下泄水量,多年欠账累计达15.00亿 m³,特别是2006年以来,出现"来水越丰,欠水越多"的现象。

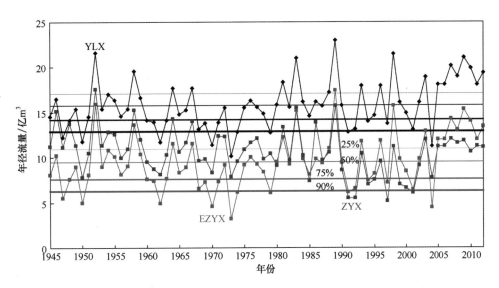

图 9-1 1945～2012 年流域干流莺落峡出山口径流(YLX)与下游正义峡径流变化(ZYX)及
国务院 1997 年分水方案年际过程线(EZYX)及不同保证率下的径流量(25%、75%和 90%)

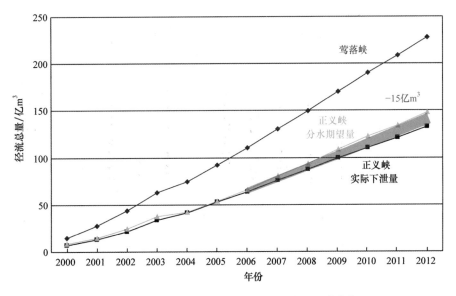

图 9-2 2000～2012 年中、下游水资源分配累计曲线

9.1.2 下游水资源分配及湖泊面积变化

正义峡下泄水量除鼎新和东风场区分配 1.50 亿 m³ 外,剩余部分均经狼心山东、西河和东居延海专用干渠流入额济纳绿洲。1990 年之前,狼心山下泄水量为 5.92 亿 m³,1990年为 3.50 亿 m³,2000 年以来恢复至 5.42 亿 m³。东、西河水量比例基本为 7:3(图 9-3)。

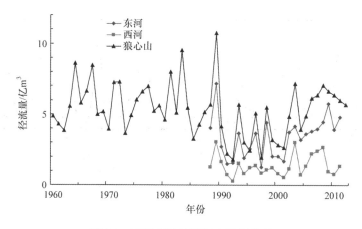

图 9-3 下游额济纳绿洲水资源分配

监测资料表明,2002 年初次进水以来,东居延海多年平均入湖水量为 0.50 亿 m³,累计进水量为 5.48 亿 m³。2004 年以来实现湖泊常年有水状况,面积在 40km² 左右波动,2011 年最大水面达到 42.3km²(图 9-4)。

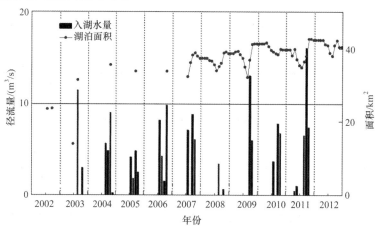

图 9-4 2002 年以来东居延海入湖径流量与湖泊面积变化

受流域分水集中下泄时间和水面蒸发因素影响,东居延海湖面季节变化呈 V 字形变化,即每年夏季湖泊面积最小,在径流补给作用下冬季达到最大。

9.1.3 流域径流年内变化

黑河流域重点控制水文站莺落峡(1950～2010 年)、正义峡(1954～2010 年)实测月径流量观测资料分析结果表明,莺落峡站各个年代径流年内分配均呈明显的"单峰型"分布特征 [(图 9-5(a)],其径流量在 6～9 月达到峰值,7 月达到极大值;正义峡站是明显的"双峰型"或"三峰型"分布特征,其径流量在 5 月和 11 月达到谷值,分别在 3 月、7 月、8 月和 9 月到达峰值[图 9-5(b)]。20 世纪 50 年代正义峡径流极大值出现在 8 月,60 年代和 80 年代出现在

7月,70年代、90年代和21世纪初出现在9月。总体上下游正义峡汛期径流极值发生月份较出山口莺落峡延迟1～2个月,且在8月达到谷值。除20世纪80年代外,50～90年代正义峡汛期年代际径流量呈现持续减小趋势,21世纪初汛期径流量回升,表现出极大的变率。

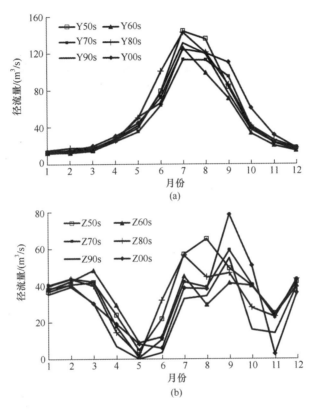

图9-5　黑河干流月均径流量年内分配的年代际变化
(a)莺落峡站(Y50s～Y00s分别为20世纪50年代至21世纪初);(b)正义峡站
(Z50s～Z00s分别为20世纪50年代至21世纪初)

黑河下游狼心山水文站东河(1991～2011年)、西河(1991～2001年,2005～2011年)实测月径流量观测资料分析结果表明,东、西河20世纪90年代和21世纪初径流年内分配均呈明显的"双峰型"分布特征(图9-6),其径流量在2月、3月和9月达到峰值,在4～6月和11月基本呈断流状态。在年代际上,东河实施流域分水后各月径流多表现为增长态势,特别是7～9月,甚至在4～6月也有很少量的径流维持,而11～12月略有下降。相对于东河,西河仅在9～10月表现出较大增加,从上年11月至当年3月表现出为下降态势。两河相比,东河径流量约为西河的两倍以上。径流增加的主要时期,其变率也表现出很大的波动性。

黑河流域出山口莺落峡站径流年内分配的变化与流域降雨年内分配相吻合,表明流域上游径流年内分配主要受气候变化影响;正义峡站及狼心山站径流年内分配则与中游灌溉

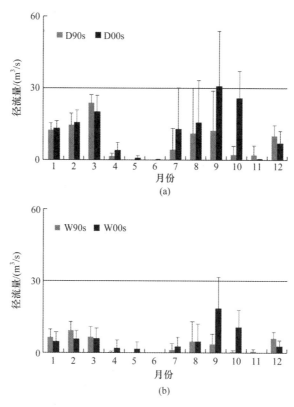

图 9-6　黑河下游月均径流量年内分配的年代际变化
（a）东河（D90s 和 D00s 分别为东河 20 世纪 90 年代和 21 世纪初）；
（b）西河（W90s 和 W00s 分别为西河 20 世纪 90 年代和 21 世纪初）

用水的时间和下泄水量紧密相关，中、下游径流年内分配主要受人类活动的影响。下游东、西河，无论水量还是季节分配都与人为的水资源管理紧密相关。特别是 2000 年以来，表现出的 9 月径流峰值和 6 月、11 月的谷值及其变率，以及 7～10 月下游东、西河径流的大幅增加，均表明流域水资源人工调配在近期的极大影响。

9.2　历史时期流域水文过程与水环境变化

9.2.1　树木年轮记录的上游山区降水与径流变化

树轮水文学（dendrohydrology）是以树木径向生长与降水之间的水分生理响应和降水与径流间存在的水文过程相互关联为理论基础，通过现代器测水文气候记录，进行古水文气候参数重建，以研究历史时期水文现象的科学，也是仅次于树轮气候学的树木年轮学的主要学科分支。国际树轮水文学研究始于 20 世纪 70 年代，以 Stockton 等编写的专著《用树木年轮系列延长径流量记载年代》为标志(李江风等,2000)。20 世纪 80 年代初,我国新疆地区也开始了树轮水文学的研究与水文序列重建工作,并逐步扩展至祁连山和青藏高原,对黑河、青海湖等内陆河流域和黄河源区径流进行了重建和序列延长工作。

黑河上游祁连山区得天独厚的森林资源为采集大量千年以上且达到复本要求的树木年轮样本奠定了很好的基础。对黑河源区青羊沟、白杨沟、冰沟和油葫芦等林区祁连圆柏古木资源的深入挖掘,使得用于树轮水文研究的年表序列多达 10 余条,包括径流、降水和干湿变化等方面,其长度也从 700 年不断延长至 1500 年(表 9-2,表 9-3)。

表 9-2　树轮重建的黑河上游出山口径流变化

丰水期/年份	枯水期/年份	重建区域、指标	资料来源
780~950;1030~1200; 1260~1310;1500~1580; 1740~1810	960~1020;1210~1250; 1320~1360;1390~1490; 1590~1730;1820~1970	黑河上游祁连;莺落峡年均径流;祁连圆柏轮宽年表;50 年滑动平均	康兴成等,2003; [图 9-7(a)Kang]
868~1000;1056~1094; 1228~1271;1327~1440; 1510~1583;1877~2006	818~852;1112~1196; 1453~1495;1680~1710	黑河上游祁连;前一年 8 月至当年 7 月莺落峡径流;祁连圆柏宽年表;50 年滑动平均	Yang et al.,2012; [图 9-7(a) Yang]
1000~1011;1054~1103; 1213~1258;1353~1441; 1500~1592;1740~1788; 1885~2008	1012~1053;1104~1212; 1259~1352;1442~1499; 1593~1739;1789~1884	黑河上游祁连;前一年 8 月至当年 7 月莺落峡径流;祁连圆柏轮宽年表;50 年滑动平均	Qin et al.,2010; [图 9-7(a)Qin]
1508~1540;1570~1587; 1659~1690;1733~1758; 1804~1814;1836~1848; 1891~1919	1435~1447;1476~1497; 1556~1565;1592~1654; 1709~1730;1761~1768; 1855~1867;1879~1884; 1926~1975	黑河上游祁连;前一年 9 月至当年 6 月莺落峡径流;祁连圆柏宽年表;11 年滑动平均	Liu et al.,2010; [图 9-7(a)LiuY]
1510~1540;1660~1690; 1900~1915	1480~1510;1560~1590; 1713~1743;1926~1956	黑河上游;年径流;祁连圆柏宽年表;11 年滑动平均	刘义花等,2009 [图 9-7(a)Liu]
1784~1800;1831~1840; 1866~1875;1888~1925	1776~1783;1801~1830; 1841~1865;1876~1887; 1926~1940	黑河上游祁连;莺落峡 3~6 月(春季)径流;祁连圆柏宽年表;年际	王亚军等,2001a; [图 9-7(a) Wang]

表 9-3　树轮重建的黑河上游地区降水及干湿变化

多雨期/年份	干旱期/年份	重建区域、指标	引用
1645~1667;1673~1683; 1733~1743;1849~1853; 1887~1909	1639~1642;1819~1834; 1861~1866;1874~1884; 1918~1942	黑河上游祁连;前一年 7 月至当年 6 月降水;祁连圆柏轮宽年表;11 年滑动平均	Liu et al.,2010; [图 9-7(b) LiuY]

续表

多雨期/年份	干旱期/年份	重建区域、指标	引用
—	1601~1604;1610~1613; 1632~1635;1639~1646; 1656~1657;1672~1676; 1680~1681;1691~1699; 1705~1723;1763~1766; 1769~1770;1774~1776; 1814~1833;1866~1867; 1925~1941	黑河上游祁连;前一年7月至当年8月干旱指数(PDSI);祁连圆柏轮宽年表;年际	Sun et al.,2013; [图9-7(b) Sun]
1512~1586;1608~1618; 1719~1784;1801~1818; 1832~1877;1887~1921; 1943~1947	1485~1511;1587~1607; 1619~1701;1709~1718; 1785~1800;1819~1831; 1878~1886;1922~1942	黑河上游(肃南);前一年8月至当年7月降水;祁连圆柏轮宽年表;11年滑动平均	Tian et al.,2012; [图9-7(b) Tian]
1345~1361;1513~1532; 1571~1587;1942~1959; (湿润) 1310~1330;1391~1403; 1424~1461;1654~1671; 1728~1762;1777~1783; 1832~1851;1896~1922; (偏湿)	1331~1344;1404~1423; 1672~1681;1710~1727; 1923~1941(干); 1533~1570;1588~1605; 1634~1653;1763~1776; 1816~1831(偏干)	黑河上游祁连;5~7月降水/气温湿润指数;祁连圆柏轮宽年表;11年滑动平均	张志华等,1997; [图9-7(b) Zhang]
1240~1270;1860~1890; (较长时段)	1540~1590;1670~1710; (较长时段)	黑河上游祁连;祁连、肃南、张掖三站年均降水;祁连圆柏轮宽年表;50年滑动平均	康兴成等,2003; [图9-7(b) Kang]
1600~1628;1652~1715; 1728~1757(较长时段)	1450~1502;1855~1893; (较长时段)	黑河上游;年降水;祁连圆柏轮宽年表;11年滑动平均	刘义花等,2009; [图9-7(b) Liu]
1767~1781;1802~1814; 1839~1859;1885~1915; 1941~1955	1755~1766;1782~1801; 1815~1838;1860~1884; 1916~1940	黑河上游祁连;前一年7月至当年6月降水;青海云杉轮宽年表;年际	杨银科等,2005; (图9-8 Yang)
1776~1795;1819~1857; 1888~1906;1943~1991	1796~1818;1858~1887; 1907~1942	黑河上游;春季降水;青海云杉轮宽年表;年际	王亚军等,2001a; (图9-8 Wang1)
1770~1779;1787~1795; 1820~1856;1871~1875; 1888~1908	1780~1786;1796~1819; 1857~1870;1876~1887; 1909~1944	黑河上游;春季降水;青海云杉轮宽年表;年际	王亚军等,2001b; (图9-8 Wang2)
1768~1774;1798~1802; 1826~1829;1838~1859; 1886~1922;1933~1955	1775~1797;1803~1825; 1830~1837;1860~1885; 1923~1932	祁连山西段(酒泉);前一年7月至当年6月降水;青海云杉轮宽年表;10年滑动平均	Chen et al.,2011; (图9-8 Chen)

综合逐条黑河出山径流重建序列[图 9-7(a)]可以看出，10 世纪前后、11 世纪下半叶、16 世纪和 20 世纪前后为河流丰水期；15 世纪末、18 世纪初和 20 世纪中叶为河流枯水期。

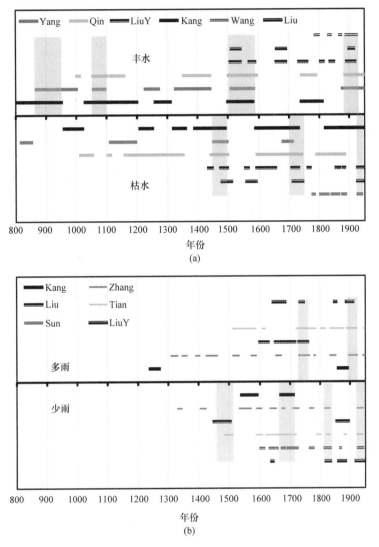

图 9-7　树木年轮重建 8 世纪至 20 世纪 50 年代黑河上游出山口径流(a)与降水(b)变化简图
灰色条带指示多条重建序列较为一致的时间段

在重建的降水和干湿变化序列中[图 9-7(b)]，18 世纪中叶和 20 世纪初多表现为年代际尺度的多雨期，15 世纪末至 16 世纪初、17 世纪下半叶至 18 世纪初、19 世纪初和 20 世纪中叶多表现为年代际尺度的少雨期。在过去 300 年的年代际尺度上(图 9-8)，多雨期集中体现在 18 世纪 70 年代、19 世纪 40～50 年代、19 世纪 90 年代至 20 世纪初和 20 世纪 40 年代，少雨期集中在 19 世纪 10～30 年代、19 世纪 60～70 年代和 20 世纪 20～30 年代。

基于山区降水和河川径流的紧密水文关系，两类重建序列的变化及其指示的阶段应该是可以相互印证的。由此可以看出,过去1000年,10世纪前后和11世纪下半叶为多雨期和河流丰水期;15世纪下半叶为少雨期和河流枯水期;16世纪为多雨期和河流丰水期;17世纪下半叶至18世纪初为少雨期和河流枯水期;19世纪末至20世纪初为多雨期和河流丰水期;20世纪20~30年代为少雨期和河流枯水期(图9-8)。

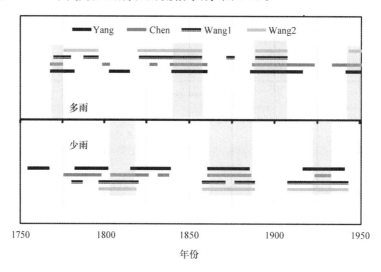

图9-8　树木年轮重建黑河上游18世纪50年代至20世纪50年代降水与气候干湿变化简图
灰色条带指示多条重建序列较为一致的时间段

总体上看,不同时间尺度上各年代所用指标在不同分辨率上都有一致性变化趋势存在,同时也有许多不一致的阶段。树轮气候研究由于其样本的易获得性和高分辨率特点,成为研究近千年来不同尺度气候变化的重要手段和工具,但由于树种生理差异、生境异质性、气候信息提取等诸多因素和过程的影响,各代用指标序列间存在显著差异,甚至相悖之处。

尽管上述同一区域、树种构建序列在各要素重建时都表现出与近50年器测记录高度的相关关系,但各树轮代用指标间依然存在诸多差异。这可能与重建要素主成分提取和器测气象记录选取过程等有关。如表9-2和表9-3所示,就径流而言,器测径流时段分别为全年、前一年8月至当年7月、前一年9月至当年6月,以及春季;降水和干湿变化的重建也与此类似。而不同采样地点的海拔、坡向和林相等局域环境,如祁连山东段、西段,以及不同树种,如祁连圆柏和青海云杉,无疑都会有更大的差异。

从研究区域来看,树轮气候水文重建研究主要集中在祁连山中部黑河水系东支干流,对西支干流(讨赖河、北大河)的研究较少,且缺乏对比性研究;同时,目前的研究以单点为主,缺乏对黑河流域上游气候水文变化系统化、格网化的研究,以及涵盖温度和降水两大气候因子的综合研究。20世纪40年代以前,黑河流域下游还接受西支干流讨赖河和北大河的补给,因此非常有必要将西支干流纳入到整个黑河流域研究体系中,其对于深入认识与上游成水环境有关的气候变化和水环境变化及未来预测都具有非常重要的意义。

9.2.2 | 灌木年轮记录的荒漠区气候干湿变化

全球环境的种种变化日益威胁着人类及其社会的持续发展,因此其越来越受到各国政府和科学界的重视。不同地区对全球气候变化的响应和反馈各异,因此区域气候变化的响应与反馈研究是全球气候变化研究中不可分割的重要组成部分。特别是干旱沙漠地区对气候变化的敏感响应与突出的反馈,是研究全球气候及天地生相互作用机理不可忽视的重要方面(魏文寿,2000)。

一般认为,大尺度上的气候要素是决定陆地植被类型分布格局及其功能特性的最主要因素,植被则是地球气候最鲜明的反映和标志(张新时,1993)。由于植被具有明显的年际变化和季节变化特点,并且是联结土壤、大气和水分的自然纽带,在一定程度上能代表土地覆盖的变化,在全球变化研究中充当着指示器的作用(孙红雨等,1998)。植被的变化趋势在一定程度上可以反映这一地区过去的气候变化趋势并对未来的气候变化趋势进行预测。利用树木年轮来反映干旱区气候、生态过程已成为世界上重建高分辨率环境演变历史的重要方法之一(邵雪梅等,2003;刘禹等,2003;Zhang et al.,2003;吴祥定,1990;Fritts,1976)。树木年轮气候研究多集中在高山区,且以针叶树为主,对平原和荒漠地区的研究极为有限。通过分析腾格里沙漠南缘昌岭山油松(*Pinus tabulaeformis*)树木年轮宽度的变化及其对气候因子的响应,发现夏季(6~8月)温度及年降水量是当地油松生长的重要限制因子,利用油松树轮宽度指数重建了140年来该地区的降水过程(鲁瑞洁等,2006;高尚玉等,2006)。这一研究成果对于认识干旱区沙漠演化与气候变化的关系具有重要意义。

灌木树轮研究是近年来兴起的新领域,在缺乏乔木的极端气候区,如极地、高山和干旱荒漠区,其有潜在的研究前景,在高分辨率历史环境研究中,也是值得深入探讨的新途径。我国荒漠地区的气象台站主要分布在绿洲区,而且器测资料长度不到50年。与乔木相比,虽然灌木不能提供长时间序列的气候、水文特征等信息,但灌木多生长于极端环境下,对气候环境变化更为敏感,从中提取的气候环境信息更为精确可靠(Begin et al.,1995)。近年来,众多学者利用许多灌木树种,如柽柳(*Tamarix chinensis*)、红砂(*Reaumuria soongorica*)、沙棘(*Hippophae rhamnoides*)、极地白石楠(*Cassiope tetragona*)、光烟草(*Nicotiana glauca*)、臭柏(*Sabina vulgaris*)等进行了气候变化、植物利用水分来源、湖泊水位变化、冰川物质波动、重大降雨事件、河道径流变化、林地群落演替动态等方面的研究和重建(Xiao et al.,2007a;Florentine et al.,2005;Rayback et al.,2005;Xiao et al.,2005;黄荣凤等,2004;Chen,1996;Schweighruber,1996;Yang et al.,1996)。同时,不断有新的灌木和小灌木种,乃至多年生草本等研究材料扩展到了树轮研究领域(Liu et al.,2007;Schweighruber et al.,2005)。

对巴丹吉林沙漠地区的研究多以湖泊沉积(Herzschuha et al.,2006,2004;陈发虎等,2004;Jin et al.,2005)、黄土剖面(李云卓等,2005;李保生等,2005;高全洲等,1996,1995;董光荣等,1995)、沙丘层序(Ma et al.,2009a;Gates et al.,2008;马金珠等,2004;杨小平,2000a,2000b)等为研究材料,得到的是百年至万年等大尺度和年代际以上分辨率的研究结果。本书以荒漠优势灌木霸王为研究对象,开展径向生长规律及其气候变化响应方面的研究,为理解巴丹吉林沙漠气候变化和沙漠演化提供近百年来高分辨率代用记录,也为灌木树木年轮学研究及干旱区植被恢复和荒漠生态系统管理奠定基础。

1. 研究区概况

阿拉善荒漠地处中国西北内陆,位于亚洲荒漠区东部,是典型的生态脆弱地带,是一个由中温型向暖温型过渡的以灌木、半灌木为主的极干旱荒漠,荒漠植被是维系生态环境稳定的重要保障,对减轻自然侵蚀、遏制荒漠化都有重要作用。阿拉善荒漠以四合木(*Tetraena mongolica*)、绵刺(*Potaninia mongolica*)、半日花(*Helianthemum ordosicum*)、长叶红砂(*Reaumuria trigyna*)、沙冬青(*Ammopiptanthus mongolicus*)、霸王(*Zygophyllum xanthoxylon*)、梭梭(*Haloxylon ammodendro*)等古老的残遗物种,即荒漠植物群落的建群种和优势种为主(梁存柱等,2003)。

巴丹吉林沙漠(39°20′～41°30′N,99°50′～104°14′E)是我国第二大沙漠,沙漠主体呈南北 T 字形,地处中国西北内陆干旱区内蒙古高原西部,大致分布于北大山以北、拐子湖以南、古日乃湖以东、宗乃山和雅布赖山以西的地区,面积为 4.92 万 km²,以世界最高大的沙山系统与大量永久性的湖泊相间分布而著名(Dong et al.,2009,2004)(图 9-9)。该区在自然地理上处于阿拉善荒漠中心,位于全球西风环流的中部、东南季风的北缘,受蒙古高气压的控制(李云卓等,2005;董光荣等,1995),区内以极端干旱的大陆性气候为特征(图 9-10),多年平均降水量由东南向西北减少,东南部民勤和阿拉善右旗为 120mm 左右,西部鼎新、西北部额济纳旗和北部拐子湖不足 40mm。6～9 月降水占年降水量的 75% 以上,具突发性

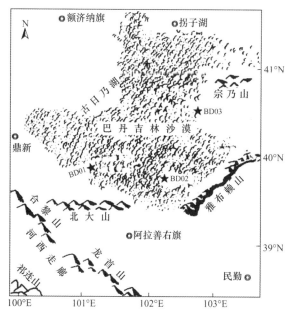

图 9-9　研究区域及采样点略图

★为采样点;◎为气象站点

暴雨。多年年平均气温自东南向西北增加,东南部民勤为 8.2℃,阿拉善右旗为 8.8℃,西北部额济纳旗为 8.8℃,北部拐子湖为 9.1℃。区域年平均温度为 8.2~9.1℃,1 月平均温度为 −11.3~−8.3℃,7 月平均温度为 23.3~27.3℃。

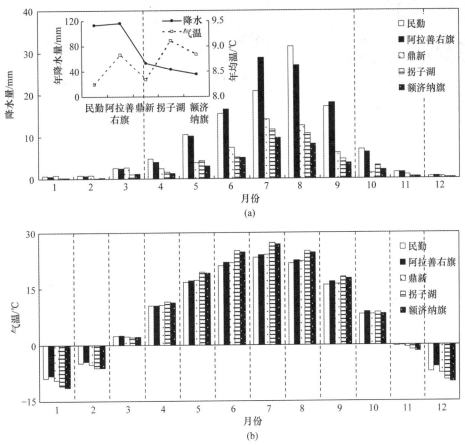

图 9-10　巴丹吉林沙漠周边气候特征(1960~2006 年)

2. 研究材料与方法

霸王为蒺藜科霸王属强旱生灌木,是亚洲中部荒漠区的特有植物属,多分布于荒漠和草原化荒漠地带的砂地、多石砾地及覆沙地上,能形成稳定的霸王群落,是阿拉善荒漠植被的主要优势种和建群种之一。

霸王树轮样本于 2007 年 5 月采自巴丹吉林沙漠 3 个样点(图 9-11)。其中,BD01 样点位于巴丹吉林沙漠南缘,距沙漠边缘约 15km,沙山相对高度为 300m。霸王零星生长于沙山迎风坡中下部,根部风蚀严重,生长衰弱。灌丛高度小于 1.0m,冠幅在 0.5m×0.5m 以下。所采样本分布于海拔 1210~1251m。

BD02 样点距沙漠东、南边缘约 40km,为巴丹吉林沙漠东南部基岩(古近系和新近系红色砂岩)出露区,面积约为 5km²,海拔为 1400~1424m,较周围沙山丘间地或湖盆相对高出

(a) BD01

(b) BD02

(c) BD03

图 9-11　采样点生境

200m 左右。地表为薄层风沙土,以基岩风化后的粗砂为主。植被以霸王灌丛群落为主,分布有沙蒿、沙葱和季节性草本等,灌丛高度小于 1.5m,冠幅在 1m×1m 以下。

BD03 样点位于巴丹吉林沙漠北部与戈壁交接地段,海拔为 1280m。植被以霸王和红砂群落为主,灌丛高度小于 1.0m,冠幅在 1m×1m 以下。土壤为砾质灰棕漠土。

样本为沿地表灌木根颈部锯下的树盘,带回实验室的样本晾干后进行编号、打磨,选择树盘生长最完整的 2~3 个方向,进行树轮标记和树盘内不同方向的定年,最后在精度为 0.001mm 的 LINTAB 轮宽测量分析系统对样本进行 2 个方向的轮宽测量。选择多个清晰样本,用 TASPWIN 程序合成参考年表序列,对其他质量较差的样本进行再次交叉定年。利用 ASTAN 程序进行年轮宽度年表合成,采用线性和平均轮宽去除年轮生长趋势。利用 SPSS 软件对 3 个样点年表进行统计相关分析。利用 3 个样点所有样本序列合成区域年表。采用 Dendroclimat 2002 对标准年表与气候因子(月降水与月均温)进行相关分析。

3. 年表及统计特征

基于 3 个采样点树盘样本序列,得到样点霸王轮宽标准年表[图 9-12(a)~(c)]。采样点位置、生境、样本序列及年表统计特征见表 9-4。

表 9-4　样点位置及轮宽年表统计特征

项目	BD01	BD02	BD03
东经	101°23.943′	102°18.197′	102°15.717
北纬	39°46.498′	39°41.245′	40°27.538′
海拔/m	1210~1251	1424	1280
生境	沙山迎风坡中下部;零星霸王群落	基岩出露区;霸王+沙蒿群落,植被盖度 15%	砾质戈壁;霸王+红砂群落,植被盖度 10%
树盘/序列	22/37	21/41	19/32
年表跨度/年	1856~2006	1840~2006	1891~2006
(样本最长/平均长度)/年	150/89.8	173/82.6	115/82.0
样本信号强度>0.75 年表区间/年	1915~2006	1916~2006	1945~2006
样本平均年轮宽度/mm	0.50±0.36	0.59±0.38	0.55±0.41
所有样本间相关系数	0.202	0.223	0.159

续表

项目	BD01	BD02	BD03
树间相关系数	0.192	0.199	0.145
树内相关系数	0.526	0.752	0.687
平均敏感度	0.368	0.415	0.385
信噪比	3.793	2.986	3.216
第一主成分贡献率/%	30.23	32.23	22.82

利用统计分析软件,对 3 个样点轮宽年表进行相关统计分析(表 9-5)。结果表明,BD01 与 BD02 和 BD03 年表之间达到显著相关水平($p>0.95$),其中前二者达到极显著水平($p>0.99$),因此将 3 个年表合成一个区域年表[图 9-12(d)],用于区域气候响应分析。区域年表跨度为 1840~2006 年。

表 9-5　3 个样点轮宽标准年表相关性检验

样点	项目	BD01	BD03
BD02	相关系数	0.338**	0.179
	两尾检验值	0.000	0.071
	样本量(n)	142	102
BD01	相关系数	—	0.237*
	两尾检验值	—	0.016
	样本量(n)	—	102

** 和 * 分别表示显著水平大于 0.01 和大于 0.05。

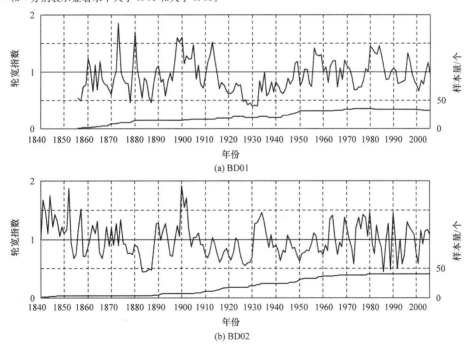

(a) BD01

(b) BD02

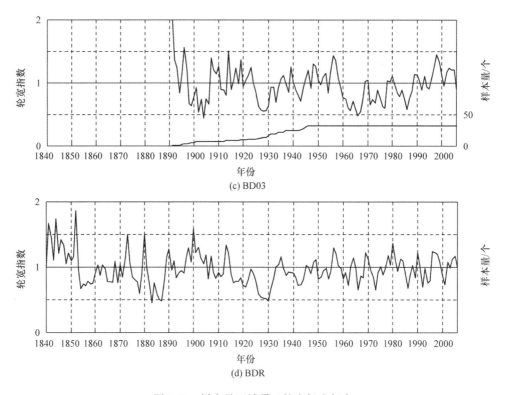

(c) BD03

(d) BDR

图 9-12 样点及区域霸王轮宽标准年表

4. 霸王径向生长变化的气候响应分析

运用年表气候响应分析软件 Dendroclimat 2002,选择距离样点最近的阿拉善右旗气象站前一年 10 月至当年 10 月月平均气温和月降水因子,同霸王轮宽标准年表进行相关分析。气候响应相关分析结果(图 9-13)表明,霸王径向生长与当年 2~8 月降水呈正相关关系(5 月呈微弱负相关),3 月和 7 月降水影响尤为显著($p > 0.95$);与当年秋末(9~10 月)降水呈负相关关系,10 月降水通过显著性检验($p > 0.95$);与当年 6~8 月平均气温呈负相关关系;与 4~5 月、9~10 月和前一年 10~12 月平均气温呈正相关关系,且前一年 10 月和 12 月平均气温通过显著性检验($p > 0.95$)。

霸王生长生理、生态学研究表明,霸王根系可达 160cm 土层深度,主要集中在 20~80cm,水平分布可达 1m,主要依靠降水转化的浅层土壤水生存(张永明等,2005)。3 个采样点土壤为流动风沙土或戈壁砾质灰棕漠土,土层薄、质地粗,有利于降雨入渗。沙漠地区生长季降水多以暴雨形式出现,可以充分入渗到粗砂质土壤中,使得土壤水分得以充分补给,可以在较长时间内缓解土壤干旱。霸王先花后叶,在阿拉善地区 4 月中旬产生花蕾,下旬开花,6 月中旬籽粒成熟(周向睿等,2006)。生长季 4~6 月,霸王植株生长包括个体发育和生殖生长两个过程,并以生殖生长为主;生长季 7~10 月则主要为植株个体发育过程。3 月降水多以降雪形式融化后入渗储存于土壤中,对霸王在 4 月中旬的萌发生长十分有利,因此表

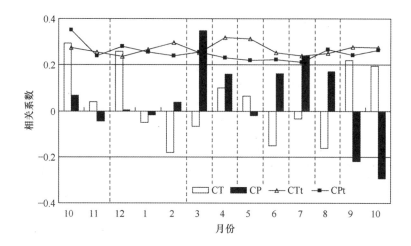

图 9-13　霸王径向生长对区域降水与气温变化的响应

CT:温度相关系数;CP:降水相关系数;CTt:温度相关性置信度＞95％的检验值;CPt:降水相关性置信度＞95％的检验值;图中横坐标 10～12 为前一年月份,1～10 月为当年月份

现出显著的正相关关系。3 月降水量不到 5mm,且占全年降水比例很小,3 月降水对霸王生长作用很小。6～9 月为该地区主要的降水季节,占全年降水量的 75％以上,同时 6～8 月多年平均气温在 22℃以上,高温增加了植被系统的蒸散发,导致植物处于水分亏缺状态,因此霸王径向生长变化与雨季降水量呈显著正相关,与气温呈负相关关系。秋季气温开始下降,降水的发生也将对气温产生影响,从而导致生长季相对缩短,对木质部秋材细胞成熟、细胞壁加厚和韧皮部细胞营养物质积累等植物生长生理活动产生抑制作用。因此,霸王径向生长变化与 9～10 月降水量呈负相关关系,而与气温则呈正相关关系。生长季延长有利于叶片和幼枝养分回流与积累于老枝和主干上,从而有利于翌年早春霸王萌发生长,因此表现出与前一年秋末气温呈正相关关系。上述霸王径向生长的气候响应模式基本符合其生长的生理生态特性。

　　2007 年 8 月～2008 年 4 月仪器监测结果(图 9-14)表明,2007 年 8～10 月,巴丹吉林沙漠腹地庙海子的降水量分别为位于北大山和龙首山山前的阿拉善右旗降水量的 87％、42％

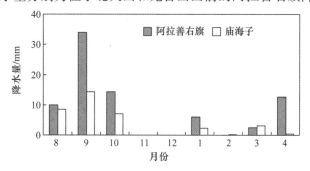

图 9-14　巴丹吉林沙漠腹地庙海子与阿拉善右旗降水量对比

(2007 年 8 月～2008 年 4 月)

和 49%,监测期间总降水量比例为 45%左右。虽然采样点距阿拉善右旗气象站的距离为 20~70km,但降水和气温等气象条件具有显著的微域环境差异,具体表现为降水量减少,气 温变幅增大,最热月温度高,最冷月气温低,变化趋势也不尽相同。因此,在年轮宽度年表与 气温降水的统计检验结果中,相关性不显著。这也是类似气候重建研究中普遍存在的现象 (高尚玉等,2006;刘禹等,2002;Hughes et al.,1978)。

5. 霸王轮宽年表指示的近 160 年的气候干湿变化

基于霸王径向生长变化的气候响应分析结果,可将轮宽标准年表作为该区域近 160 年 生长季降水变化的代用指标。从年表指数变化趋势来看,近 160 年巴丹吉林沙漠腹地经历 了数次明显的干湿变化。超过 30%变幅的年份共有 27 年,其中指示较湿润的年份为 1841~ 1842 年、1844 年、1846~1847 年、1852 年、1873 年、1880 年、1902 年、1913 年和 1980 年,较 干旱的年份为 1854 年、1878 年、1883 年、1885~1887 年、1921 年、1926~1931 年、1966 年、 1973 年和 1986 年。20 世纪 30 年代中期以后年表指数变幅逐渐减小,频率逐渐增加。

为了便于同其他气候代用指标进行对比,将霸王轮宽标准年表进行 11 年滑动平均。根 据年表 11 年滑动平均结果,将近 160 年巴丹吉林沙漠在年代际尺度上的干湿转化分为以下 几个阶段[图 9-15(a)]:降水逐渐减少,气候转干的阶段,包括 19 世纪 40~50 年代末、19 世 纪 70 年代中至 80 年代中、20 世纪初至 20 世纪 20 年代中、20 世纪 50 年代初至 70 年代初、 20 世纪 70 年代末至 90 年代初;降水逐渐增加,气候转湿的阶段,包括 19 世纪 50 年代末至 70 年代中、19 世纪 80 年代中至 20 世纪初、20 世纪 20 年代中至 50 年代初、20 世纪 70 年 代、20 世纪 90 年代初以后。其中,1860 年前后、19 世纪 80 年代、20 世纪 20~30 年代初为 近 160 年较为干旱的 3 个时期;19 世纪 40 年代、19 世纪 90 年代中至 20 世纪中、20 世纪 70 年代末至 80 年代初为较为湿润的几个时期。从图 9-15(a)可以看出,近 160 年中,干湿转换年 代际转折点为 19 世纪 50 年代末、19 世纪 70 年代中、19 世纪 80 年代初、20 世纪初、20 世纪 20 年代中、20 世纪 50 年代初和 20 世纪 70 年代初、20 世纪 70 年代末和 20 世纪 90 年代初。

6. 灌木树轮气候记录与其他代用指标对比

在百年尺度上,利用包气带氯质量平衡法对巴丹吉林沙漠气候变化的研究表明, 1800~1990 年(Ma et al.,2009b;马金珠等,2004)是近 2000 年该区域气候相对干旱的时 期。在年代际尺度上,巴丹吉林沙漠东南边缘的宝日陶勒盖湖泊沉积孢粉研究结果中 (Herzschuha et al.,2006),19 世纪 70 年代中至 90 年代初、20 世纪 20~30 年代中、20 世纪 60 年代中至 70 年代中和 20 世纪 80 年代中至 90 年代中几个相对干旱期与树轮记录基本 一致[图 9-15(b)];而湖泊沉积记录的 19 世纪 50 年代中至 70 年代中、20 世纪 30 年代中至 60 年代中两个湿润期并未在树轮记录中出现;树轮记录的 19 世纪 90 年代中至 20 世纪末 的湿润期只有 20 世纪湿润期吻合;同时,两类记录的干湿变化持续时期也不一致。相对于 树轮记录,包气带记录和湖泊沉积记录的分辨率都较低,常在百年尺度以上,因此两类记录 的干湿期及持续期会出现差异。

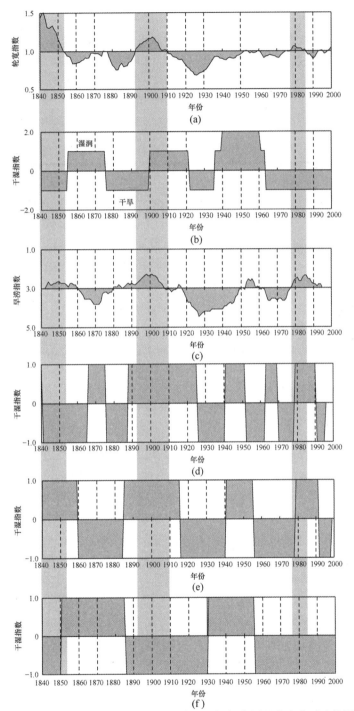

图 9-15　霸王轮宽年表与其他气候代用指标年代际尺度变化对比简图

（a）霸王轮宽年表 11 年滑动平均曲线；（b）宝日陶勒盖湖泊沉积干湿记录（Herzschuha et al.，2006）；（c）河西地区历史文献旱涝记录；（d）祁连山春季降水量（王亚军等，2001a）；（e）祁连山年降水量（杨银科等，2005）；（f）黑河下游天鹅湖泊沉积记录的干湿变化（马燕等，2006）

据甘肃省 1470～1990 年历史气候旱涝资料记录[图 9-15(c)],在年代际尺度上,19 世纪 40 年代至 20 世纪 50 年代在巴丹吉林沙漠邻近南部的民勤、临泽、永昌、山丹等县有 8 年以上"岁大稔"记录;19 世纪 60 年代末至 70 年代末多大旱记录;19 世纪 80 年代～20 世纪初"大稔、洪水成灾、暴雨"记录逐渐增多;20 世纪初末期至 40 年代初多旱灾记录,特别是 20 世纪 20～30 年代初的干旱事件,其持续时间、受灾范围都是近 200 年里最为严重的(温艳,2005;Liang et al.,2003;沈社荣,2002;徐国昌等,1992)。这些阶段与本书的研究在年代际尺度的结果基本一致。

南部祁连山树轮记录的气候干湿变化结果[图 9-15(d)、图 9-15(e)]表明,巴丹吉林沙漠灌木记录的 3 个湿润期都在祁连山树轮记录中出现(与 19 世纪 40 年代的春季降水相反),4 个主要的干旱期及持续时间也都基本吻合。与腾格里沙漠南缘昌岭山树轮记录的 1877～1894 年和 1924～1932 年两个干旱时期也是一致的(高尚玉等,2006)。

巴丹吉林沙漠西北缘黑河尾闾湖泊(居延泽干湖盆遗迹天鹅湖)沉积记录对比[图 9-15(f)]表明,除 20 世纪 10～20 年代、20 世纪 50 年代中至 70 年代末和 80 年代中期的几个干旱时期一致外,巴丹吉林沙漠灌木记录的其他干湿期均与湖泊沉积记录相反。尾闾湖主要受到黑河下泄到下游的部分径流补给,且近 600 年来,居延泽不是主要的受水尾闾湖,仅有额济纳东河水系八道河和部分地下水补给。近百年来,由于黑河中游水资源利用量增大,到达下游的径流剧减,受人类活动影响很大,不能真实反映气候和环境变化。

马柱国等(2006)对中国北方 1951～2004 年干湿变化的时空结构分析结果表明,54 年间,该区域的一次干湿转换转折点发生在 20 世纪 70 年代末期,与上述区域器测气候记录的干湿转换转折点结果一致。

作为阿拉善荒漠的主要建群种灌木霸王,其径向生长变化主要受到生长季及前期降水影响;其年轮宽度年表可以作为反映荒漠气候变化的代用指标之一,特别是在干旱沙/荒漠地区有其重要的应用前景。

虽然在百年尺度上,近 200 年巴丹吉林沙漠地区一直处于气候相对干旱时期,但从本书的研究结果看,在年代际以下尺度上还是存在很大的气候波动。通过与南部祁连山地树木年轮年表和巴丹吉林沙漠地区湖泊沉积等气候干湿变化记录对比,巴丹吉林沙漠灌木霸王年轮年表既体现了大的空间尺度上的一致性,也记录了区域上的气候变化特点,体现了荒漠灌木对气候变化的敏感性响应特点。

荒漠灌木霸王径向生长变化直接代表了荒漠植被生长状况。生长量大的时期,说明气候湿润,其他植被也繁盛,沙漠处于固定或半固定的逆转进程中;反之,气候干旱,植被衰败,沙漠处于流动和半流动状态的扩张进程中。上述研究结果将为我国干旱荒漠区沙漠演化和气候变化之间的关系研究提供新的方法和思路。

9.2.3 灌木年轮年代指示的尾闾湖进退过程

尾闾湖变化是流域水平衡的具体体现,其对气候变化和人类活动影响高度敏感(丁永建等,2006)。中亚干旱区是内陆湖泊分布最为集中的区域。近半个世纪以来,该区域湖泊面积减少了 30％～50％(Bai et al.,2011;丁永建等,2006),特别是我国西北干旱区内陆河尾闾湖,如罗布泊、居延海等(Xiao et al.,2011;Cheng,2009;Feng et al.,2001)。

内陆河流域尾闾湖的干涸是流域下游生态环境退化的重要标志和信号。干涸湖盆和退化湿地进一步加剧了水土植被环境退化,导致土壤风蚀、沙漠化和盐渍化,并形成沙尘和盐尘源区(Yang et al.,2008;Wang et al.,2007;Hu et al.,2005)。环境退化也导致生物多样性和生产力的降低,最终降低甚至消除了由湖泊及湿地提供的生态服务,包括气候和水文调节功能,水、食物、燃料和矿物提供功能,土壤保育和养分循环功能,以及娱乐、教育、美学和科学研究等文化功能(Ren et al.,2012;Millennium Ecosystem Assessment,2005)。湖泊干涸和生态环境退化引起了政府、学界和社会的高度关注,国家于 2000 年开始,陆续实施了塔里木河、黑河和石羊河等流域的生态治理和分水工程(Xiao et al.,2014,2011;Zhang et al.,2011)。

黑河尾闾湖泊水位变化研究多为大尺度、低分辨率的湖泊沉积研究结果(Jin et al.2005;Zhang et al.,1998),高分辨率成果较少。器测水位记录始于 2003 年。因此,对尾闾湖泊进退过程及其驱动机制的研究对于未来水资源缺乏的内陆河流域水管理对策、生态恢复等政府决策具有重要价值。

树木年轮不仅能提供精确的年代信息,同时也包含了树木年轮形成时的气候和环境信息。在国际上,运用树木年轮年代学方法,高分辨率的年代信息被用来重建湖泊水位波动过程(Xiao et al.,2005;Winchester et al.,2000;Begin et al.,1995,1988)、海水入侵历史(Benson et al.,2001)、沼泽排干过程(Florentine et al.,2005;Schweighruber,1996)、河流改道(Downs et al.,2001;Scott et al.,1996)、冰川变化(Xu et al.,2012;Wiles et al.,1999)和其他地貌过程(Ballesteros-Cánovas et al.,2013;Bollati et al.,2012)。

湖滨带乔灌木的定居、生存和死亡常伴随着湖泊的进退过程:①相同湖岸阶地的灌木年龄结构与湖泊进退过程紧密相关;②最早的灌木个体定居代表湖泊水位在定居位置波动,但不会长时间淹没幼苗;③大面积灌木个体的死亡代表湖泊水位高于其所在阶地,并长期处于水淹状态(Begin et al.,1995,1988)。

本书旨在通过不同阶地灌木年轮年代学研究,并结合河流和湖泊水文过程,揭示黑河下游尾闾湖东居延海湖泊进退过程及其气候变化和人类活动影响下的驱动机制。

1. 研究区域、材料与方法

历史上,由于水文地质条件和河道摆动,在黑河下游冲洪积扇上形成了多个尾闾湖和沼泽湿地,如东居延海、西居延海、居延泽、拐子湖和古日乃湖湿地等。本书的研究区域位于黑河下游尾闾湖之一的东居延海(图 9-16)。本书以黑河干流莺落峡(YLX)和狼心山(LXS)水文站为界线,将流域分为绿洲农业区和荒漠绿洲尾闾区,进行不同水资源耗用分析。

东居延海湖盆为浅碟形构造,受水文地形影响,植被沿湖滨带呈明显的圈状分布。从低到高阶地分为 4 个景观植被带:高大密集芦苇丛、低矮芦苇-密集柽柳灌丛、高度小于 1m 的柽柳沙堆灌丛、高度 2～5m 高大密集沙丘柽柳灌丛。受阶地不同方向地形坡度影响,湖盆不同区域各景观植被带宽度各异。

2012 年秋季,根据东居延海湖岸地貌特点和柽柳灌丛生长状况,在西岸不同阶地依次选择了 5 个采样点(JY1~JY5)。5 个样点柽柳灌丛生长状况及地貌特征见表 9-6。在每个样点内随机选择 20 个以上较为粗大的灌丛单枝,沿地表锯下厚度为 5~10cm 的树盘。对于高阶地的柽柳灌丛沙堆,尽量采集靠近地表的灌丛单枝。

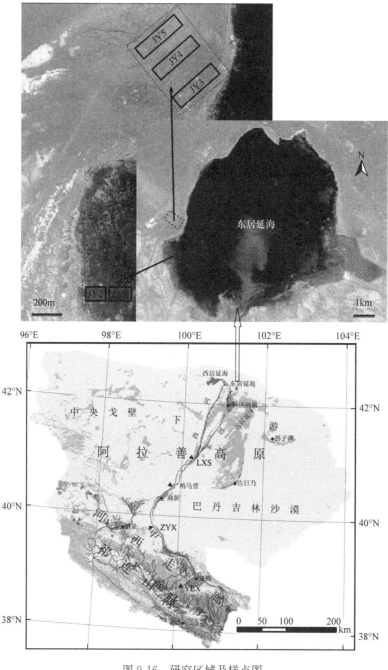

图 9-16 研究区域及样点图

表 9-6　样点位置、柽柳灌丛生长状况及地貌特征

样点编号	位置/高程/ (样本量,活树/死树)	灌丛生长状况及地貌特征	景观
JY1	101°13'08.7"E, 42°16'01.5"N (896.6±1)m (44/16)	低阶地,坡度平缓;多数灌丛死亡或生长衰弱;根颈以下 20cm 深度根系遭水蚀裸露	
JY2	101°12'55.2"E, 42°15'58.5"N (897.6±0.5)m (38)*	一级阶地,坡度平缓;幼苗,株高50cm 以内;有部分死亡柽柳	
JY3	101°12'24.0"E, 42°17'28.9"N (898.9±1)m (29)*	二级阶地,沙丘和风蚀坑交错分布;大部分柽柳具有明显主干,少部分形成高度小于1m 的柽柳灌丛沙堆	
JY4	101°12'26.7"E, 42°17'37.3"N (900.2±2)m (48)*	高阶地,柽柳灌丛沙堆高度 1～2m,丘间地柽柳具有明显主干	
JY5	101°14'E, 42°19'N (905.0±2)m (25)*	高阶地,柽柳灌丛沙堆连接成沙丘链,高度 2～5m	

　* 表示活树。

　　按照树木年轮学方法对所有样本进行刨平和打磨,在显微镜下从 2～3 个方向对每个样本进行样本内初步定年(Xiao et al.,2007,2005)。利用轮宽测量系统(LINTAB),选择年轮较为清晰的样本轮宽序列作为参照序列,采用曲线法及特征轮(极窄轮和极宽轮)对比,对所有样本进行样点内定年,最终确定所有样本日历年。对于具有髓心的样本,可直接统计其萌生定居时间;对于髓心缺失和腐朽的样本,可基于最内侧年轮弧度确定髓心位置,通过缺失髓心距离及相邻 5 个年轮平均宽度对缺失年轮进行校正(Xu et al.,2012)(表 9-7)。JY5 样点样本大多位于高大灌丛沙堆,所采树盘可能是枝干萌生枝,且在沙堆内部倾斜生长,无法利用高生长方法进行年龄校正,估计统计年龄应比柽柳灌丛最初定居时间要晚 5~10 年。JY1 样点柽柳大面积死亡可能与湖泊水位上涨有关,因此对该样点所有样本的定居时间(JY1)和死亡时间(JY1-1)进行统计。

表 9-7　部分髓心缺失样本年龄校正

样号	调整/原年份	样号	调整/原年份	样号	调整/原年份
JY101	+4/1994	JY308	+7/1981	JY403	+3/1964
JY108	+2/1992	JY 313	+3/1975	JY404	+1/1965
JY109	+3/1993	JY 326	+1/1968	JY432	+3/1931
JY128	+3/1993	JY 330	+2/1981	JY439	+3/1939
JY143	+2/1992	—	—	—	—

2. 柽柳空间林龄结构特征

5 个样点柽柳萌生定居时间统计结果如图 9-17(a)所示。总体上,从低阶地到高阶地,位置越高样点个体定居时间越早。JY1 和 JY2 样点柽柳萌生定居和死亡时间较为集中,为 3~5 年,其峰值分别出现在 2010 年、1990 年和 2007 年(JY1-1)。根据 JY1-1 死亡样本最外侧年轮晚材已形成的事实,可以断定其死亡时间应在当年秋季。JY3 样点柽柳萌生定居时间在 1966~1979 年,峰值出现在 1973 年。JY4 样点柽柳萌生定居年代跨度较大,在 1943~1973 年,没有表现出与前 3 个样点类似的峰值。JY5 样点均来自高大灌丛沙堆,没有进行沙堆高度的年龄校正,其萌生定居时间均早于 1940 年,且跨度近 40 年。

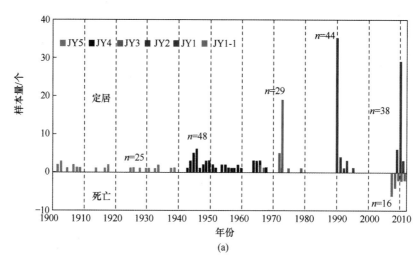

(a)

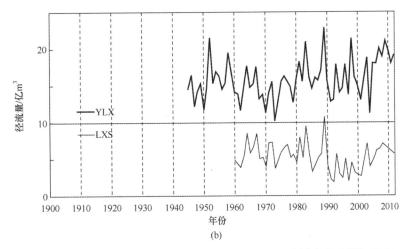

(b)

图 9-17 不同样点柽柳萌生定居及死亡时间特征(a)和流域水文监测记录(b)

YLX:莺落峡水文站;LXS:狼心山水文站

3. 河道水文过程、湖泊进退与柽柳湖向扩张过程

1) 2003～2012 年湖泊面积变化与低阶地柽柳种群动态

面积变化是湖泊进退最为直接的表现。2003～2012 年对湖泊面积的监测(图 9-18)表明,在年际变化上,除 2003 年为季节性水体外,东居延海水域面积基本维持在 31～43km²,2004～2010 年湖泊最大面积呈逐年增大趋势,2011 年减小,2012 年重新扩张至 43km²;湖泊年内最大水面一般出现在冬春季,夏季湖面达到最小。该期间的湖泊扩张过程直接导致处于湖滨一级阶地的柽柳(JY1-1)从 2007 年开始因长期水淹而陆续死亡[图 9-17(a)]。由于湖泊水位在夏季降低,湖滨出露区为柽柳种子萌生定居提供了适宜的土壤和水分条件。2010～2011 年湖泊水位的持续降低使得幼苗大量保存;而 2009～2010 年和 2011～2012 年水位上涨,在一定程度上对 2009 年和 2011 年萌生幼苗的存活造成影响。因此,JY2 表现出 2010 年柽柳幼苗定居的高峰[图 9-17(a)]。

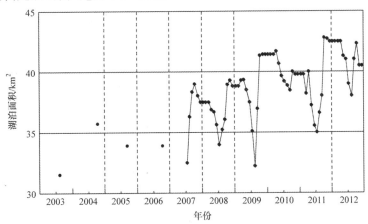

图 9-18 2003～2012 年湖泊面积变化

2) 河道器测径流变化、湖泊进退与低阶地柽柳定居过程

河道径流与其尾间湖泊的进退紧密相连。过去 60 年,黑河流域多年平均出山口径流（YLX）为(15.87±2.74)亿 m^3,其中 20 世纪 40 年代末、20 世纪 60~70 年代为枯水期[图 9-17(b)]。狼心山(LXS)以下多年平均径流量为(5.32±1.88)亿 m^3,代表了进入额济纳绿洲及其东、西河的总水资源量[图 9-17(b)]。1968~1974 年,河道径流经历了减少(1968~1970 年,径流量 5.00 亿~3.98 亿 m^3)—增加(1971~1972 年,7.26 亿 m^3)—再减少(1973~1974 年,3.67 亿~4.93 亿 m^3)的变化历程,湖泊水面也从 1966 年的 36km² 扩大到 1972 年的 61km² 后,在 1975 年萎缩至 38km²。1989~1992 年径流量急剧锐减(径流量从 10.75 亿 m^3 减少到 1.80 亿 m^3),地表径流在到达尾间湖之前已经耗竭,致使湖泊在 1992 年彻底干涸并持续至 2001 年。

基于上述河道水文过程可以推测,JY3 和 JY1 样点柽柳幼苗是伴随湖泊扩张后的退缩过程而逐渐定居的。

3) 文献和径流代用指标记录的水文过程与高阶地柽柳定居过程

据地方志记载,1941 年和 1952 年在狼心山东、西河河口分叉处两次相反目的的筑坝分水,导致 1941~1951 年注入东居延海的东河径流量大减,1952 年以后东河径流量相对增加。同时,1944~1950 年金塔县两个水库的建成,使得黑河干流西支不再有地表径流进入下游河道,年径流减少量为 1.5 亿 m^3,占进入下游水量的近 1/3。1960~1963 年连续的枯水期,导致湖泊持续萎缩,1964~1967 年,随径流增加,湖泊略有扩大并相对稳定[图 9-17(b)]。该阶段东河径流的反复与进入下游总水量的减少,导致湖泊总体上呈波动下降趋势。在该过程中,JY4 样点柽柳幼苗陆续定居。根据样点高程估算,20 世纪 40~50 年代湖泊面积可能在 65km² 以内波动。

内陆河出山口径流代表了流域水资源的总量,其径流变化决定水资源进入中、下游及尾间湖的多寡。黑河上游祁连山区的出山口径流的树轮记录表明(Sun et al.,2013;Liu et al.,2010;康兴成等,2003),19 世纪 90 年代至 20 世纪初为湿润丰水期,而 20 世纪 20~30 年代为干旱枯水期。按照样点高程估算,20 世纪初湖泊面积在 80km² 以上。1927~1932 年,中瑞考察团实地测量湖泊最大深度为 4.12m,其高程在 899~900m,面积为 60km² 左右。相对于 20 世纪初,1927~1933 年东居延海湖面已大为减少。因此,该阶段湖泊退缩是肯定的,而高阶地 JY5 样点柽柳应是伴随此次湖泊水位下降而陆续定居的。

4. 气候变化与人类活动对湖泊进退的影响机制

1) 区域气候变化及其影响下的上游出山口径流变化对尾间湖的影响

干旱区尾间湖补给源包括入湖河道地表径流、周边地下径流和降水。研究区地处极端干旱区,多年平均降水量为 37mm,对于湖泊的补给作用非常微弱;周边地下径流也是由河道径流渗漏补给形成的;因此,尾间湖的水量补给几乎全部来自于黑河进入下游的河道地表径流。尾间湖水资源排泄途径包括水面蒸发、湖盆湿地植被土壤蒸散发和湖泊深层渗漏等,前两者占到总排泄量的 98% 以上(Zhang et al.,2002)。气候变化不仅直接影响流域上游出

山口径流,而且深刻影响着中游农业绿洲和下游荒漠绿洲及其尾闾湖的水资源耗散。研究区荒漠灌木年轮的气候干湿变化记录(Xiao et al.,2012)也表现出与上游山区树轮重建的1900~1940年出山口径流变化的一致性。因此,气候干湿变化及其影响下的出山口径流的丰枯变化对尾闾湖进退产生叠加效应;即枯水期会导致中、下游绿洲耗水量增加,绿洲截留利用河道径流增加,最终进入湖泊的水量会减少,而蒸散消耗的水资源会增加,从而加速湖泊萎缩;反之,丰水期则会促进湖泊的扩张。

气象监测记录(图9-19)表明,1960~2012年额济纳旗地区的年均气温呈持续上升趋势,而降水则呈微弱降低趋势,这一暖干化趋势势必导致尾闾湖水资源量耗散加剧而湖面持续退缩。

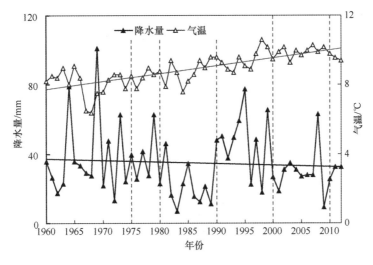

图 9-19 1960~2012 年研究区的气候变化

2)流域水资源分配对尾闾湖进退的影响

干旱内陆河流域尾闾湖退缩和下游荒漠绿洲退化实质上是水资源在中、下游绿洲的再分配过程。随着中游人口和耕地面积的扩张,被水库和农田灌溉等截留利用的出山口径流数量持续增大。对1960~2012年中、下游水资源利用量进行统计,结果表明(以下游狼心山水文站划分),中游基本呈显著增长趋势,而下游则呈减小趋势[图9-20(a)]。进一步对中、下游水资源利用比例进行统计,结果表明[图9-20(b)],在20世纪80年代中期之前,中游平均水资源利用量占流域出山口水资源总量的60%,其余40%的水资源可进入下游;至2001年上述比例变为75:25;在1992年和1998年一度达到86:14;2012年为67:33。20世纪80年代以后,大规模的水资源截留利用,造成进入下游的水量剧减,地表径流不再进入东居延海,直接导致尾闾湖干涸10年之久。为遏制下游绿洲萎缩和尾闾湖干涸的生态退化状况,2000年以来,政府开始实施流域分水计划,并修建了专用输水渠道,以保证一定量的水资源进入下游及其尾闾湖。因此,2004年至今东居延海实现了常年有水的状态。

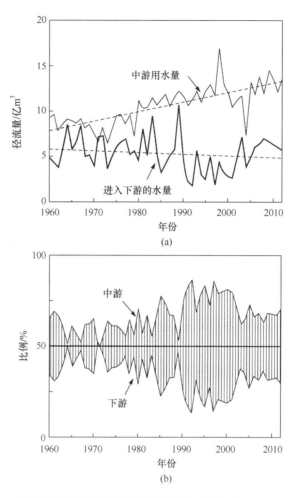

图 9-20 黑河流域中、下游水资源利用量及其比例变化（1960～2012 年）

5. 小结与结论

1）柽柳定居年龄的不确定性

柽柳林多分布于我国西北干旱区内陆河中、下游两岸及湖盆边缘,被称为荒漠河岸林。柽柳幼苗阶段与地表水有明显联系,水成地貌为其建群的主要空间（Huang et al.,2004,1991）。在河漫滩、高位河漫滩或低阶地、现代冲积平原、古河道两侧或冲积平原、固定半固定流沙地,依次分布着柽柳的幼龄林、中龄林、过熟林、衰老林或枯死林,土壤水分条件由湿润过渡到干旱。这种由幼龄到老龄的空间序列体现了柽柳群落发生演变响应于水文过程的时间序列（Liu,1995）。与此类似,对莫哈韦沙漠米德湖 13 年湖滨带植被带研究表明,随着湖滨陆地出露年限的增长,柽柳密度会逐渐降低（Engel et al.,2014）。

柽柳幼苗的萌生和死亡主要取决于水位下降及其影响下土壤湿度的变化速率和持续时间（Wilcox et al.,2008）。多枝柽柳每年开花两次,花期为 5～9 月,种子成熟 20～25 天。种子成熟后即可萌发,经过几周后萌发力会迅速降低(Liu,1995)。河岸林成功定居多发生在水分条件稳定的湿润裸露区和种子萌发后没有干扰的情况下(Scott et al.,1996)。水位下降较快,出露的湖滨带地表会迅速变干,不利于种子萌发和已萌发幼苗存活(Engel et al.,2014;Walker et al.,2006);只有在水位稳定或缓慢下降时,水位线附近才有柽柳定居,从而形成沿等高线分布且年龄较为一致的种群。有研究表明,柽柳幼苗定居主要发生在距水位线 200m 宽度的范围内,超出该范围个体数量会迅速降低,250m 以上柽柳幼苗完全消失(Walker et al.,2006)。遥感影像资料研究表明(Guo et al.,2003),1989 年东居延海湖面由最初 5 月的干涸状态至 7 月迅速增加至 38.6km^2,并于 9 月和 11 月分别达到 48.5km^2 和41.0km^2,1990 年秋季萎缩至 29.1km^2。这一阶段湖泊水面的缓慢下降过程与 JY1 样点定居年代十分吻合。1998 年为丰水年,秋季大量降雨使部分径流进入尾闾湖,湖泊 6 月为干涸状态,之后水面逐渐增大,至 9 月和 11 月达到 6.5km^2 和 22.9km^2,至第二年春季重新干涸(Guo et al.,2003)。一方面,秋、春季的季节性水面可能会有柽柳种子萌发,但因幼苗不能越冬和初夏湖泊迅速变干而无法成功定居;另一方面,从近年来的湖泊面积监测数据(图 9-18)可以看出,当湖泊面积小于 35km^2 且无径流补给时,水面会因夏季强烈蒸发(蒸发量为 0.6 亿~0.8 亿 m^3)而迅速干涸,地表盐分高度浓缩抑制了柽柳种子萌发和定居。因此,在 JY1 样点没有发现 1998 年及第二年定居的个体[图 9-17(a)]。当湖泊扩张时,低阶地柽柳会因淹水程度和持续时间及微地形影响而陆续死亡,但个体死亡时间以第一年最多,如 JY1-1 样点年代格局[图 9-17(a)]。

地貌差异性会造成同一阶地河岸林年龄结构出现差异(Scott et al.,1996)。在干旱荒漠区,由于风沙活动强烈,在灌丛下会发生沉积,并在灌丛不断形成不定根和萌生枝的过程中形成灌丛沙堆;而无植被区则往往会发生风蚀,形成风蚀坑或洼地。湖泊扩张时有利于灌丛沙堆柽柳个体生长,使在洼地定居的个体因处于淹水状态而死亡,同时新的个体会在水位线附近萌发定居。因此,无论是灌丛沙堆还是风蚀洼地,其定居年龄在空间上都表现出很大的不均一性。相对于低阶地,高阶地地貌的差异性较大,因此 JY4 和 JY5 样点样本的定居年龄时间跨度较大且不集中,并且样点所处阶地越高,其定居年龄结构差异越大[图 9-17(a)]。

2) 湖泊进退影响因素的时间异质性

气候变化与人类活动影响的叠加使得湖泊进退呈现出复杂的变化过程。Ding 等(2006)对我国西部湖泊变化的研究表明,在时间尺度上,旱区湖泊变化与近 50 年区域降水序列呈良好的一致性,表现了降水影响的显著性;同时,气温对其也有一定的影响。对东居延海湖泊沉积的粒度和元素分析的结果表明(Jin et al.,2005),过去 1500 年,湖泊变化与气候变化的关系具体表现为温暖时期,气候相对偏湿,湖泊扩张;寒冷时期,气候偏干,湖泊萎缩。而 Zhang 等(1998)的研究则表明,过去 2700 年,东居延海环境变化主要表现为百年尺度上的冷湿和暖干气候组合,并与周边区域(如青藏高原北部)气候变化规律一致。人类活动的影响因民族更迭、人口压力和政策导向等呈阶段性变化,但越至近代越显著,甚至超过气候变化的影响(Xiao et al.,2008)。虽然 20 世纪 60~70 年代黑河出山口径流处于枯水阶段,但东居延海始终保持一定的水域面积;相对而言,20 世纪 80 年代至 21 世纪初则处于丰水阶段,但东居延海却逐步演变为季节性湖泊,乃至出现长达 10 余年的干涸状态(图 9-20)。2000 年以后,在政策引导下,东居延海重新恢复水面,并呈逐年扩大趋势。

总体上,柽柳的湖向扩张过程反映了近百年来东居延海的不断退缩过程。20 世纪初湖面高程未长时间(2~3 年)超出 905m 左右,湖泊面积小于 80km²,且近 50 年来多在 40km² 范围内波动,并呈现出不断萎缩的趋势。结合河道湖泊水文过程研究,认为东居延海存在如下阶段性进退过程:20 世纪初至 40 年代持续退缩,50 年代中后期和 70 年代初期两次短暂的先扩张后退缩过程(5~10 年),90 年代初的退缩过程,2002 年至今的持续扩张过程。近60 年来流域气象和径流器测记录、气候和径流树轮代用指标及中、下游水资源量的对比研究表明,在气候变化和人类活动的双重影响下,东居延海呈现阶段性进退特征;2000 年以来湖泊水面的恢复与维持是在政策导向下实现的。

9.3 近 30 年中游盆地地下水系统时空动态演化规律

21 世纪是水的世纪,全球正面临着严重的水危机。水资源成为事关国家贫与富、发展与衰落、战争与和平的重大问题,水资源已从自然资源跃升为国家关键性、基础性战略资源(肖洪浪等,2006)。尤其在我国西北地区的内陆河流域,有限的水资源同时满足经济增长和生态环境保护需求的压力越来越大(吴雪娇等,2014)。据报道,在我国西北内陆河流域生态缺水达到 47 亿 m³,缺水程度达到整个中国的 85% 以上(中国科学院水资源领域战略研究组,2009)。水资源利用规划的缺失、水资源时空分布和水土组合的不平衡使得缺水成为西北内陆河流域生态经济发展和生态保护中的关键挑战性问题(Xiao et al.,2015;Hu et al.,2009),生态环境十分脆弱。这种状况加剧了内陆河中游水资源过度开发与下游生态环境恶化之间的矛盾,黑河流域则更为突出。黑河干流分水政策的实施使得下游恶化的生态环境基本得到改善,而干流中游引用水量则从 1990 年的 10.4 亿 m³ 减少到 2010 年的 8.0 亿 m³(Nian et al.,2014),加上人口和耕地面积不断扩展,农业用水量持续增加,对地下水的过量开采已引起了地下水位下降等一系列环境问题(项国圣,2011;魏智等,2009;马国霞等,2006;张济世等,2003;刘少玉等,2002)。

本节研究表明,近 30 年,黑河中游盆地地下水位普遍降低了 4.92~11.49m,最大达到17.44m,张掖盆地地下水储量累计减少了近 47.5 亿 m³,年均亏缺 1.64 亿 m³,地下水系统在时空分布上发生了很大变化。长期累积地下水消耗将对深层承压含水层造成严重威胁。如何均衡流域水资源管理和分配对流域生态系统,尤其是对地下水系统至关重要。

9.3.1 材料方法

1. 数据来源

本节研究涉及的水文地质图、地貌图、DEM、气象数据、土地利用数据来自寒区旱区科学数据中心(http://westdc.westgis.ac.cn/),莺落峡、正义峡径流数据、地下水观测井数据来自甘肃省水文水资源勘测局,分灌区引水、灌溉、地下水开采等统计数据来自《张掖市水务管理年报》。1985~2013 年,具有正常、连续年均、月均观测数据的地下水潜水观测井为 73眼,其中张掖盆地 54 眼,酒泉东盆地 19 眼(图 9-21)。

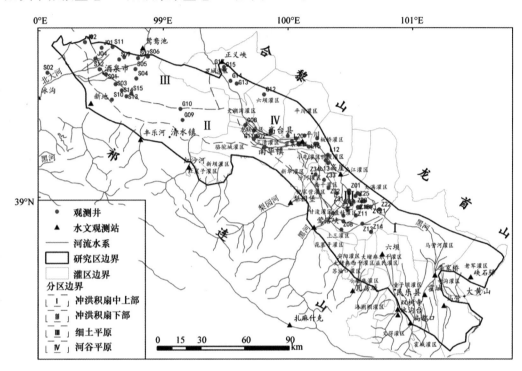

图 9-21　水文地质分区与地下水观测井位置

2. 中游盆地水文地质边界及时空分区

为了更好地理解中游盆地地下水位在时间过程和空间格局上的变化规律,基于水文地质状况进行了空间分区,基于径流变化进行了时间划定。

1) 中游盆地水文地质边界及空间分区划定

按照黑河流域 1：50 万水文地质图及中游实际水文地质状况确定水文地质边界(研究区边界),利用 1：100 万地貌图、30m 数字高程模型(DEM)及气象条件、灌溉情况,结合含水层结构、地下水赋存条件及地下水开发利用条件等,将中游盆地分为冲洪积扇中上部(Ⅰ)、冲洪积扇下部(Ⅱ)、细土平原(Ⅲ)和河谷平原(Ⅳ)4 个分区(图 9-21),总面积为17050km²。各分区的分布范围与自然条件、面积、水文地质与灌溉条件、地下水观测井分布情况见表 9-8。

表 9-8 分区概况与地下水观测井分布

区号	分区名称	分区面积/km²	分布范围与自然条件	水文地质与灌溉条件
I	冲洪积扇中上部	8666.46	南部山前冲洪积-洪积戈壁平原,海拔 1500～2800m,年均降水量 120～300mm	单一潜水含水层;水位埋深>30m,以河水灌溉为主,局部为井水或井水河水混灌区
II	冲洪积扇下部	2993.56	山前冲洪积-洪积戈壁平原与冲洪积细土平原交汇地带,海拔 1340～1830m,年均降水量 100～250mm	由单一含水层过渡到双层含水层结构,以潜水为主,局部分布承压水,水位埋深 10～30m,河水井水混灌区,高台南部有井水灌区
III	细土平原	2721.91	盆地中部冲洪积细土平原,主要分布在张掖市甘州区与酒泉市肃州区,海拔 1256～1680m,年均降水量 100～150mm	多层含水层结构,承压水和泉水主要分布区,水位埋深<10m,河水井水混灌区
IV	河谷平原	2668.07	临泽县、高台县境内沿河分布的河谷冲积平原,海拔 1270～1500m,年均降水量 60～130mm	多层含水层结构,为承压水分布区,水位埋深<10m,井、泉、河水混灌区

注:中游分区参考张掖盆地(杨玲媛等,2005)。

2) 地下水位空间变化的时间划定

地下水位在时间上的变化主要依据各时间段内黑河出山口莺落峡地表径流量划分为丰水年或枯水年(表 9-9)。

表 9-9 1985～2012 年黑河出山口莺落峡地表径流量 (单位:亿 m³)

年份	1985～1990	1991～1997	1998～2001	2002～2004	2005～2012	多年平均
地表径流	17.12	14.97	16.34	16.71	18.87	16.93
丰枯划分	丰水年	枯水年	平水年	平水年	丰水年	—

3. 张掖盆地地下水储量估算分区

由于张掖盆地水位数据相对较多,分布较集中,而马营盆地缺少地下水位数据,为了减少估算误差,选取张掖盆地估算地下水储量。张掖盆地现有 27 个小灌区,各灌区农业用水来源主要为河水、泉水和地下水。除高台县骆驼城灌区基本为纯井水灌溉外,甘州区所辖灌区以河水与河水井水混灌为主,抽取地下水比例相对较大;临泽县、高台县最初以河水和泉水灌溉为主,但随着井水灌溉比例的逐渐增大,泉水溢出量逐渐减少,逐渐演变为以河水井水灌溉为主;民乐县以河水和河水井水混灌为主。各灌区灌溉水类型及用水来源见表 9-10。根据 1∶50 万水文地质图,结合灌区边界确定张掖盆地水文地质边界,并按照各灌区灌溉水类型合并为河水井水混灌区、河水灌区、井水灌区、泉水灌区和河水泉水混灌区 5 个分区(图 9-22),总面积为 7936.04km²。

表 9-10　张掖盆地灌区灌溉水类型及用水来源

县(区)	灌区名称	灌溉水类型	农灌面积/万亩	林草面积/万亩	地表水/万 m³	地下水/万 m³
甘州区	大满	河水井水	27.0	7.0	14946.0	6300.0
	盈科	河水井水	30.5	1.0	22345.0	7503.0
	西干	河水井水	24.5	2.8	24238.0	2536.0
	上三	河水	7.0	0.1	9899.0	—
	安阳	河水	4.2	0.6	2811.0	214.0
	花寨	河水	2.0	0.1	841.0	—
临泽县	倪家营	河水	5.2	2.0	2912.0	1120.0
	小屯	泉水	5.1	4.0	3244.0	1423.0
	平川	河水井水	4.8	4.5	11330.0	3210.0
	新华	河水井水	10.8	3.6	9086.0	2453.0
	沙河	河水井水	4.8	2.6	3300.0	4523.0
	板桥	河水泉水	5.6	3.4	14722.0	2140.0
	鸭暖	河水泉水	3.8	1.7	4072.0	202.0
	蓼泉	河水泉水	4.8	2.1	7606.0	1211.0
高台县	友联	河水井水	9.0	1.9	13044.0	6999.0
	罗城	河水井水	2.4	0.9	2738.0	49.0
	三清	河水井水	4.5	1.7	6925.0	420.0
	大湖湾	河水井水	3.1	1.5	4596.0	122.0
	六坝滩	河水井水	2.0	1.3	2633.0	365.0
	新坝	河水	4.2	0.9	2761.0	—
	红崖	河水	2.7	0.9	2146.0	—
	骆驼城	井水	4.3	1.1	1205.0	5143.0
	明花	井水	6.6	3.0	—	1590.0
民乐县	大堵麻	河水井水	14.0	1.6	10756.0	17.0
	洪水河	河水井水	27.3	3.3	12385.0	183.0
	童子坝	河水井水	15.5	2.5	5699.0	20.0
	苏油口	河水	2.3	0.1	1024.0	—
	海潮坝	河水	10.0	0.3	4558.0	—

4. 地下水储量估算

地下水储量多基于多个观测井平均水位变化估算,也利用水量平衡法由补给和排泄推算,但难度较大,误差难以预计。近年出现用重力恢复和气候实验(gravity recovery and climate experiment,GRACE)遥感卫星估算的新方法,但以大尺度区域地下水资源量估算为主。有学者利用单点统计方法对张掖盆地、利用 GRACE 遥感卫星对黑河流域地下水储

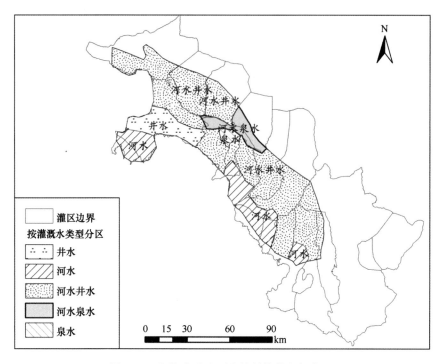

图 9-22 张掖盆地地下水储量估算空间分区

量进行过估算(曹艳萍等,2012;魏智等,2009;杨玲媛等,2005),但目前基于地统计方法、利用多年水位降深空间持续变化对张掖盆地地下水资源量变化估算较少报道。

首先通过普通克里金方法反复拟合变异函数,得到 1985~2013 年各年地下水位降深空间分布插值图,经交叉验证符合精度标准后,转化为 grid 格式,单元格大小为 730m×730m,按照空间分区边界,借助 ArcGIS 空间分析模块,提取各年各分区水位降深均值与面积,最后计算得到年均与多年累积地下水储量动态变化规律,具体如下。

1) 水位降深空间插值

年水位降深指本年年末水位与上年年末水位之差,如 1986 年水位降深即 1986 年年末与 1985 年年末水位差,以此类推。由于区域内观测井数据均为混合观测井水位,将整个张掖盆地地下水含水层系统作为一个整体进行估算。运用 ArcGIS 地统计分析模块插值之前,经直方图和 QQplot 检测,所有数据都符合正态分布,满足普通克里金插值条件。选择球状或指数模型拟合变异函数[式(9-1)~式(9-3)]。

变异函数: $$2r(h) = \frac{1}{N(h)} \cdot \sum_{i=1}^{N(h)} [Z(x_i) - Z(x_i+h)]^2 \qquad (9-1)$$

球状模型: $$\gamma(h) = \begin{cases} c_0 + c[(3h/2a) - (h^3/2a^3)], h \leqslant a \\ c_0 + c, h > a \end{cases} \qquad (9-2)$$

指数模型: $$\gamma(h) = c_0 + c(1 - e^{-\frac{h}{a}}), h > 0 \qquad (9-3)$$

2）地下水位降深空间分布

经反复拟合变异函数,得到满足克里金插值条件的年地下水位降深空间分布序列（图 9-23）。由图 9-23 可知,张掖盆地年水位降深在时间上和空间上表现出很大的分异性,地下水位下降显著的区域,水位降深逐步增大（向负值方向）,而水位回升的地方,水位降深逐步减小（向正值方向）。

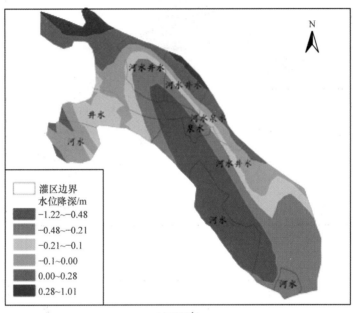

(a) 1985年

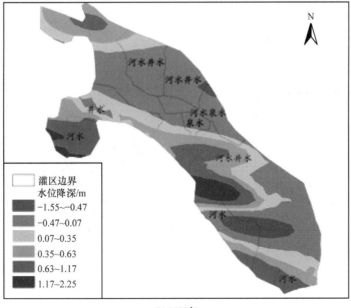

(b) 1989年

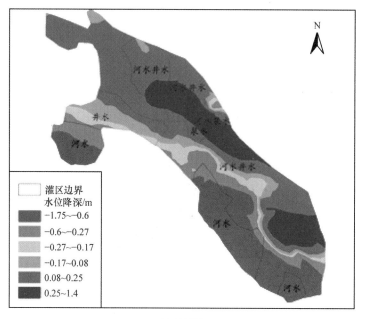

(c) 1995年

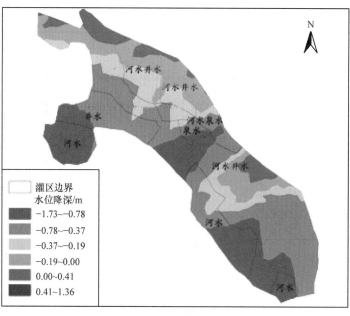

(d) 2000年

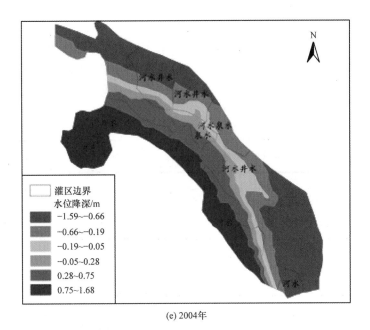

(e) 2004年

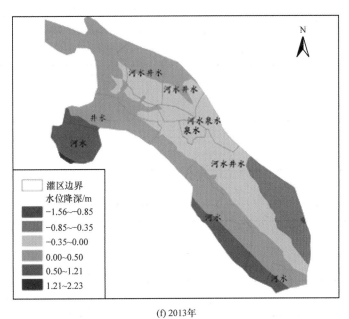

(f) 2013年

图 9-23　代表年份地下水位降深空间分布变化

3）地下水位降深插值精度评价

ArcGIS 地统计学模块自带交叉验证与精度评价功能,交叉验证用来评价水位降深插值过程中实测值与预测值的接近度,结果(蓝线实线)越接近 1∶1 标准线(黑色虚线),克里金插值效果越好(图 9-24),并且平均误差(MEAN)与标准化平均误差(MS)越接近于 0,均方根误差(RMS)与平均标准误差(ASE)越接近并越小,标准均方根误差(RMSS)越接近于 1,

变异函数模型拟合越好,插值结果越接近实测值(Johnston et al.,2001)。从交叉验证结果来看(图 9-24,表 9-11),图 9-24 中数据基本集中在与 1∶1 标准线交叉值附近,MEAN 与 MS 在 0.005～0.04 波动,接近于 0,RMS 与 ASE 值很接近且小于 1,RMSS 在 1.028～ 1.315 波动,除个别年份外,基本接近于 1,因而水位降深空间插值结果是比较理想的。由于时间序列较长,本书仅列出部分代表年份的精度评价结果。

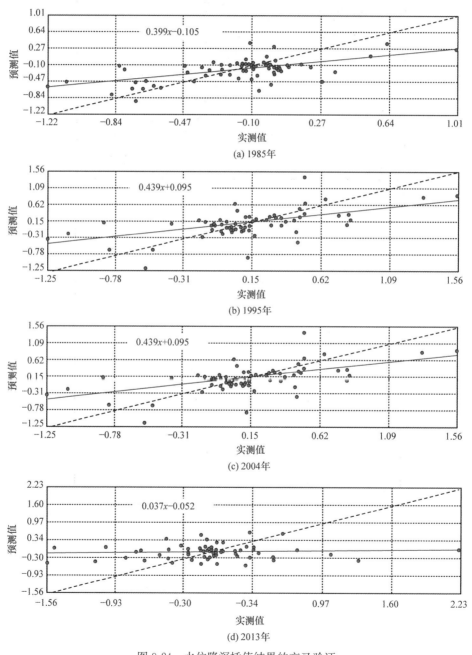

图 9-24 水位降深插值结果的交叉验证

表 9-11 水位降深插值精度统计

年份	平均误差 （MEAN）	标准化平均 误差（MS）	均方根 误差（RMS）	平均标准 误差（ASE）	标准均方根 误差（RMSS）
1985	−0.014	−0.038	0.295	0.26	1.147
1989	0.031	0.037	0.626	0.436	1.297
1990	−0.04	−0.032	0.946	0.649	1.315
1997	−0.032	−0.042	0.466	0.377	1.127
1998	−0.005	−0.006	0.384	0.349	1.114
2001	0.012	0.015	0.547	0.527	1.036
2004	0.001	0.002	0.581	0.551	1.028
2005	0.000	0.001	0.531	0.516	1.037
2013	0.018	0.035	0.578	0.495	1.165

4）地下水储量变化估算

依据达西定理推导的地下水储存量计算方程（张明泉等,1994）,可以得出该区的计算公式为

$$\Delta W_{ki} = \mu_k \cdot \overline{\sum_{j=1}^{n} \Delta H_{kij}} \cdot F_k \tag{9-4}$$

式中,ΔW_{ki} 为第 k 区第 i 年的地下水储量变化,$k=1,2,3,4,5$,代表 5 个分区,i 为 1985～2013 年;μ_k 为第 k 区含水层的给水度,无量纲,根据水文地质部门的经验,μ_k 一般取 0.10～0.15,本书中取值为 0.12;ΔH_{kij} 为第 k 区第 i 年第 j 单元格的地下水位降深值;$\overline{\sum_{j=1}^{n} \Delta H_{kij}}$ 为用 GIS 空间分析模块提取的第 k 区地下水水位降深均值;F_k 为第 k 区的面积,是 j 个单元格面积的总和。

9.3.2 地表水系统变化及其影响

直到分水前,黑河流域中、下游用水基本沿用清朝乾隆年间制定的"均水制"。为了缓解内陆河流域中、下游日益增长的用水矛盾,国家水利部在黑河流域及塔里木河流域投入大量资金,开展了生态输水计划。在黑河流域,制定了严格的反映丰水、平水、枯水平年的《黑河干流水量分配方案》（简称"97"分水方案）(表 9-12),并于 2001 年付诸实施。分水方案要求在平水年（保证率 50%）莺落峡多年来水量为 15.8 亿 m³/a 的条件下,正义峡下泄量（下游分配水量）不得低于 9.5 亿 m³。分水方案的实施,彻底打破了以往的"均水制"。中、下游间及中游内部水资源开发利用情况发生了一系列变化,尤其是地下水开采的持续不断增加,引起地下水资源系统的时空分布变化。

表 9-12 "97"分水方案

水文断面	不同保证率下的来水量/亿 m³				
	90%	75%	50%	25%	10%
莺落峡	12.9	14.2	15.8	17.1	19.0
正义峡	6.3	7.6	9.5	10.9	13.2
中游耗水量	6.6	6.6	6.3	6.2	5.8

1. 中、下游水利工程设施变化及其影响

20 世纪 50～60 年代,黑河流域开始大规模地建设蓄水、引水等大型水利工程设施,拦蓄引用地表水和开采地下水。这些活动直接改变了地表径流和地下径流,对流域水循环规律产生巨大而深远的影响。

1) 蓄水工程

蓄水工程设施主要是各类大、中、小型水库,水库具有拦洪蓄水和调节水流的功能,同时也会影响流域水循环过程,进而改变河流自然径流过程和对地下水系统的补给能力。截至 1999 年,黑河全流域已兴修大、中、小型水库 101 座,多数为中小型平原水库,总库容为 5.07 亿 m³,其中山区水库有 22 座,年调控出山河水 5.0 亿 m³(表 9-13)。许多水库修建在各支流出山口河道上,直接拦截河水,造成坝下游河流出现季节性断流,甚至完全断流。例如,民乐县上湾村洪水河上的双树寺水库在 1975 年建成以后,坝下河道一般只在每年 7～9 月的雨季才有水流通过,而其他季节均断流。在中游黑河干流两岸,平原水库共有 18 座,其中大部分水库建于 20 世纪 50～60 年代,山区水库大部分建于 70 年代。若以 60 年代末和 70 年代末作为规模建库的两个分界点,则 50～60 年代正义峡径流量为 11.35 亿 m³,70 年代为 10.55 亿 m³,80～90 年代为 9.48 亿 m³,可见建库数量和拦蓄对黑河流域径流量的影响是显著的。

表 9-13 黑河流域水库建设情况统计表(截至 1999 年)

水系	县(市、区、旗)	水库数量	水库类型				总库容/亿 m³	兴利库容/亿 m³	供水能力/亿 m³
			大型	中型	小一	小二			
东部子水系	祁连县	1	—	—	—	1	0.00	—	—
	山丹县	7	—	2	3	2	0.42	0.38	0.89
	民乐县	6	—	3	—	3	0.63	0.56	2.52
	甘州区	3	—	—	—	3	0.11	0.11	0.38
	临泽县	8	—	2	2	4	0.33	0.25	0.79
	高台县	18	—	1	10	7	0.51	0.34	1.19
	金塔县(鼎新)	11	—	—	6	5	0.57	0.27	0.57
	额济纳旗	2	—	1	—	1	0.10	0.10	0.20
	小计	56	—	9	21	26	2.67	2.01	6.54

续表

水系	县(市、区、旗)	水库数量	水库类型				总库容/亿 m³	兴利库容/亿 m³	供水能力/亿 m³
			大型	中型	小一	小二			
西部子水系	肃州区	39	—	—	9	30	0.22	0.17	0.31
	嘉峪关市	3	—	1	—	2	0.65	0.59	0.60
	金塔县(鸳鸯灌区)	3	1	1	1	—	1.52	1.18	3.12
	小计	45	—	2	10	32	2.39	1.94	4.03
流域总计		101	1	11	31	58	5.07	3.94	10.57

范锡鹏(1991)研究指出,在莺落峡与梨园河修建的莺-梨大型水利工程建成后,将使黑河下游河水减少(表 9-14),而且引起中游张掖盆地、酒泉盆地和下游额济纳盆地地下水均衡状况发生重大变化。预计张掖盆地区域性地下水位下降,张掖城以南、以东地下径流上游地带地下水位降低最大,幅度达 10.0m 以上。本书的研究中,张掖城以南、以东冲洪积扇上部地下水位在近 30 年中累计下降达到 17.0m 以上,与前人预测分析高度一致。这也是引起下游生态环境恶化的一个重要原因,因此国家实行了分水政策,保证了向下游的径流量,同时也引发中游水系统的变化。

表 9-14　黑河向下游河川径流量预测　　　　　　(单位:亿 m³)

时限		河川径流量	河水(山水)				泉水			
			出山河水量	入渠河水量		过正义峡水量	总溢出量	入渠泉水量		过正义峡水量
				山水灌区	泉河灌区			泉水灌区	泉河灌区	
1991 年		10.50		10.46	1.31	4.09	11.60	1.99	3.94	6.41
莺-梨工程建成	1 年	8.73	17.80				10.02			7.17
	10 年	6.72		13.30	1.00	1.56	8.31	0.00	3.00	5.16
	最终	5.42					6.71			3.86

资料来源:范锡鹏,1991。

2) 引水工程

黑河流域自古就有农田灌溉引水的传统,经过成百上千年的不断发展,已经形成了完整而庞大的引水系统,引水系统通过人为因素迫使水的径流路径发生变化,由天然河道和地下水路径转为人工输水系统(盖迎春等,2014)。引水工程渠道类型分为干渠、支渠、斗渠、农渠、毛渠五级。1955～1965 年建设期,利用卵石干砌渠道,1965～1978 年改建主要干渠。1978 年以后,渠道防渗能力逐渐增强。截至 1999 年,累计建成干渠 192 条,总长度为 2545km,平均衬砌率为 65.7%;支渠 731 条,总长度为 2927km,平均衬砌率为 68.7%;斗农渠 11770 条,总长度为 8506.5km,平均衬砌率为 35.1%;年引用河、泉水量达 33.6 亿 m³,地表水利用率为 80.0%左右(表 9-15)。

表 9-15 黑河流域渠道工程及引水情况统计(截至 1999 年)

县(市、区、旗)	干渠			支渠			斗农渠			农林灌溉面积/万亩	出山河水量/(亿 m³/a)	河泉水引用量/(亿 m³/a)
	条数/条	长度/km	衬砌率/%	条数/条	长度/km	衬砌率/%	条数/条	长度/km	衬砌率/%			
山丹县	39	454	83.4	56	205	83.8	1112	818	50.6	36.9	1.1	1.4
民乐县	23	336	82.0	192	416	81.7	801	1077	43.7	68.8	4.4	3.2
甘州区	28	300	42.0	131	628	47.0	865	1442	19.1	107.0	16.7	8.0
临泽县	20	328	32.1	71	273	52.2	352	473	16.9	68.5	2.3	4.4
高台县	33	555	15.1	23	53	62.5	747	666	3.7	53.2	0.8	3.9
肃南县	—											
肃州区	37	377	87.8	166	797	61.8	6028	2950	47.3	77.0	6.0	6.7
嘉峪关市	1	14	100.0	9	36	81.4	55	94.5	60.5	5.9	6.5	0.9
金塔县	11	181	83.1	83	519	79.0	1810	876	39.0	42.2	—	3.7
额济纳旗	—							110	—	35.0		1.4
平均合计	192	2545	65.7	731	2927	68.7	11770	8506.5	35.1	494.5	37.8	33.6

注:1 亩≈666.67m²。

以张掖地区为例,20 世纪 50 年代、60 年代、70 年代干渠分别改造了 8 条、26 条、50 条,90 年代改造了 15 条,引水量从 50 年代的 8.25 亿 m³ 增加到了 1999 年的 9.76 亿 m³,而正义峡的径流量从 50 年代、60~70 年代的 12.06 亿 m³、10.6 亿 m³ 减少为 90 年代的 7.80 亿 m³,引水量增加对正义峡径流量减少产生了一定影响,进而影响到河水入渗补给地下水量。有研究表明,张掖地区渠首引水量与正义峡径流量之间呈负相关关系,相关系数达 0.87(张光辉等,2004)。同时,渠道衬砌率的提高使同等引水量条件下渠系水入渗补给地下水的量减少了。

2. 中、下游间地表水资源分配变化

如果严格按照分水指标执行,2000 年后黑河干流下游理论年分水量在枯水年应达到 6.3 亿 m³ 以上(狼心山),丰水年高于 9.5 亿 m³(正义峡);中游则无论在枯水年还是丰水年,理论分配水量较实际分水量年均减少 1.3 亿 m³,尤其是 2009 年,理论分水量应减少 4.0 亿 m³。而在实际执行过程中,下游年分水量略低于分水指标量,使得中游略高于分水指标量,中、下游分水比在 2006 年后基本达到动态平衡(图 9-25,表 9-16)。分水后下游得到的水资源量逐步增加,较分水前年均增加 1.07 亿 m³,最大增加 2.75 亿 m³/a;而中游分配水资源量总体呈减少趋势,较分水前年均减少 0.53 亿 m³,最大减少 1.37 亿 m³/a。为了保证绿洲生态需水及社会经济用水,满足不断增加的农业灌溉用水,只能通过加大开采地下水来弥补地表水的不足,这种情况在表 9-14 中得到了较好反映。

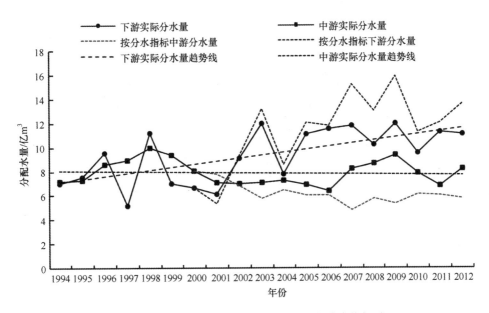

图 9-25 分水前后中、下游地表水量分配及与分水指标对比

表 9-16 1994～2012 年中、下游分水指标及实际分水情况

年份	莺落峡实际来水量/亿 m³	中游实际分水量/亿 m³	下游实际分水量/亿 m³	按分水指标中游分水量/亿 m³	按分水指标下游分水量/亿 m³	调度误差/亿 m³	中、下游分水比/%
1994	14.15	7.14	7.01	—	—	—	1.02
1995	14.81	7.27	7.54	—	—	—	0.96
1996	18.07	8.53	9.54	—	—	—	0.89
1997	14.03	8.90	5.13	—	—	—	1.73
1998	21.19	9.98	11.21	—	—	—	0.89
1999	16.42	9.40	7.02	—	—	—	1.34
2000	14.62	8.02	6.60	8.02	6.60	0.00	1.21
2001	13.13	7.04	6.09	7.80	5.33	0.76	1.16
2002	16.11	6.99	9.12	6.78	9.33	−0.21	0.77
2003	19.03	7.06	11.97	5.79	13.24	−1.27	0.59
2004	14.98	7.24	7.74	6.45	8.53	−0.79	0.93
2005	18.08	6.92	11.16	5.99	12.09	−0.93	0.62
2006	17.89	6.37	11.52	6.03	11.86	−0.34	0.55
2007	20.01	8.21	11.80	4.81	15.20	−3.40	0.70
2008	18.87	8.66	10.21	5.79	13.08	−2.87	0.85
2009	21.30	9.32	11.98	5.32	15.98	−4.00	0.78
2010	17.45	7.88	9.57	6.13	11.32	−1.75	0.82
2011	18.06	6.79	11.27	6.00	12.06	−0.79	0.60
2012	19.35	8.22	11.13	5.73	13.62	−2.49	0.74

3. 干流中游盆地水资源再分配利用

分水政策的实行不但引起了中、下游间水资源量的变化,也引起了干流中游内部水资源再分配利用状况的变化。干流中游 2011 年总用水量为 23.31 亿 m^3,其中农业灌溉用水为 19.99 亿 m^3,占总用水量的 85.8%,是中游盆地的用水大户。因此,农业水资源利用的变化,尤其在渠系、灌区的再分配变化反映了中游水资源利用的变化趋势。

黑河中游渠系灌溉已有 2000 多年的历史,目前约有 6300 条灌渠,包括干渠、支渠、斗渠、农渠,灌溉渠系发达,渠系利用率从 20 世纪 80 年代的 60.4% 增加到了 21 世纪初的 65.61%。地表引水主要通过黑河干流干渠、东干渠、西干渠、梨园河干渠和沿山干渠五大主干渠分配到各个灌区,五大干渠所辖灌区分布如图 9-26 所示。黑河干流干渠、东干渠、西干渠渠系水主要引自黑河,梨园河干渠水引自梨园河,而沿山干渠水主要引自大堵麻河和洪水河。由于不同时期引水量的变化,以及农业灌溉面积的变化,进入渠系、灌区的水量在时间和空间上存在很大差异性,使得地下水开采在不同灌区也呈现差异性和不均衡性(表 9-17)。

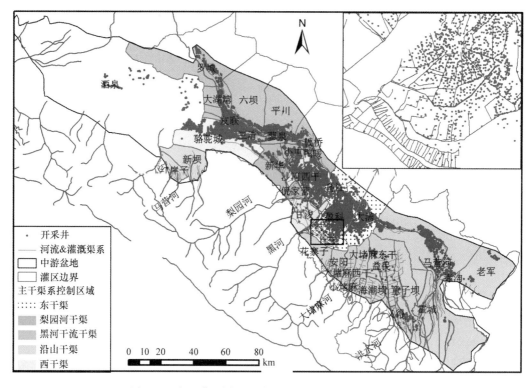

图 9-26 主要灌溉渠系系统、干渠及地下水开采井分布

表 9-17　黑河中游渠系、灌区水量再分配情况

水量分配	典型灌区	1980~1989 年 渠引/(亿 m³/年)	地下水/(亿 m³/年)	灌溉面积/万 hm²	1990~1997 年 渠引/(亿 m³/年)	地下水/(亿 m³/年)	灌溉面积/万 hm²	1998~2004 年 渠引/(亿 m³/年)	地下水/(亿 m³/年)	灌溉面积/万 hm²	2005~2010 年 渠引/(亿 m³/年)	地下水/(亿 m³/年)	灌溉面积/万 hm²
梨园河干渠	梨园河	1.345	0.326	0.780	1.439	0.264	1.610	1.295	0.062	2.054	1.469	0.164	2.121
	总量	1.255	0.000	1.272	1.968	0.131	1.678	1.519	0.576	2.009	1.656	0.552	2.026
黑河干流干渠	平川	0.600	0.000	0.526	0.792	0.010	0.612	0.604	0.190	0.620	0.579	0.177	0.620
	友联	0.505	0.000	0.549	0.990	0.070	0.842	0.690	0.208	1.027	0.910	0.295	1.045
	六坝	0.150	0.000	0.197	0.186	0.051	0.223	0.225	0.178	0.362	0.167	0.080	0.362
	总量	3.884	0.133	3.861	4.160	0.540	3.866	2.881	1.755	5.058	3.090	1.890	5.192
东干渠	大满	1.754	0.029	1.497	1.690	0.130	1.497	1.341	0.875	2.275	1.361	1.190	2.409
	盈科	2.130	0.104	1.894	2.470	0.410	1.889	1.540	0.880	2.106	1.729	0.700	2.107
	总量	1.995	0.051	1.938	2.360	0.497	2.685	1.759	1.225	2.884	1.862	1.100	2.884
西干渠	西浚	1.995	0.013	1.629	2.350	0.110	1.829	1.709	0.685	1.899	1.782	0.600	1.900
	骆驼城	—	0.038	0.053	0.010	0.387	0.360	0.05	0.540	0.489	0.080	0.500	0.489
	总量	5.377	0.034	11.172	4.854	0.346	7.301	5.183	0.425	8.007	5.228	0.559	10.114
沿山干渠	马营河	0.653	0.030	0.814	0.775	0.330	1.206	0.613	0.405	1.838	0.751	0.512	1.815
总计		21.679	0.555	20.901	18.877	2.183	19.437	16.828	4.753	22.624	17.321	4.969	24.949

从表 9-17 可以看出,随着中、下游调水量的变化,不同时期进入干流中游盆地渠系、灌区的水量、灌溉面积和地下水开采量也发生了变化,尤其在 1998～2004 年变化比较显著。1980～2004 年,农业灌溉总引水量由 21.679 亿 m³/a 减少为 16.828 亿 m³/a,2005～2010 年略有增加,为 17.321 亿 m³/a;相应地,除了沿山干渠,其他主干渠所涉区域灌溉面积在不同时间段均有所增加;同时,地下水开采总量则随着渠系引水的减少而快速增加,由 20 世纪 80 年代的 0.555 亿 m³/a 增加到 21 世纪 10 年代的 4.969 亿 m³/a,地下水开采量增大了将近 10 倍。尤其是东干渠区域的大满和盈科灌区,西干渠区域的西浚和骆驼城灌区,沿山干渠区域的马营河灌区,这 5 个灌区的灌溉面积分别从 1980～1989 年的 1.497 万 hm²、1.894 万 hm²、1.629 万 hm²、0.053 万 hm² 和 0.814 万 hm² 增加到 1998～2004 年的 2.275 万 hm²、2.106 万 hm²、1.899 万 hm²、0.489 万 hm² 和 1.838 万 hm²,而地下水开采量相应地从 0.029 亿 m³/a、0.104 亿 m³/a、0.013 亿 m³/a、0.038 亿 m³/a 和 0.030 亿 m³/a 增加到将近 0.875 亿 m³/a、0.880 亿 m³/a、0.685 亿 m³/a、0.540 亿 m³/a 和 0.405 亿 m³/a。与 20 世纪 80 年代相比,灌溉面积最大约增大了 10 倍,相应的地下水开采量增大了 10 倍以上。2005～2010 年,耕地面积扩展速度减缓,除了大满灌区和沿山灌渠,各灌区灌溉面积基本保持不变,相应的地下水开采量也有所减少。

9.3.3 中游盆地地下水位时空分异特征及演化趋势

系统地研究地下水位的时空分异特征及其变化趋势,对实现该区域地下水资源可持续利用及区域可持续发展具有重要意义。受河流径流、蒸发蒸腾和灌溉、开采等影响,地下水位呈季节和年际动态变化。

1. 地下水位时空分异特征

地下水位波动是地下水资源量变化的直观反映。气候变化与人类活动对黑河干流中游水资源系统产生了一定影响,尤其是人类活动的增强,使地下水位时空分布规律发生了一系列变化。

从分区来看(表 9-18,图 9-27),1985～2013 年 I 区和 II 区地下水位以区域性下降为主,年均下降速率最大分别达到 0.60m/a、0.40m/a,累计水位下降 17.41m、11.49m。III 区和 IV 区最大年均下降速率为 0.27m/a、0.17m/a,累计水位下降幅度较小。

表 9-18 各分区不同时期观测井地下水位动态变化

分区	不同时间段年均水位变化速率/(m/a)					累计水位变化/m	1985～2013 年年均变化速率/(m/a)
	1985～1989 年(丰)	1990～1997 年(枯)	1998～2001 年(平)	2002～2004 年(丰)	2005～2013 年(丰)		
I	−0.33～0.07	−0.46～0.01	−0.89～−0.38	−0.98～0.81	−0.54～0.26	−17.41～−0.43	−0.60～−0.01
II	−0.24～0.13	−0.36～−0.11	−0.62～0.14	−0.83～0.32	0.15～0.37	−11.49～−0.29	−0.40～−0.01
III	−0.10～0.12	−0.15～0.06	−0.34～0.07	−0.50～0.20	−0.16～0.22	−7.78～2.25	−0.27～0.08
IV	−0.10～0.06	−0.23～0.02	−0.44～0.07	−0.63～0.26	−0.19～0.13	−4.92～1.06	−0.17～0.04

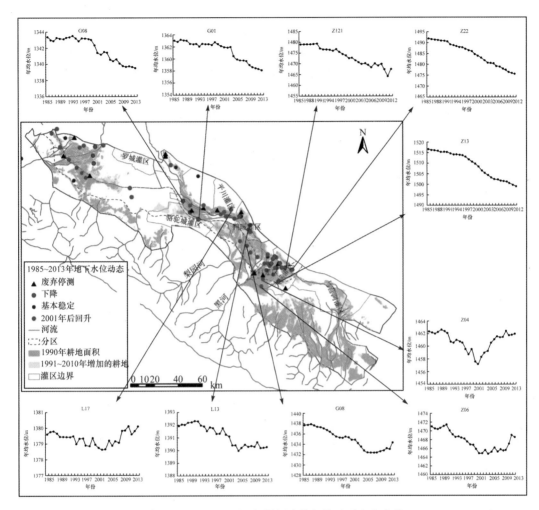

图 9-27 1985～2013 年黑河中游年均地下水位变化

分阶段来看,1985～1997 年各分区地下水位以下降为主。受丰枯水年影响,在丰水年下降速率小一些,在枯水年下降速率大一些。Ⅰ区和Ⅱ区最大年下降速率达到 0.46m/a、0.36m/a。这一时期由于灌溉引水,干渠引用了大量的河水,河道除冬季有水流下泄外,其余时间干涸,河道补给量的大幅度减少是本区域水位下降的主要原因之一。1998～2004年,即使处在丰水年,各分区地下水位仍呈加速下降趋势。Ⅰ区、Ⅱ区最大下降速率分别达到 0.98m/a、0.83m/a,Ⅲ区、Ⅳ区下降速率稍低。水位下降与这一时期灌溉面积扩展、地下水开采量增加有直接关系。但同时,2001 年以后个别观测井出现水位回升现象。2005～2013 年随着丰水年的延续,各分区地下水位下降速率均出现减缓趋势,Ⅰ区最大为 0.54m/a,Ⅱ区水位全面回升,Ⅲ区和Ⅳ区水位基本稳定并略有回升。地下水位在区域上表现为山前洪积扇裙带中上部地下水位持续下降,但下降速率有所减缓,而洪积扇裙带下部、细土及河谷平原地下水位基本稳定或出现上升趋势(图 9-27)。

统计发现,1985～2013 年地下水位下降区域主要分布在张掖盆地中除黑河河床影响带以外的所有地带,其中大满灌区 3 眼井(Z13、Z22、Z121)和高台骆驼城灌区 2 眼井(G01、G08)下降最为显著。这些区域地下水补给以渠系田间入渗为主,地下水位的变化主要受灌溉面积和引水量控制。分水后中游地表水发生再分配,使进入渠系和田间的水量减少,部分河水、井水混灌区因地表水不足转而大量开采地下水。例如,大满灌区 1989 年地表引水量为 1.95 亿 m³,到 2010 年减少为 1.36 亿 m³,减少了 0.59 亿 m³,灌溉面积却由 1.5 万 hm² 增加到 2.41 万 hm²;相应地,地下水开采井从 224 眼增加到 755 眼,开采量由 0.03 亿 m³ 增加到 1.19 亿 m³,增加了 1.16 亿 m³,导致地下水位下降了 11.49～17.41m;骆驼城灌区是典型的纯井水灌溉区,地下水开采量占总灌水量的 90% 以上,由于灌溉面积从 1989 年的 0.05 万 hm² 增加到 2010 年的 0.49 万 hm²,增长了近 10 倍,地下水开采量随之大幅度增加,开采井从 129 眼增加到 562 眼,开采量从 0.04 亿 m³ 增加到 0.50 亿 m³,增长了 10 倍以上(表 9-17)。加上该灌区远离黑河主河道,河水对地下水的补给作用弱,导致区域地下水位下降了 2.62～4.92m。

地下水位大范围上升出现于 2001 以后,主要分布在酒泉盆地和黑河干流沿岸(图 9-27),累计上升幅度 0.1～3.3m,上升幅度由黑河盈科灌区向西北河谷平原逐渐减小。其中,盈科、西浚灌区 3 眼井(Z04、Z06、Z33),平川、鸭暖灌区 2 眼井(L17、L13)上升最为明显。这些地带属河水、泉水、井水混灌区,地表水所占比例最大可达 80% 以上。地下水补给来源为河水入渗、渠系田间入渗,泉水、蒸散发和地下水开采是主要的排泄方式。地下水位的变化主要受黑河径流入渗、田间灌溉量入渗及地下水开采的影响。与 2000 年相比,2001 年以来,盈科、西浚灌区地表引水量略有增加,平川、鸭暖灌区基本不变;灌溉面积基本没有变化;地下水开采量均有不同程度的减少,其中盈科灌区开采量减少了 0.18 亿 m³。分析认为,黑河径流入渗增加、地下水开采减少是这一地带地下水位上升的主要原因,且黑河干流沿岸河水入渗量的增加则可能是关键影响因素。2000 年以来,黑河出山径流量基本处于偏丰或平状态,2001 年分水制度实施后,河床过水时间由分水前的 30d/a 增加到了分水后的 106d/a(巴建文等,2010),使莺落峡至 312 国道黑河大桥区间河道渗漏量较分水前增加了 3.12 亿 m³(胡兴林等,2012)。然而,对于张掖盆地地下水位大面积上升的原因,学术界争议还很大(丁宏伟等,2009)。

2. 地下水埋深分布变化

尽管在 2005～2013 年地下水位出现回升,但近 30 年地下水位累积趋势仍以区域性下降为主。地下水位下降的直接后果就是地下水埋深的不断增加。1985～2013 年埋深平均增加了 1.0～3.0m,最大增加了 17.4m(图 9-28)。埋深变化在一定程度上改变了地下水补给排泄规律的时空分布,成为地下水循环乃至整个流域水循环的重要影响因素之一。

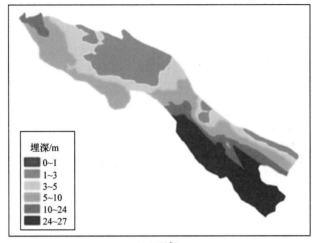

(a) 1985年

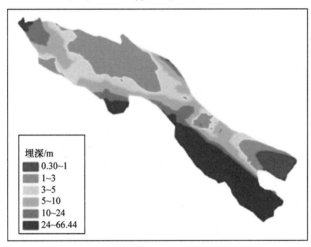

(b) 1989年

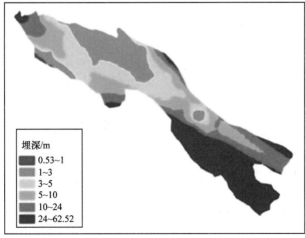

(c) 1995年

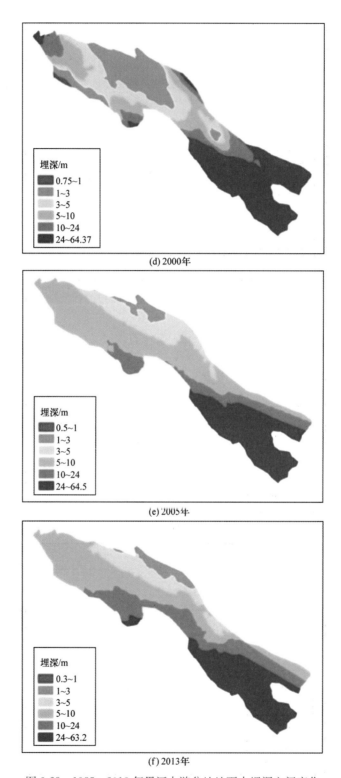

(d) 2000年

(e) 2005年

(f) 2013年

图 9-28　1985～2013 年黑河中游盆地地下水埋深空间变化

9.3.4 地下水储量时空分异特征与演化趋势——以张掖盆地为例

黑河中游地下水位动态变化及其在时空上的分布差异性,决定了地下水储量变化的时空分异性,而且地下水位的区域性下降会引起地下水储量的减少,当储量减少到一定程度时,将对含水层,尤其是深层含水层造成威胁,甚至带来含水层枯竭。因此,本书选取受人类活动影响显著的张掖盆地人工绿洲核心灌区,基于地统计学方法,估算了灌区尺度的地下水储量变化,探讨了不同灌溉方式下地下水资源量长期变化,主要目的在于深入理解气候变化与人类活动双重影响下黑河中游地下水系统行为及其长期演变趋势。

地下水储量变化是地下水位变化的结果,也是地下水补排关系的直观反映。整个张掖盆地地下水水位降深及储量在不同分区、不同时间段表现出显著的分异规律。

1. 不同时段张掖盆地地下水年均及累计储量变化规律

在不同时段内,整个张掖盆地及各个分区地下水储量变化以减少为主,经历了先加速减少后减速增加的过程[表 9-19,图 9-29]。1985~1989 年由于处在丰水年,各分区地下水储量变化不大,基本在−0.28 亿~0.09 亿 m^3/a,整个盆地年均减少 0.22 亿 m^3,累计减少 1.1 亿 m^3;1990~1997 年随着连续枯水年的出现,各分区地下水储量减少显著,减少幅度在 −2.15 亿~−0.03 亿 m^3/a,盆地年均减少 3.74 亿 m^3,累计减少 29.88 亿 m^3;1998~2001 年随着扩耕、灌溉开采等人类活动的增强,即使是平水年,各分区地下水储量仍加速减少,减少幅度在−2.68 亿~0.01 亿 m^3/a,盆地年均减少 4.02 亿 m^3,累计减少 16.08 亿 m^3;2002~2004 年是中、下游实行分水初期,各分区地下水储量变化趋于复杂化,向增加和继续减少两极发展,年均变幅为−2.75~0.47 亿 m^3/a,年均总储量减少 2.20 亿 m^3,累计减少 6.61 亿 m^3;2005~2013 年在人类活动和连续丰水年的共同影响下,除了河水泉水灌区略有减少之外,其他各分区储量基本保持平衡或略有增加趋势,年均变化为−0.01 亿~0.67 亿 m^3/a,总储量以 0.68 亿 m^3/a 的速率增加,累计增加 6.16 亿 m^3。

表 9-19 1985~2013 年地下水储量时空变化

分区	面积 /km²	不同时段地下水储量年均变化/(亿 m³/a)						总储量变化 /亿 m³
		1985~ 1989 年	1990~ 1997 年	1998~ 2001 年	2002~ 2004 年	2005~ 2013 年	多年平均 /亿 m³	
河水井水	4688.32	−0.28	−2.15	−2.68	−2.75	0.01	−1.29	−37.48
河水	1398.46	0.03	−1.33	−1.12	0.21	0.67	−0.29	−8.32
井水	1297.03	0.09	−0.18	−0.21	0.47	0.01	−0.01	−0.24
泉水	121.52	−0.01	−0.03	−0.02	−0.01	0.00	−0.01	−0.40
河水泉水	430.71	−0.05	−0.05	0.01	−0.12	−0.01	−0.04	−1.08
张掖盆地	7936.04	−0.22	−3.74	−4.02	−2.20	0.68	−1.64	−47.52

注:正值代表增加;负值代表减少。

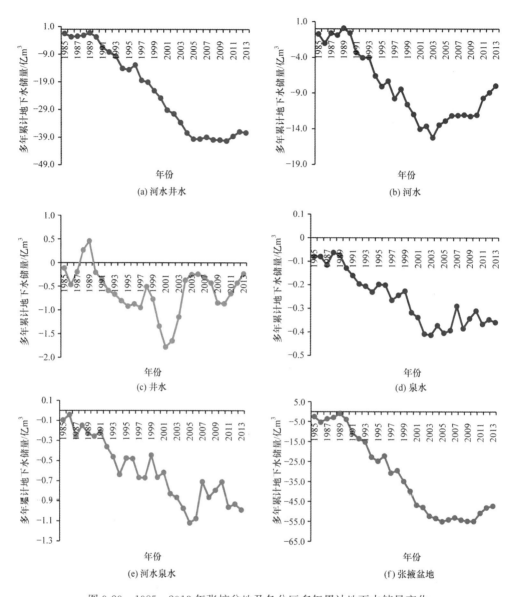

图 9-29　1985～2013 年张掖盆地及各分区多年累计地下水储量变化

1985～2013 年整个张掖盆地总地下水储量减少了 47.52 亿 m³,年均亏缺 1.64 亿 m³。其中,河水井水灌区约减少了 37.48 亿 m³,占整个盆地总减少量的 78.87%,地下水资源严重亏缺;河水灌区约减少了 8.32 亿 m³,占总减少量的 17.51%,地下水资源亏缺较重;由于河水泉水灌区和泉水灌区面积较小,地下水储量减少相对较小。

2. 不同分区水位降深与储量年际变化规律

由于气候变化与人类活动的双重扰动,水位降深变化(图 9-30 和图 9-31)与储量[图 9-32,图 9-29(a)～图 9-29(e)]在各个分区也表现出很大的时空差异性。

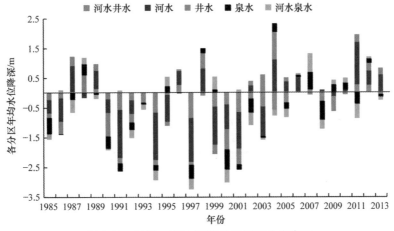

图 9-30　1985～2013 年各分区年均水位降深

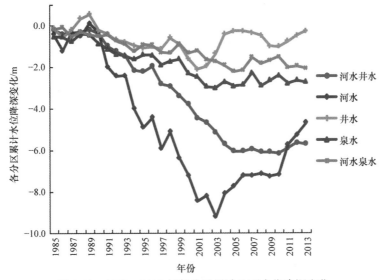

图 9-31　1985～2013 年各分区累计地下水位降深变化

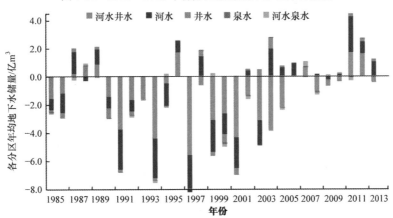

图 9-32　1985～2013 年各分区年均地下水储量变化

1) 河水井水灌区水位降深与储量年际变化规律

结合图 9-29(a)、图 9-30~图 9-32 可以看出,1985~2004 年河水井水灌区年均地下水位降深与储量基本处于负变化,即水位在不断下降,储量不断减少。由于河水井水灌区面积约占整个盆地面积的 59.07%,年均、累计地下水储量减少幅度在所有分区中最大。平均年地下水位降深为 −0.29m/a,在 1997 年达到最大(−0.85m/a),累计降深达 −5.73m,相应的储量以 1.88 亿 m³/a 的速率减少,最大减少 5.60 亿 m³/a,累计减少 37.55 亿 m³;而在 2005~2013 年水位下降减缓,降深逐渐变为正变化,最大达 0.26m/a,储量以 0.01 亿 m³/a 的速率增加,累计增加 0.07 亿 m³。截至 2013 年,多年平均地下水位降深达 0.20m/a,累计地下水位降深达 5.72m,储量减少了 37.48 亿 m³,地下水亏缺严重。分析其原因,河水井水灌区主要位于南部冲洪积扇群带和中部细土平原带,包括甘州区的大满、盈科、西干灌区,临泽县的平川、新华等灌区,以及高台县的友联、六坝等灌区,井水灌溉占到 20%~30% 或以上,地下水大量开采是地下水位下降和储量减少的主要因素,而 2001 年后水位回升可能与分水后实行《黑河流域综合治理规划》及节水灌溉后限耕、限采地下水有关,也与连续处于丰水年河水渗漏补给增加有关。

2) 河水灌区水位降深与储量年际变化规律

由图 9-29(b)、图 9-30~图 9-32 可知,1985~2001 年河水灌区年均水位降深与储量基本处于负变化,即水位在不断下降,平均年水位降深为 −0.50m/a,1991 年达到最大(−1.62m/a);储量平均以 0.88 亿 m³/a 的速率不断减少,最大减少 2.87 亿 m³/a,累计减少 14.98 亿 m³;2002~2013 年水位陆续出现回升,年水位降深由负变化转变为正变化,平均降深 0.30m/a,最大降深达 1.43m/a,储量相应以 0.55 亿 m³/a 的速率增加,累计约增加 6.66 亿 m³/a。截至 2013 年,多年平均地下水位降深达 0.16m/a,累计地下水位降深达 4.70m,储量累计减少 8.32 亿 m³,地下水资源亏缺较严重。以 2001 年为分界点,在此之前河水灌区的年均、累计水位以快速下降为主,之后则以较高速率回升。这是由于河水灌区位于冲洪枳扇裙带中上部,地下水埋深较深。河水灌区主要包括甘州区的上三、安阳等灌区,高台县的新坝、红崖子灌区,以及民乐县部分灌区,以引河水灌溉为主。这里是地下水的径流带,地下水流速快,且地下水补给以河水渗漏和渠系水渗漏为主,因此水位降深、储量变化与不同水平年黑河来水丰枯有一定关系,在丰水年河流来水偏丰,地下水补给较多,枯水年则相反。而且,分水前灌溉期引水减少了黑河渗漏补给地下水量,而分水后灌溉期实行"全线闭口,集中下泄",黑河渗漏补给增加。

3) 泉水灌区、河水泉水灌区水位降深与储量年际变化规律

由图 9-29(d)、图 9-29(e)和图 9-30~图 9-32 可知,泉水灌区和河水泉水灌区年均、多年水位降深、储量变化趋势基本一致,在 2005 年前均以加速下降为主,之后下降趋势减缓。其中,1985~2004 年泉水灌区、河水泉水灌区平均年水位降深分别为 −0.14m/a、−0.10m/a,累计降深达 −2.73m、−1.94m,平均储量分别以 0.02 亿 m³/a、0.05 亿 m³/a 的速率减少,储量累计分别减少 0.4 亿 m³、1.0 亿 m³;2005~2013 年泉水灌区、河水泉水灌区平均年水位降深分别为 −0.0m/a、−0.02m/a,累计降深达 −0.01m、−0.15m,平均储量分别以 0.00 亿 m³/a、0.01 亿 m³/a 的速率减少,累计储量分别减少 0.04 亿 m³、0.44 亿 m³。截至 2013

年,泉水灌区和河水泉水灌区多年平均地下水位降深分别为-0.09m/a、-0.07m/a,累计地下水位降深分别达-2.74m、-2.09m,储量累计减少分别为 0.40 亿 m^3、1.08 亿 m^3,地下水资源亏缺一般。与河水泉水灌区相比,泉水灌区年均、累计水位降深与储量变化较大。泉水灌区主要有临泽县的小屯灌区,河水泉水灌区有板桥、鸭暖、蓼泉灌区,由于泉水灌区、河水泉水灌区主要分布在黑河干流沿岸河谷平原带,在 20 世纪 80 年代之前以泉水灌溉为主,随着地下水的开采,逐渐演变为泉水井水混灌或河水泉水井水混灌区,地下水在泉水灌区约占总用水量的 30.3%,在河水泉水灌区所占比例相对较小。大量开采地下水使得泉水溢出量不断减少,促使地下水开采量不断增加,形成恶性循环。该区域地下水位及储量变化与地下水开采活动密切相关。

4) 井水灌区水位降深与储量年际变化规律

图 9-29(c)和图 9-30～图 9-32 表明,井水灌区的水位降深及储量变化趋势与河水灌区相似。1985～2001 年井水灌区年水位降深和储量基本处于负变化,并呈不断下降趋势,平均降深达到-0.13m/a,累计降深为-2.14m,储量平均减少 0.10 亿 m^3/a,累计减少 1.78 亿 m^3;而在 2002～2013 年水位较快速地曲折回升,水位降深逐渐成为正变化,水位降深累计增加 1.85m,储量累计增加 1.54 亿 m^3。井水灌区位于冲洪积扇裙带中上部,有骆驼城灌区及民乐县部分灌区,井水灌溉最大占 90% 以上。由于受地形特征及地下水开采的影响,水位和储量波动频繁而复杂。分水后实行《黑河流域综合治理规划》及节水灌溉后,限耕、限采地下水是水位储量回升的主要原因。

9.3.5 流域分水对中游地下水系统影响与修复对策

1985～2013 年,由于人类灌溉、开采地下水等活动不断增强,尤其是"分水制度"的实施,使得黑河中游流域"河流-含水层"水资源系统发生了很大变化,从而引起地下水水位和储量时空分布的变化。尽管在 2001 年以后水位下降和储量减少速率减缓,但局部区域仍出现水位回升、储量增加的现象,但中游盆地仍以区域性地下水位下降和储量减少为主。

通过对比张掖盆地地下水累积消耗量(储量变化)与年地下水开采变化趋势(图 9-33)及中游盆地年平均地下水位高程变化与年地下水开采量的关系(图 9-34),发现地下水开采量与地下水累积消耗量的变化趋势基本一致,而平均水位高程变化与地下水开采量表现出强烈的正相关关系,相关系数达到 0.99。地下水开采是张掖盆地地下水系统变化的主要扰动因素之一,而中、下游水资源分配不均衡则是引起中游大量开采地下水资源的根本原因。一方面是中、下游水量分配不均衡。在分水政策执行前,中、下游间水资源的分配基本处于自然状态,无论在丰水年还是枯水年,中游始终优先满足水资源需求,水资源相对充足;分水政策执行后,下游得到较多水资源,而中游地区则因失去了对水资源的优先使用权,分配到的水资源相对减少。另一方面是水资源在渠系田间分配也不均衡。随着耕地面积以不同速率在不同灌区不断扩展,农业用水在不同灌区也以不同速率持续增加,使得水资源在渠系间的分配有较大的差异性,同时也引发大量开采地下水来弥补地表水资源的相对不足。

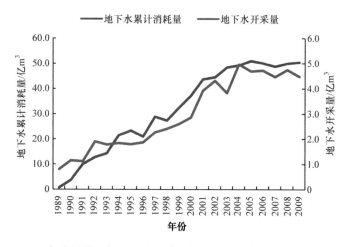

图 9-33 1989～2009 年张掖盆地年地下水开采量与地下水累计消耗量(储量变化)的变化趋势

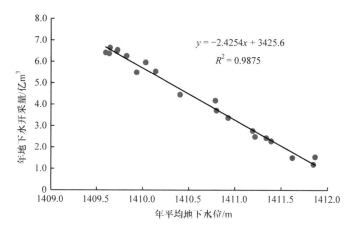

图 9-34 中游盆地年平均地下水位高程变化与年地下水开采量的关系

　　大量开采地下水的主要后果是地下水位和储量在时空上出现较大的分异性。从中游盆地来说,地下水位和储量经历了匀速下降、加速下降到减速下降的 3 个阶段。从分区来看,不同分区的地下水位下降速率不同,储量减少也不同。各分区累计水位降深变化从大到小依次为河水灌区>河水井水灌区>泉水灌区>河水泉水灌区≥井水灌区,相应的累计储量变化依次为河水井水灌区>河水灌区>井水灌区>河水泉水灌区>泉水灌区。而且,各分区水位降深与储量变化在时间上陆续经历了从加速下降到减速或回升的过程。井水灌区在2001 年首先出现水位、储量由下降到回升的转变,接着是河水、泉水灌区在 2003 年发生转变,河水井水、河水泉水灌区在 2005 年发生转变,而这种转变正是在黑河中、下游实行分水政策之后出现的。从分水前的扩耕、增采地下水,到分水后的限耕、限采地下水及节水行动,加上气候丰枯变化,在很大程度上改变了地下水的补排特性及地下水与地表水的交互关系,进一步表明,人类活动对张掖乃至整个中游盆地地下水资源的影响逐渐处于主导地位。人类活动影响越强的分区,水位和储量越早出现回升。

值得注意的是,冲洪积扇扇裙带中上部(Ⅰ区)在不同时段水位下降幅度最大,水量减少最多,这与前人的研究结果是一致的(魏智等,2009;胡兴林等,2008;杨玲媛等,2005)。究其原因,可能与该区水文地质条件及地下水的补给排泄状况有很大关系。Ⅰ区主要为单层潜水含水层,含水层厚度大,埋深较深,处于地下水径流带,水力梯度大,地下水流速大,更新速率快。地下水补给以河水渠系水入渗补给为主。近30年来,随着渠系水利用率的提高,地下水补给有所减少;而且区域内主要为井水灌区、河水井水混灌区,持续大量开采地下水而没有及时补充,地下水位和储量必定会大幅度下降。

分水后,耕地扩展得到控制,地下水开采强度减缓。在局部区域,尤其是河道附近,地下水位和储量陆续出现回升,离河道越近,得到的河水入渗补给量越多,水位回升越显著。而在冲洪积扇中上部远离河道的区域,没有河水及其他补给,地下水位和储量仍以下降为主。限耕限采对中游地下水系统起到了积极作用。

黑河出现的水资源问题是我国内陆河流域,如塔里木河、石羊河等普遍存在的问题。调水工程的实施在一定程度上缓解了中、下游的用水矛盾,同时也出现了新的问题。中游盆地关键区域地下水位持续下降、储量不断减少、含水层水量亏缺严重的问题必须得到足够重视。近年来,由于连续丰水年,地下水位下降、储量减少有所减缓,若以现状水资源利用模式继续发展,假如遇到连续枯水年,地下水系统将如何变化?含水层水量会不会枯竭?这些问题带给我们的不仅是思考。现状分水政策在短期内可以解决中、下游间水资源配置问题,但从长远来看,如何配置更能体现流域水资源的可持续开发利用这个问题并没有解决。当务之急是要调整分水政策,按照干湿年份优化中、下游间分水比例(优化分水曲线),在调水的水量和调水次数上,也应进行进一步优化,联合地表水、地下水实现优化调度。

中游盆地地下水系统恢复是保护地下水含水层耗尽、整个生态系统免遭破坏的唯一途径。为了更好地应对黑河中游水问题,本书提出了以下三点对策:①制订合理的"生态分水"方案,统一调配地表水和地下水,在丰水年多分一部分水给中游,用以补充枯水年地下水的亏缺,并作为地下水盆地恢复的水源,将更多的水储存于地下水盆地中;而在枯水年,中游可以少分一部分水,用于维持下游的生态。②根据地下水位变化情况,在中游盆地,尤其是在张掖盆地建立地下水-地表水管理"关键带"。在水位降低、储量减少的"关键带"建设绿色人工湿地,维持湿地的生态调节功能,使得流入干旱地区的每滴水发挥效益;也可在地下水位较高的"关键带",或当地表水缺乏时,适当开采部分地下水来降低水位,减少区域地下水的蒸发耗水,发挥有限水资源的效益。③实行及时回补政策。为了维持正常生产生活及生态需水,必须进行大量的地下水开采活动,在开采用水后应及时采取措施进行回补,保证地下水的动态平衡。

9.4　流域分水前后黑河下游水化学特征及其指示的水循环过程变化

水文地球化学的主要研究对象是地下水化学成分的形成和演化规律,以及各种化学组分在地下水中迁移的规律。全面分析地下水中的化学组成及研究地下水的形成过程是水文地球化学研究的两大基本任务(张宗钴等,2002)。对地下水化学特征的研究可以追溯一个地区的水文地质历史,阐明地下水的起源与形成过程(龙文华,2010)。

20 世纪 70 年代后期,由于中游水资源耗用量不断增加,进入下游的水量锐减,在经历 20 世纪 90 年代地表水输入最少阶段(平均 3.49 亿 m³)之后,下游成为生态环境恶化最严重的区域,地下水位急剧下降,终端湖相继消失,众多天然河道废弃并成为绿洲内部沙源,天然绿洲持续萎缩,土地沙漠化迅速发展。2000 年,国家启动了黑河下游应急生态输水工程,2002 年 7 月下旬黑河水首次被输送到下游;至 2014 年,黑河下游输水量年均在 10 亿 m³ 左右,生态环境有了明显改善。

本节通过分析对比分水前(2002 年)后十余年(2014 年)里黑河下游浅层地下水的水化学特征,以及水体总矿化度(TDS)、电导率(EC 值)、离子比例关系和相关性等一系列相关指标,旨在阐明该地区地下水水环境变化及其水循环影响,以期对流域水资源管理提供理论基础和决策依据。

9.4.1 样品采集、测试与分析方法

2002 年 6~7 月在黑河下游开展了平行和垂直河道的多条样带地下水样采集,并用 GPS 定位采样点,共采集浅层地地下水样 96 个。参照 2002 年采样点,2014 年 7 月在黑河下游再次采样,并适当补充样点,共采集样品 113 个(图 9-35)。

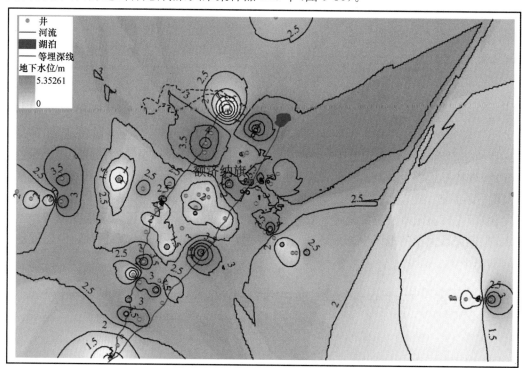

图 9-35 2014 年额济纳三角洲地下水采样点及水位埋深插值图

野外采集过程中,利用 Multi-3430 型便携式水质分析仪,现场测定了水样酸碱度(pH)、温度、电导率 EC、氧化还原电位(Eh)和盐度等指标,利用卷尺结合 GPS 定位数据测定了地下水位埋深。实验室完成了 Na^+、K^+、Mg^{2+}、Ca^{2+}、SO_4^{2-}、Cl^- 和 NO_3^- 等主要离子和化学成分的分析。Na^+、K^+、Mg^{2+} 和 Ca^{2+} 等阳离子使用 PE-2380 型原子吸收光谱仪测定;SO_4^{2-}、Cl^- 和 NO_3^- 3 种阴离子使用 Dionex-100 离子色谱仪测定;HCO_3^- 用现场滴定法测定。由水中溶解 CO_3^{2-} 和 HCO_3^- 的平衡关系可知,CO_3^{2-} 含量很少,不足 5%。因而,在本书的研究中,CO_3^{2-} 可忽略不计。为保证数据的可靠性,所有的实验数值都经过阴阳离子电荷平衡计算。

利用 SPSS 17.0 软件对有关水文化学参数进行统计、相关性分析和数据检验。在此基础上,采用普通克里金法对主要离子进行线性无偏插值,借助 ArcGIS 9.0 软件地统计模块分析其空间分布特征。利用 AqQA1.1 软件绘制 Piper 三线图,了解其水化学类型变化情况。优选相关水化学参数,利用 SigmaPlot 10.0 软件绘制离子比例系数图,结合有关资料,全面系统地研究区域地下水水化学的空间变异特征与演化规律,以期揭示控制该区域地下水质量和环境演变的主要水化学过程。

基于地下水中主要离子成分和离子比值特征,判断地下水的成因和地下水化学成分的来源及形成过程。该方法能深入描述和刻画出水质在空间和时间尺度上的演化过程和特点,对水文地球化学演化进行典型剖析。各离子比参数和图解方法如下。

$[rCa]/[rNa]$ 值、$[rMg]/[rNa]$ 值:其变化主要用来判断水化学作用中有无可能发生离子交换反应。若 $[rCa]/[rNa]$ 值、$[rMg]/[rNa]$ 值减小,则水中 Ca^{2+}、Mg^{2+} 与黏土中 Na^+ 可能发生交换;若 $[rCa]/[rNa]$ 值、$[rMg]/[rNa]$ 值增加,则水中 Na^+ 与黏土中 Ca^{2+}、Mg^{2+} 可能发生交换。此外,$[rNa]/[rCa]$ 值、$[rNa]/[rMg]$ 值还可以表征水质演化过程及矿化强度。例如,在低矿化水中通常以 Ca^{2+} 占优势,随着矿化度的增高,水中 Mg^{2+} 的含量也相应增高,当矿化度继续加强,则 Na^+ 在水中处于优势地位,$[rNa]/[rMg]$ 值增强,与矿化度的递增是一致的,表明地下水中 Na^+、Mg^{2+} 含量相对增加,盐分不断聚集。

$[rCa]/[rCl]$ 值:表示水动力特点的参数。通常 Cl^- 在滞缓的水动力带中富集,Ca^{2+} 是弱矿化度中的主要阳离子,重碳酸钙水是低矿化度水的普通特征。

$[rNa]/[rCl]$ 值:盐分淋溶与积累强度的标志可以反映地下水在水平方向上的特点。

$[rSO_4]/[rCl]$ 值、$[rHCO_3]/[rCl]$ 值:反映阴离子演化过程及组分分配比变化的水文地球化学参数。一般沿地下水流向,若 SO_4^{2-} 浓度增加,则可能发生硫酸盐的溶解;若 SO_4^{2-} 浓度减少,则可能发生硫酸盐的还原。

$[Mg^{2+}]/[Ca^{2+}]$ 和 $[Na^+]/[Ca^{2+}]$ 浓度比:常用来区分溶质的大致来源。以方解石风化溶解作用为主的水一般具有相对较低的 $[Mg^{2+}]/[Ca^{2+}]$ 值和 $[Na^+]/[Ca^{2+}]$ 值;以白云岩风化溶解作用为主的水具有较低的 $[Na^+]/[Ca^{2+}]$ 值和较高的 $[Mg^{2+}]/[Ca^{2+}]$ 值;水中的 $[Mg^{2+}]/[Ca^{2+}]$ 值可以被用作一种检测参数来辨别地下水来源。因此,根据以上离子比值可以识别水中化学组分的主要来源,揭示水化学成因的大致机理。

$([Ca^{2+}]+[Mg^{2+}])/([Na^+]+[K^+])$ 值:判别流域不同岩石风化相对强度的指标。碳

酸盐风化控制的河流（$[Ca^{2+}]+[Mg^{2+}]$）/（$[Na^+]+[K^+]$）值较高。$[Cl^-]/[Na^+]$值较低，而$[HCO_3^-]/[Na^+]$较高，表明河流水化学组成受到蒸发岩溶解的影响大。（$[Na^+]+[K^+]$）和$[Cl^-]$的相互关系能够反映出离子是否发生硅酸盐矿物溶解反应。若水中（$[Na^+]+[K^+]$）近似等于$[Cl^-]$，则说明水中的 K^+ 和 Na^+ 主要来源于岩盐溶解；若水中（$[Na^+]+[K^+]$）远远大于$[Cl^-]$，则说明水中的 K^+ 和 Na^+ 除来源于岩盐的溶解以外，还受到硅酸盐矿物溶解的影响。

（$[Ca^{2+}]-[SO_4^{2-}]+[Mg^{2+}]$）/$[HCO_3^-]$的浓度比：用于计算白云石的溶解量。因为石膏或硬石膏溶解产生等量的 Ca^{2+} 和 SO_4^{2-}，因此，从水溶液的 Ca^{2+} 总量中减去 SO_4^{2-} 的量，即为白云石溶解的量。因此，水中的（$[Ca^{2+}]-[SO_4^{2-}]$）和$[Mg^{2+}]$应该全部来自白云石的溶解，并且（$[Ca^{2+}]-[SO_4^{2-}]+[Mg^{2+}]$）和$[HCO_3^-]$的浓度比值应该落在它们 1∶1 的等量线上。

（$[Ca^{2+}]+[Mg^{2+}]$）/（$[HCO_3^-]+[SO_4^{2-}]$）的浓度比：常被用来判断区域内化学风化的类型。天然条件下，根据其溶解的化学反应式，方解石、白云石等碳酸盐风化所产生的 Ca^{2+} 和 Mg^{2+} 的浓度之和与 HCO_3^- 浓度应该大体一致。（$[Ca^{2+}]+[Mg^{2+}]$）/（$[HCO_3^-]+[SO_4^{2-}]$）$\gg$ 1，则指示水中的 Ca^{2+} 和 Mg^{2+} 主要来源于碳酸盐矿物的溶解；（$[Ca^{2+}]+[Mg^{2+}]$）/（$[HCO_3^-]+[SO_4^{2-}]$）$\ll$ 1，则指示水中有硅酸盐或硫酸盐矿物的溶解；（$[Ca^{2+}]+[Mg^{2+}]$）/（$[HCO_3^-]+[SO_4^{2-}]$）$\approx$ 1，则指示水中既有碳酸盐的溶解又有硫酸盐的溶解。

Gibbs 图解法：水中化学离子浓度反映了径流路径中的水-岩相互作用过程。为了直观地反映水化学离子的主要来源和形成原因，通常用 Gibbs 的半对数坐标图解方法进行分析。纵坐标以对数表示 TDS，横坐标以算术值表示质量浓度比，如阳离子$[Na^+]$/（$[Na^+]+[Ca^{2+}]$）或阴离子$[Cl^-]$/（$[Cl^-]+[HCO_3^-]$）的比值。

地下水运移过程中，含水层系统的松散沉积物中的黏土矿物会吸附地下水中某些阳离子，使地下水中化学成分发生变化。因此，为了更进一步研究地下水阳离子交换作用或反阳离子交换作用，引进氯碱指数（chloro-alkaline，CAI1 和 CAI2）（Fisher et al.，1997）：

$$CAI1=[Cl^-]-([Na^+]+[K^+])/[Cl^-] \tag{9-5}$$

$$CAI2=[Cl^-]-([Na^+]+[K^+])/[SO_4^{2-}]+[HCO_3^-]+[CO_3^{2-}]+[NO_3^-] \tag{9-6}$$

若地下水中 Na^+、K^+ 与含水层中 Ca^{2+}、Mg^{2+} 发生阳离子交换，则 CAI1 和 CAI2 均为正。

9.4.2 2002 年地下水化学特征与空间演变规律

1. 地下水以微咸水为主，淡水和咸水次之

从离子浓度均值来看，各区均呈现$[SO_4^{2-}]>[Cl^-]>[HCO_3^-]$、$[Na^+]>[Mg^{2+}]>[Ca^{2+}]>[K^+]$，说明各区在主要离子浓度上具有一定的相似性。全区域$[K^+]$和$[SO_4^{2-}]$变异系数较大，均为 1.4；其余离子变异系数均在 1.0 以下，表明 K^+ 和 SO_4^{2-} 较其他离子对水

文条件、地形地貌及人类活动等因素敏感,稳定性较弱(表 9-20)。

表 9-20 2002 年下游地下水中各离子含量统计表

项目	pH	EC	$[Ca^{2+}]$	$[Mg^{2+}]$	$[K^+]$	$[Na^+]$	$[Cl^-]$	$[SO_4^{2-}]$	$[HCO_3^-]$	TDS
最大值	8.43	19360.0	744.9	1103.0	166.9	3300.0	2973.1	8147.8	1316.2	14871.6
最小值	7.17	690.0	21.4	8.0	1.2	47.6	30.2	156.1	103.7	461.2
平均值	7.80	3270.0	112.0	137.8	20.4	443.8	398.1	915.0	394.7	2277.5
标准偏差	0.26	3100.0	108.4	172.6	29.2	514.8	466.0	1260.7	244.4	2160.2
变异系数/%	3	90	90	130	140	120	120	140	60	90

注:所有离子浓度的单位均为 mg/L;EC 的单位为 ms/cm。

研究区内浅层地下水水样分析(舒卡列夫地下水化学类型分类方法)结果显示,区内主要存在以下几种地下水水化学类型:SO_4^{2-}-HCO_3^--Na^+-Mg^{2+}、SO_4^{2-}-HCO_3^--Mg^{2+}-Na^+、Cl^--SO_4^{2-}-Na^+、SO_4^{2-}-Cl^--Na^+-Mg^{2+}、SO_4^{2-}-Cl^--Na^+ 和 SO_4^{2-}-Cl^--Mg^{2+}-Na^+ 型。

Cl^- 型水体主要分布在巴丹吉林沙漠西北部的古日乃和拐子湖附近;SO_4^{2-}-Cl^- 型水体主要分布在额济纳旗西北部;SO_4^{2-}-HCO_3^- 型水体主要分布在狼心山—建国营一线的西河,以及东河七、八道桥附近;SO_4^{2-} 型水体主要分布在赛汉陶来北部、达来呼布西北部。阳离子主要以 Na^+ 为主,几乎遍布整个区域。水体中较高的 $NaSO_4$ 和 $NaCl$ 含量是由区域硅酸盐风化及石膏石盐溶解及 $CaCO_3$ 沉淀导致的。

地下水水化学类型能简洁地反映出水中主要的离子及其相对含量(潘乃礼,1989;李学礼,1982)。Piper 三线图是揭示水体水化学特征及水化学演化过程的传统方法之一。

从图 9-36 上看,浅层水样点多数落在菱形右边角靠上部分,说明其化学特征是以碱及强碱为主;阴离子大多以 Cl^- 和 SO_4^{2-} 为主,其中 Cl^- 占优势;阳离子多以 Na^+ 和 Mg^{2+} 为主。在 Piper 三线图中,大多数地下水样的阴离子数据点落在 SO_4^{2-} 组分一端,在阳离子三线图中,大部分地下水样的阳离子数据点落在 Na^+ 组分一端,说明地下水样是以硫酸盐的风化物质溶解为主。

TDS 分布特征研究的可溶解性总固体为水中所含离子、分子和化合物的总量,是水化学成分中体现水质量的重要综合指标(张宗祜等,2002)。TDS 可从总体上反映水化学成分特征的形成。TDS 值的高低可以反映区域中水化学作用及外来人为影响的强弱。地下水组分浓度的变化,特别是常量组分浓度的变化可以引起矿化度的变化。因此,它能很好地反映地下水中物质组分在总体上的分布特征和变化趋势。

按照《水文地质术语》(GB/T 14157—93)淡水、微咸水、咸水和卤水等标准的定义,区内浅层地下水的 TDS 统计见表 9-21。

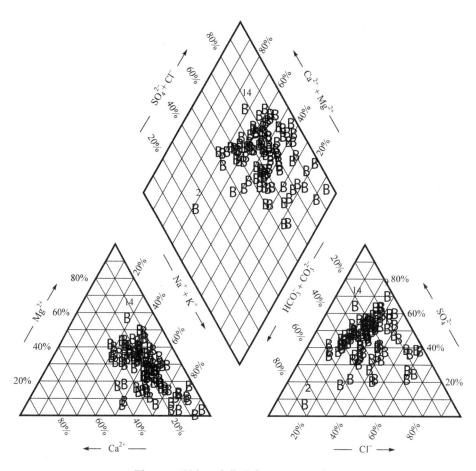

图 9-36　研究区水化学类型 Piper 三线图

表 9-21　2002 年黑河下游地下水 TDS 分类统计

水系统类型	TDS 分类标准	样品数量/个	占比/%
地下水	淡水（<1000mg/L）	22	22.4
	微咸水（1000～3000mg/L）	53	54.1
	咸水（3000～10000mg/L）	19	19.4
	盐水（10000～50000mg/L）	2	2.0
	卤水（>50000mg/L）	2	2.0

由表 9-21 可以看出，黑河下游地下水以微咸水为主，占一半以上。微咸水的分布范围较广，主要分布在额济纳绿洲南部，即吉日格朗图和达来呼布附近，以及夏布尔呼都格和赛汉陶来附近。水化学类型几乎包括了所有的水化学类型 SO_4^{2-}-HCO_3^--Na^+-Mg^{2+}、SO_4^{2-}-HCO_3^--Mg^{2+}-Na^+、SO_4^{2-}-Cl^--Na^+-Mg^{2+}、SO_4^{2-}-Cl^--Na^+ 和 Cl^--SO_4^{2-}-Na^+。

淡水主要分布在建国营—赛汉陶来、额济纳旗西北部及狼心山一带。水化学类型为 SO_4^{2-}-HCO_3^--Na^+-Mg^{2+}、SO_4^{2-}-HCO_3^--Mg^{2+}-Na^+、CO_3^{2-}-SO_4^{2-}-Mg^{2+}-Ca^{2+}。

咸水主要分布在东戈壁,靠近古日乃和巴丹吉林沙漠边缘,水化学类型为 SO_4^{2-}-Cl^--Na^+-Mg^{2+}、SO_4^{2-}-HCO_3^--Na^+-Mg^{2+}、SO_4^{2-}-Cl^--Na^+ 和 SO_4^{2-}-Cl^--Mg^{2+}-Na^+。

盐水-卤水带主要分布在古日乃和锁阳坑,水化学类型为 SO_4^{2-}-Cl^--Na^+-Mg^{2+}。

2. TDS 与 Cl^- 和 Mg^{2+} 的相关性最高

从表 9-22 来看,总溶解固体 TDS 与 Cl^- 的相关性强于 SO_4^{2-} 和 HCO_3^-,说明地下水含量的总溶解固体较高,与 Mg^{2+} 的相关性要高于 Na^+,与 HCO_3^- 线性相关程度较低,说明 HCO_3^- 对总溶解固体的影响不大。研究区地下水六大主要离子组分均与 TDS 呈现正相关关系,说明主要离子组分均随 TDS 的增加而增加。

表 9-22   黑河下游地下水 TDS 与化学成分的相关关系

序号	离子	相关系数 R^2	拟合方程
1	SO_4^{2-}	0.4575	$y=0.4322x-73.99$
2	Cl^-	0.5614	$y=0.1661x+14.32$
3	HCO_3^-	0.4087	$y=0.0909x+199.21$
4	Mg^{2+}	0.6060	$y=0.0695x-19.00$
5	Na^+	0.4979	$y=0.1726x+42.58$
6	Ca^{2+}	0.5710	$y=0.0546x-12.85$

注:y 为离子含量;x 为总溶解固体。

3. 离子比例关系分析

浅层地下水的 $[Na^+]$ 与 $[Cl^-]$ 的关系通常用来识别干旱和半干旱区盐度与盐度侵蚀的机制(Sami,1992)。从图 9-37(a)可以看出,$[Na^+]$ 与 $[Cl^-]$ 呈现出很好的相关性($R^2=0.9196$),说明 $[Na^+]$ 随着 $[Cl^-]$ 的增大而增大;同时,表 9-22 表明,$[Na^+]$ 和 $[Cl^-]$ 与 TDS 的相关关系也较强,这说明了 Na^+ 和 Cl^- 的离子浓度随着 TDS 的增大而增大[图 9-37(b)];由此可以判断 Na^+ 和 Cl^- 都来自于细粒沉积物中浸染岩盐的溶解(周晓妮,2008),即岩盐的溶解是黑河下游地下水咸化的主要形成过程。

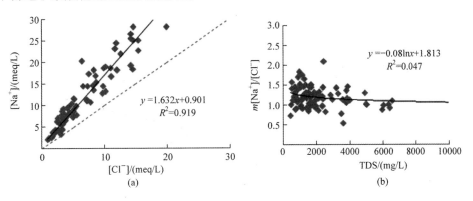

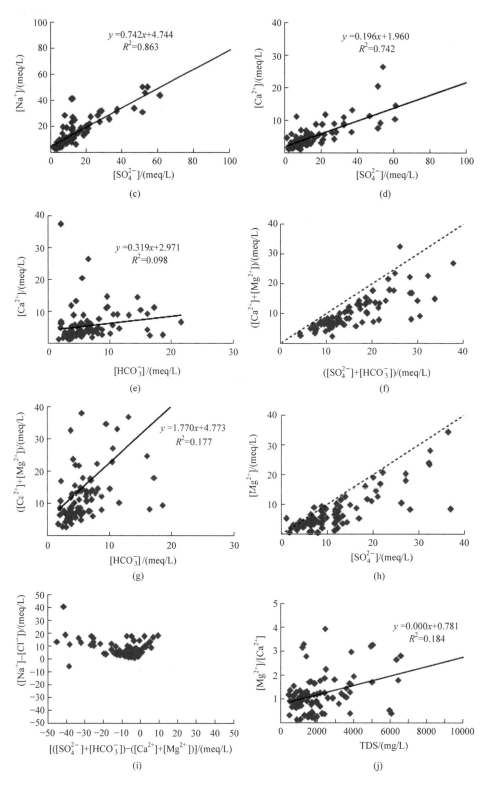

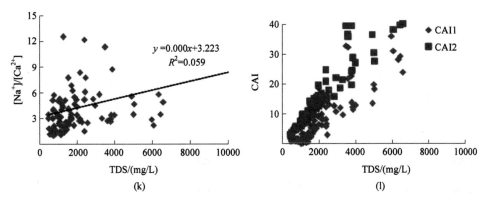

图 9-37　各离子的比例关系
CAI1,CAI2:氯碱指数

从图 9-37(c)可以看出,$[Na^+]$和$[SO_4^{2-}]$也具有较好的相关关系($R^2=0.863$),这意味着过剩的 Na^+ 的潜在来源为芒硝(Na_2SO_4)风化,属典型的陆相盐岩溶滤水。图 9-37(f)各点的 $([Ca^{2+}]+[Mg^{2+}])$小于$([HCO_3^-]+[SO_4^{2-}])$,且$[Mg^{2+}]$与$[SO_4^{2-}]$的相关关系点主要位于 1∶1 线以下[图 9-37(h)],都说明了 SO_4^{2-} 主要来源于芒硝的风化溶解。

$[Ca^{2+}]$和$[SO_4^{2-}]$也具有相对较好的相关关系[图 9-37(d)],意味着石膏溶解对 Ca^{2+} 的化学特征有着控制作用。但是,单就石膏来说,很少的 Ca^{2+} 含量相当于 SO_4^{2-} 对 Ca^{2+} 的化学特性的控制起作用。

从图 9-37(f)可以看出,浅层地下水的$([Ca^{2+}]+[Mg^{2+}])/([HCO_3^-]+[SO_4^{2-}])\ll 1$,即$([Ca^{2+}]+[Mg^{2+}])$与$([HCO_3^-]+[SO_4^{2-}])$相比,$([Ca^{2+}]+[Mg^{2+}])$的含量相对不足,说明有硅酸盐或硫酸盐类矿物的溶解。

可以推断,过多的阴离子含量($[HCO_3^-]+[SO_4^{2-}]$)的补给必须由 Na^+ 来交换补充,以维持离子平衡[图 9-37(i)]。地下水中的 Mg^{2+} 来源于沉积岩中的白云石,这在黑河下游地下水中十分常见(Su et al.,2009)。水样中,Mg^{2+} 含量大于 500mg/L 的样点主要分布在额济纳旗西北部。

浅层地下水的$([Ca^{2+}]+[Mg^{2+}])/([HCO_3^-]+[SO_4^{2-}])$值均位于 1∶1 等量线附近,$[SO_4^{2-}]/[Na^{2+}]$值也基本位于 1∶1 附近,说明地下水中 Na^{2+} 相对于 SO_4^{2-} 的浓度是平衡的[图 9-37(i)]。同时,从图 9-37(g)可以看出,浅层地下水的$([Ca^{2+}]+[Mg^{2+}])$与$[HCO_3^-]$的比值严重偏离 1∶1 等量线,说明浅层地下水的$(Ca^{2+}+Mg^{2+})$相对于 HCO_3^- 是严重过剩的,过剩应该主要由 HCO_3^- 来补偿平稳,说明 SO_4^{2-} 浓度相对较大,而 HCO_3^- 浓度相对较小。

在研究区,Ca^{2+}、Mg^{2+}、HCO_3^- 和 SO_4^{2-} 主要来源于水晶白云石和钙镁硅酸盐,如碳酸钙、斜长石、石膏和钾长石。

图 9-37(j)和图 9-37(k)显示$[Na]/[Ca]$和$[Mg]/[Ca]$的变化范围较大,同时,与 TDS 相关性较弱,表明除了强烈蒸发作用影响外,水文地球化学过程对地下水水化学也有重要控制作用。从图 9-37(l)可以看出,氯碱指数均与 TDS 呈正相关,大部分样点 CAI1 和 CAI2

大于 0,表明 Na^+、K^+ 和 Ca^{2+}、Mg^{2+} 之间发生阳离子交换,说明区域地下水化学组分的另一重要影响机制是阳离子交换作用。以上都说明地下水中发生硅酸盐矿物反应或者阳离子交换作用,从而导致某些阳离子亏损。

将黑河下游所有地下水样投绘于 Gibbs 图,如图 9-38 所示。2 个小图都反映地下水处于蒸发-结晶作用控制区(受蒸发过程引起的化学物质分馏及结晶控制)和水-岩作用主导区的过渡区,表明蒸发-结晶作用对 2002 年地下水水化学离子组成的影响非常显著。盐度被放大,是由于强蒸发和可溶矿物的强淋溶冲刷作用的结果。

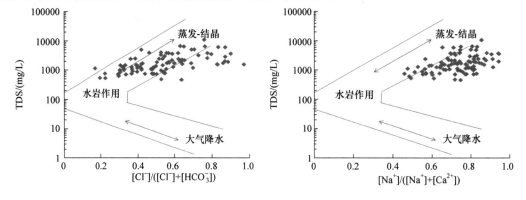

图 9-38   2002 年地下水 Gibbs 图

上述分析结果都反映了溶滤、蒸发、盐岩溶解及浓缩作用对地下水形成的影响。

4. 地下水化学组分分布特征揭示的地下水流场

地下水主要化学组分含量空间变异较大(表 9-20)。额济纳河中上段的狼心山一带,TDS 值较低,一般小于 1000mg/L。随流程向北,在东河的达来呼布附近,居延海及策克一带,西河中段的建国营和西戈壁,TDS 有所增加,一般范围在 1000～4000mg/L。尾闾区东居延海附近,TDS 值逐渐增加,达 6000mg/L 左右。TDS 值最大的区域在古居延泽遗迹小湖锁阳坑和巴丹吉林沙漠西北边缘,最大值为 15000mg/L[图 9-39(a)]。

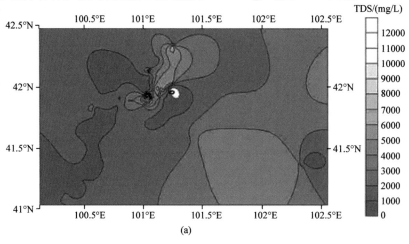

(a)

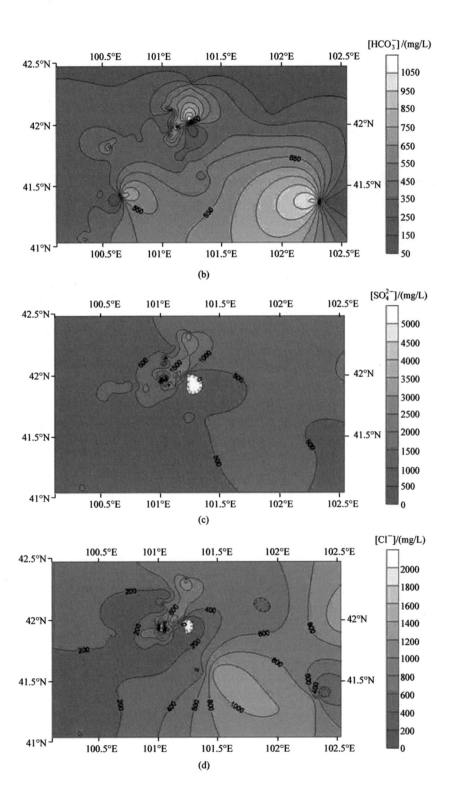

(b)

(c)

(d)

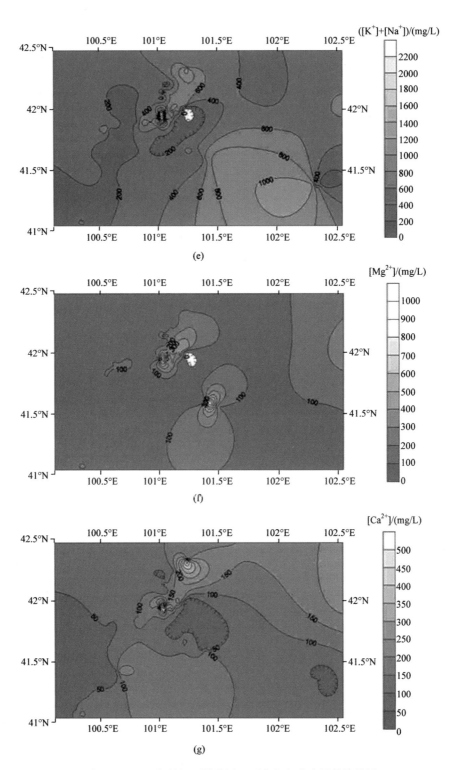

图 9-39　2002 年黑河下游浅层地下水各组分含量等值线图

水样中的 HCO_3^- 含量变化较大,空间分布极不均匀,为 103.7~1316.2mg/L(表 9-20),其分布特征与 TDS 的分布特征相类似,最大值出现在东河中段的七道桥、东戈壁以及策克附近。其最小值出现在西戈壁、中戈壁,以及东居延海、狼心山水文站附近的自流井[图 9.39(b)]。

水样中的 SO_4^{2-} 含量为 156.1~8147.8mg/L(表 9-20),其分布特征与 TDS 类似,最小值出现在中戈壁、黑城、狼心山,以及东河附近的头道桥和七道桥等,其值一般都小于300mg/L。然后,随着地下水的流向,其值逐渐增大,在西戈壁、东居延海和策克附近,其值范围为 308.8~993.3mg/L。其最大值出现在 2 号山护城河附近,范围为 5209.8~8147.8mg/L[图 9-39(c)]。

研究区内 Cl^- 含量变化也与 SO_4^{2-} 含量和 TDS 的变化较为相似。在狼心山、黑城、中戈壁、七-八道桥、建国营和策克等区域,离子含量一般小于 200mg/L。在东西戈壁、达来呼布和东居延海,其范围为 223.3~909.9mg/L,最大值出现在拐子湖[图 9-39(d)]。

$K^+ + Na^+$ 含量最高值在研究区的 10 号观测井(苏泊淖尔苏木西)附近,为 3030mg/L;最小值分布在黑城遗址附近,为 47.6mg/L。在二道桥、七道桥、东戈壁及巴丹吉林沙漠附近,$K^+ + Na^+$ 含量大于 500mg/L,相应的 TDS 多大于 2000mg/L。在狼心山、中戈壁、达来呼布以东的头道桥-八道桥,以及策克附近,$K^+ + Na^+$ 含量小于 200mg/L,而 TDS 一般不超过 1500mg/L[图 9-39(e)]。

Mg^{2+} 含量在研究区内的分布较高,其范围为 8.0~804.8mg/L。大多数区域的 Mg^{2+} 含量小于 300mg/L,TDS 一般小于 4000mg/L。Mg^{2+} 含量最高值点出现在 10 号观测井,最低值出现在拐子湖的自流井[图 9-39(f)]。

大多数采样点 Ca^{2+} 含量一般小于 100mg/L,大于 100mg/L 的样点主要分布在中戈壁、二道桥和七道桥区域[图 9-39(g)]。

9.4.3 2014 年的水化学特征

1. 微咸水类型占 50% 以上,淡水占 25%

根据研究区内浅层地下水水样分析结果,额济纳绿洲地下水水化学类型包括 SO_4^{2-}-Cl^--Na^+、SO_4^{2-}-Cl^--Na^+-Mg^{2+}、SO_4^{2-}-HCO_3^--Na^+-Mg^{2+}、SO_4^{2-}-HCO_3^--Mg^{2+}-Na^+、SO_4^{2-}-HCO_3^--Na^+-Mg^{2+} 和 SO_4^{2-}-Na^+-Mg^{2+} 型等。

从离子浓度均值来看,阴离子中 SO_4^{2-} 含量最高,Cl^- 含量比 HCO_3^- 含量稍高;阳离子中,$Na^+ > Mg^{2+} > Ca^{2+}$,K^+ 的含量较低;说明各区在主要离子浓度上具有一定的相似性;全区域各个离子的变异系数都较大,大多在 100% 以上(表 9-23)。

表 9-23 2014 年下游地下水中各离子含量统计表

项目	pH	EC	[Ca^{2+}]	[Mg^{2+}]	[K^+]	[Na^+]	[Cl^-]	[SO_4^{2-}]	[HCO_3^-]	TDS
最大值	9.40	10.46	541.46	1147.83	293.97	1748.31	9531.56	8087.36	1031.64	18525.0
最小值	6.89	0.67	3.03	2.68	0.21	4.24	14.24	39.66	70.70	442.0

项目	pH	EC	[Ca²⁺]	[Mg²⁺]	[K⁺]	[Na⁺]	[Cl⁻]	[SO₄²⁻]	[HCO₃⁻]	TDS
平均值	7.90	3.00	95.60	132.30	23.90	368.20	434.90	915.90	348.20	2313.8
标准差	0.43	3.55	78.60	159.40	33.30	331.00	1057.10	1173.60	189.80	2499.3
变异系数/%	5.4	118	82	121	139	90	243	128	54	108

注:所有离子浓度的单位均为 mg/L;EC 的单位为 ms/cm。

Piper 三线图显示,大多数水体化学特征以碱及强碱为主;阴离子大多以 SO_4^{2-} 和 Cl^- 为主,其中 SO_4^{2-} 占优势;阳离子多以 Na^+ 和 Mg^{2+} 为主。同时,上述特征也说明了阴阳离子多以硫酸盐的风化物质溶解为主(图 9-40)。

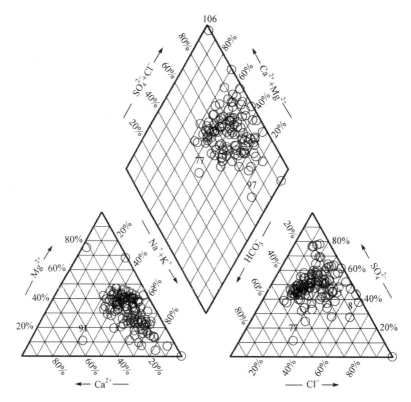

图 9-40　研究区 2014 年水化学类型 Piper 三线图

由表 9-24 可以看出,2014 年黑河下游地下水以微咸水为主,占了一半以上,微咸水的分布范围较广,主要分布在东居延海、赛罕诺尔、策克、东河、黑城,以及吉日格朗图附近。与微咸水的分布范围较相似,淡水主要分布在黑城、新-老西庙,赛汉陶来-赛罕诺尔、苏泊淖尔、一道桥及狼心山一带,水化学类型为 SO_4^{2-}-HCO_3^--Na^+-Mg^{2+}。水化学类型为 SO_4^{2-}-Cl^--Na^+-Mg^{2+} 和 SO_4^{2-}-HCO_3^--Mg^{2+}-Na^+ 的咸水主要分布在达来呼布东面的一道桥至二道桥、吉日格朗图和居延海北部。水化学类型为 SO_4^{2-}-Cl^--Na^+ 和 SO_4^{2-}-Cl^--Na^+-Mg^{2+} 的盐水带主要分布在苏泊淖尔苏木西。

表 9-24 2014 年黑河下游地下水 TDS 分类统计

水系统类型	TDS 分类标准	样品数量/个	占比/%
地下水	淡水(<1000mg/L)	29	25.0
	微咸水(1000~3000mg/L)	60	51.7
	咸水(3000~10000mg/L)	24	20.7
	盐水(10000~50000mg/L)	2	1.72
	卤水(>50000mg/L)	1	0.86

2. SO_4^{2-} 和 Mg^{2+} 含量决定了 TDS 变化

浅层地下水总溶解固体 TDS 与各组分含量统计结果(表 9-25)表明:①阴离子中,TDS 与 SO_4^{2-} 的关系最为显著,其次为 Cl^-,与 HCO_3^- 关系很弱,说明 HCO_3^- 对 TDS 的影响很小,也说明了黑河下游浅层地下水的矿化度都较高。②对于阳离子来说,TDS 与 Mg^{2+} 的关系最显著,其次为 Ca^{2+},Na^+ 较低。研究区地下水主要阴离子组分均与 TDS 呈现正相关关系,说明主要的阴离子组分均随 TDS 的增加而增加。

表 9-25 2014 年黑河流域下游浅层地下水 TDS 与化学成分相关关系

序号	离子	相关系数(R^2)	拟合方程
1	SO_4^{2-}	0.9536	$y=0.4647x-157.75$
2	Cl^-	0.7601	$y=0.3586x-404.57$
3	HCO_3^-	0.1638	$y=0.0343x+272.9$
4	Mg^{2+}	0.7402	$y=0.0670x-15.81$
5	Na^+	0.3795	$y=0.0908x+168.31$
6	Ca^{2+}	0.4860	$y=0.030x+30.60$

注:y 为离子含量;x 为总溶解固体。

3. 离子比例关系分析

$[Na^+]$-$[Cl^-]$ 关系图[图 9-41(a)]显示,二者相关性很弱($R^2=0.069$),反映出在地下水径流过程中未发生岩盐的溶解,这些地下水的矿化度相对较低[图 9-41(b)]。

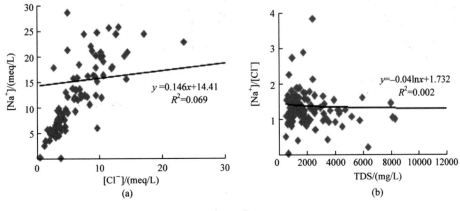

(a)   (b)

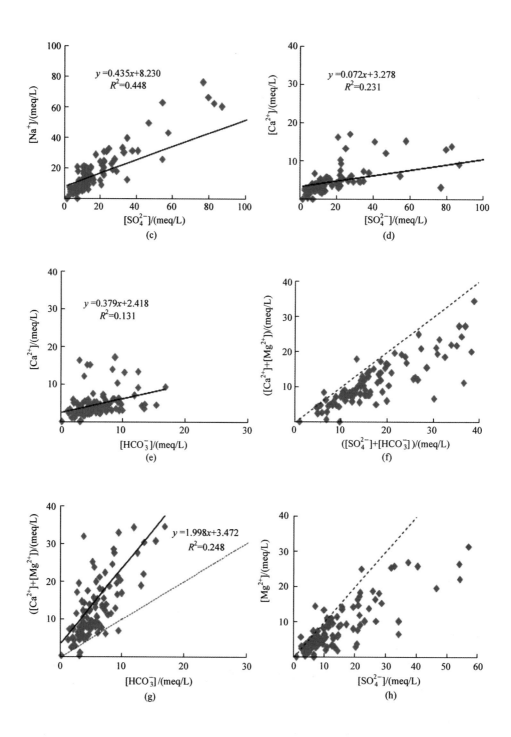

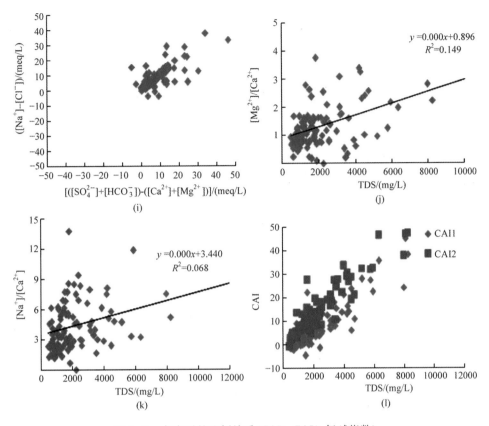

图 9-41　各离子的比例关系(CAI1,CAI2:氯碱指数)

从图 9-41(c)可以看出,$[Na^+]$和$[SO_4^{2-}]$具有一定的相关关系$(R^2=0.448)$,这意味着过剩的 Na^+ 部分潜在来源为芒硝(Na_2SO_4)的风化。而且$([Ca^{2+}]+[Mg^{2+}])<([HCO_3^-]+[SO_4^{2-}])$[图 9-41(f)],$[Mg^{2+}]$与$[SO_4^{2-}]$的相关点主要位于 1∶1 线以下[图 9-41(h)],这都说明芒硝溶解对地下水中 SO_4^{2-} 的贡献较大。

$[Ca^{2+}]$和$[SO_4^{2-}]$的相关关系微弱[图 9-41(d)],说明相对于地下水中由石膏溶解的 SO_4^{2-},石膏溶解对 Ca^{2+} 的化学特征影响很小。

从图 9-41(f)可以看出,浅层地下水的$([Ca^{2+}]+[Mg^{2+}])/([HCO_3^-]+[SO_4^{2-}])\ll1$,过多的阴离子$(HCO_3^-+SO_4^{2-})$的补给必须由 Na^+ 来补充,指示有硅酸盐或硫酸盐类矿物的溶解[图 9-41(i)]。因此,地下水中的 Mg^{2+} 来源于沉积岩中的白云石,这在黑河下游地下水中十分常见,Mg^{2+} 含量大于 300mg/L 的地下水主要分布在吉日格朗图附近。

浅层地下水的$([Ca^{2+}]+[Mg^{2+}])$与$([HCO_3^-]+[SO_4^{2-}])$浓度比值均基本位于1∶1 等量线附近,$[SO_4^{2-}]$与$[Na^{2+}]$比值也基本位于1∶1 附近,说明地下水中 Na^+ 相对于 SO_4^{2-} 的浓度是平衡的。同时,从图 9-41(g)可以看出,浅层地下水的$([Ca^{2+}]+[Mg^{2+}])$与$[HCO_3^-]$的比值严重偏离 1∶1 等量线,说明浅层地下水的 Ca^{2+} 和 Mg^{2+} 相对于 HCO_3^- 是严重过剩

的,过剩应该主要由 SO_4^{2-} 来补偿和平衡。

图 9-41(j)和图 9-41(k)显示[Mg^{2+}]/[Ca^{2+}]和[Na^+]/[Ca^{2+}]的变化范围较大,同时,与 TDS 相关性较弱,表明除了强烈蒸发作用影响外,水文地球化学过程对地下水水化学也有重要的控制作用。从图 9-41(l)可以看出,氯碱指数均与 TDS 呈正相关,大部分样点 CAI1 和 CAI2 大于 0,表明 Na^+、K^+ 和 Ca^{2+}、Mg^{2+} 之间发生阳离子交换,说明区域地下水化学组分的另一重要影响机制是阳离子交换作用。以上都说明了地下水中发生硅酸盐矿物反应或者阳离子交换作用,从而导致某些阳离子亏损。

将所有水样点投绘于 Gibbs 图(图 9-42),显示出区域所有地下水都处于蒸发-结晶作用控制区和水岩作用主导区的过渡区,说明蒸发-结晶作用对于 2014 年区域地下水水化学离子组成的影响非常显著。

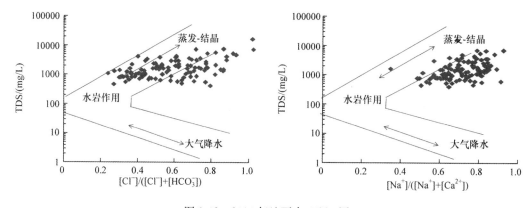

图 9-42　2014 年地下水 Gibbs 图

4. 地下水化学组分分布特征

2014 年黑河下游地下水 TDS 分布规律如图 9-43(a)所示。由图 9-43(a)可以看出,在黑河下游,刚进入下游的狼心山一带,黑城、苏泊淖尔、赛汉陶来-赛罕诺尔、额济纳旗东如七道桥等靠近河道的地方,TDS 值较低,一般小于 1000mg/L。水化学类型以 SO_4^{2-}-HCO_3^--Na^+-Mg^{2+} 或 SO_4^{2-}-HCO_3^--Mg^{2+}-Na^+ 为主。沿着地下水的补给区向北方向,在古河道、东河、苏泊淖尔、赛罕诺尔北部、策克口岸及黑城南,TDS 有所增加,一般范围在 1000~3000mg/L,水化学类型为 SO_4^{2-}-Cl^--Na^+、SO_4^{2-}-Cl^--Na^+-Mg^{2+}、SO_4^{2-}-HCO_3^--Mg^{2+}-Na^+ 和 SO_4^{2-}-HCO_3^--Na^+＋Mg^{2+}。在吉日格朗图、策克、额济纳旗旗东一道桥及巴彦桃来等,其 TDS 值较大,为 6000~10000mg/L,最高值为 15000mg/L,其水化学类型为 Cl^--SO_4^{2-}-Mg^{2+}-Na^+。

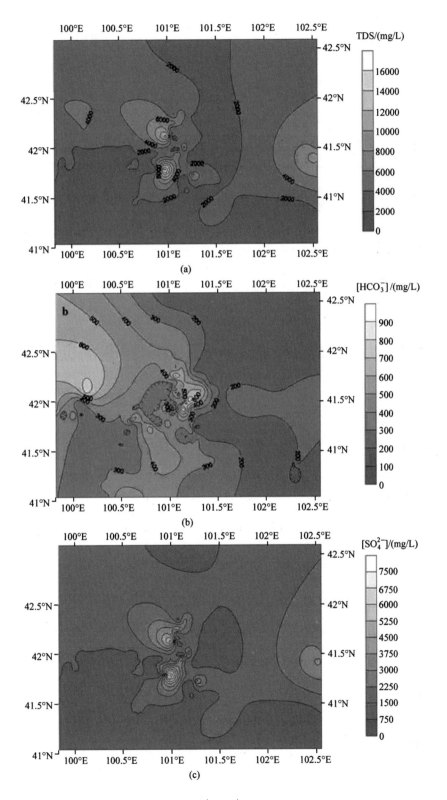

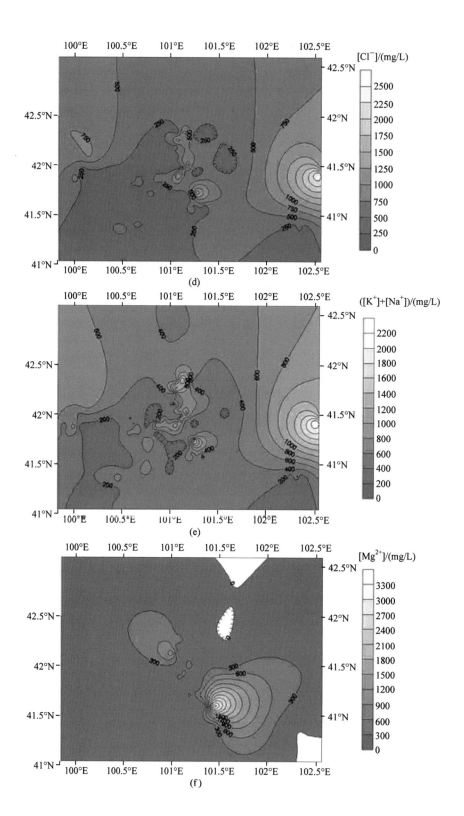

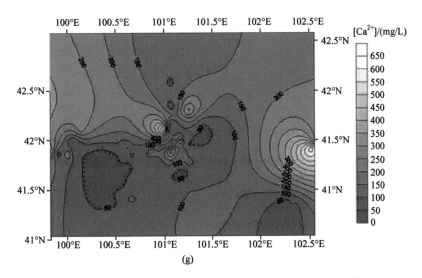

图 9-43　2014 年黑河下游浅层地下水主要组分含量的等值线图

地下水中的 HCO_3^- 含量变化较大,空间分布极不均匀,为 $70.70 \sim 1031.64 mg/L$ (表 9-23)。最大值位于吉日格郎图、苏泊淖尔和策克;其次为新西庙、东河、黑城、头道桥及狼心山东风镇等区域,多大于 300mg/L;最小值出现在东居延海边的自流井(承压水) [图 9-43(b)]。

地下水中的 SO_4^{2-} 含量变化为 $39.66 \sim 8087.36 mg/L$(表 9-23),其空间分布特征与 TDS 类似。最小值出现在东河、黑城、苏泊淖尔、七道桥、赛罕诺尔-赛罕诺尔和新-老西庙等,其值一般小于 300mg/L。在黑城南、黑河下游北部的策克、赛罕诺尔、苏泊淖尔、狼心山及东河,其值范围为 $306.04 \sim 999.12 mg/L$。较大值出现在二道桥和巴彦桃来,其范围都大于 3000mg/L[图 9-43(c)]。

研究区内 Cl^- 含量变化也与 SO_4^{2-} 和 TDS 的变化较为相似。Cl^- 含量小于 200mg/L 的样点主要分布在黑城、狼心山水文站、一道桥、七道桥、新老西庙、赛罕诺尔、策克和苏泊淖尔。Cl^- 含量为 $200.63 \sim 946.08 mg/L$ 的样点分布在东河、吉日格郎图、黑城、赛汗诺尔北部、策克及古河道[图 9-43(d)]。

$K^+ + Na^+$ 在研究区内的含量较高,最高值点在天鹅湖,为 2166.92mg/L,最小值为 4.24mg/L,分布在西河中段建国营孟克图嘎查附近。在西河下游、吉日格朗图、苏泊淖尔、黑城、索果淖尔及巴彦桃来,其 $K^+ + Na^+$ 含量大于 500mg/L,TDS 多大于 2000mg/L。$K^+ + Na^+$ 含量小于 200mg/L,TDS 超过 1500mg/L 的水样点主要分布在狼心山、赛汉陶来、黑城、赛罕诺尔、东河、新-老西庙、苏泊淖尔苏木及策克附近[图 9-43(e)]。

Mg^{2+} 含量在研究区内的分布含量也较高,其范围为 $2.68 \sim 1147.83 mg/L$。大多数区域的 Mg^{2+} 含量小于 300mg/L,TDS 一般小于 4000mg/L。最高值点出现在居延海和吉日格朗图附近,最低值出现在老西庙附近。Mg^{2+} 含量一般大于 300mg/L,TDS 大于 4000mg/L 的样点主要分布在吉日格朗图和巴彦桃来等区域[图 9-43(f)]。

本研究区大多数 Ca^{2+} 含量较 Na^+ 和 Mg^{2+} 含量低。大多数区域的 Ca^{2+} 含量小于 100mg/L,

最大值为650.3mg/L,最小值出现在西河中段的蒙克托,为3.03mg/L,大于100mg/L的区域主要出现在赛罕诺尔北部、黑城、东河、居延三角洲及策克等[图9-43(g)]。

9.4.4 地下水化学特征分水前后10余年变化

1. 区域地下水位明显恢复,尤其是东西居延海等尾闾区

根据2002年和2014年夏季两次相同季节、相同样点水位埋深比较,从图9-44可以看出,2014年地下水位明显的恢复区出现在黑河下游上段狼心山附近、东西河中段、中戈壁和东西居延海区域,地下水位上升幅度平均在0.5~1.0m。东居延海周围上升较为明显,最高可达2.5m。平衡区出现在西河下游赛汉陶来北部、东河的达来呼布周边及黑城附近。继续下降区出现在西河上段、赛汉陶来西部、东河中段,地下水位下降幅度为0.5~1.0m。

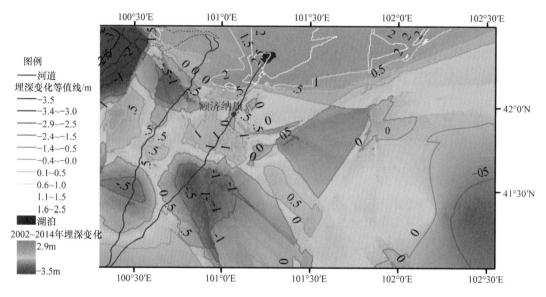

图9-44 2002~2014年地下水位变化
正值表示地下水位上升;负值表示地下水位下降

上述地下水位的变化格局受到多方面的影响。受到黑河输水和水资源分配的影响,河道沿岸和主要配水区地下水位上升明显,尤其是依靠专用输水渠道维持的东居延海成为周边区域地下水的补给源,使得周边地下水位10余年持续上升。部分区域远离河道,输水影响较弱,地下水位埋深处于基本稳定状态。在10余年地表及地下径流补给极弱区域或地下水开发较为强烈的区域,地下水依然处于强烈亏损状态,如东河中段。

2. TDS 与电导率 EC 值变化

根据额济纳地区水系、地貌和水资源配置等特征,整个区域可以分为河流区、荒漠湿地区和戈壁区 3 个大区。河流区包括东河上段、西河、东河中、下游和居延三角洲 4 个小区;荒漠湿地区包括拐子湖小区;戈壁区包括东戈壁、中戈壁、西戈壁和居延海以北及策克 4 个小区。对所有水样点分小区进行统计分析。

两期水样 TDS 比较结果(图 9-45)表明,在河流区,西河和东河中下段 TDS 呈下降趋势,而东河上段和古居延三角洲呈上升趋势;荒漠湿地地区的拐子湖 TDS 也呈下降趋势;戈壁区除居延海以北及策克小区外,其余均呈上升趋势,尤其是东戈壁区上升尤为显著。

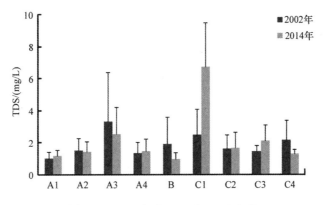

图 9-45　2002 年和 2014 年 TDS 变化

A1 为东河上段;A2 为西河;A3 为东河中下段;A4 为古居延三角洲;B 为拐子湖;C1 为东戈壁;C2 为中
戈壁;C3 为西戈壁;C4 为居延海以北及策克一带

从图 9-46 可以看出,相比 2002 年,2014 年荒漠湿地和戈壁区电导率的变化规律与 TDS 的变化规律一致;河流区影响,除西河外,其他均呈下降趋势。

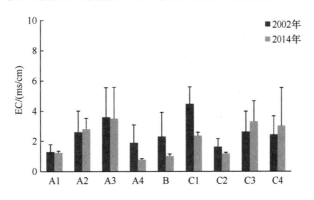

图 9-46　2002 年和 2014 年的电导率变化

A1 为东河上段;A2 为西河;A3 为东河中下段;A4 为古居延三角洲;B 为拐子湖;C1 为东戈壁;C2 为中
戈壁;C3 为西戈壁;C4 为居延海以北及策克一带

结合地下水位变化可以看出,受输水影响的区域,其 TDS 和 EC 值多呈下降趋势,说明在输入水分的混合下,水质淡化,如东河中下段和居延海尾闾区。戈壁地区由于未受到输水的影响,地下水依然处于强烈蒸发浓缩状态,其 TDS 和 EC 值处于持续上升趋势,其中以东戈壁区域上升最为显著。荒漠湿地的拐子湖上述两类指标均呈下降趋势,说明区域地下水处于淡化趋势,可能与局地降水补给、地下水循环等过程有关。

3. 水质类型、样点比例及空间变化

从 TDS 分类表(表 9-21 和表 9-24)可以看出,相比 2002 年,2014 年所有样点中的淡水类型比例上升了近 3%,微咸水类型比例下降了近 3%,咸水、盐水和卤水类型变化较小。

从不同类型空间分布来看,相比 2002 年,2014 年的淡水分布区已从原来的建国营-赛汉陶来、达来呼布的西北部,以及河流上段狼心山一带,扩大到黑城、东河的新-老西庙,东河下游的苏泊淖尔和达来呼布的一道桥。水化学类型由 2002 年的 SO_4^{2-}-HCO_3^--Na^+-Mg^{2+} 和 HCO_3^--SO_4^{2-}-Mg^{2+}-Na^+ 型转变为 SO_4^{2-}-HCO_3^--Na^+-Mg^{2+} 和 SO_4^{2-}-HCO_3^--Mg^{2+}-Na^+ 型,说明黑河分水以后,潜水的循环积极,得到了更多的淡水补给,地下水更新能力加快。

2002 年微咸水的分布范围较广,主要分布在额济纳绿洲北部,水化学类型也较多,几乎包括了所有的水化学类型。相比 2002 年,2014 年的微咸水与淡水的分布范围较为相似,主要分布在东居延海、策克,以及赛罕诺尔、东河、黑城及吉日格朗图附近,有向周边扩散的趋势。

2002 年咸水主要分布在东戈壁,水化学类型为 SO_4^{2-}-Cl^--Na^+-Mg^{2+} 型。而 2014 年咸水主要分布在吉日格朗图、居延海北部,以及达来呼布附近的一道桥至二道桥。水化学类型为 SO_4^{2-}-Cl^--Na^+ 和 SO_4^{2-}-Cl^--Na^+-Mg^{2+} 型。

两期的主要水化学类型比较表明,Cl^- 型水有所减少,反映了咸水淡化的趋势。

4. 各主要离子含量及空间分布变化特征

分水前后 10 余年里 Ca^{2+} 含量多小于 $100mg/L$。在空间上,河流区的东河沿河区、东戈壁区、中戈壁区 Ca^{2+} 含量均出现下降,其余区域有所增大,增加幅度最大的是西戈壁区。Mg^{2+} 含量在研究区内分布较高,变动范围为 $2.68\sim1147.83mg/L$。上升幅度最大的区域在尾闾湖东西居延海以及以北地区,其余地区变动幅度不大。除东、中戈壁区外,其余区域 K^+ 含量均表现为上升趋势,以西河最为显著。Na^+ 含量在河流区、居延海北部和西戈壁均呈上升趋势;古居延泽、拐子湖湿地、东戈壁区、中戈壁区等区域呈显著降低趋势。Cl^- 含量在东西河、居延海北部、古居延三角洲和西戈壁均呈显著上升趋势,在拐子湖湿地、东戈壁区、中戈壁区呈下降趋势,尤以前二者最为显著。SO_4^{2-} 含量变化最为显著的区域为东、西居延海尾闾湖区,呈显著上升趋势。河流区和戈壁区的 SO_4^{2-} 含量变化方向各异(图 9-47)。

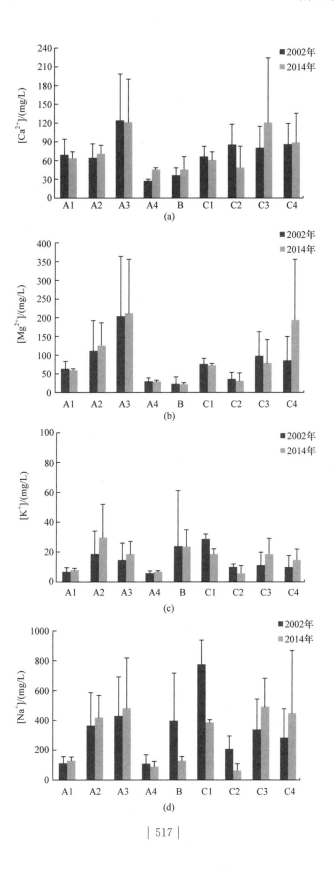

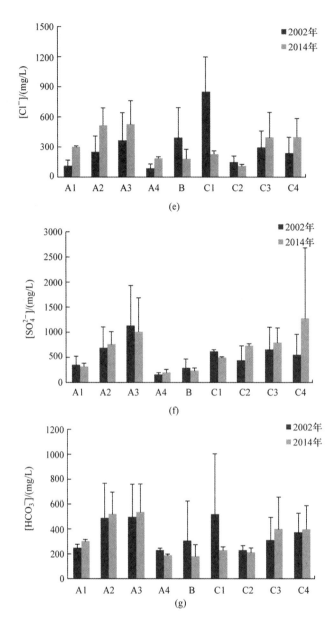

图 9-47　2002 年和 2014 年离子含量区域变化

A1 为东河上段；A2 为西河；A3 为东河中下段；A4 为古居延三角洲；B 为拐子湖；C1 为东戈壁；C2 为中戈壁；
C3 为西戈壁；C4 为居延海以北及策克一带

HCO_3^- 含量总体上有所下降，从 $103.7\sim1316.2mg/L$ 减少到 $70.70\sim1031.64mg/L$。但空间异质性较大，其最大值分布区从 2000 年的七道桥演变到 2014 年的吉日格郎图附近，以及苏泊淖尔和策克一带，河流区及居延海尾闾区、西戈壁表现为上升趋势，古居延三角洲、拐子湖湿地、东戈壁区、中戈壁区表现为下降趋势，中戈壁区下降最为显著[图 9-47(g)]。

总体上，离子含量变化不明显的区域为东河上段、西河、居延三角洲和中戈壁区域；离子含量增加的区域为东河中、下游、西戈壁和居延海以北策克一带区域；离子含量减少的区域为拐子湖和东戈壁区域。上述时空变化是因河道输水、气候变化、地下水运移、地貌及农业耕作等人类活动多方面的影响及相互作用。东河上段地下水一直受到中游下泄余水补给，基本比较稳定；西河近几十年来河流下泄水量很少，变化不大；包括黑城在内的古居延泽区域，几百年前河流改道断流后主要受东河水系侧向地下水补给，地下径流运移缓慢；因此，上述区域各离子含量变化不大。而东河中、下游及尾闾湖区，由于河道输水及沿河矿物质溶解、蒸发浓缩等影响，区域各离子含量呈增加趋势。拐子湖和戈壁区域主要受到气候变化和地质地貌条件的影响。

5. 不同水体类型离子比例系数及矿化度相关变化

从表 9-26 和表 9-27 可以看出，所有水类型中，$[rNa^+]/[rCa^{2+}]$ 值和 $[rNa^+]/[rMg^{2+}]$ 值都较高，说明矿化度都很高，浓缩作用强烈。这也是西北地区浅层地下水水化学的基本特征。SO_4^{2-}-HCO_3^--Na^+-Mg^{2+} 和 SO_4^{2-}-HCO_3^--Mg^{2+}-Na^+ 型水区域，当矿化度增加时，Na^+ 则处于优势地位，$[rNa^+]/[rMg^{2+}]$ 值相对减少；Na^+ 含量相对较高，盐分相对富集，体现了水体的浓缩过程。$[rCl^-]/[rCa^{2+}]$ 值较大，说明地下水径流较缓，溶滤作用不强，容易使 Cl^- 发生富集。除了 SO_4^{2-}-Cl^--Na^+-Mg^{2+} 和 SO_4^{2-}-Cl^--Na^+ 这两个类型水以外，其余类型水的 2014 年 $[rCl^-]/[rCa^{2+}]$ 值都小于 2002 年的结果，说明 Ca^{2+} 逐渐增加，矿化度减少。强矿化水中 Ca^{2+} 含量相对增加的区域主要分布在东河沿岸、黑城及狼心山一带。

表 9-26　2002 年水化学离子比值变化特征表

水化学类型	pH	TDS/(mg/L)	$[rNa^+]/[rCa^{2+}]$	$[rNa^+]/[rMg^{2+}]$	$[rCl^-]/[rCa^{2+}]$	$[rNa^+]/[rCl^-]$	$[rCl^-]/[rSO_4^{2-}]$	$[rCl^-]/[rHCO_3^-]$
SO_4^{2-}-Cl^--Na^+-Mg^{2+}	7.61	2496	3.27	3.43	1.81	1.81	0.62	2.74
SO_4^{2-}-HCO_3^--Na^+-Mg^{2+}	7.84	1419	2.67	1.49	1.13	2.36	0.42	0.64
SO_4^{2-}-HCO_3^--Mg^{2+}-Na^+	7.86	1615	2.42	0.86	1.24	1.95	0.42	0.59
SO_4^{2-}-Cl^--Na^+-Mg^{2+}	7.73	4060	4.10	1.50	2.37	1.73	0.50	3.24
Cl^--SO_4^{2-}-Na^+	7.84	2032	5.67	4.37	4.34	1.31	1.64	3.63
SO_4^{2-}-Na^+-Mg^{2+}	7.79	2370	2.65	1.22	1.40	1.89	0.42	1.19

注：表中的比值为各离子平均毫克当量浓度的比值；pH 和 TDS 为各离子平均值。表 9-27 同。

表 9-27　2014 年水化学离子比值变化特征表

水化学类型	pH	TDS/(mg/L)	$[rNa^+]/[rCa^{2+}]$	$[rNa^+]/[rMg^{2+}]$	$[rCl^-]/[rCa^{2+}]$	$[rNa^+]/[rCl^-]$	$[rCl^-]/[rSO_4^{2-}]$	$[rCl^-]/[rHCO_3^-]$
SO_4^{2-}-Cl^--Na^+	7.97	3965	4.09	3.33	2.50	1.66	0.73	2.69
SO_4^{2-}-HCO_3^--Na^+-Mg^{2+}	7.90	1341	3.08	1.52	1.11	2.78	0.43	0.64
SO_4^{2-}-HCO_3^--Mg^{2+}-Na^+	7.99	1511	2.64	1.02	0.92	2.87	0.43	0.61
SO_4^{2-}-Cl^--Na^+-Mg^{2+}	7.72	3135	3.99	1.16	3.34	1.19	0.62	3.48
SO_4^{2-}-Na^+-Mg^{2+}	7.97	2319	3.03	1.66	1.32	2.3	0.33	1.13

在 $Cl^- - SO_4^{2-} - Na^+$ 和 $SO_4^{2-} - Cl^- - Na^+ - Mg^{2+}$ 这两个类型的水体里,2014 年 $[rNa^+]/$ $[rMg^{2+}]$ 值较 2002 年减少,与溶解性总固体减少是一致的,表明地下水中 Na^+ 和 Mg^{2+} 含量相对减少,盐分不断降低。$[rNa^+]/[rCl^-]$ 值均大于 1,说明地下水在径流过程中,钠长石中等岩石矿物中的 Na^+ 不断通过水解和酸化作用溶解进入水体。相对于 2002 年 $[rNa^+]/$ $[rCl^-]$ 值,2014 年指标有升有降,说明不同区域地下水水质盐淡化向不同方向发展。另外,通过对比这两次的矿化度发现,除 $SO_4^{2-} - Cl^- - Na^+$ 和 $SO_4^{2-} - Cl^- - Na^+$ 类型水分布的区域外,2014 年的 TDS 大多比 2002 年有所降低,也说明大部分区域水质总体向淡化方向发展。$[rCl^-]/[rSO_4^{2-}]$ 值大多数小于 1,说明浅层地下水中 SO_4^{2-} 的富集速率比 Cl^- 增加快;而 $[rCl^-]/[rHCO_3^-]$ 值均较大,说明 $SO_4^{2-} - HCO_3^- - Na^+ - Mg^{2+}$ 和 $SO_4^{2-} - HCO_3^- - Mg^{2+} - Na^+$ 型水,以及 $SO_4^{2-} - Na^+ - Mg^{2+}$ 分布的区域,水质总体向淡化方向发展。

在离子含量与矿化度的相关关系方面,2002 年浅层地下水矿化度主要受阴离子 Cl^- 含量的影响,2014 年,阴离子 SO_4^{2-} 决定着 TDS 的含量,也说明了区域浅层地下水向淡化的方向发展。

总体上,黑河输水使河水与浅层地下水发生了混合,加速了地下水的垂向交换作用,使得浅层咸水淡化。

本节通过分析 2002 年和 2014 年两期黑河下游浅层地下水的水化学特征,以及 TDS、EC、离子比例关系和相关性等一系列相关指标,得出如下结论:受人类活动和气象水文因素的影响,区域地下水水化学类型、矿化度及离子含量的空间分布特征呈明显的水平分带性,在东河、西河和中戈壁的河流沿岸补给区,受大量径流补给,区域地下水位普遍上升,受混合和稀释作用,以及大量土壤 Ca^{2+}、Mg^{2+} 的矿物溶解的影响,地下水矿化度呈现减少趋势,天然水化学场总体上向淡化方向发展;东河上段、西河、古居延三角洲和中戈壁区域,天然水循环变化过程受分水的影响不大,水质变化不大。其他未受到黑河水补给影响的区域,尤其是东戈壁,还受到强烈蒸发浓缩作用,其矿化度持续增加,水化学场主要向咸化方向发展。

参 考 文 献

巴建文,马小全,刘振华,等,2010. 张掖盆地地下水位上升成因探析[J]. 地下水,30(1):34-37.

曹艳萍,南卓铜,胡兴林,2012. 利用 GRACE 重力卫星数据反演黑河流域地下水变化[J]. 冰川冻土,34(3):179-188.

陈发虎,吴薇,朱艳,等,2004. 阿拉善高原中全新世干旱事件的湖泊记录研究[J]. 科学通报,49(1):1-9.

丁宏伟,姚吉禄,何江海,2009. 张掖市地下水位上升区环境同位素特征及补给来源分析[J]. 干旱区研究,32(1):1-8.

丁永建,刘时银,叶柏生,等,2006. 近 50 a 中国寒区与旱区湖泊变化的气候因素分析[J]. 冰川冻土,28(5):623-632.

董光荣,高全洲,邹学勇,等,1995. 晚更新世以来巴丹吉林沙漠南缘气候变化[J]. 科学通报,40(13):1214-1218.

范锡鹏,1991. 黑河流域"河流-含水层系统"基本特征及其合理开发利用[J]. 甘肃地质,(12):1-15.

盖迎春,李新,田伟,等,2014. 黑河流域中游人工水循环系统在分水前后的变化[J]. 地球科学进展, 29(2):285-294.

高全洲,董光荣,邹学勇,等,1996. 查格勒布鲁剖面——晚更新世以来东亚季风进退的地层记录[J]. 中国沙漠,16(2):112-119.

高全洲,董光荣,李保生,等,1995. 晚更新世以来巴丹吉林南缘地区沙漠演化[J]. 中国沙漠,15(4): 345-352.

高尚玉,鲁瑞洁,强明瑞,等,2006. 140 年来腾格里沙漠南缘树木年轮记录的降水量变化[J]. 科学通报, 51(3):326-331.

胡兴林,蓝永超,王静,等,2008. 黑河中游盆地水资源转化规律研究[J]. 地下水,30(2):34-40.

胡兴林,肖洪浪,蓝永超,等,2012. 黑河中上游段河道渗漏量计算方法的试验研究[J]. 冰川冻土,34(2): 460-468.

黄荣凤,张国盛,王林和,等,2004. 影响毛乌素沙地臭柏年轮宽度变化的主要气候因子分析[J]. 干旱区资源与环境,18(6):164-169.

康兴成,程国栋,陈发虎,等,2003. 祁连山中部公元 904 年以来树木年轮记录的旱涝变化[J]. 冰川冻土, 25(5):518-525.

李保生,高全洲,阎满存,等,2005. 150ka BP 以来巴丹吉林沙漠东南区域地层序列的新研究[J]. 中国沙漠,25(4):457-465.

李江风,袁玉江,由希尧,2000. 树木年轮水文学的研究与应用[M]. 北京:科学出版社.

李学礼,1982. 水文地球化学[M].北京:中国原子能出版社.

李云卓,李保生,高全洲,等,2005. 巴丹吉林查格勒布剖面记录的 150 kaBP 以来的常量化学元素波动[J]. 中国沙漠,25(1):8-14.

梁存柱,刘钟龄,朱宗元,等,2003. 阿拉善荒漠区一年生植物层片物种多样性及其分布特征[J]. 应用生态学报,14(6):897-903.

刘少玉,卢耀如,陈旭学,等,2002. 黑河中、下游盆地地下水系统与水资源开发的资源环境效应[J]. 地理学与国土研究,18(4):90-96.

刘义花,汪青春,马占良,等,2009. 利用多条树轮重建黑河上游地区 540 年径流量[J]. 干旱区资源与环境,23(3):93-97.

刘禹,PARK W K,蔡秋芳,等,2003. 公元 1840 年以来东亚夏季风降水变化——以中国和韩国的树轮记录为例[J]. 中国科学(D辑),33(6):543-549.

刘禹,马利民,蔡秋芳,等,2002. 采用树轮稳定碳同位素重建贺兰山 1890 年以来夏季(6-8 月)气温[J]. 中国科学(D辑),32(8):667-674.

龙文华,2010. 通辽地区浅层地下水化学特征演化研究[D]. 北京:中国地质大学.

鲁瑞洁,夏虹,2006. 腾格里沙漠南缘油松树轮宽度变化及其对气候因子的响应[J]. 中国沙漠,26(3): 399-402.

马国霞,田玉军,2006. 黑河分水后张掖绿洲"生态-经济"系统风险规避研究[J]. 干旱区资源与环境, 20(4):61-66.

马金珠,陈发虎,赵华,2004. 1000 年以来巴丹吉林沙漠地下水补给与气候变化的包气带地球化学记录[J]. 科学通报,29(1):22-26.

马燕,郑祥民,曹希强,等,2006. 近 200a 来黑河下游天鹅湖湖泊沉积记录的环境变迁[J]. 湖泊科学,

18(3):261-266.

马柱国,符淙斌,2006. 1951～2004 年中国北方干旱化的基本事实[J]. 科学通报,51(20):2429-2439.

潘乃礼,1989. 水文地质常用数理统计方法[M]. 北京:中国原子能出版社.

潘启民,田水利,2001. 黑河流域水资源[M]. 郑州:黄河水利出版社.

邵雪梅,方修琦,刘洪滨,等,2003. 柴达木东缘千年祁连圆柏年轮定年分析[J]. 地理学报,58(1):90-100.

沈社荣,2002. 浅析 1928～1930 年西北大旱灾的特点及影响[J]. 固原师专学报,23(1):36-40.

孙红雨,王长耀,牛铮,等,1998. 中国地表植被覆盖变化及其与气候因子关系[J]. 遥感学报,2(3):204-210.

田春声,1995. 环境水文地质学[M]. 西安:陕西科学技术出版社.

王亚军,陈发虎,勾晓华,2001a. 利用树木年轮资料重建祁连山中段春季降水的变化[J]. 地理科学,21(4):373-377.

王亚军,陈发虎,勾晓华,等,2001b. 祁连山中部树轮宽度与气候因子的相应关系及气候重建[J]. 中国沙漠,21(2):135-140.

魏文寿,2000. 现代沙漠对气候变化的响应与反馈[M]. 北京:中国环境科学出版社.

魏智,金会军,蓝永超,等,2009. 基于 Kriging 插值的黑河分水后中游地下水资源变化[J]. 干旱区地理,32(2):196-203.

温艳,2005. 20 世纪 20-40 年代西北灾荒研究[D]. 西安:西北大学.

吴祥定,1990. 树木年轮与气候变化[M]. 北京:气象出版社.

吴雪娇,周剑,李妍,等,2014. 基于涡动相关仪验证的 SEBS 模型对黑河中游地表蒸散发的估算研究[J]. 冰川冻土,36(6):1538-1546.

项国圣,2011. 黑河中游张掖盆地地下水开发风险评价及调控[D]. 兰州:兰州大学.

肖洪浪,程国栋,2006. 黑河流域水问题与水管理的初步研究[J]. 中国沙漠,26(1):1-5.

徐国昌,姚辉,李珊,1992. 甘肃省 1470～1990 年历史气候旱涝资料[Z]. 兰州:兰州干旱气象研究所.

杨玲媛,王根绪,2005. 近 20 a 来黑河中游张掖盆地地下水动态变化[J]. 冰川冻土,27(2):290-296.

杨小平,2000a. 巴丹吉林沙漠地区钙质胶结层的发现及其古气候意义[J]. 第四纪研究,20(3):295.

杨小平,2000b. 近 3 万年来巴丹吉林沙漠的景观发育与雨量变化[J]. 科学通报,45(4):428-434.

杨银科,刘禹,蔡秋芳,等,2005. 以树木年轮宽度资料重建祁连山中部地区过去 248 年来的降水量[J]. 海洋地质与第四纪地质,25(3):113-118.

张光辉,刘少玉,谢悦波,等,2005. 西北内陆黑河流域水循环与地下水形成演化模式[M]. 北京:地质出版社.

张济世,康尔泗,赵爱芬,等,2003. 黑河中游水土资源开发利用现状及水资源生态环境安全分析[J]. 地球科学进展,18(2):207-213.

张明泉,曾正中,1994. 水资源评价[M]. 兰州:兰州大学出版社.

张新时,1993. 全球变化的植被-气候分类系统[J]. 第四纪研究,2:157-169.

张应华,仵彦卿,2009. 黑河流域中游盆地地下水补给机理分析[J]. 中国沙漠,29(2):370-375.

张永明,高润宏,金洪,2005. 西鄂尔多斯荒漠四种灌木根系生态特性研究[J]. 内蒙古农业大学学报,26(3):39-43.

张志华,吴祥定,1997.利用树木年轮资料恢复祁连山地区近 700 年来气候变化[J]. 科学通报,42(8):849-851.

张宗钴,沈照理,薛禹群,等,2002. 华北平原地下水环境演化[M]. 北京:地质出版社.

中国科学院水资源领域战略研究组,2009. 中国至 2050 年水资源领域科技发展路线图[M]. 北京:科学出版社.

周向睿,周志宇,吴彩霞,2006. 霸王繁殖特性的研究[J]. 草业科学,23(6):38-41.

周晓妮,2008. 华北平原东部典型区浅层地下水化学特征及可利用性研究[D]. 北京:中国地质科学院.

BAI J,CHEN X,LI J L,et al. ,2011. Changes of inland lake area in arid central Asia during 1975-2007:a remote-sensing analysis [J]. Journal of Lake Sciences,23(1):80-88.

BALLESTEROS-CANOVAS J A,BODOQUE J M,LUCÍA A,et al. ,2013. Dendrogeomorphology in badlands:methods,case studies and prospects [J]. Catena,106:113-122.

BEGIN Y,FILION L,1995. A recent downward expansion of shoreline shrubs at Lake Bienville (subarctic Quebec) [J]. Geomorphology,13(1-4):271-282.

BEGIN Y,PAYETTE S,1988. Dendroecological evidence of lake level changes during the last three centuries in subarctic Quebec [J]. Quaternary Research,30(2):210-220.

BENSON B E,ATWATER B F,YAMAGUCHI D K,et al. ,2001. Renewal of tidal forests in Washington State after a subduction earthquake in A. D. 1700 [J]. Quaternary Research,56(2):139-147.

BOLLATI I,SETA M D,PELFINI M,et al. ,2012. Dendrochronological and geomorphological investigations to assess water erosion and mass wasting processes in the Apennines of Southern Tuscany (Italy) [J]. Catena,90:1-17.

CHAPIN D M,PAIGE D K,2013. Response of delta vegetation to water level changes in a regulated mountain lake,Washington State,USA [J]. Wetlands,33(3):431-444.

CHEN F,YUAN Y J,WEI W S,2011. Climatic response of Picea crassifolia tree-ring parameters and precipitation reconstruction in the western Qilian Mountains,China [J]. Journal of Arid Environments,75(11):1121-1128.

CHEN Z,1996. Carbon and Oxygen Isotopic Compositions of Tree Rings from a Recent T. aphylla Specimen,Death Valley,California [D]. Calgary:University of Alberta.

CHENG G D,2009. Study on the Integrated Management of the Water-Ecology-Economy System of Heihe River Basin[M]. Beijing:Science Press.

DING Y J,LIU S Y,YE B S,et al. ,2006. Climatic implications on variations of lakes in the cold and arid regions of China during the recent 50 Years [J]. Journal of Glaciology and Geocryology,28(5):623-632.

DONG Z B,QIAN G Q,LUO W Y,et al. ,2009. Geomorphological hierarchies for complex mega-dunes and their implications for mega-dune evolution in the Badain Jaran Desert [J]. Geomorphology,106:180-185.

DONG Z B,WANG T,WANG X M,2004. Geomorphology of the mega-dunes in the Badain Jaran Desert [J]. Geomorphology,60:191-203.

DOWNS P W,SIMON A,2001. Fluvial geomorphological analysis of the recruitment of large woody debris in the Yalobusha River network,Central Mississippi,USA [J]. Geomorphology,37(1-2):65-91.

ENGEL E C,ABELLA S R,CHITTICK K L,2014. Plant colonization and soil properties on newly exposed shoreline during drawdown of Lake Mead,Mojave Desert [J]. Lake Reservoir Management,30:105-114.

FENG Q,ENDO K N,CHENG G D,2001. Towards sustainable development of the environmentally degraded arid rivers of China-a case study from Tarim River [J]. Environmental Geology,41(1):229-238.

FISHER R S, MULLICAN W F, 1997. Hydrochemical evolution of sodium-sulfate and sodium-chloride groundwater beneath the northern Chihuahuan Desert, Trans-Pecos, Texas, USA[J]. Hydrogeology Journal, 5(2): 4-16.

FLORENTINE S K, WESTBROOKE M E, 2005. Invasion of the noxious weed Nicotiana glauca R. Graham after an episodic flooding event in the arid zone of Australia [J]. Journal of Arid Environments, 60: 531-545.

FRITTS H C, 1976. Tree Rings and Climate [M]. London: Academic Press.

GATES J B, EDMUNDS W M, MA J Z, et al., 2008. Estimating groundwater recharge in a cold desert environment in Northern China using chloride [J]. Journal of Hydrogeology, 16: 893-910.

GUO N, ZHANG J, LIANG Y, 2003. Climate change indicated by the recent change of inland lakes in Northwest China [J]. Journal of Glaciology and Geocryology, 25(2): 211-214.

HERZSCHUHA U, KURSCHNER H, BATTARBEE R, et al., 2006. Desert plant pollen production and a 160-year record of vegetation and climate change on the Alashan Plateau, NW China [J]. Vegetation Historical Archaeobotany, (15): 181-190.

HERZSCHUHA U, TARASOVB P, WUNNEMANNC B, et al., 2004. Holocene vegetation and climate of the Alashan Plateau, NW China, reconstructed from pollen data [J]. Palaeogeography, Palaeoclimatology, Palaeoecology, 211: 1-17.

HU L, WANG Z, TIAN W, et al., 2009. Coupled surface water-groundwater model and its application in the arid Shiyang River basin, China [J]. Hydrological Process, 23(14): 2033-2044.

HU R, JIANG F, WANG Y, 2005. Study on the lakes in arid areas of central Asia [J]. Arid Zone Research, 22(4): 424-430.

HUANG P Y, GAO R R, 2004. Research on the extension of Tamarix shrubs resulted from development projects in arid area [J]. Journal of Forestry Research, 15(1): 45-48.

HUANG P Y, PAN X L, 1991. Study on the Expansion and Renewal of Tamarix in Gurbantunggut Desert. Issue of Ecological Research in Arid Desert [M]. Wulumuqi: Xinjiang University Press.

HUGHES M K, LEGGETT P, MILSON S J, et al., 1978. Dendrochronology of oak in North Walse [J]. Tree-Ring Bulletin, 38: 15-23.

JIN H L, XIAO H L, ZHANG H, et al., 2005. Evolution and climate changes of the Juyan Lake revealed from grain size and geochemistry element since 1500 a BP [J]. Journal of Glaciology and Geocryology, 27(2): 233-240.

JOHNSTON K, JAY M, HOEF V, et al., 2001. Using ArcGIS Geostatistical Analyst [M]. New York: ESRI.

LIANG E Y, SHAO X M, KONG Z C, et al., 2003. The extreme drought in the 1920s and its effect on tree growth deduced from tree ring analysis: a case study in North China[J]. Annual of Forest Science, 60: 145-152.

LIU M T, 1995. Comprehensive Research and the Widespread Application of Tamarix [M]. Lanzhou: Lanzhou University Press.

LIU Y, ZHANG Q, 2007. Growth rings of roots in perennial forbs in Duolun Grassland, Inner Mongolia, China [J]. Journal of Integrative Plant Biology, 49 (2): 144-149.

LIU Y,SUN J Y,SONG H M,et al. ,2010. Tree-ring hydrologic reconstructions for the Heihe River watershed,western China since AD 1430 [J]. Water Research,44:2781-2792.

MA J Z,DING Z Y,EDMUNDS W M,et al. ,2009a. Limits to recharge of groundwater from Tibetan plateau to the Gobi desert,implications for water management in the mountain front [J]. Journal of Hydrology,364(1-2):128-141.

MA J Z,EDMUNDS W M,HE J H,et al. ,2009b. A 2000 year geochemical record of palaeoclimate and hydrology derived from dunesand moisture [J]. Palaeogeography,Palaeoclimatology,Palaeoecology,(276): 38-46.

MILLENNIUM ECOSYSTEM ASSESSMENT,2005. Ecosystems and Human Well-being:Wetlands and Water Synthesis [M]. Washington,D C:World Resources Institute.

NIAN Y Y,LI X,ZHOU J,et al. ,2014. Impact of land use change on water resource allocation in the middle reaches of the Heihe River basin in northwestern China [J]. Journal of Arid Land,6(3):273-286.

QIN C,YANG B,BURCHARDT I,et al. ,2010. Intensified pluvial conditions during the twentieth century in the inland Heihe River Basin in arid northwestern China over the past millennium [J]. Global and Planetary Change,72:192-200.

RAYBACK S A,HENRY G H R,2005. Dendrochronological potential of the arctic dwarf-shrub Cassiope tetragona [J]. Tree-ring Research,61(1):43-53.

REN J,XIAO H L,WANG Y,et al. ,2012. Valuation of ecosystem service values of Juyan Lake wetland [J]. Journal of Desert Research,32(3):852-856.

SAMI K,1992. Recharge mechanisms and geochemical process in asemi-arid sedimentary basin,Eastern cape,South African [J]. Journal of Hydrology,139:27-48.

SCHWEIGHRUBER F H,POSCHLOD P,2005. Growth Rings in Herbs and Shrubs:life span,age determination and stem anatomy [J]. Forest Snow and Landscape Research,79(3):195-415.

SCHWEIGHRUBER F H. 1996. Tree Ring and Environment Dendroecology [M]. Berne:Paul Haupt Publishers Berne.

SCOTT M L,FRIEDMAN J M,AUBLE G T,1996. Fluvial process and the establishment of bottomland trees [J]. Geomorphology,14:327-339.

SU Y H,ZHU G F,FENG Q,et al. ,2009. Environmental isotopic and hydrochemical study of groundwater in the Ejina Basin,Northwest China [J]. Environmental Geology,58:601-614.

SUN J Y,LIU Y,2013. Drought variations in the middle Qilian Mountains,northeast Tibetan Plateau,over the last 450 years as reconstructed from tree rings [J]. Dendrochronologia,31(4):279-285.

TIAN Q H,ZHOU X J,GOU X H,et al. ,2012. Analysis of reconstructed annual precipitation from tree-rings for the past 500 years in the middle Qilian Mountains [J]. Science China (Earth Science),55(5): 770-778.

WALKER L R,BARNES P L,POWELL E A,2006. Tamarix aphylla:a newly invasive tree in southern Nevada [J]. Western North American Naturalist,66:191-201.

WANG T,TA W,LIU L,2007. Dust emission from desertified lands in the Heihe River Basin,Northwest China [J]. Environment Geology,51:1341-1347.

WILCOX D A,NICHOLS S J,2008. The effects of water-level fluctuations on vegetation in a Lake Huron wetland [J]. Wetlands,28(2):487-501.

WILES G C,BARCLAY D J,CALKIN P E,1999. Tree-ring-dated 'Little Ice Age' histories of maritime glaciers from western Prince William Sound,Alaska [J]. Holocene,9:163-173.

WINCHESTER V, HARRISON S, 2000. Dendrochronology and lichenometry: colonization, growth rates and dating of geomorphological events on the east side of the North Patagonian Icefield,Chile [J]. Geomorphology,34:181-194.

XIAO S C,XIAO H L,2007a. Radial growth of *Tamarix ramosissima* responds to changes in the water regime in an extremely arid region of northwestern China [J]. Environment Geology,53:543-551.

XIAO S C,XIAO H L,2008. Advances in the study of the water regime process and driving mechanism in the Heihe River Basin [J]. Advances in Earth Science,23(7):748-755.

XIAO S C,XIAO H L,DONG Z B,et al.,2012. Dry/wet variation recorded by shrub tree-rings in the central Badain Jaran Desert of northwestern China [J]. Journal of Arid Environments,(87):85-94.

XIAO S C,XIAO H L,KOBAYASHI O,et al.,2007. Dendroclimatological investigations of sea buckthorn (Hippophae rhamnoides) and reconstruction of the equilibrium line altitude of the July First Glacier in the Western Qilian Mountains,northwestern China [J]. Tree-ring Research,63(1):15-26.

XIAO S C,XIAO H L,LAN Y C,et al.,2011. Water issues and the integrated water resources management in Heihe River Basin in recent 50 years [J]. Journal of Glaciology and Geocryology,31(2),529-535.

XIAO S C,XIAO H L,PENG X M,et al.,2014. Daily and seasonal stem radial activity of Populus euphratica and its association with hydroclimatic factors in the lower reaches of China's Heihe River basin [J]. Environmental Earth Science,72:609-621.

XIAO S C,XIAO H L,PENG X M,et al.,2015. Hydroclimate-driven changes in the landscape structure of the terminal lakes and wetlands of the China's Heihe River Basin [J]. Environmental Monitoring Assessment,187(4091):1-14.

XIAO S C,XIAO H L,SI J H,et al.,2005. Lake level changes recorded by tree rings of lakeshore shrubs: a case study at the Lake West-Juyan,Inner Mongolia,China [J]. Journal of Integrative Plant Biology,47(11):1303-1314.

XU P,ZHU H F,SHAO X M,et al.,2012. Tree ring-dated fluctuation history of Midui glacier since the Little Ice Age in the southeastern Tibetan Plateau [J]. Science China (Earth Science),55:521-529.

YANG B,QIN C,SHI F,et al.,2012. Tree ring-based annual streamflow reconstruction for the Heihe River in arid northwestern China from AD 575 and its implications for water resource management [J]. The Holocene,22(7):773-784.

YANG L,YUE L,LI Z,2008. The influence of dry lakebeds,degraded sandy grasslands and abandoned farmland in the arid inlands of northern China on the grain size distribution of East Asian aeolian dust [J]. Environment Geology,53:1767-1775.

YANG W,SPENCER R J,KROUSE H R,1996. Stable sulfur isotope hydrogeochemical studies using desert shrubs and tree rings,Death Valley,California,USA [J]. Geochimica et Cosmochimica Acta,60:3015-3022.

ZHANG Q B,CHENG G D,YAO T D,et al.,2003. A 2326-year tree-ring record of climate variability on the northeastern Qinghai-Tibetan Plateau [J]. Geophysical Research Letters,30(14):1739.

ZHANG W W,SHI S S,2002. Study on the relation between groundwater dynamics and vegetation degene-
　ration in Erjina Oasis [J]. Journal of Glaciology and Geocryology,24(4):421-425.

ZHANG Y C,YU J J,WANG P,et al. ,2011. Vegetation responses to integrated water management in the
　Ejina basin,northwest China[J]. Hydrological Process,25:3448-3461.

ZHANG Z K,WANG S M,WU R J,et al. ,1998. Environmental changes recorded by lake sediments from
　East-Juyan Lake in Inner Mongolia during the past 2600 years[J]. Journal of Lake Sciences,10(2):
　44-51.

|第 10 章| 抢救性输水与流域可持续发展——问题与建议

科学、全面、及时掌握重大生态治理工程实施的生态效果，认识干旱区内陆河流域水、生态与环境演变规律，揭示生态恢复过程的环境响应过程，分析存在的主要阶段性问题，是保障工程实施效果、科学部署后续生态工程的前提条件。本章简要总结前述各章有关黑河流域自然-经济系统水循环、水过程和生态与环境变化研究成果和阶段性认识，并提出流域可持续发展的对策和建议。

10.1 区域水管理与流域水平衡

结合实测河流数据，利用 SRTM DEM 和 ASTER GDEM 对黑河流域进行的水文分析模拟结果显示，黑河流域包括了 8 个一级水文单元：东支干流中上游区（张掖-祁连）、西支干流区（祁连-酒-金盆地）、花海盆地区（玉门-花海）、巴丹吉林沙漠区、拐子湖区、马鬃山东坡山区、戈壁阿尔泰南坡山区、鼎新-额济纳盆地，位于 $96.1° \sim 104.3°E$ 和 $37.7° \sim 43.3°N$，流域总面积为 27.1 万 km^2，其中中国境内有 23.7 万 km^2，涉及青海省、甘肃省和内蒙古自治区的 17 个县，蒙古国境内有 3.4 万 km^2。

黑河干流上游（莺落峡以上）流域面积为 10009km^2，2001~2012 年，流域平均降水量为 479.9mm，其中降雨量 422.3mm，降雪量 57.6mm；森林生态系统蒸散发消耗量为 305.7mm，草地生态系统蒸散发消耗量为 320.7mm，其他类型生态系统蒸散发消耗量为 256.8mm；最终形成的出山径流深为 169.0mm，其中地表径流深为 11.0mm，地下径流深为 158mm。在中下游区（包括张掖、酒泉和下游额济纳旗），由上游输入地下径流 5.75 亿 m^3（折合径流深 6.3mm），地表径流 35.08 亿 m^3，区域降水 86.55 亿 m^3（折合径流深 95.5mm），区域蒸散发消耗量为 131.94 亿 m^3（折合径流深 145.5mm）。因此，中下游总体水平衡为 -4.0 亿 m^3（折合径流深 5.0mm），处于负平衡状态，意味着储存于土壤中的地下水储量处于逐年亏缺状态。

水文地质调查和地区域地下水流场模拟结果表明，马鬃山区水资源主要为降水补给，总补给量为 1.204 亿 m^3/a；地下径流侧向补给东部额济纳盆地地下水量为 0.107 亿 m^3/a，其中山区沟谷季节性洪流方式补给量为每年 0.028 亿 m^3；侧向补给南部花海盆地地区的地下水量为 0.118 亿 m^3/a。作为黑河流域的一部分，巴丹吉林沙漠向西侧补给额济纳盆地的水量为 0.3 亿~1.0 亿 m^3/a，其中排入古日乃湖的水量为 0.2 亿~0.7 亿 m^3/a。由于缺乏野外调查和实测资料，北部蒙古国戈壁阿尔泰山由当地降水转化形成的对额济纳盆地的侧向补给水量还不清楚。根据戈壁阿尔泰山自然气候条件和额济纳盆地周边山区水文补给特征，估计其侧向补给水量与马鬃山区相当。

自黑河生态治理工程实施以来，流域（干流）内生产、生活、生态用水结构发生了较大变化,上游生态改善,中游地表水得以有效控制,进入下游水量接近规划要求,下游生态环境恶化趋势得到有效遏制,但中游总用水量仍居高不下。总体上,尚需完善上、中、下游内部生态-水配置和调控,具体存在的主要问题如下。

(1)目前,黑河流域的水资源管理仅限于东支干流区,即甘州区、临泽县、高台县、鼎新县、额济纳旗几个行政区域;对下游额济纳盆地的水资源管理主要集中在核心绿洲区和东居延海。对于受地下水补给维持的古日乃湿地、西居延海和古居延泽等干湖盆基本没有涉及。与巴丹吉林沙漠接壤的区域,地下水位下降及其导致的植被退化和防护功能减弱,致使沙漠持续扩张;退化湿地和干湖盆基本为盐壳和盐土覆盖,成为沙尘暴沿途盐尘和沙尘的重要补给源地;新建成的临策和在建的临哈铁路古居延泽段已多次受到风沙侵袭和轨道沙埋等危害。

(2)基于经验和近50年器测水文资料制定的流域分水方案(主要依据干流年径流数据),缺乏有效的年内时空配置方案和未来水文情势变化情景下的调整对策。集中输水和节水及水利工程建设(包括后续在建控制性工程),致使中游地下水环境和近绿洲外围生态环境出现恶化;人工绿洲,尤其是耕地面积依然持续扩张,抵消甚至超过了节水型社会建设成果,导致水资源需求压力持续增大;下游绿洲缺乏合理的水资源配置规划,以河岸林为主体的绿洲依然没有得到有效和全面恢复;目前的产业结构状态,导致虚拟的水资源呈急剧向外输出态势。

10.2 暖季西风带水汽在中高海拔山区的降水主导着出山径流变化

不同水体同位素研究结果表明,黑河上游祁连山区夏季降水的水汽来源主要为西风输送,冬季还受极地气团的影响。黑河流域南部山区年内6~9月为水汽输入期,低层大气(地面~700hPa)为水汽输入层;北部荒漠区年内各季均为水汽输出、过境期,中低层大气(地面~500hPa)为主要的水汽输出层。南部山区降水对地表径流的贡献时段主要在6月至9月中旬;冬季以基流补给河水为主(赵良菊等,2011)。

水文模型模拟结果表明,在年内尺度上,流域出山径流在1~2月和10~12月以浅层地下径流补给为主,3~4月以地表径流补给为主,5~9月以壤中流补给为主。在空间景观带尺度上,占山区总面积78%以上、海拔3000m以上的高寒灌丛-草甸带、寒漠带和冰雪带等区域占流域总产水量的85%以上(尹振良,2013)。王宁练等(2009)利用同位素示踪技术、模型模拟和出山口河水中δ^{18}O分析,认为海拔3600m以上是黑河山区流域的主要产流区,产流量占出山径流量的80%以上。对高寒山区小流域径流分割的结果表明,在湿/暖季节,52%的地表径流来自冻土、冰雪融水和降雨下渗转化的地下水,其余为不同形式转化的地表径流直接补给,其中冰川积雪带占11%,高山寒漠带和灌丛带占20%,高山草原带占9%;降雨直接补给占8%(杨永刚,2011)。He等(2012)对中低山(3200m以下)森林-草地水文过程的研究表明,森林带产流量很低(12mm,3.5%),降水(374mm)基本消耗于林地的蒸散发,甚至由于林地水分亏缺而额外消耗来自于高海拔山区的径流补给(约14mm)。

黑河流域上游山区水资源总量(降水)主要受到气候变化影响,而集中于海拔3500m以下区域的人类活动,包括矿产开发、放牧、造林、水库修建、浅山区雨养农业等,主要影响了由降水向径流(包括地表和地下)的转化、截留和利用等水文过程。上游山区,尤其是浅山区大面积人工造林和山前冷凉农业灌区扩张等土地利用方式的改变(荒漠草原到农用地),可能会截留利用部分出山径流的水资源。因此,确定合理的森林、草地和雨养农业规模及阈值是保证出山口径流稳定的基础。

10.3 基于径流长序列代用指标的流域水资源管理考量

根据树木年轮重建的黑河干流莺落峡年径流序列表明(Yang et al.,2012),过去 1500 年(575~2006 年),平均径流量为 11.11 亿~13.64 亿 m³,低于器测时期(1958~2006 年)的平均径流量 15.73 亿 m³,且不同保证率下的径流量也存在一定差异(表 10-1)。从重建序列来看,器测记录时期为百年尺度上,近 1500 年的三个丰水期之一。器测记录也表明,干流出山口多年平均径流在 2000~2012 年为(17.53±2.91)亿 m³,较 1945~1999 年高 13.25%。按照"97"分水方案中分水曲线延长的结果,当上游莺落峡来水超过 15.8 亿 m³ 时,每来 1 m³ 水,下游正义峡要下泄 1.18m³,这是该方案执行中的悖论。因此,该界限以上的流域分水额度还需要进一步优化。

表 10-1 黑河干流出山口径流器测记录与树轮重建序列水文特征

保证率/%	器测记录/亿 m³ (1958~2006 年)	树轮重建序列/亿 m³ (575~2006 年)	"97"分水 方案标准/亿 m³
10	19.47	14.55~17.06	19.00
25	17.16	12.81~15.62	17.10
50	15.73	11.07~13.75	15.80
75	13.86	9.24~11.08	14.20
90	12.37	7.90~9.95	12.90
多年平均	15.73	11.11~13.64	15.80

长序列气候变化的周期分析结果表明,在年代际尺度上,在未来 10~20 年,流域径流很可能转入枯水阶段。也就是说,未来的水资源状况不足以支持平均状况下分配给下游的 9.5 亿 m³ 水量和依然持续扩张的中游绿洲。因此,应及早制订应对措施,控制乃至缩减中下游耕地面积,调整三次产业结构及第一产业(农业)内部结构,以适应平水或枯水阶段的水资源状况。

10.4 水资源开发和工程控制措施
对不同尺度、区域的水循环的改变

地下水放射性同位素 T 和 ¹⁴C 研究表明,黑河中下游地下水可分为 3 类:①现代水补给(<50 年),地下水滞留时间短,更新速率快,主要为分布于山前平原的浅层和深层地下水;

②古水补给(>50年),地下水滞留时间长,更新慢,主要为黑河中下游深层地下水;③古水和现代水的混合水,主要为黑河下游浅层地下水和中游浅层与部分深层地下水。黑河出山径流是流域地表、深浅层地下水的主要补给源,同时在下游与古日乃湿地和巴丹吉林沙漠的地下水具有补给和交换作用。金塔西南部与酒泉东部的地下水各矿物质饱和度的显著差异,显示出金塔盆地内的地下水并不是由酒泉盆地地下水直接转化而来,而是酒泉西部的地下水在东部转化为地表水,流向金塔境内后再次转换为地下水(杨秋,2010)。

自流域生态治理工程实施以来,中游蓄水工程由 2000 年的 0.84 亿 m³ 增至 2012 年的 1.09 亿 m³,灌溉机井增加了 3000 多眼,高新技术节水面积增加 45.26 万亩,渠系衬砌增加近 360km,灌区水利用系数从 2000 年的 0.48 增加到 2012 年的 0.53(表 10-2)。另外,水浇地面积增加了 35 万亩,灌溉用水量增加了 2 亿 m³ 以上(图 10-1)。水利普查资料显示,地下水开采量每年增加 1.0 亿 m³ 以上。因此,中游灌溉面积扩大用水量基本抵消,甚至超过了节水型社会建设所取得的节水水平提高成效。

表 10-2　生态治理工程前后水资源利用特征

年份	蓄水工程/亿 m³	机井/眼	高新技术节水面积/万亩	渠系衬砌长度/km	灌溉水利用系数	地下水开采量/亿 m³
2000	0.84	6403	10.46	843	0.48	3.57
2012	1.09	9497	55.72	1202	0.53	4.60

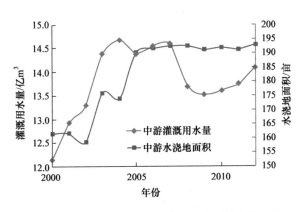

图 10-1　2000～2012 年中游灌溉面积及用水量变化

对中下游地下水位监测的结果表明,流域分水计划实施 10 余年里,中游地下水位总体上处于不断下降的趋势,平均超过 1.0m 以上,下游整体略有上升。在现状灌溉量不变的情况下,中游地下水储量将以 1 亿～2 亿 m³/a 的速度减少;如果保持中游地下水量稳定,必须要削减目前灌溉用水量的 20%。

自干流出山口莺落峡至尾闾湖的地表地下水存在多次转化过程,出山径流在正义峡以上大多处于补给河流地表水的过程,之后为河道径流渗漏补给荒漠区冲积平原地下水的过程。据估算,中游上段地下水出露补给河道径流量在 10.75 亿 m³ 左右;至下段,地表水补给地下水量为 19.13 亿 m³。出山口-张掖段河道对地下水补给约占出山径流的 27%,张掖-正义峡段河道对地下水的补给约占该段河流径流量的 69%（陈宗宇等，2006）。根据上述水文过程，可以认为，目前中游水文及其过程现状可以支撑干旱区内陆河以"细水长流"的方式，达到中下游水资源的时空需求。

黄藏寺水利枢纽工程是《黑河流域近期治理规划》和《黑河水资源开发利用保护规划》中确定的黑河干流骨干调蓄工程，设计库容为 4.05 亿 m³。2013 年 10 月，《黑河黄藏寺水利枢纽工程项目建议书》通过国家发展和改革委员会的批复。工程建议书认为，该枢纽工程可控制黑河干流莺落峡以上来水的 80%，配合中游引水口门改造工程，可有计划地向中下游合理配水，提高中游灌区灌溉保证率，替代中游部分平原水库，改善正义峡断面来水过程和下游生态供水过程，缩短中游闭口时间。工程运行后，正义峡与狼心山下泄流量分别增加 1.03 亿 m³ 和 1.18 亿 m³。上述直接控制下的输配水过程可能会简化、改变中游水循环过程和缩短循环链，降低水资源重复使用率，使中游的地下水环境问题进一步加剧。

从模拟期地下水流场变化来看，黑河流域中游近 15 年地下水位变化比较明显，总体呈逐渐下降趋势，1995～2000 年水位下降幅度较大，2000～2009 年水位下降幅度减缓。冲洪积扇裙带地下水位下降显著，而在局部区域，如酒泉东盆地及黑河干流沿岸，尤其是干流所在的冲洪积扇裙带中上部，在 2001 年后陆续出现水位下降趋缓甚至回升的趋势。从模拟结果来看，1995～2005 年地下水主要处于负均衡状态，而 2005 年后逐渐趋于正均衡。整个模拟期中游盆地地下水系统年均补给 28.28 亿 m³，年均排泄 30.92 亿 m³，其中地下水开采量为 6.1 亿 m³/a，总地下水储量减少了 39.55 亿 m³，以 2.64 亿 m³/a 的速率减少，即地下水平均每年亏缺 2.64 亿 m³。从各盆地多年平均状况来看，张掖盆地及大马营盆地地下水分别亏缺 1.91 亿 m³/a、0.62 亿 m³/a，处于较严重的负均衡；山丹新河盆地、明花-盐池盆地分别亏缺 0.11 亿 m³/a、0.10 亿 m³/a，处于一般负均衡状态；酒泉东盆地地下水盈余 0.1 亿 m³/a，基本处于均衡状态。

水体同位素和水化学研究结果也表明，在节水制度下，绿洲区已开始大量抽取利用深层地下水，正加速和改变着区域深、浅层、地表-地下水之间的循环过程和空间格局。中游浅层地下水 T 浓度逐渐降低，表明由灌溉回归渗漏的深层较低 T 浓度地下水对原有浅层地下水形成强烈混合和补给；下游地区额济纳旗人口和农业集中区周围地下水呈现出很高的 EC（电导率，表征地下水离子浓度），说明地下水的最终汇聚和排泄区已从过去的尾闾湖区，转移至达来呼布镇和东居延海之间（杨秋，2010）。

张掖盆地地下水资源形成所需的时间为上游地区＜中游地区＜下游地区；地下水的更性能力则刚好相反：浅层含水层＜深层含水层＜最深层水层。从地下水更新模拟结果中可以看到，更深层的地下水其形成与转化往往耗费 4000～6000 年乃至更多时间；浅层地下水，抽取后能在较短时间内通过地表水体的补给得到更新，而如果开采的是年龄在数万年以上的深层地下水，则就会透支水资源的可持续发展能力（魏恒，2013）。额济纳盆地潜水年龄最轻的地方是沿着黑河河道的方向，因此沿河道地区，地下水更新能力很强，同时也说明黑河下游额济纳盆地地下水最重要的补给来源于黑河干流的河道渗漏，在这一区域地下水与地表水的交互是最频繁的。

中游湿地建设及其人工补水在一定程度上对局部地下水补给起到促进作用，但改变了自然地质构造下天然水循环的路径和方式,可能会使局地出现水文地质灾害,如 2005～2007 年甘州区城区局部地下水位上涨(丁宏伟等,2009)。

总体上讲,地下水系统水量变化向有利于地下水盆地生态恢复的方向发展,但这是近年来连续处于丰水年的结果,若在未来的若干年遇到连续的偏干甚至枯水期,地下水系统将如何变化还有待于进一步研究。

因此,在利用黑河流域水资源时,必须合理利用河水和更新快的浅层地下水,而深层地下水由于其形成时间很长,对深层地下水,尤其是承压层地下水的开采需严格限制。在缺水现状下,额济纳盆地地下水利用强度较高,将导致地下水负均衡加剧,并在空间上向人类活动强烈区域转移,最终影响到人居环境及其周边区域的健康发展与稳定持续。

10.5 人类活动和气候变化共同影响着流域各生态、水文系统变化

受气候变化的影响,1990～2010 年,黑河上游最明显的土地覆被变化是冰川/永久积雪面积的持续减少;由于降水增加,出山径流也呈明显增加趋势。不同时间尺度的气候代用指标记录也显示了 10 余年来区域降水呈微弱增加趋势。这为流域分水奠定了良好的水资源条件,极大地缓解了中游节水和分水的压力。

区域人类活动依然持续加强,其主导了中下游水土资源的利用方向配置格局。上游主要表现为工业交通用地和采矿地持续增加,以及山区水库修建,致使水库/坑塘面积增加明显。中游出现退耕和扩耕并存的现象,总体上依然呈增加趋势;工业用地、交通用地和居住地持续增加,高耗水作物播种面积(沿河水稻等水地)得到控制。在下游,由于水量的保证和东居延海专用输水渠道的建成,湖泊、河流等水域面积逐渐恢复并稳定扩张;另外,耕地、工业交通用地和居住地持续增加。近 10 年来,以胡杨林为主体的额济纳绿洲整体得以恢复,但还未达到近 60 年的较好水平,且在空间上存在恢复程度的异质性。下游地下水位逐步上升,水质趋于淡化,但空间异质性较强,整体水环境有所好转。

10.6 荒漠绿洲内部水资源时空格局的精细化配置

基于树木年轮生态学方法,对黑河下游荒漠河岸林生长状况评价的结果表明,1954～2010 年,绿洲胡杨林一直处于衰退状态;1969 年是荒漠河岸林生长状况最好的年份,2001 年是衰退最为严重的年份;空间上,以额济纳东河上段和西河下段生长状况较好;相对于 1990 年之前,1990～2002 年为绿洲胡杨林衰退期,2003 年以来逐渐恢复,直至 2007 年以后胡杨林生长状况基本恢复至 1990 年之前的平均水平,但仍存在空间差异,其中未恢复的区域主要集中在东河中下段。额济纳旗统计资料表明,2005 年,全旗耕地总面积为 2910hm²(4.37 万亩);至 2008 年全旗耕地面积为 6457hm²(9.69 万亩)(额济纳旗土地利用总体规划 2009～2020 年,2014 年)。下游耕地多由绿洲内部林地开垦而来,地下水在生长季被大量抽取,用于农业灌溉,造成区域季节性低水位,从而对以周边胡杨和柽柳为主的河岸林的生长

造成影响,这也是造成人口和农田较为集中的东河中下游在分水以后胡杨林未全面恢复的主要原因之一。

因此,在下游以荒漠河岸林为主的绿洲需要有更为精细的水资源配置模式和管理对策。司建华等(2013)通过对额济纳绿洲地下水位时空动态变化过程和天然植被耗水过程等研究,提出在 4 月(林草开始生长)和 8 月(胡杨种子成熟期和有性繁殖的幼苗更新)两个关键生态需水期应分别保证 0.80 亿 m³ 和 1.08 亿 m³ 的水量;在主体绿洲区,生长季(4~10 月)应保证 2.32 亿 m³ 的水量;在空间上,东河绿洲区水量应至少为 1.56 亿 m³,西河绿洲区为 1.08 亿 m³,东西居延海等尾闾区为 1.60 亿 m³。

10.7　蓝绿水、虚拟水与水资源社会化管理

蓝水(地表水和地下水)和绿水(由降水下渗到土壤中用于植物生长的部分)的概念由国际水资源研究所水文学家 Falkenmark 于 1995 年针对雨养农业和粮食安全问题而提出。绿水作为陆地生态系统中土壤-植被系统耗水的主要来源,对于维持陆地生态系统安全和雨养农业粮食安全具有重要作用(程国栋等,2006)。绿水是水文循环主要的要素之一,绿水概念拓宽了水资源的范畴,为水资源管理提供了新的理念(李小雁,2008)。蓝水的直接使用包括社会经济用水,如城乡生活与工农业生产用水;蓝水的间接利用包括水生物与绿化环境用水。绿水的直接利用主要是经济生物量生长的用水,包括雨养农业、木材、纤维、牧业等的生产用水,绿水的间接利用则包括天然森林、草地与湿地等陆生生态系统用水(刘昌明等,2006)。

绿水的空间异质性受气候、土壤、植被和土地管理等多种因素影响,通过分析蓝水和绿水在流域上、中和下游的形成过程与相互转换关系和作用机制,才能建立合理的水资源管理模式。在我国干旱区内陆河流域,绿水和蓝水在流域上、中和下游不同生态带之间存在着非常复杂的转换关系,上游山区为蓝水(径流)形成区,绿水主要向蓝水转化,在平原区蓝水主要向绿水转化。上游的蓝水量和中游灌溉绿洲中蓝水向绿水的转化量都影响下游的蓝水和绿水的利用量(李小雁,2008)。

从生态水文过程和生态功能来看,干旱区上游山区植被的水源涵养功能是森林、草地等对绿水和蓝水之间的生态调控(王刚等,2008),其规模和状况决定了山区水资源内循环过程和进入中游平原区的蓝水资源量及其时空分配格局;目前已经实施的天然林保护工程、退牧还草等国家项目,无疑会增强山区生态系统对蓝绿水资源及其时空分配的调控功能,保证蓝水在季节和年际等尺度上的稳定性,提高山区生态系统内部绿水循环转化利用效率。

内陆河流域以灌溉农业为主的绿洲区是蓝水向绿水人工转化的核心区域,也是大量蓝水资源的消耗区。基于水足迹(water footprint)理论的黑河流域研究表明(Zeng et al.,2012),第一产业(农业)占水足迹总量的 96%,其余为第二、第三产业(分别为工业、服务业);第一产业水足迹中消耗流域蓝水(地表和地下水)资源量的 46%,严重挤占了用于自然环境维持的生态水量,且蓝水资源在流域上、中、下游之间循环的不可逆性,最终导致水资源的不可持续和下游地区严重的生态退化。

内陆河流域中下游的干旱气候特征决定了降水在农业绿洲区中较低的绿水贡献量,而其主要依赖于上游山区的蓝水(出山径流)资源。农业绿洲区的蓝绿水转化过程涉及多个环节,如输水过程中的无效绿水损失、灌溉过程的土壤深层渗漏、土壤蒸发损失、作物种类和品种的绿水利用效率等,上述转化过程中的非生产性绿水部分(又被称为白水),可以通过水利工程设施建设(输配水方式、滴灌)、土地利用方式(果-粮、林农复合等)、土壤耕层结构改良(深耕、有机肥施用、固氮作物等改良)、作物结构(不同生育期、深浅根系作物和高耗水与低耗水作物轮作)、耕作方式调整(如地表覆盖、垄沟覆膜栽培技术)等技术转化成生产性绿水。

荒漠及其雨养植被生态系统基本上是纯绿水水循环模式,即降雨渗入土壤的水都以蒸散发(绿水)的形式消耗掉,且许多荒漠植物在长期适应过程中形成了抗旱、耐旱和避旱的生理机制,具有非常高的绿水利用效率;荒漠河(湖)岸植物具有水分来源的蓝、绿二元性,但主要的水循环是由蓝到绿,即其水分来源是地下水(蓝水),经蒸腾(绿水)而消耗(王刚等,2008)。研究进展表明,柽柳和胡杨等荒漠河岸植被的根系具有将深层土壤水提升至浅层土壤并释放的功能(鱼腾飞,2013),这一生理现象和生态功能有助于荒漠河岸绿洲区合理生态水位的调控,既保持了河岸林的健康稳定,又可有效控制因地下水位过高带来的土地盐渍化问题。而另一些荒漠植被,如红砂、白刺和梭梭等,具有在一定环境条件下通过同化枝、叶直接吸收和利用大气水汽的生理机能已被证实,这些研究成果将极大地推动荒漠生态系统恢复和荒漠化防治的实践与管理理念。

绿水在粮食生产和生态系统功能和服务价值等方面都具有重要作用。粮食生产和生态系统服务功能相互促进也相互矛盾。生态系统服务功能的正常发挥是粮食生产稳定的保障,但在水资源,尤其在绿水资源的利用上此消彼长。因此,保持合理的绿水和蓝水分配比例,对维持区域生态平衡、维持河流生命健康是必需的(程国栋等,2006)。

虚拟水是指生产商品和服务所需要的水资源数量,虚拟水战略是指贫水国家或地区通过贸易的方式,从富水国家或地区购买水密集型农产品(粮食)来获得本地区水和粮食的安全(程国栋,2003)。虚拟水概念将水资源管理问题从对水资源的生产领域管理引向了对水资源消费领域的管理,以水-粮食-贸易为主线的虚拟水贸易通过粮食贸易将水资源管理问题拓展到社会经济系统中,这显然增加了水资源管理的决策空间,必将引起水资源管理的观念创新和制度创新(张志强等,2004)。据估算,2002~2010 年,甘肃省张掖市甘州区年平均向外输出虚拟水 4.7 亿 m^3,这与虚拟水贸易和虚拟水战略的初衷是相悖的。张掖市是一个传统的农业大市,其农业生产具有绝对优势,其玉米制种业占全国市场份额的 40%,工业以农产品为原料的加工工业为主,第三产业的绝对优势不明显,这就是贫水地区张掖市输出虚拟水的原因(徐中民等,2013)。

水资源管理阶段可分为 4 个层次:①供给管理,包括开辟新水源、大规模远距离调水等,其目标就是提供更多的水资源,但通常成本巨大;②技术性节水管理,这是水资源需求管理中的第一步,提高水资源的利用效益是其根本目标,但通常技术性节水数量有限;③内部结构性管理,实质上是需求管理的更高层次,涉及区域内部社会结构变化等问题,如结构性节水;④社会化管理,这是水资源需求管理的最高层次,充分认识到水资源的社会属性,以水资源的社会属性为主线,充分利用各种外部资源来缓解局地水资源的紧缺(程国栋,2003)。就黑河现状而言,技术节水提升空间有限;结构性节水也因其产业优势和区位特征,在一定程度上阻滞了三次产业结构的调整,并进而影响到水资源管理向第四层次,即水资源社会化管理的进展。

目前,流域水资源管理需要扩展传统水资源评价和利用方法,以流域降水为基本水资源总量,综合考虑绿水资源,构建以垂向绿水为中心的流域水循环模拟与绿水资源评价系统,建立流域上、中、下游绿水高效利用土地利用方式,提出流域尺度水资源综合管理模式。

参 考 文 献

陈宗宇,万力,聂振龙,等,2006. 利用稳定同位素识别黑河流域地下水的补给来源[J]. 水文地质工程地质,(6):9-14.

程国栋,2003. 虚拟水——中国水资源安全战略的新思路[J]. 中国科学院院刊,(4):260-265.

程国栋,赵文智,2006. 绿水及其研究进展[J]. 地球科学进展,21(3):221-227.

丁宏伟,姚吉禄,何江海,2009. 张掖市地下水位上升区环境同位素特征及补给来源分析[J]. 干旱区地理,32(1):1-8.

李小雁,2008. 流域绿水研究的关键科学问题[J]. 地球科学进展,23(7):707-712.

李小雁,马育军,宋冉,等,2007. 陆地生态系统绿水资源开发与雨水集流技术潜力分析[J]. 科技导报,25(24):52-57.

刘昌明,李云成,2006. 绿水与节水——中国水资源内涵问题讨论[J]. 科学对社会的影响,(1):16-20.

司建华,冯起,席海洋,等,2013. 黑河下游额济纳绿洲生态需水关键期及需水量[J]. 中国沙漠,33(2):560-567.

王刚,张鹏,陈年来,2008. 内陆河流域基于绿水理论的生态-水文过程研究[J]. 地球科学进展,23(7):692-397.

工宁练,张世彪,贺建桥,等,2009. 祁连山中段黑河上游山区地表径流水资源主要形成区域的同位素示踪研究[J]. 科学通报,54:2148-2152.

魏恒,2013. 基于地下水流-溶质运移模拟的张掖盆地地下水年龄计算与可持续性研究[D]. 北京:中国科学院大学.

徐中民,宋晓谕,程国栋,2013. 虚拟水战略新论[J]. 冰川冻土,35(2):490-495.

杨秋,2010. 黑河流域水循环的同位素与水化学研究[D]. 北京:中国科学院大学.

杨永刚,2011. 景观带尺度高寒区水文特征时空变化规律研究[D]. 北京:中国科学院大学.

尹振良,2013. 黑河干流山区水文过程模拟与分析[D]. 北京:中国科学院大学.

鱼腾飞,2013. 黑河下游荒漠河岸植物根系水力再分配及其生态水文效应[D]. 兰州:兰州大学.

赵良菊,尹力,肖洪浪等,2011. 黑河源区水汽来源及地表径流组成的稳定同位素证据[J]. 科学通报,56(1):58-67.

张志强,程国栋,2004. 虚拟水、虚拟水贸易与水资源安全新战略[J]. 科技导报,(3):7-10.

HE Z B,ZHAO W Z,LIU H,et al.,2012. Effect of forest on annual water yield in the mountains of an arid inland river basin:a case study in the Pailugou catchment on northwestern China's Qilian Mountains[J]. Hydrological Process,26:613-621.

YANG B,QIN C,SHI F,et al. , 2012,Tree ring-based annual streamflow reconstruction for the Heihe River in arid northwestern China from AD 575 and its implications for water resource management[J]. Holocene, 22(7):773-784.

ZENG Z,LIU J,KOENEMN P H,et al. ,2012. Assessing water footprint at river basin level:a case study for the Heihe River Basin in northwest China[J]. Hydrology and Earth System Science,16:2771-2781.

索　引